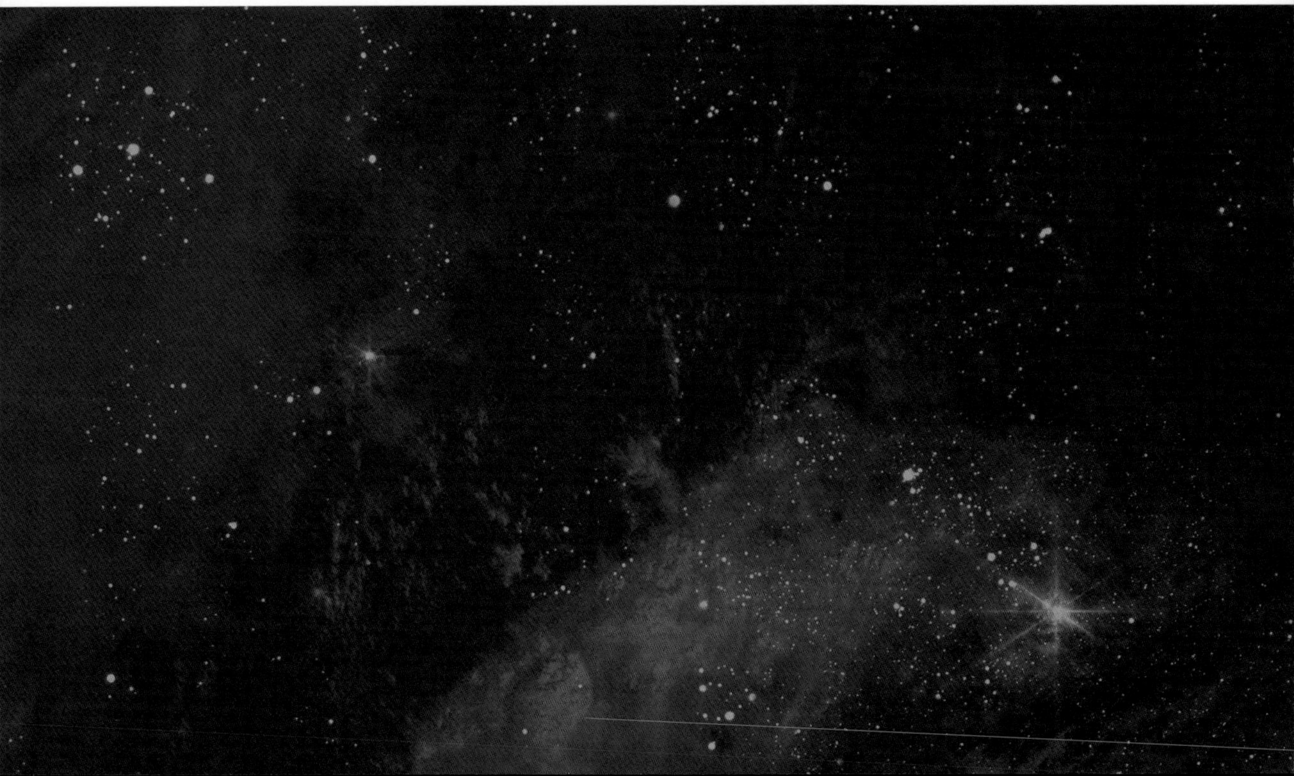

海底科学与技术丛书

区域海底构造

下册

REGIONAL SUBMARINE TECTONICS
Volume Three

李三忠　曹花花　于胜尧　赵淑娟　王誉桦　刘　博/编著

科学出版社
北京

内 容 简 介

本书以地球系统科学思想为指导，首先重点介绍板块构造理论中的威尔逊旋回，进而拓展至超大陆旋回，再从系统论的角度，由表及里，遵循读者的认知规律，循序渐进地讲授海底各圈层之间的相互作用，是一本既有基础知识，又有研究前沿成果的教科书。《区域海底构造》（下册）侧重介绍古大洋演化的板块重建和古洋陆格局恢复，探讨了特提斯洋、古亚洲洋和古太平洋变迁，以及超大洋与超大陆的演化历史。

本书资料系统、图件精美，适合从事海底科学研究的专业人员和大专院校师生阅读。部分前沿知识，也可供对大地构造学、构造地质学、地球物理学、海洋地质学感兴趣的广大科研人员参考。

图书在版编目（CIP）数据

区域海底构造. 下册 / 李三忠等编著. —北京：科学出版社，2019.3
（海底科学与技术丛书）
ISBN 978-7-03-059290-3

Ⅰ. ①区⋯　Ⅱ. ①李⋯　Ⅲ. ①海底–区域地质–地质构造　Ⅳ. ①P736.12

中国版本图书馆 CIP 数据核字（2018）第 244307 号

责任编辑：周　杰 / 责任校对：张怡君
责任印制：肖　兴 / 封面设计：无极书装

科学出版社 出版
北京东黄城根北街 16 号
邮政编码：100717
http://www.sciencep.com

北京汇瑞嘉合文化发展有限公司 印刷
科学出版社发行　各地新华书店经销

*

2019 年 3 月第 　一　 版　　开本：787×1092　1/16
2019 年 3 月第一次印刷　　印张：26 1/4
字数：610 000

定价：268.00 元
（如有印装质量问题，我社负责调换）

序

　　构造地质学是一门重点关注地壳与岩石圈的结构及其成因机制的学科，是地学中地质科学领域的基本理论和主要研究内容，也是地学高等教育的基础学科之一。广义的构造地质学包括基础构造地质学（即通常说的狭义构造地质学）、区域构造地质学和大地构造学。《区域海底构造》（上册、中册、下册）是关于海底固体圈层的区域构造或海洋大地构造学教材。

　　大地构造学是地质科学中具有高度综合性与广泛指引性的上层基础理论学科，以研究整体地球、岩石圈与地壳的组成、结构、形成演化规律及其动力学为主要目标。它以地质科学各分支学科的研究为基础，并吸纳、融合地学和各自然科学学科的成果，综合研究、集成概括地壳、地幔、地核的构成、演化、地球动力学机制等，重点研究地壳与岩石圈地幔的组成、结构、形成演化和动力学机制。因为它包含了固体地球科学的各个主要方面，并以综合研究地球外壳的物质组成与结构构造及其形成演化规律和动力学机制为主要任务，往往代表了人类目前对地球发展与演化规律的总体基本认识。因此，大地构造学（包括区域海底构造）是地质科学的上层建筑和基础理论。也正因为如此，大地构造学的观点，既是地质科学各分支学科的理论基础，又是引领各分支学科的指导思想，它不仅对地质科学、固体地球科学，甚至对其他自然科学学科，都具有科学的借鉴与指导意义。该书是关于固体海洋的大地构造与区域海底构造的最新系统综合论述与教材。它属于大地构造与区域构造地质学，对于地球科学和海洋科学而言，具有如上述所言的同等重要意义，尤其过去的大地构造学和区域构造地质学多是偏重于大陆的问题，而该书则专门讨论关于海底的大地构造与区域构造地质学问题，因此更具特色和重要意义。

　　陆地占地球总面积的29.2%，海洋占70.8%。传统的区域大地构造学多数关心各自国家的大陆区域构造演化，如《中国大地构造》，即使是在论述介绍全球大地构造演化，也主要是讲述占全球面积约1/3的大陆。如今，该书则主要面对占全球面积约2/3的大洋，同时它面对的是看不见、摸不着的海底，特别是跨越学科界限，还要面对深海深部生物圈和地幔深层次问题等，且不同于以往的二维角度讨论区域大地构造，该书进一步从三维视角全面看待地球动力学系统。由此可见，该书的编著难度较大，编者也为此付出了大量心血。

地球科学研究总是从一个局部区域或构造单元、特定主要事件或事件序列、特殊阶段或专门主题开始，逐渐扩大深入，在层层分解的基础上，综合、概括、提取、凝练出普适性规律与原理，是一个由个别到整体、由特殊到一般的归纳总结过程。区域海底构造研究也是从不同地区与特定构造开始，逐渐扩展总结，归纳概括出普适规律的理论性认识，这正如板块构造理论就是在海底区域调查勘探中逐渐发展上升而提出成为理论学说一样。

地球科学发展到今天，需要从区域到整体认知地球，反之也更需要从整体来研究认知区域，从而才能综合全面深入地研究认识地球。固体海洋科学现处在板块构造理论为主导的学术思想指导下，从全球板块构造出发，深化各个区域的精细构造研究状态。因而，该书就是在已有《海底构造原理》《海底构造系统》等整体认识基础上，再往前深入开展区域海底构造的研究与介绍，也就是在全球整体把握认识的基础上，从整体走向区域、从浅部走向深部的认知探索。深海深部物质运动和能量转换，是支撑地球系统和生命体系的根基，也是重大自然灾害产生的基本根源之一。

纵观人类发展史，历经石器时代、青铜时代、铁器时代、电器及信息时代，包括煤炭和油气能源的开发利用，就是一部矿物资源不断发现、利用的持续深化发展的进步史。当前，地表和浅部资源开采趋于殆尽，新资源能源探测深度越来越深，难度越来越大，因此在可预见的未来，深部矿产资源和化石能源的开发和利用已是不可或缺的，并是亟待开发利用的领域。同时，自然灾害（地震、火山、海底滑坡等）也多起源于地球深部，人类赖以生存的地表系统和过程，如成山、成盆、成藏、成矿和成灾作用，几乎也都主要受控于深部过程。因此，探测深海深部结构、物质组成和深部行为的海底科学与探测技术，已经是人类社会发展之紧迫需求，也已成为西方发达国家优先部署的国家战略和大国、强国科技竞争的热点。其中，深海区域海底构造就是各国抢占地学制高点的必争之地。海陆结合、统筹研究古太平洋-太平洋动力系统与新特提斯洋-印度洋动力系统联合对东亚大陆构造格局与演化和地表系统格局的控制，破译大陆地质难题，已是区域海底构造研究的主要或典型代表性的任务和内容，是理解地表系统变化和深部地球动力学及其相互关系的关键科学问题和区域，也是提升我国国防安全保障能力，构筑立体军事防御体系的国家之急需。总之，为探测海底深部结构、发现深海深部资源、透视地球、深掘资源、拓展空间，必须要适时地加强认知区域海底构造。因此，加强发展海底科学与探测技术已至关重要和紧迫，是资源海洋、健康海洋、生态海洋建设的重要科学支撑。

《区域海底构造》一书介绍的是介于海洋地质学、大地构造学和地史学的一门针对区域海底构造演化的交叉学科，应是一项探索开拓之举和新编教材的创新尝试。全面掌握全球海底组成、结构构造与演化，摸清其蕴藏的丰富自然资源和具战略地位的深海大洋海底结构状态及动力学，是海底构造和洋底动力学研究的基本任务与目的。区域海底结构、组成、过程、演化和机制异常复杂，迄今还没有专门的教材系统讲授全球现今各大洋海底的构造特征、过程和机制。鉴于此，该书专门就海底构造追根溯源，探索其形成演化历史，继而拓展到古大洋演化的板块重建和古洋陆格局恢复，探讨了特提斯洋、古亚洲洋和古太平洋变迁，从四维角度全面展示区域海底构造研究的广阔时空领域及区域海底构造的形成与演化机理。

该书以地球系统科学为指导，首先重点介绍板块构造理论中的威尔逊（Wilson）旋回，进而拓展至超大陆和超大洋旋回，再从系统论的角度，由表及里，遵循读者的认知规律，循序渐进地讲授海底各圈层之间的相互作用，是一本既有基础知识，又有研究前沿成果的教科书，既适合初学者入门，也适合相关专门研究人员参考。

总之，以往区域大地构造学主要偏重介绍的是大陆区的构造演化，多数较少或几乎不涉及更大区域的大洋区域海底构造演化。已有的 *Global Tectonics* 专著，也多是以陆地为主，难以满足当今海洋科学发展的需求。深海海底是中国海洋强国战略的新疆域、全球化战略的优选区，是地球系统科学研究的主要内容和方向，虽然传统板块构造理论相对已有概略骨架性简述，但深海大洋海底实质还是人类迄今为止的盲区，知之甚少。现今，新思想、新理念、新技术的不断涌现和交叉融合，多学科综合调查海底的能力已然具备，时机也已成熟，且需求更为迫切，开展其物理过程、化学过程与地球动力学过程研究，综合研究海底"湿点"（wetspot）、海洋核杂岩、热液和冷泉，揭示流体动力学和海底变形及其区域大地构造过程，综合分析深海沉积特征，探索深部碳、磷、氮、氧、铁等生命基础物质循环等系列复杂问题，均需要多学科高度的交叉，并亟待研究出更远、更久、更深、更强的探测技术手段，从而增强长期、实时、移动、立体、协同、智能的探测能力。立足全球，加强围绕区域海底构造研究，聚焦海底区域和前沿关键科学问题，应是海洋地质学实现新发展的重要切入点和突破口。为此，目前急需加速改变现状，尤为需要培养新一代青年科学家，以形成可持续发展的新生创造力量，求得新突破。

《区域海底构造》分上、中、下册，整理了全球海底典型构造、重点海域、重要成果，鲜明、突出地展现了对当今海底构造的最新研究认识与理解。我相信，这部教材必将有力地推动专业人才的培养和中国地球科学走向深海大洋，促进海洋科学的发展和人才的成长。

中国科学院院士

2018 年 5 月 28 日

前　　言

人类自走出非洲开始，就不断认知地球的不同区域，从适应新环境，到融入新世界，在陆地区域拓展、空间资源利用中，获得了巨大的生存活力。人类是一群不甘愿寂寞的生物，他们不断地在寻找着新的刺激，甚至从陆地走向海洋，涌现了许多著名的航海家，如郑和（1371—1433）、恩里克（亨利王子，1394—1460）、达·伽马（1460年左右至1524年12月24日）、巴尔托洛梅乌·迪亚士（Bartholmeu Dias，1450年左右至1500年5月24日）、哥伦布（Christopher Columbus，1451—1506）、麦哲伦（Ferdinand Magellan，1480—1521）、詹姆斯·库克（James Cook，1728—1779）等。

特别是，13世纪末，威尼斯商人马可·波罗的游记把东方描绘成遍地黄金、富庶繁荣的乐土，引起了西方到东方寻找黄金的热潮。然而，奥斯曼土耳其帝国的崛起，控制了东西方交通要道，对往来过境的商人肆意征税勒索，加上战争和海盗的掠夺，东西方的贸易受到严重阻碍。到15世纪，葡萄牙和西班牙都完成了政治统一和中央集权化的过程，他们开辟前往东方的新航路，绕过近东、中东的人为障碍，寻找远东的黄金和香料，并将其作为重要的收入来源。就这样，两国的商人和封建主成为了世界上第一批殖民航海者。

虽然中国的航海发展得很早，在秦朝时期就有3000童男童女东渡日本的故事，后来著名的有鉴真东渡，但以明朝时期的郑和七下西洋为顶峰，更是创造了伟大的功绩。意大利航海家哥伦布先后4次出海远航，发现了美洲大陆，开辟了横渡大西洋到美洲的航路，证明了大地球形说的正确性，促进了旧大陆与新大陆的联系。麦哲伦从西班牙出发，绕过南美洲，发现麦哲伦海峡，然后横渡太平洋。虽然他在菲律宾被杀，但他的船队依然继续西航，回到西班牙，完成了史上第一次环球航行。因此，麦哲伦被认为是世界上第一个环球航行的人。他依次经过的大洋是：大西洋、太平洋、印度洋。詹姆斯·库克是英国的一位探险家、航海家和制图学家，因进行了3次探险航行而闻名于世。通过这些探险考察，他给人们关于大洋方面，特别是太平洋方面的地理学知识增添了新内容。库克船长在太平洋和南极洲的伟大航行，为世界科学发展做出了巨大的贡献，同时，他也是第一位绘制澳大利亚东海岸海图的人。

自哥伦布时代开启的地理大发现以来，随着大海另一端的新大陆发现，人类现今依然在延续着"新大陆"、新疆域的发现。至2018年，持续了50年的国际大洋钻探计划已发展至国际大洋发现计划（International Ocean Discovery Program，IODP，2013~2023），海洋大发现正当其时，无疑是人类传统思维的一种持续。本书也试图延续这种探险发现的思维模式，在新时代将这种发现拓展到海底、海底深层或深部和海底科学，这也是编著《区域海底构造》一书的目的。

对财富的执著、对新事物的好奇是人类发展不竭的动力源泉，困难挡不住人类探索的脚步，古代某个已消失王国的宝藏，向龙穴的巨龙发起挑战的勇士，美丽的精灵，凶残的兽人，灵巧的矮人……众多的未知激励着古人去探寻，无数的宝藏等待着未来的贤能去发掘，大探险时代已经来临，无论什么都无法阻止人类探索的心态。

尽管这一系列的探险和航行取得了重大成就，但这一切都是停留在海洋表面活动。海底分散着巨大的新需求、"长生不老药"的特殊基因、载有丰富宝物的古沉船……海底成为人类未来的探险仙境，人类探险空间在向"深空"拓展的同时，也在向"深海"进军。随着技术进步，人类潜得更深、航行得更远更久，在深潜、深钻、深网等不断发展的同时，人类在深时、深树（deep trees，trees指生命树）、深矿（深部成矿、深层油气和深水水合物）、深质（深海基因、纳米尺度物质构成、高精度极微量元素测定）等领域不断突破，深海进入、深海勘探、深海开采必将成为人类活动的常态。

20世纪，人类科学事业得到空前的发展，人类认识自然界的范围无论向内（微观世界），还是向外（宏观世界），都扩大了10万倍以上（王顺义，2002）。人类认识问题的性质也在不断地变化：从研究存在的自然界，进一步发展到研究演化的自然界；从分圈层研究到跨圈层认知；从分科研究到"地球是一个活的超级有机体"的"盖娅"（Gaia）学说的整体综合探索；从研究具有必然性、精确性、渐进性、有序性和规则的自然现象，发展到进一步研究具有偶然性、模糊性、突变性、无序性和不规则性的自然现象。所有这些进步，都与20世纪层出不穷的科学革命有关，它们更深入地揭示了自然界方方面面的本质和规律，其成就体现在革命性的四大自然科学理论，其中，地学的板块构造理论被誉为四大自然科学理论之一，为1968年确立的主导大地构造理论，可媲美于物理学的相对论、生物学的基因理论、天文学的大爆炸理论。

大地构造学是研究地壳构造、运动、形成机制和动力来源的学科。板块构造理论是20世纪海洋地质学和大地构造学研究的革命性成就，迄今依然展现着其强大的生命力，依然保持着其世界最盛行理论的稳固地位。特别值得一提的是，板块构造理论首先是海洋地质学研究的直接产物。国内外一些大学基本将《板块构造》或 Plate Tectonics 作为教授大地构造学的专门课程，取代《区域大地构造学》等。在中国，《中国区域大地构造学》课程主要根据引入板块构造理论一些知识来认识中国大陆或周边地质构造演化，区域性海底构造演化的内容很少。基于这些原因，我们认为《板块构造》不能代表一切海底构造，《中国区域大地构造学》也存在其地域局限性，因此，试图将课程命名为"区域海底构造"，立足中国海，放眼世界大洋，这样可以囊括地幔柱、热点、大火成岩省、大洋地幔动力学、大陆边缘构造、洋陆过渡带、洋-陆转换带等新内容，空间上向深层拓展，内涵也更为丰富，这也是中国"走出去"的"一带一路"倡议、创新驱动战略、海洋强国战略之急需。

在编写过程中我们也意识到阅读本书的难点：涉及非常多的全球各地地名，我们尽可能选用地质发展史上有典范意义或有经典地质现象的著名地名。此外，涉及几乎所有地质时代和大量地方性复杂地层名称，要完全记忆这些地质时代和相关地层名称也是非常困难的。因此，为了便于读者随时对照绝对时间，理顺各海域地质演化历史，在本书后我们附上了最新国际地层年表。要知晓所述地点就只能靠读者买本内容翔实的《世界地图》或者仔细看书中图件有限的地名标注了。

本书初稿由李三忠、曹花花、于胜尧、赵淑娟、王誉桦等完成，最终全书统稿由李三忠、刘博完成。具体分工撰写章节如下：第1章的1.1节由李三忠编写，1.2节由于胜尧编写，1.3节由王誉桦编写；第2章由曹花花、李三忠编写；第3章由赵淑娟、李三忠编写；第4章由李三忠、张臻编写。

在本书即将付梓之时，刘博、曹花花、赵淑娟、于胜尧、王誉桦等博士组织整理重绘了所有图件，并做了最后编辑整理，付出巨大辛劳。此外，编者感谢为此书做了大量内容整理工作的团队青年教师和研究生们，包括郭玲莉、王永明、李园洁等博士后，尤其是王鹏程、惠格格、张臻、王倩、牟墩玲、赵林涛、兰浩圆、张剑、郭润华、胡梦颖、李少俊、陶建丽、马芳芳、甄立冰、刘金平、孟繁等研究生们为初稿图件清绘做出了很大贡献。

特别感谢中国海洋大学的前辈，他们的积累孕育了我们这一系列的教材；也特别感谢中国海洋大学海洋地球科学学院很多同事和领导长期的支持和鼓励，编者也是本着为学生提供一本好教材的本意、初心，整理编辑了这一系列教材，也以此奉献给学校、学院和全国同行，因为这里面有他们的默默支持、大量辛劳、历史沉淀和学术结晶；特别感谢很多同行许可引用他们对相关内容的系统总结纳入本教材。由于编者知识水平有限，不足之处在所难免，引用遗漏也可能不少，敬请读者谅解并及时指正，我们将不断提升和修改。

最后，要感谢以下项目对本书出版给予的联合资助：国家自然科学基金委员会国家杰出青年基金项目（41325009）、山东省泰山学者特聘教授计划、青岛海洋科学与技术国家实验室鳌山卓越科学家计划（2015ASTP-OS10）、国家海洋局重大专项（GASI-GEOGE-01）、国家重点研发计划项目（2016YFC0601002、2017YFC0601401）、国家自然科学基金委员会–山东海洋科学中心联合项目（U1606401）、国家实验室深海专项（预研）（2016ASKJ3）和国家科技重大专项项目（2016ZX05004001-003）等，特别是中国海洋大学出资了大部分出版经费，特此感谢。

编者

2018 年 6 月 30 日

目 录

第1章 特提斯洋板块系统演化 ········· 1
- 1.1 原特提斯演化及全球背景 ········· 11
  - 1.1.1 全球早古生代造山带：碰撞型造山 ········· 13
  - 1.1.2 全球早古生代造山带：俯冲–增生型造山 ········· 31
  - 1.1.3 全球早古生代造山带：华南陆内造山 ········· 60
- 1.2 古特提斯演化 ········· 77
  - 1.2.1 古特提斯与缝合线 ········· 80
  - 1.2.2 古特提斯与多岛洋 ········· 89
  - 1.2.3 古特提斯与青藏高原构造演化 ········· 95
  - 1.2.4 古特提斯与匈奴地体群 ········· 99
  - 1.2.5 古特提斯与潘吉亚超大陆聚合 ········· 104
  - 1.2.6 潘吉亚聚散与构造–气候耦合模式 ········· 108
- 1.3 新特提斯演化 ········· 115
  - 1.3.1 新特提斯域的构造单元划分 ········· 115
  - 1.3.2 新特提斯洋的板块重建与构造演化 ········· 125
  - 1.3.3 特提斯构造域的油气聚集与矿产资源 ········· 143
  - 1.3.4 争论与前沿科学问题 ········· 146

第2章 古亚洲洋板块系统演化 ········· 148
- 2.1 古亚洲洋构造域地质单元划分 ········· 151
  - 2.1.1 哈萨克斯坦构造域 ········· 153
  - 2.1.2 图瓦–蒙古构造域 ········· 165
  - 2.1.3 塔里木–华北北缘构造域 ········· 187
- 2.2 古亚洲洋构造域地块/微陆块的构造亲缘性 ········· 191
  - 2.2.1 图瓦–蒙古构造域 ········· 192
  - 2.2.2 哈萨克斯坦构造域 ········· 197
- 2.3 古亚洲洋构造域缝合线 ········· 208
  - 2.3.1 额尔齐斯–达拉布特–北天山缝合带 ········· 208
  - 2.3.2 索伦–西拉木伦–长春–延吉缝合带 ········· 209
  - 2.3.3 贺根山–黑河–谢列姆扎河缝合带 ········· 211

2.4 古亚洲洋演化历史 211
2.4.1 古亚洲洋的最早打开——中元古代 212
2.4.2 古亚洲洋新元古代—古生代演化 215
2.4.3 古亚洲洋的剪刀式闭合 227

第3章 古太平洋板块系统演化 234
3.1 依泽奈崎板块 235
3.2 法拉隆板块 238
3.3 库拉板块 241
3.4 纳兹卡和科科斯板块 242
3.5 菲尼克斯板块 244
3.6 古太平洋板块的起始与消亡 246

第4章 超大洋与超大陆演化 262
4.1 Kenorland（肯诺兰） 262
4.2 Columbia（哥伦比亚） 265
4.2.1 哥伦比亚超大陆的提出 266
4.2.2 华北两条陆陆碰撞造山带的厘定 268
4.2.3 胶辽吉陆内造山带的确定 272
4.2.4 哥伦比亚超大陆重建 277
4.3 Rodinia（罗迪尼亚） 284
4.3.1 罗迪尼亚形成 285
4.3.2 罗迪尼亚裂解 293
4.3.3 雪球地球与生物大爆发 295
4.4 Proto-Pangea（原潘吉亚） 299
4.4.1 全球早古生代主要造山带 299
4.4.2 早古生代造山事件群 303
4.4.3 原潘吉亚超大陆：南美和北美板块拼合 310
4.5 Pangea（潘吉亚）和Panthalassa（泛大洋） 315
4.5.1 潘吉亚的提出 315
4.5.2 潘吉亚的形成 315
4.5.3 潘吉亚的裂解 320
4.6 Amasia（亚美） 322
4.7 超大陆旋回及其动力学机制 325

参考文献 336
附录一 397
附录二 398
索引 399
后记 402

第1章　特提斯洋板块系统演化

地球45.6亿年的历史长河中，除了现今北冰洋、大西洋、印度洋和太平洋之外，还存在大量消失或正在消失的大洋，比较著名的有古太平洋、古亚洲洋、特提斯洋。因此，本章着重利用板块重建手段和大陆上的残存洋壳记录，阐述这些消失大洋的构造演化，并构建起海陆一体的全球构造演化，也为未来利用精细的层析成像深挖地幔中俯冲消失的大洋板片信息和深时地球动力学模拟提供一些参考或约束。

特提斯（Tethys）的概念是由认识一条跨越现在阿尔卑斯山脉到喜马拉雅山脉之间的古海道而发展起来的，迄今已逾百年。"特提斯"一词现在已经成为重要的地质概念。

1885年M. Neumayr在综合分析全球侏罗系和生物古地理资料时，就构想从中美洲加勒比海经阿尔卑斯、地中海到印度存在着一个中生代的赤道大洋，把北方大陆同南方的巴西-埃塞俄比亚以及中国-澳大利亚大陆隔开，并将其命名为"中央地中海"。它以发育独特的侏罗纪和早白垩世的热带、亚热带动物群与北温带的浅海及北欧、俄罗斯北部地区动物群相区别。当时这一术语是指在广阔海洋里的深海区。

1893年，奥地利地质学家E. Suess给M. Neumayr的"中央地中海"概念赋予构造内涵，并重新命名为特提斯，其名称来源于荷马（Homer）史诗中的古希腊神话（图1-1）。大地之母盖娅（Gaia）和其长子天空（苍穹）之神乌拉诺斯（Uranus）生了六男六女（表1-1），称为十二泰坦神（Titans），包括大洋之神俄刻阿诺斯（Oceanus）和沧海之神特提斯（Tehtys，也翻译为泰西斯）。特提斯是俄刻阿诺斯的妹妹和妻子，特提斯和俄刻阿诺斯生下了3000个女儿，包括海洋女神多丽斯（Doris）。盖娅和其次子深海之神彭透斯（Pontus）生下的长子为友善海神涅柔斯（Nereus），涅柔斯和多丽斯生下了50位海之女神，之首为忒提斯（Thetis），忒提斯是深海之神彭透斯（Pontus）之长妹。盖娅的最小儿子克洛诺斯（Cronus）和女儿瑞亚（Rhea）结婚，生下的儿子为大海之神波塞冬［Poseidon，娶忒提斯的姐姐安菲特琳迪（Amphitrite）］，是古希腊神话中主神宙斯（Zeus）的哥哥和冥王哈迪斯（Hades）的弟弟，奥林匹斯十二主神之一，对应罗马神话中的水神涅普顿（Neptune）。波塞冬（Poseidon）和宇宙之神宙斯都追求过忒提斯，但忒提斯嫁给了密尔弥冬人的王子——佩琉斯（Peleus），忒提斯和佩琉斯的儿子为阿喀琉斯

(Achilles)。西方学者常以希腊神话中的海神来命名消失的海洋，这一点和东方学者用"四海说"中的方位来命名现今的海洋为东海、南海、西海（青海湖）和北海（贝加尔湖）类似。

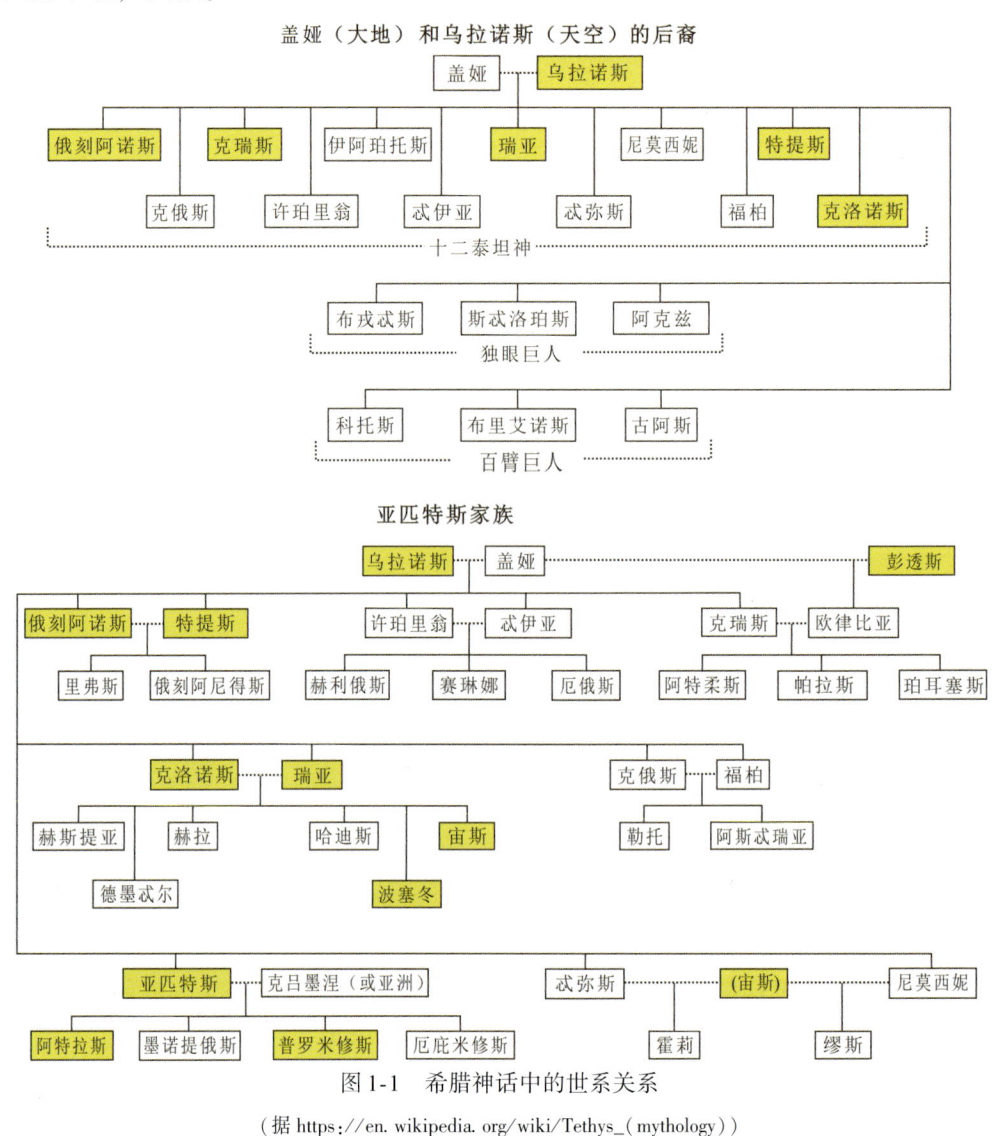

图 1-1 希腊神话中的世系关系

（据 https://en.wikipedia.org/wiki/Tethys_(mythology)）

而今，所谓的特提斯概念却有很大的不同，大陆边缘、大洋及深海的各种热带、亚热带的海相动物群与沉积物统统被归为特提斯型。Suess（1893）提出的"特提斯"指冈瓦纳古陆以北与欧亚板块以南的一个宽阔的中生代海相沉积带。这个沉积带已被挤压褶皱，现出露于喜马拉雅山脉和阿尔卑斯山脉，这个海相沉积带对应的大洋被称为特提斯洋，最后残留的特提斯海就是现在的地中海。在这里，Suess 强调它是中生代时期介于欧亚板块南缘与冈瓦纳古陆北界之间的一个大洋。后来，Hill 和 Archibald（1958）将土耳其、希腊等地的早二叠世浅海碳酸盐沉积区也划为特提斯。Gansser（1964）将喜马拉雅地区从寒武纪到始新世的大部分浅海台地型沉积地带称为特提斯喜马拉雅。

自 Suess（1893）提出"特提斯"一词以来，当今地球表面上最为醒目壮观的阿尔卑斯–喜马拉雅–横断山–东南亚特提斯构造域的形成与演化，一直是推动地质学发展的热门研究课题。这不仅是因为特提斯地跨欧、亚、非、南美和北美五大洲，还因为它的形成与演化对全球构造有着重要的影响。有趣的是，毛泽东 1935 年所作的《念奴娇·昆仑》一词中描述昆仑在内的这条山脉时，气壮山河地抒怀道："而今我谓昆仑：不要这高，不要这多雪。安得倚天抽宝剑，把汝裁为三截？一截遗欧，一截赠美，一截还东国。"这巧合地对应了地质特提斯构造域的分段性。从资源分布看，特提斯域内蕴藏着丰富的资源，特别是巨大的油气资源。因此，探明和开发特提斯域内新的油气勘探区，已得到世界石油地质学家和油气实业家的关注，也得到了中国有关专家和企业家的极大关注。同时，这个地带也成为石油时代各国激烈争夺的地带。近年来，对特提斯的研究越来越深入，认识也越来越准确，但是不可避免地存在这样或那样的学术论争（鲁银涛，2008），如特提斯的划分与形成时代、范围与方式、演化与旋回、资源与环境（图 1-2）等。

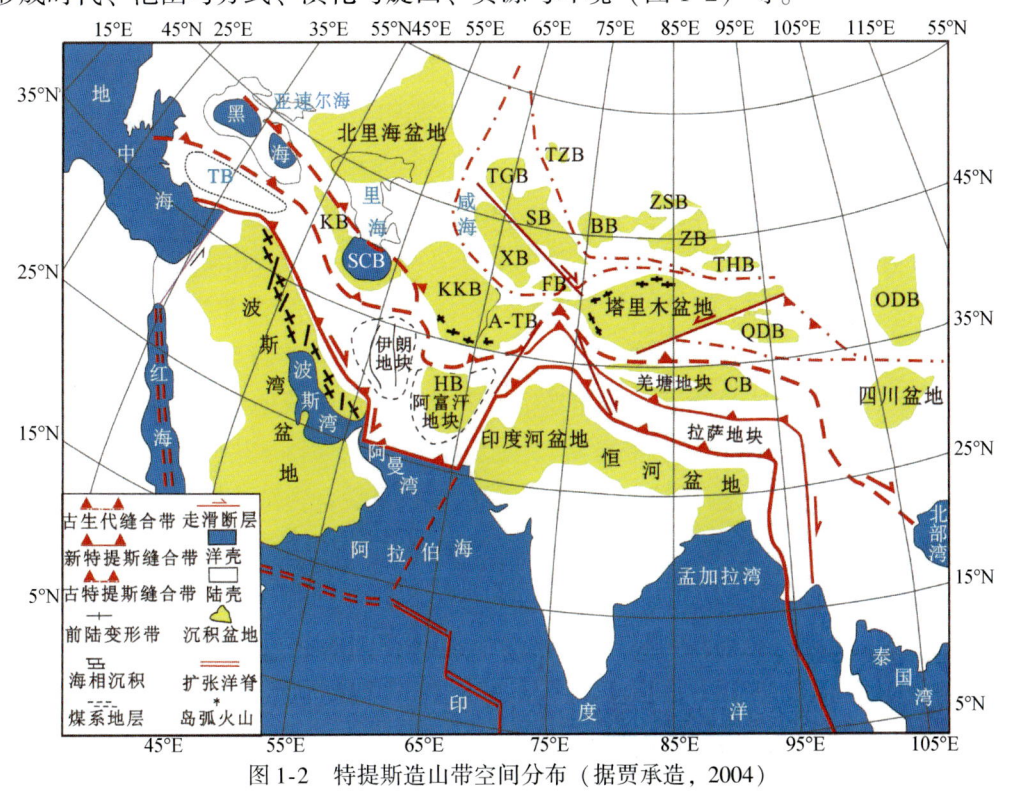

图 1-2 特提斯造山带空间分布（据贾承造，2004）

CB. 羌塘盆地；KB. 库拉盆地；SCB. 南里海盆地；HB. 赫尔曼德盆地；KKB. 卡拉库姆盆地；A-TB. 阿富汗–塔吉克盆地；XB. 锡尔达亚盆地；FB. 费尔干纳盆地；TGB. 图尔盖盆地；SB. 萨雷苏盆地；BB. 巴尔喀什盆地；ZSB. 斋桑盆地；ZB. 准格尔盆地；THB. 吐哈盆地；TZB. 田吉兹盆地；ODB. 鄂尔多斯盆地；QDB. 柴达木盆地

(1) 特提斯概念演变及多期次划分

20世纪前半叶，特提斯一直是一个很热门的研究和讨论的对象，它的概念也随着研究的深入而不断明确和细致。Suess（1908）认为其位于冈瓦纳古陆与安加拉两个大陆之间，指出"从喜马拉雅至阿拉伯、阿曼以及邻区可以对比的已知岩系，从寒武系至白垩系，皆为冈瓦纳古陆北侧存在冒地槽沉积提供了证据"。这里已经很明确地把喜马拉雅归入特提斯洋被动大陆边缘的一部分。黄汲清（1956）在论述中国主要构造单元时指出，在天山、昆仑山、南山、青海、秦岭以及西康和滇西等地区存在志留纪时期的原特提斯海，以此作为二叠纪阳新世特提斯海的前身。刘鸿允（1950）给出的特提斯概念是：从早寒武世开始一直持续到中生代，发育在康滇以西中国西南的广阔海域。至此，特提斯只有一分方案，即一个洋盆，发育时限可能为从寒武纪至白垩纪，或只是可能存在两个演化阶段：志留纪原特提斯海和二叠纪特提斯海。

20世纪60~70年代，Gansser（1964）在划分喜马拉雅构造带时，把喜马拉雅北坡的寒武纪至始新世连续的海相沉积带称为特提斯喜马拉雅，其中包括大量的浅水型沉积物。Smith（1973）将楔形伸入古生代末联合大陆（Pangea）内侧的大洋称为特提斯，而将分布于地中海地区的中生代海洋称为"原地中海"。同年，Dewey和Burke（1973）提出这个向东呈喇叭形张口的楔形大洋形成于晚三叠世之前，也将其命名为特提斯。Stocklin（1974）将伊朗北部Alborz山脉北坡以北的海洋称为古特提斯，将晚二叠世沿伊朗南部的扎格罗斯（Zagros）一线裂开的大洋称为"新特提斯"。可见，板块构造理论诞生之初，特提斯开始逐渐被两分，即空间上为两个洋盆，但划分时间上存在争论，即以晚三叠世之前还是晚二叠世裂开为划分标志尚存争论。

20世纪80年代，Aubouin等（1980）将特提斯总结为：特提斯是海西造山运动后，古生代末期联合古陆由西太平洋开始呈剪状张开而形成的一个大洋。因此可以分出两个特提斯：一是"永久特提斯"，属古生代太平洋，从古生代到中生代均为大洋相，无不整合；二是"再生特提斯"，是一个在联合古陆上打开的大西洋型的大洋。Sengör（1984，1987，1989，1990）认为："特提斯造山带是一个超级造山带，它位于欧亚板块南侧，由古特提斯洋和新特提斯洋闭合形成的基梅里造山带和阿尔卑斯造山带组成……古特提斯洋主要存在于晚石炭世……在晚二叠世，平行于冈瓦纳北缘的裂陷作用在扎格罗斯和马来西亚之间开始产生，将基梅里地体群从冈瓦纳古陆的北部分离出来，从而导致新特提斯洋和一些作为古特提斯洋弧后盆地的小洋张开。这些裂陷作用向西可能延伸到克里岛和希腊大陆。而华北陆块、扬子地块、羌塘地块东部和印支地块，所有这些元古宙末期至早古生代的冈瓦纳古陆原始组成部分，在前石炭纪至晚石炭世，甚至可能在泥盆纪时期已从冈瓦纳古陆分离出来，它们与基梅里地体群在晚古生代均以含华夏系植物分子为特征"。他认为，基梅里造山带的形成时期是从中晚三叠世至中侏罗世，阿尔卑斯造山带的形成时期主要是从晚古新世到晚始新世，自北至南有：北部的劳亚古陆（二叠纪至白垩纪），古特提斯洋（早石炭世至中侏罗世），基梅里地体群（三叠纪至中侏罗世），新特提斯洋（二叠纪末？或三叠纪至始新世，局部延续至今），冈瓦纳古陆主体（奥陶纪至侏罗纪）。刘增乾（1983）、黄汲清和陈炳蔚（1987）、潘桂棠等（1997）都根据自己对特提斯的深入研究而提出了各自对特提斯概念的定义和研究方向。此时，他们明确了古特提斯和新特提斯是两个大洋，且明确时间上以晚二叠世为划分界限。

许靖华1997年提出的特提斯概念为"与古生代末—早三叠世联合古陆并存的特提斯洋，主要消亡在侏罗纪，其封闭的位置应在特提斯造山带晚中生代—新生代缝合线之北，特提斯造山带所有晚中生代—新生代缝合线，并不是古生代末—早三叠世特提斯的标志，而是代表三叠纪或更晚形成的那个海洋"。他认为以早三叠世为界划分两个特提斯，这依然没有突破20世纪80年代研究的水平。但是，随后Metcalfe（1998）根据对地质构造的研究，提出三分特提斯，即将特提斯分为古特提斯、中特提斯、新特提斯，古、中、新分别代表着古生代、中生代、新生代。Metcalfe（1998）这一成果逐步接近现今对特提斯的认识（图1-3），但时间界定略显粗略。

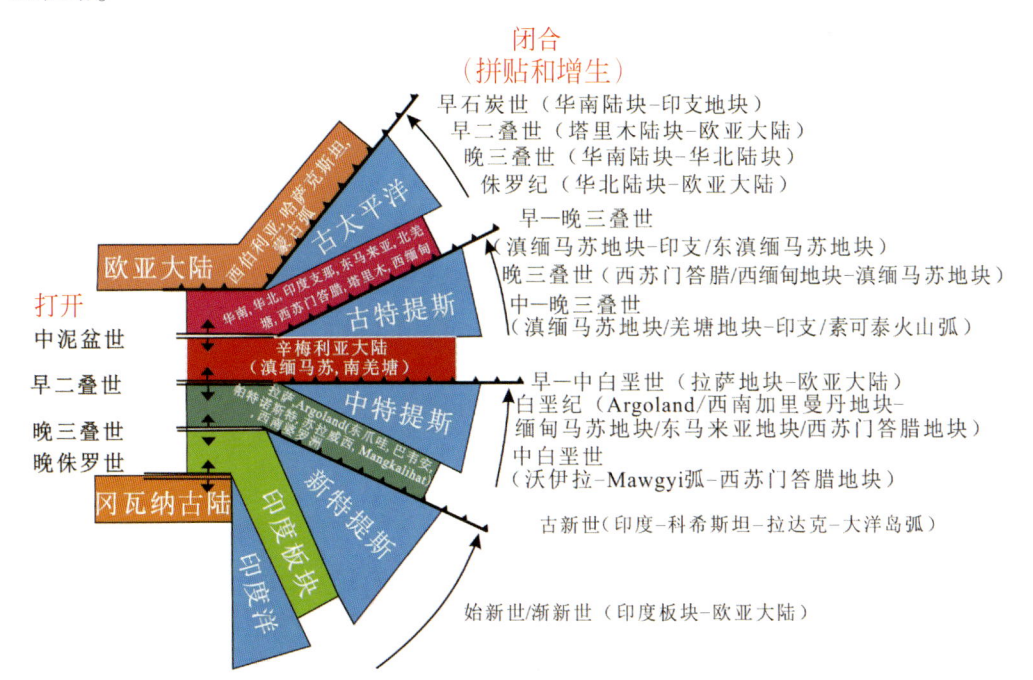

图1-3 特提斯洋打开和闭合过程（据 Metcalfe，2013）

现今为特提斯研究者所广泛接受的主流概念是：特提斯是在欧亚和冈瓦纳两大陆之间长期存在的、向东呈喇叭形张开的低纬度多岛洋。现今这个地带称为特提斯域或特提斯构造域，其主要地质过程是陆块阶段性、单向地裂离冈瓦纳古陆并向北漂移，最终与欧亚板块碰撞拼合，由此形成多期特提斯。

特提斯的多岛洋模式认为，冈瓦纳古陆与欧亚板块的裂解块体群在其漂移过程中，漂移前方的洋盆逐渐萎缩、消亡，后方则由裂谷发展为新的洋盆，如此循序往复的洋盆演化历史就构成了古、中、新特提斯等不同阶段裂解、漂移和消亡的多幕次过程，使特提斯与大西洋、太平洋等"干净"的大洋不同，它在其各个演化阶段，始终是个充满着裂解地块与裂谷、海峡通道、微地块与小洋盆、岛弧与边缘海等构造单元的、不同裂离与聚合程度的、海陆相间的多岛洋盆。

多岛洋体系中板块运动具有软碰撞、多旋回和造山长期性的特点，其板块碰撞通过岛屿或块体增生的多幕次微型碰撞而实现。每一次微型碰撞的速度为两个碰撞块体速度的差，而不是速度的和，两碰撞块体的质量总额又是很小的，因此不能引起造山运动，这就是"软碰撞"。多旋回是沿用黄汲清的概念，每一次微型碰撞之后往往跟着一个松弛扩张的过程，造山运动并不是紧随各次碰撞而发生的，而是可能要延迟 100Myr[①] 乃至更长的时间，这就造成了造山作用的长期性（图 1-3）。

最初的特提斯研究中，大家都不清楚其规模到底有多大，范围有多广，延续时间有多长，只是在研究一条跨越现在的阿尔卑斯到喜马拉雅的古海道的过程中发展起来的一个重要的地质概念，到底特提斯是一个新的模式，或者特提斯是一个特殊的地质现象，或者其就是一个普遍的地质现象？在早期的研究中是无法回答的，所以，每个人都可能有自己的见解，可以用自己合理的一套方案来划分特提斯，给出一个能说服人的概念。所以在早期，出现了前面所列出的多个关于特提斯的概念和划分方案。

目前大部分学者都接受 Metcalfe（2013）关于特提斯的三分法：在冈瓦纳古陆裂解的过程中，不同地块向北漂移并发生碰撞，依次打开不同时代的三个特提斯洋盆，即古特提斯洋（奥陶纪—三叠纪）、中特提斯洋（早二叠世晚期—晚白垩世）、新特提斯洋（晚三叠世—晚白垩世）。这些古大洋记录保存在大陆板块边缘的缝合带和褶皱-推覆带中，包括蛇绿岩、火山弧和增生杂岩体等。可见三个特提斯洋之间空间上不重叠，但时间上可以重叠。

然而，不可避免地会存在多个概念和分法的状况，像"原（始）特提斯"（Proto-Tethys）、"古特提斯"（Paleo-Tethys）、"中特提斯"（Meso-Tethys）、"新特

---

① 本书中，Myr 代表时间段，与 Ma 区分。

提斯"（Ceno-Tethys）的概念还比较混乱。有的学者认为原特提斯不是传统意义上的特提斯，如接受 Metcalfe（1998）关于特提斯的三分法的学者就不会倾向于提及原特提斯，而是将"原特提斯"和"古太平洋"的概念等同。而另外的一些学者给出的原（始）特提斯的概念是：在劳亚古陆与冈瓦纳古陆之间，早古生代裂开的东西向海道称为原始特提斯。而按照 Metcalfe（1998）的分法，这个时期的特提斯洋是古特提斯洋。此外，在 Metcalfe（1998）关于中特提斯与新特提斯的概念中，中特提斯和后来空间上划分的西特提斯、中特提斯、东特提斯中的中特提斯概念上容易混淆，故不接受 Metcalfe（1998）三分法的学者会将二者统归于新特提斯，即晚古生代裂开的称为古特提斯，而在中生代裂开的称为新特提斯。所以，在提及特提斯的分法，或是引用特提斯的概念，特别是研究特提斯的各个时期的时候，最好是在这些"原、古、中、新"后面加上限定的时间，这样，即便是不同的分法也能知道别人所提及的概念在自己接受的一套分法中的概念，那么在引用的时候就不会出现混淆的情况。因此，从时间上划分，多数学者认为：原特提斯介于新元古代—中泥盆世、古特提斯介于中泥盆世—早二叠世、新特提斯介于晚二叠世至始新世，空间上对应着从北到南的不同缝合线。

（2）特提斯的范围

特提斯是在认识一条跨越现在的阿尔卑斯到喜马拉雅的古海峡通道的过程中发展起来的一个重要的地质概念。如前所述，古生代发育的大洋称古特提斯洋，中生代张开的盆地叫中特提斯洋（即阿尔卑斯到喜马拉雅一带），而古近纪以来形成的，如现今的地中海和红海，则为新特提斯洋，但是，现今几乎无人认为红海是新特提斯。尽管一些学者认为印度板块和欧亚板块碰撞事件标志着新特提斯洋的消亡，但从全球视野看，现在新特提斯洋或其洋壳并未全部消亡，仍具有一定程度洋盆性质的有地中海以及墨西哥湾、黑海和南里海这三个残留的小洋盆，甚至还有一些新特提斯洋壳保存在现今印度洋内的一些地方。

特提斯洋的形成、发展和消亡过程，与全球构造运动中的海底扩张、大陆增生和洋壳俯冲有关。中国地质学家还提出了"特提斯构造域"的理论概念，认为它所代表的是一个中、新生代构造域，西起北非和欧洲南部的阿尔卑斯褶皱带，向东经地中海、土耳其、高加索、伊朗、阿富汗、巴基斯坦进入青藏高原，再向南延至马来西亚、印度尼西亚构造带。

张旗等（2003）认为古特提斯洋盆可能从西欧—中亚—西藏北部—青海南部折向南东，经川西—滇西—东南亚，呈向南东张开的喇叭口，同时认为新特提斯位于古特提斯南部，从西欧经南欧、中亚、巴基斯坦、克什米尔、西藏南部，一直延伸到东南亚的缅甸–苏门答腊，地中海是其残留海，中国境内特提斯构造域包括班公湖–怒江和雅鲁藏布蛇绿岩带。

根据上白垩统的海洋红层分布，划定该时代的特提斯洋海水覆盖范围大致为：北大西洋–西班牙 Subbetic 带–意大利翁布里亚–马奇盆地–意大利南阿尔卑斯–奥地利阿尔卑斯–斯洛伐克西喀尔巴阡山脉–波兰喀尔巴阡山脉–匈牙利东南部–罗马尼亚喀尔巴阡山脉–土耳其东 Pontides-Ladakh-Zanskar 喜马拉雅–西藏喜马拉雅。

甘克文（2000）认为特提斯域南北向空间上可划分为北、中、南三个带：①北带（N）介于原特提斯缝合带至古特提斯缝合带之间，它是劳亚古陆在古生代时的拼合增生部分；②中带（M）介于古特提斯缝合带和新特提斯缝合带之间，它是中生代时海槽洋盆与大陆碎块或海台交替并最终拼合的地带，现今则构成阿尔卑斯–喜马拉雅褶皱系；③南带（S）则是新特提斯发育过程中冈瓦纳古陆北缘的大陆架区。他认为中带是严格意义上的特提斯域，北带和南带则可被分别视为劳亚古陆和冈瓦纳古陆的大陆架被海侵的部分。

从东西向空间上，甘克文（2000）将特提斯域在东半球的部分自西向东划分为欧洲–北非段、西亚段、中亚段和东南亚段四段（图1-4）。东半球的特提斯域四段（图1-4）分别以死海勒凡丁（Levantine）转换走滑断层作为欧洲–北非段（Ⅰ）与西亚段（Ⅱ）的分界，以恰曼–欧文断层带作为西亚段（Ⅱ）与中亚段（Ⅲ）的分界，以阿拉干–那加断层带和东经90度海岭作为中亚段（Ⅲ）与东南亚段（Ⅳ）的分界。严格地讲，上述三条界线主要反映在特提斯南带上，即把冈瓦纳古陆的北缘分割为非洲、阿拉伯、印度及印支–巽他四个块体。对于北带，除帕米尔构造线比较明显外，将克里木半岛或亚速海作为欧洲部分和西亚部分之间的分界，并以松潘–秦岭–大别褶皱系作为北带东侧的分区界线，使华北地块和扬子地块分别与中亚段和东南亚段相对应。西半球段（Ⅴ段，图1-4）是现今位于西半球、南北美洲之间的近东西向海峡通道，其古生代时的构造被 Ziegler（1989）称为原始大西洋，但 Klemme and Ulmishek（1991）的全球四个构造域方案将其归属于特提斯构造域。这一地区发育墨西哥湾沿岸、雷福马–坎佩切、马拉开波和东委内瑞拉等油气储量十分丰富的盆地。

在这里，关于原特提斯和新特提斯的时限概念是：在劳亚古陆与冈瓦纳古陆之间，早古生代或之前裂开的东西向大洋称为原特提斯，晚古生代裂开的称为古特提斯，而在中生代裂开的称为新特提斯。这个概念与现今的特提斯的三分法是有一些出入的，但是可用比较具体的时间来限定阐明不同划分方案中特提斯的概念。特提斯关闭与打开的时间，无论是主流的三分法或是其他的分法，总体上是比较一致的，但显然每个地区打开和关闭不存在一致性是符合自然规律的，因此应因地而异。

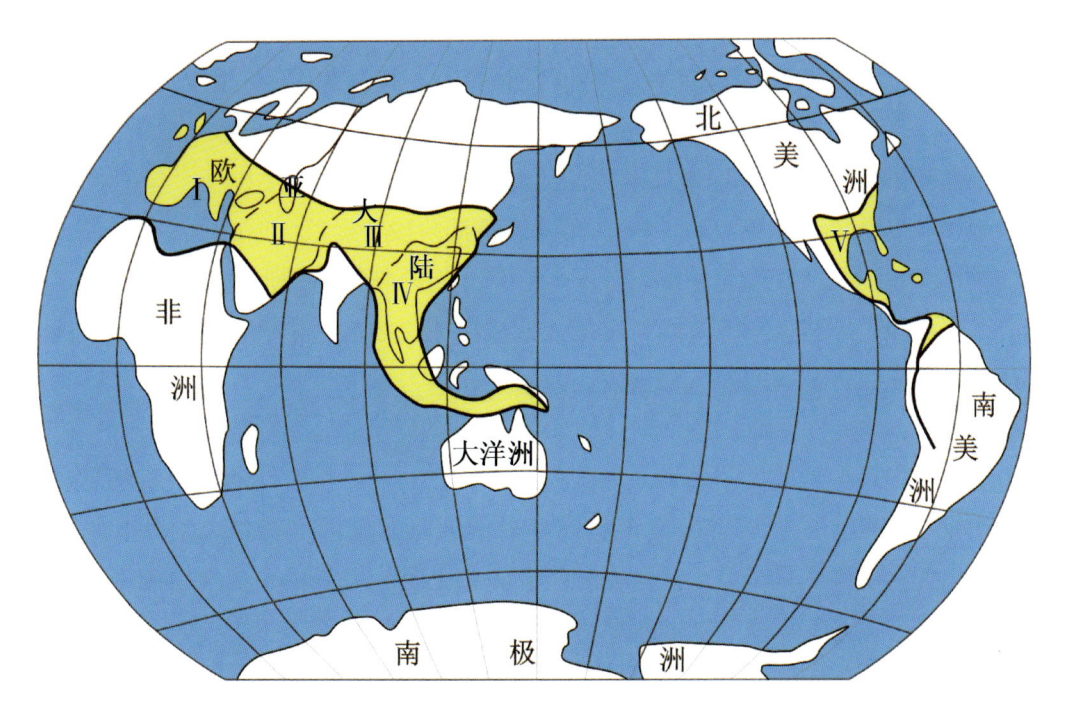

图 1-4　特提斯范围及分带（据甘克文，2000）
Ⅰ. 欧洲—北非段；Ⅱ. 西亚段；Ⅲ. 中亚段；Ⅳ. 东南亚段；Ⅴ. 西半球段

（3）特提斯洋演化

无论是关于特提斯的三分法，还是其他学者所倡导的特提斯的其他分法，都是根据特提斯的闭合和打开的时间来划分的，但是没有研究者真正确定特提斯洋多期次张开与闭合的准确时间。

Metcalfe（2013）认为：东南亚显生宙构造演化经历了大陆地体从冈瓦纳古陆边缘的裂离、向北漂移以及拼接或增生等地质作用过程。其中，华南、印支、羌塘-思茅和海南地体于泥盆纪期间从冈瓦纳古陆边缘裂离出来，形成了古特提斯。滇缅马苏（Sibumasu）地块和羌塘地块在早二叠世晚期与冈瓦纳古陆分离，形成了中特提斯。西 Burma、Sikuleh 和 Natal 等地块在晚三叠世—晚侏罗世从冈瓦纳古陆北缘裂离，形成了新特提斯。

但是，自新元古代罗迪尼亚超大陆裂解以来，华北陆块以孤立块体进入泛大洋中，使泛大洋逐渐缩小或被分割，进而泛大洋被分割为北部的古亚洲洋和南部的原特提斯洋两部分。早古生代时，在冈瓦纳古陆体系与劳亚古陆体系之间偏南的大洋体系称为原特提斯；到了晚古生代早期，原特提斯关闭，华北、华南陆块皆与冈瓦纳古陆北缘拼合碰撞，形成冈瓦纳古陆北缘增生的加里东期褶皱带。最后，冈瓦纳北缘这个早古生代末的增生-碰撞边缘，在晚古生代发生裂解，华北与华南皆裂离冈瓦纳北缘，进而两者与冈瓦纳之间裂开形成古特提斯洋。直到石炭纪—二叠纪时，北方劳亚古陆和南方冈瓦纳古陆拼合成为联合大陆（即常称的 Pangea B），此时的古特提斯只剩下了一个向东呈喇叭状张开的海湾；晚二叠世—三叠纪，联合大陆逐步解体，劳亚古陆与冈瓦纳古陆分离，与此同时，从原始冈瓦纳古陆的北缘，分离出若干碎块，近乎有序地向北漂移，接力式地与欧亚板块拼合，这时产生的海槽或洋盆称为新特提斯（图1-3）。可见，不同阶段特提斯洋形成的主体机制是一些陆块连续单向从冈瓦纳北缘裂离过程所导致，但原特提斯的形成是聚合过程，因而有人提出取消原特提斯的概念。但是，特提斯的原始概念是一条沉积相带，这个沉积相带原意也涉及不同古生物分界，因而不能因为形成机制不同而取消原特提斯概念。

尽管特提斯的形成机制或划分方案存在多观点，但对特提斯的聚散时间界定总体是比较一致的，多数学者都比较认同特提斯的三期聚散是在早古生代、晚古生代—中生代、晚中生代。但是在具体时间或方式上是有差异的，裂解时间上甚至不能统一到"纪"单位。关于特提斯的关闭时间就更不统一了。

杨经绥等（2005）通过青藏高原北部东昆仑南缘德尔尼蛇绿岩的岩石学和年代学方面的研究表明：这个蛇绿混杂岩带代表一个被构造肢解的古特提斯洋壳，其代表一个快速扩张型洋中脊，最晚形成于晚石炭世（308.2±4.9Ma），但如果按陈亮等（2003）的玄武岩全岩 Ar-Ar 坪年龄（345.3±7.9Ma），则洋壳形成的时间可能要早到早石炭世，而关闭的时间可能延续到晚三叠世。

闫全人等（2005）对西南三江源地区的 4 条蛇绿岩带——甘孜-理塘蛇绿岩带、金沙江-哀牢山蛇绿岩带、澜沧江-孟连-昌宁蛇绿岩带及丁青-八宿蛇绿岩带进行了研究。其中，甘孜-理塘蛇绿岩带中辉长岩的 SHRIMP 锆石 U-Pb 定年结果显示，其结晶年龄为292±4Ma，确定甘孜-理塘特提斯洋的蛇绿岩或洋壳的形成年代应为石炭纪末或二叠纪初，这样，三江源及青藏高原南北两侧特提斯洋壳的形成，与 Metcalfe（1998，2013）提出的东南亚三阶段模式并不相符。广泛的文献表明，无论是 Metcalfe（1998，2013）的三分法，或是其他学者的不同的分法，特提斯的张裂或是闭合的时间都是不确定的，最多只能够确定到地质年代中的"纪"单位。这是因为特提斯的张裂和闭合的时间是由特提斯的遗迹——蛇绿岩套确定的，但是可能在蛇绿岩上覆就位于缝合带的时候有缺失等原因，造成了定年误差。本书认为造成这种差异更为可能的因素在于特提斯本身。由于特提斯本身是一个全球性的构造域，在各个地方肯定存在不同的演化历史和复杂的空间变化，可能在一个局部区域演化晚或是演化早，但演化的趋势在全球都是一致的，即三期特提斯。但是不管怎样，特提斯各个区域不统一的张裂闭合事件使得确定各个阶段特提斯的张开闭合时间更加困难。

1.1 原特提斯演化及全球背景

李三忠等（2016a，2016b，2016c）基于前人认识和前述最新进展，界定原特提斯洋为"起始于新元古代，闭合于早古生代末期，位于塔里木-华北陆块以南，滇缅马苏/保山地块以北，与罗迪尼亚超大陆的裂解密切相关的一个古洋盆"。特别强调的是，它不是前人认为的大洋（李兴振等，1990；陈智梁，1994；潘桂棠等，1997；陆松年，2001；郭福祥，2001；Xiao et al.，2003，2009；Raumer and Stampfli，2008；李文昌等，2010），而是一个小洋盆。这个洋盆的开启、闭合及随后相关陆块/微陆块拼贴，导致了东亚乃至全球洋陆格局的巨大转换（李文昌等，2010），这正是潘吉亚超大陆形成过程的一个重要环节。

东亚早古生代一系列蛇绿岩带和高压-超高压变质带，如北祁连高压带、柴北缘超高压带、阿尔金超高压带、北秦岭超高压带、龙木错-双湖构造带等（图 1-5），记录了原特提斯洋内复杂的陆块运动与结构状态。可见，除印支期以外，早古生代也是东亚部分陆块/微陆块间聚合的重要时期，也更为广泛地形成了一系列的蛇绿岩带、高压-超高压带和花岗岩带（图 1-5）。中国学者在这些构造带的岩石学、地球化学和年代学方面做了大量工作，取得了长足进展。但是迄今，关于原特提斯洋南部和北部遗迹界线、俯冲极性和古板块运动学特征均存在巨大争议，而对这些问题的准确厘定与理解，不仅可以丰富原特提斯的研究内容，而且是潘吉亚东亚重建的重要基础，同时可为构建潘吉亚东亚重建新方案和建立潘吉亚东亚重建动态演化模型提供科学依据。

由于原特提斯洋是从新元古代罗迪尼亚裂解到早古生代发育于滇缅马苏/保山地块以北、塔里木-华北陆块以南的一个复杂成因的洋盆，所以长期以来，对原特提斯洋的南、北边界及其在早古生代末俯冲极性还存在争论，而这正是恢复重建潘吉亚超大陆聚合前构造背景的关键。综合利用野外地质、构造、岩浆、沉积地层、地球化学、构造年代学和层析成像等最新成果，可以界定原特提斯域的南、北边界位置，确定原特提斯洋边界俯冲极性。集成分析结果表明，其北界为古洛南-栾川缝合线（或宽坪缝合线）及其直至西昆仑的西延部分；南界为龙木错-双湖-昌宁-孟连缝合线。原特提斯洋北部在华北-阿拉善-塔里木陆块泥盆纪向南俯冲并与冈瓦纳古陆北缘拼合过程中，形成了一个巨型弯山构造，现保存在祁连-阿尔金-柴达木地区的中国中央造山带内。原特提斯洋南部分支也可能在泥盆纪闭合，使得包括羌北、若尔盖、扬子、华夏、布列亚-佳木斯等在内的大华南陆块、印支地块等也向南俯冲与冈瓦纳北缘发生了聚合。

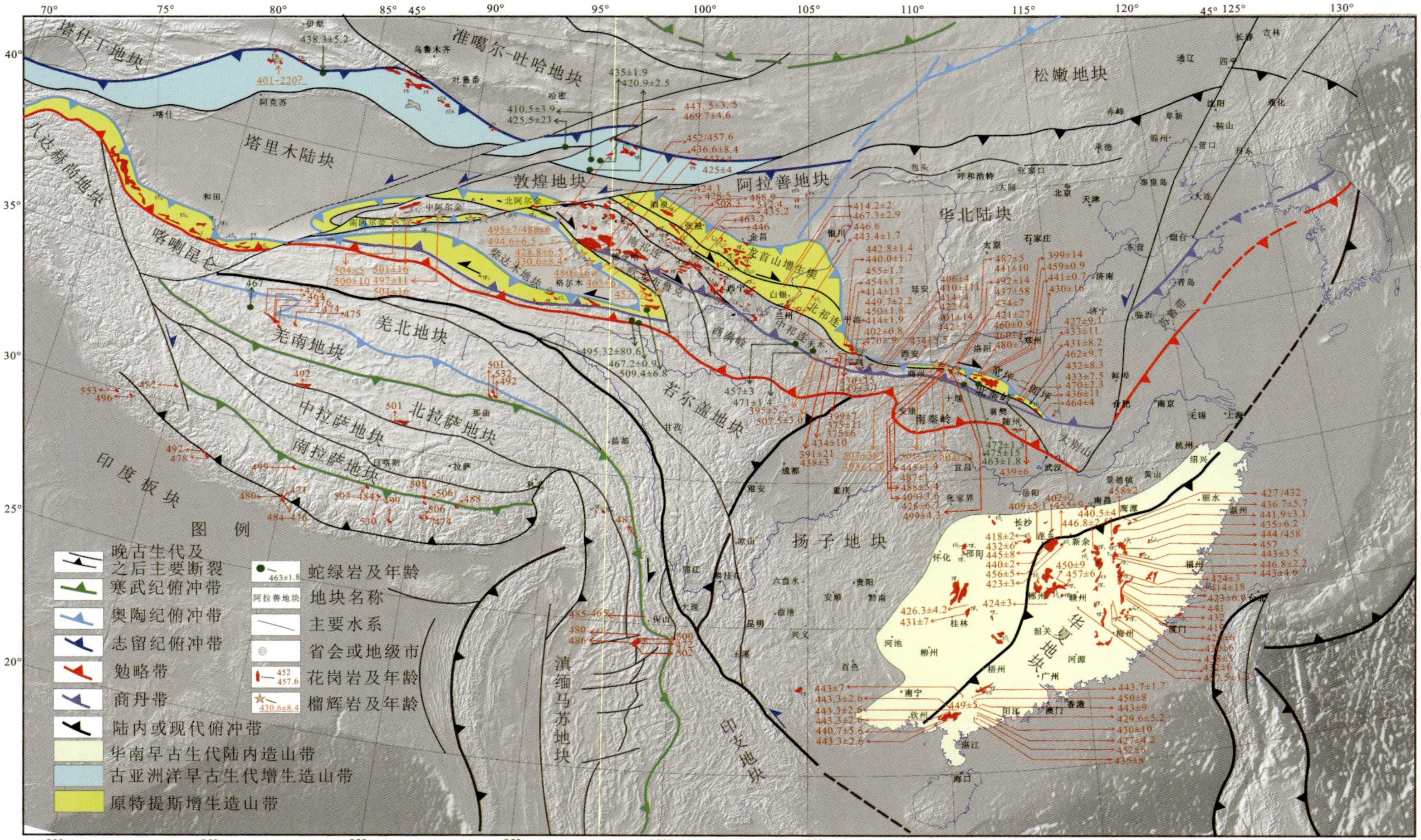

图1-5 原特提斯构造域、北边界分布（据李三忠等，2016b）
地质年代单位为Ma，数据来自大量文献，不能一一列举

1.1.1 全球早古生代造山带：碰撞型造山

早古生代处于一特殊的地史时期，是新元古代罗迪尼亚超大陆裂解和晚古生代潘吉亚超大陆聚合的重要转换阶段。罗迪尼亚超大陆裂解后，陆块数量增多，尤以微陆块众多，主要板块或作为整体运动或独自漂移，各种尺度的板块运动进入活跃阶段。其清晰的演化过程及洋陆格局重建是厘定板块构造旋回、深刻认识板块旋回机制的关键环节。超大陆聚合的研究主要立足于板块的古地磁、造山带增生–碰撞历史两大方面（李江海等，2014），由此可以恢复和制约不同板块的运动轨迹及其聚合历史。碰撞造山是离散板块的一种重要聚集方式。造山带对比和重建可以揭示陆块的聚集过程，前人对板块重建的研究也揭示了全球尺度碰撞造山带，如 2.1~1.8Ga 古元古代造山带全球对比，揭示了哥伦比亚超大陆的聚集（Zhao et al., 2002, 2004），1.2~1.0Ga 的新元古代不同陆块上残存的格林威尔（Grenville）造山带的统一重建，揭示了罗迪尼亚超大陆的集结（Li et al., 2008）。而大量地质事实揭示，新元古代晚期—早古生代，同样发生了全球性造山运动，全球板块经历的重大构造事件使洋陆构造格局发生了巨变，陆块主体经历了离散状态到汇聚状态的转变，板块构造运动复杂多样，出现具有全球准同时性的俯冲增生、碰撞、陆内三种造山类型，如北方大陆聚合的加里东碰撞造山带、南方大陆聚合的泛非碰撞造山带、外缘增生造山带、古亚洲洋南部洋盆俯冲消减和微陆块拼合增生导致的天山增生造山带、原特提斯洋中华南陆块内部的华夏和扬子地块之间的陆内造山带（Shu et al., 2015; Wang et al., 2010）。因而，也有学者提出过早古生代存在超大陆的可能。为了深入认识碰撞型造山在早古生代的特殊性和重要性，有必要系统收集和整理全球碰撞造山带最新资料，分区域和关联性进行阐述，基于全球新元古代晚期—早古生代碰撞造山带及其对比研究，探讨其在全球早古生代板块重建和超大陆旋回探索中的意义，侧重大板块间的相互作用研究。

1.1.1.1 环北大西洋—北冰洋加里东造山带

现今的北大西洋由早古生代的亚匹特斯洋（Iapetus）演化而来。亚匹特斯洋盆于 ~420Ma 完全闭合，形成加里东造山带。中生代晚期北大西洋打开，导致加里东造山带现今分布于北大西洋东、西两岸。该区域的陆块主要包括北美和格陵兰地块的劳伦古陆、波罗的古陆、阿瓦隆尼亚（Avalonia）微陆块或地体群、巴伦支海微陆块等（图1-6）。环北大西洋–北冰洋沿岸是加里东造山带研究的起源地，在这里亚匹特斯洋闭合，导致陆–陆碰撞，形成的加里东造山带被前人称为经典加里东造山带。除了经典加里东造山带外，在波兰–德国北部的中欧地区还发育范围相对较窄的中欧缝合带，性质与经典加里东造山带有所不同，为微陆块与大陆块碰撞所致。

通过对一系列代表碰撞作用的最新年代学数据（表1-1）统计分析，经典加里东造山带（图1-6）具有准同时碰撞造山特征：东格陵兰加里东造山带位于劳伦古陆格陵兰东北部，陆-陆碰撞造山发生于439~408Ma；斯堪的纳维亚造山带位于波罗的古陆的挪威西部，陆-陆碰撞造山发生于445~410Ma；斯瓦尔巴（Svalbard）造山带位于波罗的古陆以北现今巴伦支海板块边缘（早古生代时为巴伦支海微陆块），碰撞造山发生于475~420Ma；英格兰加里东造山带，其地体的亲缘性较复杂，为阿瓦隆尼亚微陆块、岛弧、劳伦古陆以及波罗的古陆之间的复杂微陆块-岛弧-大陆块增生-碰撞造山带，造山时限为490~390Ma；中欧加里东造山带，主要分布于德国北部-波兰、丹麦以及法国一带，代表了阿瓦隆尼亚微陆块与波罗的古陆之间通奎斯特洋（Tornquist）的闭合，形成时限为450~440Ma；阿巴拉契亚造山带位于北美板块东缘（图1-7），在早古生代的490~410Ma表现为北美克拉通与岛弧、阿瓦隆尼亚、卡罗来纳（Carolina）、卡多姆、Meguma等微陆块的增生碰撞造山。

（1）东格陵兰加里东造山带

东格陵兰加里东造山带位于格陵兰半岛东部，呈NE走向，延伸范围为70°N~82°N（图1-6），长约1300km，地壳垂向增厚42~44km，发育大规模的褶皱推覆体、逆冲断层，是由劳伦古陆和波罗的古陆左旋斜向汇聚造成的，而后在早泥盆世发生左旋张扭作用，进入造山后伸展阶段。造山带的西部受加里东期造山运动影响微弱，但有构造窗出现，前陆盆地局部也出露花岗岩，出露的基底显示造山带基底主要为新太古代和古元古代长英质正片麻岩，北段基底年代稍晚于南段，并且出露大量碱性花岗岩。

格陵兰东部经历多次开合过程，中元古代和中生代为裂谷环境，古元古代和早古生代为造山环境。造山带南部广泛发育新元古代磨拉石建造的Eleonore Bay群变沉积岩，Tillite群的变质碎屑岩、冰碛岩，上部为被动陆缘沉积的寒武—奥陶纪碳酸盐岩，可能与亚匹特斯洋的打开有关。该造山带早古生代地层发生褶皱，局部地区变形强烈，加里东期碰撞花岗岩发育并经历了广泛的高级变质作用。中生代后，北大西洋打开，出现大量大洋盆性质的玄武质火山岩。造山带东北部主要出露新元古代—志留纪沉积岩以及古元古代—中元古代沉积岩和玄武岩，说明劳伦古陆造山带东北部在中元古代为裂谷环境，Nathorst Land群沉积岩卷入了加里东造山运动，发生了泥盆纪文洛克世（428Ma）的变质作用。东格陵兰褶皱带发育泥盆纪拉德洛世（425Ma）的同构造熔融事件。

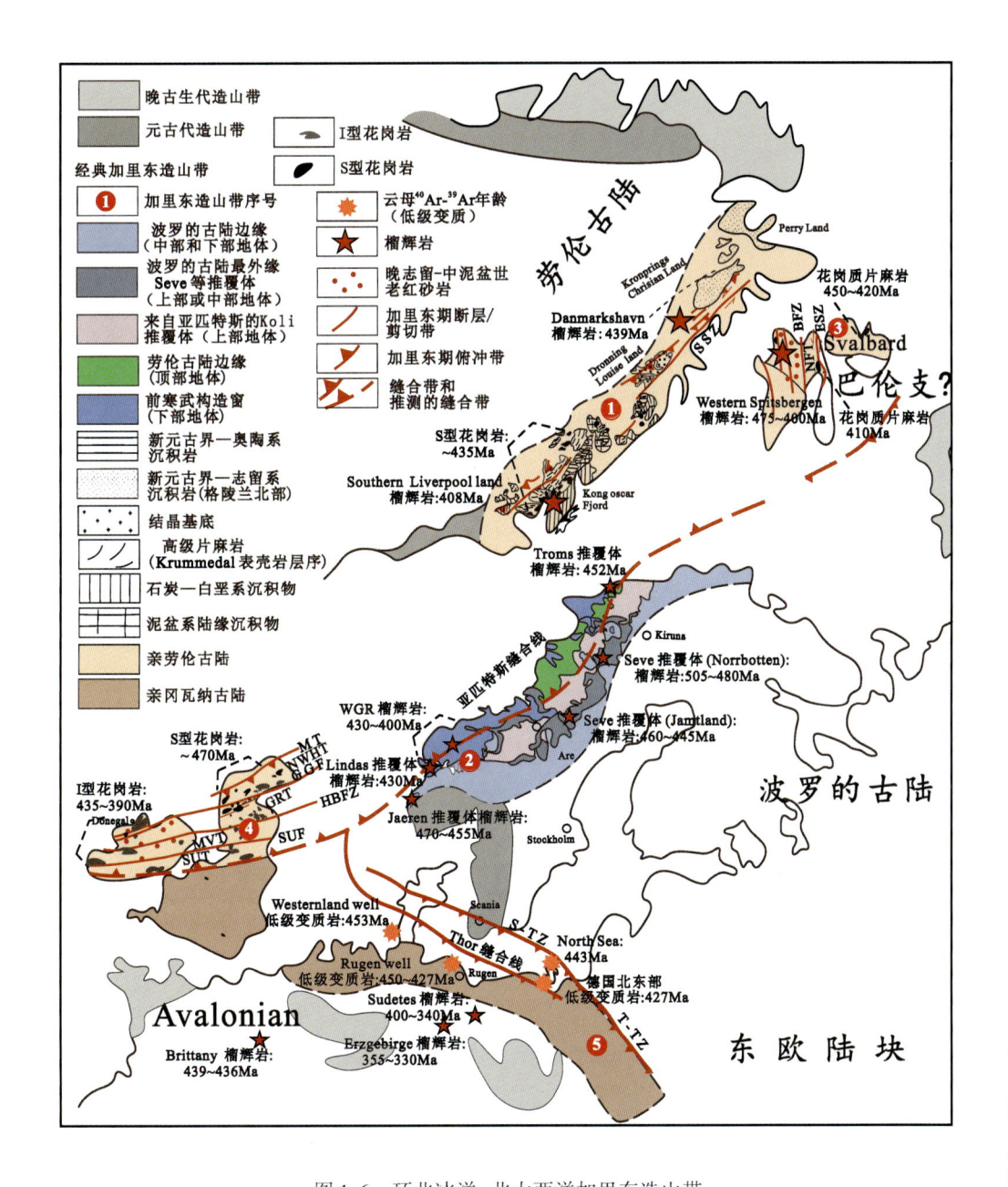

图 1-6 环北冰洋–北大西洋加里东造山带

加里东造山带：①东格陵兰加里东造山带；②斯堪的纳维亚加里东造山带；③Svalbard 加里东造山带；④英格兰加里东造山带；⑤中欧缝合带。部分构造线：BFZ. Billefjorden 剪切带；ESZ. Eolussletta 剪切带。其中，中欧加里东造山带（TESZ）：西段为 S-TZ（Sorgenfrei-Tornquist Zone），东段为 T-TZ（Tornquist-Teisseyre）。WGR. 西部片麻岩区

　　Dronning Louise Land 构造窗为该地区重要的加里东变形区，Storstrommen 左旋剪切带（SSZ）将其与东部海岸沉积盆地分隔开，一条南北向的俯冲带将该构造窗分成加里东期变形强弱不同的东西两部分，且东部强、西部弱。位于造山带中部的 Central Fjord 地区在加里东期受东西向的挤压收缩，中地壳物质于 425Ma 发生南北

向的同构造侧向挤出，伴随大量南北轴向的褶皱，主要的断层在424Ma由于造山后垮塌或同造山伸展作用重新活化。总体上，该带发育439~414Ma、409~360Ma两期榴辉岩，晚志留世的榴辉岩相变质与同时期的S型花岗岩相对应，含蓝晶石的超高压榴辉岩表明变质程度从高压变质转变为超高压变质，说明了东格陵兰从俯冲到碰撞经历了长时间的进变质作用（表1-1）。

表1-1 东格陵兰加里东造山带特征

造山带	岩性	采样点	所属地体	年龄/Ma	测年方法	资料来源
东格陵兰陆-陆碰撞造山带，作用陆块：劳伦古陆和波罗的古陆	榴辉岩	Liverpool Land（造山带南部）	Tvaerdal 杂岩	409~403	U-Pb	Johnston et al., 2010
			Jaettedal 杂岩	438~435		
			Huny Inlet 杂岩	432~417		
		Danmarkshavn（造山带北部）	格陵兰北部榴辉岩省	439	Sm-Nd	Hannes et al., 1998
				405~370		
				377	SHRIMP	
				414~393		Kalsbeek et al., 2001
				360（UHP）		
	云母（角闪岩相）	Danmarkshavn	格陵兰北部榴辉岩省	376~330	Rb-Sr	Hannes et al., 1998
	S型花岗岩	Kong Oscar Fojord		930		Kalsbeek et al., 2001
				435		
	同碰撞浅色花岗岩体	Fjord Region（N72rd R）		425		
	钙碱性花岗岩	Liverpool land	Hurry Inlet 深成岩体	446		Augland et al., 2012
				438		
			Hodal-Storefjord 侵入体	426~424		

（2）斯堪的纳维亚加里东造山带

斯堪的纳维亚加里东造山带位于波罗的古陆西缘，最宽处约350km，可分为下部、中部、上部、顶部4个地体（图1-6）。中部和下部地体包括古生代结晶岩席和新元古代硅质碎屑岩，代表波罗的古陆的基底和向海部分的沉积岩。上部和顶部的地体包括新元古代—古生代沉积岩、火山弧岩浆杂岩和蛇绿混杂岩。其中，上部地体由波罗的古陆的最外缘和亚匹特斯残留洋壳组成，顶部地体沉积序列和波罗的古陆明显不同，碳和锶同位素地球化学特征表明其为劳伦古陆的碎块，早期发育倾向NW的逆冲断层。

中部地体的Juton推覆体主要由陆壳组成，于志留纪南东向推覆于波罗的古陆之上，两者之间以新元古代—早古生代滑脱构造带分隔开。北倾的S型花岗质岩脉显示推覆作用的发生年龄约为427Ma，滑脱构造带的千枚岩 ^{40}Ar-^{39}Ar 年龄显示402~394Ma逆冲挤压转变为造山垮塌阶段的拉伸作用。上部地体Köli推覆体在晚Arenig阶之前就位于波罗的古陆边缘之上，MORB型Vågåmo蛇绿岩与波罗的古陆的粗碎屑岩和结晶岩以断层接触，含485~464Ma波罗的古陆和劳伦古陆混合动物群化石的砾岩层呈角度不整合覆盖其上。而上部地体的Støren和Meråker推覆体发育早奥陶世493~480Ma代表洋中脊的蛇绿岩和岛弧环境的基性-中酸性火成岩，以及443~428Ma含笔石类化石的浊积岩。

斯堪的纳维亚造山带的岩石特征见表1-2。该造山带发育一条蛇绿混杂岩带，蛇绿岩套代表的洋盆年龄大致为新元古代晚期—早奥陶世早期，487Ma的SSZ型枕状玄武岩和493~480Ma的岛弧火山岩表明亚匹特斯洋于晚寒武世—早奥陶世开始俯冲，485~486Ma的混合动物群说明劳伦古陆和波罗的古陆中间的亚匹特斯洋已经消减到很小的范围了。该造山带榴辉岩分布广泛，其变质年龄介于505~391Ma，按照形成的温压条件，可以分为三个形成阶段：早中奥陶世的冷俯冲型榴辉岩；晚奥陶世弧-陆碰撞相关的含蓝晶石超高压榴辉岩，且具有北早南新的特点；中晚志留世—中晚泥盆世的陆-陆碰撞超高压榴辉岩。西部片麻岩区（Western Gneiss Region，WGR）（图1-6）的超高压岩石经历了400~380Ma的长期折返过程。同时，造山带内晚志留世S型花岗岩发育，推覆体内出露晚寒武世—早奥陶世的岛弧火山岩。因此，该造山带经历了自北往南的剪刀式斜向弧-陆碰撞和陆-陆碰撞。

表1-2 斯堪的纳维亚加里东造山带特征

岩性	采样点	所属地体	年龄/Ma	测年方法	参考文献
同碰撞层状铁镁质侵入岩	Trondheim以南	上部地体侵入体	426		Tegner and Gee, 2005
拉斑玄武岩	Sørøy岛最南端	中部地体（Hasvik层状侵入体）	700		
层状侵入体	Stavanger东南	Bjerkreim-Sokndal层状侵入体	930~920		
S型花岗质岩脉		中部地体Juton推覆体	427	U-Pb TIMS	
榴辉岩	Norrtotten	上部地体的Seve推覆体北部	505~482（UHP）	Sm-Nd/U-Pb	Brueckner and Roermund, 2007
			491	^{40}Ar-^{39}Ar	Dallmeyer and Gee, 1986
	Jämtland	上部地体的Seve推覆体南部	460~445（UHP）	Sm-Nd/U-Pb	Janák et al., 2013
		下部地体北部的Jaeren推覆体	470~455	Lu-Hf/Sm-Nd	Janák et al., 2013

续表

岩性	采样点	所属地体	年龄/Ma	测年方法	参考文献
榴辉岩		下部地体南部的Tromsø推覆体	452（UHP）	U-Pb	Janák et al.，2013
		下部地体的西部片麻岩区域	422~369（UHP）	Lu-Hf/Sm-Nd	Kylander-Clark et al.，2009
			415~397	锆石U-Pb	Bingeu et al.，2011
			415（柯石英相）	U-Pb	Bingeu et al.，2011
			400~380	^{40}Ar-^{39}Ar	Boundy et al.，1997
		Lindas推覆体	460~430		Boundy et al.，1997
辉绿岩（MORB?）		上部地体的Seve推覆体	573	Sm-Nd	Andréasson，1994
N-MORB型枕状玄武岩（SSZ）		上部地体（蛇绿混杂岩）	487	U-Pb	Grenne et al.，1999
蛇绿岩		上部地体Köli推覆体	447~443		Grenne et al.，1999
斜长花岗岩（SSZ）		Trondheim地区	487~481		Slagstad et al.，2014
蓝片岩		西部片麻岩区Trondheim地体	早—中奥陶世		Eide and Lardeaux，2002
岛弧火山岩		上部地体的Meråker推覆体	493~480		Grenne et al.，1999
未成熟弧岩浆岩		上部地体（Fongen-Hyllingen辉长杂岩）	早—中奥陶世		Grenne et al.，1999
劳伦古陆和波罗的古陆混合动物群		上部地体Köli推覆体	485~464		Sturt and Roberts，1991

（3）斯瓦尔巴加里东造山带

斯瓦尔巴（Svalbard）群岛现今位于巴伦支海的西北角和欧洲板块之间，与巴伦支海陆架的西部具有相同的加里东期基底和后期的沉积岩盖层，属于巴伦支微陆块露出海面的部分。南北向断裂带将斯瓦尔巴地区分为西北、东北、西南3个具有不同岩石组合的地体，都经历了晚奥陶世—志留纪的构造-热事件。在加里东运动期间，巴伦支海微陆块与波罗的古陆、格陵兰地盾东北部汇聚，是亚匹特斯洋闭合的地方。前人研究认为，前加里东期它们可能为独立的微陆块或属于北东格陵兰陆块中部的一部分或具有不同来源的地体，如东北和西北地体原属于格陵兰陆块东北，西南地体来源于Pearya Land。沉积岩盖层中，新元古代—早奥陶世低级变质沉积岩约占60%，地台型石炭系及更年轻地层覆盖于褶皱了的晚志留世—中泥盆世深红色砂岩（ORS）之上。

西北部和东北部地体早古生代地层包含文德期冰碛岩、北美型动物群及以碳酸盐岩为主的寒武系。西北部地区主要由475Ma蓝片岩-榴辉岩相中高级变质岩组成；东北地体经历格林威尔和加里东两期造山运动，450~410Ma发生绿片岩相变质作用和深熔型花岗岩的侵入作用，产出轴向近南北的直立褶皱或轻微西倾褶皱，与东格陵兰的中部地层具有相似性；西南地区局部发育榴辉岩和蓝片岩，发育奥陶世不整合。造山带的岩石特征如表1-3所示，发生了中奥陶世和晚志留世—早泥盆世两期榴辉岩-蓝片岩相变质作用。其中，中奥陶世的高压变质作用和Billefjorden断裂带的糜棱岩变形年龄一致，晚志留世—早泥盆世的变质程度较弱，与同期的磨拉石建造共同代表了加里东造山运动的痕迹。Biscayarhalvoya晚志留世砾岩沉积前的榴辉岩挤出作用暗示了块体间的相互作用在志留纪转变为碰撞造山为主，与阿巴拉契亚造山带的Taconic造山期对应。

表1-3 斯瓦尔巴加里东造山带特征

岩性	采样点	所属地体	年龄/Ma	测年方法	参考文献
蛇绿岩	Ellesmere Island	Pearya地体	480		Trettin, 1989
榴辉岩-蓝片岩	Motalafjella	Spitsbergen西部	474~457	Rb-Sr	Dallmeyer and Reuter, 1989
			475	U-Pb	Tegner et al., 2005
			461	^{40}Ar-^{39}Ar	Dallmeyer and Reuter, 1989
			425~400	Rb-Sr/Rb-Sr	Dallmeyer and Lecorche, 1990
蓝片岩	Nordenskiold land	中西部Svalbard	早—中奥陶世		Košmińska et al., 2015
角闪岩	Biscayarhalvoya	Spitsbergen西北	430~420	^{40}Ar-^{39}Ar	Dallmeyer and Lecorche, 1990
	Richarddalen Group		430~420	Rb-Sr	Dallmeyer and Reuter, 1989
地壳重熔型岩浆岩		Nordaustlande地体	450~410	U-Pb/Pb-evap	Johansson et al., 2005
			960~940		
糜棱岩	Billefjorden破碎带		450		Michalski et al., 2012
陆相磨拉石建造		北西地体	晚志留世—早泥盆世		

（4）英格兰加里东造山带

英格兰加里东期造山带是阿瓦隆尼亚微陆块、Midland Valley岛弧（MVT）和劳伦古陆以及波罗的古陆复杂相互作用的结果，分别以亚匹特斯缝合带和莫英俯冲带为南北界线，高地（Highland）边界断层再将其分为北部470~460Ma变质变形强烈的正构造高区域（orthotectonic zone）和南部晚志留世—早泥盆世左旋压扭环境下的低级变质作用发育的副构造低区域（paratectonic zone）。英格兰加里东期造山运动期间发育奥陶纪—志留纪和志留纪—早泥盆世的早晚两期花岗岩：470~455Ma，与弧-陆碰撞相关的S型花岗岩，主要分布在北部高级构造区域；峰值大致为410Ma的加里东晚期亚匹特斯洋俯冲产生的 I 型花岗岩，并发育少量 S 型花岗岩（表 1-4），主要沿高地边界断层以南的左旋走滑断层分布，同时在苏格兰南部的亚匹特斯缝合带附近也有分布。在亚匹特斯洋关闭的最后阶段，变质作用伴随着深成作用发生，变质程度为沸石相–绿片岩相，局部达到榴辉岩相。中志留世—中泥盆世期的深红色砾岩角度不整合于早古生代地层之上。

前人通过对英格兰加里东造山带的变质变形及岩浆作用的研究，将英格兰的加里东造山运动大致分为 3 个阶段：Grampian 阶段（480～465Ma）是苏格兰加里东造山带主要的收缩阶段，在北爱尔兰蛇绿岩套仰冲就位于 490～470Ma，为劳伦古陆和 Midland Valley 岛弧碰撞引起，发生喜马拉雅型地壳增厚，变质作用主要为碰撞造山带典型的巴罗型中压高温变质；465～435Ma 的 Caradoc 阶段主要发生安第斯型俯冲并达到了一定深度、均衡调整、减压熔融和剥蚀作用，为 Southern Uplands 地体沉积物来源，此时英国 Grampian、Middle Valley 和 Southern Uplands 地体已经拼合；而 435～395Ma，亚匹特斯洋俯冲至闭合，阿瓦隆尼亚微陆块与其拼贴，地壳隆升。

表 1-4　英格兰加里东造山带特征

岩性	所属地体	年龄/Ma	参考文献
S 型花岗岩	高地边界断层以北的正构造高区域	470～455	Keller and Hatcher, 1999; Hollis et al., 2013
I 型和 S 型花岗岩	沿高地断层以南的副构造低区域	430～390/峰值为 410	Oliver et al., 2008
钙碱性火山岩	北爱尔兰 Tyrone Volcanic Group	490～470（SSZ 蛇绿岩就位）	Soper, 1986
岛弧蛇绿岩	北爱尔兰	514～464	
蓝片岩		（576±32）或（505±11）	
巴罗型中压高温变质带		早奥陶世	Read, 1961
深红色砾岩磨拉石建造		中志留世—中泥盆世	

（5）中欧加里东造山带

中欧加里东造山带位于欧洲海西造山带北部，主要指德国北部–波兰、丹麦以及法国一带相对较窄的加里东期变形变质带，为通奎斯特（Tornquist）洋消亡、阿瓦隆尼亚微陆块和波罗的古陆碰撞的结果。北界为早古生代 Tornquist-Teisseyre 缝合带（T-TZ）。地球物理特征表明，通奎斯特洋具有向 NE 和 SW 的双向俯冲特征，发育倾向 SW 的右旋走滑断层。其西延为晚古生代—中生代 Sorgenfrei-Tornquist 带（S-TZ），终止于亚匹特斯缝合带，造山带东侧毗邻东阿瓦隆尼亚微陆块的 Carpathians 地区（图 1-6）。

表 1-5 列出了中欧加里东期造山带主要特征，发育两期榴辉岩相变质作用：一期为 440～400Ma 超高压–高压变质，原岩形成于 490～460Ma，角闪岩相退变质过

程发生在360~340Ma；另一期为500~460Ma高压变质。Vecoli（2001）根据微体浮游生物Llanvirn期疑源类化石，认为阿瓦隆尼亚微陆块于Caradoc阶开始从冈瓦纳裂离；而晚Ashgill阶（437Ma），中欧缝合线两侧的几丁石化石几乎是一致的，暗示了阿瓦隆尼亚微陆块和波罗的古陆之间通奎斯特洋已经消亡；且东欧陆块Ashgill阶沉积地层中出现了亲冈瓦纳的疑源类化石。因此，通奎斯特洋的消亡，阿瓦隆尼亚微陆块和波罗的古陆的碰撞应发生在中、晚奥陶世。古地磁数据也显示，阿瓦隆尼亚和波罗的古陆的古地磁极移曲线在志留纪446~421Ma开始重合。而在石炭纪末，海西造山运动向北挤压，在德国、丹麦、挪威和瑞典南部伴生众多局部的裂谷和伸展盆地。

表1-5 中欧加里东造山带特征

岩性	所属地体	年龄/Ma	测年方法	变质相	参考文献
榴辉岩	French Massif Central（法兰西中央地块）	432	U-Pb		Villaseca et al., 2015; Matte, 1998
		415	锆石U-Pb		
		408	Sm/Nd		
		417	U-Pb		
		412±10	锆石LA-ICP-MS	超高压	Berger et al., 2010
		489~475		原岩	
	法国Armorican地体	439±13	锆石U-Pb		Godard and Mabit, 1998
	NE Sardinian	460	U-Pb LA-ICP-MS	原岩	Giacomini et al., 2005
		350		高温角闪岩相	
		400	SHRIMP U-Pb	榴辉岩相	
	Maures地块	452~395	U-Pb		Palmeri et al., 2004
	Alpine基底	420~395	U-Pb		
		500~460			Glodny et al., 2005
	Bohemian地体	400/390~370/340			Massonne and Kopp, 2005
	Western Iberian地体	418~363/406~383/370~391/365~350	SHRIMP/^{40}Ar-^{39}Ar		Casado et al., 2001; Massonne and Kopp, 2005
	Brittany（布列塔尼）	436	锆石U-Pb		
		439			
	Saxonian和Erzgebirge杂岩的云母片岩-榴辉岩	355~330	^{40}Ar-^{39}Ar		Schmadicke et al., 1995; Werner and Lippolt, 2000; Hatcher, 1972
古地磁极移曲线	阿瓦隆尼亚微陆块、波罗的古陆	446~421拼合			Torsvik and Rehnstrns, 2003

续表

岩性	所属地体	年龄/Ma	测年方法	变质相	参考文献
Llanvirn 期疑源类化石	阿瓦隆尼亚微陆块	Caradoc 阶			Vecoli and Samuelsson, 2001
几丁石化石	中欧缝合线两侧	晚 Ashgill 阶（437）			

（6）阿巴拉契亚造山带

阿巴拉契亚造山带位于北美克拉通（劳伦古陆）东缘，呈 NE-SW 走向，通常以纽约、弗吉尼亚为界分为北、中、南阿巴拉契亚（Werner et al., 2000）（图1-7）。其西南毗邻 Ouachita 造山带，King（1975）根据 Ouachita 造山带构造特征认为该造山带是阿巴拉契亚造山带在西南方向的延伸。阿巴拉契亚造山带具有多阶段的造山过程，地体亲缘性显示，该造山带早古生代为北美克拉通与环冈瓦纳古陆北缘阿瓦隆尼亚、卡罗来纳、卡多姆和 Meguma 地体碰撞的结果，其中卡罗来纳地区变质变形具有连续性，一直持续到280Ma，期间没有裂解或双峰式火山岩的裂谷记录。

北美克拉通东缘在罗迪尼亚裂解后到最终的陆-陆碰撞造山经历了以下几个阶段：800～700Ma 裂谷环境，新元古代—早寒武世被动大陆边缘的伸展阶段，奥陶纪弧-陆碰撞造山阶段，泥盆纪—早石炭世地体持续拼贴阶段，晚石炭世—二叠纪陆-陆碰撞收缩变形。

北阿巴拉契亚被动大陆边缘在中—晚奥陶世（Taconic）转变为活动大陆边缘，晚志留世阿卡德（Acadian）造山运动主导了北阿巴拉契亚地区的地质作用。Dunnage 带为北阿巴拉契亚造山带典型地区，中奥陶世—早志留世的 Red Indian Line 缝合线将 Dunnage 带分成鹿特丹（Notre Dame）和 Exploits 两段：西北的鹿特丹段发育志留纪不整合，含 Arenig 阶低纬度亲劳伦动物群；东南的 Exploits 发育奥陶纪—志留纪的连续地层，含 Arenig 阶高纬度环冈瓦纳动物群。Red Indian Line 缝合线的蛇绿岩、钙碱性火山岩年龄以及变形研究表明，冲断作用发生在467～462Ma，晚志留世转变为右旋走滑断层。中-南阿巴拉契亚造山带寒武纪之后经历了 Taconic、Acadian、Alleghanian 三期造山运动。480～435Ma 的 Taconic 造山运动影响广泛，奥陶纪、志留纪深成岩体与弧-陆碰撞的逆冲推覆作用发育，Blue Ridge-Piedmont 逆冲岩席向前推覆至少250km，并出露459～394Ma 高压榴辉岩，同时在 Blue Ridge、Inner Piedmont、夏洛特（Charlotte）和卡罗来纳等地区发生区域性绿片岩相和角闪岩相变质。阿卡德运动（410～340Ma）表现为多阶段的地体拼贴，主要影响中阿巴拉契亚地区，发生强烈变形和区域性压扭作用，志留纪—早泥盆世地层和上覆地层以不整合面接触，造山带西部发育中—晚泥盆世磨拉石。Alleghanian 运动（330～230Ma）为劳伦古陆和西非克拉通之间的全面碰撞阶段。

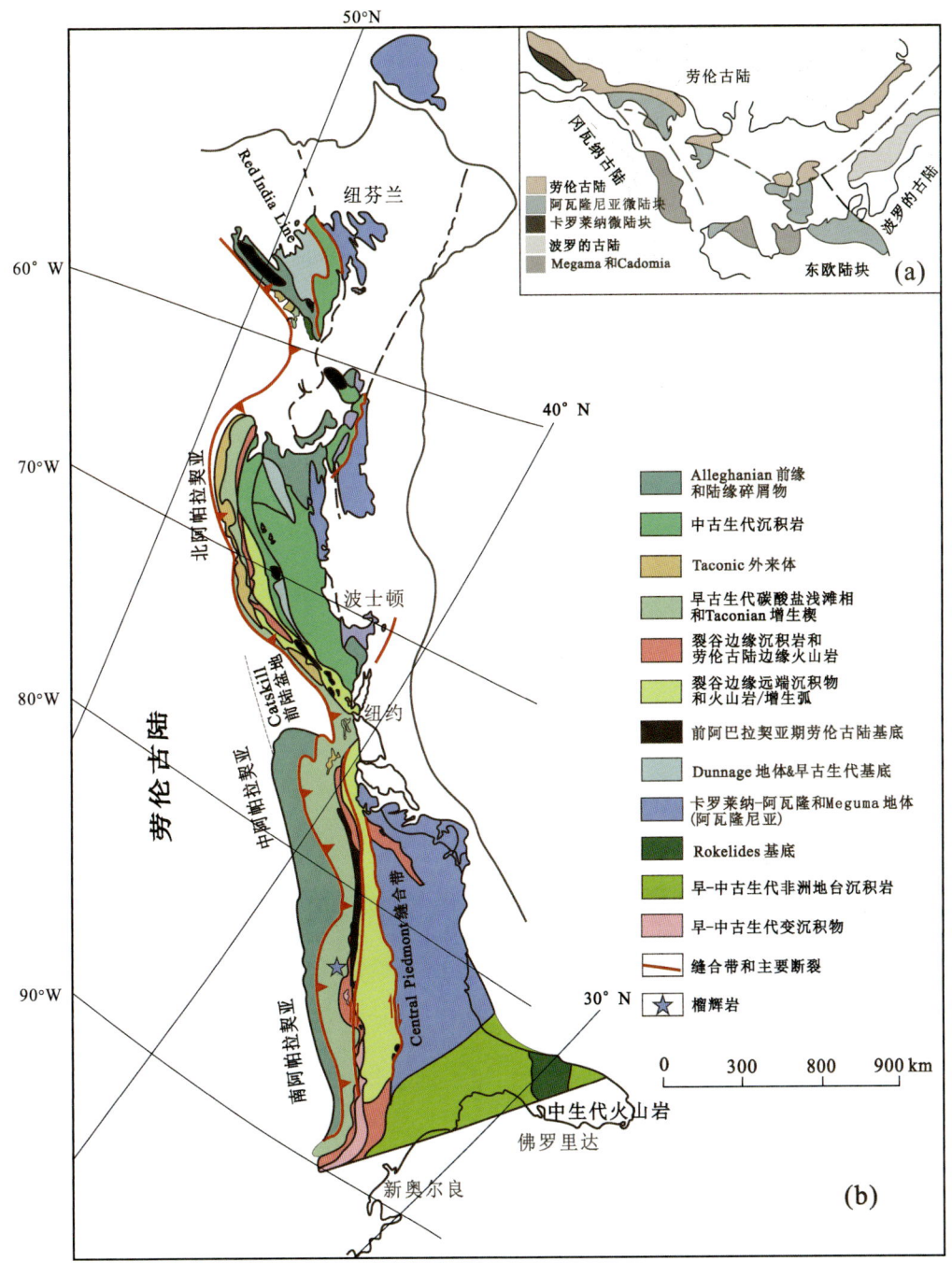

图1-7 加里东造山带主要地体复原概图和阿巴拉契亚造山带

(据 Artemieva and Meissner, 2012)

1.1.1.2 泛非造山带

泛非造山运动导致了冈瓦纳古陆的早古生代聚合,在晚新元古代—早寒武世表现为大陆块之间的陆–陆碰撞造山过程和大量新生地壳增生的增生–碰撞造山带（图1-8），对应Sengör（1991）两分法中的阿尔泰型或突厥型造山带，时代要早于加里东期造山带。首先是非洲和南美洲陆块之间的碰撞主要导致Brazilides洋闭合和西冈瓦纳拼合的Brasiliano造山带形成（图1-8紫色线），其碰撞过程包括多个阶段，时代主要为850~540Ma。Kuunga造山带由Meert等（1995）、Meert（2003）、Meert和Lieberman（2008）基于古地磁证据和麻粒岩相变质证据提出，为南极–澳大利亚、印度、卡拉哈里以及刚果克拉通碰撞形成，其时代晚于Brasiliano和东非造山带，为570~530Ma。目前Kuunga造山带的范围和性质研究仍具有争议，对其性质存在活化的造山带和碰撞造山带两种认识。近南北走向、南窄北宽的东非造山带为增生–碰撞造山带，形成时代为800~600Ma，且东非造山带北部的阿拉伯–努比亚地盾（Arabian-Nubian Shield，ANS）和南部的莫桑比克带具有明显区别，可以将其分为两期造山运动。同时，东冈瓦纳主要由南极洲、印度、澳大利亚大陆块及一些微陆块经历了复杂多期的聚合而统一形成。最后，泛非晚期运动（530~500Ma）将东、西冈瓦纳沿莫桑比克带聚合为冈瓦纳古陆（图1-8）。

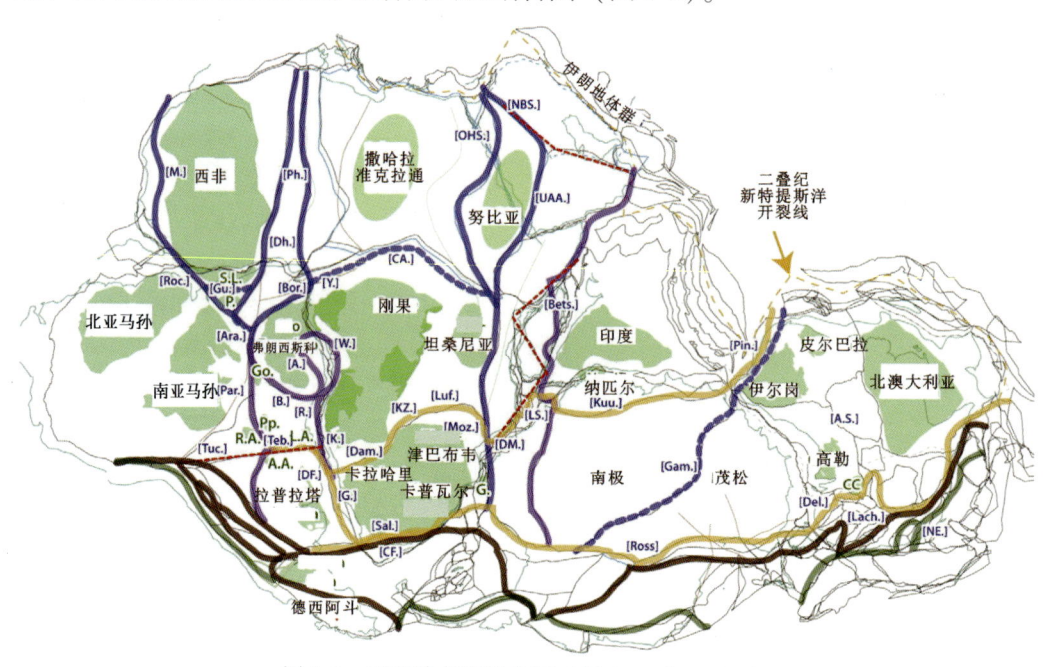

图1-8 冈瓦纳主要缝合带（据Stampfli，2011）

蓝色表示大于600Ma；紫色表示主体介于600Ma和550Ma之间；橙色表示主体介于550Ma和500Ma之间；棕色和绿色表示小于500Ma。蓝色缩写对应的缝合带名称：[A.].Araçuai；[Ara.].Araguaia；[A.S.].Alice Spring；[B.].Brasília；[Bets.].Betsimisaraka；[Bor.].Borborema；[C.A.].Central Africa；[C.F.].Cape Fold；[Dam.].Damara；[Del.].Delamerian；[D.F].Dom Feliciano；[Dh.].Dahomides；[D.M.].Dronning Maud；[G.].Gariep；[Gu.].Gurupi；[Gam.].Gamburtsev；[K.].Kaoko；[Kuu.].Kuunga；[K.Z.].Katagan-Zambezi；[Lach.].Lachlan；[L.S.].Lützow-Shackleton；[Luf.].Lufilian Arc；[M.].Mauritanides；[Moz.].Mozambique；[NBS].Nabitah；[N.E.].New England；[OHS].Onib-Sol Hamed；[Par.].Paraguai；[Ph.].Pharusides；[Pin.].Pinjarra；[R.].Rebeira；[Roc.].Rockelides；[Ross].Ross；[UAA.].Urd Al Amar；[Sal.].Saldanha；[Tuc.].Tucavaca；[Teb.].Tebicuary；[W.].West Congo；[Y.].Yaoundé。绿色名和缩写对应的克拉通区域：A.A.-Ascuncíon Arch；C.C.-Curnamona克拉通；G.-Grunehogna克拉通；Go.-Goiás克拉通；L.A.-Luís Alvez克拉通；P.-Parnaíba克拉通；Pp.-Paranapanema准克拉通；R.A.-Rio Apa准克拉通；S.L.-São Luís克拉通

（1）Brasiliano 造山带

罗迪尼亚超大陆裂解后，西冈瓦纳在聚合过程中 Brazilides 洋闭合，圣弗朗西斯科-刚果、卡拉哈里和亚马孙-西非、拉普拉塔克拉通之间发生碰撞，形成 Brasiliano 造山带。Brasiliano 造山带北部~900Ma 的裂谷作用和~800Ma 的蛇绿岩标志新元古代 Brazilides 洋盆的存在。古地磁数据显示 Brazilides 洋于~630Ma 闭合，碰撞持续到寒武纪。Brasiliano 造山带可分为七部分（图 1-9），并向南可延伸到 Gariep Kaoko 带（图 1-9）。

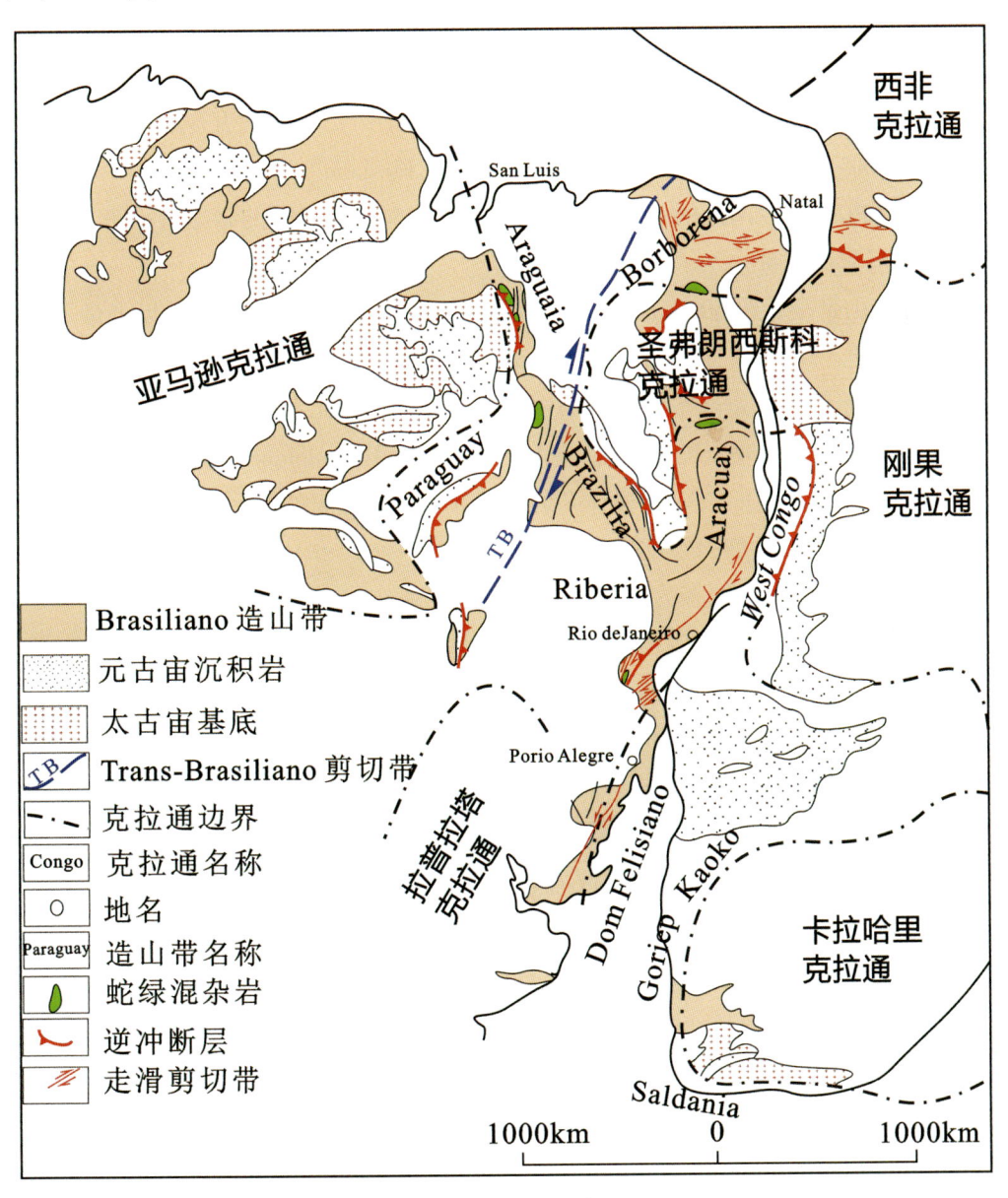

图 1-9 550Ma 西冈瓦纳 Brasiliano 造山带（据 Cawood and Buchan，2007；Da Silva et al.，2005；Araújo et al.，2005）

Brasiliano 造山带发育 590~500Ma 造山后 A 型花岗岩，570Ma 之后发育了大量的走滑剪切带，南部的构造研究显示南美洲和非洲之间的陆-陆碰撞具有穿时性，早期发育 E-W、NWW-SEE、NW-SE 的同碰撞构造，随后发育 NE-SW、NNE-SSW 走向的剪切带，伴随碰撞相关的花岗岩侵位。

Brasiliano 造山带演化过程有多种观点，根据大量的岩浆活动和变质作用显示，演化过程总体可分为 850~700Ma、650~600Ma、590~540Ma 三个阶段。刚果-圣弗朗西斯科克拉通和拉普拉塔克拉通碰撞产生南 Brasiliano 造山带；650~600Ma 亚马孙-西非克拉通与已经连接的刚果-圣弗朗西斯科-拉普拉塔板块碰撞产生北 Brasiliano 造山带、Borborema 造山带和 Araguaia 造山带（图 1-9）；~550Ma 拉普拉塔和亚马孙克拉通碰撞产生 Paraguay 造山带，至此，完成西冈瓦纳的拼合。而 Da Silva 等（2005）则认为，南部的 Riberia 和 Dom Flesiano 为 640~620Ma 的陆-陆碰撞造山带，Brasiliano 南延的 Saldania 和 Kaoko 为 550~540Ma 的碰撞造山带。

（2）东非造山带

东非造山带全长约 6000km，包括非洲东部和马达加斯加岛，是世界上最重要的泛非造山带之一。根据造山带类型、年龄和几何形态，可将其分为南、北两部分（图 1-10）：北部为北宽南窄的阿拉伯-努比亚地盾，新元古代期间在毗邻莫桑比克洋或洋内发生显著的地壳增生；南部莫桑比克带（Mozambique Belt，MB），分布以东部麻粒岩省-Cabo Delgado 推覆体杂岩（EGCD）为代表的新元古代地壳和被新元古代事件叠加的前新元古代地壳。

南部莫桑比克带基底多为太古宙—古元古代或中元古代长英质片麻岩，被走向 SWW-NEE、倾向 NNW 的新元古代—早古生代 Lurio 剪切带切割。马达加斯加是东非造山带的东缘，以左旋 Ranotsara 剪切带和 Andraparaty 俯冲带为南北块体的界线，中部为太古宙克拉通，北部为新元古代 Bemanvo 俯冲增生地壳，南部为复杂的前寒武纪高级片麻岩基底（图 1-10）。

东非造山带受两期构造运动的影响，表现出两期变质变形的特点。阿拉伯-努比亚地盾地区包括阿拉伯-努比亚地盾和大量岛弧、弧后盆地以及新元古代新生地壳，发育 750~650Ma、800~700Ma 多条蛇绿混杂岩带，变形年龄为 700~610Ma，代表了洋壳俯冲和岛弧碰撞过程。东非造山带南段发育 655~600Ma 的高压-超高压岩石和高温麻粒岩相变质，并在马达加斯加的南部存在 647~607Ma 的地壳缩短变形，表明莫桑比克带经历了 655~600Ma 的陆-陆碰撞造山过程。而莫桑比克带发育 605~520Ma 麻粒岩-角闪岩相高温低压变质以及 530~490Ma 区域性绿片岩相退变质。由于 Azania 向东运动，造成马达加斯加岛中部地块近南北向的 Angavo 剪切带（ANSZ）于 560~550Ma 活化，并将前新元古代的构造带改造，发生 580~540Ma 的褶皱和麻粒岩相变质作用，局部发现强烈的南北向面理和水平线理，构造特征与印

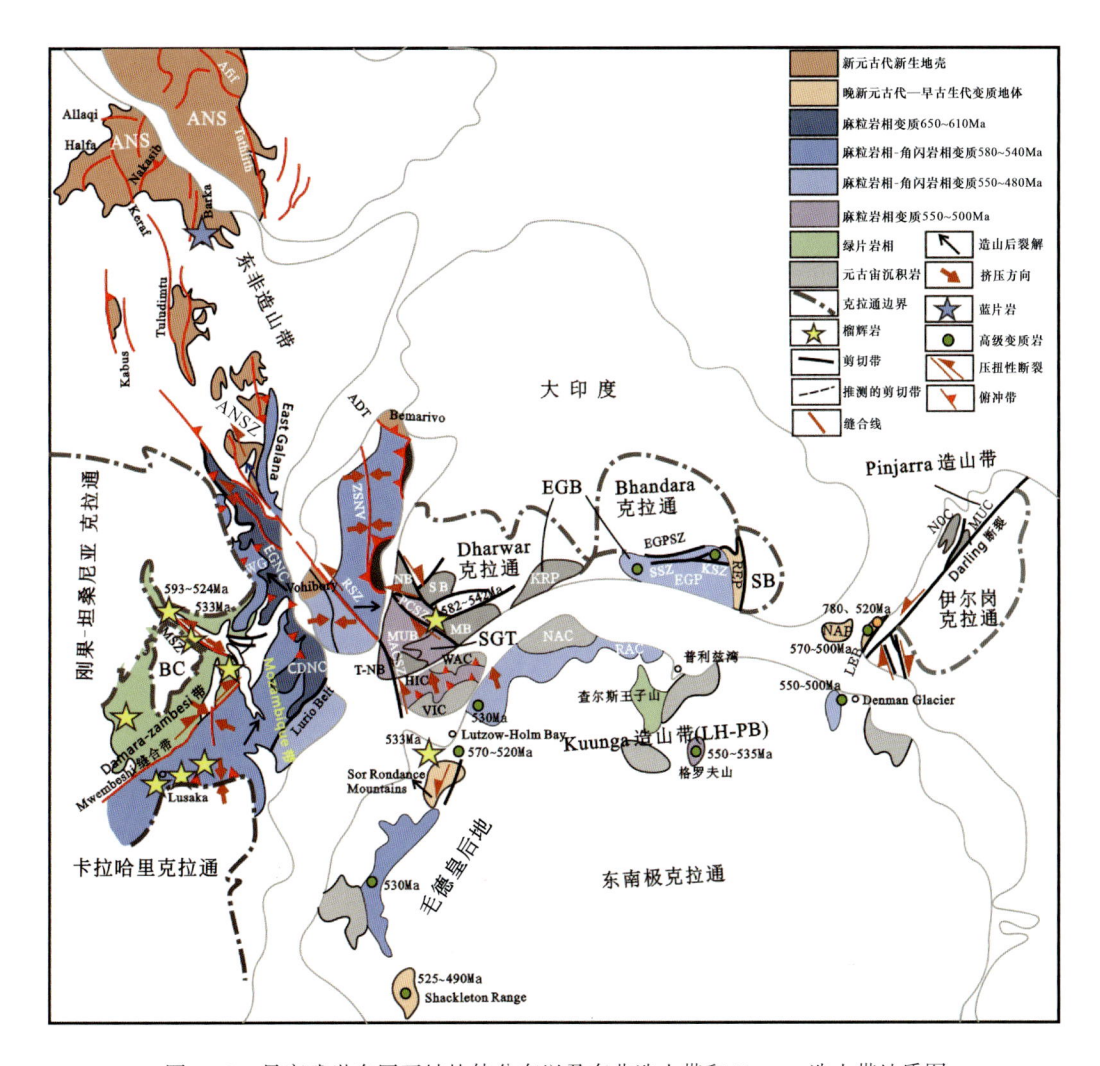

图1-10 早寒武世东冈瓦纳块体分布以及东非造山带和Kuunga造山带地质图

(据Meert and Lieberman, 2008; Fritz et al., 2013; Collins et al., 2014)

ANSZ. Angavo 缝合带; ADT. Adreaparaty Thrust; ACSZ. Achankovil 剪切带; EGBSZ. Eastern Ghats Boundary 剪切带; KSZ. Koraput-Sonepur 剪切带; RSZ. Ranotsara 缝合带; SSZ. Sileru 缝合带; PCSZ. Palghat-Cauvery 剪切带; MSZ. Mugesse Suture Zone 地体; CDNC. Cabo Delgado Nappe 杂岩; EGB. Eastern Ghats Block 东高止地块; EGNC. Eastern Granulite Nappe 杂岩; HIC. Highland 杂岩; LEB. Leeuwin 地块; MB. Madras 地块; MUB. Madurai 地块; MUC. Mullingara 杂岩; NAP. Naturaliste Plateau 地块; NAC. Napler 杂岩; NB. Nilgiri 地块; RAC. Rayner 杂岩; REP. Rengail Province; SB. Salem 地块; T-NB. Trivandrum-Nagercoil; ANS. Arabian-Nubian 地体; SGT. Southern Granulite 地体; VIC. Vijayan 杂岩; WAC. Wanni 杂岩; NOC. Northampton 杂岩; WG. 西部麻粒岩带

度南部的剪切带相似。因此,莫桑比克带以及马达加斯加中部还经历了~550Ma的构造运动。

(3) 印度东高止造山带和印度南部麻粒岩地体

印度半岛由古元古代构造带将其分为北部陆核和南部4个太古宙克拉通,其东缘是东高止带(Eastern Ghats Belt, EGB),南端是南部麻粒岩地体(Southern Granulite Terrain, SGT)(图1-10)。

东高止省是东高止带北部主要的组成单元，Rengali 省位于东高止省的北部，两者沿着断裂带广泛分布 550~500Ma 的 NNW-SSE 挤压变质变形构造带。发育 Sileru 和 Elchuru-Kunavaram-Koraput 两条剪切带，岩石发生褶皱，含高镁铝麻粒岩透镜体，发育 530Ma 剪切面理和糜棱面理，U-Pb 锆石和 EPMA 独居石数据显示，剪切带在新元古代—早古生代发生过多幕构造变形，伴生的变质作用有 550~500Ma 的麻粒岩相变质和 540~500Ma 的角闪岩相变质，其中，角闪岩相变质与南极洲北缘的 Rayner 杂岩相似。

印度南部麻粒岩地体位于重建的东冈瓦纳中心位置，为太古宙和元古宙基底，北邻达瓦尔（Dharwar）克拉通（图 1-10），自北往南可分为 Salem 地体、Palghat-Cauvery 剪切带（PCSZ）、Madurai 地体、Trivandrum 地体、Nagercoil 地体 5 个构造单元。

Achankovil 剪切带是 Madurai 地块的南界，岩石组合与 Palghat-Cauvery 剪切带相似，与 Madurai 地块北部一起经历了 550~520Ma 榴辉岩和超高温麻粒岩相变质作用，紫苏花岗岩变质年龄为 548~526Ma，而 Palghat-Cauvery 剪切带发育年龄为 750~560Ma 的弧岩浆岩，暗示 Palghat-Cauvery 剪切带大致在 550Ma 经历了由俯冲作用转变成碰撞造山作用的构造演化过程。Trivanderu 地块和 Negercoil 地块独居石、锆石年龄显示，主要构造-热事件发生在 550Ma，顺时针的 P-T-t 轨迹记录了 Madurai 地块（Azania 板块）与 Salem 地块（代表新元古代印度块体）于 540~510Ma 的碰撞事件。

（4）斯里兰卡造山带

Cooray（1994）将斯里兰卡（Sri Lanka）造山带分为 4 个构造单元：Highland 杂岩（HIC）、Wanni 杂岩（WAC）、Vijayan 杂岩（VIC）和 Kadugannawa 杂岩（KC），其中 HIC 和 VIC 杂岩之间以俯冲带接触（图 1-10）。Wanni 杂岩与印度南部麻粒岩地体中的 Achankovil 剪切带在岩性组合和 Nd 同位素模式年龄（1.0~2.0Ga）上具有相似性，Highland 杂岩也与印度南部在岩石特征上具有相似性，发育 550Ma 高压麻粒岩相变质。

（5）环东南极泛非造山带

东南极克拉通与澳大利亚克拉通东南缘在中元古代通过 Albany-Fraser 造山带连接形成统一的块体。前人在东南极造山带中识别出了较为确定的两条泛非期缝合带，分别为东南极克拉通北缘 Lutzow Holm Bay-普利兹湾一带以及西缘毛德皇后地（Dronning Maud Land，DML），并对其位置不断进行调整（图 1-10）。

东南极克拉通西缘毛德皇后地泛非期碰撞造山运动的响应主要分布在 Heimefront 剪切带（HSZ）以东区域，其西部地体几乎没受泛非运动的影响。Jacobs 等（2003b）将毛德皇后地的泛非运动分为以下阶段：碰撞造山过程，褶皱冲断作用伴随着等温降压过程，中—新元古代岩石被570~550Ma麻粒岩相变质作用和碰撞相关变形改造；530~490Ma的造山垮塌和构造逃逸阶段；530~510Ma造山后伸展垮塌阶段，大量的伸展构造和A型花岗岩侵入，伴随多种同构造岩浆作用。毛德皇后地东部Sor Rondane Mountains（图1-10）详细的构造解析显示，该地区主要的伸展构造发生在泛非变质期600Ma之前，在DML中-东部发育600~560Ma左旋挤压走滑断层；而在560~550Ma发育右旋张扭性断层。其构造特征与东非造山带具有相似性，如Angavo缝合带（ANSZ）北部的Wadi Kid地区NW-SE向的左旋挤压最终转变为NW-SE向伸展作用，马达加斯加西部580~550Ma的地壳增厚挤压转变为530~500Ma的左旋平移剪切。毛德皇后地中部有泛非期同碰撞花岗岩侵位以及角闪岩相-麻粒岩相变质，而521~527Ma花岗岩形成于伸展环境。

东南极北部的Ltitzow Holm Bay-普利兹湾剪切带为Kuunga造山带的北东段，Kuunga造山作用的痕迹主要保存在Ltitzow Holm Bay、普利兹湾、格罗夫山、查尔斯王子山（图1-10）。Ltitzow Holm Bay发育570~520Ma区域性麻粒岩相变质和褶皱变形，同构造浅色花岗岩的年龄证明变形发生于520Ma，且这些变形与伸展构造无关。普利兹湾记录了535~525Ma与收缩变形有关的高温变质作用、混合岩、重熔型长英质片麻岩，530Ma麻粒岩相顺时针 $P\text{-}T\text{-}t$ 演化轨迹。格罗夫山记录了~530Ma的花岗岩侵入和高温变质作用。南查尔斯王子山北部经历了早古生代变形，发育NE向糜棱岩带，有550Ma长英质岩脉侵入。

（6）澳大利亚Pinjarra造山带

Pinjarra造山带分布在澳大利亚西南缘（图1-10），大部分被显生宙盆地覆盖，主要出露片麻岩以及中级变质碎屑岩、片岩。Fitzsimons（2003）根据基底研究认为，Pinjarra造山带将东冈瓦纳分为澳大利亚-南极（Australo-Antarctic）和印度-南极（Indo-Antarctic）两部分。Pinjarra造山带的性质决定了这两部分的拼合过程，目前有关其性质的研究，主要存在中元古代碰撞造山带后期活化和新元古代缝合带两类观点。

Pinjarra造山带以近南北向的Darling断裂与其东部的伊尔岗太古宙克拉通分隔（图1-10）。Darling断裂发育剪切带、糜棱岩带和千糜岩，太古宙形成后经历了1080Ma和750~500Ma两次活化。在Pinjarra造山带南端发育750Ma右旋走滑，于550~500Ma发生区域性的左旋走滑和角闪岩相糜棱岩。古地磁证据表明，沿着Pinjarra造山带的左旋走滑位移达到了大陆块体尺度，因此，这些晚新元古代—早古生代的地质现象是550Ma印度和澳大利亚西缘发生斜向碰撞所引起。Pinjarra造山带主要的泛非事件记录在Leeuwin杂岩中，产出~780Ma和~520Ma的A型非造山花岗岩，570~550Ma发生麻粒岩相变质和强烈变形，高级变质作用峰期为550Ma。与东南极东部的Denman Glacier地区和Bunger Hills地区相同，都具有520~500Ma造山后花岗岩记录，因此Pinjarra造山带向南可延伸到南极地区。

1.1.1.3 全球性早古生代碰撞造山特征

大板块之间近同时的碰撞造山是超大陆聚集的关键过程和主要方式。哥伦比亚超大陆汇聚主要集中在 2.1~1.8Ga，而罗迪尼亚超大陆汇聚主要集中在 1.3~1.0Ga，峰期在 1.1Ga，总体持续时限约为 3 亿年。而早古生代碰撞造山主要发生在 5.4 亿~4.2 亿年前。总体从地球历史看，从点碰撞到全面碰撞造山的时限在缩短，这不仅与板块运动速度加速有关，而且与大陆块体或大板块在不断长大密切相关。碰撞造山也从古元古代的热造山为主，逐渐出现以冷造山占主导，岩石上表现为在古元古代碰撞造山带中主要以高压麻粒岩发育为特征，而早古生代多数碰撞造山带以热榴辉岩发育为特征，到晚古生代之后的碰撞造山带以冷榴辉岩发育为特性。这与地球总体的热衰减演化趋势是一致的。此外，碰撞造山与俯冲增生造山不同的是弯山构造很少发育。

早古生代全球碰撞型造山带主要分布在南半球的泛非造山带和北半球的加里东期造山带，分别与南方冈瓦纳古陆和北方劳俄古陆的初步集结密切相关，早古生代碰撞造山主要以大板块或大陆块之间的碰撞作用为特征。两者之间洋盆关闭方式都可能是内侧洋闭合机制（Intro-version）。实际上，从潘吉亚超大陆裂解到后期大洋的出现部位来看，前期大陆块之间碰撞造山的位置往往会重新裂解出现新的大洋盆地。例如，加里东造山带裂解出现北大西洋，东、西冈瓦纳古陆拼合的莫桑比克造山带后期裂解出现印度洋。这一点和增生造山带不同，大板块周缘的增生造山带后期裂解往往形成弧后盆地，如汤加弧后盆地、日本岛弧西侧的弧后盆地。当然也有个别出现小洋盆或短暂的大洋盆地，如瑞克洋（Rheic）、勉略洋、古特提斯洋、新特提斯洋等。这种宏观现象可能不是局部构造因素控制，更可能是大尺度深部动力学机制控制。

碰撞造山最终往往形成巨型不对称花状构造，对早期构造形迹改造较强烈，因而难以判断碰撞造山早期的板块俯冲极性，这是当前全球许多碰撞造山带俯冲极性存在巨大争论的原因，进而也是当前碰撞造山带研究急需解决的构造技术难题。前人野外经验表明，揭示第一幕区域变形的极性是认清碰撞造山早期过程的关键，同时，需要配合大地构造单元划分及岩石成分-地球化学极性研究，可望有效揭示这个精细演化历史。此外，中下地壳也可能保存其早期俯冲结构，因而关键部位的深反射地震剖面的研究也非常必要。只有碰撞早期的俯冲极性被很好地解决，全球尺度的板块重建才更为精细可靠。

碰撞造山往往具有全球效应，伴随一系列深、浅部过程的调整，深部构造过程如底侵、拆沉、深熔、渠道流，浅部地表构造系统如楔入、挤出、变形分解、走滑等地质过程。碰撞造山带的复杂性还体现在碰撞方式可以存在正向或斜向、俯冲角度大小、分期分段碰撞等，这些都会导致碰撞造山带之间明显的个性差异演化。此外，在碰撞前、同碰撞和碰撞后物质循环、再造、成岩、成矿、成盆、成藏、成灾、地球表层系统的河流水系变化和源-汇效应、海水化学成分变化、环境变化与生物辐射或绝灭等，都会有一系列综合连锁效应。这一切都可能取决于深部动力机制，也就是碰撞的内动力机制，或驱动大陆块之间碰撞的动力来源。早古生代全球性碰撞事件的这些效应研究非常薄弱，这也正是当前需要多学科交叉深入探索的前沿。

通过对全球早古生代造山带的系统集成分析，得出以下几点新认识：

1）早古生代碰撞造山带皆发育蓝片岩、榴辉岩、高压麻粒岩等典型的俯冲-碰撞相关的岩石，具有顺时针 P-T-t 轨迹；这些高压-超高压岩石具有全球准同时性，集中在550~450Ma，表明可能在早古生代期间的1亿年内发生了全球性板块聚合运动。

2）南半球 Brasiliano 造山运动、东非造山运动和 Kuunga 造山运动导致冈瓦纳古陆分阶段最终于~540Ma完成拼贴。而经典加里东造山带、中欧缝合带导致北半球劳俄古陆最终于~420Ma完成拼合，此时斯瓦尔巴加里东造山带和英格兰加里东造山带可能位于格陵兰地盾东南缘。最终，早古生代碰撞造山导致全球南、北大陆的形成。

3）当前碰撞造山带研究中最为薄弱、争论最大的是板块俯冲极性以及早古生代碰撞造山带的全球深部机制和地表系统响应等，需要多学科加强交叉和综合研究。

1.1.2 全球早古生代造山带：俯冲-增生型造山

早古生代全球微陆块和岛弧众多，主要围绕大陆块增生，使得板块范围不断扩大。前人对板块重建的研究使得全球大陆块之间的聚集过程已经基本达成共识。然而，微陆块的聚散过程是板块重建中最模糊、最具争议的关键环节。早古生代微陆块众多，因而导致早古生代全球板块重建方案也最多。增生造山是板块聚散机制研究的关键科学问题，也是板块（特别是微陆块）碰撞、拼合、生长的一种重要方式。因此，以下基于全球新元古代晚期—早古生代增生型造山带演化过程分析及其对比研究，总体按照增生过程发生的洋盆边缘分为三种类型：古亚洲洋南北两侧的增生、瑞克洋北侧的增生和环冈瓦纳古陆的增生。通过对它们的详细分析，可探讨全球的早古生代增生造山带的独特性、普遍性和重要性，揭示微陆块聚散机制，进而探索早古生代板块重建和超大陆重建遗留的关键核心问题。

1.1.2.1 古亚洲洋相关的早古生代造山带

古亚洲洋是产生于罗迪尼亚超大陆裂解时期，长期存在于东欧-西伯利亚陆块与塔里木-华北陆块之间的一个东西向古大洋，现今记录在西伯利亚陆块南缘、东欧陆块东南缘以及中亚造山带内。古亚洲洋至少出现于650Ma之前，洋内微陆块众多，早期认为是弥散性分布，近来一些板块重建模式揭示，这些微陆块可能是几条岛链。西伯利亚陆块南缘近东西向展布的大型高压变质带中的蓝片岩标志着洋盆于

650~520Ma 开始俯冲。早寒武世古亚洲洋为一宽阔的大洋，东、西两侧分别连接泛大洋（Panthalassa）和亚匹特斯洋或瑞克洋，南侧为原特提斯洋。该区域的造山带在早古生代主要表现为洋-陆俯冲和弧-陆碰撞的增生造山过程，各增生造山带的发生时代也不尽相同：古亚洲洋的乌拉尔造山带发生在奥陶纪—晚泥盆世；中南天山俯冲记录从奥陶纪开始，早志留世在东段出现点碰撞。

(1) 乌拉尔造山带

乌拉尔造山带走向NNE [图1-11（a）]，北起北极地区，南达哈萨克斯坦陆块的Aral海，是东欧陆块（波罗的古陆）与西伯利亚陆块、哈萨克斯坦陆块之间高度斜向汇聚的产物。主要构造运动发生在古生代—早中生代，早古生代—中古生代为典型的弧-陆增生型造山带。深部地震反射剖面揭示，乌拉尔造山带主要的深大断裂有东倾的主乌拉尔断裂（MUTF）、西倾的横乌拉尔（Trans-Uralian）逆冲带（TUTZ）[图1-11（b）]。以主乌拉尔断裂为界，以西的西乌拉尔地壳与东欧陆块具有相似性，以东的东乌拉尔主要包括Tagil岛弧和Magnitogorsk岛弧以及部分西西伯利亚基底。

主乌拉尔断裂晚古生代转变为冲断带，发育晚泥盆世—早石炭世的增生楔和蛇绿岩套，南段的蓝片岩-榴辉岩年龄早于北段。南乌拉尔400~375Ma经历了含微粒金刚石的榴辉岩相超高压变质作用，极地乌拉尔蛇绿岩套年龄范围从元古宙、寒武纪到泥盆纪都有分布，新元古代晚期的蛇绿岩套于中奥陶世发生变质，志留纪末—早泥盆世（~410Ma）的Ray-Iz蛇绿岩套形成于俯冲带环境，伴生晚志留世（~418Ma）岛弧岩浆岩。因此，乌拉尔洋的俯冲闭合为剪刀式闭合，首先在南乌拉尔开始弧-陆碰撞增生，然后在极地乌拉尔以陆-陆碰撞结束。

(2) 中亚天山造山带

中亚天山造山带位于中亚造山系（阿尔泰造山系）的西南缘，从中国甘肃、新疆交界处向西延至乌兹别克斯坦，为哈萨克斯坦板块、塔里木陆块、准噶尔地块、东欧陆块和图兰微陆块相互作用的产物，具有多期造山过程。中国境内的天山分为北天山晚古生代增生体、中天山复合增生地块和南天山古生代增生楔，分别以中天山北缘和南缘大断裂分隔。南天山以南是塔里木陆块北缘库鲁克塔格隆起，分别以兴地走滑断裂和孔雀河逆冲断裂与南天山和塔里木陆块分隔。其中，中南天山造山带内分布着众多的微陆块，这些弥散的微陆块上寒武系底部具有相似的冰成岩或冰碛岩，前寒武系与塔里木陆块一致，在早寒武世以前可能是统一的塔里木陆块的组成部分，也是冈瓦纳古陆裂离的组成部分。早震旦世、晚震旦世、早寒武世的大陆裂谷型火山岩表明，最晚从早寒武世，这些离散微陆块从塔里木陆块上裂离。造山带基底为前南华纪结晶基底，盖层为古生代盖层，早古生代地层主要分布在中天山和库鲁克塔格隆起，南天山主要出露晚志留世—石炭纪的地层。

天山造山带早古生代火成岩主要形成于奥陶纪和志留纪（图1-12和表1-6），

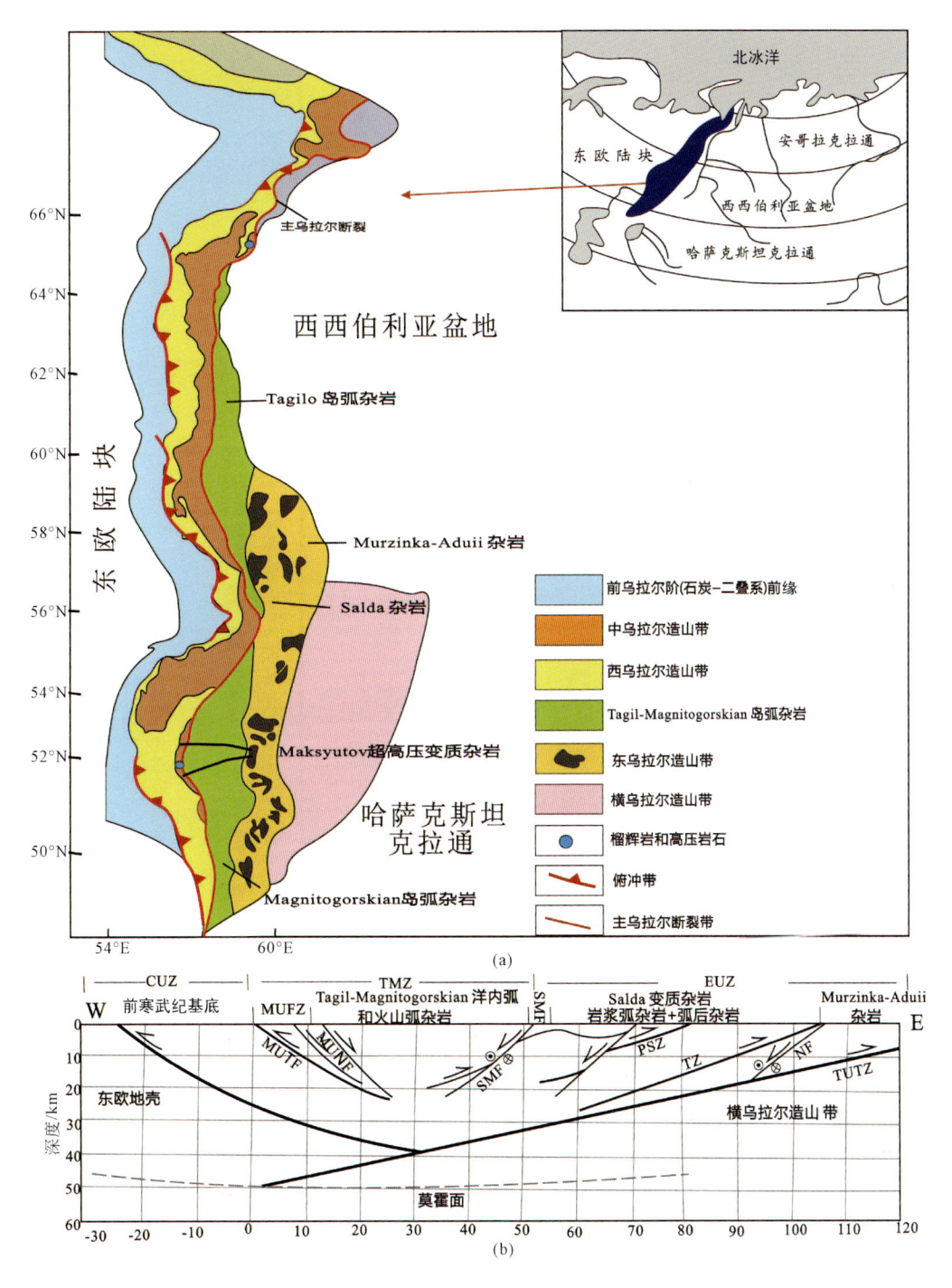

图 1-11 乌拉尔造山带构造简图和 ESRU 地震测线深部剖面

CUZ. 中乌拉尔带；EUZ. 东乌拉尔带；MUFZ：主乌拉尔逆断层；MUTF. 主乌拉尔逆断层；MUNF. 主乌拉尔正断层；NF. 正断层；PSZ. Prianitchnikova 剪切带；SMF. Serov Mauk 断裂；TMZ. Tagil Magnitogorsk 带；TUTZ. 横乌拉尔逆冲带；TZ. 逆断带。图（a）据 Ivanov 等（2013）；Brown 和 Spadea（1999）改编；图（b）据 Juhlin 等（1998）改编

图 1-12 中亚天山造山带俯冲碰撞相关岩浆岩和变质岩分布

年代单位 Ma

分布在中天山南、北缘地区和西天山博罗科努地区、南天山巴音布鲁克地区，多形成于岛弧环境。在中天山离散地体之上发育一条早古生代岛弧带，有钙碱性系列火山岩和岛弧型花岗岩。但晚古生代早、中石炭世火山岩是分布最广泛的活动陆缘岛弧火山岩，在中天山地体北缘、南缘和地体内部都有分布，且年龄从中天山地块南、北缘向地体内部变小，自地体东部向西部变新，即晚古生代古天山洋盆应仍处于洋–陆俯冲阶段，洋盆闭合方式应该是自东向西的剪刀式、斜向俯冲闭合。

新元古代—早古生代中南天山发育有3期蛇绿岩套：新元古代晚期达鲁巴依600~590Ma的蛇绿岩套；红柳河–唐古尔塔格516~494Ma SSZ型蛇绿岩套；库米什–榆树沟–铜花山的440~406Ma MORB型蛇绿岩套（表1-6）。库米什南部发育早志留世岛弧火山岩，其邻近的干沟、天格尔–望峰地区发育早志留世S型花岗岩，马鞍桥地区发育下石炭统伸展型磨拉石建造，这说明在天山东段库米什、干沟、马鞍桥一带洋盆的闭合时限应为早志留世（表1-7），早石炭世进入造山后期伸展阶段。而中南天山其余地区大量的早石炭世岛弧性火山岩，说明此时南天山洋还未闭合，并处于增生造山阶段。因此，古天山洋盆的闭合过程应该是自东向西剪刀式软碰撞过程，即早古生代中南天山处于增生造山过程，早志留世首先在东部马鞍山开始点碰撞。这与天山地区晚古生代洋盆的从西向东闭合方式不同。

表1-6 天山早古生代蛇绿岩

采样点	所属地体	性质	岩石	年代/Ma	测年方法	参考文献
巴音沟	北天山、西天山	红海型N-MORB（洋中脊有OIB）	斜长花岗岩	324.8±7.1	SHRIMP	徐学义等，2005，2006
			堆晶辉长岩	344.0±3.4	LA-ICPMS 锆石U-Pb	
贝勒克尔干果勒（巴音沟南带）		红海N-MORB	辉长岩	385.7±3.6	LA-ICP-MS	苏会平等，2014
博格达地区	北、东天山	类似OIB源	基性熔岩	早—中石炭世		夏林圻等，2002
奎屯河	北天山	洋中脊	斜长花岗岩	343.1±2.7	SIMS U-Pb	李超等，2013
冰达坂	中天山北缘破碎带	初始洋盆	辉绿岩			董云鹏等，2005a
		成熟洋盆	玄武岩			
库米什–榆树沟	中天山	MORB型	斜长花岗岩	435.1±2.8	锆石U-PB	杨经绥等，2011
巴仑台	中天山	类似OIB源	基性熔岩	早—中石炭世		夏林圻等，2002
阿奇克库都克断裂以北	中、东天山	N-MORB	流纹岩	320.5±1.2	LA-ICP-MS	李源等，2011
阿奇克库都克断裂以南	中、东天山	IAT	流纹岩	295±0.7	LA-ICP-MS	李源等，2011
康古尔塔格	中、东天山	SSZ	辉长岩	494±10	SHRIMP	李文铅等，2008

续表

采样点	所属地体	性质	岩石	年代/Ma	测年方法	参考文献
红柳河	南、东天山		堆晶辉长岩	516.2±7.1	锆石 U-Pb	于福生等，2006
达布拉特				398±10	LA-ICP-MS	
巴雷公	南、西天山		玄武岩	399±4	SHRIMP	
吉根	南、西天山	P-MORB		392±15		徐学义等，2003
那拉提-长阿吾子	南、西天山	T-MORB	蚀变辉长岩	439	^{40}Ar-^{39}Ar	郝杰等，2005
达鲁巴依	南天山北缘		辉长岩	600~590	锆石 Pb-Pb	杨海波等，2005
仓格洛马克约里和黑英山	南西天山南缘		斜长角闪岩	420		
库勒湖	南天山	N-MORB	枕状熔岩	425±8	SHRIMP	龙灵利等，2006
		E-MORB	辉长岩	418±2.6	LA-ICP-MS	
榆树沟	南天山	MORB		440±18	锆石 U-Pb	王润三等，1998
铜花山	南天山	MORB	斜长花岗岩	406.5±5.0	LA-ICP-MS	黄岗等，2011
古洛沟	中天山南缘断裂		斜长花岗岩	358±15	Rb-Sr	
乌瓦门	中天山南缘断裂	弧后盆地				董云鹏等，2005b
琼阿乌孜	南、西天山	弧后盆地或裂谷	超基性岩	314±19	Sr-Nd	倪守斌和满发胜，1995

表 1-7 天山古生代高压-超高压榴辉岩分布

所属构造带	地点	所属地体	岩性	年龄/Ma	测年方法	年龄意义	参考文献
中天山南缘断裂	Aktyuz	Aktyuz 杂岩	榴辉岩	474	Lu-Hf	榴辉岩相变质	Rojas Agramonte et al.，2013
				462	全岩 Sm-Nd		
				749	Rb-Sr	原岩年龄	Klemd et al.，2014
	Chime	Makbal 超高压变质杂岩带	含柯石英榴辉岩	516~491	SHRIMP	榴辉岩相超高压变质	Konopelko et al.，2012
				470	Lu-Hf		
				482~480	独居石		
				509/482/480	云母 K-Ar		Klemd et al.，2014
				1446		原岩	
	Anrakhai	Anrakhai 混杂岩带	榴辉岩	490	SHRIMP	榴辉岩相变质峰期	Alexeiev et al.，2011
	Kumdy-Kol	Kokchetav 混杂岩带	含柯石英和金刚石榴辉岩	537±9	Sr-Nd	榴辉岩相超高压变质	Dobretsov and Shatsky，2004；Schertl and Sobolev，2013
				530±7	SHRIMP		
				517	^{40}Ar-^{39}Ar	折返年龄	
	Sulu Tyube			465			
	Aidaly		含柯石英榴辉岩	前寒武纪			

续表

所属构造带	地点	所属地体	岩性	年龄/Ma	测年方法	年龄意义	参考文献
南、西天山	昭苏阿克牙苏河上游	哈斯阿特岩片	与蓝片岩伴生榴辉岩	230~220（346~343）	SHRIMP U-Pb	榴辉岩相超高压变质	
				>310			
				401	^{40}Ar-^{39}Ar	原岩	
	阿坦塔义河		含柯石英榴辉岩	320	SIMS U-Pb	超高压相变质	陈振宇等，2011
				310	SIMS U-Pb	角闪岩相退变质	
				345	Sm-Nd		
				321	ICP-MS U-Pb	榴辉岩相	Liu et al., 2014
				454	ICP-MS U-Pb	原岩	
	哈布腾苏		榴辉岩	310~305	Sm-Nd	榴辉岩相变质	Du et al., 2014
	Atbashi Ridge	Atbashi Ridge 杂岩	含柯石英假象榴辉岩	327~324	^{40}Ar-^{39}Ar	折返	Simonov et al., 2008
				320~300			Hegner et al., 2010
				270	Rb-Sr		Tagiri et al., 1995

1.1.2.2 原特提斯洋相关的早古生代造山带

早古生代时期的特提斯洋称为原特提斯洋，古亚洲洋（早期或许应称为原亚洲洋）和原特提斯洋演化时限有重叠，但两者古生物特征却不一样，古亚洲洋以发育西伯利亚生物区特有的图瓦贝动物群为特征（图1-13）。原特提斯洋的形成可能经历了3个阶段：①初始形成于冈瓦纳古陆北缘的阿拉善、塔里木、柴达木、羌塘、华南等（微）陆块950~540Ma从冈瓦纳古陆带状裂离，这些微陆块位于原亚洲洋的南侧，并向北漂移，之间打开的即为原特提斯洋西段（即昆仑洋和祁连洋）；②原本处于原亚洲洋北侧的华北陆块，可能是由于650Ma左右罗迪尼亚超大陆裂解或者650~520Ma原亚洲洋向西伯利亚陆块之下俯冲消减，进而导致其从西伯利亚陆块南缘裂离，并向南移动，进入原亚洲洋，同时华北北缘出现新的洋盆，即为传统上的古亚洲洋，并与西侧的原亚洲洋相通，至此大家熟悉的统一古亚洲洋形成了，而其南侧原亚洲洋在中奥陶世之前与原特提斯洋西段相通，华北陆块南部萎缩的原亚洲洋也就转变为原特提斯洋的东段（即宽坪洋）；③分别来自南、北大陆的微陆块群，于460~440Ma夹持在统一的古亚洲洋南侧或统一的原特提斯洋北侧中段，呈线性拼接展布同时该微陆块群被称为Hunia（匈奴）地体群。其间为贺兰山转换型大陆边缘（当时可能为NE走向，与瑞克洋中的转换断层一致）（Keppie et al.，2010），分割了Hunia（匈奴）地体群，但不是Stampfli等（2011）划分的两条

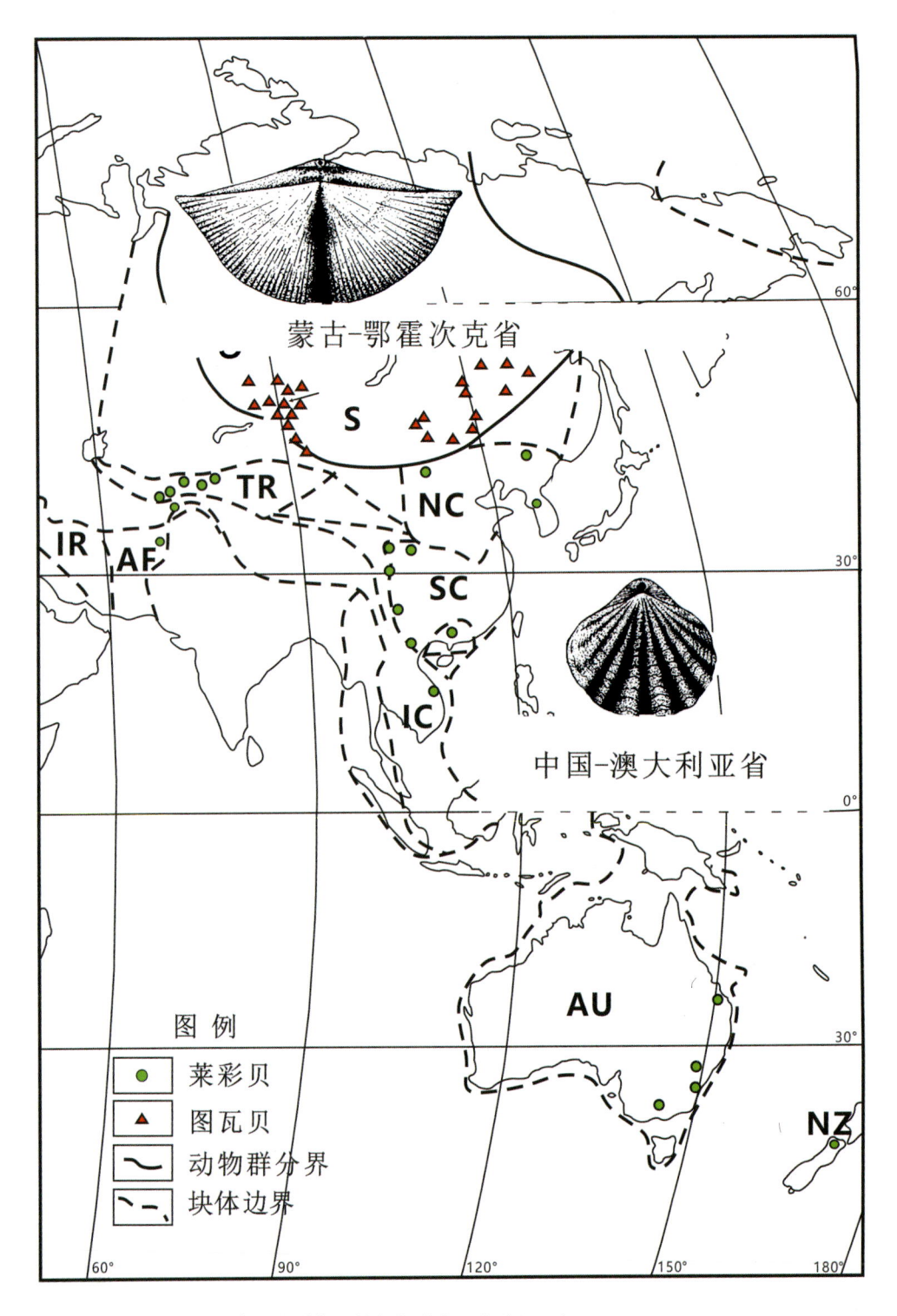

图 1-13 古亚洲洋与原特提斯洋古生物分界（据 Rong et al., 1995）

NZ. 新西兰；AU. 澳大利亚；IC. 印支；SC. 华南；NC. 华北；TR. 塔里木；AF. 非洲；IR. 伊朗；S. 西伯利亚

地体群。Hunia（匈奴）地体群分割其北侧的后来成为中亚造山带的、大家公认的古亚洲洋，以及南部为大家公认的原特提斯洋。因此，原特提斯洋北界为古洛南-栾川缝合线及其西延（图1-14），而南界为现今班公湖-怒江缝合线，后者也是古特提斯缝合带，表明沿南界原特提斯洋和古特提斯洋具有继承性。

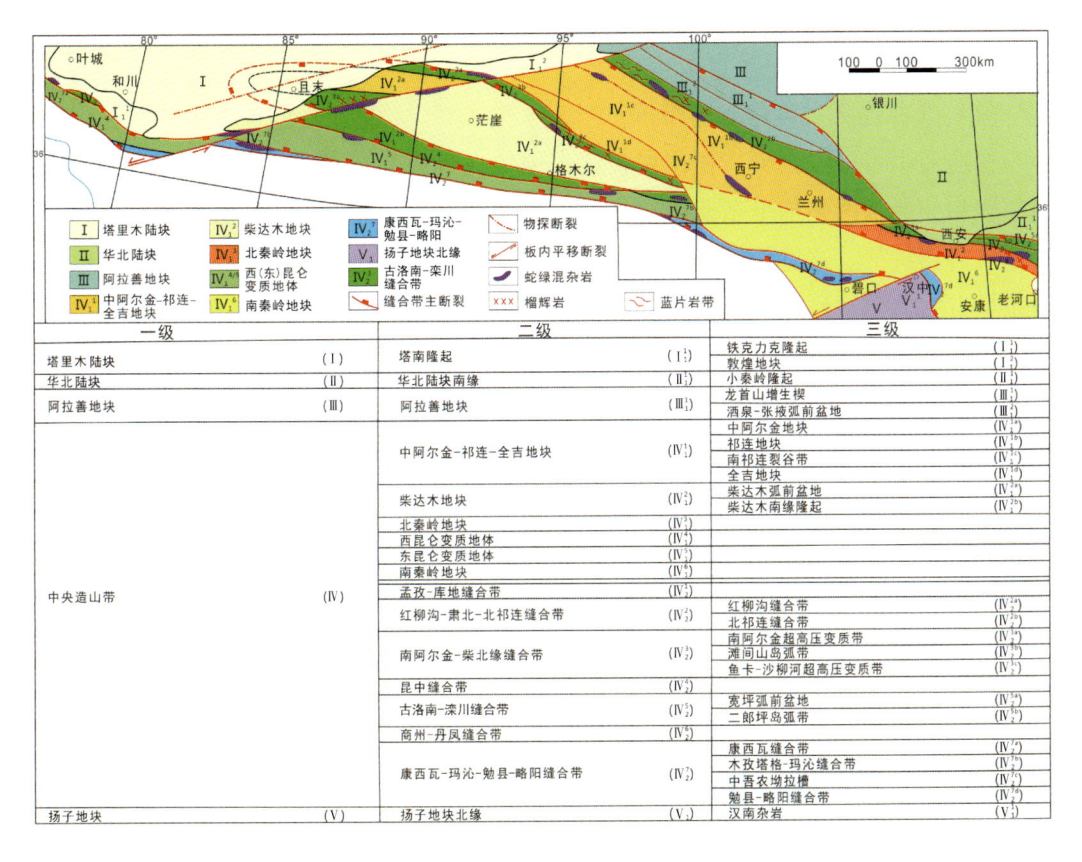

图1-14 原特提斯构造域主要蛇绿岩分布和弯山构造（据陆松年等，2006；许志琴等，2011）

原特提斯洋消亡遗迹覆盖的区域一般称为原特提斯构造域，原特提斯构造域内发育的沟-弧-盆体系、洋壳碎片并不是前人认识的复杂"多岛洋"，而是单一的岛链。其中分布众多的微陆块，复原后也是一条地体群，成带分布，并没有导致原特提斯洋发展为一个"多岛洋"，因而，原特提斯洋依然是个干净的小洋盆。一般认为原特提斯洋向西昆仑以西难以延伸，不过帕米尔构造结，主要集中在中国境内。其中的秦岭-祁连-昆仑3条造山带在早古生代的交接转换关系复杂，导致早古生代就存在的商丹洋（带）西延也非常不明朗。最新研究表明，原特提斯构造域北秦岭段的北界为古洛南-栾川断裂带，其西延至北祁连，同时北秦岭的增生造山过程开始于奥陶纪，晚志留世—泥盆纪结束。西昆仑早奥陶世—中志留世表现为增生造山，传统上认为直至三叠纪发生陆-陆碰撞。东昆仑增生过程发生于晚奥陶世—志留纪末、早泥盆世结束。现今大量研究表明，原特提斯洋内的微陆块都是亲冈瓦纳的陆块。原特提斯洋向西一般对应同时代的瑞克洋，因而，匈奴地体群一般对应阿瓦隆尼亚地体群。但两者增生演化历史大不相同；再往西对应卡罗来纳（Carolina）带中的地体群，其演化与阿瓦隆尼亚地体群差别也很大。但它们三者（除其中的华北之外）总体都来自冈瓦纳古陆北缘，这里分别称为原特提斯域东段、中段和西段。

（1）北祁连早古生代构造带

祁连造山带是阿拉善、祁连和柴达木地块在加里东期汇聚、碰撞的产物，发育北祁连和柴北缘两条加里东期俯冲碰撞杂岩带，北祁连南缘和柴北缘皆具有右行韧性走滑剪切特征。这里的祁连地块包括中-南祁连地块和欧龙布鲁克（全吉）地块。两条早古生代俯冲碰撞杂岩带均形成于祁连洋闭合阶段，但北祁连加里东期俯冲碰撞杂岩带以发育蛇绿岩套和相伴的蓝片岩，以及洋-陆俯冲有关的花岗岩、岛弧火山岩和高压变质岩石及弧前增生楔为特征；而柴北缘俯冲碰撞杂岩带以产出岛弧火山岩、俯冲成因的花岗岩和陆-陆深俯冲的柯石英相超高压变质岩为特征。两条右行韧性剪切带现今分别为祁连地块的北界和南界，分别叠加在两条俯冲碰撞杂岩带之上，这种情况不可能是祁连地块楔入所致（因为楔入模式必须两侧的断裂同期且运动学方向相反），故完全可能是一个巨型弯山构造，但弯山构造的形态表明，其必须是早期左行斜向汇聚的产物，这个俯冲机制和欧洲阿瓦隆尼亚地体群形成的构造背景相似。变形特征和年代学研究结果表明，右行挤压转换型剪切带均形成于早—中泥盆世，因而，弯山构造是加里东期造山作用晚期的产物，并被泥盆系角度不整合覆盖。

新元古代晚期以来，北祁连构造带发育3期蛇绿岩套（表1-8）和1期板内裂解事件相关的岩石：玉石沟-穿刺沟-扎麻什-边马沟带550～495Ma的蛇绿岩套，性质为MORB型洋中脊蛇绿岩，代表了一个寒武纪的大洋扩张脊，与冈瓦纳北缘地块/微陆块裂解事件相对应，可能后期形成了一个较广阔的扩张洋盆，属于原特提斯洋；东草河-大岔大坂-熬油沟-二只哈拉达坂-九个泉带蛇绿岩套，多为弧后盆地初始洋盆扩张中心的N-MORB性质，年龄集中在507～490Ma。该带的大岔大坂和乌鞘岭发育早奥陶世俯冲带SSZ型蛇绿岩；而老虎山-白泉门的蛇绿岩套明显较年轻，为470～450Ma，老虎山和九个泉等蛇绿岩套与洋壳俯冲阶段蓝片岩、低温榴辉岩伴生，说明该阶段洋盆开始俯冲。奥陶纪的蛇绿岩套伴生蓝片岩等低级变质岩，暗示了该阶段为洋盆冷俯冲阶段，而玉门昌马-青海水洞峡带发育493～480Ma板内裂解事件。下志留统不整合于早期岩系之上，前陆盆地底部发育下志留统—泥盆系的陆相挤压型磨拉石建造。北祁连褶皱带南部发育中、上奥陶统岛弧岩系，西段主要为基性—酸性的钙碱性系列，而北祁连山中段发育非常典型的俯冲杂岩带。这种大地构造单元的岩石组合表明了北祁连向南俯冲的特征。宋述光等（2013）将北祁连山中段分为两带：南带发育榴辉岩和蓝片岩组成的深层俯冲杂岩（主要出露于北祁连中西段的昌马和祁连地区），北带发育由蛇绿混杂岩和低级蓝片岩（含硬柱石−绿纤石−蓝闪石−文石组合）组成的浅层俯冲杂岩（表1-9），也指示向南俯冲的变质极性。北祁连可识别出古祁连洋板块俯冲、增生及随后与阿拉善地块碰撞相关的3期挤压变形，而局部地区保存了深部的韧性伸展构造和浅部的韧−脆性伸展构造，志留纪发育同碰撞的沉积增生楔及碰撞期后泥盆纪伸展型磨拉石，代表挤压收缩造山阶段向后造山伸展阶段转变。

表1-8 北祁连蛇绿岩特征

采样点	所属造山带	岩性	性质	年龄/Ma	测年方法	引用文献
玉石沟	北祁连中段	枕状玄武岩	MORB			
		堆晶辉长岩		550±17	SHRIMP	史仁灯等, 2004
		基性熔岩		522~495	Sm-Nd	
		辉长岩		515.4±3.2	LA-ICP-MS	剡晓旭, 2014
川剌沟	北祁连中东段	基性火山熔岩	洋中脊拉班玄武岩、洋岛玄武岩	495.11	Sm-Nd	武鹏等, 2012
		三叶虫、笔石、腕足类化石		早奥陶世		
扎麻什地区东沟		基性火山岩	MORB	499.3±6.2	LA-ICP-MS	武鹏等, 2012
边马沟	北祁连中东段	蛇绿岩	MORB	寒武—奥陶纪		张旗等, 2003
东草河	北祁连中东段	辉长岩	N-MORB	497±7	SHRIMP	曾建元等, 2007
大岔大坂	北祁连中东段	辉长岩	N-MORB	505±8	SHRIMP	孟繁聪等, 2010
		枕状熔岩	SSZ	483	SHRIMP	陈雨等, 1995；张旗等, 1998
二只哈拉达坂	北祁连西段	粒玄岩		495±4	SHRIMP II	夏小洪等, 2012
熬油沟	北祁连西段南部	辉长岩	初始小洋盆扩张脊	503.7	SHRIMP U-Pb	相振群等, 2007
		辉长岩	洋中脊环境	522±12	LA-ICP-MS	闫巧娟, 2012
		细粒辉长岩		501±4	SHRIMP II	夏小洪等, 2012
		辉绿岩墙		507±9（第二期变质年龄）	SHRIMP U-Pb	张招崇等, 2001
		辉绿岩墙	小洋盆扩张中心	1777	SHRIMP	张招崇等, 2001
		辉绿岩墙	小洋盆扩张中心	1840~1783	单颗锆石蒸发法	毛景文等, 1997
		辉绿岩墙	第一期变质年龄	1466±26	SHRIMP	张招崇等, 2001
		辉绿岩墙		2561±39	SHRIMP	张招崇等, 2001

续表

采样点	所属造山带	岩性	性质	年龄/Ma	测年方法	引用文献
九个泉		玄武岩	MORB			
		均质辉长岩	典型 N-MORB 和弱的俯冲带印记	490±5.1	SHRIMP II	夏小洪等，2012
乌鞘岭		铁镁质-超铁镁质杂岩	SSZ 型弧后洋盆环境，扩张脊靠近岛弧			汪双双，2009
塔墩沟	肃南		N-MORB			张旗等，1997
塔洞	肃南		N-MORB 或 SSZ 上的弧后盆地环境			龚全胜，1997
老虎山	北祁连东段	火山岩（辉石细碧玢岩）	N-MORB	453.56±4.44	Sm-Nd 等时线	冯益民和何世平，1995
白泉门	北祁连西部	辉石玄武岩		468.80±4.63	Sm-Nd	
水洞峡	北祁连东部	玄武岩	板内拉张环境 N-MORB	492.9±22.6	Sm-Nd	黄增保等，2010
昌马庙玉沟	北祁连西段	超基性岩片	板内裂谷	480±9	Sm-Nd	黄增保和金霞，2004
昌马锅底坑山南坡	北祁连西段	玄武岩	板内裂谷（构造岩片侵位年代）	459±18	U-Pb	黄增保和金霞，2004
直河	北祁连中段段	基性熔岩	弧后盆地扩张环境	956±26	Sm-Nd	杨文敏，2008；张翔等，2007

表 1-9 北祁连早古生代榴辉岩

采样点	年龄/Ma	测年方法	性质	参考文献
尚香子沟	463（477?）	SHRIMP	榴辉岩相	Zhang J X et al.，2005；宋述光等，2004
	489	锆石 U-Pb		
	710~544	锆石 U-Pb	原岩	
百经寺	468（501、459?）	SHRIMP	退变质	Zhang J X et al.，2005；林宜慧和张立飞，2012
	422	SHRIMP		
	446~362	Ar-Ar		
	502	SHRIMP		
瓦窑沟	477	锆石 U-Pb		Zhang J X et al.，2005

（2）昆仑早古生代构造带

昆仑造山带以阿尔金断裂为界，分为东昆仑和西昆仑两部分。多数观点认为，西昆仑与东昆仑在早古生代应为同一条构造带，于中—新生代期间被活动的阿尔金左行走滑断裂错开了400多千米。西昆仑造山带夹持于塔里木陆块和羌塘地块之间，以康西瓦弧形断裂、乌伊塔格-库尔浪断裂为界分为北带、南带和喀喇昆仑3个带，发育西昆仑北（奥伊塔格-库地-苏巴什）和喀喇昆仑两条俯冲带，以及西昆仑南板块缝合带（麻扎-康西瓦）。塔什库尔干南部发育一套高级副变质岩且发育逆冲推覆构造，与麻扎-康西瓦断裂以北的孔兹岩系一起受到445~425Ma的高级变质作用，遭受210~250Ma强烈剪切作用，上泥盆统具有磨拉石特征的奇自纳夫群不整合在孔兹岩系之上，因此，喀喇昆仑和西昆仑变质地体之间的麻扎-康西瓦缝合带经历了早古生代和中生代两期构造运动。

前人对西昆仑北俯冲带内的库地蛇绿岩套中的超镁铁岩和玄武岩测年结果多为早古生代，其中，放射虫和共生石英辉长岩年龄为早中寒武世，作为库地蛇绿岩套形成年龄的上限，而随后500~428Ma的玄武岩则表明，库地蛇绿岩套代表的洋盆在晚寒武世已经扩张到一定宽度。而库地蛇绿岩套中的地幔岩、堆晶岩的地球化学特征指示，库地蛇绿岩套代表的洋盆性质应为弧后或弧间洋盆，于早—中寒武世打开，在晚奥陶世—志留纪达到最大范围，成为大洋盆地。西昆仑山北部主要分布早古生代俯冲、碰撞型侵入岩，以及早古生代末伸展型幔源花岗岩，年龄多集中在480~400Ma。同时还有部分与俯冲有关的侵入岩主要分布在柯岗-库地-其曼于特以南，康西瓦-苏巴什以北，年龄向南变新，早—中奥陶世（481~452）Ma发育俯冲型花岗岩，晚奥陶世仅在康西瓦断裂带以北发育同碰撞花岗岩，而志留纪花岗岩为伸展型幔源花岗岩，可能记录了原特提斯洋向南俯冲消亡到古特提斯洋裂开的过程。这种区域构造背景和深部动力学背景可能与西部瑞克洋打开具有相关性，并且此时华北、华南等已经增生拼合在冈瓦纳北缘（具体见本书1.1.2.4节）。由此可以判断，西昆仑是原特提斯洋与瑞克洋之间的纽带或瑞克洋与古亚洲洋之间的一个"陆桥"。

塔里木陆块南缘发育震旦系—寒武系陆缘碎屑复理石建造，寒武系—奥陶系的灰岩、板岩。这表明，震旦纪—奥陶纪塔里木陆块南缘为被动陆缘，而西昆仑变质地体为早古生代活动大陆边缘，其南部发育的早古生代钙碱性岩浆岩则表明西昆仑南部为岛弧环境。

东昆仑发育昆中、昆南两条缝合带。昆中缝合带近地表向南倾斜，可能为早期构造记录，指示向南的俯冲极性；深部向北陡倾，可能为晚期青藏高原深部物质流动改造结果。昆中缝合带也表现为一明显的地球物理界面。以昆中缝合带为界，分为南、北两个地体：北部昆仑北地体基底与华北陆块基底相似，因而可能是塔里木陆块（角度不整合和早古生代地层组成等特点也可能具有早古生代华北型基底的特征）南东部的弧形弯曲东延，但南部昆仑南地体基底类似于扬子型活动基底。昆中缝合带为一条古生代缝合带，南侧中—新元古界—下古生界变火山岩中断续出露蛇绿岩套构造岩片和岩块，前人取得了中—新元古代1331~816Ma、早寒武世—早奥陶世555~442Ma、泥盆纪末—晚石炭世368~308Ma的三期蛇绿岩套年龄（表1-10），具有不同地点出现多期蛇绿岩套，甚至同一地点出露多期蛇绿岩套的特点。例如，清水沟出露中—新元古代和早古生代两期蛇绿岩套，陆松年等（2006）测得与清水泉铁镁–超铁镁玄武岩伴生的中寒武世麻粒岩具有海底高原玄武岩地化特征；冯建赟（2010）根据地球化学特征指出，清水沟早古生代铁镁–超铁镁蛇绿岩性质与T-MORB过渡型洋中脊玄武岩类似。而张克信等（2004）在昆中混杂岩带中发现寒武纪的疑源类组合，在昆南混杂岩带中发现新元古代—早古生代疑源类组合，提出存在弧后扩张初始小洋盆，并认为昆仑洋在早古生代没有打开成大洋盆地，但其内部发育早石炭世—二叠纪放射虫。因此，张克信等（2004）推断昆中和昆南缝合带在寒武纪—奥陶纪很可能为同一俯冲带，并认为昆仑洋古生代的多次开合过程应与柴达木地块和巴颜喀拉山–松潘甘孜地块的震荡性运动有关。

综合前人成果认识，从全球视野分析，昆南缝合线应当对应勉略（勉县–略阳）带，昆中缝合带对应商丹（商县–丹凤）缝合线，因而原特提斯主缝合带可能应在昆中缝合带更北侧的柴达木地块南缘断裂（祁漫塔格）附近，因为昆中缝合带北侧发育一条受后期明显改造的深部陆壳重熔成因的大型早古生代钙碱性花岗岩带，北侧的岛弧变质火山岩从南往北变质程度从高绿片岩相增至绿帘角闪岩相，变质峰期为448±4Ma，同期发育高角度自南向北的逆冲变形，角闪石和白云母的^{40}Ar-^{39}Ar冷却年龄分别为427±4Ma和408Ma，指示该缝合带在奥陶纪末—早泥盆世发生过规模较大的向南俯冲，最终在泥盆纪发生碰撞并发育上泥盆统陆相磨拉石。昆中缝合带云母片岩中455~420Ma的独居石与石榴子石同期生成，与451~428Ma的榴辉岩相变质作用共同记录了晚奥陶世—中志留世的高级变质事件（表1-11）。综上所述，昆中缝合带和昆南缝合带分别代表了中寒武世的洋盆环境和晚奥陶世—志留纪末的洋壳俯冲环境，并且北昆仑和南昆仑地体在早泥盆世沿昆中缝合带拼贴；昆南缝合带晚泥盆世MORB型蛇绿岩套可能代表了古特提斯洋的打开和增生，这与勉略带相似。

表 1-10 昆仑构造带早古生代蛇绿岩

造山带	采样点	岩性	性质	年龄/Ma	测年方法	参考文献
东昆仑南带	苦海	辉长岩	OIB	555±9	SHRIMP	李王晔等, 2007
	拉龙洼	基性岩墙群辉石	OIB/E-MORB	393.5	^{40}Ar-^{39}Ar	李王晔等, 2007
		基性岩墙群斜长石		361.4±4.2		
		强烈剪切劈碎的泥砂质基质中的蛇绿岩		274.84±9.0/ 269±11.8	Rb-Sr 等时线	王秉璋等, 2000
	雪穷	辉长岩		368.6	^{40}Ar-^{39}Ar	李王晔等, 2007
	德尔尼	玄武岩	N-MORB/MORB	345.3±7.9/ 308.2±4.9	^{40}Ar-^{39}Ar/SHRIMP	陈亮等, 2000; 杨经绥等, 2004
	布青山	辉长岩	SSZ	467.2±0.9	U-Pb	
		玄武岩	MORB	345.3±7.9 308.2±4.9	^{40}Ar-^{39}Ar/SHRIMP U-Pb	
	布青山得利斯坦沟	辉长岩	N-MORB	516.4±6.3	LA-ICP-MS	孙雨, 2010
		辉长岩		467.2±0.9	锆石 U-Pb	
		辉长辉绿岩		495.32±80.6	Rb-Sr 等时线	
	布青山哈尔郭勒	辉长岩	N-MORB/OIB	332.8±3.1/ 340.8±2.8	LA-ICP-MS /LA-ICP-MS	刘战庆等, 2011; 杨杰等, 2014
	下大武乡给酿	玄武岩		400.04±21.3	锆石 U-Pb	王秉璋等, 2000
	错扎玛南部	辉长岩	SSZ	318±2	^{40}Ar-^{39}Ar 坪年龄	王秉璋等, 2000
	诺木洪郭勒河	玄武岩	大洋拉张的中脊环境	419±5/ 884.1±376/ 667±21	SHRIMP U-Pb/Sm-Nd/Rb-Sr 等时线	朱云海等, 2005
	土木勒克地区	玄武岩	N-MORB	466	锆石 U-Pb	
祁漫塔格带	祁漫塔格十字沟	玄武岩	N-MORB 兼具 E-MORB	442±16	Sm-Nd 等时线	宋泰忠等, 2010
		辉长岩	与俯冲作用有关的弧后盆地扩张中心	449±34		
	祁漫塔格山南缘黑山	玄武岩	大洋拉斑玄武岩			陈隽璐等, 2004
		堆晶辉长岩		816±10		
东昆仑昆中断裂	阿其克库	堆晶辉长岩	SSZ 型，湖前或弧后环境，洋中脊–岛弧环境	955±91	Sm-Nd 全岩–矿物等时线	胡霭琴等, 2004; 兰朝利等, 2005 郝杰等, 2005
	清水泉			1297	Sm-Nd 等时线	郑健康, 1992
	都兰可可沙–科科可特	镁铁–超镁铁质岩石	SSZ 型, T-Morb	509.4±6.8	LA-ICP-MS 锆石 U-Pb	冯建赟, 2010

续表

造山带	采样点	岩性	性质	年龄/Ma	测年方法	参考文献
东昆仑昆中断裂	清水泉以东吉日迈地区	蚀变橄榄岩		1331±78/1027±108	Sm-Nd 等时线	解玉月，1998
		辉长岩		518±3	锆石 U-Pb	
	拉玛托洛湖	辉长岩		246±3	K-Ar	解玉月，1998
	塔妥	蛇绿岩	N-MORB，但也存在洋岛环境			
	木孜塔格畅流沟	蛇绿岩	E-MORB/SSZ	950±82	Sm-Nd 等时线	李卫东等，2003
				1138±42		
				二叠纪放射虫		
				早石炭世放射虫		兰朝利等，2001
昆南断裂带	布表山—牧羊山	辉长岩		467±1	锆石 U-Pb	边千韬等，1999
	牧羊山日什凤	放射虫硅质岩		早石炭世		边千韬等，1999
西昆仑北带	于田县苏巴什	超镁铁质岩石	SSZ 型			计文化等，2004
其曼于特	其曼于特	蛇绿岩辉长岩		526±1	锆石 U-Pb	李天福和张建新，2014
喀喇昆仑	库地布孜完沟	蛇绿岩超镁铁岩		494.28±0.9	LA-ICP-MS	李天福和张建新，2014
	库地依歇克沟	火山岩底部粒玄岩		500.30±8.0	LA-ICP-MS	李天福和张建新，2014
	库地	超镁铁岩	侵入橄榄岩中的伟晶辉长岩	525±29	SHRIMP	张传林等，2004
	库地依歇克沟	玄武岩		428±19	SHRIMP	张传林等，2004
	库地	蛇绿岩	石英辉长岩	510±4	SHRIMP II	肖序常，2003
	库地	放射虫化石		晚奥陶世—志留纪		周辉等，1998

表1-11 东昆仑构造带早古生代榴辉岩

采样点	岩性	年龄/Ma	测年方法	参考文献
温泉地区	榴辉岩	451±2/428	LA-ICP-MS/SHRIMP	贾丽辉等，2014；Meng et al.，2015
西段夏日哈木–苏海图	榴辉岩	411.1±1.9	LA-ICP-MS	祁生胜等，2014
温泉地区	榴辉岩原岩	934	SHRIMP	Meng et al.，2015

（3）北秦岭早古生代构造带

秦岭造山带的构造划分具有多种观点，基于商县–丹凤缝合带和勉县–略阳缝合带的确定，张国伟等（1995）提出"两盆三块"的构造格局，即商丹和勉略两个洋盆、华北陆块、秦岭地块和扬子地块3个块体。但是，现今大量事实确切表明，宽坪群等代表秦岭造山带的第三条缝合线，称为洛南-栾川缝合带或古洛南-栾川断裂，与商丹带之间为北秦岭构造带或地体。北秦岭构造带主要分布有北部的宽坪群、二郎坪群、秦岭杂岩和南部的丹凤群4套岩石地层，刘岭群、原信阳群的南湾组等泥盆系位于该构造带南部，与下伏地层呈角度不整合接触；西段秦祁交接处的上泥盆统大草滩群（D_3Dc）为典型磨拉石建造，构造变形历经俯冲-碰撞-陆内调整阶段，有研究认为这套岩石全部与商丹缝合带演化关系密切。但是，北秦岭构造带或地体构造变形变质年代绝大部分厘定为早古生代，同时晚志留世二郎坪绿片岩相变质的枕状玄武岩和丹凤群角闪岩代表的退变质折返仅在北秦岭和华北南缘发育，而南秦岭主要是晚古生代由南向北增强的晚古生代变质变形。构造运动学研究揭示，早古生代宽坪-祁连-昆仑洋向南俯冲，但代表古特提斯洋北部分支的商丹洋、勉略洋则在印支期向北俯冲。

晋宁期秦岭地区发育强烈的构造运动，例如，现今确定具有亲扬子地块基底的北秦岭和南秦岭在晋宁期均遭受相似的强烈地质作用，表明当时南、北秦岭具有相同或相近的地质环境，也就是说当时北秦岭和扬子地块是相关联的，虽然不能断定两者可能紧邻，但可能都靠近冈瓦纳古陆北缘，而南、北秦岭震旦系不能进行对比，表明两者在晋宁期末800~600Ma之后又经历了分离等复杂演化。

北秦岭地区发育3期新元古代—早古生代蛇绿岩（表1-12）：新元古代早期的蛇绿岩有宽坪、二郎坪、武山和松树沟蛇绿岩，为洋盆环境；早古生代534~517Ma和499~440Ma两期蛇绿岩套出露于俯冲带内，前人认为代表弧后盆地扩张阶段，但进一步研究表明，宽坪群蛇绿岩（534~517Ma）可能为N-MORB型玄武岩，代表洋壳；二郎坪群蛇绿岩（499~440Ma）可能形成于弧前或弧后盆地背景。这两期早古生代的蛇绿岩套刚好与以往划归商丹缝合带的514~501Ma和448~375Ma两期岛弧火山岩对应。因此，前人多数认为是商丹带俯冲的弧后盆地。但是，从全球板块重建结果分析，它们应当是宽坪洋向南消减产生的弧后或弧前盆地的可能性更大。

北秦岭早古生代岩浆活动主体上是在洋-陆转换背景的增生造山阶段产生的，分布于宽坪群以南，主要为俯冲型花岗岩、少量A型花岗岩、S型花岗岩，主要形成于512~400Ma，三种类花岗岩形成峰期分别为500Ma、450Ma和420Ma，并分别与区域内高压-超高压变质作用、中压麻粒岩相变质作用和角闪岩相变质作用相对应，分别暗示了陆壳深俯冲阶段及碰撞后抬升过程中两期退变质过程。且结合西部阿尔金、北祁连构造带变质年龄，该带变质-岩浆热事件具有西早东晚的特点，暗示从西部开始剪刀式斜向深俯冲，这也必然导致华北陆块应当是左行斜向俯冲。

表 1-12 北秦岭早古生代蛇绿岩特征

所属构造带	采样点	岩性	性质	年龄/Ma	测年方法	参考文献
商丹缝合带	天水关子镇	辉长岩	N-MORB/古洋中脊	499.7±1.8	LA-ICP-MS	裴先治等，2007；李曙光，2004；董云鹏等，2008；杨钊等，2006；
		辉长岩		471±1.4		
		辉长岩		534±9	SHRIMP	
		闪长岩		517±8		
		变辉长岩	古岛弧	489±10		
	武山鸳鸯镇	辉长岩	E-MORB	457±3	SHRIMP	杨钊等，2006；李王晔，2008
	武山桦林沟	辉长岩	岛弧环境	440±5	SHRIMP	杨钊等，2006
	武山、岩湾	变玄武岩	大陆裂谷至初始洋盆环境	1570	Sm-Nd	董云鹏等，2007
				1000		
				415		
	眉县	辉长岩		518±2.9	LA-ICP-MS	Dong et al.，2011
		玄武岩		483±13/523±26	SHRIMP/TIMS	杨军录等，2001；陈隽璐等，2008
	鹦哥嘴南部	玄武岩	E-MORB/SSZ			Wang et al.，2015
		LTI型辉长岩		523.8±1.3/474.3±1.4	LA-ICP-MS	赵霞，2004
		变玄武岩	N-MORB	483±13	SHRIMP	杨军录等，2001
		辉长岩	E-MORB	517.8±2.8	锆石 U-Pb	Dong et al.，2011
	凤县罗汉寺	变流纹岩		524±1.5	SHRIMP	李源等，2012
	天水清水–张家川	变质基性火山岩	板内裂陷小洋盆	463±38/484±38	Sm-Nd	陆松年，2003
丹凤群	丹凤县郭家沟	层状硅质岩	放射虫化石	奥陶纪—志留纪		胡波，2005
	丹凤县紫崤岭隧道南	粉砂岩	微体孢子化石	泥盆纪		Cui et al.，1995
二郎坪群	谢玉关	玄武岩	弧后盆地	472±11	SHRIMP	Dong et al.，2011
	西峡	绿片岩相枕状熔岩	岛弧蛇绿岩	467±7	SHRIMP	Dong et al.，2011
北秦岭群	商南松树沟	蛇绿岩	T-MORB 为主，兼具 OIB 特征小洋盆环境	1250～1000（形成年龄）		张宗清，1994
				983（构造侵位年龄）		

（4）柴北缘加里东期构造带

柴北缘加里东期构造带位于中祁连地块与柴达木–东昆仑地块之间（图 1-15），其北侧自北往南为南祁连褶皱带和欧龙布鲁克地块，其南侧为柴达木地块。乌兰以北的震旦系—奥陶系的盖层遭受加里东期褶皱和逆冲作用，褶皱自北向南由轴面北倾的同劈理同斜褶皱转变为平卧褶皱，韧性逆冲剪切带向北倾，指示向北的俯冲，并被晚加里东期花岗岩侵入。结合柴北缘与北祁连具有相同的同期右行走滑运动学特征，因此柴北缘与北祁连完全可能是围绕中阿尔金-中祁连地块的一个弯山构造（也有人称为山弯构造），导致构造带的倾向相反。其东侧为达肯大坂弧后盆地，向东，西秦岭不再有早古生代岛弧型侵入体，也展现为另一个往回向西弯曲的早古生代弯山构造，这也正好解释了商丹缝合带西延时，难以越过现今的阿尔金断裂的原因，南祁连可能对应南秦岭。南侧洋壳俯冲增生的柴北缘岛弧火山岩带和陆壳深俯冲超高压变质带一起构成柴北缘加里东期构造带，各部分之间以走滑断裂分隔。因此，早古生代柴达木地块北缘为活动大陆边缘，这个活动大陆边缘围绕柴达木地块转而向南西与祁漫塔格北缘（或柴达木南缘）断裂或昆中缝合线相连。

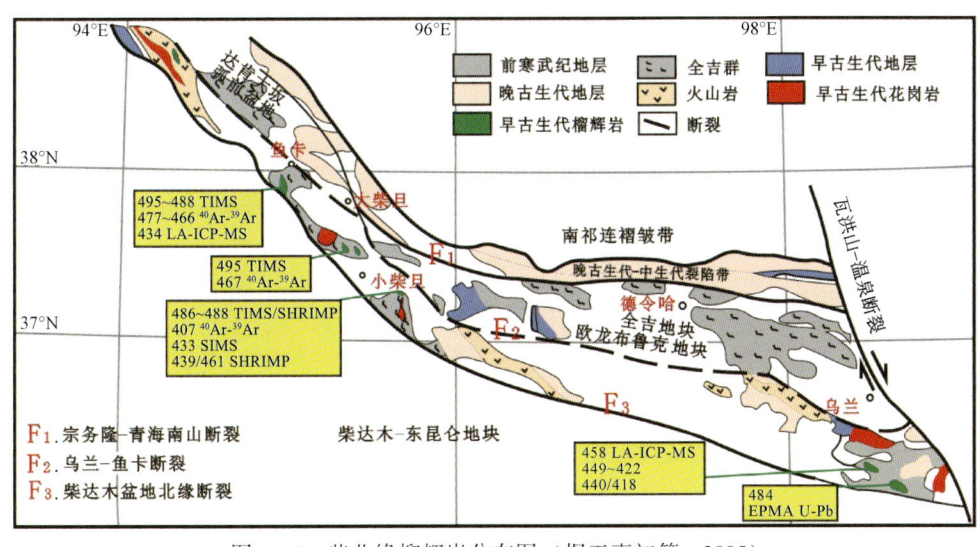

图1-15 柴北缘榴辉岩分布图（据王惠初等，2005）
年龄单位 Ma

柴北缘高压-超高压变质带变质程度达到柯石英相（表1-13），其中的榴辉岩原岩有540~500Ma（700~600Ma的年龄未确定）洋壳（蛇绿岩套）和850~820Ma陆壳（大陆溢流玄武岩）两种环境，而高压-超高压榴辉岩亦伴生蓝片岩和柯石英等不同温压条件下的矿物，说明其形成出现过洋壳的浅俯冲和温压条件达到100km之下的陆壳深俯冲两个过程。柴北缘早古生代发生过两期高压-超高压变质事件：晚寒武世—晚奥陶世497~457Ma和晚奥陶世—早、中志留世446~423Ma。而高压-超高压变质带北侧的达肯大坂群发育475~460Ma岛弧或活动大陆边缘的Ⅰ型、450~425Ma同碰撞S型、410~395Ma碰撞后Ⅰ型的3种类型早古生代花岗岩，前两期的花岗岩浆活动与高压-超高压变质作用的两个阶段相一致。据此分析，柴北缘经历了南祁连洋至少~40Myr的缓慢浅俯冲和柴达木-东昆仑地块相对短暂快速的深俯冲，这里推测这期深俯冲与弯山构造形成过程的深俯冲有关，这一点不同于北秦岭和北祁连等。

表 1-13 柴北缘早古生代榴辉岩

采样点	年龄/Ma	测年方法	性质	参考文献
大柴旦	495	TIMS U-Pb	含柯石英	张建新等，2009
	467	^{40}Ar-^{39}Ar		
都兰-罗凤坡	494.6±6.5	U-Pb	含柯石英	张建新等，2000；Song et al., 2006；Zhang et al., 2007
	465.9±5.4	^{40}Ar-^{39}Ar	退变质	
	487-458	Sm-Nd	超高压变质	
鱼卡	495~488	TIMS	超高压变质	张建新等，2000；Mattinson et al., 2006；Chen et al., 2007
	434±2	LA-ICPMS		
	477~466	^{40}Ar-^{39}Ar	退变质	
	800~750		原岩	
野马滩	457		超高压变质	Zhang J X et al., 2005
	449~422			张建新等，2000；
	440、418			
锡铁山	488~486	TIMS/SHRIMP		宋述光等，2011
	407	^{40}Ar-^{39}Ar		
	433	SIMS U-Th-Pb		郝国杰等，2001
	439、461	SHRIMP U-Pb		Mattinson et al., 2006
沙柳河	484±3	EPMA U-Pb	榴辉岩相	朱小辉等，2014

柴北缘高压-超高压榴辉岩的^{40}Ar-^{39}Ar退变质年龄反映的折返过程也明显分为两阶段：早中奥陶世477~466Ma和早泥盆世407~403Ma。较早的折返事件在陆壳俯冲之前就已经发生，较晚一期的折返事件则是在洋壳俯冲结束之后才发生，高压-超高压岩石的折返过程一般都是快速的，因此，这两期年龄很有可能不代表连续的事件，那么，柴北缘榴辉岩的折返机制在不同时期是否也会不一样呢？许志琴等（2003）对柴北缘超高压变质体糜棱岩早泥盆世的走滑特征进行了详细的分析，认为在早泥盆世祁连地块和柴达木-东昆仑地块之间由正向陆内俯冲转变为斜向陆内俯冲，这种俯冲方式的转变在郭进京（2000）对滩间山群变质火山岩系早古生代垂直和平行造山带两种变形行迹的分离中也有体现。这种陆壳俯冲方式的转变也导致了榴辉岩较晚一期的折返。斜向挤出机制也很好地解释了柴北缘较晚一期的折返过程，而较早期折返事件几乎与后期洋壳俯冲同时进行，这种边俯冲、边折返过程的机制可能与洋壳俯冲到一

定深度发生熔融导致洋壳断离并顺俯冲隧道垂向挤出有关。

高压-超高压变质带北侧并行发育一条早古生代岛弧火山岩带，也指示柴北缘向北的俯冲极性，普遍遭受绿片岩相蚀变。代表洋壳开始俯冲的具有成熟岛弧特征的岛弧拉斑玄武岩和高铝玄武岩的锆石 LA-ICP-MS U-Pb 年龄为 514.0±8.5Ma，而弧间盆地火山岩形成年龄为 496Ma，与洋壳俯冲形成的最早榴辉岩 497Ma 年龄相一致（表 1-13）。晚泥盆世在山间盆地牦牛山组下部堆积了以粗碎屑为主的磨拉石建造，标志造山作用结束。

因此，柴北缘为一早古生带增生-碰撞造山带（图 1-15），蛇绿岩套特征说明柴达木-东昆仑地块在 780~540Ma 为扩张脊环境；岛弧火山作用、高压-超高压变质作用、岩浆作用、变形特征说明中寒武世柴北缘转变为活动大陆边缘，洋壳俯冲作用持续 ~40Myr，发育岛弧火山岩、I 型花岗岩和榴辉岩相变质、早期榴辉岩折返；晚奥陶世洋壳消失，柴达木地块开始向欧龙布鲁克微陆块之下俯冲［沿柴达木盆地北缘断裂向北（现今方位）俯冲］（图 1-15），发育 S 型花岗岩、柯石英相超高压变质；早泥盆世陆壳俯冲方式转变为斜向碰撞，发育大型走滑断裂带、糜棱岩和火山岩系的剪切变形、榴辉岩的晚期折返、后造山岩浆活动；晚泥盆世造山结束，发育磨拉石建造。

1.1.2.3 环冈瓦纳古陆的早古生代造山带

早古生代原特提斯洋北部分支向西昆仑延伸后，迄今研究者认为很难再确定西延情况，是否可能突然消失或为什么突然消失？有无可能再次发生弯山构造，回转到青藏高原南缘的早古生代俯冲-增生带？还是向土耳其或伊朗一带延伸？Zhu 等（2013）提出青藏高原南部南羌塘地块向南朝冈瓦纳古陆俯冲，使冈瓦纳发育早古生代活动陆缘，这是否意味着宽坪洋、北祁连洋、南祁连洋、昆中洋、西昆仑洋都向南朝冈瓦纳古陆之下俯冲之间存在关联？因此，有必要追踪青藏高原的早古生代地质记录。当然，也更可能就是在帕米尔构造结中断，其西延属于瑞克洋部分。近年来，大量地质事实表明，滇缅马苏地块早古生代的造山运动发生时间要早，于晚寒武世-奥陶纪开始向南俯冲，并导致随后的微陆块碰撞，而代表古特提斯洋盆的昌宁-孟连缝合带于早泥盆世才开始向北俯冲。

（1）青藏高原-滇缅马苏地块（Sibumasu）早古生代构造带

青藏高原早古生代与板块俯冲碰撞相关的岩浆-变质记录多集中在冈底斯地区（图 1-16）。近来，发现拉萨地块发育较多的早、中寒武世岛弧火山岩。羌塘中部的龙木错-双湖-昌宁-孟连一带发育多期蛇绿岩套：中奥陶世的蛇绿岩，性质多为 MORB、E-MORB、N-MORB；晚奥陶世 443~431Ma 的 MORB、E-MORB、SSZ 型蛇绿岩套；晚古生代石炭-二叠纪的 SSZ 型蛇绿岩或弧后裂谷蛇绿岩。另外，在晚寒武世之前仍存在一期蛇绿岩套。而龙木错-双湖-昌宁-孟连一带发育晚寒武世和晚泥盆世两期广泛的岛弧火山岩，代表了洋壳的俯冲环境。晚寒武世—早奥陶世和中志留世，松本错地区发育晚寒武世—早奥陶世 496~481Ma 的碰撞型花岗岩和中志留世 427~422Ma 的高压麻粒岩。因此，南、北羌塘地块之间的龙木错-双湖-昌宁-孟连缝合带在早古生代经历了多期的洋盆演化过程（表 1-14），在晚寒武世之前为一洋盆，早、中寒武世洋盆开始俯冲，晚寒武世—早奥陶世南北羌塘地块发生碰撞增生。而后，于中、晚奥陶世发生弧后裂谷，并发展为初始洋盆环境，这个弧后初始洋盆于中志留 427~422Ma 闭合。而拉萨地块北部的班公湖-怒江缝合带和中部狮泉河-申扎-嘉离缝合带发育早—中寒武世与洋盆俯冲相关的岛弧火山岩和浅变质岩，表明早—中寒武世该带为一俯冲带。故有理由认为，龙木错-双湖缝合带为泛非运动波及的北界。根据板块重建分析，更可能的构造过程是：原特提斯洋向南俯冲消亡，导致华北-塔里木-柴达木拼合于冈瓦纳古陆北缘。随后晚古生代，华北-塔里木-柴达木裂离冈瓦纳古陆北缘，早古生代岛弧或碰撞带分裂为二，一半残留弧保存在冈瓦纳北缘，即现在的西（或南）羌塘地块、北拉萨地块的早古生代岛弧，开启了古特提斯洋的演化，这可能是潘吉亚超大陆开始聚合的起点和全球背景。

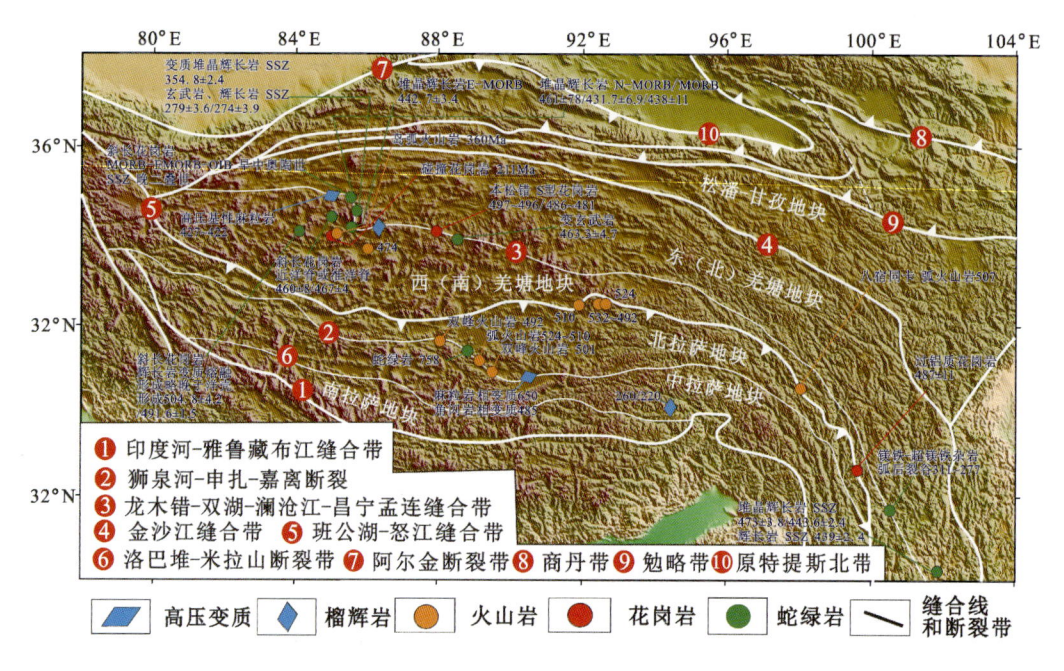

图 1-16 青藏高原早古生代构造格架

年龄单位 Ma

表 1-14 青藏高原早古生代及部分晚古生代蛇绿岩、岩浆岩、变质岩分布特征

构造带	采样点	岩性	性质	年龄/Ma	测年方法	参考文献
龙木错-双湖，羌塘中部	果干加年山	堆晶辉长岩	N-MORB	438±11	SHRIMP	翟庆国等，2007
		堆晶辉长岩	MORB	461±73/431.7±6.9	SHRIMP	王立全等，2008
		变质堆晶辉长岩	SSZ	354.8±2.4	LA-ICP-MS	吴彦旺等，2014
		玄武岩	SSZ，弧后盆地	279±3.6	SHRIMP	王生云，2010
		辉长岩	SSZ，弧后盆地	274±3.9		
	桃形湖	斜长花岗岩	近洋脊或准洋脊	460±8/467±4	SHRIMP	胡培远等，2009；李才等，2009
	驼背岭	斜长花岗岩	略晚于蛇绿岩形成年代	504.8±4.2/491.6±1.5	SIMS/LA-ICP-MS	胡培远等，2009
	香桃湖	斜长花岗岩	MORB，E-MORB，OIB	早—中奥陶世		
			SSZ	晚二叠世		
	日湾茶卡	堆晶辉长岩		442.7±3.4	LA-ICP-MS	胡培远等，2014
	双湖地区	变玄武岩		463.3±4.7	SHRIMP	彭智敏等，2014
	冈玛错		岛弧火山岩	360		
	都古尔-本松错	S型花岗岩		486~481		胡培远等，2009
				497~496		彭智敏等，2014
	香桃湖	高压麻粒岩		427~422		张修政，2014
澜沧江缝合带	松多	榴辉岩		260/220	SHRIMP	Xu et al.，2007
澜沧江缝合带	基岔	镁铁-超镁铁杂岩	弧后裂谷	311~277		Jian et al.，2009b
澜沧江缝合带	半坡	镁铁-超镁铁杂岩	岛弧深成岩体	288~284		Jian et al.，2009b
澜沧江缝合带	八宿同卡	弧火山岩		507		
羌塘			MORB 和岛弧玄武岩特征	晚二叠世—早石炭世	SHRIMP/LA-ICP-MS	
昌宁-孟连缝合带	南汀河	堆晶辉长岩	SSZ型蛇绿岩，弧后裂谷	473±3.8/443.6±2.4/439±2.4	LA-ICP-MS 锆石 U-Pb	张修政，2014；王保弟等，2013
		辉长岩				
	干龙塘	斜长角闪片岩（变质玄武岩）	大洋板内热点	350~330	锆石 U-Pb	Jian et al.，2009b
			SSZ	270~264		赖绍聪等，2010
	角木日	蛇绿岩	准洋中脊环境	中—晚三叠世	放射虫	

续表

构造带	采样点	岩性	性质	年龄/Ma	测年方法	参考文献
狮泉河–申扎–嘉离断裂	申扎	岛弧火山岩		525~510		胡培远等，2009
		双峰火山岩		501~492		
	纳木错	麻粒岩相变质		650		Zhang M et al.，2012
		角闪岩相退变质		485		
		原岩		900		
	凯蒙	蛇绿岩橄长岩	岛弧	218.2±4.6	SHRIMP	
班公湖–怒江缝合带	念珠	蛇绿岩	E-MORB	758	LA-ICP-MS	王保弟等，2013
	怒江一带	过铝质花岗岩		487±11		王惠初等，2005
	那曲	辉长岩	成熟弧后盆地	183.7±1	锆石 U-Pb	
金沙江缝合带	金沙江	角闪岩捕虏体（蛇绿混杂岩）	大陆裂谷	443~401		Jian et al.，2009b
	哀牢山	蛇绿岩	N-MORB	382.9±3.9/375.9±4.2		Jian et al.，2009b
	金沙江	蛇绿岩	E-MORB	346~341		
拉萨–羌塘			安第斯型岩浆岩	360		

（2）澳大利亚塔斯曼早古生代增生造山带

Lachlan 造山带与东缘的新英格兰造山带、汤森（Thomson）造山带一起组成澳大利亚东部南北向展布的古生代塔斯曼（Tasman）增生造山带，属古太平洋板块向澳大利亚下部俯冲造成的环冈瓦纳南部东段（图 1-17A 的东侧北段）的增生造山带的一部分。

宽阔的 Lachlan 造山带位于澳大利亚东南部，发育大量变形的寒武纪—泥盆纪浊积岩、硅质岩和铁镁质火山岩，并发育早志留世—早石炭世的区域性和局部的角度不整合，表明早寒武世—早石炭世的构造变形复杂。前人根据岩石类型、变质程度、构造演化特征不同，将 Lachlan 造山带分为东、中、西 3 个二级单元。中部和西部单元沿主要断裂带发育被肢解的蛇绿岩套以及蓝片岩，为大洋板块俯冲所致。构造变形总体上西老东新，发育尖棱褶皱和高角度逆冲断层：西部单元构造变形发生在 450~395Ma，发育东倾逆冲断层、紧密褶劈理和尖棱褶皱；东部单元除了 Narooma 增生杂岩变形年龄为 445Ma，大部的变形发生在 400~380Ma，同时发育西倾和东倾的逆断层以及轴面东倾的较宽缓褶皱，劈理向东增强；而中部单元于早志留世发育南北向伸展盆地，后受东部单元向东逆冲断裂影响发生构造反转，受控于 NW 向断层，发育倾向 SW 的逆冲带，并伴生 NNW 向绿片岩–角闪岩相 Wagga 变质带，奥陶纪的变沉积岩发生早、中志留世变形，被晚志留世—泥盆纪花岗岩侵入。Lachlan 造山带发育 3 期花岗质岩浆作用，花岗岩体展布方向 NNE，多为 S 型和 I 型花岗岩，主要分布在中部绿片岩–角闪岩相变质的 Wagga 变质带和东部单元。

新英格兰造山带位于澳大利亚最东缘，从 Bowen（20°S）延伸到 Newcastle（33°S）。绝大部分模式认为，新英格兰造山带经历了长期的演化历史，自西向东由岛弧、弧前盆地和增生楔组成，志留纪—泥盆纪该地块受断层围限，表现出弯山构造特征，在南段 Peel-Manning 缝合带将弧前盆地和增生楔分隔。沿 Peel-Manning 缝合带发育了 530Ma 的蛇绿岩套、中寒武世的弧碎屑岩，代表了澳大利亚东部最早的俯冲作用，在该缝合带附近以及造山带北段昆士兰地区分布有高压–超高压的早古生代蓝片岩和榴辉岩，其折返年龄从奥陶纪开始直到二叠纪终止。

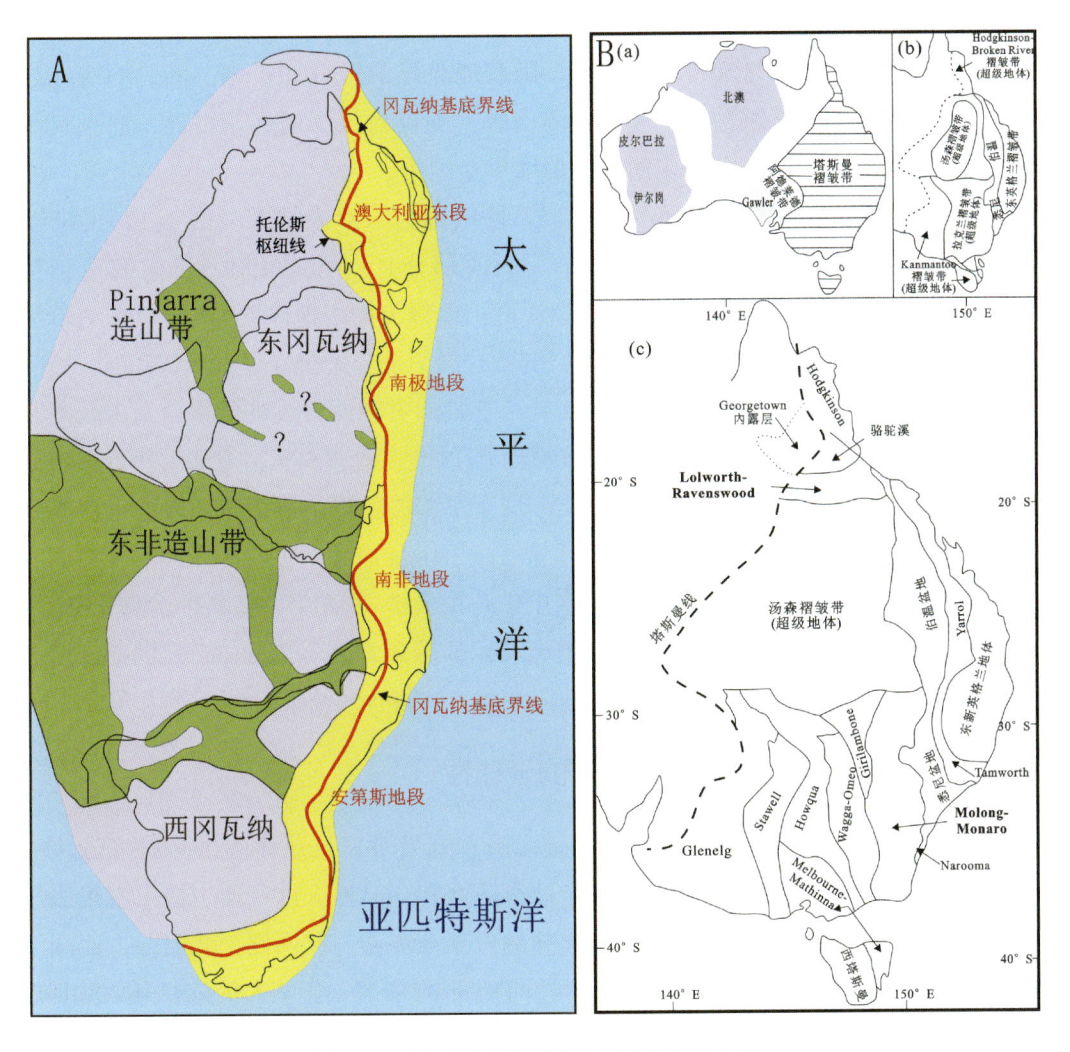

图 1-17 冈瓦纳古陆重建与南缘增生造山带

A. 东、西冈瓦纳边缘的 Terra 澳大利亚造山带分布图（图中黄色区域代表 Terra 澳大利亚造山带的范围）（据 Cawood and Buchan，2007；Fitzsimons，2003）；B. 澳大利亚地质单元简图：（a）塔斯曼褶皱带和主要的前寒武纪克拉通；（b）塔斯曼褶皱带中的超级地体；（c）塔斯曼褶皱带内地体划分（据 McElhinny et al.，2003）

(3) 与瑞克洋演化相关的早古生代增生造山带

瑞克洋的名称来源于希腊海神瑞亚（Rhea）（图1-1），是和原特提斯同时代的洋盆，它的前身（530~500Ma）为亚匹特斯洋（图1-18），也有人直接就称为亚匹特斯洋，是原特提斯洋向南俯冲增生到冈瓦纳北缘的过程中弧后裂开形成的。图1-18中推测的原特提斯洋与亚匹特斯洋之间的大型转换断层或破碎带可能存在，同时，Xu等（2015）提出的贺兰构造带也可能是同样规模相同走向的转换断层或破碎带的残存，这非常类似现今印度板块两侧的欧文破碎带和东经90度海岭，这有利于波罗的古陆的南移，值得早古生代的全球板块重建方案采纳。随后，500~420Ma，在这个增生的冈瓦纳北缘西段，一系列地体群发生分离北漂，与冈瓦纳古陆主体之间出现一个小洋盆，这才是常说的瑞克洋。随着瑞克洋的形成和扩张，其北侧的地体群不断向北移动，最终拼贴到了劳俄古陆南缘，不仅封闭了通奎斯特洋，而且封闭了亚匹特斯洋南段，形成了近东西走向的增生造山带。

这条增生造山带从西往东可分成3段：西段称为卡罗来纳带（图1-18），向东的中段称为阿瓦隆尼亚带（分欧洲和中美洲两部分）（图1-19），再向东应当接Hunic地体群（即包括中国在内的亚洲陆块群，也称为匈奴地体群）。卡罗来纳带形成于400Ma北方大陆与南方大陆的拼合，变质变形记录自450Ma延续到330Ma，其间没有任何双峰式火山岩等岩浆记录，表明其一直是南方和北方大陆的拼合地带。阿瓦隆尼亚带的主要变质变形发生在330~280Ma，所以大多数潘吉亚超大陆重建方案将其作为南方和北方大陆最终拼合地带，而实际瑞克洋相关的增生造山带西段的卡罗来纳带拼合早在400Ma即已完成。而且匈奴地体群是380Ma后才随古特提斯洋的开启而开始向北漂移，并最终于220Ma沿着中央造山带的龙木错–双湖带、勉略带、澜沧江带3条带同时聚合到了劳俄古陆，最终形成现今看到的劳亚古陆（Laurasia）。因而，可以看出，潘吉亚超大陆的形成是内侧洋从西向东剪刀式拼合的结果。

1.1.2.4 早古生代增生造山带的全球性

新元古代晚期—早古生代全球增生造山带普遍发育，且总体围绕一些大陆块分布，早古生代末期的增生造山事件具有全球普遍性和同时性。这些增生造山带按照地域或相关洋盆划分，主要分布在：①北半球的古亚洲洋南、北两侧，北侧与古亚洲洋向北俯冲增生密切相关，南侧与古亚洲洋向南部的华北–塔里木等陆块俯冲相关。②赤道低纬度地区存在一个东西向构造带（可统称为卡罗来纳–阿瓦隆尼亚–原特提斯带），东段主要分布在中国境内，称为原特提斯带，北部增生带发育在亚洲的匈奴地体群（Asiatic Hunic Terranes）和西侧的欧洲匈奴地体群（European Hunic Terranes，包括中欧的Armorica和Iberia）之间，被认为是一条巨大的转换断层。其南部发育南羌塘、北拉萨地块，都表现为与原特提斯洋向南的消减相关，是原特提斯洋封闭在冈

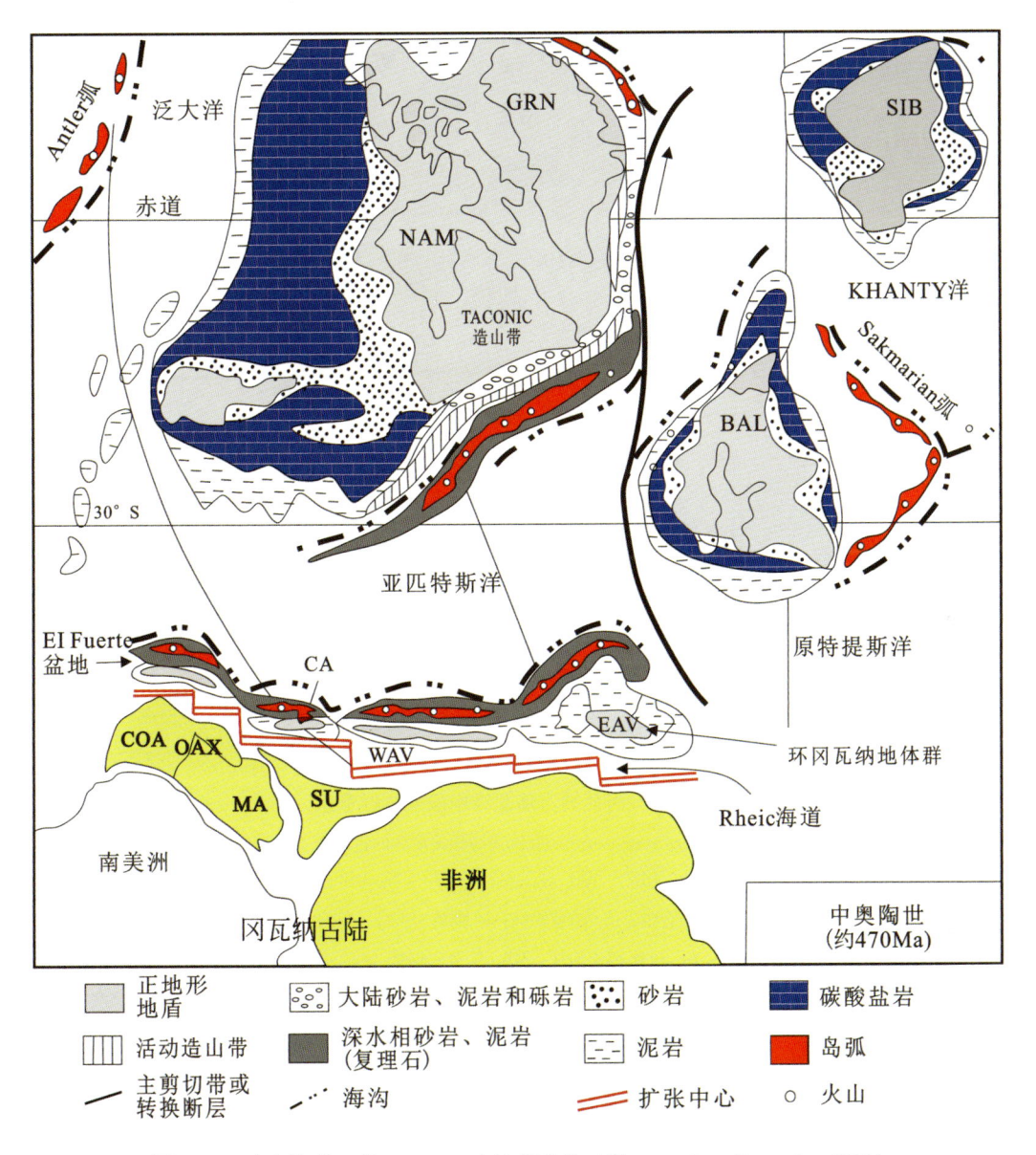

图 1-18 中奥陶世（约470Ma）古地理重建（据 Vega Granillo et al., 2008）

大陆地块或地体：BAL. 波罗的；CA. 卡罗来纳；COA. Coahuila；EAV. 东阿瓦隆尼亚；GRN. 格陵兰；MA. Maya；NAM. 北美；OAX. Oaxaca；SIB. 西伯利亚；SU. Suwanne；WAV. 西阿瓦隆尼亚

瓦纳北缘裂解的产物。多学科资料揭示，除华北陆块亲缘性较复杂外，其中的大部分陆块、地块及微陆块在早古生代可能都是源自冈瓦纳古陆北缘，并在冈瓦纳北缘的俯冲-增生过程中重新聚合；向西，由于早古生代早期亚匹特斯洋（图1-18）或原特提斯洋向南俯冲（图1-19）、瑞克洋晚期向北俯冲关闭，发育了 Avalonia-Cadomian 等地体群，它们都可以归属到冈瓦纳北缘大陆增生带。③环冈瓦纳东缘增生带，主要是与泛大洋（古太平洋）向西的俯冲增生相关。

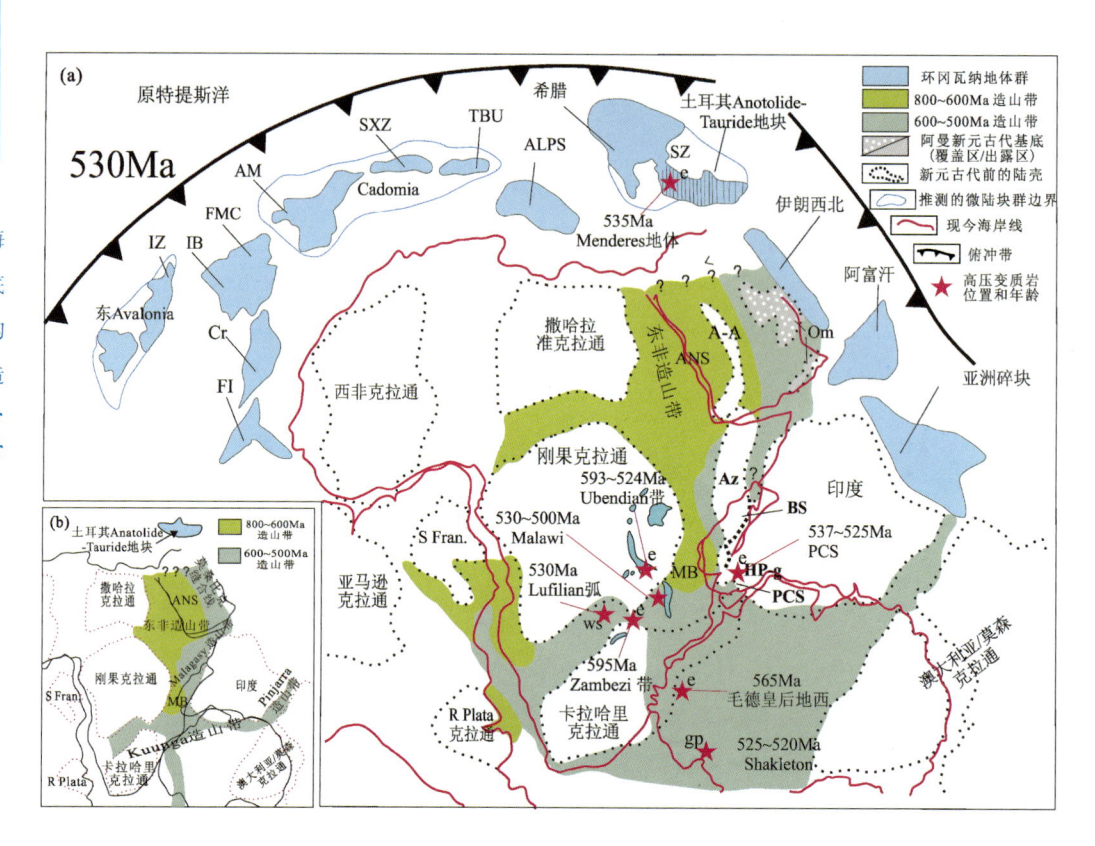

图 1-19 冈瓦纳古陆北缘中段地体群重建

(a) 约 530Ma 的冈瓦纳古陆和 Cadomian-Avalonian 及冈瓦纳周缘相关地体的古地理重建图；(b) 冈瓦纳古陆最终拼合的造山带延伸简图（据 Candan et al., 2016）。AM. Armorican 地块；A-A. Afif-Abas 地体；ANS. 阿拉伯-努比亚地盾；Az. 阿扎尼亚；BS. Betsimisaraka 缝合带；Cr. 卡罗来纳；e. 榴辉岩；Fl. 佛罗里达；FMC. 法国地块中心；gp. 石榴子石橄榄岩；HP-g. 高压麻粒岩；IB. 伊比利亚地块；MB. 莫桑比克带；Om. 阿曼；PCS. Palghat-Cauvery 缝合带；IZ. 伊斯坦布尔带；SZ. 萨卡里亚带；R Plata. Rio de la Plata；S Fran. San Francisco；SXZ. Saxothuringian 带；TBU. Tepla-Barrandian 单元；ws. 白片岩

增生造山带中组成复杂，每条增生造山带内部都具有复杂的沟-弧-盆体系残存记录，还有大量的新生地壳物质、外来的微陆块或再造的古地壳以及海山、海台、深海沉积岩、俯冲-增生杂岩等，因此其内部微陆块的亲缘性判别就成为增生造山历史分析的关键。传统认为典型增生造山带不发育榴辉岩等超高压变质岩，但大量变质记录表明，榴辉岩的发育应为其重要特征。构造上俯冲极性复杂，弯山构造独特，构造格局复原和恢复难度大。例如，早古生代末中亚造山带多为微陆块增生造山阶段，沟-弧-盆体系发育，具有增生-软碰撞造山的特点，发育时限较晚；原特提斯洋中的西昆仑、东昆仑、柴北缘、南阿尔金、北阿尔金、北祁连与北秦岭等围限或夹杂的微陆块在早古生代具有相同的增生造山过程，整体是向南俯冲增生到冈瓦纳古陆北缘，经复杂变形改造，它们现今为一巨型弯山构造横亘在中国中部，对

中国构造格局影响最为重要。特别是，增生造山带中的弯山构造成为早古生代（或原始）古亚洲洋、原特提斯洋构造体系、环冈瓦纳增生体系东缘的显著独特特征，弯山构造通常与斜向俯冲密切相关。

总体上，从全球格局分析，东亚原特提斯洋先于瑞克洋形成，但形成方式不同，前者有北方大陆裂离而来的华北陆块介入，而其余的微陆块则和瑞克洋中的阿瓦隆尼亚等陆块群一样呈丝带状裂离开冈瓦纳古陆北缘。但是，增生阶段从西向东，原特提斯洋内微陆块群重新向南增生到冈瓦纳古陆；而瑞克洋中的不同，主要向北漂移，增生到劳伦古陆南缘。卡罗来纳地体群可能在400Ma链接了北方劳俄古陆［此时劳伦古陆（Larentia）与西伯利亚古陆也可能通过乌拉尔造山带连为了一体，故称劳俄古陆，Larussia］和南方冈瓦纳古陆，直到250Ma也没分离。因此，可能400Ma以来就出现了一个超大陆，曾称为卡罗来纳（按照西方学者采用希腊神话中诸神名字命名）或原潘吉亚超大陆。这个超大陆最终是通过一系列增生造山过程完成的，而不是大陆块之间轰轰烈烈的碰撞造山所致。对比最终由大型陆块之间拼合形成的巨型中亚增生造山带，这些小陆块增生拼贴形成的增生造山带规模也较小。因此，从这个角度分析，瑞克洋和原特提斯洋都不应当是一个大洋。而前人认为原特提斯洋是550～330Ma时期的一个大洋，由大概集结于600Ma的潘诺西亚（Pannotia）超大陆的离散过程中，原始劳亚古陆（Proto-Laurasia，包括劳伦、波罗的、西伯利亚三个古陆）裂离冈瓦纳古陆时形成的。在此，本书认为：原特提斯洋始于华北等陆块在原/古亚洲洋中部的成带隔离，导致原亚洲洋的缩小，即古亚洲洋继承了原亚洲洋西段，而被隔离出来的南部大洋为原特提斯洋，因此，原特提斯洋内部的洋壳可以老于550Ma，甚至老到中、新元古代。

400Ma左右，中国境内的古特提斯洋打开，在中国境内主要体现在勉略洋、龙木错-双湖-昌宁-孟连洋的形成，其中后者可能是原特提斯洋未完全消失的部分继承而来，也就是说这部分原特提斯洋就是古特提斯洋的前身。古特提斯洋不断加宽，导致中国北方陆块（华北-阿拉善-塔里木）和南方陆块（布列亚-佳木斯-兴凯-华南-印支）同时北漂，两者空间关系上在250Ma左右逐渐转变为现今看到的南北关系，并最终拼合到劳俄古陆南缘，被称为北方的劳亚古陆（Laurasia）。至此，形成大家熟悉的潘吉亚超大陆。由此可见，潘吉亚超大陆可能只是卡罗来纳超大陆的一种延续存在形式，是卡罗来纳超大陆从点碰撞（幼年期）到海西期全面碰撞（成年期）的一种局部形态调整，而不是一个新生的超大陆。这一点不同于100多年前的Wegener模式或认识（Wegener，1912）。潘吉亚超大陆于180Ma开始裂解，新特提斯洋打开，是亚美（Amasia）超大陆聚合的起点。

新特提斯洋沿着阿尔卑斯-喜马拉雅地带部分消亡，在该地区早期的增生造山作用转变进入经典的碰撞造山演化。但是，现今东南亚一带依然存在着俯冲增生-造山作用，新特提斯洋也并没有彻底消亡，而是部分保存在现今的墨西哥湾、地中海和印度洋内。这种新特提斯洋和印度洋洋壳同时并存于现今一个海洋（地理概念）的现象，可能也是原特提斯洋与古特提斯洋并存的现代对照，值得板块重建中开展细致分析。

Torsvik 和 Cocks（2013）讨论了这种增生造山的全球深部背景，认为与 700 Ma 以来就存在的下地幔大型横波低速区有关。板块重建结果表明，这些增生造山过程围绕核部大陆块聚集是深部地幔下降流汇聚的结果，后期该古大陆周边丝带状裂离，则与地幔流反转相关。实际上，这种复杂分离与聚集很难用超大陆聚集的内侧洋机制、外侧洋机制和正交洋机制中的单独一种来解释，可能是复合机制，总体可能是内侧洋封闭机制占主导。

通过对全球早古生代造山带的系统集成分析，得出以下几点新认识。

1）新元古代晚期—早古生代发生的增生造山带具有全球普遍性和同时性，主要分布在大陆块周围或古亚洲洋南北两侧、瑞克洋北侧和环冈瓦纳古陆地带，分别与古亚洲洋、瑞克洋、原特提斯洋俯冲密切相关。

2）增生造山带以广泛的弧岩浆杂岩、新生地壳物质、俯冲-增生杂岩为特征，且发育弯山构造，这和碰撞型造山带也非常不同；多数发育冷榴辉岩或低温榴辉岩和蓝片岩，这一点和陆-陆碰撞型造山带中的榴辉岩不同；而且增生造山带中具有大量复杂来源的微陆块或陆块碎片、洋底高原、海山、洋内弧等洋壳碎片。

3）中亚早古生代造山带多为微陆块相互作用，在古亚洲洋南北两侧皆发育沟-弧-盆体系，具有软碰撞-增生造山的特点，发生时限较晚，为早古生代末；而中国中央造山带中的北秦岭、北阿尔金与北祁连、南阿尔金与柴北缘、东昆仑、西昆仑等在早古生代具有相同的演化过程，它们分别代表宽坪洋、北祁连洋、南祁连洋、昆中洋、西昆仑洋等，且均发育于早古生代，是一个统一洋盆，称为原特提斯洋，可能是冈瓦纳北缘的一个中、小洋盆（但可能会有原亚洲洋这个大洋盆的残存记录），而不是大洋盆地，且它们早期的俯冲极性都是向南，这三点与前人观点完全相反。

1.1.3　全球早古生代造山带：华南陆内造山

陆内造山带自 2010 年以来被广泛接受为第三种造山带类型，可能对应新近提出的裂熔型造山带（Zheng and Wu，2018）。迄今，报道的最老陆内造山带是华北克拉通古元古代的胶辽吉带（Li S Z et al.，2005；Wang et al.，2016），但多数发表成果是针对现今陆内造山带，如新生代天山、中生代秦岭等。2010 年前对华南加里东期构造变形特征和造山带属性争论的焦点较多，是洋-陆俯冲造山还是陆内造山事件、褶皱变形的幕次、不同地区变形的差异、断层逆冲的方向、力源来自何处等，都未达成一致。

近年来，大量研究肯定了这个造山带就是陆内造山带。为此，这里在综合对比全球早古生代造山带的过程中，将其作为特例给予概述，并通过板块重建，讨论华南陆内造山带（图1-5）发生的全球背景和深部动力。

1.1.3.1 华南早古生代陆内背景

华南陆块处于古亚洲、特提斯洋和太平洋三大构造域围限下，总体上以江绍-钦防构造带或郴州-临武断裂为界（Wang Y J et al.，2007），传统上划分为：西北侧的扬子地块和东南侧的华夏地块（图1-5）。江绍-钦防构造带以西的扬子地块具有不同基底、统一盖层，新元古代以来为稳定的克拉通；华夏地块为多块体复杂离散-拼合的中、小陆块群组合体，皆具有新元古代浅变质岩石为主体构成的基底性质。这些地块历经多期次构造运动：新元古代中晚期，扬子和华夏地块沿江山-绍兴带通过双向俯冲增生造山，并拼合形成统一华南陆块，具有增生造山带的浅变质特征；新元古代晚期—早中奥陶世，这个统一的陆块在罗迪尼亚超大陆裂解背景下于815~725Ma形成了复杂的陆内裂谷，华夏地块与扬子地块发生裂解，同时，华夏地块内部也被裂谷分割成3个次级古陆块，但现有证据表明没有出现洋壳；直至早古生代末，块体之间再次收缩，扬子地块向华夏地块之下发生陆内俯冲，造成华夏地块广泛地卷入早古生代的加里东期和晚古生代的印支期两期陆内造山运动，构造-热事件集中发育在扬子地块东半部和华夏地块。直至晚三叠世之后，古太平洋板块作用才逐渐显著作用在统一的华南地块东缘。

"华南洋"或"南华洋"存在与否的问题是华南大地构造学、古地理学、地层学及岩石学研究的一个关键性问题。华南洋的时代存在巨大争论，一般认为华南洋是早古生代洋盆，但现今多数基性-超基性岩石和蓝片岩年代学证据支持其为新元古代，而不支持存在早古生代华南洋。尽管存在大洋消亡众多证据的不确定性，以往还是认为早古生代"华南洋"存在。主张其存在的观点认为：①华南洋也称板溪洋，是一个长久的大洋，晚前寒武纪开启、三叠纪消亡，至少经历了600Myr的漫长历史，江南-雪峰古陆是一个来自华夏地块的远程推覆体。②华南洋早古生代是一个残留洋，且中元古代开始华南洋就分隔扬子与华夏为独立的两个地块，1050~1000Ma的晋宁运动Ⅰ幕使华南洋向华夏地块俯冲，在扬子地块的东南缘形成增生的褶皱带和华夏地块陆缘的沟-弧-盆体系；华夏与扬子之间的古华南洋在扬子地块东段880~850Ma前的晋宁运动Ⅱ幕期间消失，而西段以残留洋盆形式一直延续到加里东期。以往持"华南洋"存在观点的学者认为华南盆地为一个具有洋壳基底的洋盆，只是由于其上覆盖了巨厚的沉积岩层，导致洋盆在消减过程中不会形成沟-弧-盆系，也不会形成或保存蛇绿混杂岩带。现今研究认为，"华南洋"即使存在，也是新元古代的大洋，但对其演化也存在两种不同认识：①向西单向俯冲消减模式；

认为华南洋向扬子地块下面俯冲，主要依据是江南-雪峰古陆发育的900~840Ma的Ⅰ型花岗岩；②双向俯冲-增生消减模式：由于华南整体晋宁期变质较浅，是类似中亚造山带的那种双向俯冲消减。

迄今，据新元古代地质研究得出的"华南洋"在新元古代末期就消亡的认识被广泛接受；同时，至今还未发现作为大洋消亡确切证据的加里东期蛇绿岩套，古生代综合地质证据链也提供了更多证据支持早古生代"华南洋"不存在的观点，主要依据有：①郭福祥（2000）提出华南东部震旦纪—志留纪的大地构造属性为大陆边缘弧和弧背盆地，华南大陆内不存在相应时代的洋盆；②杨森楠（1989）认为华南裂谷盆地于新元古代开始收缩，志留纪末-泥盆纪盆地封闭，形成加里东期造山带；③以往被认为属于古生代华南洋，且沿政和-大埔断裂、江绍断裂、皖南-赣东北、江西新余等分布的加里东期蛇绿岩套或蛇绿混杂岩，最近锆石U-Pb年龄显示（舒良树等，2008），其中基性-超基性岩石均形成于新元古代：定南鹤子乡甲水橄榄岩实为996±29Ma辉长辉绿岩；原陈蔡、政和、建瓯等早古生代超镁铁-镁铁岩形成于862±26Ma、797±24Ma、858±11Ma和832±7Ma；沿江绍或皖南-赣东北地区的蛇绿岩给出了846±4Ma、918±4Ma、930±34Ma、968±23Ma等的SHRIMP年龄；雪峰山东侧的浏阳-黔江一带基性-超基性岩则同样给出了875~800Ma的形成年龄。但以上研究结果中均没有加里东期年龄信息。

总之，近期的研究基于早古生代蛇绿岩套缺乏、花岗岩的地球化学特征也证实基底为陆壳而没有洋壳重熔的迹象、扬子地块与华夏地块之间陆内海盆的古生物-古地理特征一致、岩浆活动呈面状分布且多为过铝质S型花岗岩、构造变形也呈弥散型面状分布等特征，认为华南加里东期造山带表现为宽阔的弥散性陆内造山，形成时限为晚奥陶世—早泥盆世。扬子与华夏地块之间陆内海盆具有连续统一性，而无洋盆的分割。Li X H等（2003，2005）、Wang和Mou（2001）、Wang和Li（2003）的研究结果更强调华南陆内性质实际从825Ma开始就是陆内裂谷。总之，迄今华南早古生代处于陆内构造环境的认识，基本被地层学、沉积学、古生物学、岩浆岩石学、构造地质学等诸多学科证据证实。

1.1.3.2 华南加里东期岩浆-变质热事件时空特征

云开大山地区受混合岩化的地层主要是寒武系和云开群，同时发育下古生界混合岩、混合花岗岩（552~487Ma），说明加里东早期构造运动可能在华南南部发生较早，与泛非事件年代相当；化州杨梅混合花岗岩的Rb-Sr全岩等时线年龄为510±10Ma；云开大山寒武系类复理石建造发生了绿片岩相的区域变质，形成绢云母及黑云母两条变质相带，广东信宜合水片岩、变粒岩Rb-Sr等时线年龄为487Ma，同时，发育逆掩断层系和同斜褶皱，而奥陶系、志留系却没有发生这种变质。这些测年数据都说明，该区存在加里东早期的区域变质和混合岩化作用。

云开地区晚奥陶世还发生了一幕晚加里东期造山运动，其构造-变质-岩浆事件的同位素年龄值为445Ma左右。劳秋元等（1997）也获得了极为相近的447Ma的构造-热扰动年龄。华夏地块其他地区在440~400Ma同样发生过强烈的构造-岩浆热事件，对应云开地区加里东晚期强烈的推覆变形事件。从变质岩空间分布角度而言，加里东期变质岩呈NE向展布于华夏地块的大部分地区，云开大山和武夷山一带变质作用可达麻粒岩相。如果按照"华南洋"早古生代存在的认识，以玉山-萍乡-茶陵-郴州-灌阳-柳州作为缝合线，扬子地块与华夏地块发生洋-陆俯冲碰撞的假设成立，那么高压麻粒岩相的岩石应位于俯冲带上盘，即仰冲盘内。但是最新研究表明，加里东期年龄442Ma和450Ma的麻粒岩分别位于这一线两侧的云开大山和湖南道县。

构造-热事件的另外一种表现就是岩浆作用（图1-20）。尽管湖南地区相关的地幔岩具有增生特征，但早古生代花岗岩浆作用主要发生在460~410Ma，大部分属于S型花岗岩。

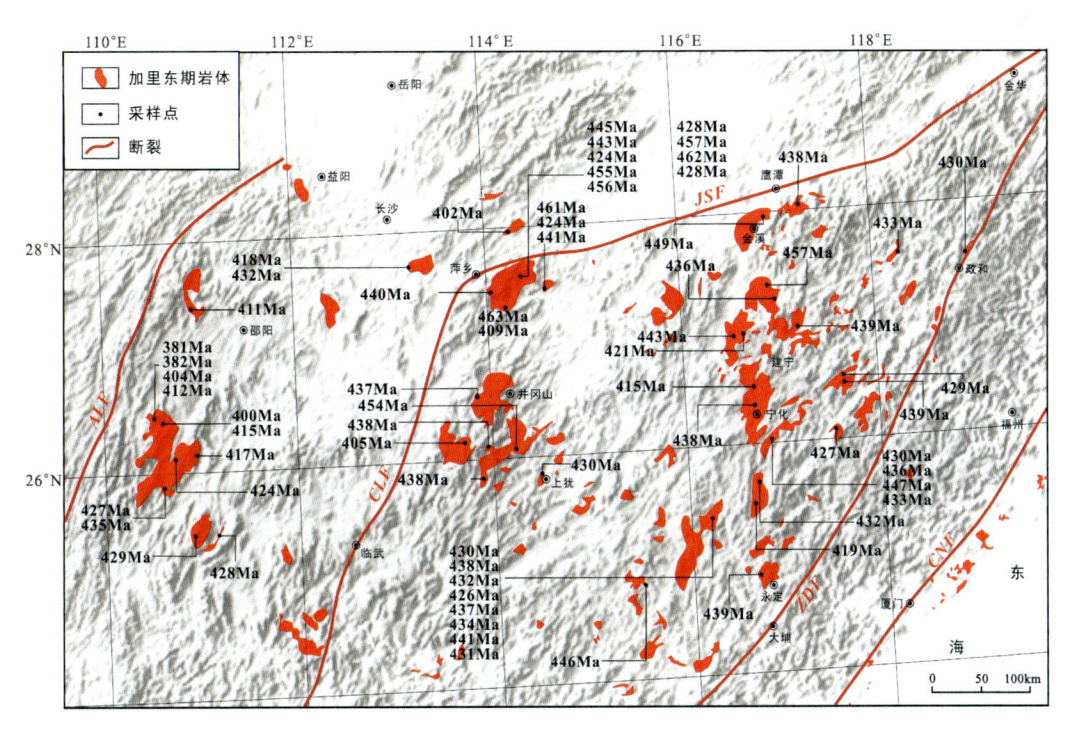

图1-20 华南内陆地区加里东期花岗岩时空分布（年代数据来自陈洪德等，2006；张芳荣等，2009；朱清波等，2015；张爱梅等，2010；吴富江和张芳荣，2003；徐先兵等，2009；黄标和刘刚，1993；陈正宏等，2008；Chu et al.，2012；Zhao et al.，2013；Zhang F F et al.，2012；Wang et al.，2011；Li Z X et al.，2010；Xu et al.，2011）

ALF. 安化-罗城断裂带；JSF. 江山-绍兴断裂带；CLF. 郴州-临武断裂带；ZDF. 政和-大埔断裂带；CNF. 长乐南澳断裂带；ICP. 锆石LA-ICP-MS U-Pb定年；SHR. 锆石SHRIMP U-Pb定年；EMP. EMP独居石定年；SIM. SIMS锆石U-Pb定年

华南加里东期花岗岩特征独特，具体如下：

1）总体呈面状展布，其西界为安化-溆浦-靖县-罗成断裂（图 1-5）；
2）主要为强过铝质属性；
3）由元古宙地壳物质深熔而来，很少有新生幔源物质参与；
4）没有发现同期的火山岩。

这些特征显然与典型洋-陆俯冲型造山带中带状展布的钙碱性岩浆岩分布现象不吻合。具体而言，华南加里东花岗岩年龄空间上似乎由东向西逐渐变新，东部加里东期花岗岩形成时间为 453~390Ma，以片麻状岩石为主，王德滋等（1982）认为它们可能属于深熔的半原地型具流变特征的同构造侵位岩体；西部年龄区间集中在 440~400Ma，花岗岩以块状结构为主，并被认为是由古—中元古界经部分熔融形成的壳源型花岗岩类。在赣南、南岭、云开大山地区发现了大量锆石 U-Pb 年龄为 460~380Ma 的强过铝 S 型花岗岩，绝大多数为板内花岗岩或碰撞型花岗岩。Wang Y J 等（2007）在华南地区所测的加里东花岗岩体的年龄也主要集中在 450~400Ma，对应晚奥陶世到志留纪这一时间段，且地球化学分析结果表明为壳源 S 型花岗岩，无洋-陆俯冲碰撞属性与带状控制特点，说明是陆内碰撞造山事件的结果。

综合以上资料，华南加里东期岩浆-变质热事件具有自东向西迁移演变的特点，在其东侧的华夏地区开始于中、晚奥陶世，而至湘中及雪峰山地区始于早志留世中期，并于早泥盆世末期全面终结。该构造事件的发展与演变伴随有广泛的构造-岩浆事件效应，其中岩浆作用源于中上地壳物质的深熔作用，没有幔源物质的贡献，深熔作用又反作用于变形，导致下地壳发生了广泛的流变。这些花岗质岩石自东而西由片麻岩类到块状花岗岩、时代由老而新（中奥陶世—早泥盆世）、空间上呈面状展布、没有相关的中基性岩浆伴随产出。岩浆作用局限分布在雪峰山东侧，不越过靖州-溆浦一线，而以不整合面接触关系为代表的沉积作用范围则略宽于岩浆作用范围，其微角度不整合西界波及修水-沅陵-麻阳-三都一线。

1.1.3.3 华南加里东期变形特征

华南早古生代地层出露众多，且其变形较为强烈，是受加里东期变形影响较大的地区（图 1-21）。通过构造筛分，郝义等（2010）系统分析了加里东期角度不整合、变形特性和变形强弱的时空分布，这有助于确定加里东期构造动力机制。

（1）加里东期角度不整合的时空分布

华南寒武纪地层全区广泛分布，但下古生界都遭受不同程度的剥蚀。华南地区可能先后经历了寒武纪末—奥陶纪初的郁南运动、中奥陶世末的都匀运动、晚奥陶世的崇余运动、晚奥陶世末—早志留世的北流运动、志留纪末的广西运动。

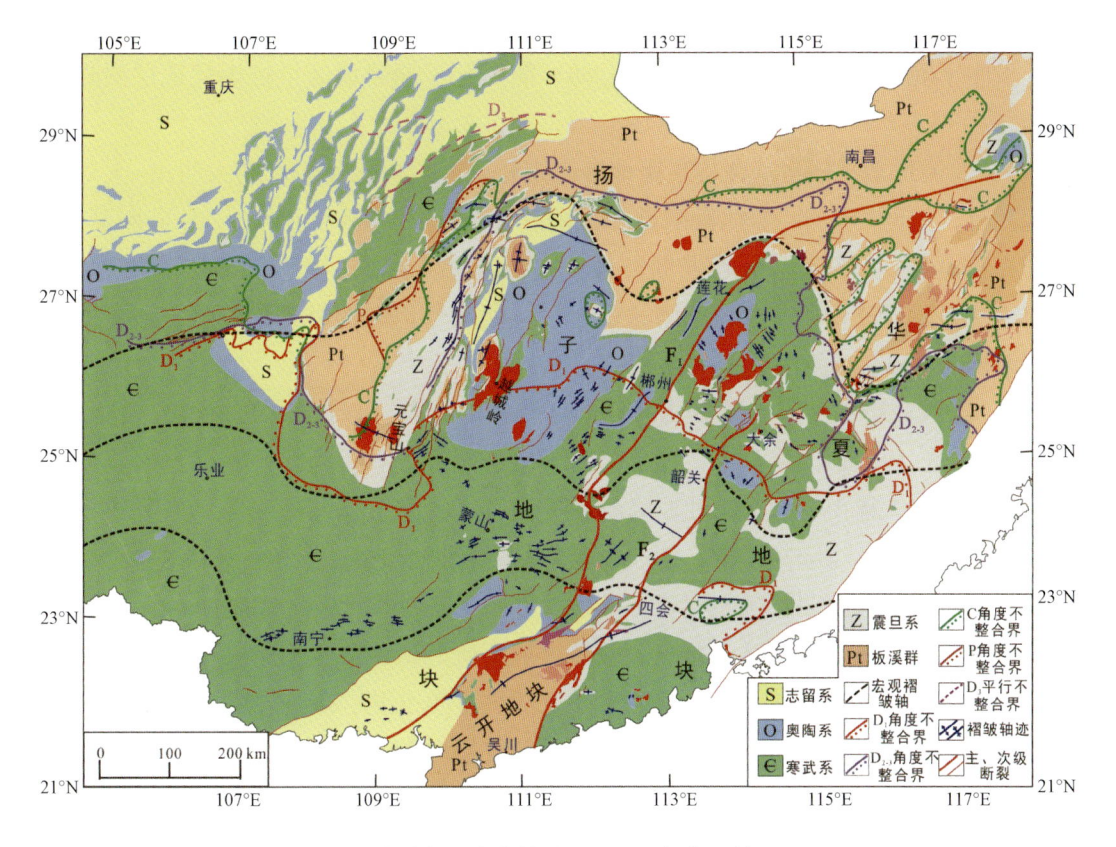

图 1-21 华南加里东期构造纲要图（据郝义等，2010）

F₁. 江山-绍兴断裂带；F₂. 吴川-四会断裂带

1）郁南运动最主要的表现是：云开地区的褶皱隆升，武夷-云开一带的中酸性岩浆活动；大明山、大瑶山、雪峰山等地区不同程度的褶皱隆升作用；南盘江坳陷、桂中坳陷内仅部分地区有寒武系出露、缺失奥陶系和志留系也是该期运动的重要表现。在广西云开地区郁南运动最主要的表现是发育一套较厚的底砾岩；岑溪县筋竹至广东郁南一带奥陶系底部或下部砾岩中含有变质的砂岩、页岩和花岗岩的砾石；博白县黄陵一带下奥陶统下部有厚达数百米的含砾石长石砂岩；大明山地区下奥陶统底部亦有厚45m的砾岩存在。丘元禧和陈焕疆（1993）发现在广东的德庆和郁南一带寒武系和奥陶系之间有明显间断，奥陶系底部的罗洪组以砾岩为主，厚达500m，不整合于下伏地层之上。

2）都匀运动，是加里东期发生于扬子稳定区（贵州省中南部地区）相对强烈的一幕运动。它导致的沉积间断造成了上奥陶统的缺失、中奥陶统的剥蚀/缺失及下奥陶统不同程度的剥蚀，志留系与中—下奥陶统平行不整合-小角度不整合接触。同时，区域挤压导致形成了近东西轴向的宽缓褶皱及相应的逆冲断裂，都匀运动所形成的古构造、古地貌对早志留世的沉积起到了重要的控制作用。

3）崇余运动是据赣南崇义、大余山区晚奥陶世沙村群底砾岩之下的不整合提出，发生于晚奥陶世卡拉道克期。该运动可能引起了湘赣地区早古生代地层的强烈褶皱。

4）北流运动，该运动在桂东南地区表现较强，主要是使云开和大明山－大瑶山隆起抬升，其间的钦州－玉林拗陷剧烈深陷，在拗陷带两侧产生两条NE向断裂带，即博白－岑溪断裂带与灵山－藤县断裂带，这两条断裂带对志留系及其以后的沉积岩相有着明显的控制作用。北流运动只引起了广西部分地区的隆起和凹陷，褶皱变形相对较弱。

5）广西运动主要导致了波及面广的一幕褶皱变形，以线状褶皱为主，这些褶皱活动导致广西随后的泥盆系普遍呈角度不整合超覆于下古生界及其他老地层的不同层位上。在大瑶山、大明山和西大明山等地，下泥盆统莲花山组与寒武系或奥陶系接触；桂西德保至隆林一带，郁江组与寒武系接触；在桂北地区，中泥盆统信都组或东岗岭组甚至上泥盆统超覆于寒武系及其他老地层之上。志留纪末的广西运动大体和欧洲的加里东运动时间对应。但是，最新研究认为莲花山组并不是造山作用过程中形成的地层，因此广西运动的含义也随之发生变化，现在常用的广义广西运动特指早古生代华南的造山运动，在不同地区开启时间不一致，且存在由南往北剪刀式扩展，收缩时则具有由东向西构造变形减弱的特征。

华南加里东运动波及范围的西界为修水－沅陵－麻阳－三都一线。区内断裂主要为NE-NNE向，自SE向NW具有不同特征：断裂带由韧性向脆韧性过渡变化，韧性剪切带变形年龄为437～416Ma；角度不整合类型由高角度不整合—小角度不整合渐变为微角度不整合或平行不整合，角度不整合时代从南部的晚泥盆世角度不整合到中部的中泥盆世角度不整合，北部江南－雪峰隆起剥蚀与泥盆纪地层平行不整合接触（图1-22）。

对雪峰山两侧关键地质事件和不整合界线的地质调查发现，华南加里东期构造事件在不同地区所影响的空间范围有所差别。修水－沅陵－麻阳－三都一线和靖州－溆浦断裂两条线将雪峰山及两侧地区分为三大区域，每个区域的加里东不整合面都独具特征（图1-22）。位于靖州－溆浦断裂东南侧的泥盆系分别与震旦系、寒武系、奥陶系和志留系呈高角度不整合接触，主要的野外出露地点有：湖南益阳牛轭湾、安化驿头铺、安化青山冲、安化木子、安化山茶村、新化炉观、怀化铜湾、洞口及广西融安融水一带，其泥盆系底部常发育有底砾岩，特别是在益阳、安化木子一带砾岩厚度较大、砾石砾径较大；在安福山庄可见到中泥盆统石英岩、石质砂岩直接不整合于山庄加里东期花岗岩体之上，在中泥盆统底部见砂砾岩。这种加里东期角度不整合在衡阳衡东县金龙山恫口表现为，中泥盆统跳马涧组砾岩与下伏板溪群板岩为高角度不整合接触，在涟源附近中泥盆统跳马涧组石英砂岩与下志留统页岩为高角度不整合接触，在邵阳西寨口中泥盆统跳马涧组砾岩与上奥陶统高角度不整合接触。洞口-新化以东地区，主要表现为泥盆系与寒武系和奥陶系呈高角度不整合接触，角度通常大于50°。在邵东、新宁、双牌等地，主要为中泥盆统与奥陶系的高角度不整合接触，而在南部永福、融安、荔浦、大瑶山等地，则主要为中、下泥盆统与寒武系的高角度不整合接触。

总体上，寒武系在雪峰山-江南隆起带南部大面积分布，其他下古生界剥蚀强烈，研究区中部奥陶系大面积零星分布，而志留系在雪峰山-江南隆起带以北和以西残留，与泥盆系平行不整合接触（图1-22）。其他加里东期角度不整合的空间分布及其变化为：南部下泥盆统角度不整合于震旦系、寒武系、奥陶系、志留系不同地层之上，向北中—下泥盆统角度不整合于板溪群、震旦系、寒武系之上，再向北石炭系角度不整合在板溪群、震旦系、寒武系、奥陶系之上，至西北雪峰山区二叠系不整合在板溪群、震旦系和下古生界之上。以上地层学证据表明，雪峰山地区加里东期构造运动之后海水是由南往北入侵。

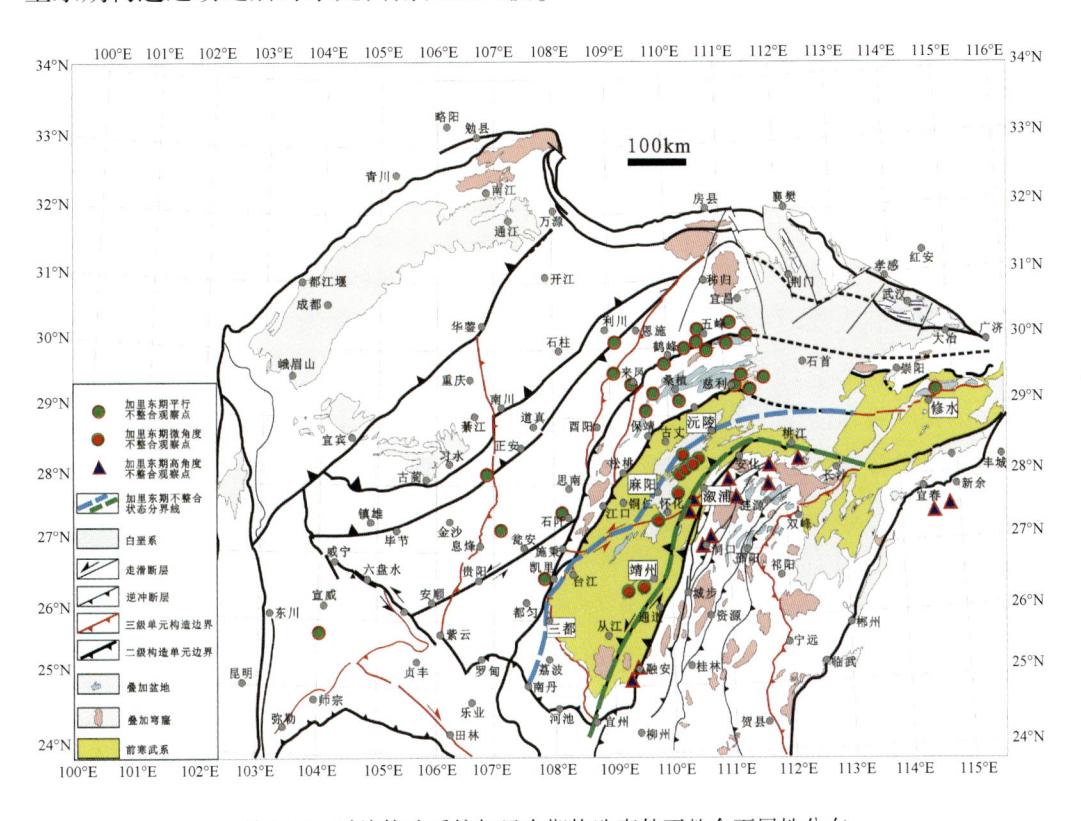

图1-22 雪峰构造系统加里东期构造事件不整合面属性分布

（2）华南南部EW向构造成因

华南南部的大明山至大瑶山、大桂山一带，构造线近于EW向，断裂不甚发育。EW轴向褶皱形态由南向北由紧闭向宽缓过渡，也可以推断加里东期变形是由南向北逐渐拓展的。据丘元禧和陈焕疆（1993）研究，郁南运动导致云开地区由南向北的推覆构造形成，并沿古断裂带发生了混合岩化，时限为510Ma左右，即寒武纪末—奥陶纪初。在广东罗定泗沦扶合一带，混合岩化以前的近平卧褶皱和层内褶皱的轴向为EW，轴面北倾，这可能是自北向南的反向推掩作用所致。通过同位素年代学和构造形迹研究，发现云开地块加里东早期以南北向水平挤压变形为主，这和大明山—大瑶山地区近EW轴向、轴面南倾的寒武系线形褶皱带相一致。虽然湘赣边境地区也存在一些NW、NWW轴向的下古生界褶皱，而震旦纪到早奥陶世秦岭地块处于构造的扩张期，所以也可能湘赣边境地区这些NW、NWW轴向的褶皱可能是由于秦岭-大别地块对扬子地块之间伸展作用的反作用力所形成的早期构造形迹。

通过以上资料可以看出，加里东早期的郁南运动是云开地块由南向北的挤压推覆引起的，该运动使云开地区褶皱隆升，海域范围缩小。大明山、大瑶山寒武系近EW轴向的褶皱隆起带便形成于此时。桂北九万大山、元宝山一带只出现一些宽缓的EW轴向褶皱，并且只见寒武系出露而无奥陶系分布。此外，南盘江坳陷、桂中坳陷内仅部分地区有寒武系出露，缺失奥陶系和志留系也是郁南运动的重要表现。在桂东北的越城岭一带，寒武系与奥陶系呈整合接触，说明加里东早期郁南运动并未影响到该区。

（3）华南东北部NE-NNE向加里东期构造成因

钦州—玉林地区在郁南运动中形成坳陷，但是，泥盆系覆盖的下古生界还是卷入了变形，说明这是加里东晚期变形的产物。桂西过渡区褶皱较为宽缓，不同地区构造方向和形态表现不一：桂北九万大山-越城岭一带主要为NNE向，融安至龙胜之间褶皱紧密倒转，断裂发育，构成一组西倾的叠瓦状反向逆冲断裂群，九万大山、元宝山一带可能受元古宙基底构造的制约，褶皱较开阔。云开大山地区褶皱、断裂发育，总体呈NE轴向，局部NEE轴向或近SN轴向为后期构造改造所致。

然而，吴浩若（2000）通过分析泥盆系莲花山组下面的砾岩认为，其不是磨拉石，而且很可能只有沉积间断，没有不整合，莲花山组及相应地层不是磨拉石建造，因而，广西运动在志留纪末发生似乎缺乏可靠证据。他认为广西运动并非是来自扬子地块和华夏地块的碰撞，而很可能是云开地块和桂滇地块在寒武纪末—早奥陶世初汇聚的结果。而扬子地块和华夏地块的汇聚过程应发生于晚奥陶世—早志留世，主要影响湘赣地区，志留纪末广西地区可能并无造山运动。广西运动的规模与范围均有限，并未导致早古生代地层发生普遍紧闭褶皱。所以，根据前人的研究可以推测，华夏地块与扬子地块挤压碰撞的时间主要集中在晚奥陶世—早志留世，时间上对应崇余运动，属于晚期加里东运动，是典型的陆内碰撞造山运动。该运动导致了许多与这一时期相对应的花岗岩体、泥盆系底部的砾岩以及早古生代地层中部分NE-NNE轴向褶皱带的形成，主要分布在湘赣两省及广西东北部的元宝山、越城岭一带。云开地区受晚加里东期变形的影响，也发生了相应的变质-岩浆热事件。

（4）加里东期变形的时空变化

通过以上分析可以得出，大明山、大瑶山地区近 EW 轴向的寒武系褶皱是云开地块在晚寒武世—早奥陶世由南向北推覆挤压而形成的，该事件与郁南运动相对应。而桂东北元宝山、越城岭地区、湘赣边境地区 NE-NNE 轴向早古生代地层的褶皱、云开地区的构造-岩浆热事件以及华南大量加里东期花岗岩体的形成都是由于华夏地块与扬子地块在晚奥陶世—早志留世沿郴州-临武断裂碰撞挤压的结果，该事件与崇余运动相对应。湘赣边境地区 NE 轴向的下古生界褶皱又对早期近 EW 轴向褶皱进行了叠加改造，从而局部表现为 NW、NWW 向的。故加里东期总体构造线方向早期为近 EW 轴向，现今出露的一些 NW-NWW 轴向、NE 轴向褶皱是后期叠加改造的结果。再往西，雪峰山西缘受加里东运动影响较弱，变形机制类似米仓山地区，都是在造山带的前缘形成类前陆盆地，只是时间有先后。加里东运动波及的范围往西不越过修水-沅陵-麻阳-三都一线。据此说明，加里东期构造由南向北、由东向西逐渐拓展，变形强度由强到弱。

总之，陆内变形的最大特点是：首先，面状弥散性宽阔构造带；其次，角度不整合多而不均、差异分布；最后，显著的变形递变特征。

1.1.3.4 华南加里东期沉积-古地理特征

华南主要的早古生代地层有：寒武系、奥陶系、志留系。寒武系大面积在研究区南部分布，其他下古生界剥蚀强烈，奥陶系仅在华南中部大面积零星分布。志留系在雪峰山-江南隆起带以北和以西保留，且与泥盆系平行不整合分布（图1-21）。

三江-融安断裂带及其以东地区，新元古界丹州群发育厚2000m的细碧角斑岩，其中夹大量层状、似层状基性岩及少量中性和超基性岩；以西的丹州群厚度突变为300~600m，未见海底火山岩，基性、超基性侵入体为数不多；震旦系厚度西厚东薄，碎屑岩西细东粗，与丹州群正好相反。下石炭统则表现为：西部较薄，约1000m，以碳酸盐岩为主；东部较厚，在2500m以上，砂、页岩夹层显著增多。这种多处跷跷板式的沉积变化反映了三江-融安断裂两侧地壳结构的差异，说明该断裂从雪峰期就开始发育，加里东期、印支期还有活动。该区加里东期都寿城-屯秋断裂北段，寒武系向东逆掩在下泥盆统莲花山组之上。断层两侧，包括南部英山以北未见断层出露的地带，泥盆系、石炭系岩相变化明显。断层以东，下泥盆统那高岭组夹白云岩，中泥盆统郁江阶下段为页岩，上泥盆统及下石炭统分别为硅质岩相和碎屑岩相；而该断层以西，那高岭组不含白云岩，郁江阶下段相变以砂岩为主，上泥盆统及下石炭统急剧相变为碳酸盐岩。该断裂带对元古宙和晚古生代地层的沉积岩性、厚度也具有明显的控制，震旦系碎屑岩西部较细且厚，东部较粗且薄，说明该断裂继承早期活动在加里东期依然剧烈，在泥盆纪和石炭纪表现为正断层。

龙胜-永福断裂带北段龙胜附近，东侧新元古界丹州群中有少量基性-超基性侵入岩，西侧却有广泛的中基性海底火山岩及基性-超基性侵入岩，表明其在雪峰期已具有深断裂活动性质，是重要的构造活动边界。断层东侧永福至黄冕一带，郁江阶厚度约为1500m，以页岩为主，中泥盆统东岗岭组—下石炭统厚度约为400m，为泥灰岩、硅质岩、碎屑岩相；断层西侧和平墟一带，郁江阶厚度为960m，以砂岩为主，东岗岭阶-下石炭统厚达2000余米，为碳酸盐岩相。但是，龙胜-永福断裂对早古生代地层岩相没有控制作用，说明断裂可能于加里东运动后期再次活动，应为正断层，控制了两侧泥盆系和石炭系岩相、厚度的变化，使断层西侧沉降幅度较大。而到了印支期，龙胜-永福断裂方向与印支期褶皱轴平行，说明在印支与燕山期该断裂继续活动，表现为逆冲断层。

根据岩相古地理分析：湘东南-赣西在衡山、衡阳、新田和桂阳一线以西，下寒武统基本都为页岩-硅质岩盆地相的板岩-变硅质岩组合（图1-23）；茶陵、桂东和崇义一线以东基本为巨厚层、浊积岩盆地相的砂泥岩互层，而位于两大体系之间的衡东、耒阳、郴州和汝城一带，则为两种沉积体系的过渡区域，发育了页岩-硅质岩盆地相与浊积岩盆地相的交互沉积，岩石组合主要为砂泥岩互层夹硅质岩、板岩。

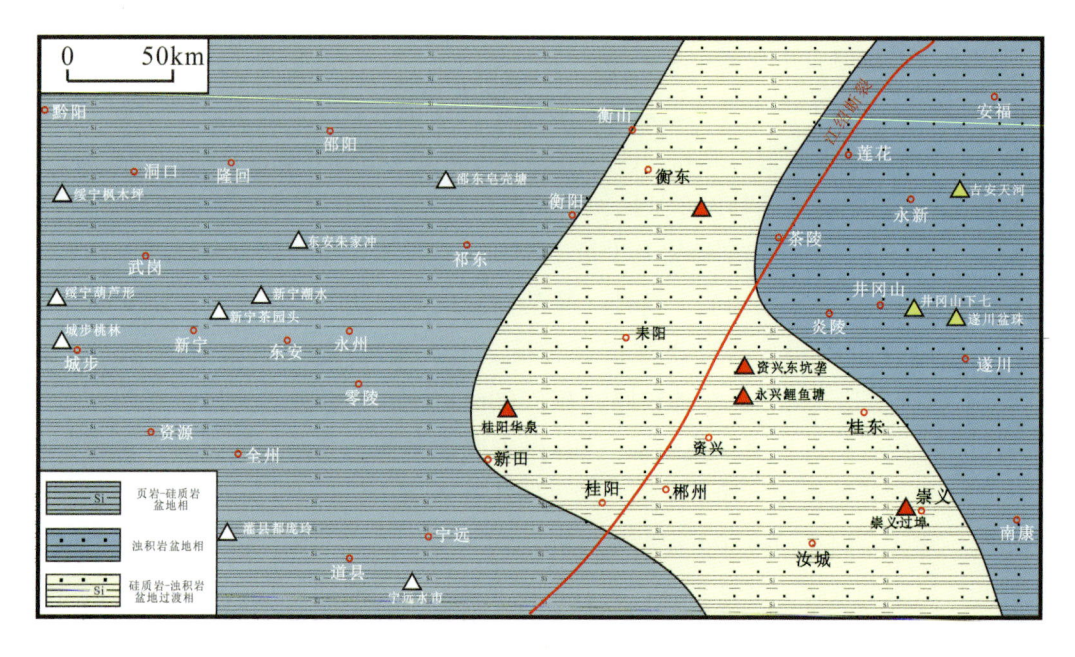

图1-23 早寒武世横贯江绍断裂的湘中南-赣西岩相古地理（据张鹏飞，2009）

不同颜色三角形标注的是野外观测剖面所在位置

到早奥陶世，湘东南-赣西地区岩石组合特征基本趋于一致（图1-24），都由巨厚层砂泥岩、板岩、硅质板岩、暗色含有机质板岩组成，只是各地区各种岩性所占的比率有所差异。因此，下奥陶统岩相古地理展布特征反映了该地区在早奥陶世不存在两大古地理体系的明显分界，虽然下奥陶统内部岩石比例存在一定差异，但也表现为有规律地逐渐变化和过渡。

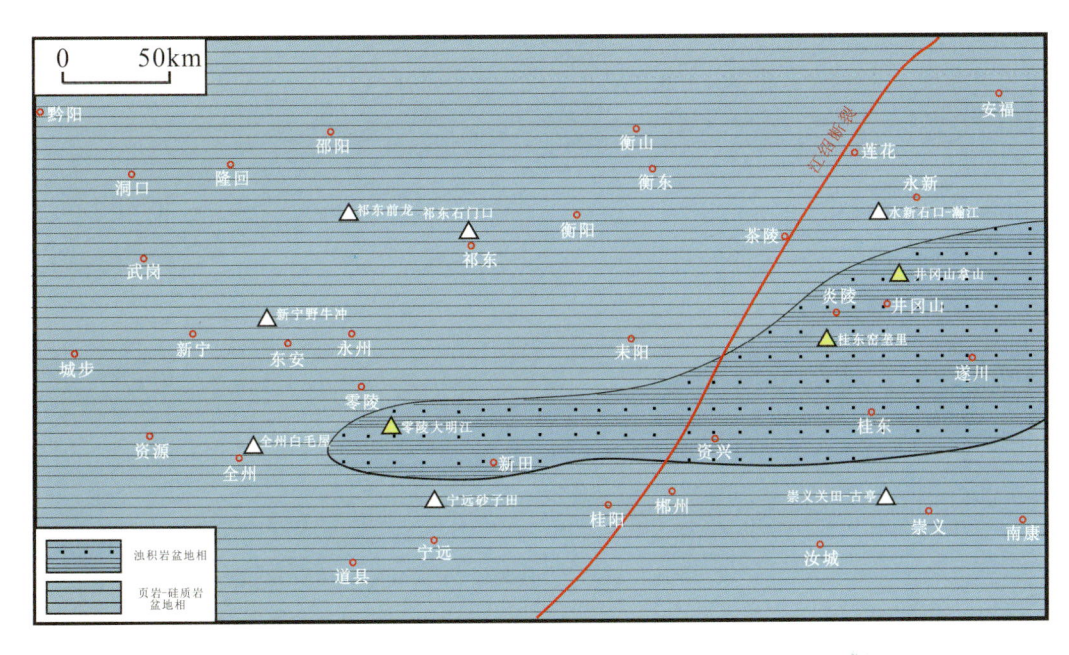

图1-24 早奥陶世横贯江绍断裂的湘中南-赣西岩相古地理图（据张鹏飞，2009）
其余图注见图1-23

从沉积古地理学角度，选择新宁-崇义的$Z-O_2$沉积古地理剖面和遂宁-永兴的$Z-O_2$沉积古地理剖面（图1-25），通过对比可以看出，郴州-临武断裂带（即江绍断裂带南段）两侧南华系—寒武系的沉积相指状交叉、过渡现象明显，垂向上则为两种沉积相类型的交互沉积，而下奥陶统沉积相基本趋于一致，没有跳相现象。这说明，从南华纪—奥陶纪，扬子地块与华夏地块之间并无大洋分隔。

湘赣桂地区加里东期地层的沉积古地理特征研究表明，湘东南-赣西地区江绍断裂带两侧不同的沉积体系，在南华纪—晚寒武世都存在过渡、交叉，在过渡区域垂向上表现为两种沉积相类型的交互沉积，而下奥陶统江绍断裂带两侧沉积相则基本趋于一致，没有跳相现象而成为一个统一体。在郴州-临武断裂带、江绍断裂带两侧的加里东期沉积相不存在两大古地理体系的突然跳相现象，而是表现为两侧沉积相带的指状交叉、过渡或完全相同、统一的岩相古地理单元，由此，进一步认为南华纪—早奥陶世扬子与华夏两大沉积域是相互连通的，在加里东期扬子地块与华夏地块间没有大洋相隔，两者之间也不可能存在陆-陆碰撞造山事件。可见，华南加里东造山运动为陆内造山性质，而不是前人所说的洋-陆俯冲事件和陆-陆碰撞造山事件。

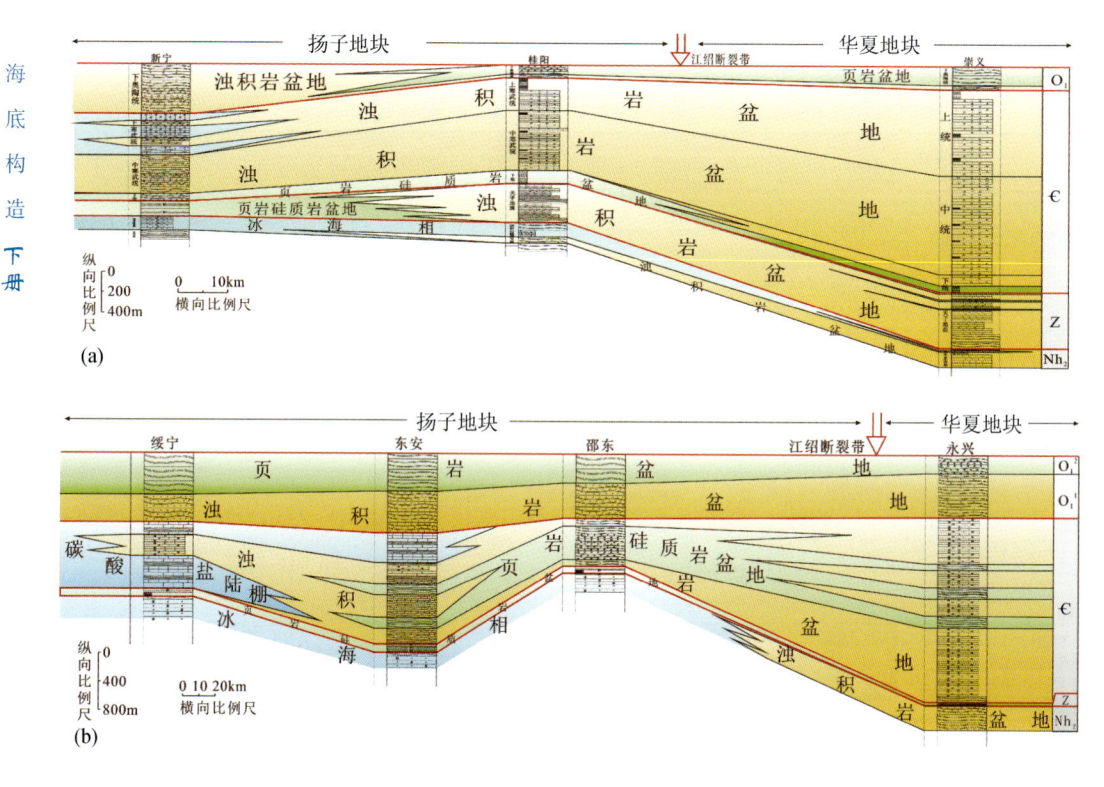

图1-25 下古生界沉积剖面对比（据张鹏飞，2009）

（a）新宁-崇义 Z-O₂；（b）绥宁-永兴 Z-O₂

1.1.3.5 陆内造山的动力学机制及全球背景

卢华复（1962）和 Guo 等（1989）都在赣南崇义-大余山区发现晚奥陶世沙村群底砾岩不整合于寒武系或震旦系之上。此外，郝杰等（1993）在赣南崇义阳岭地区还发现了大量阳岭砾岩，中泥盆统跳马涧组红色砂岩与震旦系—下古生界浅变质岩系之间发育一套紫红色含砾砂岩和砾岩，阳岭砾岩上部地层产状平缓，与上覆泥盆系产状差别不大，但与下伏下寒武统高角度不整合，厚度在 1～100m；根据牙形石等微体古生物资料，将该套砾岩的地层时代定为志留纪。龚由勋和孙存礼（1996）进一步描述了阳岭砾岩的地层层序、岩性、沉积构造、古生物化石等，判断其成岩时代也为志留纪。因此，可以判断导致阳岭砾岩形成的造山运动在早志留世后期可能已弱化，志留纪后期和泥盆纪早期并无明显造山运动的证据。其成因可能与华夏地块与扬子地块发生陆内碰撞拼合有关。阳岭砾岩是加里东造山带中的一套磨拉石相沉积，它的发现及其形成时代可以证实东南地区应发育有加里东晚期陆内造山带。

陈旭和戎嘉余（1999）根据对湖南大庸–桃源–桃江–祁东一线奥陶—志留系的地层工作，提出碎屑楔的出现时代从晚奥陶世卡拉道克晚期开始由 SE 向 NW 逐渐变晚，代表广西运动向北西的扩展过程，于早志留世特列奇末期结束。崇义在祁东的东南，卡拉道克期的沙村群已出现粗碎屑沉积，与湖南的情况一致，这是华夏地块和扬子地块之间造山挤压作用开始的标志。

现有研究资料表明，沿江绍断裂带两侧，加里东期变形强烈，尤其以东部改造强烈。岩浆作用也横跨江绍断裂带两侧，这和正常的造山带极其不同。早古生代的沉积岩相在江绍断裂带两侧也呈指状交错，说明其间没有出现洋壳，最多是一个较深的陆内海盆。这也说明晋宁期裂解在华南内部没有发育成洋。那么是什么导致华南内部发生加里东期陆内造山事件呢？

早古生代沉积岩相研究表明，华南地块北部（也就是现在的南秦岭地块或秦岭地块）始终是一个被动大陆边缘，特别是寒武纪在巴山弧北侧大量出现基性岩墙，而且奥陶纪—志留纪岩相表明向北水深加深，这表明扬子地块北缘处于持续的被动陆缘伸展背景；然而，南部的华夏地块不同，缺乏志留系沉积，大量加里东期角度不整合向北逐渐拓展，表明现今华南东南部存在一个动力源，而现今这个动力源在中国境内难以找到。为此需要从全球构造古地理角度对比，来寻找这个动力源。

通过全球板块构造重建（图1-26），大家倾向将早古生代华南陆块总体放在澳大利亚的西侧，但是还有两种不同放置方式：①现今华南南部靠近澳大利亚西北侧；②现今华南北部靠近澳大利亚西北侧。

前述沉积岩相和变形等特征表明，应当是现今华南南部靠近澳大利亚西北侧，可能是华南陆块与澳大利亚拼合过程中，向澳大利亚西侧的拼合作用最终使得应力场向西传递到华南内部，使得华南内海进入陆内封闭演变阶段。值得一提的是，华南陆块在早古生代期间可能包括布列亚–佳木斯–兴凯地块，它们与华南的华夏地块主体具有诸多相似性和亲缘性，可以称为"大华南地块"，华南陆块或许不是传统认识的一个小板块。而且这个"大华南地块"与冈瓦纳的俯冲–增生记录可能主要保存在日本，因为日本发育大量的 470~435Ma 早古生代岩浆–变质事件，这可能与原特提斯洋东段关闭有关。日本的晚古生代䗴化石和地层也和华南相似，说明早古生代它们可能就已经增生–碰撞成为一体，并于晚古生代共同裂离冈瓦纳古陆西北缘。

加里东期各地块的准确位置很难确定。根据有限的古地磁资料以及吴浩若（2000）的古地理资料和上述变形规律分析，结合全球板块重建的背景，华南各块

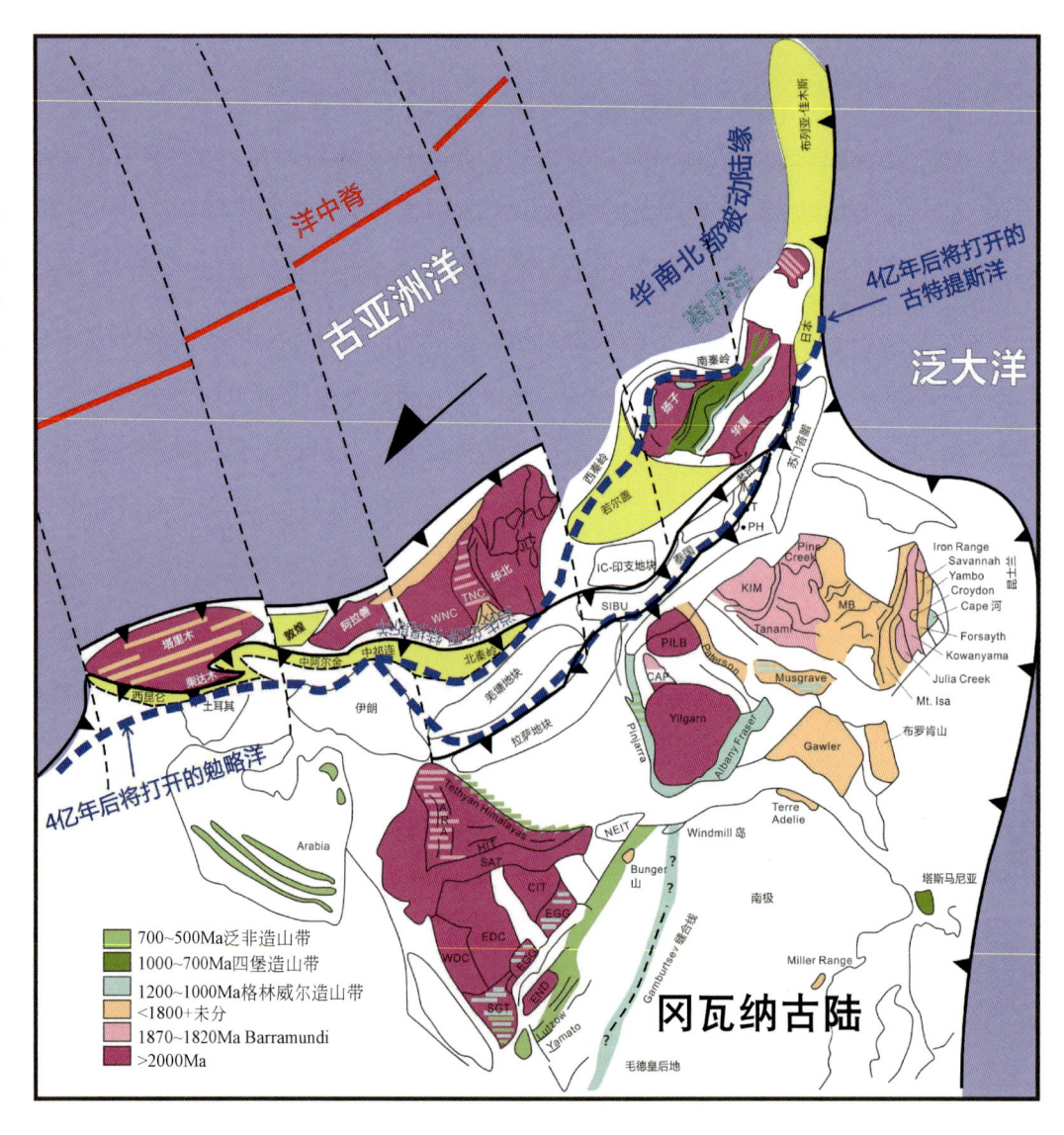

图 1-26 大华南陆块在早古生代 450~400Ma 全球构造格架最可能的状态（据吴浩若，2000；Burrett et al.，2014）

ARA. 阿拉瓦利-德里；CIT. 印度中央地体；EDC. 达瓦尔东部克拉通；EGG. 东高止麻粒岩地体；END. 恩德比地；IC. 印支地块；JL. 胶-辽-吉带；KIM. 金伯利；M. 马来西亚半岛（西）；MB. 麦克阿瑟盆地；NEIT. 印度东北地块；PH. 普吉岛，泰国南部；SAT. 萨特布拉；SIBU. 滇缅马苏地块；T. 达鲁岛，泰国南部；TNC. 华北中部带；WDC. 达瓦尔西部克拉通；WNC. 华北西部地块；XI. 熊耳

体可能的演化过程如下：前震旦纪时中国南方为统一板块，古纬度大约在20°S，震旦纪开始，扬子和华夏两个地块逐渐裂解，扬子地块在中寒武世应该位于南半球低纬度地区，奥陶纪至早志留世扬子地块的旋转运动不明显，主要表现为向南的平移，而早古生代云开地块、滇桂地块应该属于扬子地块东南部内部地块。奥陶纪至

早志留世华南裂谷盆地发生收缩运动，扬子地块与华夏地块东北部最早结合，中奥陶世至志留纪华夏地块和扬子地块碰撞在一起。

加里东运动早期，南移的华南各块体在向南与冈瓦纳古陆西北缘拼合过程中，最先是在晚寒武世－早奥陶世云开地块先与冈瓦纳古陆碰撞，随后碰撞由南向北拓展，直到桂滇－北越地块与云开地块发生碰撞［图1-27（a）］，使得广西大明山、大瑶山地区近EW轴向的寒武系紧闭褶皱首先出现并拓展到扬子地块南缘，形成了华南南部偏北的近EW轴向的寒武系褶皱，使云开地区褶皱隆升，陆内海域范围缩小，桂北九万大山、元宝山一带缺失奥陶系，此时该区也出现了一些宽缓的近EW轴向褶皱。而扬子地块北缘也开始受到秦岭微板块扩张的影响，受两者双重作用力的影响，扬子地块内部出现一些近EW轴向宽缓褶皱形态，以黔中水下隆起和涟源拗陷内的古隆起为代表，该期变形强度由南往北逐渐减弱。

加里东运动晚期，华南地块在扬子地块南缘点碰撞后，晚奥陶世—早志留世，扬子地块与华夏地块沿郴州-临武断裂发生收缩挤压。扬子地块受到来自SE向NW的强大挤压力，使得桂北越城岭、元宝山地区，湘赣边境地区以及雪峰山东缘地区出现了一些下古生界卷入的NE—NNE轴向褶皱［图1-27（b）］，对南部的早期EW向构造进行了叠加改造，该期变形强度由东往西逐渐减弱。同时受这一运动的影响在华南形成了大量面状分布的加里东期S型花岗岩体，并在云开地区发生了构造-岩浆热事件。在雪峰山的东缘，靖州-溆浦断裂、三江-融水断裂、龙胜-永福断裂均表现为西倾东冲的性质，而东侧的城步-新化断裂则表现东倾西冲的性质，在此地形成对冲三角带构造。同时，紧邻雪峰山东缘也有一些轴面西倾东倒的下古生界褶皱出现，可能是受雪峰山刚性块体阻挡形成的反冲构造。

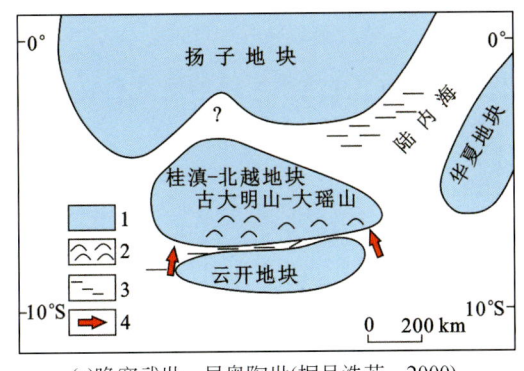

(a)晚寒武世—早奥陶世(据吴浩若，2000)　　(b)晚奥陶世—早志留世

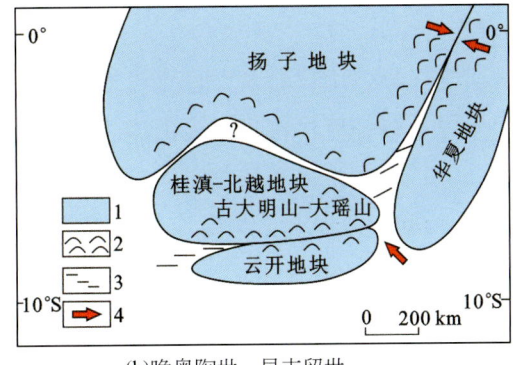

图1-27　加里东期陆内块体拼合模式

1. 古陆；2. 造山带；3. 海槽；4. 运动方向

因此，华夏与扬子地块前震旦纪不属同一大地构造单元，特别是它们的岩石组合也不可对比；晚泥盆世始，二者的岩石组合类型才基本一致，说明加里东期构造事件后各地块碰撞拼合，一个统一的华南陆块的构造-古地理格局才真正形成。其形成背景是冈瓦纳古陆北缘一系列内部含有裂陷深海盆的陆块向南汇聚的结果，此时华南陆块很可能位于澳大利亚大陆的西缘（图1-26）。

通过系统解剖华南下古生界出露较好且加里东运动比较典型的地区，对其褶皱和断裂形态、相互关系、演化特征，地层间角度不整合时空分布规律和变质岩、岩浆岩的产出规律进行分析后，最终得出以下结论和认识：

1）华南加里东期运动是华南与冈瓦纳碰撞期间的远程效应导致的两阶段陆内造山拓展，总体华南南部的变形轨迹走向为近EW轴向，华南东部为NE—NNE轴向，后者是后期华南与冈瓦纳古陆旋转拼合的结果。

2）晚奥陶世—早志留世，华夏地块与扬子地块的碰撞挤压形成桂北元宝山、越城岭、湘赣边境地区早古生代地层NE-NNE轴向褶皱的同时，大量面状分布的加里东期花岗岩体侵入，并导致了云开地区的构造-岩浆热事件。这些花岗岩体及相关地质体并非碰撞造山带的线性展布，而是面状特征，属于板块边缘远程效应导致陆内现存裂解块体间的封闭、增厚、深熔事件，而不是前人所说的华南内部的洋-陆俯冲事件和陆-陆碰撞造山事件。

3）加里东期构造变形是由南向北、由东向西逐渐拓展，变形强度由强到弱，表明动力来源于东南侧板块边界的远程效应。

华南地区加里东期造山与阿巴拉契亚、挪威-苏格兰、东格陵兰、西伯利亚南缘、东澳大利亚、秦岭-祁连、中-南天山这7个典型地区的加里东期增生或碰撞造山带显著不同，世界上这7个典型增生或碰撞造山带都具有明确的早古生代洋壳俯冲与火山活动过程，都发生过高压-超高压变质。而华南加里东造山带的主要特点为：

1）早古生代海盆中至今没有发现块状硫化物矿床，且浊积岩厚度巨大；

2）确证无早古生代火山岩、蛇绿岩套以及高压-超高压变质岩；

3）早古生代S型花岗岩发育，但I型花岗岩少见。

这些现象说明，华南加里东期造山带具有鲜明的地域特色，也反映其独特的全球地球动力学背景——原已裂解的小板块内部在响应其与大板块拼合边界处碰撞时小板块内部地块间的闭合过程。

1.2 古特提斯演化

古特提斯（Paleo-Tethys）或者古特提斯洋（Paleo-Tethys Ocean）是晚古生代（泥盆纪）到早中生代（三叠纪）期间存在于欧亚板块和冈瓦纳古陆之间的古洋盆（Sengör，1987；Stampfli and Borel，2002；Metcalfe，2013；Xu et al.，2015）。古生代至中生代期间的全球板块重建结果表明，瑞克洋和古亚洲洋（Asiatic Ocean 或 Paleo-Asian Ocean）的俯冲导致匈奴地体群（Hunic Terranes，源于冈瓦纳古陆裂解并向北漂移的大陆碎片）从冈瓦纳古陆边缘分裂出来，古特提斯洋在泥盆纪以弧后洋盆的形式打开（Stampfli and Borel，2002），并在石炭纪形成巨型古特提斯体系[图1-28（a），（b）]。

Zhai等（2015）认为古特提斯洋是位于冈瓦纳古陆北缘的大洋，它在中寒武世打开，历经了整个古生代时期，并最终在晚三叠世关闭，持续了大约300Myr；Muttoni等（2009）认为古特提斯洋位于冈瓦纳古陆和匈奴地体群之间，是新特提斯洋的前身，它伴随原特提斯洋（Proto-Tethys Ocean）的俯冲而打开，伴随基梅里地体群（Cimmerian Terranes）从冈瓦纳古陆的分离而逐渐关闭[图1-28（a），（b）]；潘桂棠等（2012）认为古特提斯洋可能从西欧–中亚–西藏北部–青海南部折向南东，经川西–滇西–东南亚[图1-28（c）]，呈向南东张开的喇叭口；Metcalfe（1998）认为东南亚显生宙构造演化包含了大陆地体从冈瓦纳古陆边缘的裂离、向北漂移以及拼接或增生等地质作用过程，其中，华南、印支、羌塘–思茅和海南地体或地块于泥盆纪期间从冈瓦纳古陆边缘裂离出来，形成了古特提斯洋。位于青藏高原的腹地、东南缘以及华北陆块和扬子地块之间中央造山带的古特提斯体系称为"东古特提斯体系"（许志琴等，2013）。

关于古特提斯洋的残留位置，大多数研究者认为青藏高原东南缘的三江特提斯构造域（昌宁–孟连，金沙江以及哀牢山缝合带）是古特提斯洋的现今位置（Sengör，1987；Stampfli and Borel，2002；Von Raumer et al.，2003；Jian et al.，2009a，2009b；Metcalfe，2013；Yang et al.，2014；Xu et al.，2015），则昌宁–孟连缝合带是古特提斯洋主洋盆的缝合位置，金沙江和哀牢山缝合带代表古特提斯洋的分支（Jian et al.，2009a，2009b；Metcalfe，2013；Yang et al.，2014）。

区域

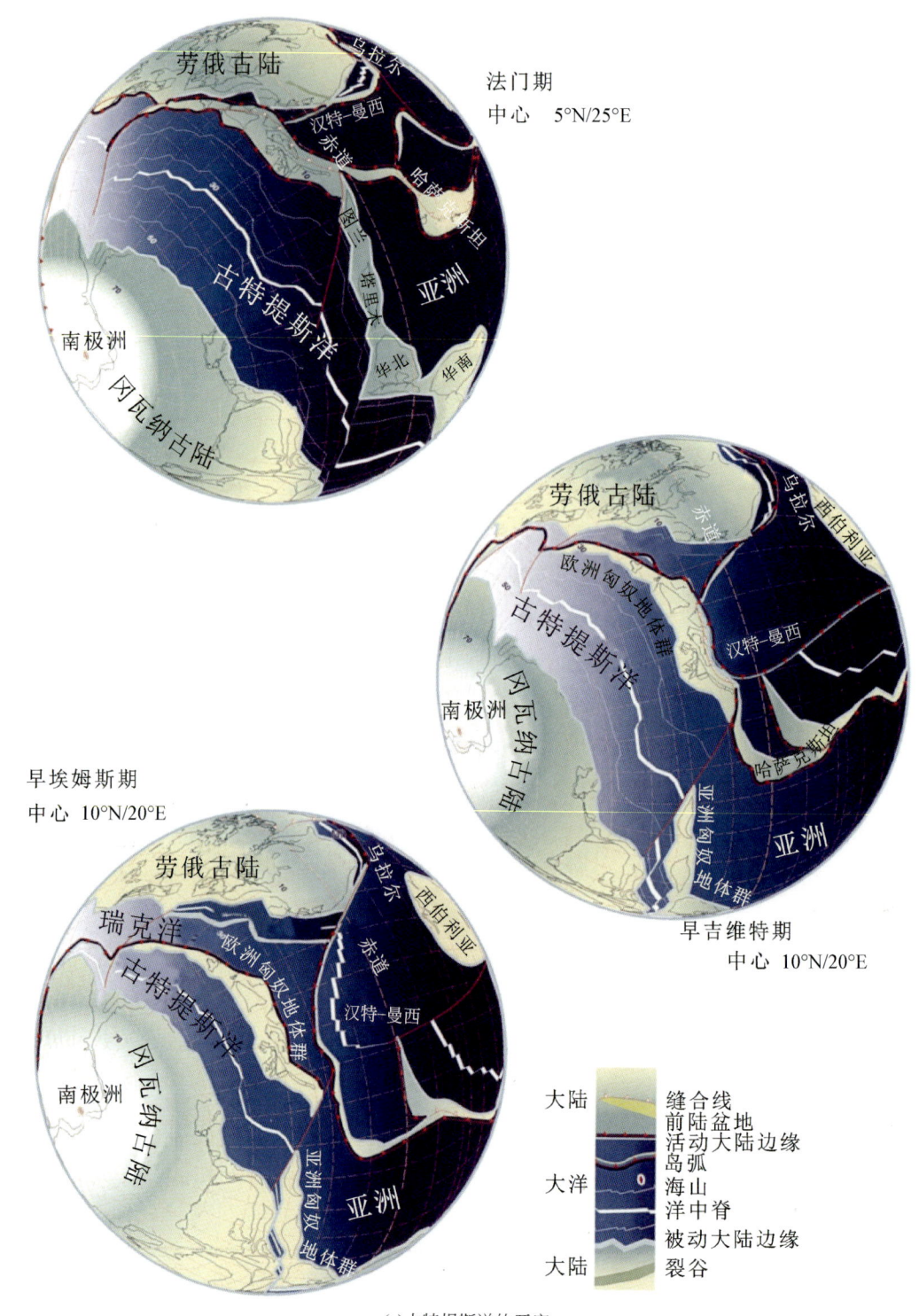

海底构造 下册

法门期
中心 5°N/25°E

早埃姆斯期
中心 10°N/20°E

早吉维特期
中心 10°N/20°E

大陆　缝合线
　　　前陆盆地
　　　活动大陆边缘
大洋　岛弧
　　　海山
　　　洋中脊
　　　被动大陆边缘
大陆　裂谷

(a)古特提斯洋的开启

78

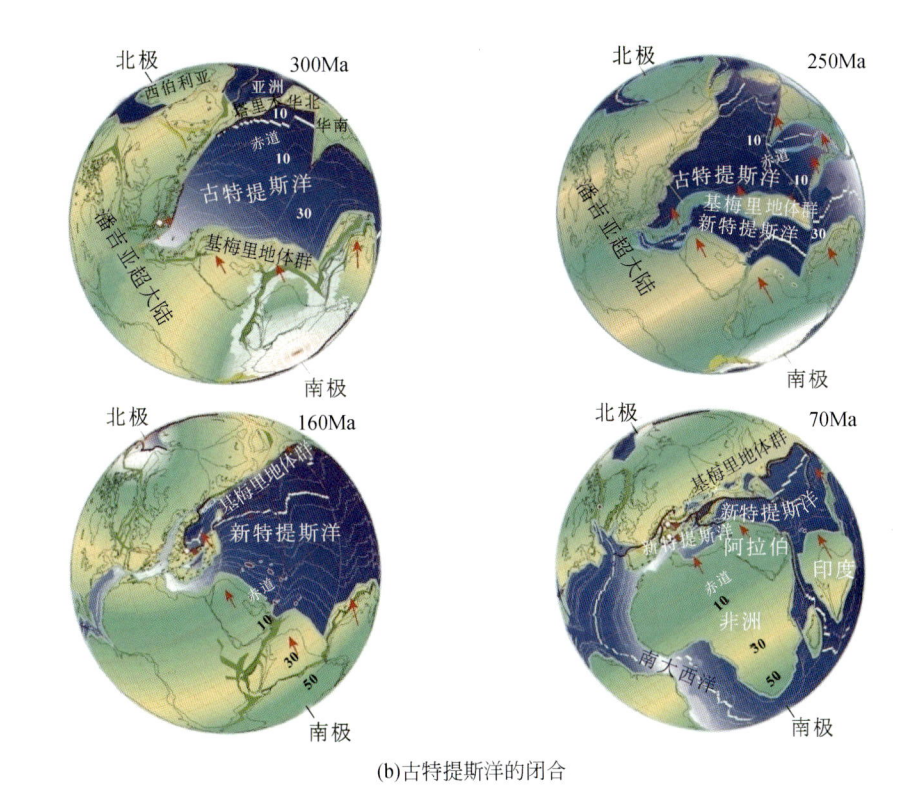

(b) 古特提斯洋的闭合

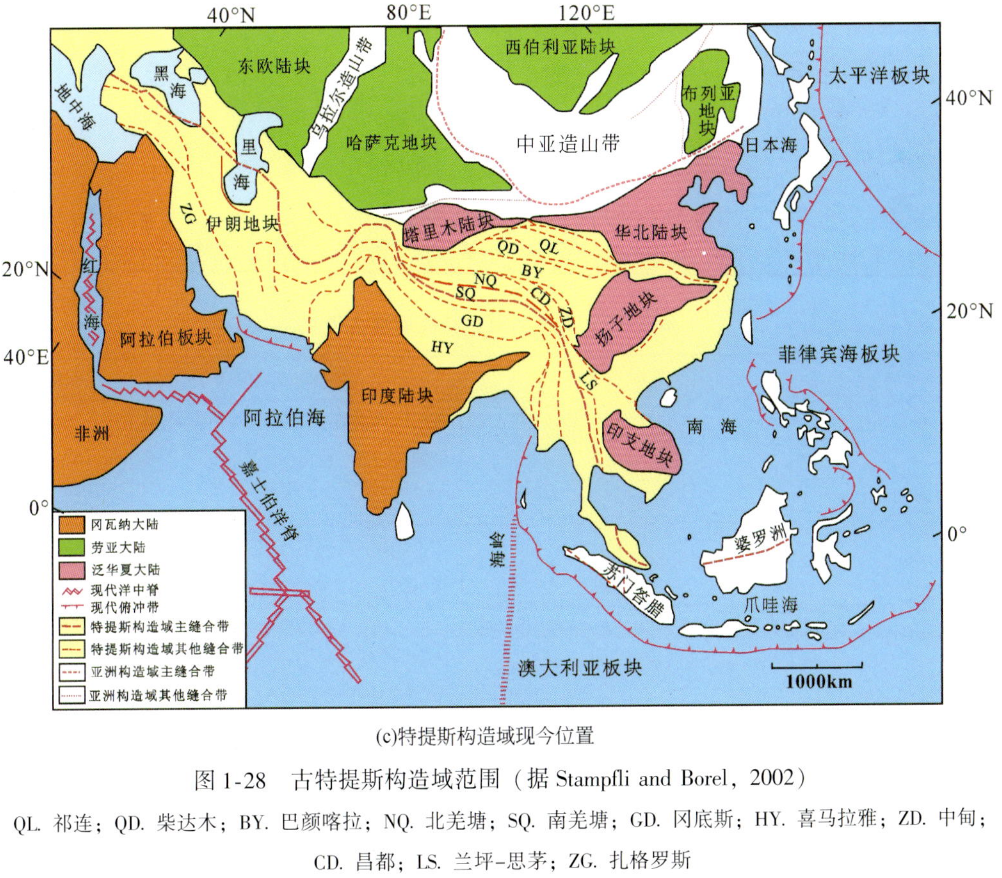

(c) 特提斯构造域现今位置

图1-28 古特提斯构造域范围（据Stampfli and Borel, 2002）

QL. 祁连；QD. 柴达木；BY. 巴颜喀拉；NQ. 北羌塘；SQ. 南羌塘；GD. 冈底斯；HY. 喜马拉雅；ZD. 中甸；CD. 昌都；LS. 兰坪-思茅；ZG. 扎格罗斯

1.2.1 古特提斯与缝合线

青藏高原及其东南缘保留了古特提斯演化的整个过程，古特提斯演化的各阶段地质记录齐全、保存完好，古特提斯洋俯冲消亡后残留的缝合线是研究古特提斯地质学的理想场所。

青藏高原的(东)古特提斯体系位于北部的"华北–阿拉善–塔里木"陆块南缘的"阿尔金–祁连–昆仑–北秦岭–北淮阳"原特提斯造山带，华南陆块以及冈底斯–喜马拉雅（Gandese-Himalaya）新特提斯造山带之间的广大地区，涵盖了完好的(东)古特提斯板块体系。根据空间分布，青藏高原古特提斯体系又可以分为东、西两段。其西段位于青藏高原的中南部及东南部，东段位于华北和扬子陆块之间（许志琴等，2013）（图1-29）。

青藏高原古特提斯体系的构造格架主要包括5条代表古特提斯洋壳残片的蛇绿岩套或蛇绿混杂岩带、4条火山岩浆岛弧带与增生楔带及4个地块。自北向南分别为：①布尔汗布达岩浆岛弧与西秦岭增生楔带；②昆南–阿尼玛卿蛇绿岩带；③松潘–甘孜地块；④义敦火山岩浆岛弧带与巴颜喀拉–松潘–甘孜增生楔、甘孜–理塘增生楔等多重增生楔；⑤金沙江–哀牢山–松马蛇绿岩带；⑥江达–绿春火山岛弧带；⑦羌北–昌都–思茅地块；⑧羌中（龙木错–双湖）–澜沧江–昌宁–孟连蛇绿岩带；⑨东达山–云县火山岛弧带和左贡–临沧岩浆岛弧带；⑩羌南–保山–禅邦地块；⑪班公湖–怒江缝合带；⑫拉萨地块；⑬松多蛇绿岩带（表1-15，图1-29）。(东)古特提斯体系东段的大别–苏鲁地区以出露大面积与亲扬子陆壳岩石的深俯冲相关的高压/超高压变质带为特征，但是否存在古特提斯蛇绿岩带仍存在争议。

表1-15 青藏高原古特提斯缝合带

地块	蛇绿岩带	岛弧与增生楔	高压变质带
	昆南–阿尼玛卿蛇绿岩带（305Ma）	布尔汗布达岛弧岩浆带+西秦岭增生楔（260~237Ma）	
松潘–甘孜地块			
	甘孜–理塘蛇绿岩带	义敦岛弧–碰撞岩浆带和多重增生楔（227~218Ma）（214~166Ma）	
	金沙江–哀牢山–松马蛇绿岩带（344Ma，383Ma，376Ma）	江达–绿春火山弧（255Ma）	金沙江高压变质带
北羌塘–思茅地块			
	羌中–澜沧江–昌宁–孟连蛇绿岩（314~299Ma）	东达山–云县火山弧	

续表

地块	蛇绿岩带	岛弧与增生楔	高压变质带
		南羌塘岩浆岛弧带（275~248Ma）和双湖-聂荣-吉塘-增生楔	双湖变质带湖（243~217Ma）
		左贡-临沧-Sukhothai俯冲-碰撞岛弧岩浆带（297~219Ma）	临沧高压变质带（297Ma）
南羌塘-保山-滇缅马苏地块			
	班公湖-怒江蛇绿岩带（167Ma）		
北拉萨-察隅-腾冲地块			
	松多蛇绿岩带	北松多火山岛弧带（C-P）和松多增生楔	松多高压变质带（261Ma）
南拉萨地块			

资料来源：许志琴，2013

1.2.1.1 青藏高原古特提斯域缝合线

（1）昆南-阿尼玛卿-勉略古特提斯缝合带

位于阿尔金-祁连-昆仑原特提斯复合地体与松潘-甘孜地块之间的昆南-阿尼玛卿-勉略缝合带（图1-29），发育完整的蛇绿岩套。昆南-阿尼玛卿-勉略古特提斯洋盆向北俯冲于"阿尔金-祁连-东昆仑-南秦岭"原特提斯复合地体之下，形成由古特提斯俯冲杂岩带、火山岛弧带、弧前增生楔及弧后盆地组成的东昆仑南缘"安第斯俯冲型"增生造山带。前人根据德尔尼蛇绿岩中熔岩的锆石SHRIMP U-Pb定年的结果（308Ma），判定洋盆的形成可能从石炭纪开始（姜春发等，1992；Yang et al.，1996）。另外，张国伟等（2003）认为此带有可能向东延伸到东秦岭的勉略蛇绿岩带，然后向东南方向沿南秦岭南缘、大巴山一带展布，并推测向东可抵达大别-苏鲁造山带南缘。

昆南-阿尼玛卿-勉略蛇绿岩带南侧为扬子地块俯冲地体的被动陆缘，经受了晚三叠世碰撞造山作用（许志琴等，1992），形成松潘-甘孜印支期造山带，并伴随三叠纪造山期以来的碱钙性系列钾长花岗岩岩浆活动（237~226Ma）（马昌前和刘园园，2011）。

（2）金沙江-哀牢山-松马古特提斯缝合带

金沙江-哀牢山-松马古特提斯缝合带位于松潘-甘孜地块、扬子地块与北羌塘-思茅-印支-东马来亚地块之间，从西向东总体呈EW、NW-SE、N-S和NW-SE弧形展布，在东南端与越南境内的松马（Songma）蛇绿岩带相连。金沙江蛇绿岩带又可

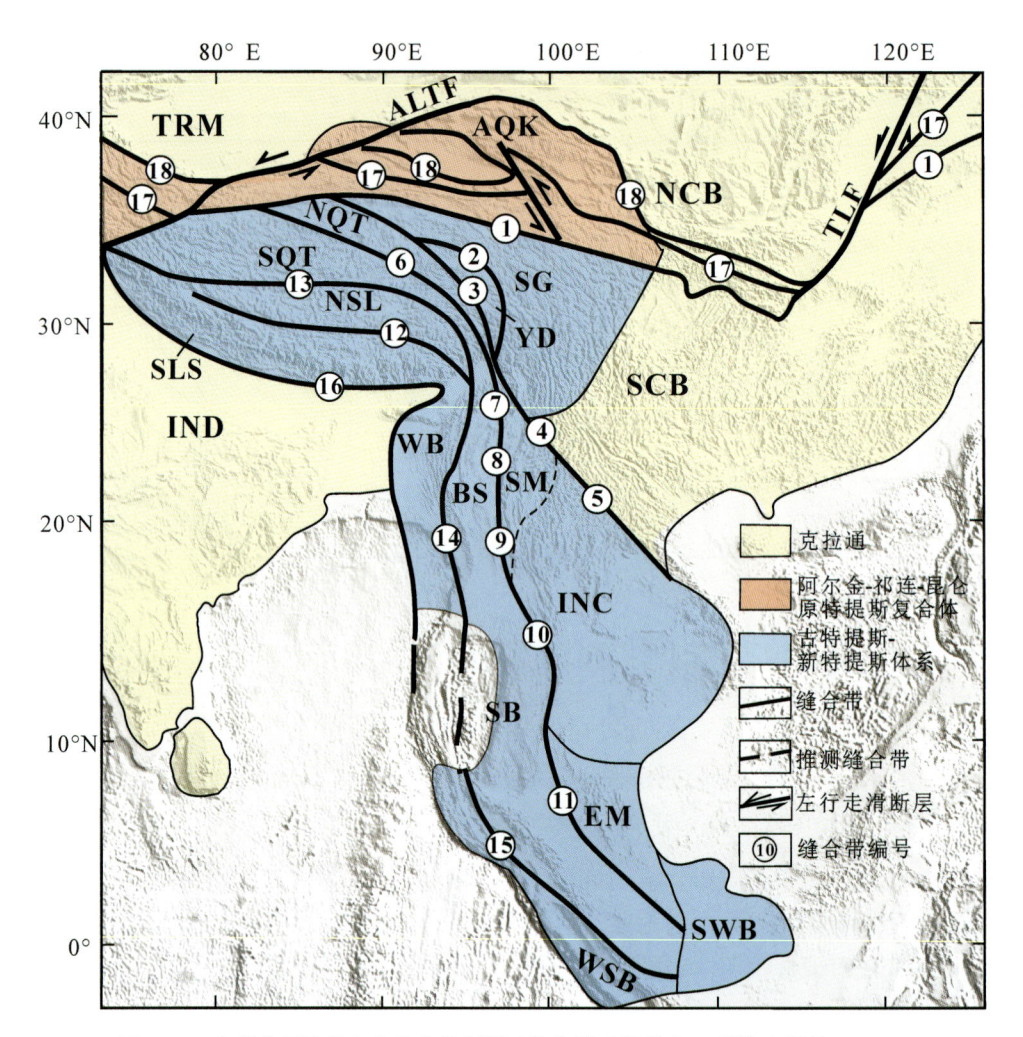

图 1-29 青藏高原及其东南缘古特提斯地体与缝合线分布（据许志琴等，2013）

TRM. 塔里木陆块；NCB. 华北陆块；SCB. 华南陆块；IND. 印度陆块；SWB. 西南婆罗洲陆块；SG. 松甘地块；NQT. 北羌塘地块；SQT. 南羌塘地块；NLS. 北拉萨地块；SLS. 南拉萨地块；SM. 思茅地块；INC. 印支地块（Indochina）；EM. 东马来亚地块（E. Malaya）；WB. 西缅甸地块；SB. 滇缅马苏地块（Sibumasu）；WSB. 西南缅甸地块；AQK. 阿尔金-祁连-昆仑复合地体；ALTF. 阿尔金断裂；TLF. 郯庐断裂。①昆南–阿尼玛卿–勉略缝合带；②理塘缝合带；③金沙江缝合带；④哀牢山缝合带；⑤松马缝合带；⑥冕中缝合带；⑦昌宁–孟连缝合带；⑧澜沧江缝合带；⑨清迈缝合带；⑩SraKaeo 缝合带；⑪文冬–劳勿缝合带；⑫松多缝合带；⑬班公湖–怒江缝合带；⑭Shan 高原边界缝合带；⑮Woyan 缝合带；⑯印度–雅鲁藏布江缝合带；⑰商丹缝合带；⑱宽坪缝合带

以分为两支：东支经治多–玉树–甘孜–理塘，西支经德格–白玉–巴塘–德荣，将义敦岩浆岛弧带与松潘–甘孜（东）和北羌塘地块（西）分开（图 1-29）。甘孜–理塘蛇绿岩带零散出露于松潘–甘孜地块西缘，主要由代表大洋岩石圈残片的变质橄榄岩、堆晶岩、洋中脊型拉斑玄武岩、辉长岩、辉绿岩墙、硅质岩和深水浊积岩组

成。甘孜-理塘带在晚二叠世-晚三叠世早期扩张形成洋盆，并于晚三叠世中期开始向西俯冲消减于中咱-香格里拉地块之下，伴随甘孜-理塘洋壳向西俯冲，义敦地区在前岛弧期堑-垒构造格局的基础上，进入了义敦弧盆系的生成、发展和演化阶段。义敦岛弧带位于该蛇绿岩带的西侧，主要由基性、中酸性火山岩以及中酸性侵入岩组成，并伴随由古生代及晚三叠世的生物碎屑灰岩、白云质灰岩以及复理石等组成的构造增生楔（许志琴等，2013），义敦岛弧的形成时代为220～217Ma（冷成彪等，2008；杨帆等，2011）。

金沙江-哀牢山洋通常被认为形成于晚泥盆世或早石炭世。在哀牢山一带，泥盆系为一套深水沉积的复理石砂板岩、硅质岩，在洋中脊玄武岩之上见有早石炭世放射虫硅质岩，在金沙江一带发育含晚泥盆世牙形刺的深海薄层泥质灰岩。金沙江西支蛇绿岩套主要由早石炭世至早二叠世的玄武岩、蛇纹石化超基性岩、堆晶辉长岩、辉绿岩墙及放射虫硅质岩等组成。关于该洋盆的打开时间，已有研究结果表明，金沙江蛇绿岩中的辉长岩年龄为343.5Ma，哀牢山蛇绿岩套中的斜长花岗岩和辉绿岩锆石 U-Pb 定年结果分别为 382.9Ma 和 375.9Ma（Jian et al.，2009a，2009b），说明了金沙江-哀牢山洋盆可能从晚古生代（晚泥盆世-早石炭世）开始从南向北穿时性打开。

松马缝合带位于越南境内，处于扬子地块和印支地块之间，被认为是哀牢山蛇绿岩带向东南的延续部分，该蛇绿岩带主要由含铬铁矿的尖晶石纯橄岩和方辉橄榄岩、MORB 型的辉长岩和高铝的铬铁矿，以及残留相榴辉岩等组成，并以透镜状块体夹在含云母、石榴子石和夕线石的角闪岩相岩石中，共同组成增生的俯冲变质杂岩带。根据糜棱岩中的云母、角闪石的 ^{40}Ar-^{39}Ar 年龄结果，推测洋盆俯冲或增生造山的时限为 250～240Ma（Lepvrier et al.，1997）。

（3）羌中（龙木错/双湖）-澜沧江-昌宁/孟连古特提斯缝合带

羌中-澜沧江-昌宁/孟连古特提斯缝合岩带位于北羌塘-思茅-印支-东马来亚地块和南羌塘-保山-滇缅马苏（Sibumasu）地块之间，北段为东西向展布的龙木错-双湖缝合带，中段转为南北向展布的澜沧江蛇绿岩套和昌宁-孟连蛇绿岩带，南段由位于思茅（Simao）-印支（Indochina）-东马来亚（Malaya）地块与滇缅马苏地块之间的清迈缝合带，Sara Kaeo 缝合带以及文冬-劳勿缝合带相连组成（Lepvrier and Maluski，2008）（图1-29 中的⑥、⑦、⑧、⑨、⑩、⑪），羌中-澜沧江-昌宁/孟连古特提斯缝合岩带是青藏高原古特提斯体系中规模最大的缝合带，其长度可达4000km，被认为是古特提斯的主缝合带，代表古特提斯主大洋的残片。

基于羌塘地块中部的龙木错-双湖缝合带的确定，羌塘地块被分割为南、北羌塘两部分。其中，思茅-印支-东马来亚地块可能是在泥盆纪时从冈瓦纳古陆分裂出来，并向北西漂移与北羌塘地块拼接（Metcalfe，2006）。羌中缝合带内发育典型的蛇绿岩套及与洋壳俯冲相关的岩浆岛弧、高压蓝片岩和超高压榴辉岩等（图1-15）。蛇绿岩套中的基性岩墙锆石U-Pb及Sm-Nd定年与辉绿岩锆石U-Pb定年结果分别为314~299Ma、302~284Ma，可能代表洋盆的扩张时代（翟庆国等，2006）。前人已对产于北羌塘南部与洋壳俯冲相关的岩石做了大量研究，如弧岩浆岩的锆石U-Pb定年结果为275~248Ma（Zhai et al.，2011a，2011b），高压蓝片岩中蓝闪石的^{40}Ar-^{39}Ar定年结果为220~221Ma，榴辉岩的锆石U-Pb定年结果为243~217Ma（李才等，1997，2006a，2006b），这些年代学证据表明，龙木错-双湖洋可能形成于晚石炭世—早二叠世，洋壳俯冲则从早三叠世开始。

昌宁-孟连缝合带介于临沧和保山地块之间，属于原特提斯澜沧江洋向西俯冲在滇缅马苏地块（保山地块）东缘形成的弧后盆地基础上发展起来的古特提斯洋盆（李兴振等，2002）。段向东（2005）对昌宁-孟连带中段耿马地区多条地层剖面上不同时代地层组成的地质体进行了古生物学、地层学、沉积大地构造学、岩石学、岩石地球化学、同位素年代学、构造地质学等的综合研究，结果表明耿马地区中-晚泥盆世为临近大陆边缘的洋盆环境，昌宁-孟连古特提斯洋盆于泥盆纪在原特提斯弧后盆地基础上由于拉张而逐渐形成，区内发育的由洋中脊火山喷发-洋盆沉积形成的早石炭世火山岩-硅质岩，代表了古特提斯洋的快速扩张。昌宁-孟连洋在早二叠世开始扩张并向东俯冲于临沧地块之下，在早三叠世时保山地块与临沧地块（思茅地块）发生碰撞，之后在临沧地块中形成同碰撞型临沧壳熔二长花岗岩岩基，其成岩年龄主要集中在印支期。昌宁-孟连洋最终在晚三叠世闭合。

澜沧江缝合带主体位于澜沧江断裂东侧，该带广泛出露的具有蛇绿岩中堆晶岩特征的洋中脊型玄武岩和基性、超基性岩，以及具有深水沉积特征的深海浊积岩、火山碎屑岩、碳酸盐岩和硅质岩，代表洋壳残留的部分。但其俯冲、消减记录以及岛弧等构造、岩石的残留不如其他几条古特提斯缝合带明显，主要归咎于后期的推覆和中生代红层掩盖。晚二叠世澜沧江洋向普洱地块俯冲形成杂多-景洪二叠纪火山弧。

（4）拉萨地块中部的松多缝合带

在雅鲁藏布江缝合带之北和班公湖-怒江缝合带以南的拉萨地块中部，发现了一条近东西向延伸约100km的松多-墨竹工卡榴辉岩带（杨经绥等，2006；Chen S Y et al.，2009），并伴随蛇绿岩套、石炭纪—二叠纪岛弧火山岩等发育（江元生等，2003；郑来林等，2003），使得古特提斯体系范围进一步向南扩展。

拉萨地块中松多-墨竹工卡蛇绿岩套和榴辉岩主要呈外来岩块群产出于松多群的浅变质岩系中，由低绿片岩-低角闪岩相的石榴子石石英岩、含石榴子石云母石英片岩和角闪岩组成，其原岩为变砂泥质复理石，其间夹呈构造透镜体产出的榴辉岩、超基性岩、变火山岩、泥质硅质岩和灰岩等。松多变质杂岩带的整体面理呈近东西走向，南部南倾和北部北倾，倾角中等，并构成一系列平行的强烈变形的韧性逆冲剪切带，伴随同斜紧闭"A"形褶皱和糜棱岩化（李化启等，2008）。

榴辉岩的峰期变质温压条件为：$T=650\sim750℃$，$P=2.6\sim2.7GPa$，并在石榴子石和绿辉石中发现有柯石英假象，以及绿辉石中出熔石英，指示超高压变质作用（杨经绥等，2006，2007；Yang et al.，2009）。该榴辉岩带伴随305Ma的松多蛇绿岩套以及石炭纪—二叠纪岛弧火山岩产出，榴辉岩的原岩为一套典型的MORB型玄武岩，榴辉岩中的锆石SHRIMP U-Pb定年结果显示，榴辉岩的变质年龄及洋壳的俯冲时代为261±5Ma，为一条典型的与古特提斯洋俯冲相关的（超）高压变质带，说明在拉萨地块中存在古特提斯体系以及松多-墨竹工卡古特提斯洋盆具有向北的俯冲极性。结合松多群千糜岩和白云母石英片岩样品中的白云母^{40}Ar-^{39}Ar同位素年龄为230±2Ma和241±3Ma，退变榴辉岩角闪石和白云母的^{40}Ar-^{39}Ar同位素年龄分别为235±3Ma和224±2Ma（Li et al.，2012），松多地区侵入变质杂岩体的花岗岩年龄为210～190Ma（晚三叠世—早侏罗世）（和钟铧等，2006；Li H Q et al.，2012），这些年代结果表明南北拉萨地块的碰撞时限在240～220Ma。在松多群中出现的与俯冲极性相反的面理构造则可以解释为受印支期造山作用的再次改造（许志琴等，2013）。

（5）班公湖-怒江缝合带

班公湖-怒江缝合带夹持于北拉萨地块与南羌塘地块之间，并构成二者的界线。班公湖-怒江蛇绿混杂岩带西起班公湖，向东经改则、尼玛、东巧、安多、索县、丁青、嘉玉桥折向南至八宿上林卡，向南沿怒江进入滇西，最后向南与泰国清迈-清莱带和马来西亚的劳勿-文冬带相接，连绵3000km（潘桂棠等，1997，2004；Yin et al.，2000；侯增谦等，2008）。

关于班公湖-怒江构造的俯冲极性、俯冲时代、空间位置、成矿属性等目前还存在较大的争议。根据前人对南北两侧的花岗岩、火山岩、埃达克岩等的研究，班公湖-怒江洋的俯冲极性存在三种不同认识。

1）单向向北俯冲（Kapp et al.，2003，2005；Guynn et al.，2006；Zhang K J et al.，2012；Li et al.，2016）；

2）单向向南俯冲（Zhu et al.，2009，2011；常青松等，2011；Sui et al.，2013；Wu et al.，2015a，2015b）；

3）双向俯冲（Fan et al.，2014，2015；Zhu et al.，2016；Cao et al.，2016；莫宣学等，2005；潘桂棠等，2006；朱弟成等，2006，2008，2009；杜德道，2012；杜德道等，2011；张志等，2013；吴浩等，2014；强巴扎西等，2016）。

随着研究的不断深入，越来越多的学者倾向于班公湖-怒江洋南北双向俯冲的观点（Cao et al.，2016；Zhu et al.，2016），但对于南北双向俯冲的时间仍存在争议。

关于班公湖-怒江洋的打开、俯冲和闭合时代尚存在着多种不同看法。

1）一种观点认为班公湖-怒江洋在晚三叠世—早侏罗世（曲晓明等，2009），或者是中二叠世—早三叠世（Fan et al.，2014，2015；Zhang Y X et al.，2015a，2015b；刘鸿飞和刘焰，2009）打开；另一种观点认为班公湖-怒江洋盆是一巨型洋盆，包括北部的龙木错-双湖洋盆，早在志留纪，甚至奥陶纪就已张开，并且持续演化至白垩纪（Yin and Harrison，2000；Pan et al.，2012；潘桂棠等，2012）。

2）关于洋盆开始俯冲的时间，存在早侏罗世之前（Zhu et al.，2011；Li et al.，2014，2016；Guynn et al.，2006）洋盆开始俯冲，或中侏罗世—早白垩世（Zhang K J et al.，2012）洋盆俯冲等多种解释。

3）关于洋盆的闭合时间，存在晚侏罗世—早白垩世（Guynn et al.，2006）或早白垩世晚期—晚白垩世（Zhu et al.，2011；Zhang K J et al.，2012；Sui et al.，2013）关闭多种解释。对于班公湖-怒江洋打开、俯冲和闭合时限的争议，也有可能是该洋盆东西向演化时间上的差异引起的。

关于古缝合带的空间位置及蛇绿岩构造归属也存在诸多看法：如潘桂棠等（1997）最早认为班公湖-怒江缝合带分为两个构造分支；而 Kapp 等（2003）则认为班公湖-怒江缝合带属于单一洋盆；刘庆宏等（2004）认为班公湖带是一个由多期次肢解的蛇绿岩套组合，多岛弧型玄武岩、中酸性火山岩和弧间（后）盆地沉积物构成的复合混杂岩；而郑有业等（2004）则认为该缝合带属于多洋盆、多岛弧；曲晓明等（2009）的研究结果显示班公湖-怒江缝合带应该包括三条俯冲带，北侧和中间的两条缝合带向北俯冲，其中中间狮泉河-改则-洞错一线北侧的蛇绿岩带应该是主俯冲带，南侧一条的俯冲方向不明。另外，最近在班公湖-怒江构造带的改则、尼玛、安多、八宿等地发现了一系列的高压-超高压变质岩（如榴辉岩和高压麻粒岩等），这将对于揭示该缝合带的构造演化过程提供重要依据（Zhang Y X et al.，2015b；张开均等，2009；王宝弟等，2015）。因此，结合班怒缝合带内关于变质作用和蛇绿岩的研究，前人对于其演化的构造模型提出了以下四种观点。

1）典型洋盆的闭合，大洋岩石圈向北俯冲到羌塘地块之下，但是在拉萨地块与羌塘地块碰撞的过程中几乎不伴随同期的变形（Girardeau et al.，1984；Coward et al.，1988；Pearce and Deng，1988）。

2）洋盆中存在岛弧和大陆碎片（如安多地块和八宿地块），在拉萨地块与羌塘地块碰撞之前，这些岛弧和大陆碎片与羌塘地块发生碰撞（Guynn et al.，2006）。

3）班公湖-怒江缝合带原先应该是在转换伸展环境下形成的有限洋盆，在转换挤压的背景下闭合（Zhang et al.，2008）。

4）班公湖-怒江缝合带原先应该是在拉萨-羌塘地块之间短期存在的弧后盆地，存在于晚三叠世—早侏罗世时期或者中侏罗世时期。

杜德道等（2011）研究发现，班公湖-怒江蛇绿岩带西段（狮泉河-改则蛇绿岩）的南侧也发育富集大离子不相容元素（LILE）Rb、Th、U、K、Pb 和亏损高场强元素（HFSE）Nb、Ta、Ti 的岛弧型岩浆岩，指示班公湖-怒江洋盆可能存在双向俯冲。位于南羌塘地块和北拉萨地块之间班公湖-怒江蛇绿岩带内发育的 SSZ 型蛇绿岩指示俯冲板片之上的弧盆体系环境，蛇绿岩中辉长岩的锆石 SHRIMP U-Pb 定年结果为 167Ma，反映了班公湖-怒江洋盆洋盆闭合的时间在晚侏罗世之后（Shi et al., 2007）。因而，班公湖-怒江带可能是晚于上述 4 条古特提斯蛇绿岩带/缝合带、而早于雅鲁藏布江新特提斯蛇绿岩带/缝合带的过渡体系（有人称中特提斯缝合带）。班公湖-怒江洋盆闭合形成的中—晚中生代的造山事件叠置在羌中古特提斯洋盆闭合造成的印支期造山带之上，而雅鲁藏布江新特提斯洋盆的消减致使在其俯冲上盘（拉萨地块南缘）以晚侏罗世—早白垩世为主体的冈底斯火山岩浆带的形成（安第斯型山脉），并在 60～50Ma 洋盆闭合导致青藏高原的形成和之后喜马拉雅山的崛起。

近年 1∶25 万区域地质调查发现，班公湖-怒江缝合带内存在古特提斯洋壳残片，主要被后期多阶段的挤压推覆所掩盖，班公湖-怒江缝合带所代表的古特提斯洋在早古生代至中生代很可能是连续存在的（李文昌等，2011）。主要证据如下。

1）在班戈县白拉乡拉纳沟一带，上三叠统确哈拉群角度不整合于蛇绿岩套的玄武岩之上。

2）在嘉玉桥残余弧内的苏如卡-同卡蛇绿混杂岩带中发现古特提斯洋在石炭纪—二叠纪时期俯冲的证据。

3）在丁青蛇绿混杂岩带中区分出晚三叠世—早侏罗世蛇绿岩。

4）在东巧-依拉山蛇绿混杂岩带的硅质岩中发现中三叠世放射虫。

因此，班公湖-怒江带可能存在古特提斯洋演化阶段（表 1-15）。

1.2.1.2　缝合线的时空分区

青藏高原特提斯在空间上可以分成北区、中区和南区 3 个区域（潘裕生和孔祥儒，1998；Pan et al., 2012；许志琴等，2013）（图 1-30）。北区的主体范畴包括现在的昆仑山、祁连山和阿尔金山，是否向东延伸进入秦岭仍存在较大争议。北区的缝合带包括：北祁连缝合带（NQLS）、柴北缘缝合带（NQDMS）、北阿尔金缝合带（NALTS）、南阿尔金缝合带（SALTS）。中区包括可可西里、巴颜喀拉和羌塘地区，并且向东延伸可以分成两支，一支沿东昆仑南缘向东延伸进入秦岭、大别地区，另一支沿金沙江、甘孜-理塘带向南分别与滇西的昌宁-孟连缝合带和哀牢山缝合带相连，并最终分别南延进入缅甸和转向东南顺红河进入南海。中区属于古特提斯域的主要区域，中区已经厘定的缝合带包括：康西瓦缝合带（KXWS）、阿尼玛卿缝合带

(ANMQS)、金沙江缝合带（JSJS）、哀牢山缝合带（ALSS）、松马缝合带（SMS）、龙木错-双湖缝合带（LSS）、澜沧江缝合带（LCJS）、昌宁-孟连缝合带（CMS）以及班公湖-怒江缝合带（BNS），但是也有许多研究将班公湖-怒江缝合带归于南区。南区主要是指羌塘以南的喜马拉雅和拉萨地区，有可能向东南进入缅甸、印度尼西亚，主要的缝合带包括松多缝合带（SDS）和印度-雅鲁藏布江缝合带（IYS）。

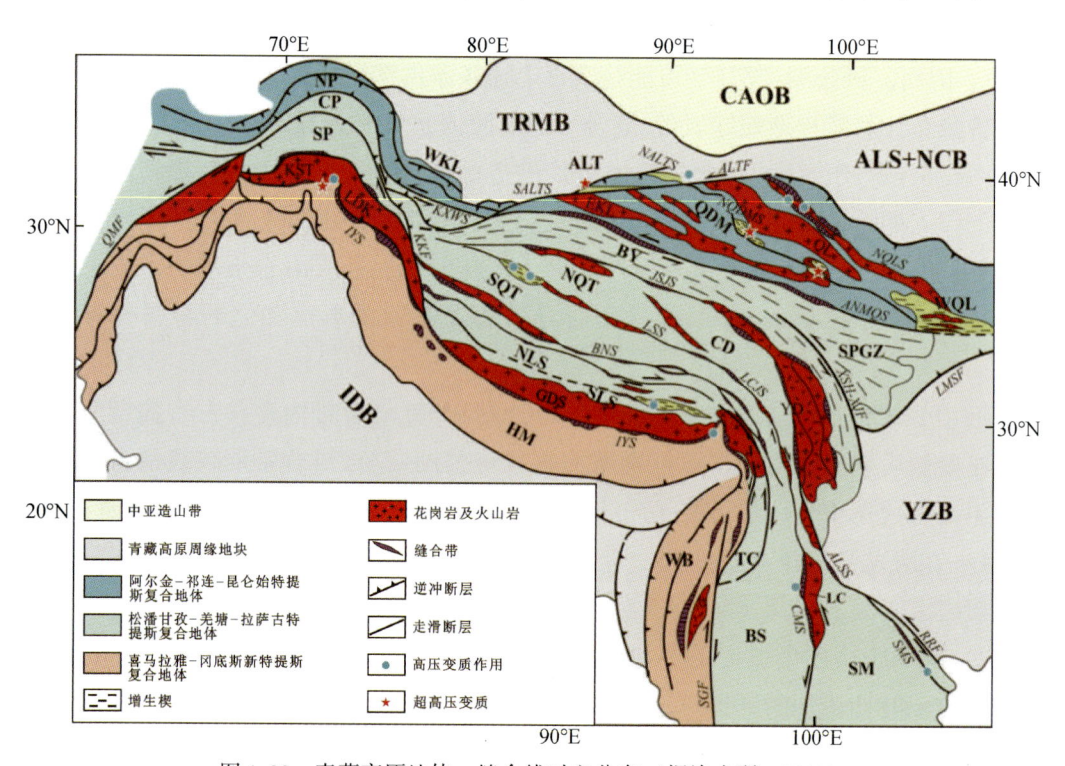

图 1-30 青藏高原地体、缝合线时空分布（据许志琴，2013）

CAOB. 中亚造山带；TRMB. 塔里木陆块；IDB. 印度陆块；YZB. 扬子地块；ALS+NCB. 阿拉善+华北陆块；QL. 祁连地块；QDM. 柴达木地块；ALT. 阿尔金地块；WQL. 西秦岭地块；EKL. 东昆仑地块；WKL. 西昆仑地块；NP. 北帕米尔地块；CP. 中帕米尔地块；SP. 南帕米尔地块；BY. 巴颜喀拉地块；SPGZ. 松潘-甘孜地块；NQT. 北羌塘地块；SQT. 南羌塘地块；CD. 昌都地块；SM. 思茅地块；WB. 西缅甸地块；BS. 保山地块；TC. 腾冲地块；NLS. 北拉萨地块；SLS. 南拉萨地块；HM. 喜马拉雅地体；GDS. 冈底斯岩浆岛弧带；LDK. 拉达克岛弧带；KST. 科斯坦岛弧带；YD. 义敦岛弧带；LC. 临沧岛弧带；NQLS. 北祁连缝合带；NQDMS. 柴北缘缝合带；NALTS. 北阿尔金缝合带；SALTS. 南阿尔金缝合带；KXWS. 康西瓦缝合带；ANMQS. 阿尼玛卿缝合带；JSJS. 金沙江缝合带；ALSS. 哀牢山缝合带；SMS. 松马缝合带；LSS. 龙木错-双湖缝合带；LCJS. 澜沧江缝合带；CMS. 昌宁-孟连缝合带；BNS. 班公湖-怒江缝合带；ITS. 印度-雅鲁藏布江缝合带；ALTF. 阿尔金断裂；LMSF. 龙门山断裂；XSH-XJF. 鲜水河-小江断裂；RRF. 红河断裂；KKF. 喀喇昆仑断裂；QMF. 恰曼断裂；SGF. 实皆断裂

青藏高原特提斯在时间上可以分成早期、中期和晚期 3 个阶段（潘裕生和方爱民，2010）。特提斯的早期也被称为"原特提斯"，是指从震旦纪开始发育，在大陆架基础上经过裂解、拉张而逐步形成的大洋，奥陶纪—志留纪大洋闭合。特提斯的中期也被称为"古特提斯"，是指从泥盆纪开始在原特提斯的弧后盆地基础上经过进一步的裂解、扩张而逐步形成大洋，大洋发展阶段主要在石炭纪—二叠纪，石炭纪晚期或二叠纪初大洋开始消亡，二叠纪中、晚期已不存在活动的洋中脊，但仍发育有具残留盆地性质的沉积盆地，直至三叠纪末期洋盆才最终消亡。特提斯的晚期也被称为"新特提斯"，是指从二叠纪末、三叠纪初在冈瓦纳古陆北部大陆架基础上经过裂解、扩张而逐步发展起来的大洋，大洋发展阶段主要集中在侏罗纪—白垩纪时期，并可延续到古近纪早期，侏罗纪开始大洋边扩张边消亡，古新世末、始新世初大洋闭合。

特提斯的早期、中期、晚期完全可以与空间上的北区、中区、南区相对应，其中，原特提斯主要发育于北区，大洋消亡后的遗迹残留在青藏高原的西昆仑-阿尔金-北祁连缝合带。古特提斯主要发育于中区，大洋消亡后的遗迹残留在青藏高原的昌宁-孟连缝合带、金沙江缝合带和昆南-阿尼玛卿-勉略缝合带等。新特提斯主要发育于南区，大洋主洋盆消亡后的遗迹残留在青藏高原的雅鲁藏布江缝合带中。由此可以看出，特提斯的发育有随时间的推迟而在空间上逐步向南迁移的趋势。并且青藏高原特提斯无论是时间上的3个阶段还是空间上的3个区域，它们在形成发展过程中都互有联系、密切相关（潘裕生和方爱民，2010）。

1.2.2 古特提斯与多岛洋

1.2.2.1 多岛弧盆系构造

青藏高原作为地球第三极，其地质演化模式一直是研究热点，关于青藏高原地质演化的一系列研究均一致性地将青藏高原地质演化纳入特提斯洋演化的总框架，但关于其具体演化模式则存在多种说法。概括起来，主要有"剪刀张""传送带"和"手风琴运动与开合"三种模式（常承发和郑锡澜，1973；黄汲清和陈炳蔚，1987；刘增乾等，1990；肖序常和李廷栋，2000）。但这些模式在解释青藏高原多条蛇绿混杂岩带及其各种类型岛弧、盆地系统的空间配置关系时都存在一定问题。结合金沙江、甘孜-理塘蛇绿混杂岩带以及班公湖-怒江结合带的向南、向西俯冲（莫宣学等，1993；潘桂棠等，1997）的构造演化模式，部分学者指出古生代—中生代特提斯具有岛海相间的古地理格局，提出了西南"三江"古特提斯为多岛洋或多岛海的认识（钟大赉和丁林，1993；刘本培等，1993，2002）。许靖华等（1994）通过对世界上各大造山带的观察研究和构造演化分析，发现世界上90%的造山带均为弧后盆地消减、弧-陆碰撞形成的造山带，并通过对青藏高原各条造山带的大地构造相详细解剖，正式提出了多岛弧构造模式假说。

对东南亚和太平洋西岸弧盆系的空间配置研究表明，西南太平洋是以弧后盆地消减、岛弧造山增生复合体完成大陆增生的，而不是以裂离自冈瓦纳的地体向北漂移的形式进行大陆增生，许靖华等（1994）结合东南亚和太平洋西岸弧盆系与青藏高原20多条蛇绿混杂岩带及其相关岛弧、盆地等的研究进展，提出了用多岛弧盆系构造模式来解释特提斯和亚洲大陆各大造山带的形成和演化。

多岛弧盆系构造是指，在古大陆边缘受大洋岩石圈俯冲制约形成的前锋弧及前锋弧之后的一系列岛弧、火山弧、地块和相应的弧后洋盆、弧间盆地或边缘海盆地构造的组合体，整体表现为大陆岩石圈与大洋岩石圈之间的时空域中特定的组成、结构、功能、空间展布和时间演化特征的构造系统（潘桂棠等，2012，2013）。大陆边缘多岛弧盆系构造中古老的弧后或弧间小洋盆及其岛弧边缘盆地萎缩消减，不是"碰撞不造山"，而是以弧后或弧间洋盆、岛弧边缘海盆地的消减为动力，通过一系列弧-弧、弧-陆碰撞的多岛弧造山作用实现大陆边缘增生。

前人从东南亚多岛弧盆系的物质组成、结构和构造特点以及演化历史分析，并结合青藏高原及邻区地质构造的基本特征，总结多岛弧盆系构造具有以下基本特征。

1）具有特定的时空结构和物质组成。

2）在多岛弧盆系构造中的岛弧或前锋弧，不同区段的基底性质可能不同，其物质组成也有明显差异。

3）根据弧后盆地的发育时限、构造部位和演化特征的差异，至少可划分出裂谷盆地、边缘海盆地和弧间盆地3种类型。

4）相比于主大洋而言，大陆边缘多岛弧系构造内一个边缘海盆地、弧后盆地或弧后洋盆的生命期是短暂的，通常只有几十个百万年。

5）具有3种不同类型的时空演化过程：①从前锋弧向内的弧后盆地或弧后洋盆形成时间逐渐变老。西太平洋岩石圈板块的后退式俯冲，将会导致弧盆系在将来还要向东不断推进，弧的分裂使新生的弧间裂谷-弧后洋盆被残余弧或新生海岭、海脊分隔。太平洋最终消亡不是大陆碰撞，而应是弧-弧或弧-陆碰撞。②前锋弧向内的弧后盆地形成时间逐渐变新。③与前锋弧平行的边缘海盆地形成时间大体同步。

6）具有3种不同类型的碰撞造山作用，在东南亚多岛弧盆系形成过程中发生的一系列地质事件及其作用过程，如俯冲作用、增生作用、火山弧建造、弧后逆冲、走滑断层作用、弧后扩张、微陆块分离和形成、弧-弧碰撞、弧-陆碰撞、陆-弧碰撞作用，以及前陆褶皱逆冲带的形成、仰冲作用和山链带隆升等，主要表现为受3类不同类型造山作用的制约：①受大洋岩石圈俯冲制约的岛弧造山作用，由于俯冲汇聚方向的不同，可能表现出不同的岛弧造山样式；②受弧后洋盆消减制约的碰撞造山作用，表现为弧-弧碰撞或弧-陆碰撞等不同造山样式；③受大陆克拉通俯冲制约的碰撞造山作用。

1.2.2.2 青藏高原古特提斯与多岛洋背景

青藏高原古特提斯多岛洋的形成演化背景为：青藏高原是特提斯构造域的东部主体，涵盖了东特提斯构造域和冈瓦纳古陆与劳亚古陆碰撞拼合的关键地带。青藏高原古特提斯是一个由泛华夏地块群西南缘和南部冈瓦纳古陆北缘不断弧后扩张、裂离，又经小洋盆萎缩消减、弧-弧、弧-陆碰撞，特别是古生代—中生代多岛弧盆系演化及新生代陆内汇聚造山，最终由 20 多条规模不等的弧-弧、弧-陆碰撞结合带和其间的岛弧或陆块拼贴而成的复杂构造域。

早古生代末，位于泛华夏大陆群南北及其间的小洋盆开始闭合，形成泛华夏大陆。晚古生代，随着北部洋盆的关闭而形成南部裂解的特提斯演化环境，南部一些地块从扬子陆缘裂离出来，一些地块从印度陆块边缘裂解出来，形成多个小洋盆和小地块。研究认为，班公湖-怒江-昌宁-孟连缝合带与泰国的清迈-清莱带和马来西亚的劳勿-文冬带相接，是新特提斯洋关闭后形成的缝合带，通常将其作为冈瓦纳与劳亚古陆的分界构造（侯增谦，2010）。位于班公湖-怒江缝合带北东的诸多地块，具有亲扬子的特征，意味着这些地块是不同时期从扬子地块离裂出来并演化形成地块-岛弧盆地，即多岛弧盆系。位于班公湖-怒江缝合带以西的地块，具有亲印度陆块的特征，也表明它们是从印度陆块离裂出来形成的多岛弧盆系。青藏高原地区在晚古生代打开的洋盆主要有昌宁-孟连洋、澜沧江洋、金沙江-哀牢山洋和甘孜-理塘洋，青藏高原古特提斯演化的构造格架，就是这一系列小洋盆的消减、闭合、碰撞、走滑/推覆的结果（图1-31）。

研究表明，青藏高原的古特提斯体制形成于"多洋盆、多地体（微陆块）、多岛弧、多俯冲、多碰撞"这样一个复杂构造背景，印度陆块和欧亚板块的拼接造山，不是通过其间一个古特提斯大洋的俯冲、消减-闭合、碰撞实现的，而是由一系列小洋盆的消减闭合来完成的，是两大陆间一系列多重相间的弧、小陆块（微地块）及两陆块的拼合形成的。由于古特提斯条带状地体之间洋盆的消减产生多俯冲，形成多俯冲增生体系，并产生广泛的地壳增生造山作用（许志琴等，2007；潘桂棠等，2012）。古特提斯洋盆闭合过程中所导致的俯冲增生体系与条带状地体间的碰撞致使大洋岩石圈和岛弧地体侵位至微地体之间（Dilek and Furnes，2011），经弧-陆碰撞、陆-陆碰撞造成地壳增生，并最终形成古特提斯造山系。同时，由于后期印度板块向北强烈挤压，在它左右犄角处分别形成帕米尔和南迦巴瓦构造结及其相应的弧形弯折，在东西两端改变了原来东西向展布的构造面貌。加之华北和扬子刚性陆块的阻抗和陆内俯冲对原有构造，特别是深部地幔构造的改造，造成了青藏高原独特的地质、地貌景观，形成优越的成矿地质背景和控矿地质条件，蕴藏着丰富的金属、非金属及能源等矿产资源。

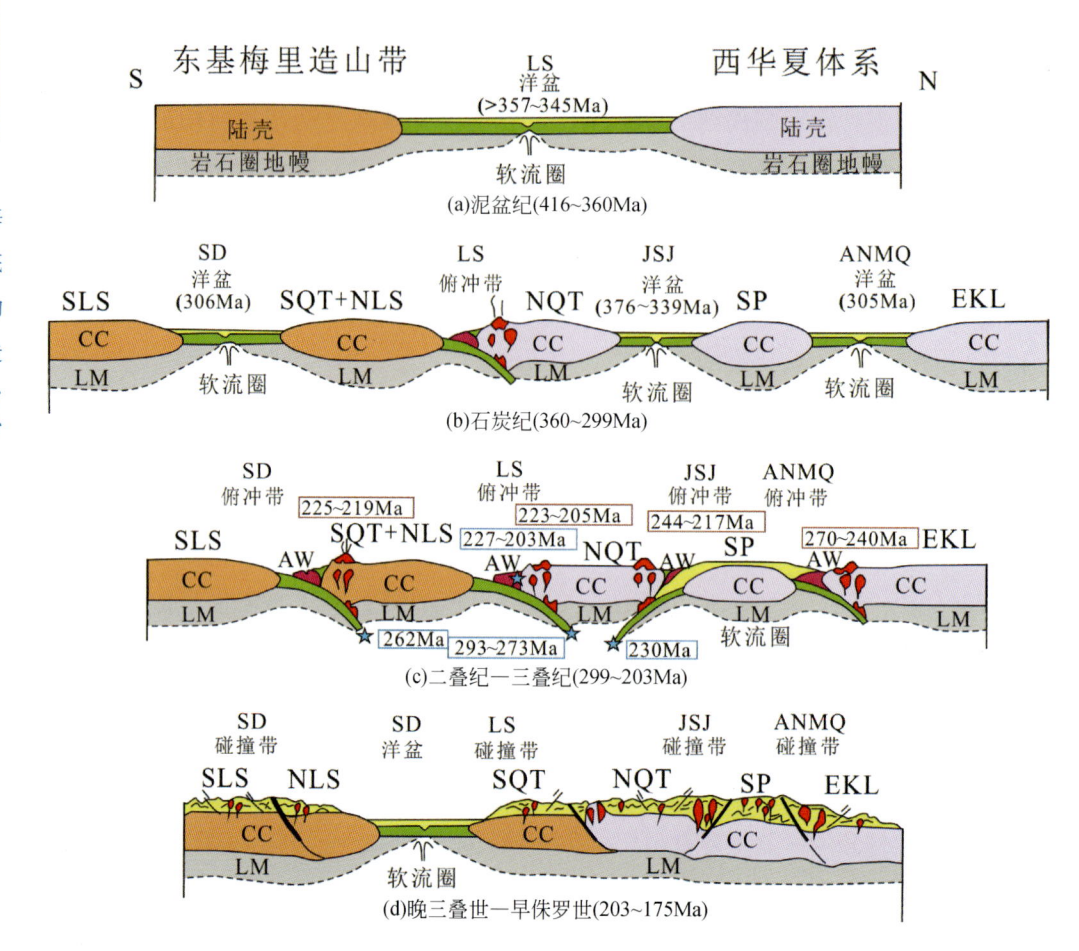

图 1-31　西藏地区古特提斯与多岛洋的演化关系（据 Xu et al., 2015）

CC. 陆壳；LM. 岩石圈地幔；LS. 拉萨；SLS. 南拉萨；NLS. 北拉萨；SQT. 南羌塘；NQT. 北羌塘；
SP. 松潘；EKL. 东昆仑；AW. 增生楔；SD. 松多；JSJ. 金沙江；ANMQ. 阿尼玛卿

1.2.2.3　青藏高原古特提斯与多岛洋演化过程

（1）青藏高原古特提斯多岛弧盆系构造格架

青藏高原大陆地壳组成和结构的最基本特征，是由一系列不同时期多岛弧盆系转化形成的造山系，周围被华北、扬子、塔里木、印度四大陆块或地块所围限。青藏高原内部以其北部的康西瓦-南昆仑-玛多-玛沁对接带和中部的龙木错-双湖-昌宁对接带为界，划分为三大造山系：华北大陆西南边缘早古生代秦-祁-昆造山系，泛华夏大陆西南边缘晚古生代羌塘-三江造山系和冈瓦纳古陆北部边缘中生代冈底斯-喜马拉雅造山系。以上构造系及其间的弧盆系小单元构成了青藏高原的基本大地构造格架（图 1-30）。

这三大造山系根据时间演化顺序可以分为原特提斯（南华纪—志留纪）、古特提斯（泥盆纪—中三叠世）和新特提斯（晚三叠世—始新世）三个阶段，并且在空间上具有从北向南依次变新的趋势。但这种构造体制的新老交替不是表现为由北向南地体逐渐拼贴的传送带模式，也不是相对固定的手风琴式或开合模式，而是一种自北向南的接力式迁移。北部的康西瓦-南昆仑-玛多-玛沁对接带与中部的龙木错-双湖-昌宁对接带是相邻的不同时期的大洋岩石圈向大陆岩石圈构造体制转换叠接的复杂构造对接带（潘桂棠等，2012）。

青藏高原北部的秦-祁-昆造山系，西延至塔吉克斯坦-高加索、东接大别-苏鲁，北邻塔里木与华北陆块区，南东隅为扬子地块区。新元古代末期—早古生代时期其构造演化受控于北侧古亚洲洋与南侧原特提斯洋的双向俯冲，与现今东南亚多岛弧盆系的构造演化受控于西太平洋与印度洋的双向俯冲类似。青藏高原中东部的羌塘-三江造山系，向南连接印支半岛——东南亚，是全球古特提斯演化的重要场所。青藏高原南部的喜马拉雅-冈底斯造山系，西边与巴基斯坦-伊朗新特提斯造山系相连，东南边与缅甸弧盆系相通，是研究古生代被动大陆边缘演化和中生代活动大陆边缘演化的重要区域。

A. 羌塘-三江造山系

位于北侧康西瓦-南昆仑-玛多-玛沁与南侧龙木错-双湖-昌宁两条对接带之间的羌塘-三江造山系，主体是由泛华夏大陆西南边缘晚古生代多岛弧盆系转化形成的造山系。从昆仑前锋弧和康滇陆缘弧以日本群岛裂离型式裂离出的唐古拉-他念他翁残余弧，构成泛华夏大陆西南边缘的晚古生代前锋弧，夹持于该前锋弧与昆仑前锋弧之间的玉龙塔格-巴颜喀拉前陆盆地、甘孜-理塘弧盆系、中咱-中甸地块、西金乌兰湖-金沙江-哀牢山结合带、昌都-兰坪地块、乌兰乌拉湖-北澜沧江结合带、北羌塘-甜水海地块、崇山-临沧地块等广大区域，是晚古生代—中生代多岛弧盆系发育、弧后扩张、弧-弧或弧-陆碰撞的地质记录。三叠纪时期的岛弧造山作用，使得大部地区于晚三叠世转化为陆地，并构成泛华夏大陆的最终形态，局部地区则于中晚三叠世形成裂陷或裂谷盆地。

羌塘-三江造山系出露的最老地层为元古界，主要为结晶片岩、片麻岩、变粒岩、大理岩、绿片岩等。其早古生代地层发育不全，而晚古生代—早中生代的地质记录保留齐全。其中北羌塘、喀喇昆仑及昌都地块上保留有泥盆系与下伏地层角度不整合的遗迹。该区在晚泥盆世开始裂解，并持续到早二叠世，伴随形成小洋盆与小地块间列的构造格局。之后，洋盆开始俯冲消减，并在中二叠世—三叠纪发育陆缘弧、增生弧等。同时，三江地区广泛发育石炭纪—三叠纪超基性-基性-中酸性岩浆岩，大部地区于晚三叠世—侏罗纪转化为陆地，主体为一套陆相-海陆交互相碎屑岩夹碳酸盐岩组合，局部地区发育中基性-中酸性火山岩。侏罗系主体分布在羌北-昌都区、兰坪区及羌南-左贡区内，为一套海相-海陆交互相碳酸盐岩和碎屑岩组合，白垩系大部分地区转为陆相碎屑岩沉积。

B. 康西瓦-南昆仑-玛多-玛沁及龙木错-双湖-昌宁对接带

康西瓦-南昆仑-玛多-玛沁对接带西起慕士塔格山，向东经康西瓦、苏巴什、木孜塔格、阿尼玛卿、玛沁等地到达玛曲，继续东延则受若尔盖前陆褶冲带的叠覆而断续分布，于川西北塔藏地区再次出露，并与勉县-略阳缝合带联为一体，成为泛华夏大陆西南缘早古生代秦-祁-昆造山系与晚古生代羌塘-三江造山系的重要分界线（潘桂棠等，2002，2004，2009，2012）。带内的前寒武系变质岩、基性-超基性岩和古生代蛇绿岩、蛇绿混杂岩、增生杂岩、高压变质岩等各类"岩块"，以及强烈剪切变形的片岩类、板岩类等十分发育，岩石组合类型多样，分布广泛，保存了青藏高原原-古特提斯大洋形成演化的地质遗迹。

龙木错-双湖-昌宁对接带西起乌孜别里山口，主体向东经龙木错、双湖、安多至索县，后转向沿怒江南下经丁青、八宿至碧土，继续南延受碧罗雪山-崇山变质地块的阻隔及南北向强烈逆冲带的叠覆而不明，再次显露即与昌宁-孟连结合带联为一体。带内广泛出露古生代—中生代蛇绿岩、蛇绿混杂岩、增生杂岩，以及元古界基底岩系和大量古生代—中生代"岩块"，保存了青藏高原原-古特提斯大洋形成演化的地质遗迹，是青藏高原中部一条巨型的古特提斯缝合带，构成了冈瓦纳古陆与劳亚古陆-泛华夏大陆的分界线（潘桂棠等，1997，2002，2004，2006，2009）。

（2）青藏高原古特提斯多岛洋演化过程

在泥盆纪到石炭纪的时候古特提斯洋打开，形成了大陆边缘和大洋岩石圈（Dilek and Furnes，2011，2014）。这些大洋岩石圈的残留保存在位于基梅里地块（Cimmerides）东部和华夏地块（Cathaysides）西部之间的龙木错-双湖-昌宁-孟连蛇绿岩带。东昆仑-阿尼玛卿（~308Ma），金沙江-昌宁-孟连（380~330Ma）和松多蛇绿岩（~305Ma）分别代表了东昆仑与松潘-甘孜地块，松潘-甘孜地块和北羌塘-昌都-思茅-印支地块，南羌塘-北拉萨和腾冲-保山-滇缅马苏地块之间小洋盆，都属于古特提斯洋的一部分。

东昆仑-阿尼玛卿洋盆向北俯冲于东昆仑地块之下，在270~185Ma，在西藏北部形成了布尔汗布达弧。松多洋盆向北俯冲于北拉萨-南羌塘地块之下，在青藏南缘形成了石炭纪—二叠纪的弧火山岩。

在青藏高原东南部，古特提斯洋的分支昌宁-孟连洋向东俯冲于印支地块之下，形成了墨江高压变质带（294Ma）和临沧弧地块［图1-31（b）］，并与扩张的景洪弧后盆地（282~264Ma）叠置。而后金沙江-哀牢山-松马洋盆向西俯冲于昌都-思茅-印支地块之下。同时，二叠纪晚期（257~263Ma），峨眉山双峰式镁铁质-硅质火山岩套沿华南地块西部的裂谷边缘发育［图1-31（b）］。

在青藏高原中部，古特提斯洋的分支龙木错-双湖洋向北俯冲于北羌塘地块之下，并形成了275~248Ma的岩浆弧。古特提斯洋俯冲最终持续到三叠纪，表现在西秦岭增生楔、义敦岛弧（227~218Ma）、龙木错-双湖弧地体（220~205Ma）和龙木错-双湖高压变质带（244~238Ma）和松马（232Ma）缝合带中。墨江和松多高压变质带在早期俯冲阶段形成，而后沿俯冲通道折返到浅表。景洪弧后盆地在中三叠世封闭，导致弧-陆碰撞［图1-31（c）］。三叠纪末期—侏罗纪初期，古特提斯洋多个分支小洋盆的相继关闭导致了青藏高原地区的多地体汇聚以及大规模碰撞造山的发育。

1.2.3 古特提斯与青藏高原构造演化

在青藏高原中，由于新特提斯洋盆（Neo-Tethys）自~250Ma的开启和不断扩张，诸多的古特提斯条带状地体于晚三叠世至中侏罗世发生碰撞，形成东亚大陆南部巨型"T"形印支造山系（许志琴等，2007，2012）。位于阿尔金-祁连-昆仑原特提斯造山带和冈底斯-喜马拉雅新特提斯造山带之间的塔什库尔干-甜水海-巴颜喀拉-松潘-甘孜造山带、北羌塘-思茅造山带、南羌塘-保山-滇缅马苏造山带以及北拉萨造山带共同组成了古特提斯复合造山系。

追索青藏高原的演化历史，可以发现青藏高原的形成与500Ma以来原特提斯洋、古特提斯洋和新特提斯海洋的演化过程密切相关。古生代时期，是原特提斯和古特提斯演化的主体时期，原-古特提斯洋盆与来源于南半球冈瓦纳古陆北侧的条带状地体发生俯冲、增生、碰撞，形成了由阿尔金-祁连-昆仑原特提斯造山带和松甘-羌塘-拉萨古特提斯造山带组成的原、古特提斯复合地体群和复合造山系。中生代以来，新特提斯洋的产生及俯冲闭合导致了印度陆块与亚洲大陆最后碰撞，形成了青藏高原、喜马拉雅造山带。从最初的多条带状地体汇聚到最后的两大陆碰撞构成了由原、古特提斯复合造山带和冈底斯-喜马拉雅新特提斯造山带组成的"巨型复合碰撞造山拼贴体"。人们也将从新元古代以来长期活动、多期造山及新生代最后隆升的基础上形成的青藏高原称为"造山的高原"（Orogenic Plateau）（许志琴等，2007）。

早古生代时期，在冈瓦纳古陆体系与劳俄古陆体系之间的大洋体系称为原特提斯。到了早古生代末期，秦-祁-昆多岛弧盆系转化为造山系，使得一度分离的泛华夏大陆群中各地体（扬子与华夏地块、柴达木地块、塔里木陆块、印支地块等）拼合形成统一的泛华夏大陆，与此同时，在位于泛华夏大陆南侧与冈瓦纳古陆北侧之间的广阔地方形成了古特提斯洋，并且该古特提斯洋可能属于原特提斯洋的延续（潘桂棠等，2012）。或者说原特提斯洋的关闭碰撞，形成了劳俄古陆南缘增生的海西褶皱带，同时，在增生边缘与冈瓦纳之间裂开成为古特提斯洋（Xu et al.,

2015）。直到石炭纪—二叠纪时，两个大陆才拼合成为联合大陆，此时的古特提斯只剩下一个向东呈喇叭状张开的海湾，晚二叠世至三叠纪，潘吉亚超大陆逐步解体，劳亚古陆与冈瓦纳古陆分离，与此同时，从原始冈瓦纳古陆的北缘分离出若干碎块，近乎有序地向北漂移，呈接力式地与劳俄古陆拼合，北侧的古特提斯洋关闭，同时在南边产生新特提斯洋盆。青藏高原的演化过程如图 1-32 所示。

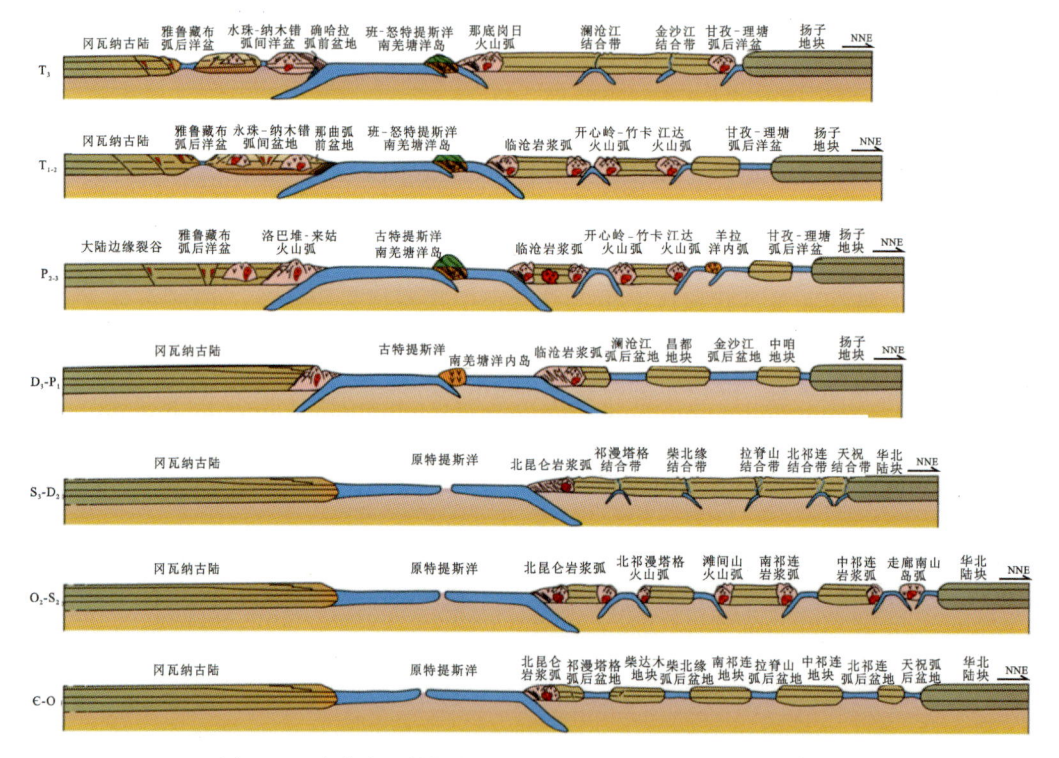

图 1-32　青藏高原特提斯形成演化模式（据潘桂棠等，2012）

早古生代时期，推断扬子地块及其大陆边缘与华北-塔里木陆块及其大陆边缘还远离；以南北方向视角，编制原特提斯洋南侧为冈瓦纳被动大陆边缘［Zhu 等（2013）认为是活动陆缘］，北侧为华北陆块南部活动大陆边缘 Li SZ 等（2018）认为是被动陆缘］。晚古生代时期，秦-祁-昆多岛弧盆系已转化为造山系，后继陆内构造过程；以北东方向的视角，编制古特提斯洋两侧（即冈瓦纳古陆北部活动大陆边缘、扬子地块西部活动大陆边缘）演化过程

奥陶纪—志留纪时期是原特提斯洋的消亡时刻，伴随着原特提斯洋的逐渐消亡，这一阶段发育了广泛的弧岩浆岩和火山岩，并伴随弧后盆地的打开与发育。南昆仑地块中发育了大量的岛弧岩浆岩，第一期岛弧岩浆岩的年龄为 540～450Ma（许荣华，1994）。在可可西里西部地区发育有一套奥陶系—志留系或志留系—泥盆系夹火山岩或含火山质陆源砂页岩复理石沉积地层。火山岩的化学成分属拉张环境的大洋中脊型，但环境判别投影点落在板内，同样表明为大陆破裂阶段的产物（Deng，1996）。但此时的弧后盆地沉积主要为浅水相到半深水相沉积，尚未

出现真正的大洋地壳（Wang，1996）。奥陶纪晚期原特提斯洋俯冲消亡，两侧大陆发生碰撞，南昆仑地块与北昆仑地块重新焊接到一起，挤压褶皱冲断，抬升成陆，遭受剥蚀，并造成了志留系地层的沉积缺失。之后沉积中心向南迁移到弧后盆地中。这个时期弧后盆地以南从喜马拉雅到喀喇昆仑-羌塘地区都属于冈瓦纳古陆北缘大陆架的一部分，接受了浅水陆缘碳酸盐岩与细碎屑岩沉积（常承法等，1982）。

泥盆纪时期，加里东运动之后，原特提斯洋消亡，古特提斯洋开始逐渐发育。昆仑地块、祁连地块、阿尔金地块由于原特提斯洋俯冲、消亡、碰撞、拼接成陆，昆仑山经过志留纪的剥蚀夷平，这时也再次下降接受沉积，沉积物由陆相过渡到海相。泥盆纪时弧后盆地也继续下沉接受浅水相的陆源碎屑沉积与半深水相的碳酸盐岩沉积，沉积环境仍然为浅水到半深水相。并且随着时间的发展，盆地地形似有向南倾斜之势，海水有向南加深趋势。普遍认为，这一时期形成了初始的古特提斯洋，但这一阶段是否已经形成了深水大洋，还存在一定争议。

石炭纪—二叠纪时期，冈瓦纳古陆进一步裂解，洋盆进一步扩展，出现了真正的深水洋盆及大洋岩石圈。该洋盆就是通常所指的古特提斯洋，同时在该洋盆中保存了许多陆壳地块或岛链，称为多岛洋盆。伴随这次扩张作用，古特提斯两侧南到羌塘中部、北至昆仑山不断发生破裂下沉，发育了很好的半深水相被动大陆边缘沉积，如东昆仑小南川一带的沉积与改则北的石炭系、二叠系沉积。可可西里地区的原弧后盆地也继续扩张、下沉，弧后盆地扩展形成了洋盆。处于冈瓦纳古陆北缘的青藏高原在晚石炭世发育了一套喜冷的生物群，分布于喜马拉雅的珠峰北坡、康马，拉萨地块的乌鲁龙、申扎、察隅，羌塘西南部的日土以及滇西的保山地区（梁定益等，1983），而当时处于亚洲南缘的昆仑山则缺乏这套生物群，属于欧亚型生物区（Chang，1989a，1989b）（图1-33），因此，古特提斯洋可能分隔了当时的劳俄古陆与冈瓦纳古陆。到石炭纪晚期，古特提斯洋在继续扩张的同时，也开始向两侧俯冲消减，并在昆仑南缘和羌塘北缘发育岛弧火山（潘裕生等，1996）。到二叠纪时，古特提斯洋向南北两侧的俯冲消减速度加快，大洋岩石圈俯冲于昆仑山之下，形成昆仑山第二期岛弧岩浆火山活动，并呈岛链状逐渐升出海面，岛弧岩浆的年龄为270~180Ma（Xu et al.，1996）。南侧沿金沙江缝合带向南消减，伴随大规模的岩浆活动与火山喷发，在羌塘地块北缘形成一个水下岛链，并逐渐抬升，形成一套海陆交互相的含煤碎屑岩沉积。

二叠纪晚期，古特提斯洋停止扩张，扩张洋中脊不再活动，伴随着洋底的消亡敛合，古特提斯洋中的陆壳岛链与两侧大陆最终发生碰撞，导致羌塘、可可西里与昆仑山拼合成为欧亚板块的一部分。古特提斯洋壳的南向俯冲消减可能影响到了相当远的地方，使冈瓦纳古陆北部大陆架再次发生破裂。例如，在藏南康马地区，三叠系之下有一套石炭系、二叠系的片麻岩、角闪岩与变质砂岩地层，其原岩应为一套陆源碎屑物质夹基性火山岩，这些火山活动是大陆裂解的产物。石炭纪—二叠纪时期，除古特提斯洋外，在青藏高原的其他地区也都发育有大陆架型浅水碳酸盐岩沉积。

三叠纪时期，古特提斯洋已消亡（边千韬和郑祥身，1992），但在大陆内部可能仍保留一部分残留海盆，接受了陆缘碎屑沉积，沉积了一套浅水到半深水相的大陆碎屑复理石，并含大量黄铁矿假晶，表明残留海盆已沦为闭塞的还原环境。由于具有丰富的沉积物质来源，到三叠纪晚期残留盆地已被沉积物填满。在晚三叠世的沉积物地层中沉积了细小的植物茎碎屑，反映了当时已处于沼泽相环境。由于印支期的构造应力叠加，原来二叠纪的俯冲碰撞带内继续有陆内俯冲作用，并在昆仑山南侧和羌塘北侧产生对称式的碰撞后陆内重熔花岗岩和中酸性火山喷发活动。古特提斯洋南北两侧的火山喷发从海相逐渐过渡到陆相，并最终抬升成陆地。在冈瓦纳古陆的北缘，继二叠纪拉张形成弧后盆地后，盆地逐渐扩展。到晚三叠世，洋盆已初具规模，形成了当时的另一个重要的沉积区，藏南的浅变质三叠系形成于被动大陆边缘环境，这个新的沉积盆地被称为新特提斯洋。

(a)

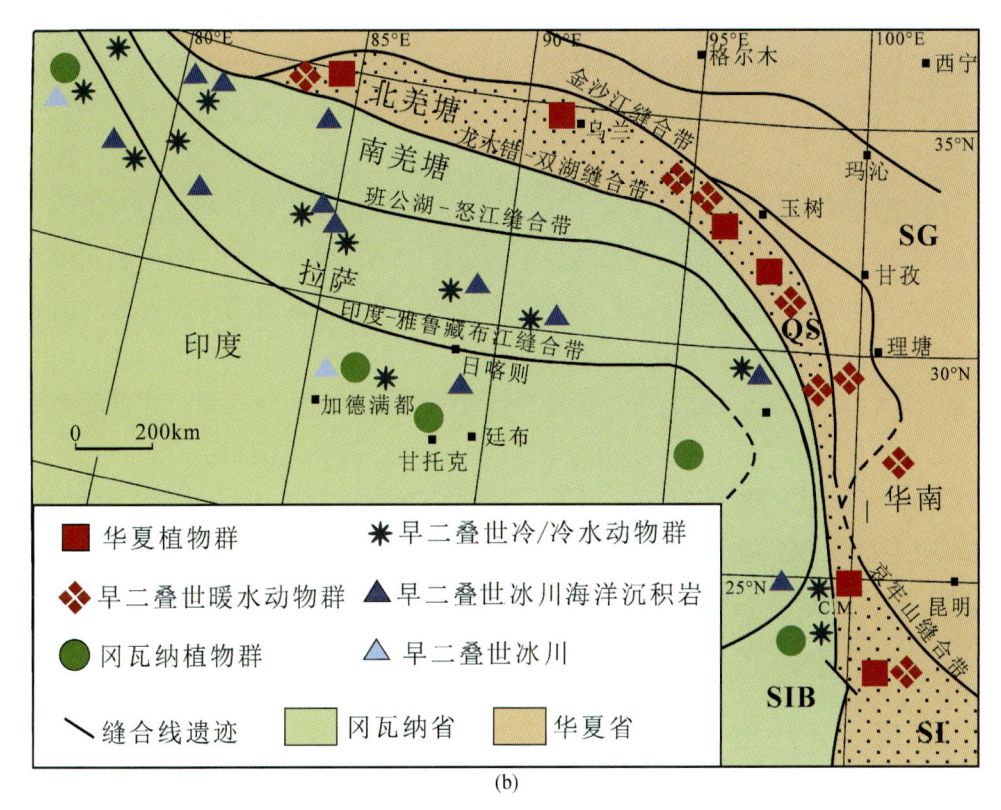

图 1-33 东亚古生物地理格局

(a) 主要的亚洲地块间古生代和中生代动植物区系随时间的亲缘性变化。(b) 滇藏地区下二叠统冈瓦纳和华夏动植物区系分布，显著表明完全相反的古特提斯冷水和暖水生物群（cool- and warm-climate biotas）结合带沿龙木错–双湖和昌宁–孟连缝合线（C.M.）分布。QS. 羌多–思茅地块（Qamdo-Simao）；SIB. 滇缅马苏地块；SI. 思茅地块；SG. 松潘–甘孜增生杂岩（据 Metcalfe，2013）

1.2.4　古特提斯与匈奴地体群

匈奴地体群一般对应阿瓦隆尼亚地体群，属赤道低纬度地区存在的一个东西向构造带（可统称为卡罗莱纳–阿瓦隆尼亚–原特提斯带），其东段主要分布在中国境内，称为原特提斯带，北部增生发育亚洲的匈奴地体群（Asiatic Hunic Terranes），与西侧的欧洲匈奴地体群（European Hunic Terranes，包括中欧的 Armorica 和 Iberia）之间被认为是一条巨大的转换断层分割（图 1-34～图 1-36）。

匈奴地体群之前被认为是在志留纪古特提斯洋打开期间从冈瓦纳古陆裂解出来的总体呈条带状的微陆块（Stampfli and Borel，2002）（图 1-35，图 1-36）。然而志留纪时期，匈奴地体群增生到华北陆块暗示了增生作用发生时古特提斯洋尚未打开（图 1-37），但李三忠等（2016a，2016b，2016c）认为，华北连同匈奴地体群一起拼贴到了冈瓦纳古陆北缘，且瑞克洋尚未打开。因此，匈奴地体群代表了与阿瓦隆尼亚地体差不多同时于奥陶纪从冈瓦纳古陆分离的第一队列（图1-37），泥盆纪时从冈瓦纳古陆分离出来的第二序列地体称作迦拉太（Galatian）超级地体。

如图1-36所示，可以发现在阿瓦隆尼亚地体东边有一个类似匈奴地体群的地体，匈奴地体群在志留纪增生到华北陆块。匈奴地体群在与华北相撞的过程中，阿瓦隆尼亚地体已经拼接到波罗的古陆。非洲北缘成为了被动边缘，然而冈瓦纳古陆靠近华南西部的大陆边缘发生了类型改变，以阿尔卑斯基底及邻区发育双峰式岩浆作用，及俯冲相关的岩浆作用与变形为特征。

因此，冈瓦纳古陆北部自早奥陶纪开始处于活动大陆边缘环境，并且随着瑞克洋（Rheic）的打开，在甘德–阿瓦隆尼亚–匈奴（Ganderia-Avalonia-Hunia）弧系统之后经历了一段时间的沉降和裂谷作用。最终，这些地方的基底在晚寒武世—早奥陶世展现了很强的地壳伸展、裂谷作用，并发育许多侵入体。匈奴地体从冈瓦纳古陆的拆离形成了瑞克洋的东部分支（460Ma），比阿瓦隆尼亚地体拆离产生的西部分支要年轻一点（480Ma）。更早期的甘德地体从亚马孙古陆（Amazonia）拆离（500Ma）表明了瑞克洋洋盆的打开是穿时的，在南美西北部先打开，然后向东扩展

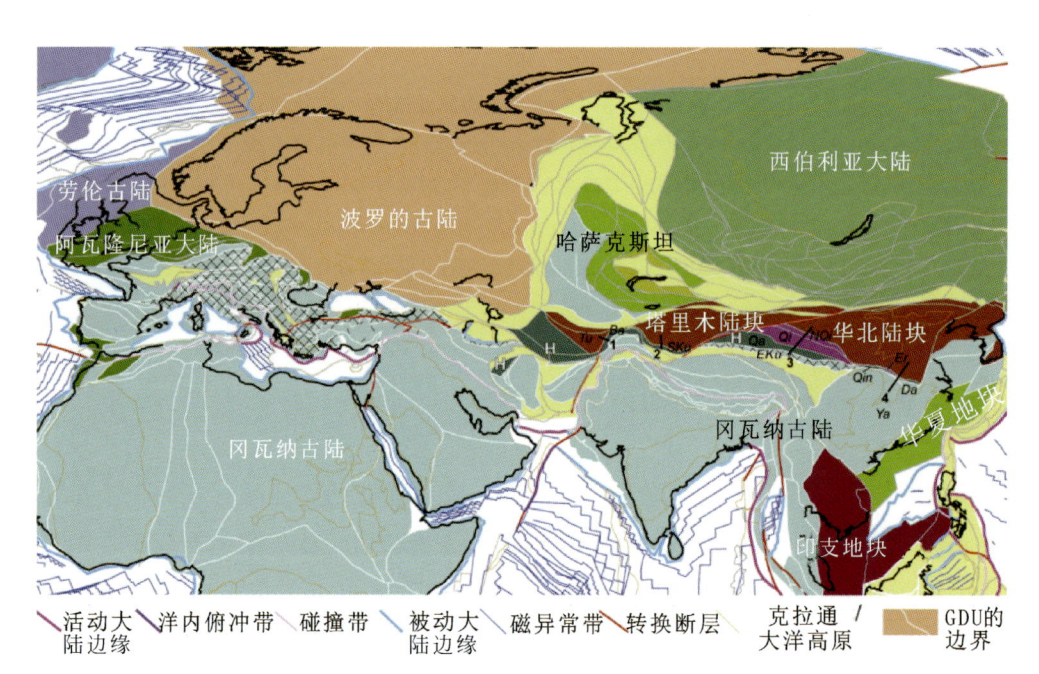

图1-34 特提斯构造带各地质单元的现今位置关系（据Stampfli et al., 2013）

1. 图兰–帕米尔高原；2. 西昆仑地块；3. 祁连–柴达木地块；4. 秦岭–扬子地块；Tu. 图兰；Ba. 巴达克山；SKu. 南昆仑；NQi. 北祁连；Qa. 柴达木；EKu. 东昆仑；Er. 二郎坪；Qin. 秦岭；Da. 大别；Ya. 扬子；H. 匈奴地体群。浅黄色表示460Ma以来的构造；深绿色表示匈奴地体群；浅蓝色表示冈瓦纳古陆

到非洲北部。Stampfli 等（2013）认为，甘德地体和阿瓦隆尼亚地体早期一起漂移，但在转变成劳伦古陆（Laurentia）的过程中阿瓦隆尼亚地体被遗弃。冈瓦纳古陆北部边缘在整个奥陶纪期间的地球动力学演化情节，可以通过岩浆活动的停止、被动边缘的穿时启动来限定。结果表明，晚寒武世到早奥陶世期间，瑞克洋在冈瓦纳古陆北缘已打开。

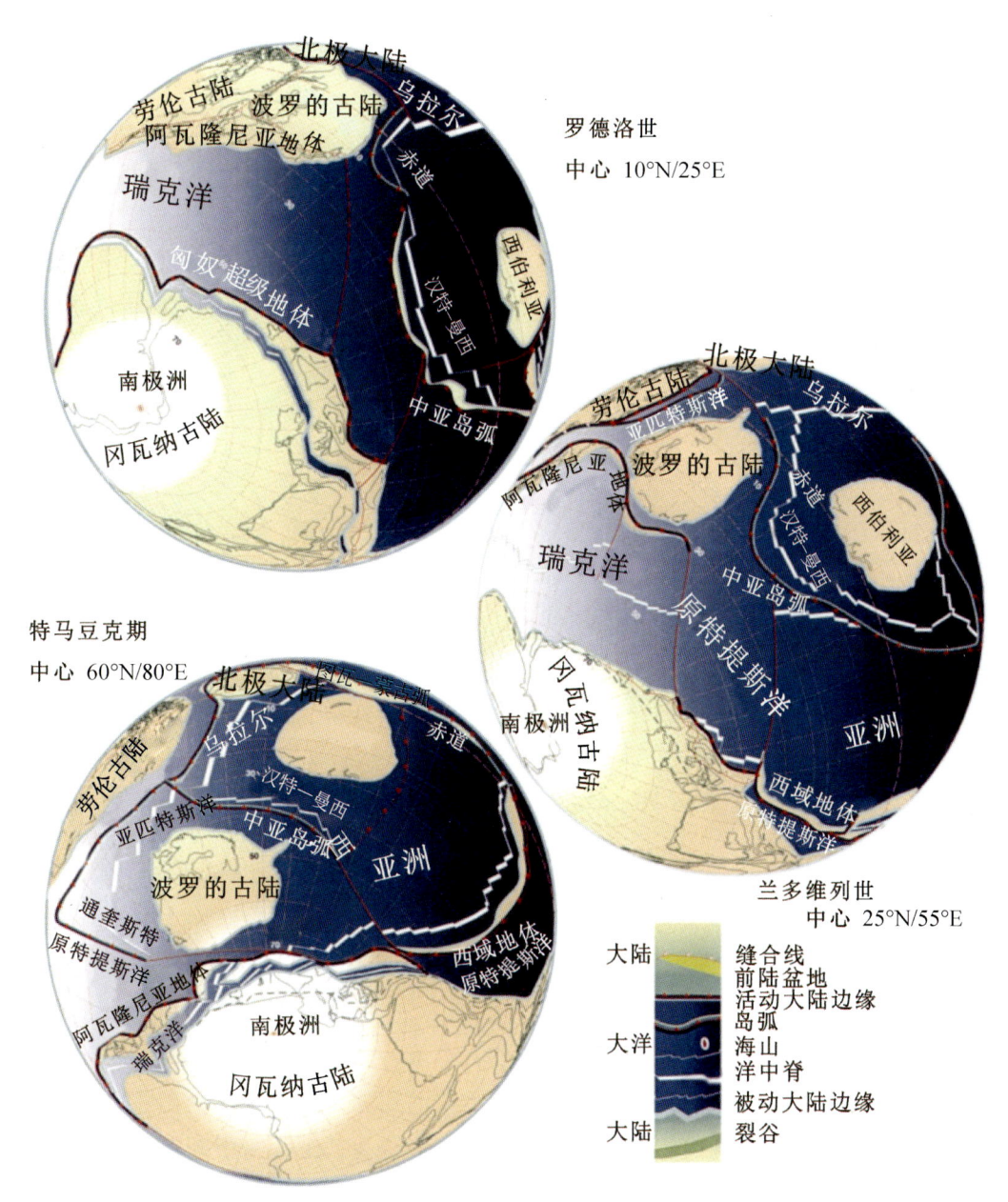

图 1-35　奥陶纪—志留纪全球板块重建格局（据 Stampfli and Borel，2002）

正射投影，欧洲被固定在现今位置；波罗的古陆的古极点被用作恢复古纬度的参考

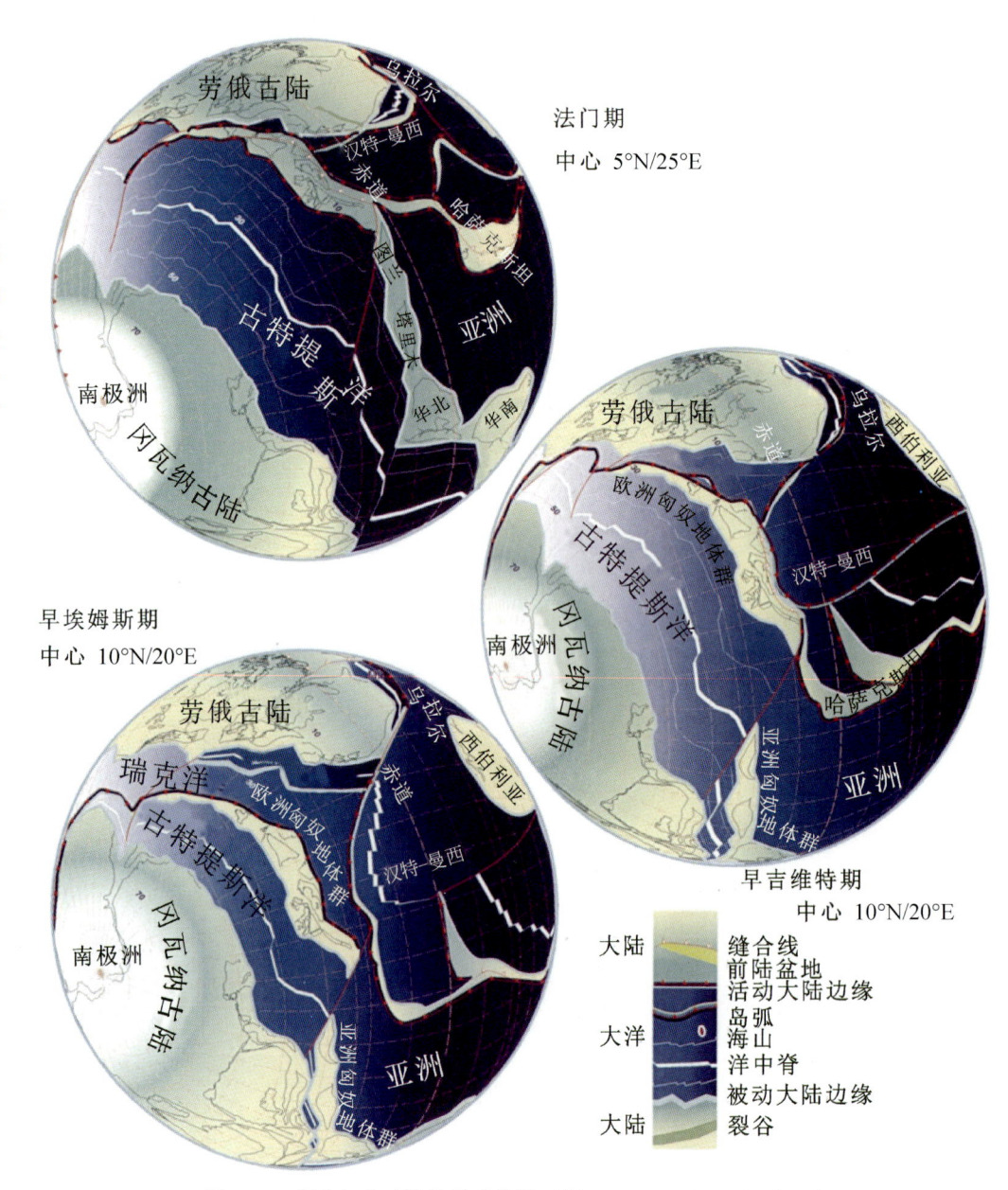

图 1-36　泥盆纪全球板块重建格局（据 Stampfli and Borel，2002）

在晚奥陶世时，瑞克洋的东西部构成了一个统一洋盆。在非洲北部，冈瓦纳古陆边缘在泥盆纪变成了主动大陆边缘。从早奥陶世到志留纪，冈瓦纳古陆边缘发生了地壳伸展活动，表现为沉积物记录、相应的沉降行为，沉积物中断以及不同地方的基性火山岩侵入。新的独居石定年揭示 Aiguilles Rouges 地区记录了一次早志留纪时期的热力学事件。这个区域位于冈瓦纳古陆边缘（华南陆块陆缘），见证了东部瑞克洋大洋边缘类型的转变。不同地方的 450Ma 辉长岩侵入和许多产于诺利期岩层

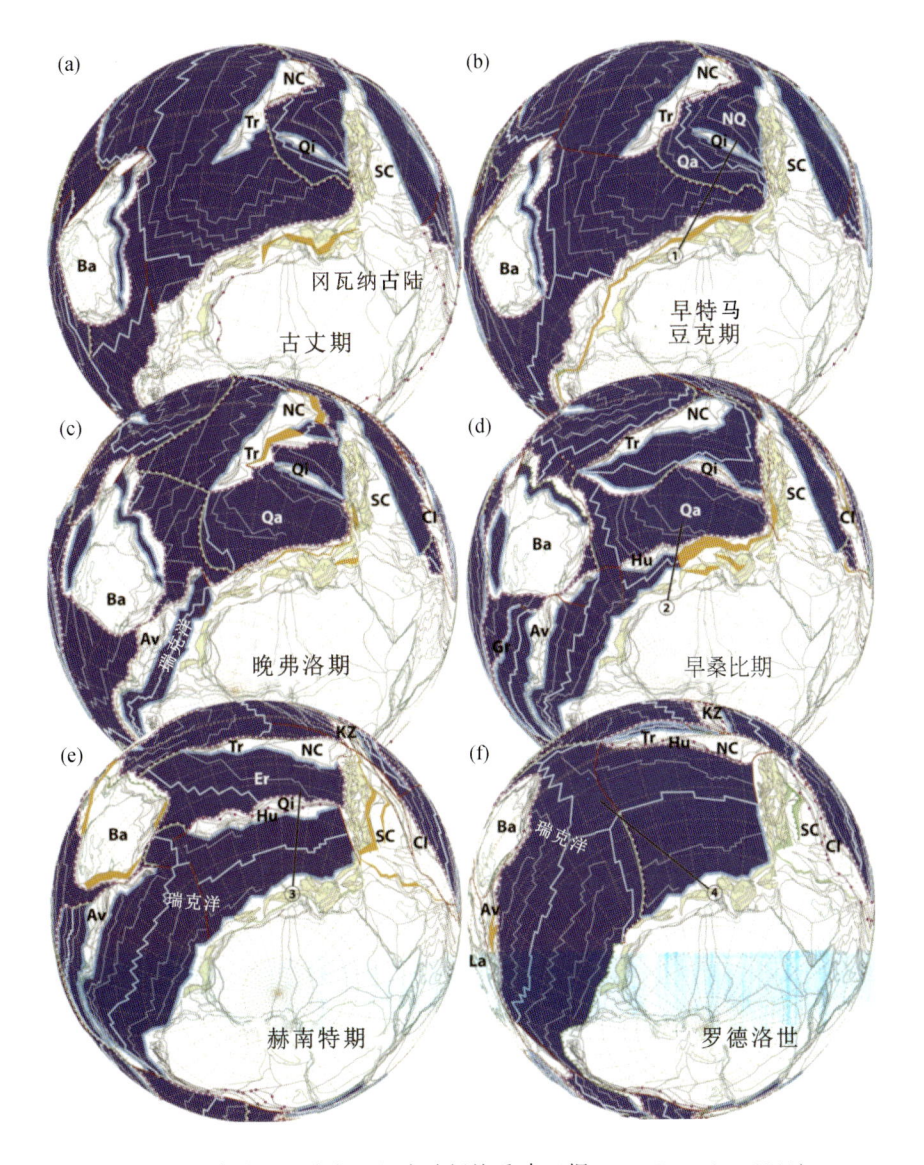

图 1-37 寒武纪至志留纪纪全球板块重建（据 Stampfli et al., 2013）

(a) 寒武纪弧后盆地的打开导致了祁连地块从华南陆块的拆离。(b)(c) 早特马豆克阶（Tremadoc）和晚弗洛阶（Floian）期间，岛弧沿着波罗的古陆迁移使得祁连地块被被动大陆边缘包围。在晚寒武至奥陶纪期间，迁移过程中的岛弧与冈瓦纳古陆边缘及华北陆缘碰撞，华北陆缘从被动大陆边缘转变成主动大陆边缘。(c)(d)(e) 二郎坪弧后盆地在华北南缘发育，它产生的弧随后与祁连地块及随后匈奴地体群相撞；(f) 匈奴地体群和祁连地块汇聚联合体增生到华北陆块，并在华北陆块产生新的主动大陆边缘。AV. 阿瓦隆尼亚大陆；Ba. 波罗的古陆；Cl. 华夏-印支地块；Er. 二郎坪洋；Gd. 甘德弧；Hu. 匈奴；Kz. 哈萨克斯坦地块；Lg. Ligerian 弧；NC. 华北陆块；NQ. 北祁连洋；Qa. 柴达木洋；Qi. 祁连；SC. 华南陆块；Tr. 塔里木陆块

（Noric 地体）的早志留纪酸性火山岩是阿尔卑斯地区地壳伸展的特征；其中较老的（450~420Ma）的火山岩与东部瑞克洋的打开有关，较年轻的（410~380Ma）的火山岩与古特提斯洋的打开有关。

同时，在华北陆块、塔里木陆块的南部发现了一个中奥陶世—志留纪的弧后盆地，位于匈奴地体群和华北-塔里木陆块之间的缝合带（即原特提斯缝合线）处于这个盆地的北部（但前人认为是南部），该缝合带包含一系列泥盆纪高压岩石。在匈奴地体群发现的泥盆纪磨拉石表明匈奴地体群在泥盆纪已经与中国一些地块汇聚拼合。匈奴地体群是一个复合地体，包含柴达木、中阿尔金、中祁连等地块。而且，由泥盆系磨拉石等证据表明匈奴地体群在泥盆纪汇聚到了华北陆块，但此时华北陆块也拼合到了冈瓦纳古陆北缘。

古特提斯缝合带位于匈奴地体群的南部，发育一套石炭纪—三叠纪海相系列岩石，这是由于迦拉太（Galatian）超级地体在古特提斯洋打开期间沿着匈奴地体群转换边界错移，老的基底碎片和东部瑞克洋的碎片一并被保存在缝合带中。

1.2.5　古特提斯与潘吉亚超大陆聚合

联合古陆潘吉亚（Pangea）的形成是大陆与微陆块大规模汇聚的结果，开始于新元古代末期冈瓦纳古陆的形成之后。

位于冈瓦纳大陆边缘的迦拉太超级地体在 400~380Ma 逐渐向北拆离，随后的热沉降导致迦拉太超级地体发育广泛的海相沉积，如中-晚泥盆世红色鲕粒灰岩，早石炭世黑色放射虫岩以及复理石地层，标志着迦拉太超级地体与劳俄古陆碰撞的开始。与此同时，一个三角形的联结区域围绕阿拉伯海域形成，对应着古特提斯的三个分支。伊朗海湾把伊朗-阿富汗地块从华南分割开来，苏鲁-大别海湾把华南从阿尔卑斯山内部/地中海地体分割开来，北非海湾把冈瓦纳古陆与阿摩力克-伊比利亚（Armorica-Iberia）分割开来。这些大洋分支以弧后盆地的形式开启，最后拼合在一起形成泥盆纪古特提斯洋。在迦拉太超级地体的漂移过程中，伊比利亚-印度-阿尔派恩（Iberian-India-Alpine）部分运移到阿摩力克后方。这一叠置作用在阿摩力克与劳俄古陆拆离出来的汉萨（Hanseatic）弧于晚泥盆纪碰撞后得到加强。然后，伴随冈瓦纳古陆的逆时针旋转运动。最东部的迦拉太超级地体（地中海块体，包含意大利、希腊、土耳其）相对阿尔卑斯陆块向西作旋转运动，古特提斯洋洋中脊变得垂直于俯冲带。最终，旋转的冈瓦纳古陆与劳俄古陆主动陆缘某种程度上发生耦合。

潘吉亚超大陆集结过程开始于 520~510Ma，同时也是冈瓦纳古陆的汇聚时期。随后奥陶纪，一系列的条带状地体从冈瓦纳古陆分离增生到新形成的劳亚古陆或华北/塔里木陆块（图1-37）。然而，在冈瓦纳古陆南部，从泥盆纪到三叠纪沿着南极洲或者澳大利亚陆缘一直发生地体的增生汇聚（图1-38～图1-41），并且这些地体大多来源于劳伦古陆南部。最终，在晚石炭世，冈瓦纳古陆与劳亚古陆碰撞（图1-40）。在300Ma左右时形成潘吉亚超大陆，并持续到三叠纪末期（200Ma）。与此同时，一些相对大的陆块也增生到潘吉亚超大陆（图1-41），如西伯利亚-哈萨克斯坦陆块、华北/塔里木陆块和华南、东南亚陆块，另外一些来源于冈瓦纳古陆的条带状地体，如基梅里（Cimmerian）地体群和拉萨地块的向北漂移汇聚，最终导致了古特提斯洋的关闭。

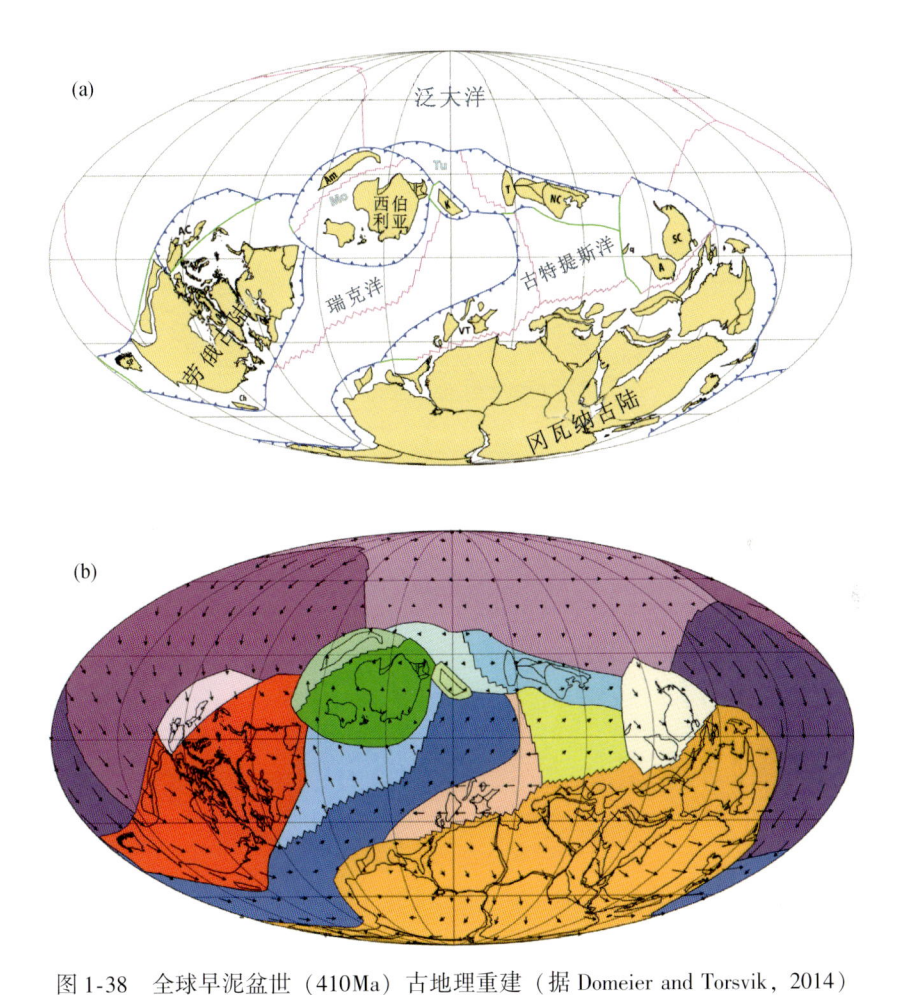

图1-38　全球早泥盆世（410Ma）古地理重建（据Domeier and Torsvik，2014）

(a) 古地理重建显示了简化的板块边界和主要特征单元的名称；(b) 板块速度场重建。A. Annamia古陆；Am. 阿穆尔古陆 AC. 北极-阿拉斯加-楚科塔；Ch. Chilenia古陆；K. 哈萨克斯坦大陆；NC. 华北陆块；q. 南秦岭；SC. 华南陆块；SP. 南巴塔哥尼亚；T. 塔里木陆块；VT. 海西地体群；Mo. 蒙古-鄂霍次克洋；Tu. 土耳其洋晚三叠世的增生造山作用改变了劳亚古陆板块边界的作用力，新特提斯洋的北部俯冲增生到基梅里地体群，与此同时，俯冲跃迁到 Quesnellia 弧北部，在与 Stikinia 碰撞之后。这两个几乎同期的事件在的潘吉亚超大陆一侧产生了分力，并且引起海西造山带的加厚地壳发生裂解，形成了一系列大陆裂谷，裂谷充填了晚三叠世的沉积物，如墨西哥湾和阿尔及利亚湾。最后，早侏罗世的裂解发生在原加勒比地区/大西洋中部地区/阿尔卑斯-特提斯洋域。

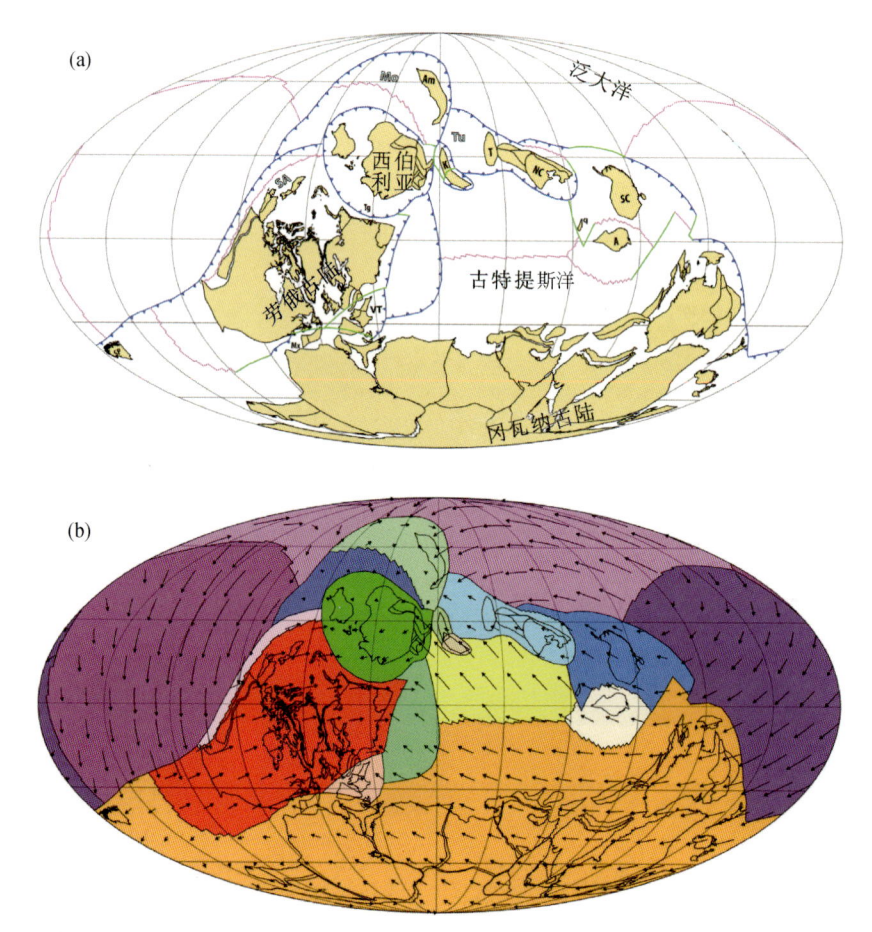

图 1-39　全球早石炭世（350Ma）古地理重建（据 Domeier and Torsvik，2014）

(a) 古地理重建显示了简化的板块边界和主要特征单元的名称；(b) 板块速度场重建。A. Annamia 古陆；Am. 阿穆尔古陆；K. 哈萨克斯坦大陆；Mx. 密斯特克-瓦哈卡古陆；NC. 华北陆块；q. 南秦岭；SC. 华南陆块；SP. 南巴塔哥尼亚；T. 塔里木陆块；Tg. 塔吉尔弧；VT. 海西地体群；Mo. 蒙古-鄂霍次克洋；Tu. 土耳其洋

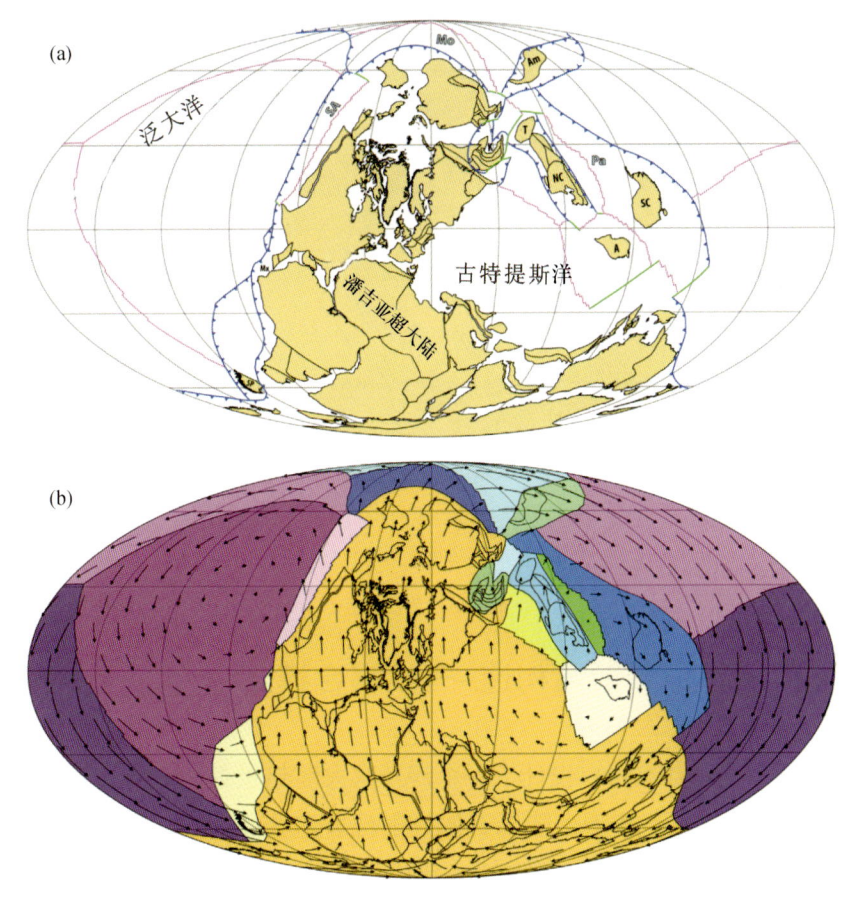

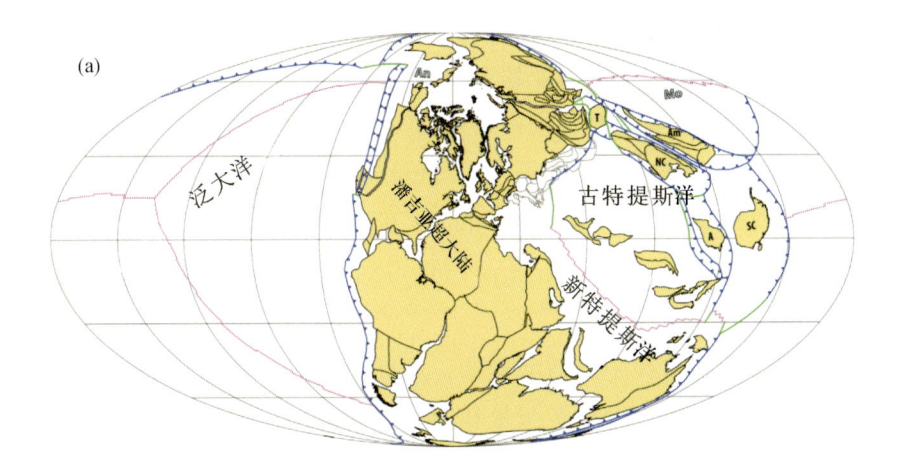

图1-40 全球晚石炭世（310Ma）古地理重建图（据Domeier and Torsvik，2014）

(a) 古地理重建显示了简化的板块边界和主要特征单元的名称；(b) 板块速度场重建。A. Annamia 古陆；Am. 阿穆尔古陆；NC. 华北陆块；SC. 华南陆块；T. 塔里木陆块；Mo. 蒙古-鄂霍次克洋；SA. Slide Mountain-Angayucham 洋；Pa. 古亚洲洋

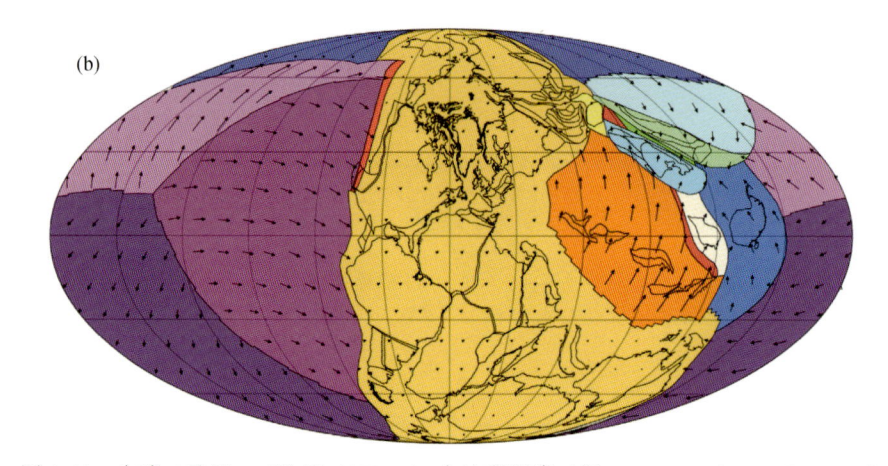

图 1-41　全球二叠纪—三叠纪（250Ma）古地理重建（据 Domeier and Torsvik，2014）

（a）古地理重建显示了简化的板块边界和主要特征单元的名称；（b）板块速度场重建。A. Annamia 古陆；Am. 阿穆尔古陆；NC. 华北陆块；SC. 华南陆块；T. 塔里木陆块；An. Angayucham 洋；Mo. 蒙古-鄂霍次克洋

1.2.6　潘吉亚聚散与构造-气候耦合模式

Veevers（1990a，1994a）设计了一个涉及次大陆热量循环和释放的潘吉亚超大陆循环模式（图 1-42）。基于大陆岩石的放射性普遍强于大洋岩石的事实，Holmes（1928）描述了一个产生于大陆下方的上升对流系统（"季风"），这些上升的气流会在各个方向上向顶部扩散。Fischer（1984）识别出了一个全球温室和冰室气候状态交替的气候超旋回。他把超级旋回归因于地幔对流模式与活力的变化，引起了大气二氧化碳的变化并进而造成了温室效应。例如，火山作用和海平面变化这两个关键现象就是这一原因的体现。Anderson（1982）发现，大西洋-非洲残余大地水准面的高度与三叠纪潘吉亚超大陆的中心部位重合，并将其解释为潘吉亚超大陆绝热体下的热量储存。这提供了解决潘吉亚超大陆拼合和裂解循环周期的机制，并得到大陆聚散和裂解过程随时间变化的数值模拟结果证实（Gurnis，1988）。绝热隔离效应在显生宙全球尺度的地幔系统中起着重要作用（Collins，2003）。Worsley 等（1984）进一步将海平面升降与构造作用联系起来。Humler 和 Besse（2002）指出大陆影响了地幔的大规模热结构。图 1-42 所示的五个阶段也得到了相关地层和岩浆事件（图 1-43 和图 1-44）校准。

阶段 1 期间，伴随着洋中脊活动减弱，地球由单一的超大陆和泛大洋组成。泛大洋洋中脊的长度和宽度以及其扩张量和俯冲量都达到最低值，相对应的较小地表和地幔物质循环速率将导致 CO_2 排放最小，同时太阳能长波辐射导致了冰室气候状态。以下三种效应导致了海平面以上大陆的自由度达到峰值：①泛大洋洋中脊短而窄，水交代作用减弱；②靠近大洋，裂解的陆壳薄且面积最小，导致超大陆陆壳平均厚度最大；③（季风型的）超大陆内部自身的热量储库加速地幔柱在超大陆内部形成，导致了高位大地水准面。地表变得以干旱为主。超大陆下面的热量积累很快就导致了超大陆地壳和岩石圈局部减薄，首先在阶段 2 期间，通过克拉通基底的下沉和造山带基底的垮塌导致第一期伸展。接着是阶段 3 期间，大陆之间的初始裂谷作用导致第二期伸展。超大陆在阶段 4 期间裂解，超大陆内部裂解导致小洋盆扩张，使得超大陆演变为分散的大陆和大洋。新生大洋的洋中脊和泛大洋的残留洋中脊总长度以及其扩张和俯冲的总量达到最大值。相应的地表和地幔物质循环速率都最大，导致了大量的 CO_2 排放，并且通过太阳能的最小波长辐射导致了温室气候状态。

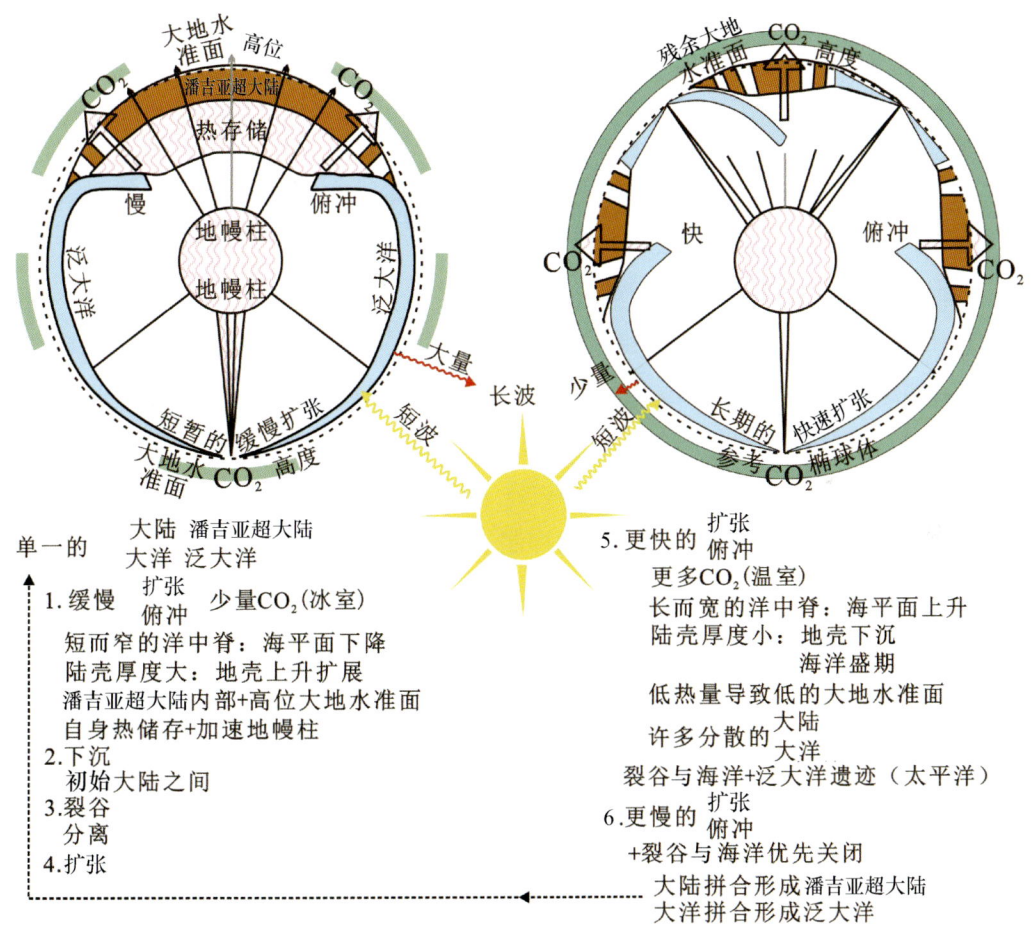

图 1-42　单一的大陆（Pangea）和单一的大洋（Panthalassa）与分散的大陆和大洋的五阶段交替演化模式（据 Veevers，1990a）

相反，下列三种因素导致海平面上方大陆的自由度达到最小值：①长而宽的洋中脊可交代更多的水；②与大洋相邻的薄（裂谷）陆壳面积最大，将导致陆壳平均厚度最小；③超大陆储热层迅速消耗以及地幔柱活动减弱，反映为低位大地水准面。这个时期的地球是海洋发育期,以海水覆盖为主。通过快速扩张导致大规模的储热消耗,导致阶段 5 期间缓慢扩张和俯冲以及裂谷与海洋的优先关闭,进而使得大陆最终拼合成超大陆,大洋合并成泛大洋,从而返回到阶段 1。

1.2.6.1　850Ma 至今的海洋和大陆

图 1-43 包括(a)~(e)五列,相关描述如下:

(a)显生宙海平面变化:A,Hallam(1992);B,Fischer(1984);北美花岗岩源于 Fischer(1984)。

(b)冰期(星号),除了 444Ma Hirnantian 阶冰川内部温室效应外,其他时段的冰期状态与温室(G)状态交替延伸至 590Ma(Walter et al.,2000)。

(c)海水中的 $^{87}Sr/^{86}Sr$ 比值。

(d)$\delta^{13}C_{carb}$(Walter et al.,2000),旋回 A,B 和 C 由碰撞(空心和实心圆圈)事件分隔。

(e)大陆和海洋的组合与分离,在显生宙之前伸展,采用了 Veevers 等(1997)和 Veevers(2003)的研究结果。

该模型反映了大气 pCO_2 的长期变化,并突出表现为二叠纪/三叠纪之交(250Ma)来源于西伯利亚暗色岩导致的短期的 pCO_2 增加,因而促进了温室气候形成(Conaghan et al.,1994)以及 $\delta^{13}C$ 迅速垂直下降(图 1-43)。根据 C 同位素曲线变化看到的另一个事件是,$\delta^{13}C$ 的变化幅度从新元古代时期的 $-10‰\sim+10‰$ 变化到显生宙时期的 $-1‰\sim+6‰$,其中 Walter 等(2000)将此现象归因于具有碳酸盐骨架的生物体在显生宙初期的爆发产生的抑制效应。$\delta^{13}C$ 和 $\delta^{34}S$ 的其他变化则反映了与潘吉亚构造活动无关的环境因素影响。

Stern(1994)指出了 $^{87}Sr/^{86}Sr$ 变化的控制因素:非放射性 Sr(^{86}Sr)反映了来源于海底热液中 Sr 的高输入,而放射性的 Sr(^{87}Sr)反映了来源于古老大陆地壳的高河流径流量。海底热液活动的高通量解释了 840Ma 时 Sr^{87}/Sr^{86} 最小值 0.706;$^{87}Sr/^{86}Sr$ 从 600Ma 时的大于 0.7070 上升到 500Ma 时的最大值 0.7088,并沿正弦曲线下降到 250Ma 时的 0.7066,与海平面和花岗岩变化一致。600~500Ma $^{87}Sr/^{86}Sr$ 的上升反映了强烈的泛冈瓦纳(Pan-Gondwanaland)造山事件,包含了广泛的 600~500Ma 锆石。南沱期后阶段(<600Ma),高 $^{87}Sr/^{86}Sr$ 的冰川岩石被冲入大洋中。自 40Ma 以来海水中 $^{87}Sr/^{86}Sr$ 的上升类似于 610~590Ma 时期,由于印度和亚洲之间的碰撞,$^{87}Sr/^{86}Sr$ 的上升与超大陆 A 的消失有关,并且是偶发性的。同样地,600~500Ma 时 $^{87}Sr/^{86}Sr$ 的变化主要受控于超大陆 B 洋内的偶然闭合以及太平洋的俯冲开始。从 250Ma 开始到现在的 $^{87}Sr/^{86}Sr$ 曲线(周期 A)描述了一个大约持续 160Myr 的低值区,以及随后到 0Ma 时间范围内的上升。$^{87}Sr/^{86}Sr$ 的变化总体反映了超大陆旋回。

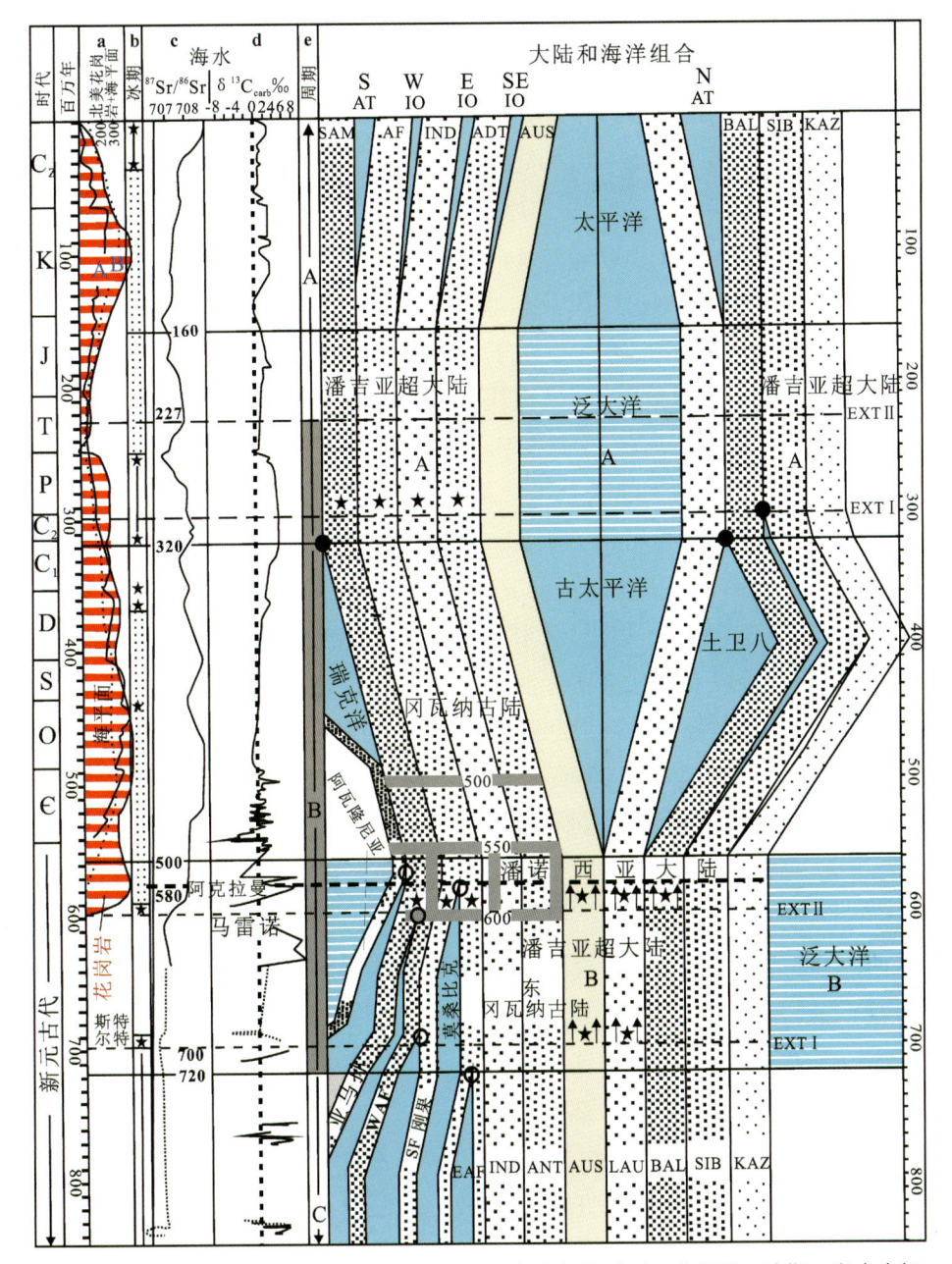

图 1-43 850~0Ma 大陆与大洋的重组过程以及相应的海平面、花岗岩、冰期、海水中锶和碳同位素变化规律

(a) 显生宙以来的海平面变化；A-Hallam (1992)，B-Fischer (1984)。(b) 冰期（星号），冰室状态（空白的），温室状态 (G)。(c) 海水中 $^{87}Sr/^{86}Sr$。(d) $\delta^{13}C_{carb}$。(e) 大陆和海洋的聚集和分离：AF. 非洲 (Africa)；AMAZON. 亚马孙 (Amazonas)；AN. 南极洲 (Antarctica)；AUS. 澳大利亚 (Australia)；BAL. 波罗的海 (Baltica)；EAF. 东非地体 (East African terranes)；IND. 印度 (India)；KAZ. 哈萨克斯坦 (Kazakhstania)；LAU. 劳伦古陆 (Laurentia)；SIB. 西伯利亚 (Siberia)；SAM. 南美 (South America)；SF. 旧金山 (San Francisco)；WAF. 西非 (West Africa)；AT. 大西洋（北部，中部）[Atlantic (north, central)]；IO. 印度洋（西、东、东南）[Indian (west, east, southeast)]。其中没有显示的为基梅里地体群、华北、华南和特提斯 (Audley Charles 和 Hallam, 1988)。碰撞拼合形成超大陆 A-泛大洋 A 由实心圆圈表示，超大陆 B-泛大洋 B 和冈瓦纳古陆则由空心圆表示，时间分别为 720Ma，690Ma，600Ma，580Ma 和 570Ma。底图根据 Veevers (2000a)，南美–非洲地区的数据修改自 Veevers (2003)

1.2.6.2 显生宙—新元古代超层序与构造旋回

据以下三个方面的现象可获得周期为 4 亿年的超级旋回：（A） 475Ma 和 75Ma 的海平面最大值，（B） 560Ma 和 160Ma 的裂解，（C） 阶段 1 所示的在超大陆 B 中 700Ma 的冰期和超大陆 A 中 300Ma 的冰期。

假定的碰撞年龄为 320+400=720Ma 和 720+400=1120Ma。假定的 720Ma 碰撞年龄与（A） 中苏丹麻粒岩 710Ma 以及东非造山带内坦桑尼亚 715Ma 的锆石 U-Pb 年龄（Stern，1994）相匹配，（B） 与始于 690Ma 的 Borborema（亚马孙-西非板块）和 Tocantins 造山系统（旧金山-刚果板块）的碰撞年龄相匹配（Brito Neves et al.，1999）。1120Ma 的碰撞年龄也与 1100Ma 的格林威尔造山事件相匹配（Hoffman，1989）。以下阶段记录了超大陆 A 和 B 之间的对应关系。

（1）超级旋回 A：320~0Ma

超级旋回 A 的阶段如图 1-44 中的 h 列所示，描述如下。

阶段 1（320~300Ma），以地层间隙或地层缺失的形式表现，反映了超大陆 A 之下的初始热量汇聚以及冈瓦纳和劳俄古陆汇聚之后的热量上升，表现为欧洲地区的海西造山及远程效应导致的澳大利亚爱丽斯泉（Alice Springs）造山。

阶段 2（300~227Ma），以早石炭世到中三叠世早期冈瓦纳古陆演替为代表，超大陆 A 地壳局部变薄形成广泛的盆地或凹陷，并沉积大量的冰川沉积物，或者局部的双峰式火山裂谷是由来源于超大陆 A 下面的热量散失。

阶段 3（227~160Ma），以中三叠世（卡尼期）至中侏罗世裂谷演化为代表，与最终在一个点的汇聚拼合相吻合，反映了沿着超大陆 A 的初始裂谷边缘快速的热量散失以及大陆地壳变薄。

阶段 4（160~85Ma），以中侏罗世至中白垩世漂移演化为代表，反映了海底快速扩张而导致的超大陆 A 大规模热量损失。

阶段 5（85Ma 至今），以晚白垩世和较年轻的漂移序列演化为代表，反映了超大陆 A 亏损的热量储库以及较慢的热量损失。但值得注意的是，Rowley（2002）发现从 189Ma 开始至今扩张速率没有明显的变化（图 1-44）。

（2）超级旋回 B：720~320Ma

超级旋回 B 的阶段，为第一个完整的 400Myr 循环周期，用正方形内的数字表示（图 1-44）。

阶段 1（720~700Ma），以地层间隙或地层缺失的形式表现，反映了超大陆 B 绝缘体之下热量的初始汇聚以及 720~690Ma 东非部分地区汇聚拼合后的热量上升，其远程效应导致了澳大利亚超层序 1 和 2 之间的变形（Veevers et al.，1997；Walter et al.，2000）。

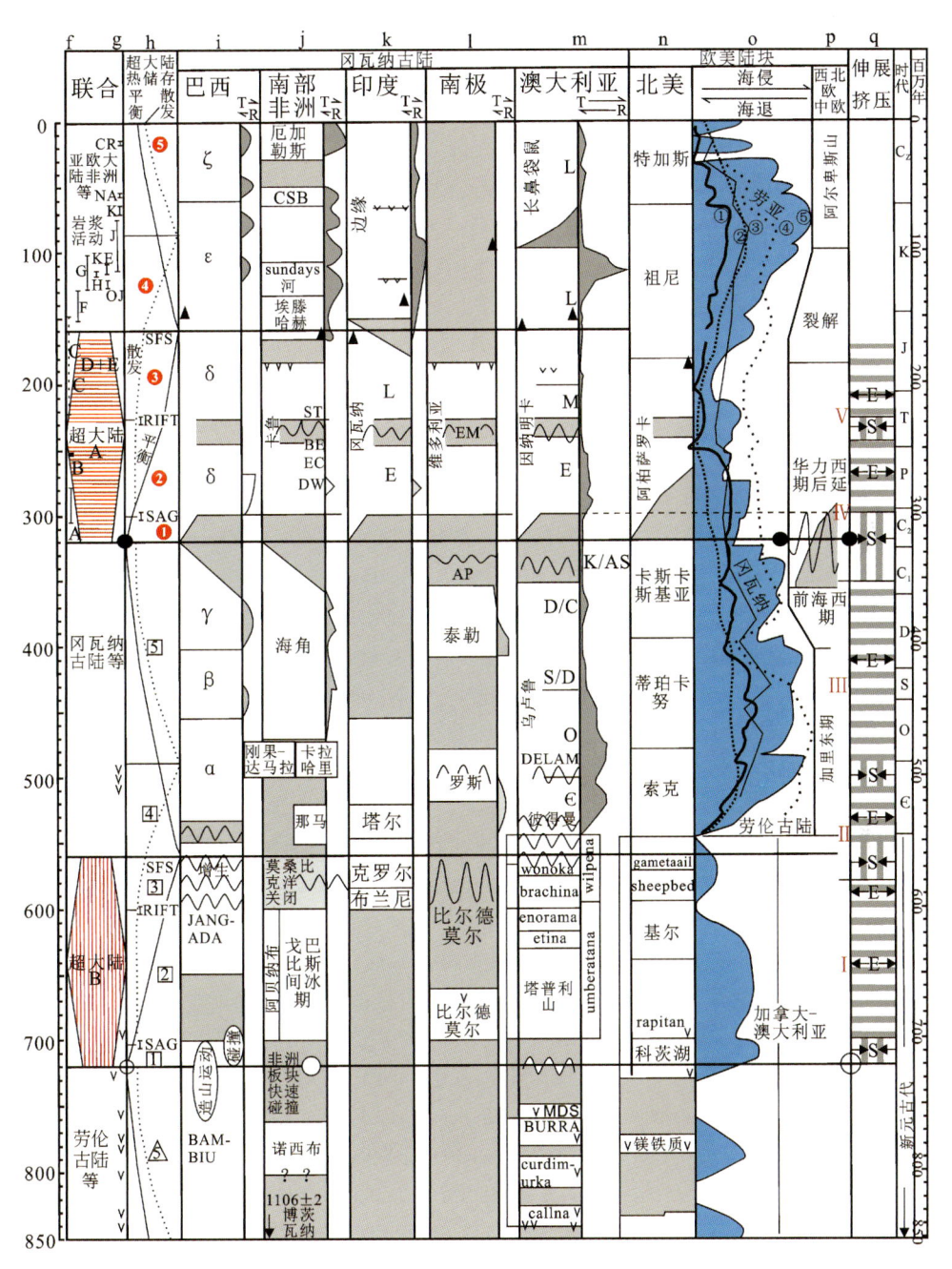

图 1-44 从 850Ma 到现今的全球地质演变

(f) 超大陆模式和其他大陆；（g) 超大陆 A 内及之后的溢流玄武岩：A. 欧洲和澳大利亚东部（Veevers et al.，1994a）；B. 西伯利亚裂陷（Renne 和 Basu, 1991）；C. 亚马孙（Mosmann et al., 1986），范围广泛；D. 南非干旱台地高原（Karoo）；E. 横贯南极山脉和塔斯马尼亚（Transantarctic 和 Tasmanian）（Encarnación et al., 1996）；F. Parana-Etendeka（Peate et al., 1997）；G. 太平洋洋中脊（Watts et al., 1980）；H. 拉治马哈（Rajmahal）（Baksi, 1988）；J. 太平洋板块中部（Schlanger et al., 1981）；其他的来源于 Coffin 和 Eldholm（1994）。位于超大陆 B 和 C 之间的 834~700Ma 的新元古代镁铁质火山活动。(h) 超大陆内阶段 1 的热量积聚和散失的 5 步循环过程，循环 A（320~<0Ma），B（720~320Ma）和 C（1120~720Ma）；虚线代表驱动板块构造、火山爆发、形成盆地构造的热量损失率，实线代表剩余热或平衡。超大陆的裂解发生在 160Ma，在大西洋中部 185Ma 初始裂解大约 25Myr 后的扩张是广泛发育的。(i)~(m) 冈瓦纳古陆和<160Ma 的冈瓦纳碎片的演变，以海侵（T）-海退（R）曲线为特征；阴影代表缺失，三角形代表漂移开始，波浪线代表构造收缩。(i) 巴西：显生宙（Soares et al., 1978）；新元古代：Jangada 群（Crowell, 1999）；600~550Ma 的增生（Brasiliano）事件在造山带 Mantiqueria 分支体系中以及 690Ma 时的初始碰撞在 Tocantins 和 Borborema-Dahomeyide 造山系统中（Brito Neves et al., 1999）；750~700Ma 造山事件-年轻地壳及相关沉积岩的变形和变质作用（Babinski et al., 1996）；Bambui 群（Fairchild et al., 1996）。(j) 显生宙期间的南部非洲（Dingle et al., 1983; Veevers et al., 1994b）：BE. Beaufort；CSB. 硬砂岩（Cape St Blaize）；DR. 德拉肯斯堡熔岩（Drakensberg lavas）（184Ma）；DW. 德怀卡（Dwyka）；EC. 埃卡（Ecca）；ST. 斯托姆贝赫（Stormberg）。根据博茨瓦纳（Botswana）地区测得的 1106±2Ma（Mesoproterozoic）基底年龄，新元古代时期左边是北部刚果克拉通-达马拉（Congo craton-Damara）造山带，右边是卡拉哈里（Kalahari）克拉通（Hoffman, 1989; Hoffman et al., 1998a, 1998b）。在东非，早期的碰撞发生在 715Ma（Stern, 1994），另一期稍晚的碰撞发生在位于莫桑比克（Mozambique）洋关闭的东西冈瓦纳之间，时间为 580Ma。(k) 印度：冈瓦纳（Gondwana）演化，被中三叠世的裂谷分成两个部分，E 表示早（Early）和 L 表示晚（Late），以及东部边缘之上的演化（Veevers and Tewari, 1995a, 1995b）。喜马拉雅新元古代阶段包括布兰尼（Blaini）冰川和克罗尔（Krol）群，由早寒武纪塔尔（Krol）群和奥陶纪地层覆盖（Kumar et al., 2000）。(l) 南极：显生宙（Collinson et al., 1994）：AP. 南极半岛（Antartic Peninsula）；EM. 埃尔斯沃思山脉（Ellsworth Mountains）。冈瓦纳挤压局限于埃尔斯沃思山脉，南极半岛中石炭世挤压，以及罗斯和比尔德莫尔（Ross 和 Beardmore）挤压到横贯南极山脉（Transantarctic Mountains）。新元古代（Goodge et al., 2002）：Beardmore 造山带 Beardmore 群的 668Ma 的枕状玄武岩和辉长岩（V）；520~485Ma Byrd 群，以及 500Ma 的 Ross 造山带。(m) 澳大利亚：三个显生宙体系（Veevers, 1984, 1990b, 2000b），海侵-海退曲线据 Veevers（1995）：∈. 寒武纪；D/C. 晚泥盆世/早石炭世；E. 早；L. 晚；M. 中间；O. 奥陶纪；SD. 志留系/中泥盆世。四个新元古代超层序，包括向上变浅的 Umberatana 组。火山岩发现于 Callana 群，Curdimurka 群和 Burra 群，755Ma Mundine 岩脉群（MDS）以及 500Ma Antrim 高原和 Table Hill 火山岩中。(n) 北美（North America）：显生宙演化据 Sloss（1988），与俄罗斯的演化相似。加拿大的新元古代大循环据 Narbonne 等（1994）。大于 600Ma 的基性火山岩被划分为 780Ma 和 723Ma 两组，并且与 700Ma Rapitan 冰川有关；加拿大和澳大利亚的海侵-海退曲线在下一列中画出。(o) 显生宙期间劳亚古陆（1, 2, 4, 5）和冈瓦纳古陆（3）不同的海侵-海退曲线：1-Hallam（1992）；2-Fischer（1984）；3 和 4-Veevers（1995）；5-Vail 等（1977）；以及加拿大和澳大利亚的新元古代曲线。(p) 西北欧和中欧（NW+CEUR）：板块边界重组的主要阶段（Ziegler, 1988）；海西后期伸展与基底火山岩。(q) 伸展（E）-缩短（S）

阶段 2（700~600Ma），以 Sturt 通过 Trezona 连接澳大利亚，Abenab 连接非洲南部，Rapitan 通过 Keele 连接北美为代表，标志了超大陆 B 地壳的局部变薄，并且由于超大陆 B 下方热量的释放而形成宽阔的盆地或凹陷，并沉积了冰川沉积物。

阶段 3（600~560Ma），以南沱冰期（Elatina，Blaini，Ghaub，Ice Brook）为基底的另一个裂谷演化序列为代表，反映了沿着超大陆 B 的初始裂谷边缘快速的热量散失以及伴随的大陆地壳减薄。伴随内陆大洋的闭合，冈瓦纳古陆最终通过与其他大陆汇聚拼合形成了一个完整的（但是寿命很短）超大陆，也被称作潘诺西亚（Pannotia）（Dalziel，1997）。

阶段 4（560~490Ma），以太平洋、亚匹特斯洋（Grunow et al.，1996）以及其他大洋的打开而产生的漂移演化序列为代表，反映了快速海底扩张期间超大陆 B 的热量大量散失，不断上升的海平面证实了这一点。

阶段 5（490~320Ma），以奥陶纪至中石炭世海平面下降期间的漂移演化序列为代表，反映了超大陆 B 亏损的热量储库以及较慢的热量散失。

（3）超级旋回 C：1120~720Ma

阶段 5（? 850~720Ma）（以三角形中的数字表示），以澳大利亚超层序（Supersequence）1，非洲南部的 Nosib-Ombombo 演化和北美的 Mackenzie 山脉演化为代表，反映了超大陆 C 亏损的热量储库以及较慢的热量散失。除了 1120Ma 开始的格林威尔造山以外，这个周期的早阶段演化还不清楚。

（4）超级旋回中冰期的对比

旋回 A 和 B 中一个有趣的点是：超越了固定周期的南沱冰期的结束时间。南沱冰期-伸展期Ⅱ在 600Ma（旋回 B），按旋回 A 定义的以 400Myr 为一个周期，从 227Ma 开始的伸展期Ⅱ少了 27Myr，但是南沱冰期在旋回 A 中没有对应物。冰期阶段Ⅰ萎缩分别在 700~690Ma（Sturt）和 300Ma，正好与 400Myr 为一个周期相符，但冈瓦纳冰川萎缩在 320Ma 之前开始，并持续了 70Myr 的时间，直到到 250Ma。

1.3 新特提斯演化

1.3.1 新特提斯域的构造单元划分

特提斯洋是指位于非洲和欧洲之间的洋盆，现今大部分已经闭合，并被一系列山脉所替代。Robertson 等（2007）将特提斯洋划分为西特提斯洋和东特提斯洋两部分。西特提斯洋主要位于西地中海地区，在侏罗纪时期打开，与中大西洋的打开时间是一致的。随着非洲板块与欧亚板块之间的汇聚，其在晚白垩世—早新生代时期发生闭合，形成阿尔卑斯和邻近的山脉。而东特提斯洋则包含了一个相对较大的大洋体系，从东阿尔卑斯山脉，经东地中海、中东地区，一直持续到中亚之外的区域。晚古生代以来的东特提斯洋被划分为一个较老的"古特提斯洋"和一个较为年轻的"新特提斯洋"。"古特提斯洋"在年龄上主要是在晚侏罗世之前，在地理位置上被广泛认为位于欧亚板块南缘附近（土耳其的彭泰德和黑海的高加索地区-里海地区）；"新特提斯洋"位于古特提斯洋以南。

特提斯构造域是欧亚板块南部一条全球性纬向展布的构造带，夹持于东欧、哈萨克、塔里木、华北、扬子、印支地块和印度、阿拉伯、非洲板块之间，由若干个微陆块，如安纳托利亚（Anatolides）、外高加索、Alborz、伊朗中部、鲁特、阿富汗、帕米尔、南羌塘、北羌塘、拉萨、保山、滇缅马苏、西缅甸等，以及陆块中间的造山带组成，是在晚古生代到新生代期间，古、新特提斯洋扩张与闭合过程中，历经两次大规模的板块俯冲、碰撞形成的（图1-45）。这一过程可以概括为冈瓦纳古陆的裂解以及欧亚板块的增生，其中欧亚主动大陆边缘和冈瓦纳被动大陆边缘起了主要的控制作用。

特提斯域中90%的大陆地体和缝合带都属于基梅里造山系，剩下的则属于阿尔卑斯造山系。缝合带分隔基梅里地体群，代表了基梅里地体群之间的洋盆。对于各条缝合带是属于基梅里造山系还是阿尔卑斯造山系取决于它们闭合的时代。如果缝合带在新特提斯主洋盆俯冲之前，也就是在阿尔布期发生闭合，则该缝合带属于基梅里造山系；如果缝合带的闭合时间在阿尔布期之后，则属于阿尔卑斯造山系。

（1）基梅里地体群（基梅里造山系）

冈瓦纳古陆与劳亚古陆发生碰撞（海西期造山事件）形成联合古陆或潘吉亚超大陆（Pangea），随后新特提斯洋沿冈瓦纳古陆的东缘发生裂解，而古特提斯洋沿着欧亚板块的南缘发生俯冲。一系列源自冈瓦纳古陆的地体从其东缘分裂出来，包括意大利的阿普利亚（Apulia）、保加利亚的罗多彼（Rhodope）、土耳其的托罗斯（Taurus）和蓬蒂（Pontain）、伊朗的中伊朗和鲁特（Lut）、阿富汗、巴基斯坦的南俾路支、喀喇昆仑山脉、中国西藏、缅甸掸邦等块体，被称为基梅里地体群（图1-46）。基梅里地体群穿过古特提斯洋向北移动，并最终与欧亚板块陆缘发生碰撞，产生一系列的山脉，即为基梅里造山系。基梅里地体群通过喀喇昆仑山脉的西部和羌塘地块的中部与阿拉伯半岛-澳大利亚板块陆缘相连，从伊朗地区一直延续到滇缅马苏地块。

基梅里造山系是欧亚板块与其他两组大陆块体相互汇聚的结果。其中，一组大陆地块来自于基梅里地体群，位于巴尔干半岛和马来西亚之间；另外一组与欧亚板块碰撞的大陆地块位于100°E子午线的东部，主要包括五个部分：中国中央造山带、华北陆块、扬子地块、华夏地块和印支地块（图1-45）。

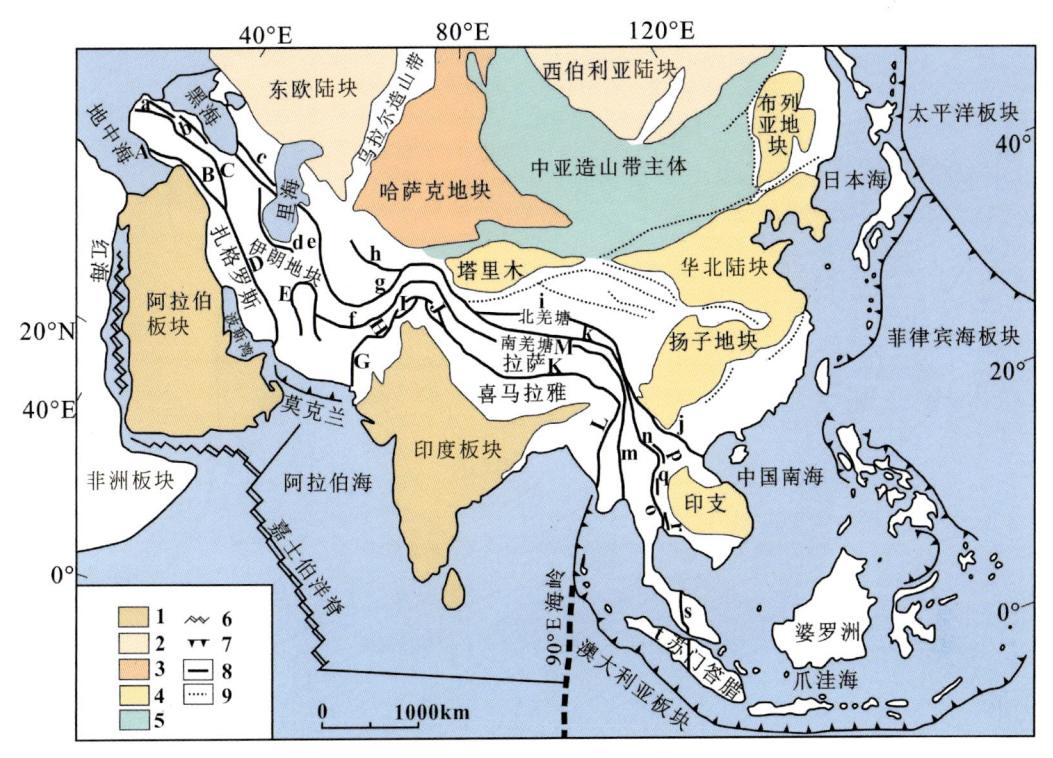

图1-45 东特提斯构造域构造格架（据张洪瑞等，2010）

古特提斯缝合带：a. 北土耳其；b. 卡拉卡亚；c. 小高加索；d. 塔利什–马什哈德（Talesh-Mashhad）；e. Kopet Dagh；f. Water（Farah-Rud）；g. 北帕米尔；h. South Ghissar；i. 金沙江；j. 哀牢山；k. 龙木错–双湖；m. 掸邦（Shan Boundary）；n. 澜沧江；o. 茵达嫩山（Inthanon）；p. 景洪；q. Nan-Uttaradit；r. Sra Kaeo；s. 文冬–劳勿（Raub Bentong）；t. 沃依拉（Woyla）。新特提斯缝合带：A. 塞浦路斯；B. 比特利斯；C. 伊兹密尔；D. 扎格罗斯；E. 环伊朗中部；F. 阿曼；G. Bela；H. 瓦济里斯坦（Waziristan）；I. 奎塔（Quetta）；J. 拉达克（Ladakh）；K. 雅鲁藏布江；L. 缅甸；M. 班公湖–怒江。1. 前寒武纪冈瓦纳地盾；2. 前寒武纪劳亚地盾；3. 哈萨克地块；4. 晚古生代亚洲增生地块；5. 中亚造山带主体（古生代）；6. 现代洋中脊；7. 现代俯冲带；8. 特提斯成矿域主要缝合带；9. 特提斯构造域的其他缝合带

根据构造形式和演化历史，基梅里造山系被划分为四个部分，尽管他们之间的界限并不是很明显。这四个部分从西向东依次是：地中海基梅里造山带、Ghaznian（加慈尼）/西南亚基梅里造山带、中国基梅里造山带、印支/东南亚基梅里造山带。地中海基梅里造山带，从喀尔巴阡山东部向西一直延伸到大高加索，该地区基梅里时期的构造大多被后来阿尔卑斯期的构造活动所覆盖。同时，地中海基梅里造山带是在海西期的基底上构建起来的，其基底经历了复杂的演化历史，涉及了至少两次不同的海西期造山事件：一次是位于波罗的古陆南缘；另一次是位于冈瓦纳古陆北缘。西南亚基梅里造山带位于土耳其和帕米尔构造结之间。与地中海基梅里造山带不同的是，该地区主要的造山运动和俯冲极性是向南的。南向俯冲的特征首先出现在高加索基梅里造山带中，这一突发性变形的时代标志着该地区最终缝合的时代更

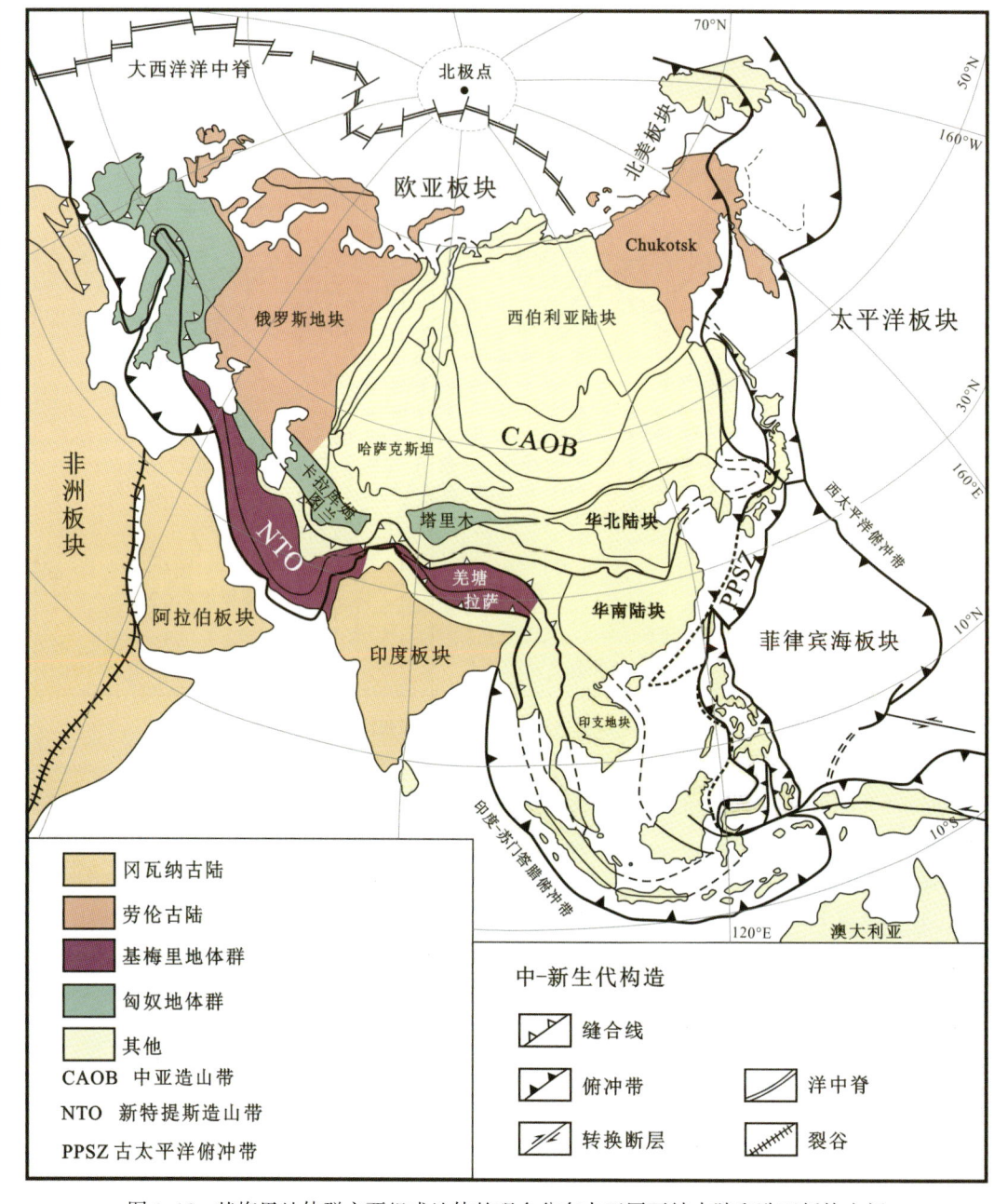

图1-46 基梅里地体群主要组成地体的现今分布夹于冈瓦纳古陆和欧亚板块之间
（据李三忠等，2018；Muttoni et al.，2009）

早一些，应在晚三叠世早期—中侏罗世。中国基梅里造山带是基梅里造山系中最大和最复杂的部分，包括东南部的帕米尔构造结到云南构造结区域和东北部的鄂霍次克海西南地区的石勒喀带。在古特提斯洋的最东端分支的闭合过程中，该地区的基梅里造山带被分解成大量的分支，包围着大陆碎片拼贴到亚洲板块之上。印支基梅里造山带代表了基梅里造山系中最东南的部分，一直持续到印度尼西亚，以中新世晚期—上新世早期的波索缝合带为边界,该缝合带将苏拉威西岛东部与岛屿的其他部分分隔开。

(2) 西特提斯洋（西地中海）

西地中海洋盆主要是由阿尔卑斯造山期（古近纪和新近纪）的造山带所包围,这些造山带界定了夹在其中的大陆地块的边界,像伊比利亚半岛（西班牙和葡萄牙）、科西嘉岛和撒丁岛、西西里岛和意大利半岛（图1-47）。造山带将这些地体与稳定的欧洲和非洲克拉通边缘分隔开来。古地磁学证据显示,西地中海地区的这些块体都在白垩纪—古近纪时期,围绕着稳定的欧洲克拉通发生了旋转。

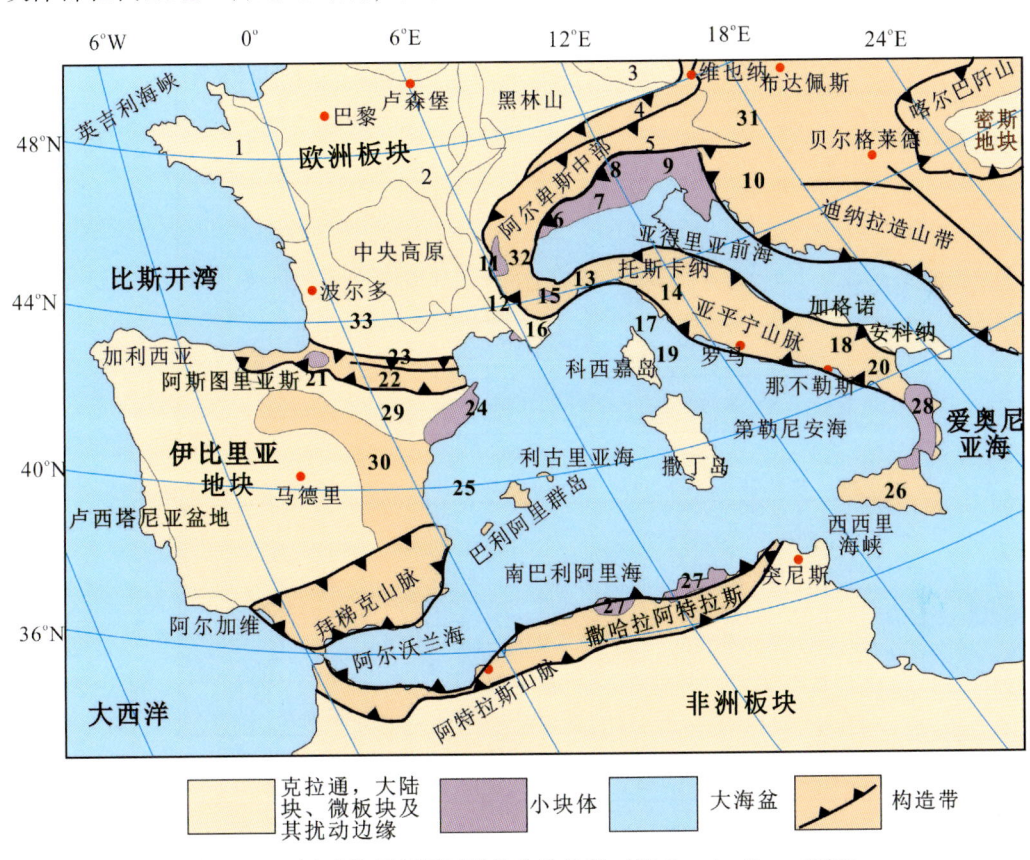

图1-47 西地中海及周围区域的构造格架（据Van der Voo, 1993）

1. 阿摩里卡丘陵；2. 孚日山脉；3. 波希米亚高地；4. 北部钙质阿尔卑斯山；5. 因苏布鲁克线；6. 伦巴第；7. 维琴尼安阿尔卑斯山；8. Dolomites；9. 卡尔尼克阿尔卑斯山；10. 斯洛文尼亚东北部；11. 沃克斯；12. 普罗旺斯前陆；13. 利古里亚；14. 北乌布里亚；15. 阿真泰拉地块；16. 爱斯特尔毛雷斯；17. 厄尔巴岛；18. 坎帕尼亚；19. 阿尔卑斯科西嘉岛；20. 拉格涅格罗盆地；21. 辛科维利亚地块；22. 比利牛斯山脉；23. 北比利牛斯断层；24. 加泰罗尼亚海岸；25. 巴伦西亚海；26. 西西里逆冲推覆体；27. 卡比利亚群山；28. 卡拉布里亚；29. 埃布罗盆地；30. 利比里亚山脉；31. 潘诺尼亚盆地；32. 西阿尔卑斯山；33. 阿基坦盆地

喀尔巴阡山-巴尔干地区位于西特提斯域的最东部（图1-47）。中生代,喀尔巴阡山-巴尔干地区位于劳伦古陆和冈瓦纳古陆之间的枢纽附近,因此该地区的新特提斯洋并不是很宽。随着中大西洋在侏罗纪开始打开，冈瓦纳古陆向北朝东劳伦古陆陆缘逆时针旋转。喀尔巴阡山-巴尔干地区的显著特征为微陆块与岛弧的碰撞，以及小型弧后盆地的打开与闭合，如瓦尔达尔洋（图1-48）。Robertson等（2013）认为瓦尔达尔洋在晚三叠世—早侏罗世时期在Korabi-Pelagonian和Serbo-Macedonian

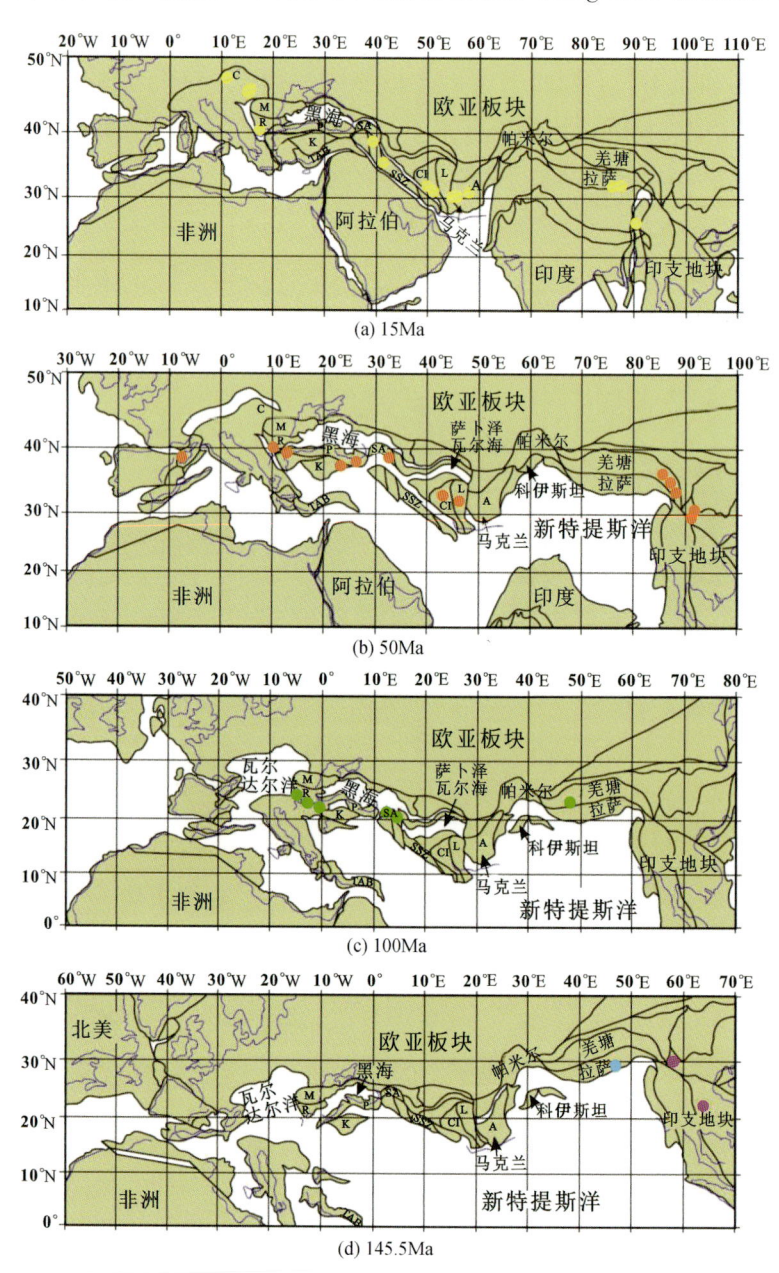

图1-48 新特提斯域在不同时期的古地理重建（据Richards，2015）

这些重建是基于大洋钻探成果的板块重建（http://www.odsn.de/odsn/services/paleomap/paleomap.html）。蓝色线是现今海岸线的位置。图中不同颜色圆点代表同时期斑岩矿床的位置 A. 阿富汗地块；C. 喀尔巴阡山；CI. 中伊朗地块；K. Kirşehir地块；L. 鲁特（Lut）微陆块；M. Moesian地块；P. 彭泰德；R. 罗多彼山脉；SA. 南亚美尼亚地块；SSZ. 萨南达季-锡尔詹带；TAB. 陶瑞德-安纳托利亚地块之间打开，而 Stampfli 和 Borel（2004）则认为瓦尔达尔洋盆是古特提斯洋盆的残留，在侏罗纪时期发生弧后扩张而增大。瓦尔达尔洋在晚侏罗时期向 Serbo-Macedonian 地块下面俯冲，形成罗多彼地区 164~155Ma 的岩浆弧，并最终在晚白垩世—新生代早期闭合。瓦尔达尔洋在古近纪时期的闭合导致新特提斯洋板片向希腊海沟方向的俯冲发生转变，爱琴海开始扩张以及巴尔干弧地区的构造环境转换成碰撞环境。喀尔巴阡山最显著的弯曲可能是与 13Ma 以来的后碰撞变形和旋转相关。Neubauer 等（2005）指出这一重要的构造过程应该是亚得里亚海微陆块与欧洲的前陆地区发生碰撞导致残余的喀尔巴阡洋壳内部发生回卷的缘故。

（3）东特提斯洋（东地中海、中东及延续到中亚之外的区域）

东地中海地区：广泛分布了大量的蛇绿岩套，主要分布在前南斯拉夫、希腊、塞浦路斯、土耳其和勒旺北部以及阿拉伯半岛地区（以色列、黎巴嫩、叙利亚和约旦西北部）。东地中海地区现今的位置可以被解释为古特提斯洋在三叠纪之后发生闭合的结果（图1-48），因此，该地区广泛分布的蛇绿岩套是古特提斯洋仰冲的结果。非洲板块与欧洲-西南亚板块的碰撞导致大陆边缘发生强烈变形，形成该地区较为广阔的活动带。

非洲-阿拉伯碰撞带：包括土耳其、亚美尼亚/阿塞拜疆、伊朗和巴基斯坦西部地区。尽管沿特提斯造山带的各地区地质和构造历史大致相似，但是在细节上还是有很大差异的。特提斯带的中部地区（土耳其、伊朗和巴基斯坦西部）是由多个岛弧和大陆碎片（基梅里地体群）拼贴而成，这些拼贴地块最初是在二叠纪时期从冈瓦纳古陆上分裂出来的。这些大陆碎片（包括羌塘、拉萨和印支地块等）在晚三叠世—早侏罗世时期沿着古特提斯缝合线与欧亚板块的南缘发生碰撞。

土耳其地区：古特提斯洋早侏罗世时期的闭合使得彭泰德地块拼贴到欧亚板块的边缘，同时，新特提斯洋的分支沿着新生成的大陆边缘向北俯冲。彭泰德地区早侏罗世到晚白垩世时期的钙碱性花岗岩类侵入体应该与该阶段的俯冲活动有关。同时期大量蛇绿岩聚集到彭泰德的南部边缘，而早—中侏罗世时期彭泰德的东部则伴随弧后盆地的打开（Artvin 盆地）。

陶瑞德-安纳托利亚地块（Tauride-Anatolide，TAB）南缘晚白垩世—始新世的钙碱性岩浆作用反映了新特提斯洋主洋盆沿比特利斯-扎格罗斯俯冲带的北向俯冲。古近纪时期，影响土耳其的最主要事件即为新特提斯洋沿克里特岛和塞浦路斯海沟的俯冲，以及古新世晚期—始新世早期陶瑞德-安纳托利亚地块与彭泰德和 Kirşehir 地块的碰撞，使得新特提斯洋北部的安卡拉-埃尔津詹分支发生闭合。这次碰撞之后发生在始新世的构造活动使得彭泰德地区的构造发生重置，引起土耳其北部钙碱性岩浆作用的爆发，可能是与俯冲板片的回卷和断离有关。后碰撞的伸展构造和软流圈地幔的上涌导致安纳托利亚地区被俯冲改造的岩石圈发生部分熔融，然而，在彭泰德之下的大陆岩石圈地幔的拆离引起该地区地壳发生部分熔融。在土耳其南部，新特提斯洋主洋盆沿比特利斯–扎格罗斯俯冲带继续向北俯冲，导致了安纳托利亚东南部 Maden-Helete 弧地区晚白垩世—始新世的岩浆作用和陶瑞德中部和东部的弧后岩浆作用。

小高加索地区：在晚白垩世或古新世时期，南亚美尼亚地块与欧亚板块发生碰撞，造成现今的亚美尼亚和阿塞拜疆的小高加索地区发生强烈变形。古地理重建（图1-48）显示，白垩纪时期南亚美尼亚地块与欧亚板块之间的弧后盆地打开，该弧后盆地与黑海相关；并随后在新生代发生闭合。

伊朗地区：早三叠时期，萨南达季–锡尔詹带和中伊朗地块从冈瓦纳古陆的东北缘分裂出去，伴随着伊朗地区新特提斯洋主洋盆的打开。晚三叠世或早侏罗世时期，基梅里地体群与欧亚板块南缘发生碰撞，同时新特提斯洋沿该增生边缘开始向北俯冲。与俯冲相关的晚三叠世—白垩纪时期的 I 型弧岩浆分布在伊拉克–扎格罗斯缝合带、萨南达季–锡尔詹带以及莫克兰地区。

前人对于萨南达季–锡尔詹带、中伊朗和阿拉伯半岛的碰撞过程存在很多争议。古地理重建（图1-48）表明，萨南达季–锡尔詹带在中生代与欧亚板块连接在一起（尽管中白垩世时期一个小的弧后盆地在这些地块之间打开），最终在新近纪时期，与阿拉伯板块的碰撞是新特提斯洋闭合的最后阶段。然而，一些学者则认为，萨南达季–锡尔詹带首先在白垩纪或渐新世与阿拉伯板块发生碰撞，然后在新生代晚期与中伊朗地块发生碰撞。引起这一争议的部分原因是弧岩浆分布位置的迁移，中生代时期弧岩浆位于萨南达季–锡尔詹带，而在晚白垩世—古近纪时期迁移到伊朗中部的 Urumieh-Dokhtar 岩浆带。Glennie（2000）认为弧岩浆带位置的改变可能是与萨南达季–锡尔詹带南北两侧的特提斯洋盆的闭合有关。另一个观点则认为，新特提斯洋的俯冲角度在白垩纪变缓，导致弧岩浆中心轴的变换，在古近纪时期从萨南达季–锡尔詹带迁移到其东北部的 Urumieh-Dokhtar 带。

拉萨地块：拉萨地块的北部边界为班公湖–怒江缝合带，南部边界为印度–雅鲁藏布缝合带（图1-49）。对于拉萨地块是一个单一的大陆地块还是一个复合的地块仍存在争议。Yang 等（2009）在拉萨地块内确定了一条二叠纪的榴辉岩带和相关的岛弧玄武岩，并提出拉萨地块是一个复合地块，它包括北拉萨和南拉萨两部分，中间由北冈底斯缝合带所分割。而 Zhu 等（2011）对拉萨地块中生代—古近纪岩浆岩的锆石 U-Pb 年龄、Lu-Hf 同位素和全岩数据进行了详细研究，提出拉萨地块中部为元古代—太古代的古老基底，南北两侧新生的年轻地壳增生到这个微陆块之上。同时，也意味着早期发生向拉萨地块之下的南向俯冲，之后再发生向拉萨地体之下的北向俯冲。Metcalfe（2013）也认为拉萨地块内部的榴辉岩带及相关的岛弧玄武岩可能代表的是拉萨地块内部的火山弧而不是特提斯缝合带。这种火山弧可能是由新特提斯洋向南俯冲到东冈瓦纳边缘的喜马拉雅-澳大利亚板块之下形成的。

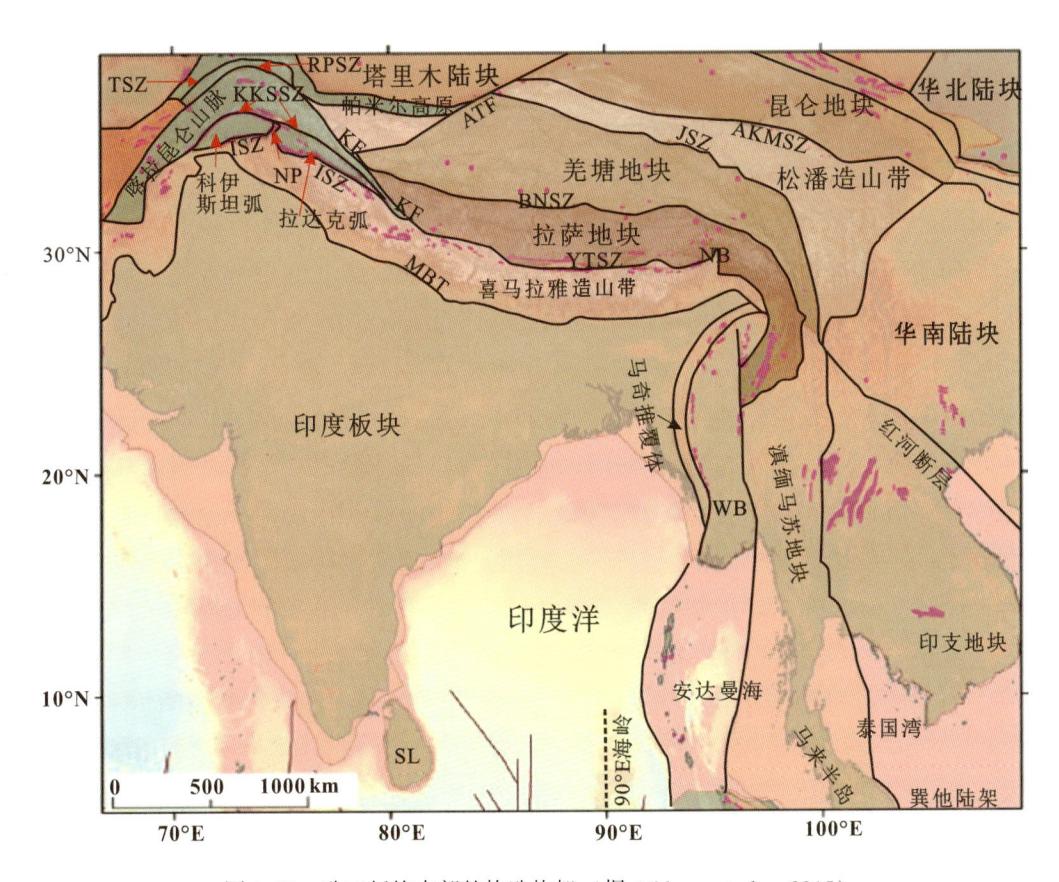

图1-49 欧亚板块南部的构造格架（据Gibbons et al.，2015）

图中包括断裂带（黑色）和蛇绿岩（玫红色），底图为地势–水深图。ATF. 阿尔金断裂；Anyimaqen-Kunlun-Muztagh Suture Zone，AKMSZ. 阿尼玛卿–昆仑–木孜塔格缝合线；BNSZ. 班公湖–怒江缝合带；ISZ. 印度缝合带；JSZ. 金沙江缝合带；KF. 喀喇昆仑断裂；KKSSZ. 喀喇昆仑–科伊斯坦–什约克缝合带；MBT. 主边界断裂带；NP. 西构造结. NB. 东构造结；RPSZ. Rushan Pshart 缝合线；Sri Lanka，SL. 斯里兰卡；TSZ. Tanymas 缝合线，WB. 西缅甸地块，YTSZ. 雅鲁藏布缝合带

前人通常认为拉萨地块在三叠纪时期因弧后扩张与冈瓦纳古陆的澳大利亚板块（Australian Gondwana）分离。Zhu 等（2013）则认为晚奥陶世时期拉萨地块与澳大利亚板块裂解，并于早二叠世从冈瓦纳古陆上分裂出来，因为拉萨地块早古生代—早二叠世的动植物群与滇缅马苏和冈瓦纳东北部的同时期动植物群是相似的。晚石炭世—早二叠世时期的冰川–海洋混杂沉积岩的出现和同时期冷水动物群也说明，该时期拉萨地块在冈瓦纳古陆边缘的位置与滇缅马苏地块临近。对于拉萨地块在冈瓦纳古陆边缘的初始位置仍很难限定，拉萨地块、西澳大利亚和印度–喜马拉雅地体碎屑锆石年龄谱的对比表明，拉萨地块与另外两个地块具有明显的亲缘性。尽管拉萨地块

古地磁的数据相对匮乏，但是现有的数据显示，拉萨地块在晚三叠世—侏罗纪从南半球漂移到了北半球。Chen 等（2012）对于早白垩世则弄群的古地磁研究显示，拉萨地块在该时期的古纬度为 19.8°N± 4.6° N，与前人的研究结果一致。

印度-雅鲁藏布缝合带：印度-雅鲁藏布缝合带是印度板块与拉萨地块之间的界线，代表了新特提斯洋的残留（图 1-49）。Hébert 等（2012）综合其中蛇绿岩的年代学和地球化学数据，提出印度-雅鲁藏布缝合带中大部分蛇绿岩都是在洋内俯冲带形成的，并且提出在印度板块与欧亚板块碰撞之前，新特提斯洋演化过程中存在五条北向的俯冲带，其中俯冲到拉萨地块之下的安第斯型北向俯冲发生在早白垩世时期。雅鲁藏布缝合带从北向南依次包括：磨拉石（柳区）和白垩纪的复理石（日喀则），不连续的蛇绿岩带（大竹曲）以及相关的构造混杂岩（羊卓雍错）和来自印度边缘的复理石。该缝合带中硅质岩序列中放射虫组合的最早时代是中三叠世晚期—晚三叠世早期，代表的是一个张开的边缘海盆地。根据从早侏罗世到早白垩世晚期的深海沉积序列和碎屑锆石的数据，前人提出向拉萨地块之下的北向俯冲一直持续到始新世中期甚至是晚期。斜向俯冲使得日喀则前弧移动了 500km 到达现在的位置。同时，一些学者提出新特提斯洋内弧的存在，认为该洋内弧在 60～55Ma 先与印度板块发生碰撞，35Ma 再一起与欧亚板块发生最终碰撞。

滇缅马苏地块：Metcalfe（1984）界定了滇缅马苏地块的范围，包括缅甸的掸邦、泰国西北部、泰国和缅甸半岛、马来西亚西部和苏门答腊岛，以及其可能向北延伸至中国西部的西藏。滇缅马苏地块的西部边界为掸邦缝合带和安达曼海洋中脊；其西南边界为苏门答腊岛的沃依拉（Woyla）缝合带。该地块东部的边界为马来西亚半岛的劳勿-文冬缝合带、泰国的难河-程逸缝合带和云南西部的昌宁—孟连和澜沧江缝合带。滇缅马苏地块位于基梅里地体群的东部，包含中国西部的保山和腾冲地块，一直延伸到中国的南羌塘地块。

马来半岛二叠纪—三叠纪时期花岗岩类岩石的定年显示，滇缅马苏地块的基底年龄是 1700～1500Ma。而最新的碎屑锆石研究则表明，滇缅马苏地块的基底年龄主要是古元古代（1.9～2.0Ga），还有少量的中元古代和新太古代的组分。寒武纪—早二叠世的植物群、晚石炭世—早二叠世的冰川-海相混杂岩、早二叠世的冷水动物群以及冷水氧同位素特征，都说明滇缅马苏地块在晚古生代临近冈瓦纳古陆的冰盖区，可能来源于澳大利亚地体西北部。同时两者地层初步对比分析的相似性也支持这一结论。但是古地磁学数据则显示，该地块南部在泥盆纪、石炭纪和早二叠世时期的古纬度位置远离澳大利亚西北部［图 1-50（a）］。

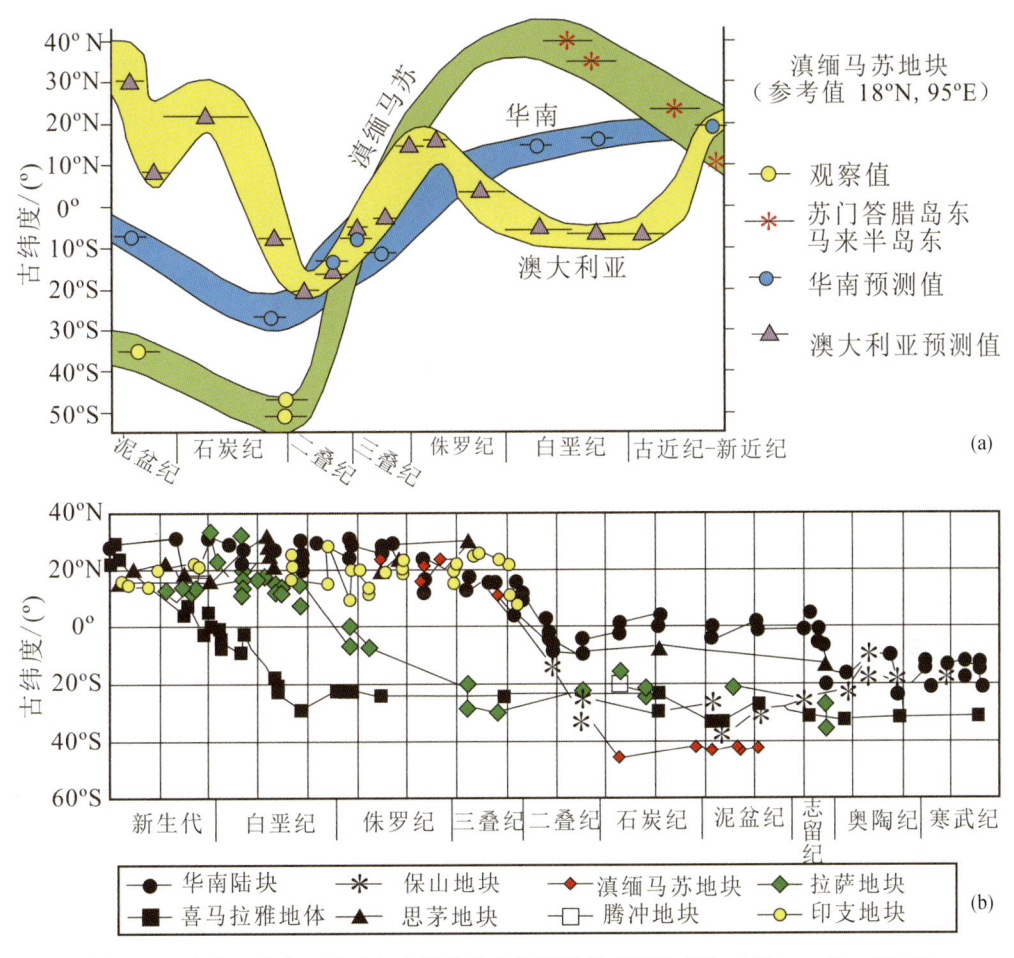

图 1-50　东南亚和东亚地区各个地块的古纬度随着时间的变化（据 Metcalfe，2013）
滇缅马苏地块和拉萨地块分别在二叠纪和侏罗纪—白垩纪发生向北的漂移

1.3.2　新特提斯洋的板块重建与构造演化

（1）新特提斯洋的扩张与古特提斯洋的关闭（基梅里造山事件）

前人对于晚古生代—早中生代时期潘吉亚超大陆的主板块的相对位置是存在争议的。一种观点认为潘吉亚超大陆与魏格纳原始的重建相似，南美板块和非洲板块位于北美板块和欧洲板块南部（Pangea A）。在二叠纪—三叠纪，新特提斯洋开始打开，伴随着古特提斯洋的俯冲和基梅里地体群的向北移动（Van der Voo，1993）。另一种观点则认为最初南美板块和非洲板块是位于欧洲板块和亚洲板块的南侧（Pangea B），随后在三叠纪时期，劳亚古陆相对于冈瓦纳古陆发生右旋走滑。这一构造转换运动在晚二叠世—早三叠世终止，同时伴随着新特提斯洋的打开（Muttoni et al.，2009）。

伊朗地区二叠纪 MORB 的增生表明，该时期古特提斯洋的洋中脊已俯冲到欧亚板块边缘之下，板片拖拽力的增加导致了二叠纪时期新特提斯洋的打开和基梅里地体群的漂移。二叠纪时期，在扎格罗斯和马来西亚之间开始发生平行于冈瓦纳古陆北缘的裂陷作用，将基梅里地体群从冈瓦纳古陆的北部中分离出来，从而标志着新特提斯洋和一些作为古特提斯洋弧后盆地的小洋张开（图1-51）。相应的裂陷作用可能向西延伸至克里特岛和希腊半岛。在晚石炭世到早二叠世晚期，新特提斯洋首

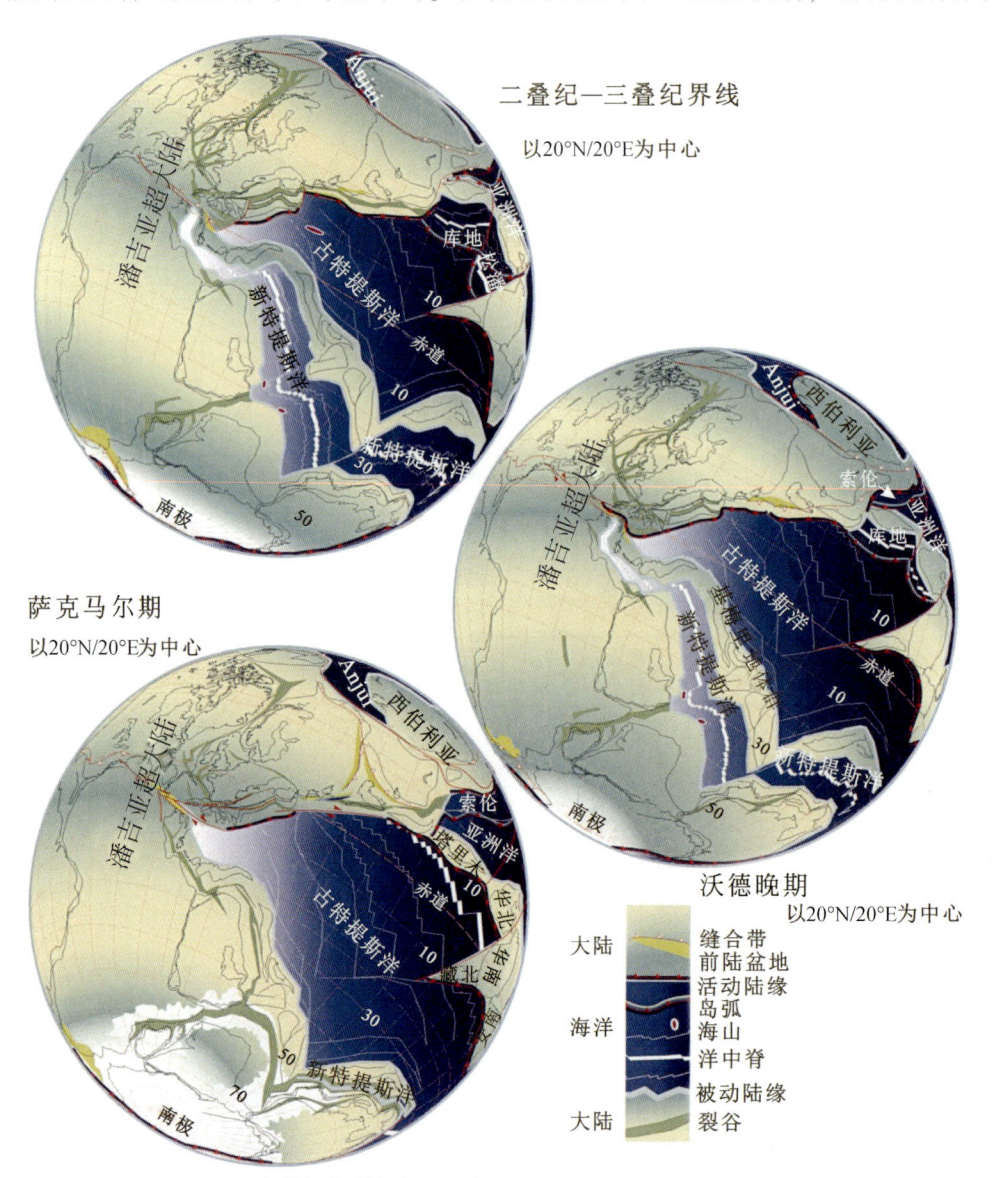

图1-51 新特提斯洋的打开（据 Stampfli and Borel，2002；2004）

沃德晚期，新特提斯洋的洋底扩张已经启动，从西西里岛一直延续到马来群岛的帝汶岛（在这些地区都发现了相似的菊石和牙形石）。新特提斯洋的打开将带状的基梅里地体群与冈瓦纳古陆分开，冈瓦纳古陆周边被温暖海水海侵，以及冈瓦纳古陆逐渐远离南极洲，从而结束了该大陆的冰川作用。沿古特提斯洋北部边缘的弧后扩张发育，同时伴随意大利到伊朗一带海西期山脉的垮塌

先在澳大利亚东部打开，然后逐渐向地中海东部地区发展。在石炭纪时期，新特提斯洋也沿冈瓦纳古陆的东缘从印度板块到阿曼地区逐步打开。晚二叠世，海侵开始侵入阿拉伯地区，阿拉伯周围形成被动大陆边缘。伊朗地块在该时期从阿拉伯大陆上分裂开来，在其后面（南部）伴随着新特提斯洋的打开。在伊朗的西南缘，萨南达季-锡尔詹带记录了泥盆纪时期裂陷作用和伴生的玄武质火山岩；而二叠纪时期，出现了碱性玄武岩和能证明大陆坡形成的深水沉积-浊积岩。整个伊朗普遍出现了裂谷型的玄武质岩浆作用。

在喜马拉雅造山带的西北部，新特提斯洋的扩张在~284Ma随着双峰式火山作用的开始和碱性花岗岩的侵入达到高峰期，同时，生物地层学的证据也显示，扩张的高峰期在早二叠世。大陆板块的裂解和大洋岩石圈的形成从喜马拉雅造山带地区一直向阿曼北部延伸，到早二叠世中期，阿曼北部的新特提斯洋打开。前人提出印度-澳大利亚板块边缘、羌塘地块和滇缅马苏地块之间的新特提斯洋也形成于相似的时间。因此，基梅里地体群从冈瓦纳古陆中分离出来，伴随着新特提斯洋的打开和扩张，该事件发生在早二叠世（290~284Ma）。现今与新特提斯洋有关的缝合带，向东经过阿富汗（瓦拉什-潘焦带）、帕米尔（鲁尚-普沙尔特带）和西藏（班公湖-怒江带）。东-西伊朗、班德-巴颜（北阿富汗）、中帕米尔、羌塘等地块可能在二叠纪时期已经开始向北漂移，从而在三叠纪末与欧亚板块发生碰撞。

三叠纪的裂陷作用在晚三叠世达到顶峰，在特提斯的被动边缘随处可见。在西部，该时期强烈的裂陷作用演化成了东地中海的被动边缘，阿普利亚和托罗斯碳酸盐台地与非洲大陆分离，新特提斯洋开始张开。中、晚三叠世的裂陷作用伴随有亚碱性玄武岩的溢出和犁式断层的形成，导致了一系列碳酸盐台地（克尔谢希尔、比索通等）与阿拉伯边缘的分开，以及具有薄地壳的皮恰昆、哈瓦希纳和类似的深水盆地的形成。往东，拉开的规模增大，同时，在一些裂谷中，二叠纪断裂在晚三叠世再次拓展。在印度板块和拉萨地块之间晚二叠世的裂谷中，晚三叠世的拉张作用导致了盆地加深，堆积了复理石，并可能转变为扩张。存在于印度-雅鲁藏布缝合带以北的三叠纪四足类说明，直到晚三叠世，拉萨地块还位于印度板块附近。中阿富汗和西南帕米尔的南部应该也在同期发生了扩张。

综合沉积物物源分析、澳大利亚西北陆缘和帝汶岛的古洋流数据以及近海洋壳的古地磁异常等数据显示，大陆碎片在晚三叠世—晚侏罗世从澳大利亚板块中分裂出去。Argo深海平原位于澳大利亚西北部的被动边缘附近，时代为侏罗纪到早白垩世。侏罗纪时期从Argo深海平原地区分离出来的块体被称为"Argoland"，但并未确认是哪个块体。Metcalfe（1990，1994）认为西缅甸地块可能就是Argoland，但是缺乏具体的证据。沿着冈瓦纳古陆北缘，澳大利亚西北部的扩张活动开始于晚三叠世。Metcalfe（1996）和Heine等（2004）都将由此产生的洋盆命名为新特提斯洋，因为在他们的模型中，Argo深海平原洋中脊一直延伸至大印度板块的北部。然而，其他学者则认为，Argo深海平原是与印度洋相关的，因为Argo深海平原在印度板块与澳大利亚板块之间，沿着Argo扩张脊向南延伸，应该代表的是最早的印度洋扩张事件。现今在Argo深海平原保存的洋壳扩张记录显示，该地区是在~156Ma开始扩张，从而导致了西缅甸地块与澳大利亚西北缘的分离。Metcalfe（1996）提出拉萨地块也在同时期与大印度板块北缘发生分离。西缅甸地块由于沿特提斯北部边缘持续的俯冲而一直向北漂移，大约80Ma与滇缅马苏地块发生碰撞（Heine and Müller, 2005）。Metcalfe（2011）则认为西缅甸地块在三叠纪已增生到缅甸地块，排除了其为Argoland的可能性；并提出东爪哇-西苏拉威西地块可能是Argoland，其在侏罗纪与澳大利亚西北部分离，并在白垩纪增生到巽他大陆东南部。

古特提斯洋的大洋岩石圈沿欧亚板块边缘向北的俯冲一直持续了二叠纪—三叠纪整个时期，欧亚板块南缘成为活动大陆边缘，在东西昆仑山和西南亚均发育该时期的岩浆弧。一些学者提出，在新特提斯洋打开的过程中，古特提斯洋的大洋岩石圈向南俯冲至基梅里地体群之下。但现有的与古特提斯洋俯冲相关的证据，如钙碱性岩浆作用、强烈的区域性变形和变质作用，主要出现在欧亚板块的南部，如图兰南部和伊朗北部等。在西昆仑山内部，沿着盖孜北-赛力亚克达坂-木孜塔格北-纳赤台一线，发育了大量晚古生代至早中生代的火山岩和中酸性侵入岩类，而且这些岩石明显受到塔什库尔干-康西瓦-木孜塔格北-玛沁缝合带的控制，发育在该缝合带的北侧。它们构成了一条晚古生代至早中生代岛弧岩浆岩带，是古特提斯洋向塔里木陆块俯冲的直接结果。

古特提斯洋沿着劳亚古陆南部的北向俯冲，使得基梅里地体群向北漂移，从而导致古特提斯洋在晚三叠世发生闭合（图1-52）。古特提斯洋闭合后，在俯冲板片的拖拽力影响下产生了很多弧后盆地。主要的弧后复合体包括平都斯、Maliac、梅利塔、Küre、松潘、库地、瓦尔达尔，以及早白垩世时期的托鲁斯、特罗多斯、Hatay和Baer-Bassit蛇绿混杂岩。但是这些二叠纪—三叠纪边缘海盆的命运并不相同。其中，一部分在基梅里碰撞造山事件中关闭（例如，卡拉卡亚，Agh-Darband, Küre），其他的（例如，梅利塔-Maliac-平都斯）弧后盆地一直处于打开状态，它们的延迟俯冲促使更年轻的弧后盆地打开（瓦尔达尔洋、黑海）。位于欧亚板块边缘的梅利塔-Maliac-平都斯边缘海和位于冈瓦纳古陆北部边缘的新特提斯洋，在晚二叠世—三叠纪时期打开，促进了Dinaro-Hellenide地区古特提斯洋关闭。托鲁斯、特罗多斯、Hatay和Baer-Bassit蛇绿岩套复合体在~70~65Ma发生仰冲，同样的平都斯和瓦尔达尔弧后盆地在新生代早期发生仰冲。随着这些弧后盆地的打开和闭合，可以推测新特提斯洋沿NE-SW向且垂直于冈瓦纳边缘的方向发生了扩张。

古特提斯洋盆相继关闭，在中国青藏表现为羌塘地块、甜水海地块等与昆仑山

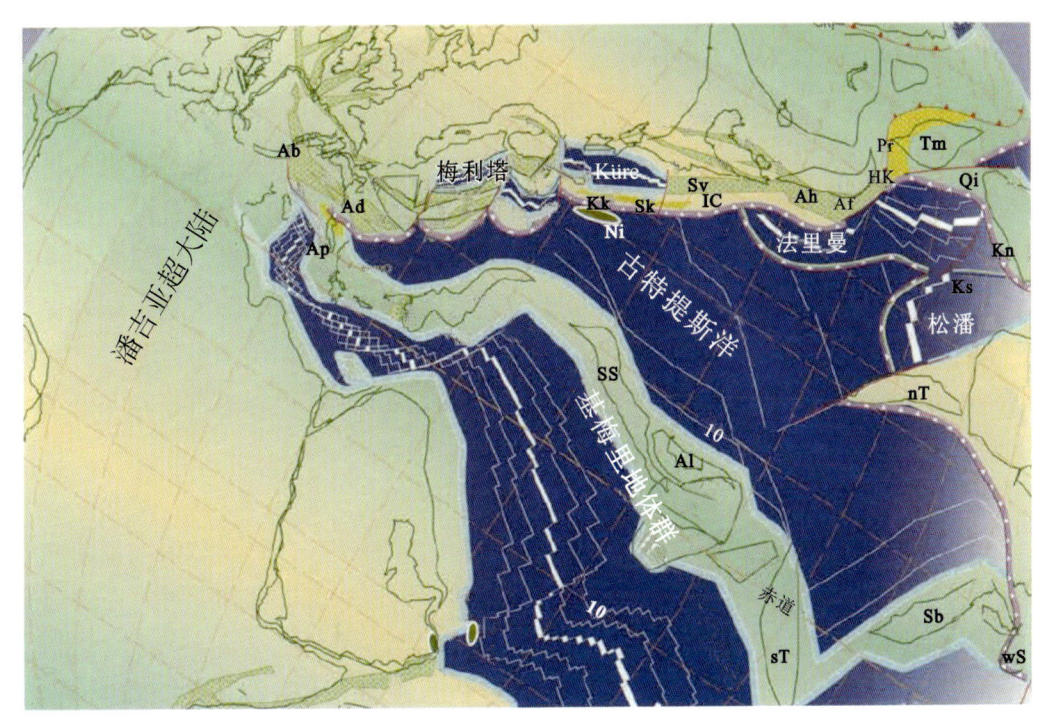

图 1-52 240Ma 板块重建（据 Stampfli and Borel，2004）

当古特提斯洋的俯冲进入最后阶段时，俯冲板片沿北缘的回卷促进了弧后盆地的打开，像梅利塔（Meliata）和 Küre。在古特提斯洋最终闭合之前，仍有足够的空间在梅利塔以南打开一系列的弧后盆地。往东，弧后裂谷在高加索（Svanetia）和伊朗北部（Agh-Darband）地区发育，试图与 Fariman–松潘洋内弧后体系相连。往西，伸展作用也影响了亚德里亚和伊比利亚地区，可能与大西洋的裂谷体系相连。Nilüfer 海山正在与拉卡亚弧前盆地发生碰撞，两者最终会与基梅里地体群碰撞。新特提斯洋的东地中海部分正在扩张，其北部边缘的阿普利亚代表的是当时基梅里地体群的最西部，而基梅里地体群的最东部（滇缅马苏）正在与 Anamia 地块碰撞。Ab. 阿尔沃兰；Ad. 亚德里亚；Ap. 阿普利亚；Kk. Karakaya；Sk. 萨卡里亚；Sv. Svanetia；IC. 印支；Ah. Agh-Darband；Af. 阿富汗北部；HK. 兴都库什；Pr. 帕米尔北部；Tm. 塔里木陆块；Qi. 祁连；Kn. 北昆仑；Ks. 南昆仑；SS. 萨南达季–锡尔詹；Al. 厄尔布尔士；sT. 藏南（拉萨地块）；Sb. 滇缅马苏；wS. 苏门答腊西部；nT. 藏北；（羌塘地块）；Ni. Nilüfer 海山

的碰撞，其西侧中帕米尔地块、阿富汗地块和中伊朗地块（包括 Yazd、Tabas 和鲁特等微陆块）也先后与图兰地块（当时与塔里木陆块是连在一起的统一地块）碰撞，并形成科佩特造山带。松潘–甘孜前陆褶皱冲断带和甜水海前陆褶皱冲断带三叠纪复理石发生强烈的褶皱、推覆变形，是这一碰撞造山事件的重要表现。但是东、西段古特提斯洋闭合发育的情况有所不同，西段的土耳其地块等并没有与欧亚板块发生完全碰撞，其间仍存在有狭长的黑海–里海古特提斯残余洋盆，该洋盆与新特提斯洋及地中海的海水是连通的。受上述构造特征的影响，滨里海–里海地区广泛发育陆表海相沉积与煤系地层互层，卡拉库姆盆地中、下侏罗统沉积了滨海相暗色泥灰岩与煤系地层互层的层序，这时的海侵方向是自西向东。

在侏罗纪早期，土耳其北部的新特提斯洋开始打开。这一分支沿基梅里地体群北缘先存的古特提斯弧的火山轴裂开，即后来的埃尔津詹缝合带。侏罗纪时期沿着冈瓦纳古陆北缘发生一期裂陷作用，苏拉威西岛西部、Mangkalihat、东爪哇和部分婆罗洲等一系列大陆碎片和微陆块从冈瓦纳古陆北缘分裂开来。在晚侏罗世—早白垩世时期，裂陷作用影响了冈瓦纳被动边缘的东部，对面的活动边缘部分俯冲带由于碰撞而堵塞。在此期间可能发生了两期裂离事件：①印度与南极洲及澳大利亚开始裂解分离，②西北澳大利亚岸外的裂解，进而转变为洋底扩张。显然，东特提斯洋两侧对应的碰撞与裂陷作用是同时的。在西侧特提斯俯冲作用则继续进行，在被动陆缘没有重大的裂谷幕。古生代大洋的闭合在西部继续，而在东部已堵塞。结果是左旋巨型剪切作用发生在冈瓦纳的东、西部之间。

（2）新特提斯洋的俯冲消亡与印度-欧亚板块碰撞

绝大多数新特提斯洋的俯冲始于阿尔布期—阿普特期，只有少数俯冲带俯冲启动的稍早些。新特提斯洋的俯冲主要是沿基梅里地体群南缘的北向俯冲，在晚白垩世时期，阿尔卑斯造山带开始形成。

前人基于动态板块边界、板块浮力、大洋扩张速率、主要构造和岩浆事件，给出了特提斯洋区域古生代—中生代板块重建模型（Stampfli and Borel，2002，2004；Hall，2012；Metcalfe，2013）。辛涅缪尔期，古特提斯洋几乎完全闭合，只在拉萨地块北部有很小的残留。在伊朗，古特提斯洋的闭合促进了磨拉石盆地（Shemsha）的发展和俯冲带向新特提斯洋北部的推进，这以萨南达季—锡尔詹和鲁特微陆块中与俯冲相关的岩浆作用的开始为标志。新特提斯洋北部的俯冲拖曳导致了冈瓦纳古陆分裂的可能性，尽管新特提斯洋仍在继续扩张，但是为冈瓦纳古陆向东移动提供了空间，因此，导致了中大西洋裂谷的加宽，同时也激活了阿尔卑斯-地中海地区发生活化，甚至沿着Levan转换边缘地区出现了很多裂谷带。Küre洋盆南部古特提斯洋的闭合使得Küre洋盆向南俯冲。Küre洋和新特提斯洋板片的回卷导致伊兹密尔-安卡拉洋洋盆打开（图1-53）（陶瑞德-安纳托利亚）。阿林期，中大西洋开始扩张，阿尔卑斯特提斯洋的分支位于伊比利亚南部。该时期主要是两个裂谷带在扩张，一个是爱奥尼亚裂谷体系，向南延续到希腊；另一个是阿尔卑斯特提斯洋体系，向东延续到喀尔巴阡山地区。阿尔卑斯特提斯裂谷会沿着伊比利亚南部、法国南部、阿尔卑斯地区一直到喀尔巴阡山地区在巴柔期打开。瓦尔达尔洋的打开是俯冲带从Küre地区跃迁到马里亚克（Maliac）地区的结果，也可以同伊兹密尔-安卡拉洋一起，被认为是新特提斯洋的弧后伸展。然而，马里亚克洋壳的回卷，使得瓦尔达尔洋在洋内俯冲的过程中向西扩张。Küre洋盆的闭合标志着黑海地区和罗多彼地区进入碰撞时代。伊兹密尔-安卡拉洋沿着古特提斯洋缝合带，向东延伸到里海南部地区。非洲板块与印度板块之间裂谷的发育，导致东、西冈瓦纳于早侏罗世时期开始分开（图 1-53）。阿尔卑斯特提斯洋在～155Ma 时，扩张到喀尔巴阡地区。在这个扩张的过程中，Moesia 从欧洲板块上分裂出来，仅移动到距离欧洲板块几百千米的位置，冈瓦纳古陆的旋转点位于 Moesia 地块之上。在伊比利亚和纽芬兰之间

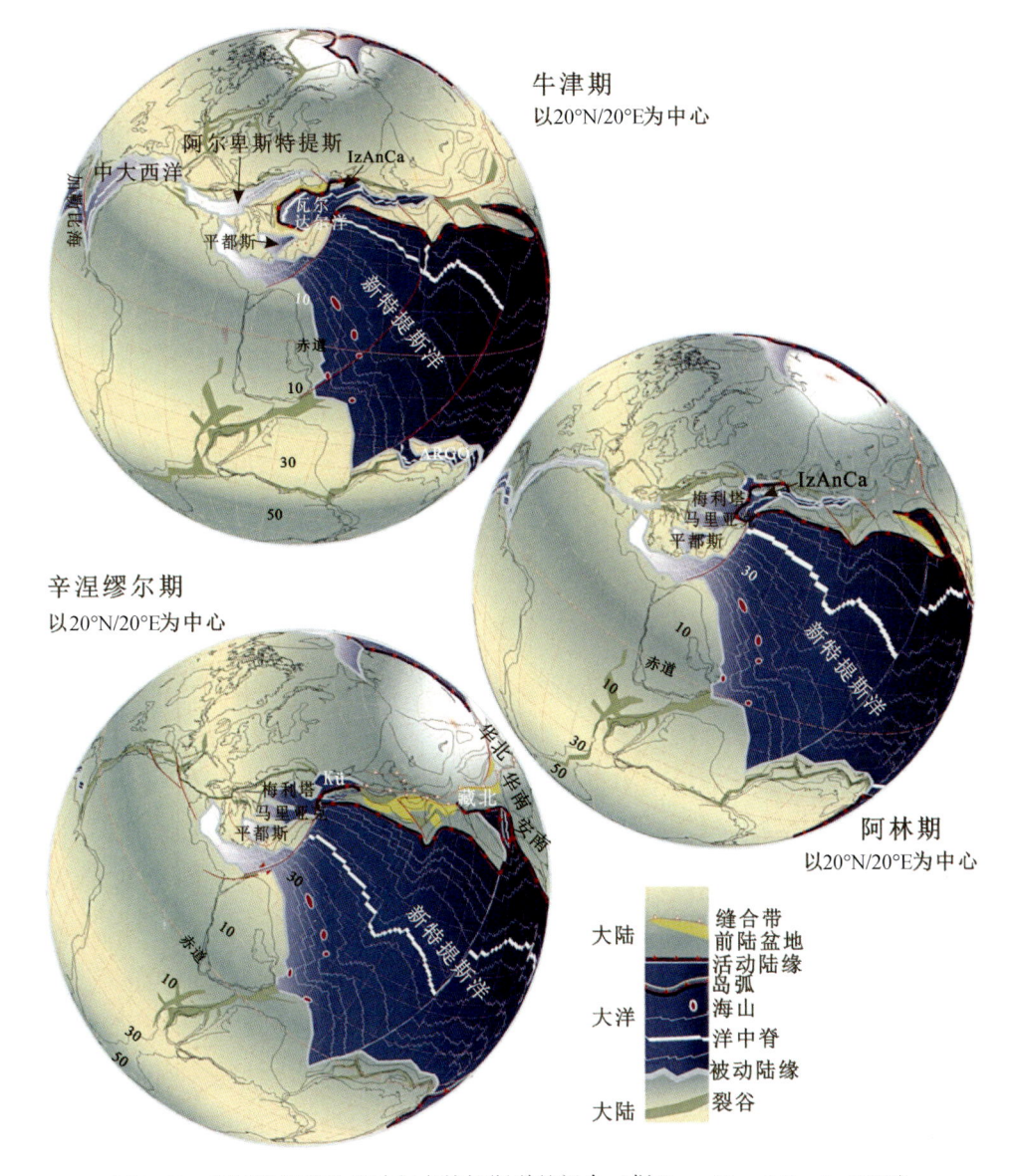

图 1-53 新特提斯洋的俯冲与古特提斯洋的闭合（据 Stampfli and Borel，2002）

辛涅缪尔期，古特提斯洋几乎完全闭合，俯冲带向新特提斯洋北部推进，以萨南达季—锡尔詹和鲁特微陆块中与俯冲相关的岩浆作用的开始为标志。阿林期，中大西洋开始扩张，阿尔卑斯特提斯洋的分支位于伊比利亚南部。该时期主要是两个裂谷带在扩张，一个是爱奥尼亚裂谷体系，另一个是阿尔卑斯特提斯洋体系。阿尔卑斯特提斯洋在～155Ma 时扩张到喀尔巴阡地区。在这个扩张的过程中，Moesia 从欧洲板块上分裂出来，仅移动到距离欧洲板块几百千米的位置，冈瓦纳古陆的旋转点位于 Moesia 地块之上。IzAnCa. 伊兹密尔–安卡拉洋–里海南部弧后扩张体系。安南即印支

的中大西洋向北拓展，伊比利亚地体的北界受洋中脊的影响，向东经比利牛斯山、普罗旺斯延伸到 Briançonnais 地区。Küre 洋几乎闭合，其沟-弧体系与罗多彼地区的碰撞是巴尔干造山运动的第一阶段，同时，伴随着之前裂谷带的反转（inversion）。马里亚克板片的回卷使得瓦尔达尔弧后盆地快速地向西扩张，因此，该弧后盆地的沟-弧体系很快与 Pelagonia 和 Dinaric 地块发生碰撞。马里亚克-瓦尔达尔洋东西向的缩短，也是冈瓦纳古陆相对于欧洲板块发生逆时针旋转的结果。冈瓦纳古陆的旋转导致新特提斯洋西部地区的扩张方向发生改变（图 1-53）。

瓦兰今期，冈瓦纳古陆的逆时针旋转使得部分瓦尔达尔洋洋中脊体系仰冲到 Pelagonia、Dinaride 和 Tizia 地块之上。瓦尔达尔洋的沟-弧体系与梅利塔北部边缘在该时期发生碰撞。瓦尔达尔洋的沟-弧体系在巴尔干地区继续发生碰撞，部分罗多彼地区的盖层和基底向北运动，被推覆到 Nish-Troyan 地块之上。影响新特提斯地区最主要的改变是伊兹密尔-安卡拉洋-里海南部的弧后盆体系停止扩张，并且阿富汗地区的 Panjao 盆地发生闭合。伊兹密尔—安卡拉地块开始向东后撤，产生了一个新的俯冲扩张中心。在新特提斯洋西部，沿着之前的扩张中心形成了一条新的洋内俯冲带，这个新的大洋区域最终会仰冲到阿拉伯板块之上［塞迈尔（Semail）蛇绿岩套］。热而轻的洋壳俯冲到伊朗地块之下，进入造山阶段，并且大洋沉积物仅在里海南部边缘地区发现。扩张作用正沿着东、西冈瓦纳古陆的边界发生。伊比利亚地块几乎与劳亚古陆分离，阿尔卑斯特提斯洋的扩张作用正在继续，但是很快伊比利亚和非洲将成为一个地块。

Hall（2012）在其重建模型中提出一个新的三节点构造将印度板块与澳大利亚板块分离开来，同时也将新特提斯洋划分为西新特提斯洋和东新特提斯洋。随后，西南婆罗洲岛和东爪哇岛-西苏拉威西岛向东北方向漂移，在东新特提斯洋内发生了短期的俯冲作用（图 1-54）。因此，晚侏罗世时期存在一个沿冈瓦纳古陆北部向南的俯冲带，导致新特提斯洋作为弧后盆地打开。相关的 Incertus 弧可能代表的是新特提斯洋中科伊斯坦-拉达克弧和沃顿弧体系（图 1-54）。而 Metcalfe（2013）则提出新特提斯洋的打开分为两个阶段：晚三叠世—早侏罗世时期，拉萨地块与东喜马拉雅地体-澳大利亚珀斯盆地分开，伴随着西新特提斯洋的打开；随后晚侏罗世时期，西南婆罗洲岛和东爪哇岛-西苏拉威西岛与澳大利亚西部分离时，东新特提斯洋打开（图 1-55）。晚侏罗世沿冈瓦纳北部的裂解事件被认为是裂谷从新几内亚往西向 Argoland 拓展造成的，其裂解机制是新特提斯洋板片沿欧亚板块南缘向北俯冲的板片拖拽力。

阿普特期，中大西洋的扩张向北延伸到伊比利亚和纽芬兰地区，非洲板块的北部界限在伊比利亚的北部、比利牛斯山。非洲—伊比利亚地块相对于欧洲板块向南运动，在阿尔卑斯特提斯洋产生一个新的扩张中心，将其分隔为东、西两个部分。在

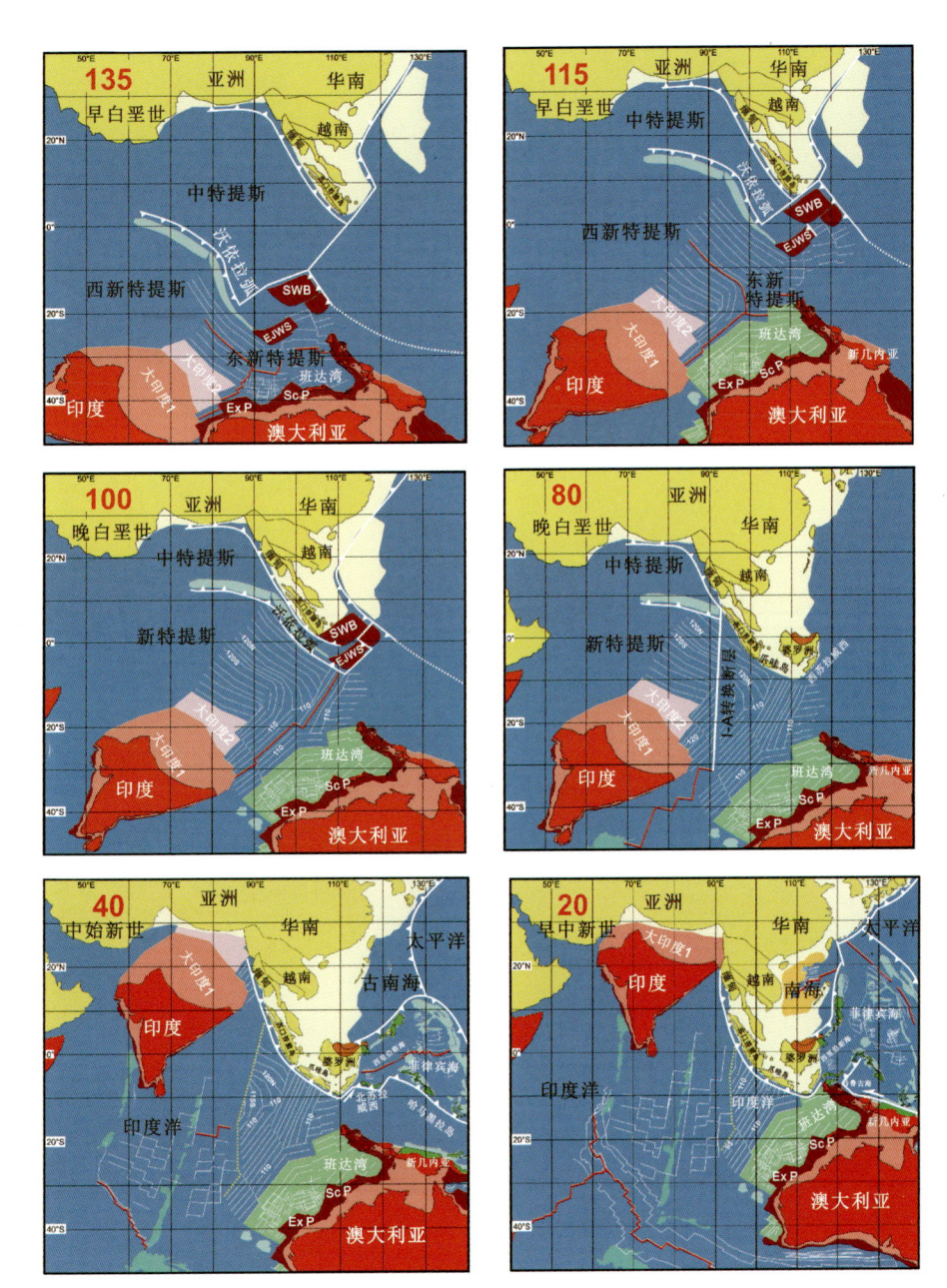

图 1-54 印度洋中新生代关键阶段的构造演化（据 Hall，2012）

原作者此图的中特提斯实际为本文早期的新特提斯，SWB. 西南婆罗洲，
EJ-WS. 东爪哇–西苏拉威西，Ex P. Exmouth 高原，Sc P. Scott 高原

非洲–伊比利亚地块的东部，俯冲作用的推进使得外来的奥地利阿尔卑斯（Austroalpine）地块拼接到阿尔卑斯特提斯洋中，然而，其西部则是被动的与非洲板块一起移动。巴尔干地区的造山运动很快就结束，以阿尔布期的磨拉石为标志；然而，利西亚地区的洋内体系则向东延伸。在这一过程中，沿着伊兹密尔–安卡拉洋的

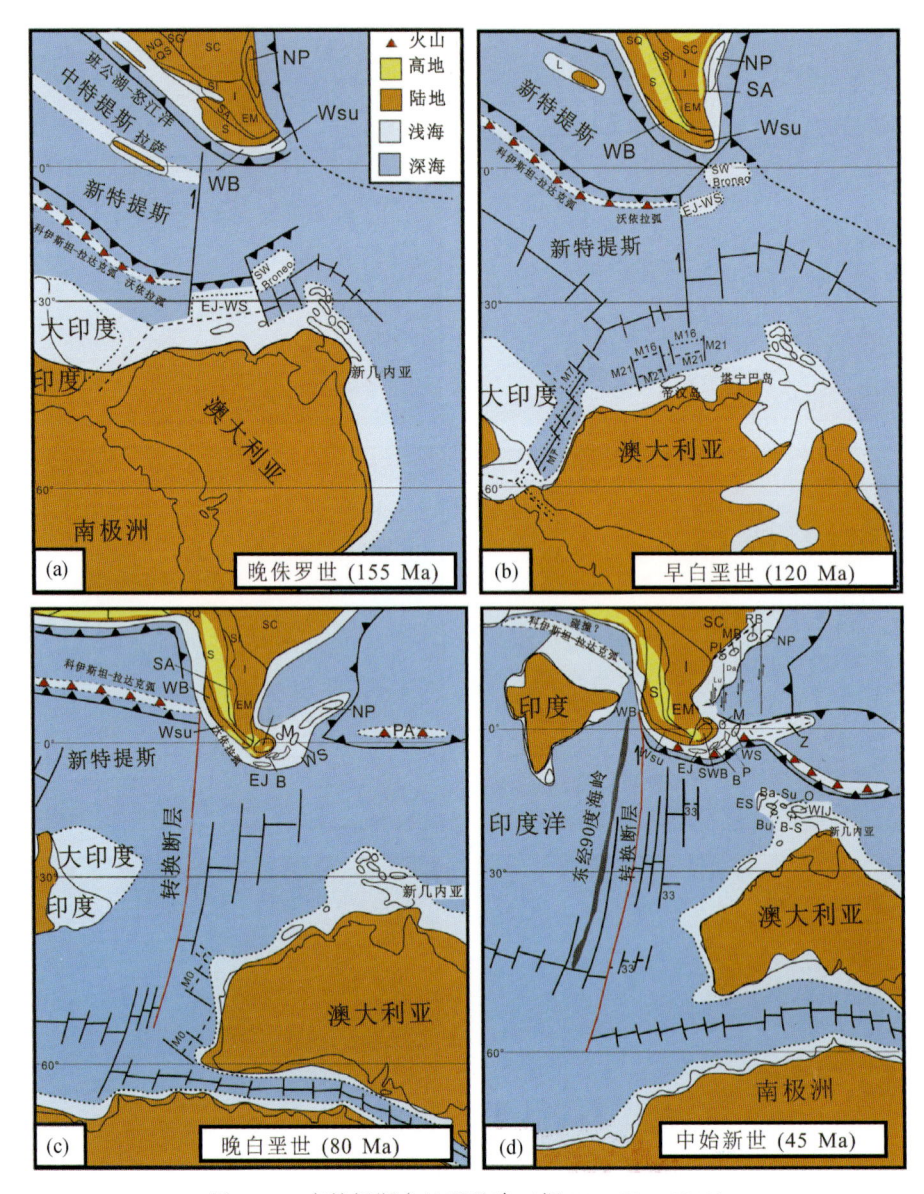

图 1-55　东特提斯古地理重建（据 Metcalfe，2013）

(a) 晚侏罗世，(b) 早白垩世，(c) 晚白垩世和 (d) 中始新世，示东南亚-澳大利亚大陆碎块的分布及海陆格局。SG. 松潘-甘孜增生杂岩；SC. 华南；NQ-QS. 北羌唐-Qamdo-思茅；SI. 思茅；SQ. 南羌唐；S. 滇缅马苏；I. 印支地块；EM. 东马来亚；WSu. 西苏门答腊；L. 拉萨；WB. 西缅；SWB. 西南婆罗洲；SE. Semitau（塞米陶）；NP. 北巴拉望和其他现今构成菲律宾基底的小陆块；Si. Sikuleh；M. Mangkalihat；WS. 西苏拉威西；PB. 菲律宾基底；PA. 东菲律宾弧；PS. 古南海；Z = Zambales 蛇绿岩；RB. Reed Bank；MB. Macclesfield Bank；PI. Paracel Islands；Da. Dangerous Ground（南沙地块）；Lu. Luconia；Sm. Sumba；Kohistan-Ladach Arc. 科伊斯坦-拉达克弧，woyla Arc. 沃依拉弧；SW Borneo. 西南婆罗洲；SA. Sukhothai Arc（泰可泰弧）；WSu. 西苏门答腊岛；EJ. 东爪哇；P. Paternoster；B. Bawean；O. Obi-Bacan；Ba-Su. Bangai-Sula；Bu. 布顿岛；WIJ. 西巴布亚．M 数字代表印度洋磁条带编号

北缘形成了一个弯曲的盆地，伴随着混杂岩在彭泰德地区的堆积。随后，利西亚洋向南仰冲到安纳托利亚-托鲁斯地体之上，这次仰冲导致了马斯特里赫特阶的浅海沉积。随着新特提斯洋板片的向南后撤，塞迈尔洋内弧后体系也向南迁移。非洲和印度之间的扩张停止，被右旋转换体系所替代。受俯冲板片的浮力影响，新特提斯洋残余的扩张脊、阿富汗-拉萨南部的造山运动很快就停止。新特提斯洋的东部新形成一个俯冲带弧后扩张体系，然而，其西部则仰冲到鲁特微陆地之上。此后，负浮力的新特提斯洋板片的俯冲使得印度板块向北快速移动。

对于现今的东南亚地区，Hall（2012）认为，在110~100Ma，西南婆罗洲岛漂移至巽他陆缘处，沃依拉（woyla）-Incertus弧处的俯冲方向发生改变，新特提斯洋开始向北俯冲，因此印度与沃依拉（woyla）-Incertus弧之间的新特提斯洋停止扩张，并随着新特提斯洋的北向俯冲逐渐减小，而印度与澳大利亚之间的新特提斯洋则在不断加宽（图1-54）。

晚白垩世时期（90~80Ma），印度与澳大利亚之间的扩张中心死亡，随着印度板块向北的漂移，印度板块与澳大利亚板块之间沿着新生的I-A转换断层（即印度-澳大利亚转换断层）继续分离。同时期在现今的东南亚地区，最重要的改变是向巽他大陆之下的俯冲事件结束，沃依拉弧和东爪哇岛-西苏拉威西岛地块都漂移到巽他陆缘（图1-54）。再往西，这期间最主要的事件即为非洲板块的加速旋转，大大地缩短了塞迈尔洋以南的新特提斯洋范围。塞迈尔洋与印度北部残留的新特提斯洋之间转换运动由右旋变成左旋。老的新特提斯洋岩石圈沿着转换带的垮塌，在阿拉伯东部产生了一个洋内洋盆。在此之前，鲁特微陆地南部的新特提斯洋洋壳板片的回卷使得阿拉伯板块与萨南达季-锡尔詹地块一起从欧洲板块上分离出来。这两个地块的向东运动伴随着利西亚（Lycian）弧后洋盆的扩张，该弧后洋盆完全替代了伊兹密尔-安卡拉洋。然后，非洲板块旋转导致东西向缩短，促进了利西亚洋向南仰冲到安纳托利亚-克里米亚地块之上，然而，塞迈尔洋则是部分沿着其南部的转换边缘发生仰冲。安纳托利亚-克里米亚地块几乎被蛇绿混杂岩所覆盖。非洲板块在比利牛斯山的北部边界变成了一个聚合带，部分向大西洋延伸。瓦尔达尔洋残余洋盆的北向俯冲在巴尔干地区形成一个活动大陆边缘，同时，伴随着黑海弧后盆地的打开（图1-56）。

新特提斯洋的俯冲产生强的板片拖拽力，从而导致侏罗纪早期潘吉亚超大陆的裂解和中大西洋的打开。潘吉亚超大陆的裂解向东延伸至阿尔卑斯特提斯，可能与新生的欧亚板块的弧后盆地相连接，如伊兹尔-安卡拉洋-里海南部。新特提斯洋扩张脊俯冲的不同时性，导致了晚侏罗世—早白垩世时期板块构造格局的主要变化和冈瓦纳古陆的最终裂解，其中，包括Argo-缅甸地块与澳大利亚板块的分离以及印度板块从冈瓦纳古陆分离。如果Argo-缅甸地块与马来西亚地块的碰撞发生在圣通期之前,那对于Argo-缅甸地块脱离澳大利亚板块的时间则存在争议。在瓦兰今期至圣通期之间,伊朗南部新特提斯洋洋中脊以及残余的瓦尔达尔-伊兹密尔-安卡拉洋的俯冲,产生强烈的张扭应力,从而导致冈瓦纳古陆的裂解;也使得从莫桑比克延伸至新特提斯洋地区的南北向大洋体系打开(图1-56)。澳大利亚和南极洲板块附

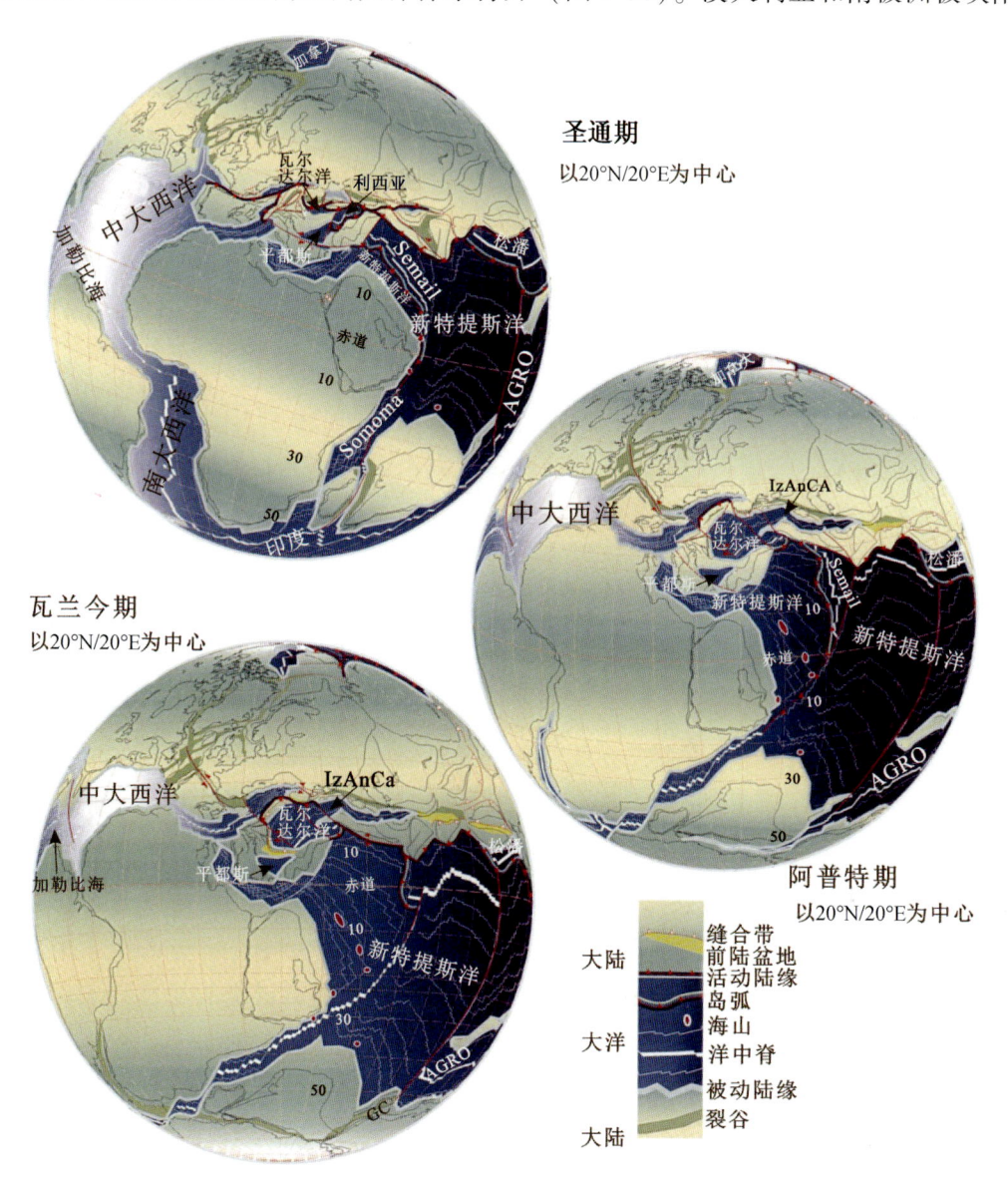

图1-56 新特提斯洋的持续俯冲(据 Stampfli and Borel,2002)

瓦兰今期,影响新特提斯地区最主要的改变是IzAnCa(伊兹密尔-安卡拉洋-里海南部)的弧后盆体系停止扩张,并且阿富汗地区的Panjao盆地发生闭合。伊兹密尔-安卡拉板片开始向东后撤,产生了一个新的俯冲扩张中心。阿普特期,非洲-伊比利亚地块相对于欧洲板块向南运动,在阿尔卑斯特提斯洋产生一个新的扩张中心,将其分隔呈东、西两个部分。随着新特提斯洋板片的向南后撤,塞迈尔(Semail)洋内弧后体系也向南迁移。圣通期,这期间最主要的事件即为非洲板块的加速旋转,大大地缩短了塞迈尔(Semail)洋以南新特提斯洋范围。但注意,松潘尚未封闭,该重建在此处有误

近的古太平洋板块俯冲方式的改变也是东、西冈瓦纳裂解的原因之一。印度板块相对于非洲板块的位置，是由索马里-莫桑比克洋盆中晚侏罗世—晚白垩世的大洋磁条带界定的。新特提斯洋内部沿古转换断层发生洋内俯冲，东冈瓦纳古陆（包括之后的印度板块）沿非洲板块的旋转与这一洋内俯冲相关，同时也导致了马里亚纳型塞迈尔弧后盆地的扩张（图1-56）。塞迈尔洋内俯冲方向是由转换断层两侧洋壳的年龄决定的，老的一侧洋壳向年轻一侧俯冲。

前人对于瓦尔达尔洋的闭合过程提出了多种可能性。其中一种即为新特提斯洋西部的北向俯冲，向北延伸至瓦尔达尔洋，一直沿欧亚板块边缘进行俯冲（Seton et al.，2012）。然而，这一重建过程并未很好地解释非洲板块边缘的瓦尔达尔蛇绿岩套所揭示的复杂俯冲历史。在其他的重建模型中，瓦尔达尔洋为拱形向NE-SW方向俯冲的洋内弧，中侏罗世早期开始俯冲，并向西发生后撤。在晚侏罗世—早白垩世，瓦尔达尔弧与亚得里亚边缘发生碰撞，随后瓦尔达尔洋的残留仰冲到潘诺尼亚-喀尔巴阡地块之上，以瓦尔达尔蛇绿岩套的形式保存在喀尔巴阡、Dinaride、Hellenide和陶瑞德等地区。

白垩纪新特提斯洋的大洋岩石圈快速向冈底斯之下俯冲消减，形成了冈底斯岛弧的大规模岩浆火山活动。在羌塘盆地和拉萨地块上的沉积以上白垩统红色磨拉石建造为特征，它们覆盖在变形的侏罗系之上，形成明显的角度不整合关系，在拉萨地块上局部地区存在浅海相上白垩统地层。此时，塔里木盆地早白垩世沉积分布基本上继承了侏罗纪时期的特点，但是由于气候环境的变化，沉积以红色碎屑岩建造为主，上白垩统地层却普遍缺失。这种缺失可能与晚白垩世（80~70Ma）科伊斯坦-拉克达弧与拉萨地块发生碰撞有关。

新特提斯洋的俯冲作用对北部盆地的影响是不一致的。在东部，由于班公湖-怒江洋盆到侏罗纪末—白垩纪初才闭合，因而，同期新特提斯洋的俯冲对北侧大陆影响较小。但在帕米尔至地中海段，伴随新特提斯洋的向北俯冲，弧后扩张作用使得原黑海-里海残余洋盆扩大（弧后洋盆），因而，滨里海地区海侵范围进一步扩大，以致在西起卡拉库姆盆地、塔吉克盆地、费尔干纳盆地，东至塔里木盆地的塔西南、库车地区等广泛区域，从白垩系至古近系依次发育不同类型的海相层序。

对于特提斯洋停止扩张的时代尚存争议。Stampfli和Borel（2002）提出新特提斯洋的洋中脊与特提斯洋俯冲带在早白垩世相遇，从而停止了扩张。另一种观点则认为新特提斯洋在白垩纪继续扩张，在白垩纪超静磁期（Cretaceous Normal Superchron）末期到43Ma期间，与沃顿（Wharton）洋盆的洋中脊合并。特提斯洋的最终闭合起源于印度板块在55Ma，或35Ma，或15Ma，与欧亚板块南缘的碰撞以印度-雅鲁藏布缝合带为标志；终止于阿拉伯半岛与伊朗之间特提斯洋通道的闭合形成扎格罗斯山脉。迄今，新特提斯洋停止扩张的时代很难确定。

印度与亚洲碰撞的碰撞年代和印度板块持续向北运动还存在争议，这与碰撞前大印度的尺寸大小的推测有关。Powell 等（1988）提出大印度陆壳在东段拼接带的北部还应有大约 1300 km 宽的范围。前人提出了较小的大印度板块理论（Dewey et al., 1989, Harrison et al., 1992）。在这个基础上，Le Pichon 等（1992）估计了大印度的一个最小尺寸，范围扩展到了缝合线北部 600km，然而，Dewey 等（1989）提出消失的范围在 450~1000 km 变化。据此，这些学者同样对沿现今缝合带的碰撞是同步还是穿时的存在争议。总之，Rowley（1996）提出的碰撞年龄和保守估计的大印度板块范围被普遍采用，这暗示着亚洲边缘的南部至少延伸到 30°N。与 Mitchell 和 Parson（1993）提出的一样，大印度东部边界延伸到始新世在缅甸碰撞的缝合带。大印度的这个区域对于 Royer 和 Sandwell（1989）重建的最大范围稍微小点，这也被 Lee 和 Lawver（1995）接受。这些论争对恢复东亚陆缘西南段的早期面貌是重要的。使用这个最大可能的尺寸模型可能导致在缅甸的碰撞稍微提前（40Ma，而不是 35Ma），但同样也是在始新世末。当然，关于印度板块是在东段、中段、西段还是整体一致地先与欧亚板块初始碰撞也还存在巨大争论。古地磁资料（Haile, 1978；Hall et al., 1995）和印度洋重建（Hall, 2012）表明，印度板块与非洲东部的马达加斯加分离之后逐渐远离其母体——冈瓦纳古陆，并以 15cm/a 的速率不断北漂；大约在 55~50Ma 或 40~35Ma，大印度板块和亚洲板块初始碰撞（图 1-55，图 1-57），此时该板块已向北漂移了约 2000~3000 km，比已知的任何板块移动的速度要快。

Chatterjee 等（2013）认为印度板块与科伊斯坦-拉达克（Kohistan-Ladakh）弧在 85Ma 发生碰撞，关闭了 "Indo-Tethys" 海（特提斯洋的弧后盆地）（Gibbns et al., 2015），形成了印度缝合带，随后在大约 50Ma 与欧亚板块发生碰撞，与印度板块在始新世早期移动速度的剧烈下降一致。科伊斯坦-拉达克弧与印度板块在 ~85Ma 时期的缝合，与阿曼地区塞迈尔蛇绿岩套在中白垩世的仰冲同期，说明在白垩纪时期存在一个自东向西连续的洋内俯冲带（Chatterjee et al., 2013）。塞迈尔蛇绿岩套在中白垩世的仰冲，可能与印度板块的改变相关，该时期印度板块与马达加斯加分离，向北朝着欧亚板块运动。马西拉蛇绿岩套晚侏罗世—早白垩世的年龄，与印度板块和澳大利亚—南极洲板块分离的时代是一致的。然而，对于科伊斯坦-拉达克弧地区岩浆作用的研究使得其他学者提出，科伊斯坦-拉达克弧与印度板块应该在 ~61Ma 或 ~50Ma 发生碰撞。而 Gibbons 等（2015）结合古纬度以及科伊斯坦-拉达克弧和印度板块的几何构型，提出在 61~50Ma 发生分段碰撞。

绝大多数的研究认为，印度板块与欧亚板块在 ~55~50Ma 发生碰撞。晚白垩世日喀则地区的海相复理石沉积突然转变成始新世的秋乌组磨拉石沉积。印度板块与欧亚板块该时期碰撞的另一证据为沉积单元中蛇绿岩套岩屑的出现，包括 Zanskar

地区古新世Chogdo组的出现。Aitchison等（2007）根据雅鲁藏布缝合带中部朋区组中早始新世海相沉积物的出现，提出印度板块与欧亚板块在34Ma发生碰撞。印度河盆地中50Ma的沉积岩中缺乏来自印度板块的沉积，可能也支持两者在较为年轻的时代发生碰撞。Gibbons等（2015）则认为印度板块与欧亚板块在44±2Ma时期发生碰撞。地球物理数据显示，印度洋洋中脊的中部和东南部的洋底扩张速率在~52~43Ma降低，以及在~43Ma扩张方向发生重要的改变（Cande et al.，2010）。同时，沃顿洋盆在~44~42Ma停止扩张以及澳大利亚-南极洲之间洋中脊的扩张速率在同一时间增加，都被认为是印度板块与欧亚板块之间陆-陆碰撞的结果。

Aikman等（2008）根据对年轻的未变形花岗岩岩体的锆石年代学分析提出，特提斯喜马拉雅的地壳增厚主要发生在~44.1±1.2Ma。来自喜马拉雅造山带和印支-缅甸地区的碎屑沉积物，标志着孟加拉盆地沉积模式在始新世中期发生重要的改变，可能是欧亚板块与印度板块最终碰撞的结果。喜马拉雅造山带的挤出构造大都在~35Ma开始启动，同时也激活了印支地块与华南陆块之间的NW-SE走向的红河-哀牢山剪切带，发生了几百千米的左旋运动。另外，前人在东喜马拉雅报道的最老榴辉岩相变质的时代为~38Ma（Kellett et al.，2014）。~54~40Ma的钙碱性岩浆岩构成了科伊斯坦弧的2/3，说明洋壳俯冲在该地区一直持续到40Ma。林子宗火山岩和花岗岩岩浆活动一直持续到~43Ma，从而说明沿着拉萨南部的安第斯山型岩浆作用的结束以及陆-陆碰撞的开始应该是在~44Ma。在早始新世（~55Ma），印度与欧亚板块开始碰撞。大约在晚始新世末及渐新世初（40Ma），非洲板块与欧亚板块的碰撞，结束了特提斯洋发展的碰撞阶段（图1-57）。在阿尔卑斯带的安纳托利亚-高加索地段内的变形导致始新世弧后和弧内盆地的残余最终闭合，碰撞持续到现今。

（3）阿拉伯板块碰撞、印度-欧亚板块陆陆俯冲持续与欧亚陆内变形

新特提斯洋洋盆的闭合造成了印度板块、阿拉伯板块与欧亚板块的碰撞，这些碰撞是大陆-大陆汇聚的典型代表，形成单一的缝合带，绵延数千千米，从土耳其西部的塞浦路斯（Cyprus）向东到土耳其的比特利斯（Bitlis），沿伊朗的扎格罗斯（Zagros）向东南方向入阿曼（Oman）湾，在洋底以莫克兰（Makran）海沟的形式出现，然后在巴基斯坦登陆，在巴基斯坦境内为北东向伯拉（Bela）-瓦济里斯坦（Waziristan）-奎塔（Quetta）缝合带，经帕米尔喀喇昆仑后与雅鲁藏布缝合带相接，后者呈弧形在缅甸入印度洋（张洪瑞等，2010）。

新特提斯洋西段（阿拉伯、意大利、巴尔干、希腊、土耳其）的关闭是由于非洲板块向北漂移，与欧亚板块的欧洲部分发生碰撞，形成以伊兹密尔-安卡拉-埃尔津詹（Izmir-Ankara-Erzincan）为代表的缝合带，关闭的时间是白垩纪末—古近纪初（约66Ma）。但是，东段新特提斯的初始关闭发生在巴基斯坦北部和印度西北部

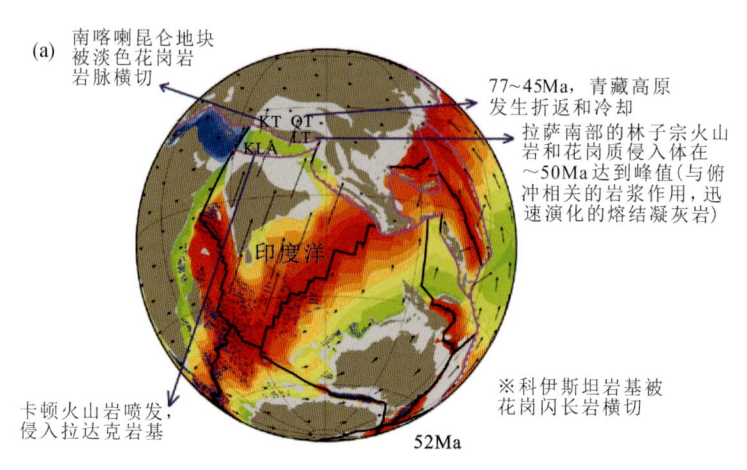

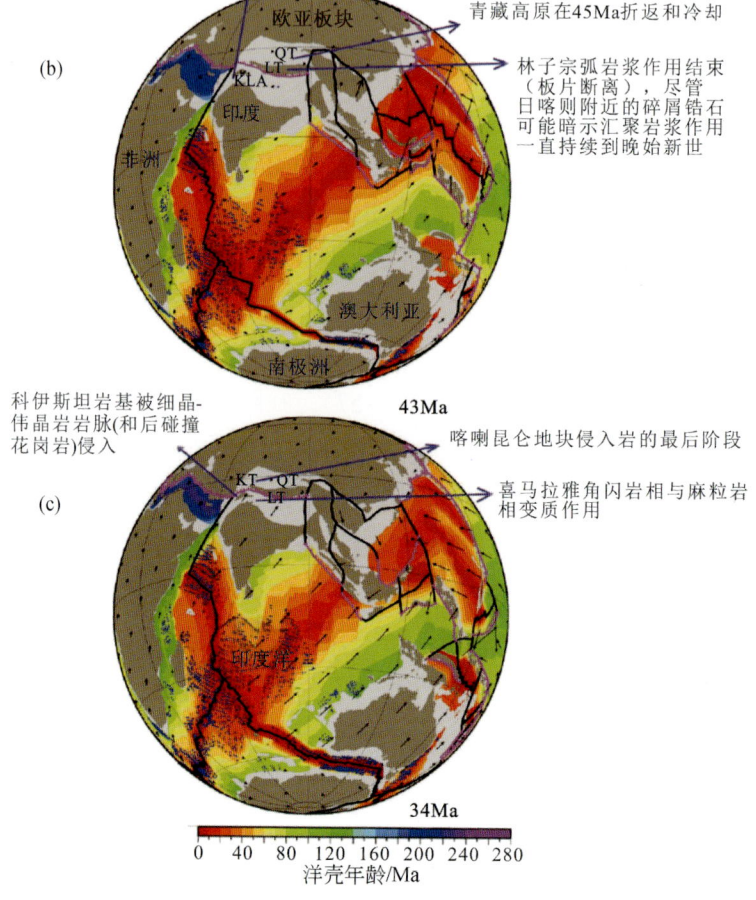

图 1-57 板块重建的印度板块与欧亚板块的碰撞过程（据 Gibbons et al., 2015）

(a) 52Ma：印度板块的浮力中止了洋内俯冲，残余弧后洋盆现在是印度板块与欧亚板块之间很窄的海道。(b) 43Ma：陆-陆碰撞开始形成喀喇昆仑山-科伊斯坦-什约克缝合带（KKSSZ）和雅鲁藏布缝合带（YTSZ），导致了印度与欧亚板块之间汇聚速率下降。(c) 34Ma：印度板块继续俯冲，在欧亚板块之下发生板片断离。QT. 羌塘地块，LT. 拉萨地块，KT. 喀喇昆仑地块，KLA. 科伊斯坦-拉达克弧的哈扎拉（Hazara）、扎斯卡（Zanskar）等地区，时间是始新世中期的卢泰特期初期（约50Ma）；而后发生在中段喜马拉雅地区（西藏的仲巴、定日），时间被推定为卢泰特期。Liu 和 Einsele（1994）推测这一地区新特提斯沉积史结束在渐新世和中新世。李祥辉等（2001）根据在西藏发现的非碳酸盐岩地层中化石带的顶部时间，计算了新特提斯洋在西藏南部（喜马拉雅造山带中段）的闭合时间为始新世普里亚本末期，关闭的最后时限应为~34Ma；并且，认为东段新特提斯洋的关闭是阶段性的，最初发生在巴基斯坦北部和印度西北部的哈扎拉、扎斯卡等地区，时间是卢泰特期初期（约50Ma）；之后，是喜马拉雅造山带中段，到普利亚本末期（约34Ma）关闭，延伸到西藏南部；渐新世末期（约24Ma），关闭发生在喜马拉雅造山带东段的印度-缅甸地区（Indo-Burmese Range）和安达曼岛弧（Andaman Island Arc）地区；早中新世末期（约16Ma），巴基斯坦卡塔瓦兹（Katawaz）残留盆地彻底关闭（鲁银涛，2008）。

阿拉伯板块沿扎格罗斯与欧亚板块碰撞，使特提斯洋盆，除地中海和黑海、里海等局部地区外，整体关闭。根据伊朗扎格罗斯地区主要构造单元的交切关系和沉积事件将阿拉伯板块与伊朗中部地块开始碰撞的时限限定为始新世—渐新世末（25~23Ma，Agard et al.，2005）。这次碰撞是一个多阶段的、累积的过程，至少造成了2个小洋盆的闭合，同时还伴有大规模岩体侵位。萨南达季-锡尔詹地块向阿拉伯板块上逆冲，形成扎格罗斯逆冲推覆系统；早中新世—中中新世为晚碰撞阶段，伊朗地块和安纳托利亚地块地壳缩短，块体隆升，走滑系统发育，形成安纳托利亚大型走滑系统，安纳托利亚地块沿此向西逃逸；晚中新世进入后碰撞阶段，大量钙碱性、碱性小岩株遍布全区（张洪瑞等，2010）。

扎格罗斯碰撞造山带的形成，隔断了黑海-里海残余洋盆与外部大洋的联系，使其成为封闭内陆残留洋盆。中亚盆地群除南里海盆地、黑海盆地外，逐渐结束了海相地层沉积。这时旋转了的伊朗地块、阿富汗地块等又与北侧欧亚板块焊接在一起，形成统一的西起大西洋，经阿尔卑斯山、扎格罗斯-科佩特山、喜马拉雅山至印支地区的雄伟的特提斯造山带。

这时印度-欧亚板块持续的陆-陆俯冲和碰撞作用，引起欧亚板块的强烈变形，使得已经被剥蚀了的古天山、祁连山、昆仑山等造山带重新活动，形成陆内造山带，这些陆内造山带向盆地的冲断使中亚及中国西北地区的盆地进入"再生前陆盆地"阶段。

伴随着印度板块与欧亚板块之间的碰撞，印度-雅鲁藏布缝合带以南的喜马拉雅地区发生强烈的逆冲褶皱作用，形成前陆冲断带；印度-雅鲁藏布缝合带以北发育厚达5000m的林子宗同碰撞火山岩和冈底斯淡色花岗岩岩基，青藏高原雏形形成。

印度板块与欧亚板块之间在始新世-渐新世时期进入晚碰撞阶段（40~26Ma），

在印度板块的东西两侧，沿碰撞缝合带或早期岩石圈不连续带发生大规模走滑活动，形成金沙江、Chanman大型走滑系统，伴有部分块体逃逸，青藏两侧构造结块体易于逃逸，从而调节了大陆碰撞引起的地壳缩短和应力应变。但在喜马拉雅正向碰撞地带，块体难以逃逸，因而垂向抬起相对两侧较高，形成珠穆朗玛峰。

渐新世开始青藏高原碰撞造山进入后碰撞阶段，早期的下地壳流动与上地壳缩短作用（25~18Ma）在藏南地区形成东西向延伸的藏南拆离系（STDS），在拉萨地块发育东西向展布的逆冲断裂系（图1-58）；晚期的地壳伸展与裂陷作用（<18Ma）形成一系列横切青藏高原的南北向正断层系统及其围限的裂谷系和裂陷盆地（张洪瑞等，2010）。

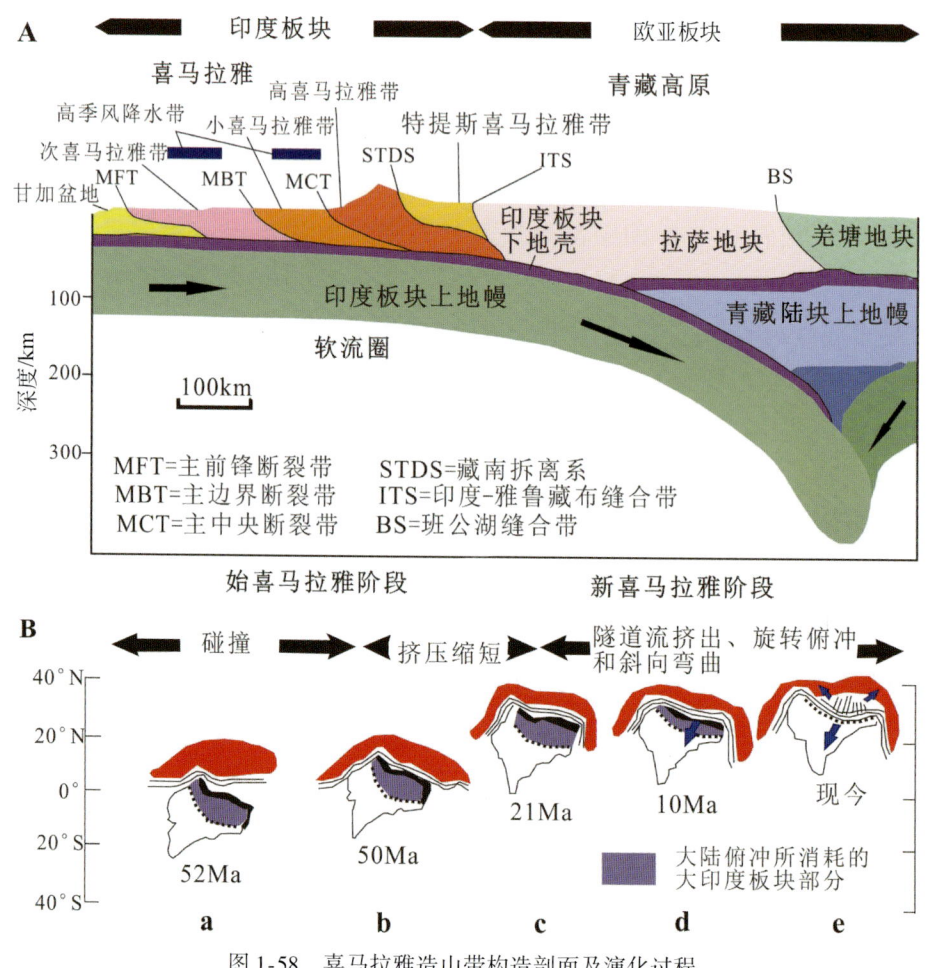

图1-58 喜马拉雅造山带构造剖面及演化过程

A. 高分辨率的地震和层析成像揭示的喜马拉雅造山带结构，显示了南向逆冲推覆体系（MFT、MBT、MCT），导致一系列大陆碎片相对于印度地幔向南移动。STDS则为北向倾斜的正断层，并伴随熔融作用。B. 印度-拉萨地块碰撞过程中的5个主要阶段（据Chatterjee et al.，2013）

新生代时期，青藏高原发育一系列不同时代、不同类型的沉积盆地，它们记录了高原古地理、古气候等古环境演化和造山隆升过程。晚白垩世晚期至渐新世，由于印度板块沿雅鲁藏布缝合带的北向俯冲，在仰冲板片前缘出现双磨拉石带：内磨拉石带（晚白垩世—晚始新世）展布于冈底斯带南缘，厚2000~4000m；外磨拉石带（始新世中—晚期）分布于雅鲁藏布蛇绿岩带南侧，厚约2000m。这些磨拉石沉积反映当时冈底斯带和雅鲁藏布蛇绿岩分布区已隆升为中低山区。

古近纪到中新世，除高原北部和东部出现以贡觉盆地为代表的山间盆地型红色碎屑岩建造以外，高原内部大部分为河湖相细碎屑沉积和含煤、含油岩系，代表了温暖潮湿气候条件和比较稳定的沉积环境。地势高差不大，东北部高，山脉最高海拔不过2000~3000m，西南部低平，山区海拔一般为500~1000m，未出现真正的磨拉石建造。

上新世开始，青藏高原内部大部分盆地消失，在高原南北边缘却出现巨厚的上新世—早更新世磨拉石建造，显示了高原的强烈隆升。喜马拉雅山前以锡瓦利克群为代表的磨拉石沉积东西延展2000余千米，厚度达6000m；昆仑山前的阿图什组及西域组磨拉石沉积共厚4600m；祁连山前的疏勒河组和玉门组磨拉石沉积厚2000余米。这些巨厚的磨拉石沉积标志了上新世—早更新世时期青藏高原曾经出现大幅度的抬升。

1.3.3 特提斯构造域的油气聚集与矿产资源

综合国内外最新研究成果可发现，特提斯造山带演化的几个重要阶段对其南、北缘盆地的影响较大。特提斯构造域共有80多个沉积盆地，油气探明储量近$1600×10^8$t，在地理分布上，这些盆地和储量主要集中在阿拉伯板块东北缘（7个盆地，$1318×10^8$t储量）、中亚北部（4个盆地，$98×10^8$t储量）、非洲东北缘（5个盆地，$73×10^8$t储量）、东南亚（8个盆地，$53×10^8$t储量）四个地区，这24个盆地的油气探明储量为$1542×10^8$t，占了特提斯构造域油气总储量的97%（崔可，2000）（图1-59）。

甘克文等（2000）的东特提斯构造域北、中、南三带的划分方案中，北带含油气盆地如下：

1）欧洲-北非段：法国的阿基坦盆地、前喀尔巴阡盆地、磨拉石盆地、莫埃西盆地，其中，油气前景好的为法国阿基坦盆地、前喀尔巴阡盆地。

2）西亚段（目的层是侏罗系、白垩系、古近系和新近系）：北高加索盆地、曼格拉什克盆地、卡拉库姆盆地和塔吉克盆地。

3）中亚段（是目前发现含油气最少的地段）：中国塔里木、酒泉、鄂尔多斯盆地。

图1-59 特提斯构造域主要金属矿床与主要含油气盆地分布

4）东南亚段：中国的四川盆地和楚雄盆地。

中带含油气盆地如下：

1）欧洲-北非段：埃布罗、亚德利亚和爱奥尼亚这三个克拉通边缘挠曲盆地，在活动带中硬化下沉的中间地块盆地，如波河盆地以及塔拉戈纳、爱琴海、色雷斯、阿答纳、维也纳、潘诺这几个新近纪因拉张活动而形成的断陷盆地。

2）西亚段：卡尔维尔、库拉和西土库曼盆地。

3）中亚段：柴达木、可可西里、昌都、羌塘盆地。

4）东南亚段：苏门答腊、西瓜哇这两个弧后前陆盆地，以及马来暹罗湾、昭披耶河等一些新克拉通上的断陷盆地。

南带含油气盆地主要如下：

1）欧洲-北非段：苏伊士、西部沙漠、苏尔特、佩拉杰、伊利齐、古达米斯等盆地。

2）西亚段：中东波斯湾油气区。

3）中亚段：孟加拉盆地和印度河盆地。

4）东南亚段：库杜布油田。

盆地保存，特别是古近纪以来是否仍为盆地，是对油气聚集潜力起决定作用的因素。在这些油气分布区域，所占比例最大的是中东地区，其次是北非和中里海的北高加索-曼格拉什克-卡拉库姆盆地带，而这些占全球储量很大比重的油气带形成于南北两侧冈瓦纳古陆和劳亚古陆的中—新生代大陆架上。在西半球，特提斯构造域的含油气盆地主要有：二叠盆地、墨西哥湾沿岸、雷福马-坎佩切、马拉开波和东委内瑞拉五个储量丰富的盆地。

从特提斯构造演化可以看出，特提斯域内的陆块漂移推动了古、新特提斯洋盆闭合；构造演化与成矿过程表明，域内的陆块及其周缘的增生造山带是特提斯研究的载体，记录了裂解—俯冲—碰撞等地质过程，赋存有斑岩型 Cu-Mo-Au、与岩浆热液有关的 Sn-W、岩浆型铬铁矿、火山岩型块状硫化物 Cu-Pb-Zn、浅成低温热液型 Au-Hg-Sb 与沉积岩有关的 Pb-Zn、热液型和造山型的 Au 多金属矿以及夕卡岩型 Fe 多金属矿等多种矿床类型（图1-59，图1-60）。初步归纳显示，上述矿床类型主要形成于三类成矿背景：洋盆扩张时的洋壳和相邻被动陆缘、洋盆消减过程中的俯冲带及洋盆闭合后的碰撞带。印度板块、阿拉伯板块与欧亚板块的碰撞奠定了现今新特提斯构造域格局，碰撞活动引起的强烈挤压使不同的地质体堆垛并置，从而各种背景下的不同类型矿床都集中在狭窄长条状的碰撞带中，造就了特提斯的复合型成矿域特色。

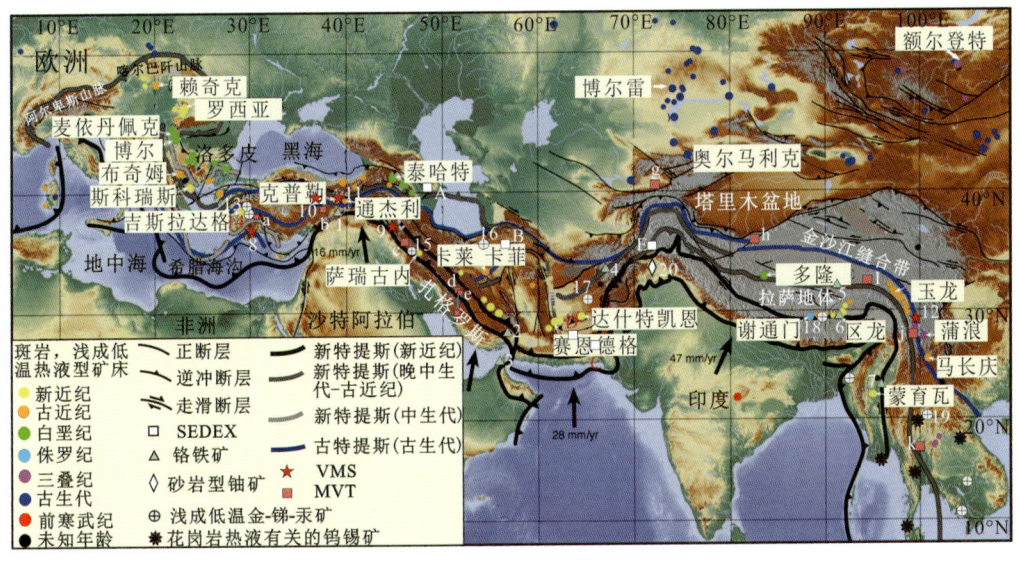

图1-60 阿尔卑斯-喜马拉雅特提斯域造山带的矿床分布（据 Richards，2015；张洪瑞等，2010）展示了主要的构造、特提斯域内缝合带和按年龄划分的斑岩型 Cu±Au 矿，表生沉积以及其他矿床类型分布。28mm/yr 和 47mm/yr 代表相对于欧亚板块的板块运动速率。喷流-沉积型矿床（SEDEX）：A. Filizchai；B. Mehdiabad；C. 杜达（Duddar）；D. 冈加（Gunga）；E. 拉合尔（Lahore）。密西西比河谷型（MVT）：a. Bayindir；b. Yahyali；c. Emarat；d. Anjireh-Vejin；e. Irankuh；f. Kuh-e-Surmeh；g. Sumsar；h. 卡兰古；i. 东莫扎抓；j. 金顶；k. 巴丹（Padaeng）。铬铁矿：1. 土耳其古勒曼；2. 伊朗法尔亚；3. 阿曼 Semail；4. 穆斯林巴赫；5. 中国东巧；6. 中国罗布莎；7. 缅甸太公当。火山岩型块状硫化物矿床（VMS）：8. 塞浦路斯特罗多斯（Troodos）；9. Zurabad；10. 马登科伊；11. 穆尔吉尔；12. 呷村。浅成低温金矿：13. 土耳其库尔逊鲁（Kursunlu）；14. 土耳其奥瓦彻克（Ovacik）；15. 伊朗 Sari Guna；16. 伊朗 Gandy；17. 巴基斯坦 Qila Abdullah；18. 藏南拆离系 Sb-Au-Hg 成矿带；19. 泰国 Mae Thae；20. 巴基斯坦 Siwalik 砂岩型 U 矿

特提斯成矿域在洋盆扩张时主要形成土耳其、伊朗等地的塞浦路斯型 VMS 矿床，但扩张洋中脊的矿床一般不容易保存，现在能见到的都是洋盆闭合后仰冲到陆壳上的蛇绿岩套构造残片。另外，洋壳初始俯冲时形成的铬铁矿也与洋壳残片一起仰冲到陆壳上。仰冲作用使这些矿床经受了绿片岩相变质后仍得以保存，碰撞时的挤压作用使矿体呈狭窄带状沿缝合带展布，与碰撞相关的走滑作用造成矿体的不连续性，最终以强烈改造的形式出现在汇聚板块边缘，尤其是碰撞缝合带中。

相对而言，俯冲带上的弧后洋盆岩石圈厚度一般小于大陆岩石圈的厚度，洋壳岩石圈年轻，具有正浮力，在汇聚过程中更容易仰冲而保留。弧后洋盆中的 VMS 矿床和岩浆弧中的斑岩矿床、浅成低温矿床一起构成大陆增生边缘成矿系统，并在碰撞造山带中得以保存。特提斯成矿域中保存了呷村 VMS 矿床、彭泰德斑岩型铜矿带等一系列与俯冲作用相关的矿产，这一点与环太平洋、古亚洲洋等增生型造山带类似。另外，特提斯成矿域中还有大量矿床与碰撞环境密切相关，如东南亚锡多金属成矿带、萨汉德山-巴兹曼山（Sahand-Bazman）铜矿带，以此区别于典型的增生型成矿域。相对而言，目前的特提斯地质演化定格在了碰撞过程，故碰撞成因的矿床在特提斯成矿域中大量出现。

在东特提斯成矿域中，至少含有两个超级成矿群：

1）与增生造山相关的成矿作用，包括中甸、班公湖和彭泰德斑岩型成矿带，彭泰德、萨南达季-锡尔詹和三江地区火山型块状硫化物（VMS）成矿带，拉斯贝拉-胡兹达尔地区喷流沉积型的 Pb-Zn 矿和沿特提斯蛇绿岩带成矿的豆荚状铬铁矿。

2）与陆-陆碰撞相关的成矿作用，包括冈底斯、玉龙、Arasbaran-克尔曼和贾盖地区的斑岩型 Cu 矿带，托罗斯、萨南达季-锡尔詹和三江地区密西西比河谷型的 Pb-Zn 成矿带，东南亚和腾冲-梁河地区的 Sn-W 成矿带，喜马拉雅地区热液型的 Sb-Au-Pb-Zn 成矿带，皮兰沙赫尔-萨盖兹-萨尔达什特和哀牢山造山型 Au 成矿带，以及伊朗西北部和冈底斯东北部的夕卡岩型 Fe 多金属成矿带（图 1-60）。

1.3.4　争论与前沿科学问题

特提斯构造域的一个重要特征是：现今它发育有洋-陆转换过程的各个阶段，如大陆裂解（红海-东非裂谷）、被动陆缘（印度板块东西两侧、澳大利亚板块西北侧）、洋-洋俯冲（汤加海沟）、洋-陆俯冲（苏门答腊）、弧-陆碰撞（澳北）、大陆初始碰撞（伊朗扎格罗斯）和大陆成熟碰撞（青藏高原）。特提斯构造域西部的阿尔卑斯-喀尔巴阡山造山带、中部的土耳其-伊朗高原、东部的青藏高原-印支半岛、澳大利亚北侧海域，它们分别由非洲板块、阿拉伯地块、印度板块、澳大利亚板块与欧亚板块碰撞而成，碰撞作用具有显著的分段性和差异性。

尽管目前学术界大多认识到了特提斯构造域存在陆块连续单向北漂的现象，但何种原因导致特提斯构造域的多陆块不断从南半球裂离持续向北漂移，其中大洋消减方向总体单一向北，后续的大陆汇聚方向也单一向北，何种动力机制能够引发多陆块单向的汇聚和裂离过程，这一现象的深层原因尚不清楚，亟待研究。

尽管前人怀疑，南半球以 DUPAL 异常为代表的超级地幔柱可能推挤北侧的板块向北漂移汇聚，但它为何没有在 DUPAL 异常的另一侧产生相向的板块运动？

如果接受现今学术界主流观点认为的俯冲板片拖拽是最重要的驱动力的话，为何特提斯构造域自东向西又表现得如此不同？在特提斯构造域内，是怎样的深部动力学机制将全球尺度的南半球大陆逐步撕裂，再将所裂解出的块体"吸引"到欧亚板块南缘，形成新一轮的超大陆聚合？这些问题实质上已涉及板块构造驱动力这一根本科学问题。

特提斯构造域最重要的斑岩型矿床基本都形成于大陆碰撞之后。是什么样的地球动力学过程造成特提斯域如此独特的成矿效应，这是全球矿床学界极为关注的重大理论问题。世界上最著名的南美安第斯造山带，其沿山脉走向 2000km 均表现为单一的铜矿资源，而特提斯域的成矿特征沿造山带走向呈现"西铜东锡"的特征，表现出极大的空间差异性。同样是特提斯大洋板片俯冲，所形成的矿产种类为何如此迥异？

特提斯构造域内油气资源分布极不均匀，绝大部分集中于波斯湾地区。为什么同样的构造背景、相似的古海洋环境，富集的油气资源如此不均衡？为什么阿拉伯板块被动陆缘形成简单褶皱，而印度板块的被动陆缘是高耸的高喜马拉雅？究竟是什么样的动力学过程影响了油气的储存和圈闭差异？

第 2 章　古亚洲洋板块系统演化

古亚洲洋是指围限于东欧陆块、西伯利亚陆块和华北-塔里木陆块三者之间的一个元古代—古生代的古大洋（图2-1），它的形成演化与罗迪尼亚超大陆的裂解密切相关（Zonenshain，1972）。该大洋中元古代之前已经开始打开，打开时间主体集中于新元古代 970~850Ma（Dobretsov et al.，2003）；在晚古生代—早三叠世自西向东逐渐闭合，中生代初期最终完全封闭而消失。

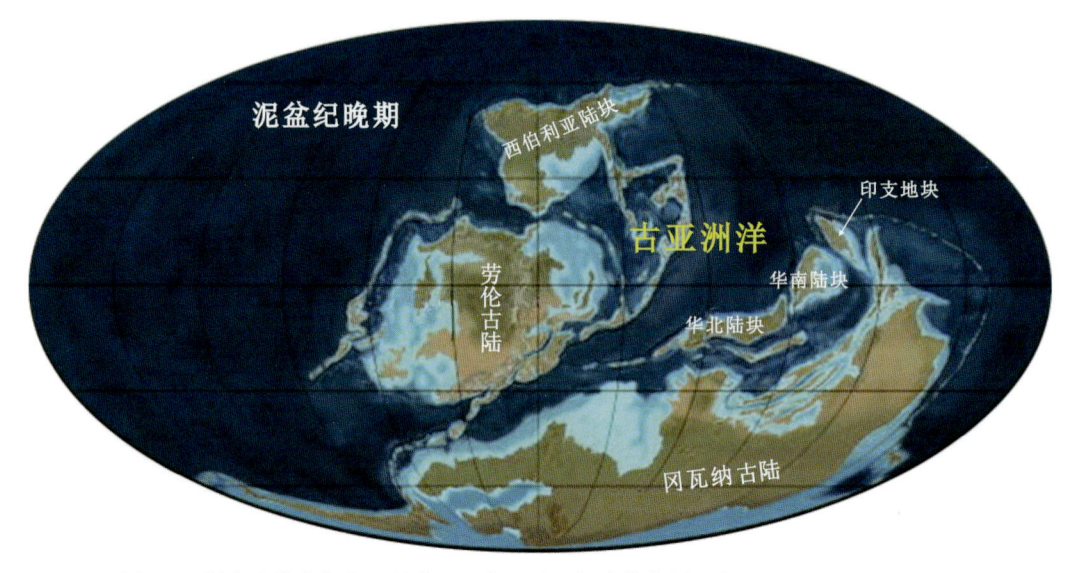

图 2-1　早古生代末期古亚洲洋地理位置及两侧陆块格局（据 Liu X J et al.，2015）

从现今保留的相关地质记录及其时空分布格局来看，古亚洲洋并非是一个单一的、统一的大洋，而是具有多个分支洋盆的复杂大洋（主要包括萨彦-额尔古纳洋、乌拉尔-南天山洋、南蒙古-兴安洋），同时内部分散有众多的地块/微陆块（包括阿克套-伊犁、准噶尔、中天山、图瓦-蒙古、额尔古纳、布列亚-佳木斯等不同时代、不同来源的地块/微陆块），共同构成上述三大陆块之间夹持有多个地块/微陆块及其间现已消失的分支洋盆的复杂洋域。也可以把古亚洲洋看作围绕着早前寒武纪已形成的西伯利亚陆块，在不同时代，由分裂或不同来源漂移而至的地块/微陆块，以不同方式先后俯冲、消减、汇聚、碰撞、平移、拼接，且时空上一直处于一个动态演变的、现已消失的元古代—古生代的洋域。

古亚洲洋内的这些地块/微陆块大多曾独立漂移，发育有残缺不全的边缘构造，它们在早古生代或晚古生代初曾经历复杂拼合，并先后与北侧的西伯利亚陆块碰撞拼合；晚古生代后期则表现为一个完整的统一北方陆块与南侧的塔里木-华北陆块拼合，最终结束了古亚洲洋构造域板块活动的历史。因此，这一地区的基本构造特征表现为：① 有两类构造系统，即以三大陆块为轴心的构造系统和其间以地块/微陆块为主体的构造系统，前者连续完整，后者差异性强且残缺不全；② 早古生代古亚洲洋向南北两侧俯冲消减，这也是地块/微陆块相互碰撞拼合的主要时期；③ 泥盆纪—石炭纪是洋盆闭合、联合陆块形成与全面碰撞时期；④ 二叠纪—中生代早期海水由西向东、由北而南退出，古亚洲洋最终闭合，同时中生代太平洋早期裂陷洋盆沿鄂霍次克海至上黑龙江一线伸入陆内。

古亚洲构造体系域是指古亚洲洋内的地块/微陆块和塔里木-华北陆块、东欧陆块和西伯利亚陆块，在基本统一的构造动力学背景下，从洋的出现、发展演化到最后的陆块、微板块俯冲碰撞关闭的整个过程中形成的构造体系域。因此，古亚洲构造体系域特指在古亚洲洋动力体系作用和影响下形成的一个构造区，主要对应于巨大的向南凸出的弧形古亚洲造山区及其南北两侧的西伯利亚陆块南缘和冈瓦纳古陆北部边缘（图2-2），Sengör等（1993）称其为阿尔泰造山带（Sengör et al.，1993；Yakubchuk，2004；Wilhem et al.，2012），Jahn等（2000）称其为中亚造山带。目前中亚造山带已成为地质学家使用最为广泛的名称（Hu et al.，2000；Jahn et al.，2001，2004；Wu et al.，2002，2003，2007；Khain et al.，2002；Hong et al.，2004；Zhou M F et al.，2004；Windley et al.，2007；Jian et al.，2008；Cawood et al.，2009；Zhou J B et al.，2009；Han et al.，2010；许文良等，2013；Kröner et al.，2014；Wilde and Zhou，2015；Xiao et al.，2015），因此本书采用中亚造山带来代表古亚洲构造体系域。

中亚造山带是世界上最大的增生型造山带之一，其主体由地块/微陆块、岛弧、海山、增生楔、蛇绿岩等增生形成（图2-2，图2-3）。它经历了古亚洲洋的消减、俯冲增生和闭合，造就了中亚造山带独特而复杂的演化和地块/微陆块拼合系统。与世界上其他大规模造山带一样，中亚造山带也是由西伯利亚陆块南部大陆边缘和华北-塔里木陆块北部大陆边缘两部分组成，两者随着历史发展向外增生，最后在晚古生代碰撞对接。因此褶皱系在结构上大致对称，由两侧陆块边缘向中央方向变新。另外，由于西伯利亚陆块的历史比华北陆块要老，最初的盖层乌古依群在古元古代即已出现，早期裂陷作用又主要发生在它的南缘，所以西伯利亚一侧大陆边缘各个带的宽度要比华北-塔里木陆块一侧大得多，因而两侧大陆边缘的规模是不对称的，南侧缺乏兴凯期褶皱带。两个大陆对接的主缝合带在中段大致沿中蒙边界至贺根山。它向西分成两支：北支沿克拉美丽延伸，南支沿北天山南缘至中俄边界西行，两者之间为哈萨克斯坦陆块。

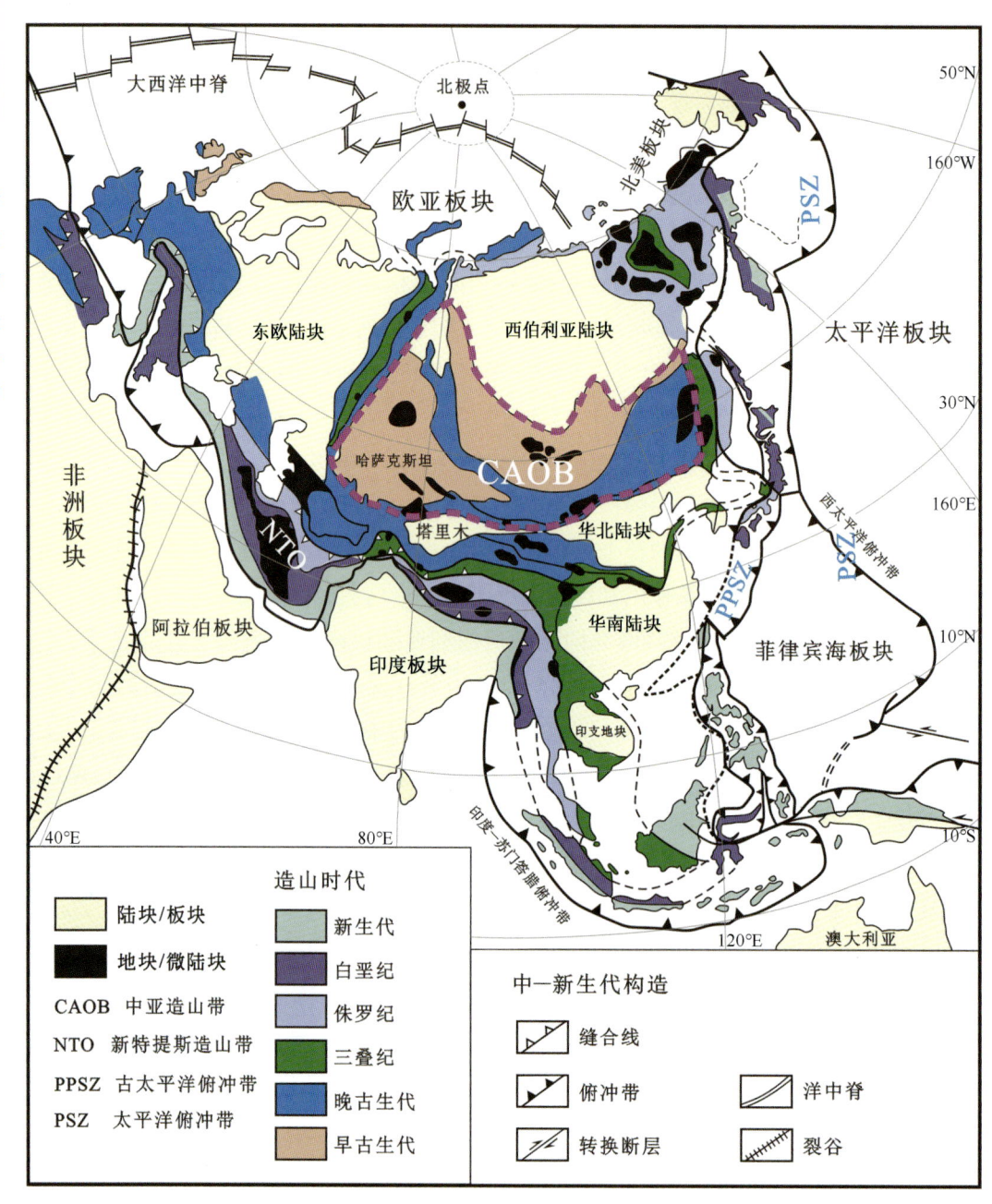

图 2-2 中亚造山带大地构造位置（据 Safonova et al., 2017; 李三忠等, 2018; Maruyama et al., 1989）

中、新生代古亚洲构造体系域进入陆内构造演化阶段，形成环绕西伯利亚南侧从中国东北经蒙古国和中国内蒙古、北疆到中亚哈萨克斯坦的近东西弧形分布的一系列新的隆升山脉、地块高原及与其相间的错落展布的煤系盆地和火山断陷盆地。

因此，这里将古亚洲洋的时空演化简单定义为：时间上，主要是从中新元古代至古生代中晚期的石炭—二叠纪，到中生代的侏罗纪；空间上，包括古亚洲洋及所波及的东欧陆块、西伯利亚陆块和塔里木-华北陆块。

2.1 古亚洲洋构造域地质单元划分

古亚洲洋构造域特指古亚洲洋动力体系作用和影响下形成的一个构造区，界于东欧陆块、西伯利亚陆块与塔里木-华北陆块之间，对应于巨大的中亚造山带，是全球规模最大、演化时间最长、地质构造最复杂的增生型造山带之一。该造山带在东欧陆块和西伯利亚陆块之间呈南北走向，北起乌拉尔，向南在哈萨克斯坦一带向东弯转，形成巨大的弧形构造，然后沿东西方向过蒙古国及兴安岭，终止于俄罗斯远东鄂霍次克海西岸（图2-2，图2-3）。其地理范围包括俄罗斯中亚地区、哈萨克斯坦、吉尔吉斯斯坦、整个蒙古国和中国的西北与东北地区。

关于中亚造山带的构造划分问题一直是地质界关注的热点问题。李春昱等（1982）以时代较新的蛇绿岩套作为边界，把中亚造山带划分为西伯利亚、哈萨克斯坦和华北-塔里木 3 个陆块。Sengör 等（1993）通过与日本岛弧的对比研究，认为本区主体是围绕东欧和西伯利亚陆的一系列岛弧向洋增生与构造堆叠形成的拼合体，并将这一类型称为 Altaids（突厥型，turkic type）造山带。任纪舜等（1999）把该区域分为了萨彦-额尔古纳、天山-兴安、乌拉尔-南天山及东亚陆缘造山系 4 个区。Yakubchuk（2004）沿用了 Altaids，但是将蒙古-鄂霍次克带从中分离，把中亚造山区分为了 3 个弧形构造（哈萨克斯坦弧形构造；兴安弧形构造；蒙古弧形构造），认为其是围绕着西伯利亚等陆块的弧或弧后盆地，并把该区分为 Baikalids，Altaid 和 Mongolid 三部分。车自成等（2011）认为，本区大概可以分为三个构造区，内带是为自西向东环绕西伯利亚陆块的乌拉尔-蒙古-维尔霍扬斯克造山带，中带是一些由众多地块与环绕地块的造山带组成的拼贴构造带，称为巴尔喀什-准噶尔-南蒙古-松辽拼贴带；南带为天山造山带-吉冀蒙联合地块结合带。李锦轶等（2009）根据陆块缝合带边界，把这一地区划分为 5 个陆块（西伯利亚陆块、哈萨克斯坦陆块、布列亚-佳木斯地块、塔里木陆块和华北陆块），每个古板块又进一步划分为板块陆内区和陆缘区。Xiao 等（2015）则依据古地磁数据和古生物地理区系分布特征，将本区分为哈萨克斯坦拼贴造山区、蒙古拼贴造山区和塔里木-华北拼贴造山区。上述不同的分区方案说明对本区古构造演化的认识还存在很大的分歧，同时这种分歧也体现在对本区贝加尔裂谷区的形成上存在主动裂谷作用（Logatchev and Zorin，1987；Kiselev and Popov，1992；Windley and Allen，1993；于平等，2012）、被动裂谷作用（Molnar and Tapponnier，1981；Lesne et al.，1998；张建利等，2012）的观点分歧，这也从侧面反映了本区地质构造的复杂性。

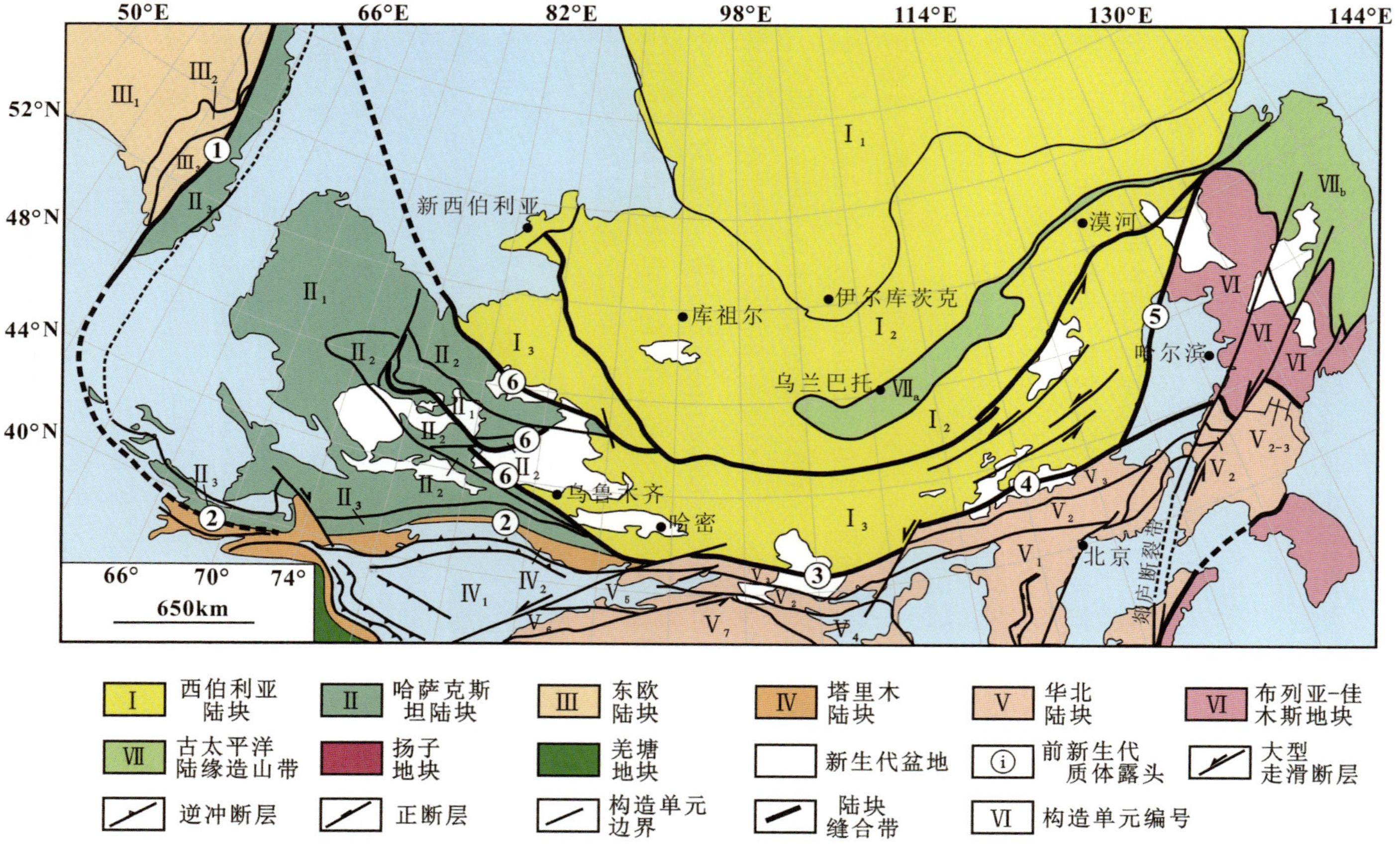

图 2-3 中亚造山带一级构造单元分区（据李锦轶等，2009）

构造分区：I₁.西伯利亚陆块；I₂.萨彦岭-贝加尔-大兴安岭造山带；I₃.准噶尔-南蒙古-巴尔喀什哈萨克斯坦造山带；II.哈萨克斯坦陆块；III₁.东欧陆块；III₂.东欧陆块东部增生陆缘系；III₃.东欧陆块东部晚古生代沉积岩系；IV.塔里木陆块；IV₁.塔里木陆块晚古生代岛缘弧；V.华北陆块；V₁.华北陆块北部增生陆缘；V₂.敦煌地块；V₃.阿尔金造山带；V₄.阿拉善地块；V₅.祁连-柴达木造山带；V₆.内蒙古地体；VI.布列亚-佳木斯地块；VII.蒙古-鄂霍次克造山带；VIIa.完达山一锡霍特阿林造山带。缝合带：①乌拉尔缝合带；②南天山缝合带；③恩格尔乌兹金缝合带；④索伦-西拉木伦-延吉缝合带；⑤黑河-谢列别河缝合带；⑥额尔齐斯-达拉布特-北天山缝合带经过相对全面的资料整理和综合分析，本书主要以陆块缝合带为界，同时结合古地磁特征和古生物地理区系的分布，综合采用李锦轶等（2009）（图2-3）和Xiao等（2015）（图2-4）的划分方案，将这一宽大而复杂的中亚造山带划分为3个大的构造分区，即西北部的哈萨克斯坦构造域、北部的图瓦-蒙古构造域和南部的塔里木-华北北缘构造域。该划分方案部分暂时不涉及中亚造山带中各个地块/微陆块的构造亲缘性讨论，具体讨论详见2.2节部分的内容。

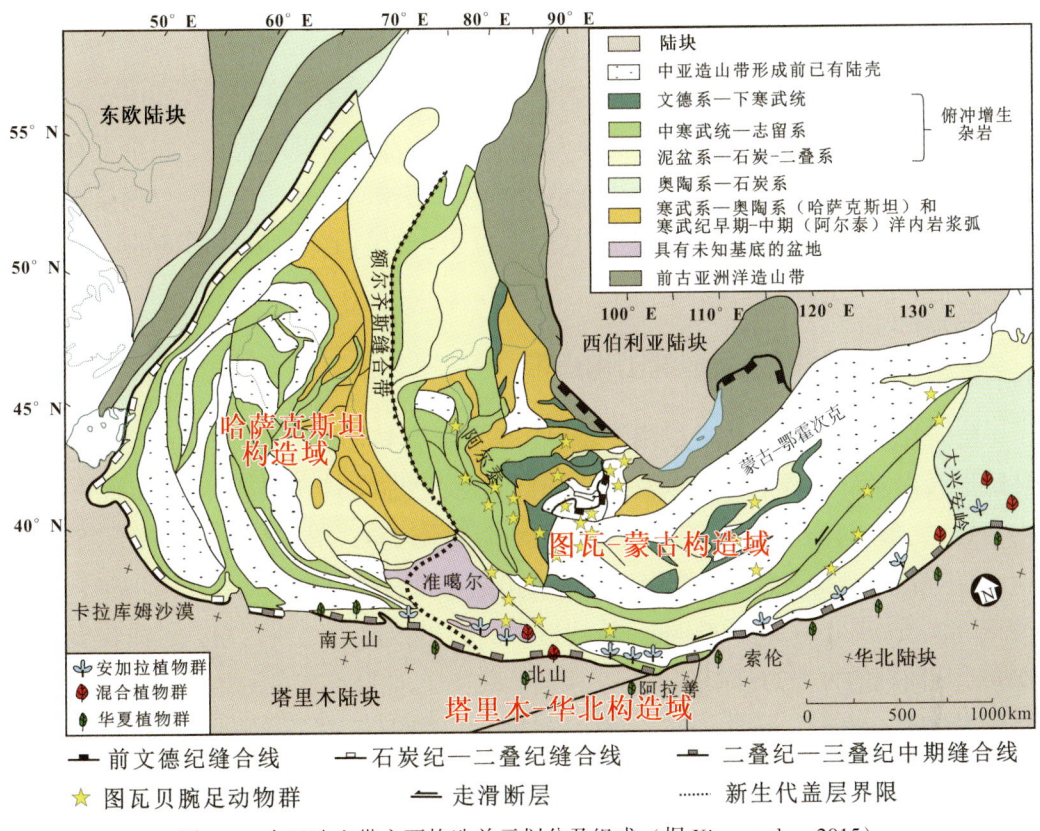

图2-4 中亚造山带主要构造单元划分及组成（据Xiao et al., 2015）

2.1.1 哈萨克斯坦构造域

哈萨克斯坦构造域，Xiao等（2015）所提出的哈萨克斯坦拼贴造山区，相当于李锦轶等（2009）提出的哈萨克斯坦陆块区。哈萨克斯坦构造域位于中亚造山带西南部，处于东欧陆块、西伯利亚陆块和塔里木陆块的夹持部位，东北部以额尔齐斯-达拉布特-克拉美丽缝合带为界与图瓦-蒙古拼贴造山带的阿尔泰构造带相隔，西部以乌拉尔造山带与东欧陆块相邻，南部以南天山缝合带与塔里木陆块分隔。

哈萨克斯坦构造域核部主体构造部位形态上呈巨大的马蹄形弯曲，因此被称为哈萨克斯坦弯山构造带。弯山构造（Orocline），是世界上最大尺度地质构造的一种，由 Carey（1955）提出，指原本呈直线形的造山带围绕着与其近似垂直的直立轴发生旋转，形成具有凸出形态的弯曲型造山带；李正祥等（1996）在研究华南中生代以来的构造时引入了 orocline 这一名词，译为"弯山构造"。哈萨克斯坦弯山构造带以巴尔喀什–准噶尔地块为核心，外围被多个马蹄形火山岩带围绕，呈同心状展布，地质年代由外向内变新，是东欧、西伯利亚和塔里木三大陆块汇聚过程中，古亚洲洋分支洋盆中的火山岩带、俯冲增生楔等被挤压、变形的结果，后期构造变形弯曲使火山弧及其增生楔呈紧闭褶皱或走滑折叠。

除了最中心的哈萨克斯坦弯山构造带之外，该构造域西部与东欧陆块之间发育乌拉尔造山带（图2-4），构成欧亚两大洲界线；南部与塔里木陆块之间发育有南天山造山带（图2-5中的STB），是中亚造山带西部最南端的地质单元。这两条造山带又常被称为乌拉尔–南天山造山带，是由乌拉尔–南天山洋封闭后形成的古生代造山系。

2.1.1.1 哈萨克斯坦弯山构造带

哈萨克斯坦弯山构造带以阿克套–伊犁地块为核心，外围被多个不同时期的马蹄形火山岩带、增生带（以及缝合带）围绕，呈同心状展布（地质年代由外向内变新），形成具有凸出形态的弯曲形造山带（图2-4，图2-5），其北侧为额尔齐斯–恰尔斯克–斋桑缝合带，西南侧为南天山造山带，西北侧为乌拉尔造山带。其规模相对较大，约 1400km×900km。该构造带的凸出方向为北西西向，弯曲程度大于 180°，弯曲轴的方向为近南东东—北西向，北翼走向为南东东—北西西向，南翼则呈近东西向。

该构造带主要由两个较大的前寒武纪地块群及其活动大陆边缘组成，分别为弯山构造带外侧环状展布的科克切塔夫–伊塞克–楚伊犁–中天山地块及其陆缘和弯山构造带中心近北西–南东走向的阿克套–伊犁地块及其陆缘组成，除此之外，还发育早古生代独立的洋内弧、岛弧、蛇绿岩带以及增生缝合带。下面对哈萨克斯坦弯山构造带主要构造单元介绍如下。

哈萨克斯坦弯山构造带主要分布在中–西部哈萨克斯坦及南哈萨克斯坦–吉尔吉斯一带（图2-5），向东延入新疆的伊犁地区及中天山一带，处于哈萨克斯坦弯山构造带的西北部–南西西部，整体呈向西凸出的弧形分布，长约 2000km，属于哈萨克斯坦陆块范畴。该地块群及陆缘主要由一系列前寒武纪地块（图2-6）和早古生代陆缘弧、岛弧、高级变质岩–高压–超高压榴辉岩、俯冲增生楔和缝合带（蛇绿岩）、前古生代基底上的裂谷以及晚古生代上叠盆地等构成（图2-5～图2-7）。

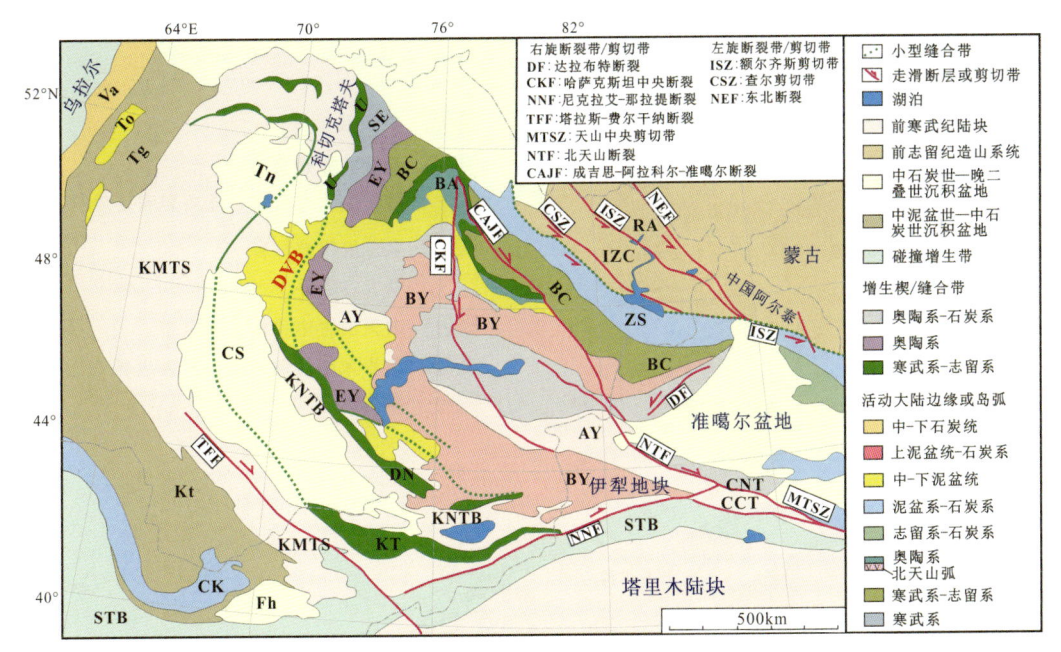

图 2-5 哈萨克斯坦弯山构造（据 Windley et al.，2007；Safonova et al.，2017；
Li P F et al.，2018）

RA. Rudny 阿尔泰造山带；IZC. 额尔齐斯-斋桑造山带；ZS. 扎尔玛-萨吾尔岛弧；BC. 博谢库里-成吉思岛弧；BA. Baydaulet-阿亚巴斯套岛弧；EY. Erementau-伊犁增生带；SE. Selety 岛弧；BY. 巴尔喀什-伊犁岛弧；DVB. 早—中泥盆世火山岩带；KNTB. 科克切塔夫-北天山带；KMTS. 科克切塔夫-中天山地块；AY. 阿克套-伊犁地块；U. Urumbai 缝合带；DN. 贾拉伊尔-奈曼缝合带；KT. 吉尔吉斯-泰尔斯凯；CNT. 中国北天山造山带；CCT. 中国中天山地块；STB. 南天山造山带；Tg. 图尔盖上叠盆地；Kt. 卡拉套上叠盆地；Tn. 田吉兹上叠盆地；CS. 楚-萨雷苏上叠盆地；Fh. 费尔干纳盆地

科克切塔夫-中天山地块主要多个由前寒武纪小地块及其陆缘组成，主要为科克切塔夫地块（KT）、阿克巴斯套地块（AKS）、乌鲁套地块（UI）、卡拉套地块（KRT）、塔拉兹地块（TLT）、肯德克塔斯地块（KDT）、伊塞克地块（IST）和楚-伊犁地块（CYL）（图2-6）。这些地块主要发育前寒武纪基底岩系和新元古代—早古生代沉积地层、岩浆岩。太古宇—元古宇多由结晶片岩、片麻岩组成变质基底岩系，文德纪开始有陆源碎屑沉积。该构造带中的前寒武纪地块在元古宙期间均独立存在，于中奥陶世之前拼贴焊接成一个整体，科克切塔夫-伊塞克-楚伊犁-中天山地块形成，简称为科克切塔夫-中天山地块（KMTS）（Maksumova et al.，2001；Alexeiev et al.，2011；Kröner et al.，2012）。

新元古代末期—寒武纪，古亚洲洋板块作用于前科克切塔夫-中天山地块陆缘，形成一系列的早古生代陆缘弧、高压-超高压变质带及缝合带（图2-5~图2-7），然而这些火山弧、岛弧以及陆缘弧并非所有的都是从文德系开始出现，一直存在于早古生代期间，而是由非完全同一时代的、独立的、短期存在的各种相关活动岛弧

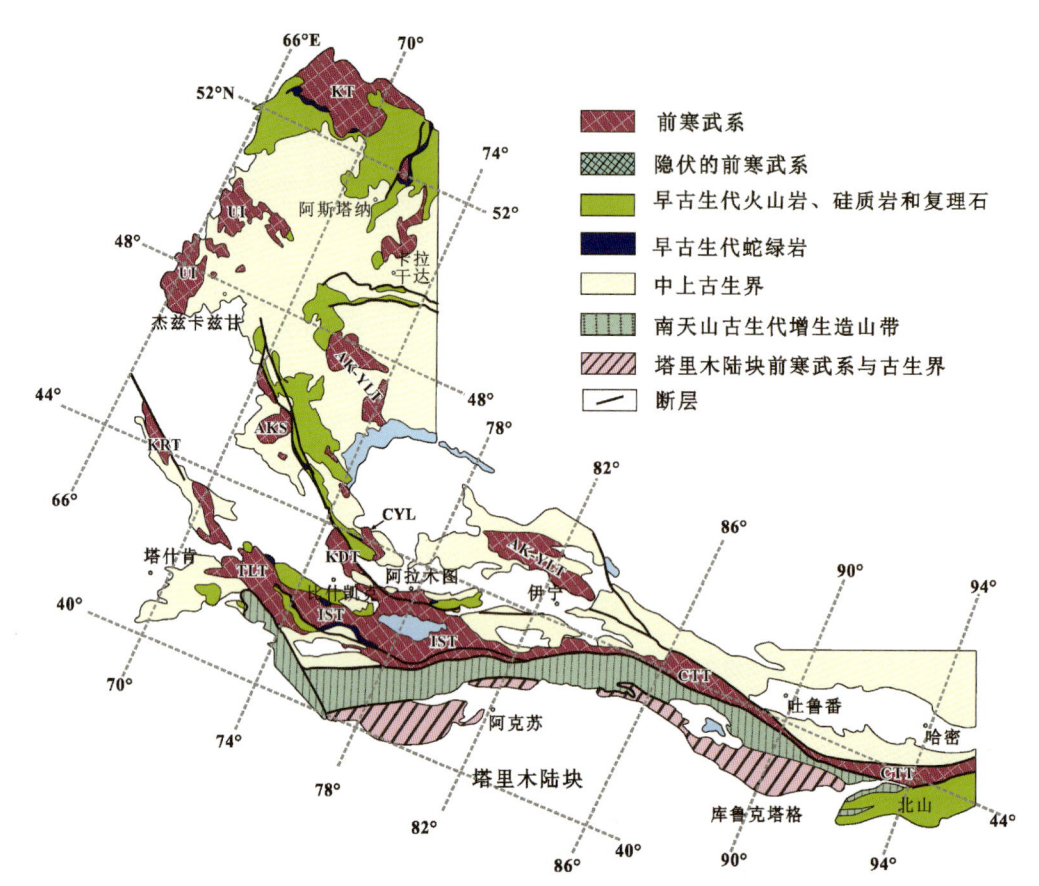

图 2-6 哈萨克斯坦构造域前寒武纪地块空间分布（据 Degtyarev et al., 2017）

前寒武纪地块：KT. 科克切塔夫地块；UI. 乌鲁套地块；AKS. 阿克巴斯套地块；KRT. 卡拉套地块；TLT. 塔拉兹地块；KDT. 肯德克塔斯地块；CYL. 楚-伊犁地块；IST. 伊塞克地块；AK-YLT. 阿克套–伊犁地块；CTT. 中天山地块

连续拼贴焊接而成（Windley et al., 2007）。在该地块东部陆缘自北向南主要发育有一条晚寒武世—早奥陶世的增生缝合带：最北部的 Urumbai（U）缝合带、中南部的贾拉伊尔–奈曼（Dzhalair-Naiman, DN）缝合带、最南部的吉尔吉斯–泰尔斯凯（KT）缝合带（图 2-5）。其中，Urumbai 缝合带代表了北部科克切塔夫地块与寒武纪 Selety 岛弧的碰撞拼贴，Selety 岛弧是典型的洋内弧；贾拉伊尔–奈曼缝合带则代表了楚–伊犁地块和西侧肯德克塔斯地块早奥陶世的拼贴；吉尔吉斯–泰尔斯凯缝合带则为塔拉兹地块与伊塞克地块早古生代的碰撞造山导致。

中奥陶世—晚奥陶世早期，科克切塔夫–中天山地块东部整体受到东部古亚洲洋洋壳的俯冲，发育典型的活动大陆边缘；到了奥陶纪末期—早志留世，洋盆封闭并伴随有岩浆侵入，该地块被大面积的花岗岩基侵入，主体为花岗岩–二长花岗岩–花岗闪长岩（Mikolaichuk et al., 1997; Maksumova et al., 2001; Konopelko et al., 2008; Glorie et al., 2010）。泥盆纪—石炭纪为上叠盆地，东部发育有田吉兹上叠盆

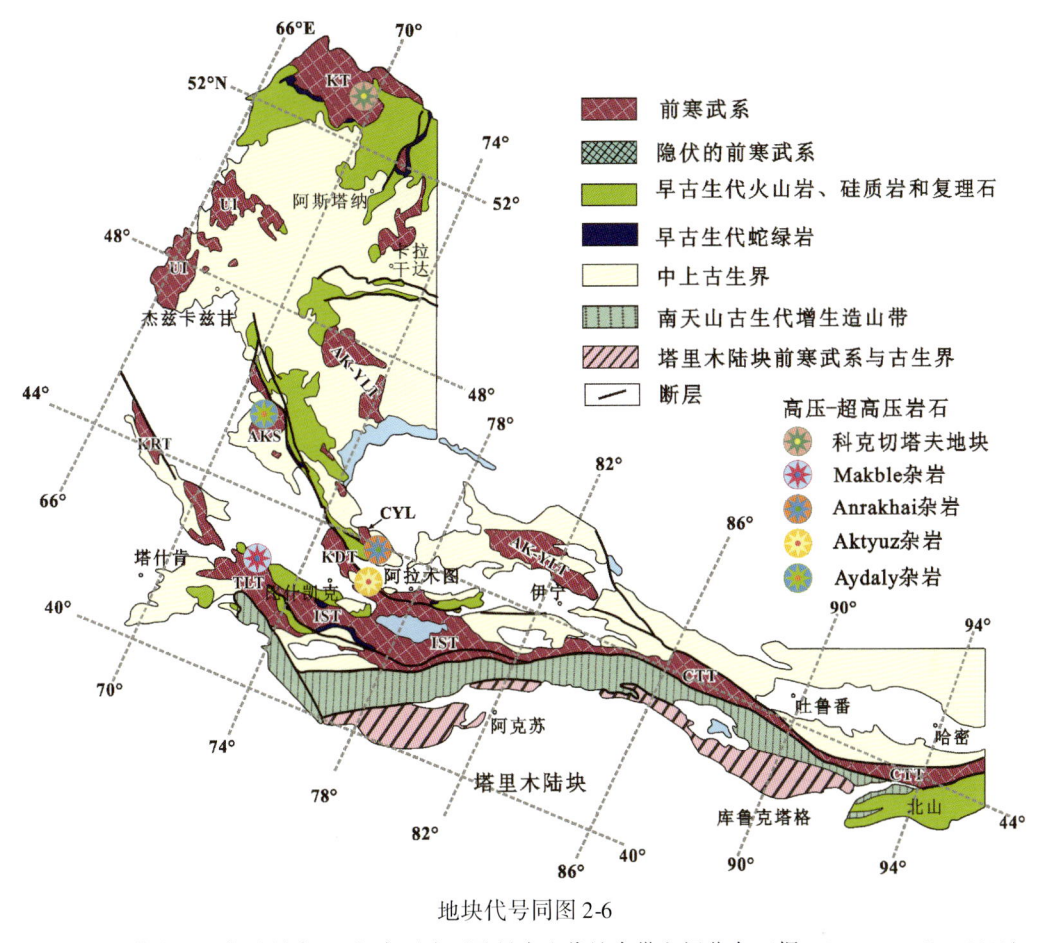

图 2-7　哈萨克斯坦构造域高压-超高压岩石及早古生代缝合带空间分布（据 Pilitsyna et al.，2018）

地、热兹卡兹甘上叠盆地、楚-萨雷苏上叠盆地，西部发育有图尔盖上叠盆地和卡拉套上叠盆地，这些上叠盆地内堆积了红色陆源粗碎屑岩和海相陆源岩-碳酸盐岩，以及晚石炭世早期——二叠纪和早三叠世的火山岩-磨拉石建造，表现为基底断块与上叠盆地共存。

(1) 博谢库里-成吉思岛弧（BC）

该岛弧东起北疆塔城地体，经东北哈萨克斯坦的阿亚古斯向西北延伸到凯纳尔以北的迈卡英，分布有中寒武世到早志留世的钙碱性中基性-基性火山岩-火山碎屑岩建造以及相应的陆源细碎屑岩-硅质泥岩夹碳酸盐岩等类似弧前盆地和弧后盆地的沉积，此岛弧前锋指向北东；岛弧基底是新元古代到寒武纪的蛇绿岩套和海山，增生楔极性指向北东。早泥盆世到早石炭世，它为火山沉积和侵入作用的岛弧，该岛弧向南西逆冲，在西北面则为扎尔马-萨吾尔岛弧地质体所逆掩覆盖，该岛弧前锋指向南西（Coleman，1994）。

该岛弧带发育蛇绿岩组合，在洪古勒楞的堆晶岩中，曾获得了约 444Ma 的年龄值，黄建华等（1995）还获得了 626Ma 的年龄值。纳尔曼德山一带以扎河坝蛇绿混杂岩发育最好，其变质橄榄岩 Sm-Nd 等时线年龄为 515Ma 和 493Ma。哈萨克斯坦该区发育早寒武世蛇绿岩套，其代表的洋壳于中寒武世开始俯冲，形成岛弧型建造；晚寒武世—早奥陶世该区发育下磨拉石及滑塌堆积并被 496Ma 的花岗闪长岩侵入，这说明该区岛弧发育期比新疆略早。

（2）阿克套-伊犁地块及其陆缘

阿克套-伊犁地块位于西天山（肖序常等，1992；胡霭琴等，1997；朱志新等，2013），东南紧邻中天山地块和塔里木陆块，北与西准噶尔地块接壤，向西延伸进入哈萨克斯坦（Allen et al.，1993；Hu et al.，2000；Wang et al.，2008）。区域地质资料显示，阿克套-伊犁地块前寒武纪地质体主要由古元古代温泉群变质岩、中元古代浅变质碎屑岩和碳酸盐岩，以及一些元古宙片麻状花岗岩类组成（图 2-8，图 2-9）（新疆维吾尔自治区地质矿产局，1993）。其中，温泉群为伊犁地块最古老地质体，主要由片麻岩、片岩、大理岩、角闪岩和石英岩等组成，其原岩以碎屑岩和碳酸盐岩为主。该套岩系出露于伊犁地块北缘的温泉地区，向西延伸到哈萨克斯坦境内，并被作为哈萨克斯坦古老基底的重要组成部分。

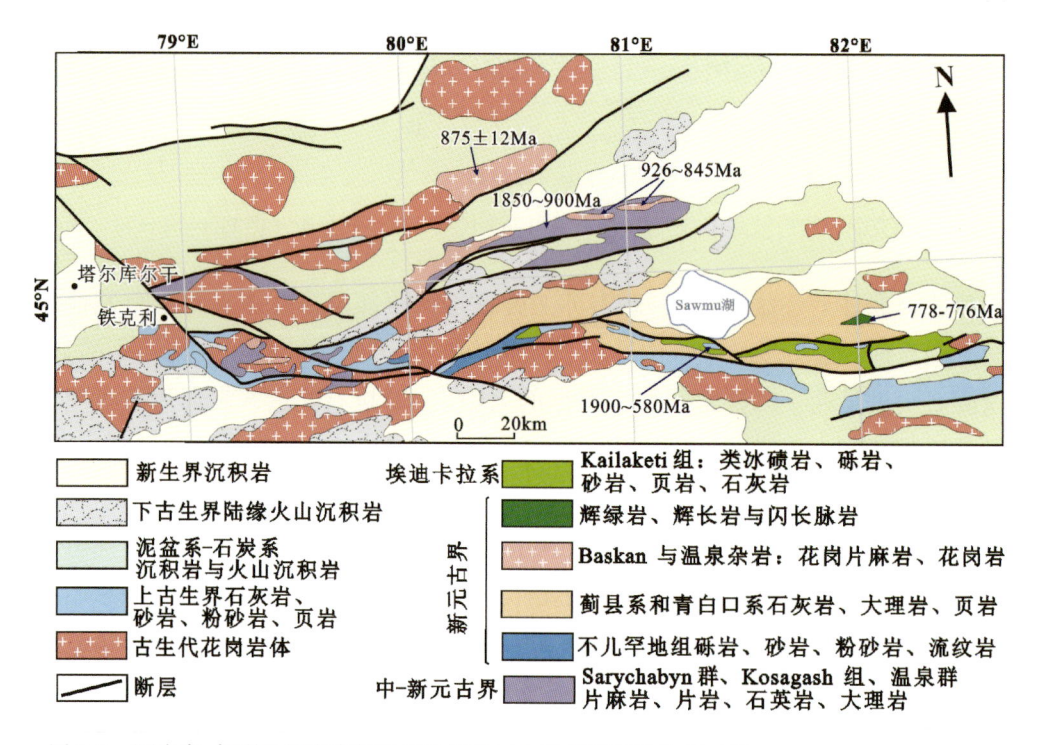

图 2-8　阿克套-伊犁地块东南部地质略图及元古宙岩石年龄分布（据 Degtyarev et al.，2017）

最新研究显示，温泉群片麻状花岗岩具有 945~917Ma 的结晶年龄（Wang et al.，2014a；Tretyakov et al.，2015a；Degtyarev et al.，2008；Degtyarev et al.，

2017)，与新元古代岩浆岩（0.93~0.85Ga）（胡霭琴等，2010；Wang et al.，2014a，2014b）和广泛发育的片麻岩（1.33~0.89Ga），具有相对一致的年龄记录。片麻状花岗岩的 Nd 模式年龄主要为 2.00~1.60Ga（Wang et al.，2014a），暗示伊犁地块可能存在古元古代基底。新元古代碎屑沉积岩的碎屑锆石研究表明，伊犁地块存在古元古代碎屑物质记录，其中有少量的 2.50Ga 和 1.80~1.70Ga 碎屑锆石，前者具有他形特征，而后者具有相对自形到他形特征，这表明 2.50Ga 碎屑锆石主要是通过远距离搬运为主，而 1.80~1.70Ga 的碎屑锆石可能来自阿克套-伊犁地块自身或者相对较近的物源区。这些特点表明阿克套-伊犁地块（图2-7）可能存在古元古代基底，然而，要明确是否存在古元古代基底还需要进一步的研究。

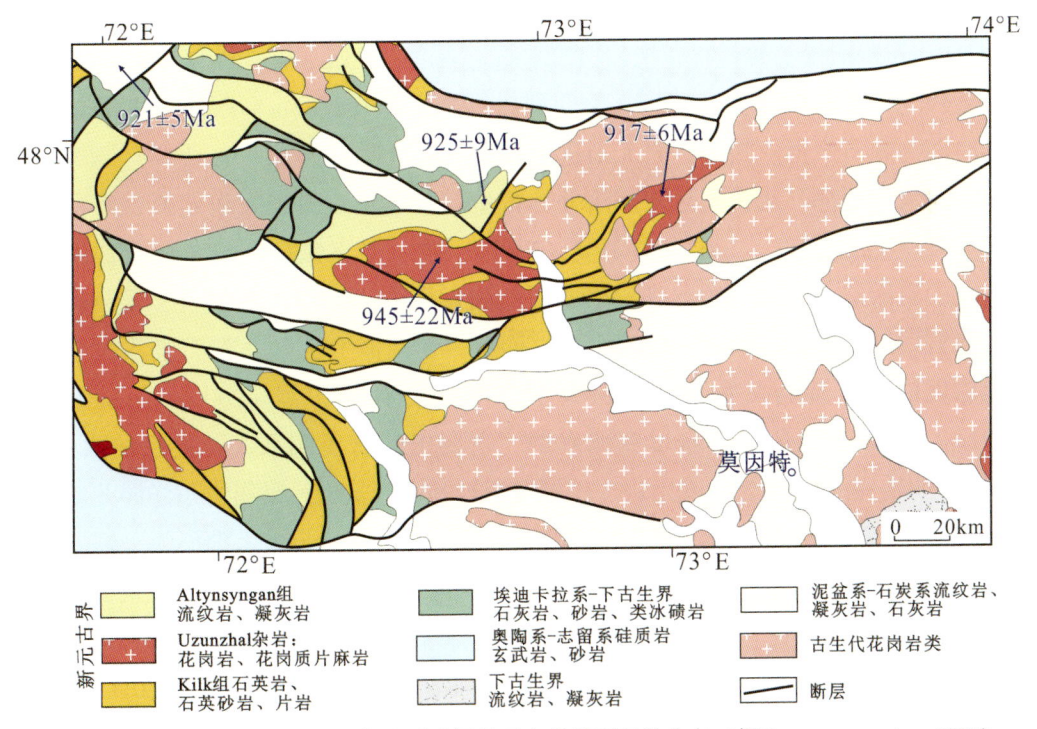

图 2-9 阿克套-伊犁地块西北部地质略图及元古代岩石年龄分布（据 Degtyarev et al.，2017）

阿克套-伊犁地块缺失早古生代地层。晚古生代泥盆系砂岩、泥岩、页岩、砾岩和玄武岩以及安山质斑岩出露在赛里木湖附近；石炭系则主要包括砂岩、泥岩、灰岩、页岩以及安山岩、流纹岩和粗面岩（新疆维吾尔自治区地质矿产局，1993；Wang Q et al.，2007；Wang et al.，2008；Xiao et al.，2012）。该地块北部发育一条花岗岩带（466~306Ma），被大多数学者认为是准噶尔洋向南俯冲增生形成的岛弧岩浆带（张作衡等，2006，2008；Wang Q et al.，2007，2012；胡霭琴等，2008；Tang et al.，2010；Zhang D Y et al.，2012；Huang et al.，2013）。随后由于 A 型花岗岩和 S 型花岗岩的发现（301~266Ma），有学者认为准噶尔洋在早石炭世到二叠纪时发生闭合（Wang Q et al., 2007; Tang et al., 2010; Zhang D Y et al., 2012）。而该地块南部的寒武纪到早奥陶世花岗岩带则主要是古特提斯洋俯冲形成的岛弧岩浆（523~460Ma）（徐学义等，2010; Long et al., 2011）。随后阿克套-伊犁地块南部花岗岩是南天山洋俯冲的产物，年龄主要集中在437~340Ma（朱永峰等，2005; 朱志新等，2006; 龙灵利等，2007; 徐学义等，2010）。

2.1.1.2 北天山造山带

北天山造山带为古生代岛弧增生带，主要组成有中泥盆统—石炭系的流纹岩-英安岩-安山岩、火山碎屑岩、碎屑岩、硅质岩、浊积岩和蛇绿岩套残片，被晚石炭世—二叠统磨拉石和砾岩不整合覆盖。巴音沟蛇绿岩及其中的堆晶辉长岩（344Ma）和后期侵位的斜长花岗岩（325Ma）表明，准噶尔洋向伊犁地块俯冲形成了古生代北天山岛弧增生带。北天山四棵树钉合岩体（316Ma）限定了准噶尔洋的闭合时间为晚石炭世。随后，北天山进入后碰撞构造环境。

在东天山西部，北天山从北至南分为古生代哈尔里克弧、大南湖弧、康古尔和雅满苏弧（Xiao et al., 2004; 黄宗莹，2017）。哈尔里克弧是克拉美丽洋盆向南俯冲形成的奥陶纪—石炭纪的岛弧，主要由奥陶系—志留系碎屑沉积岩、凝灰岩、火山碎屑岩、拉斑玄武岩以及安山岩组成，同时，还出露有泥盆系到石炭系酸性到基性火山岩以及复理石沉积岩（Xiao et al., 2004; 孙桂华等，2007; Yuan et al., 2010）。大南湖岛弧位于哈尔里克弧南部，主要出露有奥陶系—石炭系的火山岩、火山碎屑岩、玄武质熔岩、安山岩、碎屑沉积岩和碳酸盐岩，是康古尔洋向北俯冲形成的产物（Xiao et al., 2004; 唐俊华等，2006）。康古尔弧与大南湖岛弧呈断层接触关系，主要出露泥盆系—石炭系岩石组合，主要包括基性到酸性熔岩、凝灰岩、硬砂岩、燧石岩、砂岩、泥岩、灰岩和浊积岩，同时，该岛弧之上出露有蛇绿岩残片和二叠纪基性超基性岩（Xiao et al., 2004; Pirajno et al., 2008; Qin et al., 2011）。而雅满苏弧则位于康古尔弧的南部，出露有泥盆系—二叠系的基性到酸性火山岩、火山碎屑岩，并伴生有碳酸盐岩（Hou et al., 2014）。

2.1.1.3 中天山造山带

中天山造山带地处中国新疆地区东部（图2-10），夹持于北部准噶尔盆地和南部塔里木陆块之间，呈东西向长条状展布（约1000km），南北向宽度较窄，最大宽度约100km。西南部以南天山的Turkestan-Atbashi-Inylchek缝合带为界与塔里木陆块相隔，东南侧则与蒙古-图瓦构造域的北山构造带相邻（图2-5），北部和东北部以天山主剪切带为界与中国北天山构造带分隔。该造山带内部发育有前寒武纪基底，因此，又被称为中天山地块。以乌鲁木齐-托克逊一带为界，中天山地块被划分为东段和西段（Yuan et al.，2010；He Z Y et al.，2015），两段的岩石组合和形成时代均不相同，特别是古老岩石地层和花岗质岩石的时代差异较大。

整个中天山地块主要由大量不同类型的花岗岩组成，少量发育前寒武纪结晶基底、元古宇变质岩以及下古生界浅变质沉积岩和火山碎屑岩。在浅变岩之上零星覆盖着若干未变质的下石炭统碎屑岩、碳酸盐岩（杨天南等，2006）。据区域地质资料分析，大部分花岗岩体为早古生代。在中天山构造带元古宙变质基底中，出露许多发育有片麻状构造或糜棱岩化的早古生代岩体（胡霭琴等，1997；韩宝福等，2004）。

中天山地块的前寒武纪岩石主要为片麻岩、片岩、变质花岗质岩石、双峰式火山岩-侵入岩等（Degtyarev et al.，2017）。其中最古老的岩石为古元古代晚期—中元古代早期的石英云母片岩和副片麻岩（Ma et al.，2013），其碎屑锆石年龄为2600~1800Ma，集中在2680~1883Ma 和 1830~1788Ma 两个年龄范围；同时，该地块混合岩化黑云石英片岩中的碎屑锆石年龄峰值有 2544~2394Ma、1900~1500Ma、1070~752Ma、600~540Ma 4 个区段。除此之外，还广泛发育中元古代（1410~1450Ma）、新元古代早期（894~969Ma）和新元古代晚期（737~742Ma）的花岗质片麻岩（Yang et al.，2008；陈新跃等，2009；Gao et al.，2015；Huang Z Y et al.，2015）。同时，中元古代和新元古代早期花岗岩均具有活动大陆边缘岩浆岩的地球化学特征，应形成于俯冲带前缘或者陆缘弧的构造背景下（Shi et al.，2010；Huang B T et al.，2015；He Z Y et al.，2015）。新元古代晚期（742~737Ma）的花岗岩为碱性花岗岩，与同期基性侵入岩、基性和酸性火山岩共同构成了典型的双峰式岩石组合，形成于拉张环境，应代表了造山后的伸展背景。

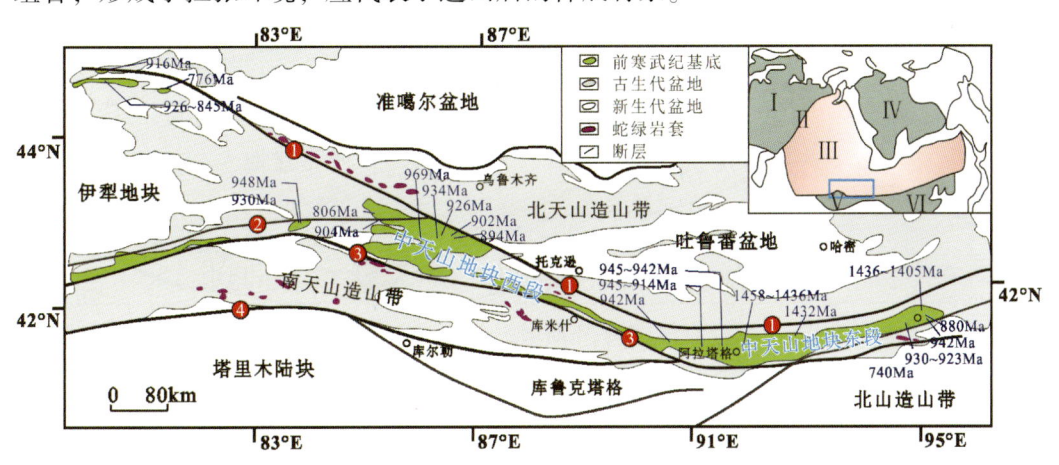

图 2-10 中天山造山带构造单元及元古宙花岗岩年龄分布（据龙晓平和黄宗莹，2017；He Z Y et al.，2015）

①北天山缝合带；②北那拉提断裂带；③南天山缝合带；④塔里木断裂带

Ⅰ. 东欧陆块；Ⅱ. 乌拉尔山脉；Ⅲ. 中亚造山带；Ⅳ. 塔里木陆块；Ⅵ. 西伯利亚陆块；Ⅶ. 华北陆块

中天山造山带岩浆活动强烈，但主要集中于古生代和中生代，中天山地块在其残余的前寒武基底之上发育了古生代岛弧杂岩及大洋闭合后的大量后碰撞花岗岩。

2.1.1.4 准噶尔地块

准噶尔地块位于中国西北部，北部外准噶尔山系与南部天山之间，外形近三角形（图2-11）。南缘西起艾比湖西南，东至木垒县以东，长近800km。同时，它为哈萨克斯坦陆块以东、西伯利亚陆块以南和北天山造山带以北的交汇部位，为晚古生代以来的大型复合叠加前陆盆地（李丽等，2008；Xiao et al.，2009）。整体上它可以分为东准噶尔地区、西准噶尔地区和准噶尔盆地。准噶尔盆地由准噶尔地体演化而来（陈新等，2002），其基底为石炭系及其以下地层，包括前寒武纪至古生代的洋盆、洋内岛弧和微地块组成，多条蛇绿岩带围绕其分布；二叠纪以来转入陆内演化阶段，二叠系及其以上地层为盆地盖层（Bian et al.，2010）。

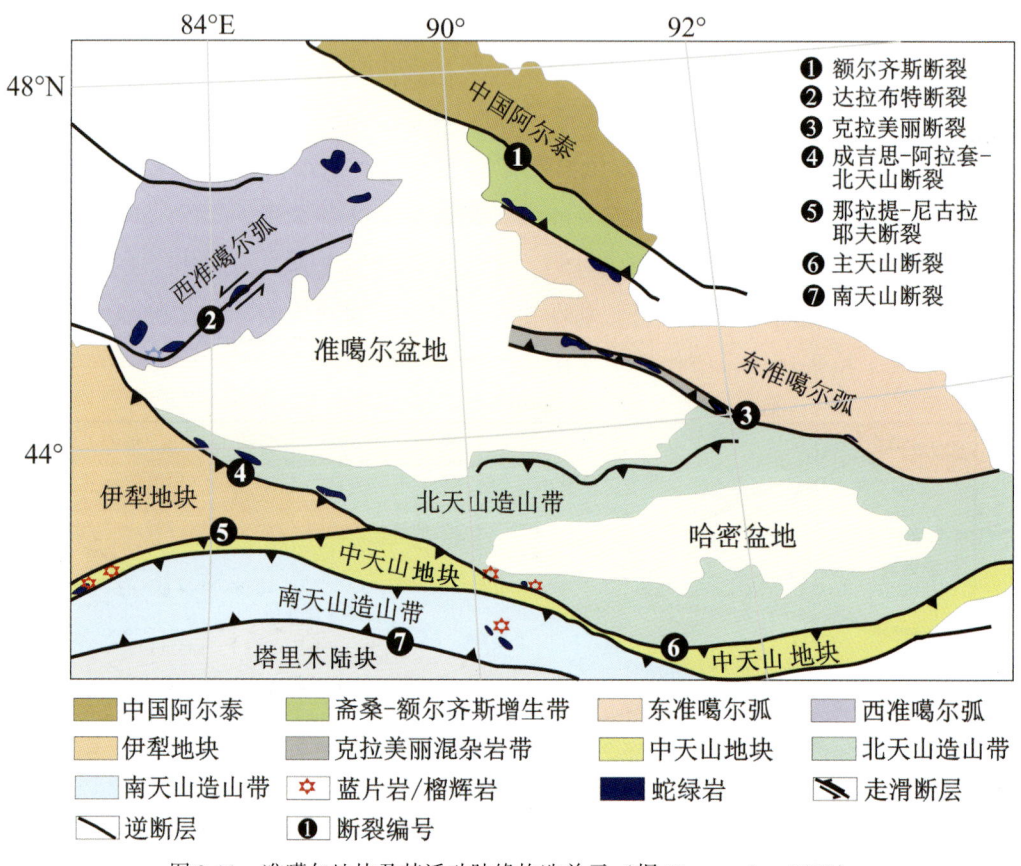

图2-11 准噶尔地块及其活动陆缘构造单元（据 Xiao et al.，2009）

目前，准噶尔地区为一巨大的内陆盆地，广泛覆盖中、新生界陆相碎屑堆积，被数千至上万米的沉积覆盖，所以对盆地基底的组成和性质长期存在争议。不过航磁异常证明盆地中心有磁性基底，盖层均为稳定沉积且变形微弱，周边造山带围绕盆地发育，从而显示盆地主体可能发育在一个刚性较强的地块之上。同时，部分学者依据周边褶皱带的构造线方向围绕地块变化，也认为准噶尔地区存在前寒武纪基底。周边褶皱带的西翼长（延伸至俄罗斯境内），北东向的东翼极短，只出现在地块西侧。其弧形的弯曲程度从南向北减小，表明形变过程中受到南侧相邻地块的推挤；其形变强度也有类似的变化，随着趋近地块而减弱。东准噶尔从北塔山经克拉美丽向南，可以见到由紧闭线状褶皱变化为开阔褶皱，再变为鼻状构造；褶皱带南部的冲断层也无一例外地指向地块内部。准噶尔地块的基底有可能与赛里木湖一带的前寒武系剖面相似。

准噶尔出露的最老地层是中、上奥陶统，位于哈尔里克山北侧，也在褶皱带的最南端。下部以大理岩为主，向上为碎屑岩，普遍夹酸性火山岩。中、上志留统为砂岩、细碎屑岩夹灰岩，不整合于中、上奥陶统之上。泥盆系在克拉美丽为正常碎屑岩，其下部为浅海相，上部为陆相，夹煤线，向上粒度变粗。北部变为巨厚的海相火山岩系，阿尔曼泰山为科克切塔夫-阿尔曼泰蛇绿岩带的一部分，与枕状熔岩相伴生的硅质岩中含晚泥盆世的放射虫。下石炭统各地区岩性和厚度变化很大，多数地区为浅海相碎屑岩夹中酸性火山岩，但沿克拉美丽山有蛇绿岩系出露。与基性火山岩共生的红色硅质岩含放射虫和海胆化石。中石炭统不整合覆盖于下石炭统之上，下部为陆相火山岩，含安加拉植物群，向上为浅海相砂泥岩，灰岩中含鳖。上石炭统开始转为陆相磨拉石建造。随着古蒙古洋的封闭，准噶尔地块逐步进入内陆盆地发展阶段，上石炭统—二叠系海陆交互相碎屑岩从盆地边缘向中心充填，最大厚度超过6000m。

2.1.1.5 南天山造山带

南天山造山带位于天山山脉以南，构造上位于伊犁地块以南，以尼古拉耶夫线为界，南侧是塔里木陆块和卡拉库姆盆地（图2-5）。该带呈向南凸出的弧形展布于天山与塔里木盆地之间，北界为那拉提南缘断裂、乌瓦门-拱拜子断裂和卡瓦布拉克断裂，南界为托什干河断裂、塔里木盆地北缘断裂和兴地塔格断裂，总体结构呈正扇形。

南天山造山带主要由古生代的岛弧杂岩和增生碰撞杂岩组成，为一典型的古生代增生造山带，是南天山洋闭合、中天山地块和塔里木陆块碰撞拼合的产物（韩宝福等，2004；Xiao et al.，2004，2012；Klemd et al.，2015）。由北向南主要为哈尔克山-额尔宾山早古生代增生杂岩、虎拉山晚古生代增生杂岩、西南天山石炭纪陆源盆地和其间的中新生代山间盆地，同时，带内发育石炭纪同碰撞的富铝花岗岩和二叠纪富钾花岗岩。

南天山造山带最老的地层为晚寒武系，主要为黑色页岩、含磷硅质岩、碎屑沉积岩和火山岩（Allen et al., 1993；新疆维吾尔自治区地质矿产局，1993），被晚期古生代—中生代的火山岩和碎屑岩覆盖（新疆维吾尔自治区地质矿产局，1993；Alexeiev et al., 2015）。在南天山增生带上同时出露有大量晚寒武世—晚石炭世的岛弧岩浆岩（490~308Ma）（韩宝福等，2004；徐学义等，2006；Chen et al., 2015），同时还发育有蛇绿岩、榴辉岩、基性麻粒岩、蓝片岩等高压-低温（HP-LT）变质岩石组合（454~302Ma），这些地质特征表明，南天山洋于晚寒武世—晚石炭世早期一直向北侧的南天山造山带之下俯冲（Xiao et al., 2004, 2012；Mao et al., 2014）。晚石炭世发育的同碰撞过铝质花岗岩（304Ma），表明南天山洋可能在~304Ma闭合，导致南天山构造带与塔里木陆块碰撞造山；而早二叠世（~273Ma）A型花岗岩和正长花岗岩的发育，则标志着南天山造山带进入造山后的伸展环境（Konopelko et al., 2007；Huang et al., 2012）。

2.1.1.6 乌拉尔造山带

乌拉尔造山带处于中亚造山带最西段，西侧以乌拉尔断层为界与东欧陆块相隔，东侧以横乌拉尔（Transurals）断裂为界与哈萨克斯坦陆块隔开，北起北极地区，南至哈萨克斯坦陆块的Aral海。地理位置上，乌拉尔造山带是欧洲和亚洲之间的地理边界；构造上，乌拉尔造山带是东欧陆块与西伯利亚陆块和哈萨克斯坦陆块之间的古亚洲洋分支——乌拉尔洋闭合消失的场所，导致两侧陆块正向碰撞造山所形成。

深反射地震剖面揭示，乌拉尔造山带主要的深大断裂有东倾的主乌拉尔断裂、西倾的横乌拉尔逆冲带。以主乌拉尔断裂为界，以西的西乌拉尔地壳与东欧陆块具有相似性，并具有古太古代—古元古代的东欧陆块基底；以东的东乌拉尔主要包括Tagil岛弧和Magnitogorsk岛弧以及部分西西伯利亚基底。因此，其中主乌拉尔断裂代表了乌拉尔洋的缝合带（Puchkov，2016），该带断续出露有奥陶纪—志留纪（460~420Ma）的蛇绿岩和混杂岩（Puchkov，2013, 2016），这表明乌拉尔洋至少在晚奥陶世之前已经打开，并持续到了晚志留世。

志留纪—泥盆纪，以主乌拉尔断裂为界，东乌拉尔地区发育大规模的岩浆活动，早古生代—中古生代为典型的弧-陆增生型造山带，表明此时乌拉尔洋向东乌拉尔地区之下发生了俯冲，东乌拉尔地区转变为主动大陆边缘，西乌拉尔地区为被动大陆边缘。同时，主乌拉尔断裂晚古生代早期转变为冲断带，发育晚泥盆世—早石炭世的增生楔和蛇绿岩套，南段的蓝片岩-榴辉岩年龄早于北段。南乌拉尔400~375Ma经历了含微粒金刚石的榴辉岩相超高压变质作用，极地乌拉尔蛇绿岩年龄范围从元古宙、寒武纪到泥盆纪都有分布，新元古代晚期的蛇绿岩于中奥陶世发生变质，志留纪末—早泥盆世的 Ray-lz 蛇绿岩（~410Ma）形成于俯冲带环境，同时其周围还发育418Ma晚志留世岛弧岩浆岩。而到了晚泥盆世至早石炭世末，乌拉尔地区全面沉降，在这两个阶段都伴生有超镁铁岩、斜长花岗岩与正长岩；志留纪构造带的位置靠近西乌拉尔，早石炭世沉降带则位于东乌拉尔一侧，更进一步证实了乌拉尔洋向东欧陆块之下的俯冲消减。

乌拉尔造山碰撞作用主要发生在中—晚石炭世，此时乌拉尔洋消失，乌拉尔洋的俯冲闭合表现为剪刀式闭合，首先在南乌拉尔开始弧-陆碰撞增生，在极地乌拉尔以陆-陆碰撞结束。同时中石炭世末，东乌拉尔带隆起，西带成为前缘凹陷；后期东翼向西翼推覆，使东部的蛇绿岩推覆到西坡坳陷之上，最大位移可达几百千米，同时伴随有大量花岗岩侵入以及地层的强烈褶皱与区域变质。就板块构造而言，乌拉尔造山运动是由西伯利亚陆块的西南运动造成的，在它与几乎完全聚合的潘吉亚超大陆之间存在一个较小的哈萨克斯坦陆块。古老的劳俄古陆（Laurussia）东欧山脉和西西伯利亚的山脉都随着哈萨克斯坦陆缘与欧洲板块的碰撞而隆升。这次事件是潘吉亚汇聚的最后一个阶段。二叠纪，该地区进入晚造山作用阶段，块断活动和小型花岗岩脉与岩株的侵入标志着造山后的伸展变形阶段。

2.1.2 图瓦-蒙古构造域

图瓦-蒙古构造域（图2-3，图2-4），对应于Xiao等（2015）所提出的图瓦-蒙古拼贴造山区，由多个地块/微陆块、火山弧、大陆边缘以及增生杂岩组成。该构造域的北界以叶尼塞-穆亚断裂（①）、贝加尔断裂（②）及斯塔诺夫南缘断裂（③）与西伯利亚陆块相连，南界则为额尔齐斯-达拉布特-北天山缝合带（④）和恩格尔乌苏-索伦-西拉木伦-长春-延吉缝合带（⑤和⑥）分别与哈萨克斯坦构造域及塔里木-华北构造域相隔（图2-12）。同时该构造域以中央蒙古构造线（主蒙古断裂）（⑦）和塔源-喜桂图断裂（⑧）为界，又分为北部的萨彦-额尔古纳造山带和南部的准噶尔-南蒙古-大兴安岭造山带。

2.1.2.1 萨彦-额尔古纳造山带

北部的萨彦-额尔古纳造山带呈弧形自西向东围绕西伯利亚陆块南缘，西起萨彦岭经蒙古北部朝东延伸到额尔古纳河流域的雅布洛诺夫地区。其范围包括中央蒙古构造线以北的蒙古国近2/3领域和俄罗斯的石勒喀河流域，中国境内的萨彦-额尔古纳造山带只占据这个构造带的东南部分。

该造山带是经早、中寒武世萨拉伊尔造山运动形成的造山系，主要为加里东褶皱，向南可能包括部分海西期褶皱。该造山带主要是由于早、中寒武世古亚洲洋作用于西伯利亚陆块边缘俯冲–增生而形成，由宽阔的消减–增生杂岩和地块/微陆块组成，周期性向洋跃迁的岩浆弧把这些增生楔连同洋壳碎片和地块/微陆块焊接起来。它的形成标志着古亚洲洋演化第一阶段（最早期的古亚洲洋，即萨彦–额尔古纳古亚洲洋）的结束和劳亚古陆显生宙演化的开始。其构造单元主要包括：图瓦–蒙古地块、阿尔泰–萨彦造山带、湖区-Khamsara 造山带、阿尔泰造山带和中蒙古–额尔古纳造山带（中蒙古地块和额尔古纳地块）等次级构造单元（图 2-12）。

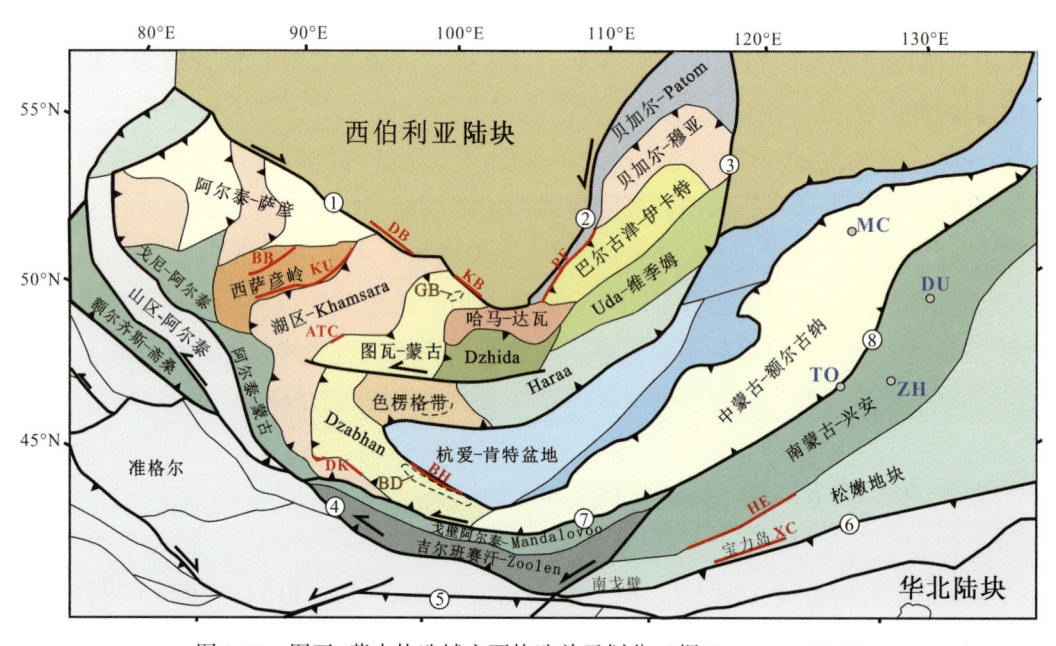

图 2-12　图瓦–蒙古构造域主要构造单元划分（据 Domeier，2018）

DB. Derba 高压变质带；KB. Kitoykin 高压变质带；PF. Primorsky 断裂；BB. Borus 增生杂岩带；KU. Kurtushiba 增生杂岩带；Agardagh Tes-Chen 蛇绿岩带；DK. Dariv-Khantaishir 蛇绿岩带；BH. 巴彦洪格尔蛇绿岩带；BD. Baydrag 地块；GB. Gargan 地块；HE. 贺根山蛇绿岩带；XC. 锡林浩特杂岩；TO. 头道桥杂岩；ZH. 扎兰屯地区；DU. 多宝山地区；MC. 漠河杂岩；TX. 塔河–兴化渡口地区。断裂代号见正文

（1）图瓦–蒙古地块

图瓦–蒙古地块主要位于西伯利亚陆块南部，蒙古西北部中部和贝加尔东南部，为一弯曲成 NEE 走向的弯山构造（图 2-12，图 2-13），长达 2000km，是西伯利亚陆块南部最大的具有前寒武纪基底的复合地块，主要由北部的图瓦–蒙古地块和南部的 Dzhabhan 地块于新元古代晚期（750～650Ma）（Demonterova et al.，2011）拼合而成。

两个地块的前寒武纪基底均由新太古代到中元古代的深变质岩系构成，岩性主要为花岗片麻岩、角闪片麻岩、大理岩（图 2-14）。图瓦–蒙古地块基底中最老的岩石出露于该地块北部的 Gargan 地块上，具有 2664±15Ma（SHRIMP；Kovach et al.，2004）和 2727±6Ma（ID-TIMS；Anisimova et al.，2009）的锆石 U-Pb 年龄。结晶基底上部被

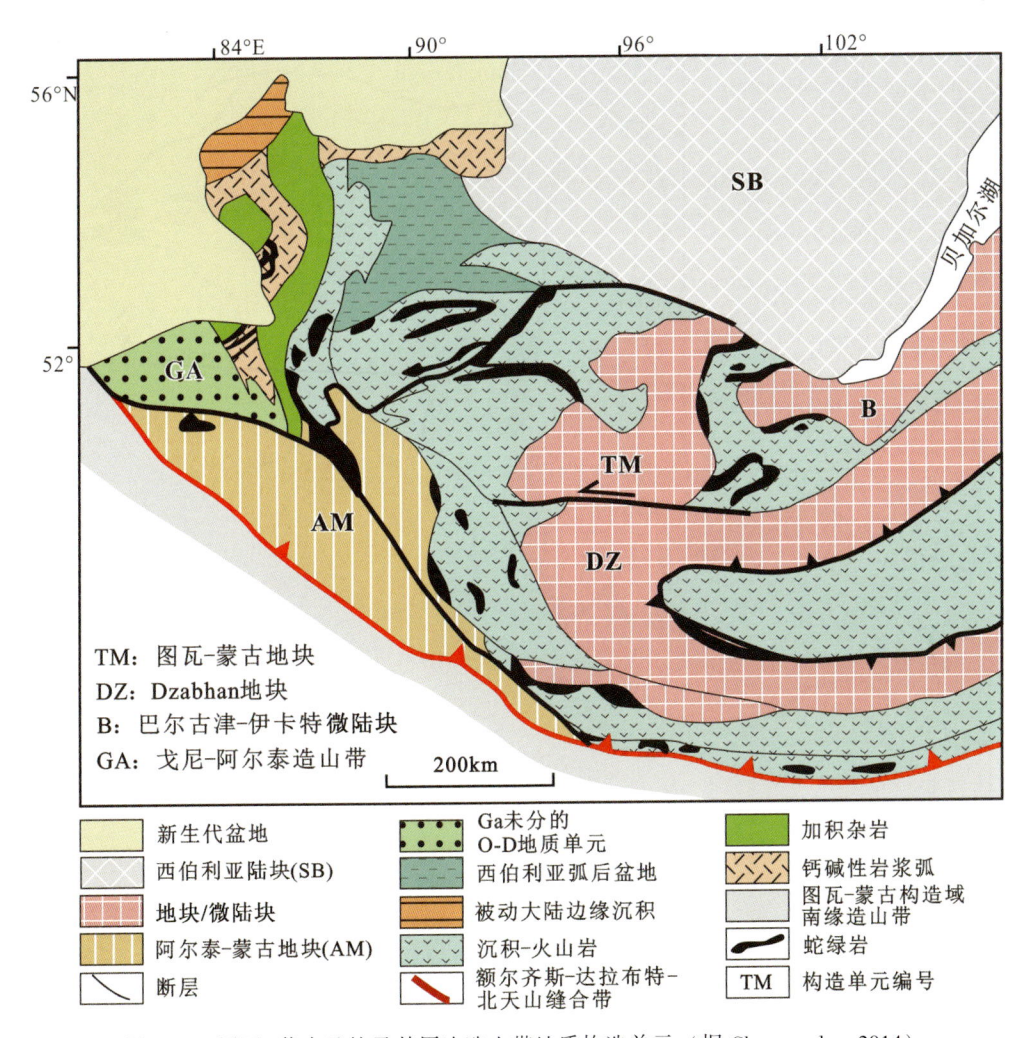

图 2-13　图瓦-蒙古地块及其周边造山带地质构造单元（据 Chen et al., 2014）

出露面积广泛的文德（震旦纪）—寒武纪含叠层石碳酸盐沉积盖层和少量的陆缘沉积地层所覆盖，主要分布于图瓦-蒙古地块的南部，是该地块古老基底上的准盖层，代表了图瓦-蒙古地块的新元古代被动陆缘沉积（Kozakov et al., 1999）。

Gargan 地块北缘中元古代一直为被动大陆边缘，但是 ~790Ma 时发育的 Sumsunur 英云闪长岩和 Sarkhoy 火山岩（图 2-14）为典型俯冲环境的产物，表明此时古亚洲洋向东南侧的图瓦-蒙古地块之下发生了俯冲（Kuzmichev et al., 2001）。晚寒武世—早奥陶世，整个图瓦-蒙古地块外缘被钙碱性火山岩所围绕，形成了 Oka 增生楔和 Shishkhid 岛弧岩浆岩及弧后沉积岩（图 2-14），这表明古亚洲洋的俯冲作用过程还在持续。同时晚寒武世，图瓦-蒙古地块北部发育 Kitoykin 高压变质带（图 2-12），其不属于图瓦-蒙古地块的范畴（Salnikova et al., 2001；Donskaya et al., 2001），而是代表了图瓦-蒙古地块与西伯利亚陆块的最终碰撞拼合（Kuzmichev, 2001）。

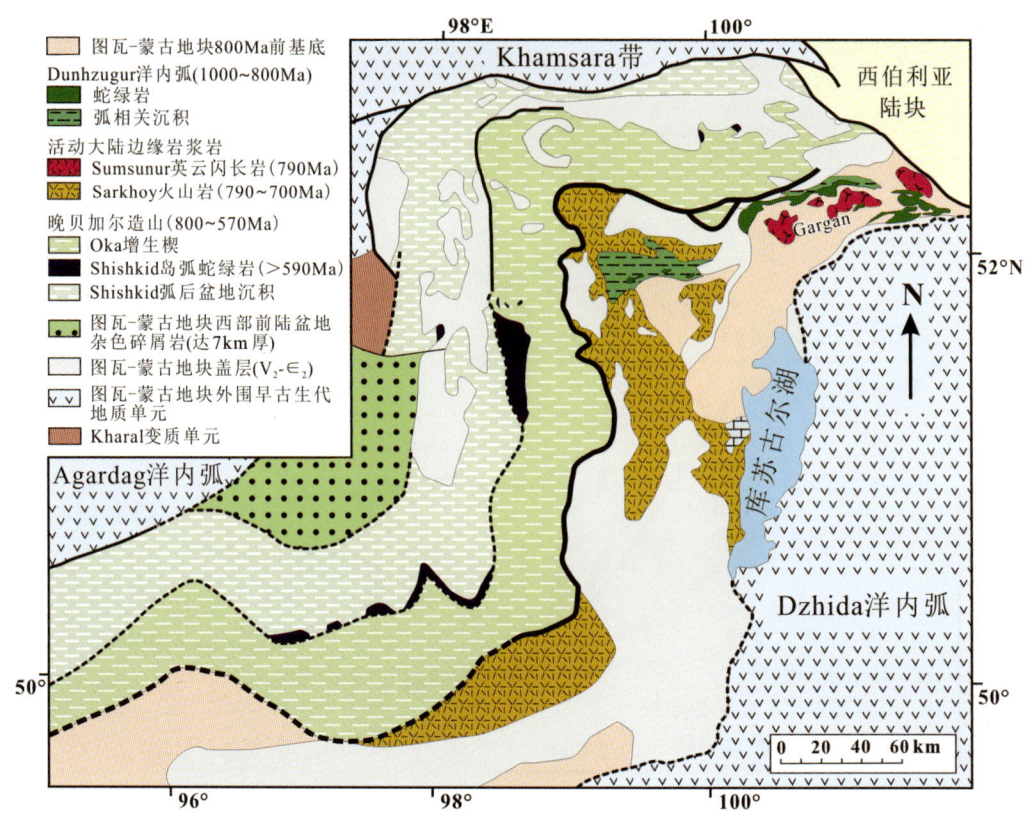

图2-14 图瓦-蒙古地块地质构造单元划分（据Kuzmichev et al.，2005）

（2）贝加尔-Patom被动陆缘带

贝加尔-Patom被动陆缘带处于西伯利亚陆块东南缘（图2-12），呈弧形北东-南西向展布，是西伯利亚陆块的新元古代被动大陆边缘（Stanevich et al.，2007；Chumakov et al.，2007）。该构造带主要由浅海相陆坡变质碎屑岩和碳酸盐岩组成，岩性主要为碳质页岩、变质砂岩、变质粉砂岩、变质高铝泥岩、片岩和大理岩，形成厚层复理石沉积序列，沉积时间为1100~650Ma（Makrygina et al.，2005）。变质沉积岩下部零星可见早期花岗质片麻岩，上部被变质基性玄武岩（Medvezhy组）和斜长角闪岩（Anangra组）角度不整合覆盖，这表明该构造带至少经历了绿片岩-高压角闪岩相变质作用。Medvezhy组中的变质玄武岩显示出N-MORB和洋底高原玄武岩的地球化学特征（Makrygina et al.，2005），与该构造带南侧Olokit增生楔中927Ma的变质玄武岩一起，代表了西伯利亚陆块中元古代末期—新元古代早期裂谷-被动大陆边缘的构造环境。

（3）贝加尔-穆亚构造带

贝加尔-穆亚构造带位于西伯利亚陆块东南、贝加尔-Patom被动陆缘带南侧（图2-12）。该构造带的地质单元构成相对复杂，由贝加尔-穆亚微陆块以及边缘的新元古代洋壳、岛弧单元组成。贝加尔-穆亚微陆块的基底为古元古代（或太古宙）弱克拉通化的次级变质岩系，被认为是环西伯利亚造山带中最有代表性的地质单元（Parfenov et al.，2003）。该构造带的主要岩性为新元古代弧相关的侵入岩、变质火山岩、变质沉积岩、蛇绿岩和碳酸盐岩以及高压变质岩。

贝加尔-穆亚微陆块中的岩浆事件主要集中在新元古代中期（830~670Ma）和新元古代晚期（650~580Ma）（Kröner et al.，2015），其中较早的一期形成于新元古代中期规模较大的岛弧环境（Shatsky et al.，2012），该岛弧体系不仅发育在贝加尔-穆亚地区，同时延伸至西部的萨彦东部-蒙古北西部地区；而新元古代晚期的岩浆事件则代表了贝加尔-穆亚微陆块北侧岛弧和西伯利亚陆块南缘的碰撞拼合（Kröner et al.，2015）。同时构造带北部为Oloit增生楔，发育新元古代深水相沉积、火山碎屑岩和变质火山岩，其中670Ma的亚碱性火山岩应该与贝加尔-穆亚微陆块和西伯利亚陆块南缘之间古亚洲洋向贝加尔-穆亚微陆块之下的俯冲作用有关。

西部贝加尔地区北部的Enderbitic片麻岩原岩为826Ma，经历了640Ma的麻粒岩相变质事件，与该造山带新元古代两期岩浆岩所反映的构造事件相一致。而穆亚地区北部的古元古代（或太古代）Dzhaltuk和Osinovka组岩石也卷入了后期西伯利亚陆块南缘向贝加尔-穆亚微陆块之下的陆壳俯冲过程，从而形成了后期的高压-超高压变质岩，如Kyanitic榴辉岩（~630Ma）（Shatsky et al.，2012）。新元古代晚期—寒武纪贝加尔-穆亚微陆块沉积盖层中开始出现与西伯利亚寒武纪地层中相同的化石（Belichenko et al.，2006；Rytsk et al.，2011），表明早奥陶世之前，该地块大部分区域已经拼贴到西伯利亚陆块上。

（4）巴尔古津-伊卡特微陆块

巴尔古津-伊卡特微陆块也位于西伯利亚陆块东南，贝加尔-穆亚构造带南侧（图2-12）。该地块具有太古宙结晶基底，主要出露在该微陆块的东部，Ruzhentsev等（2012）在该单元中发现了2670Ma的太古宙岩石，因此大部分学者认为巴尔古津-伊卡特微陆块曾经是西伯利亚陆块的一部分（图2-15），它于新元古代早期从西伯利亚陆块的阿尔丹陆块裂离［图2-16（a）］（Gladkochub et al.，2010）。

该微陆块基底之上覆盖有新元古代海洋杂岩、新元古代晚期—寒武纪火山岩、陆源碎屑岩和碳酸盐岩［图2-16（b）］，这些岩石经历了晚寒武世—早奥陶世地质事件的强烈改造，均发生了强烈的变形变质，形成了大面积片麻岩和大理岩，并被同期同碰撞花岗岩侵入（Gordienko et al.，2010；Rytsk et al.，2011），表明晚寒武世—早奥陶世巴尔古津-伊卡特微陆块和西伯利亚陆块发生了碰撞拼合［图2-16（c）］。

奥陶纪—志留纪，巴尔古津微陆块早期地层及地质单元均被造山后岩体侵入，同时全区发育有广泛的磨拉石建造（Rytsk et al.，2011），这表明此时该微陆块处于与西伯利亚陆块南缘碰撞造山后的拉张环境。

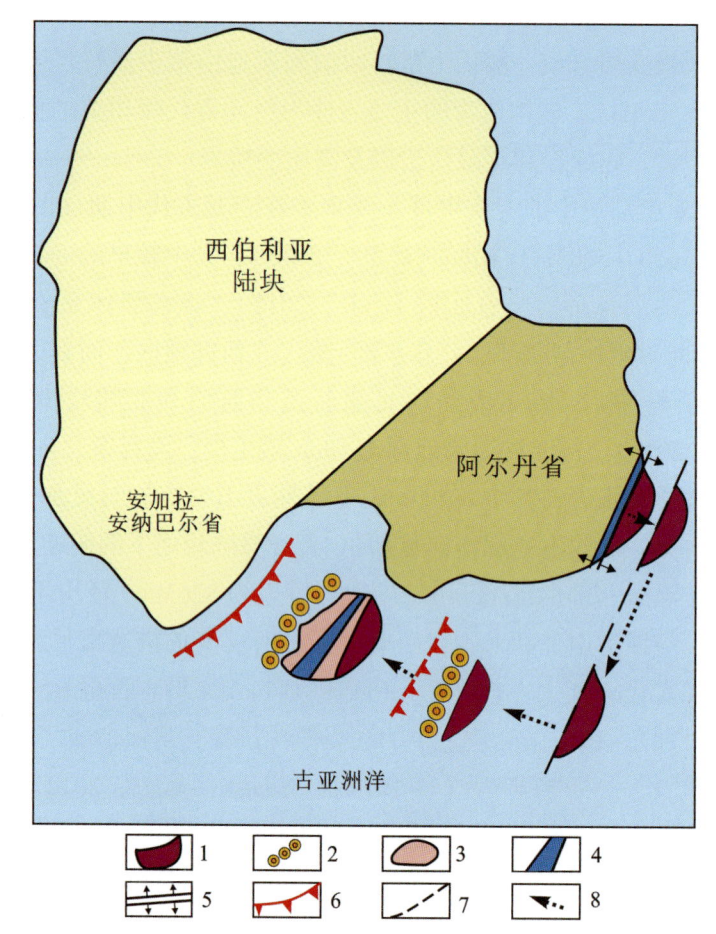

图 2-15 新元古代—早古生代巴尔古津–伊卡特微陆块运动轨迹（据 Gladkochub et al.，2010）
1. 巴尔古津–伊卡特微陆块；2. 岛弧；3. 弧后盆地；4. 弧后扩张中心；5. 阿尔丹省东南缘新元古代裂解；
6. 俯冲带；7. 可能的走滑带；8. 新元古代—早寒武世巴尔古津–伊卡特微陆块可能的运动方向

（5）Olkhon 构造带

Olkhon 构造带位于巴尔古津–伊卡特微陆块北侧的西部（图 2-17），同时以 Primorsky 断裂（为西伯利亚陆块的真正边界）为界与西伯利亚陆块南缘相隔，该构造带主要由高压变质岩组成（Gladkochub et al.，2008）。Gladkochub 等（2008）研究认为，Olkhon 高压变质岩的原岩为岛弧岩浆岩和弧后盆地沉积岩。该弧后盆地沉积岩中存在太古宙和新元古代的岩浆锆石，应来自南侧的巴尔古津–伊卡特微陆块，这再次证实巴尔古津–伊卡特微陆块北缘曾发育弧后盆地。Gladkochub 等（2010）基于对 Olkhon 构造带中 Khadarta、Khoboi 和 Orso 变质杂岩的研究，认为该弧后盆地的形成时代为 840~800Ma（Orso 片麻岩），应该与古亚洲洋向巴尔古津–伊卡特微陆块下的东南向俯冲有关（图 2-12）。

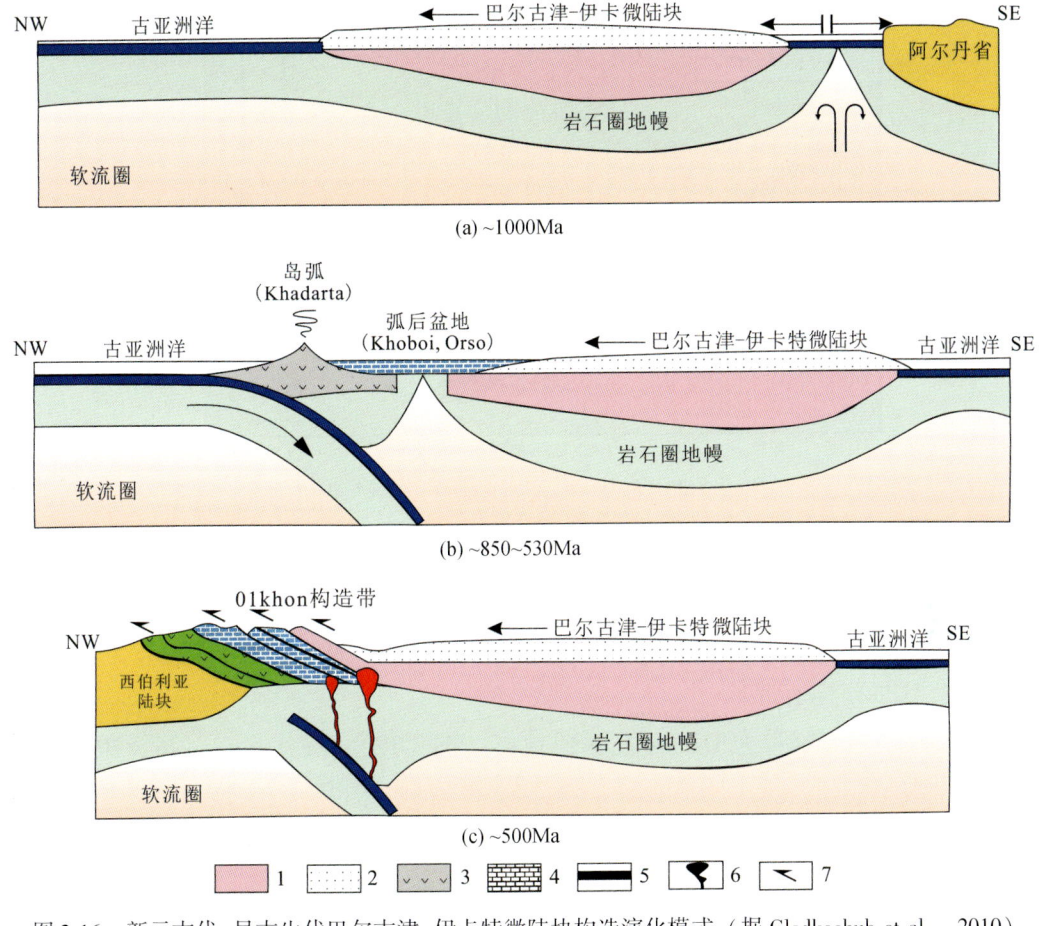

图 2-16 新元古代–早古生代巴尔古津–伊卡特微陆块构造演化模式（据 Gladkochub et al., 2010）
1. 巴尔古津–伊卡特微陆块前寒武纪基底；2. 巴尔古津–伊卡特微陆块前寒武纪盖层；
3. 岛弧杂岩；4. 弧后盆地混杂岩；5. 洋壳；6. 同碰撞侵入岩；7. 逆冲推覆带

晚寒武世—早奥陶世（~510~485Ma），Olkhon 构造带中的岩石经历了角闪岩相和麻粒岩相变质变形作用，转变为高压变质带，并被同造山期深成岩所侵入，该变质事件应代表了巴尔古津–伊卡特微陆块与西伯利亚陆块的碰撞拼贴，二者之间古亚洲洋分支洋盆消失。到晚奥陶世，该构造带发育大规模走滑变形和伴随的岩浆活动，应代表了造山后的拉张环境（Gladkochub et al., 2008）。

Olkhon 带晚寒武世—早奥陶世高压变质作用在西伯利亚陆块南缘的西部也有响应（图 2-17），如哈马–达瓦（Khama-Daban）构造带中的新元古代—寒武纪岩石均在晚寒武世发生了强烈的变形和高压变质作用，导致形成了晚寒武世图瓦–蒙古地块北部的 Kitoykin 高压变质带和湖区–Khamsara 带北侧 Derba 高压变质带（Gladkochub et al., 2008, 2010）。

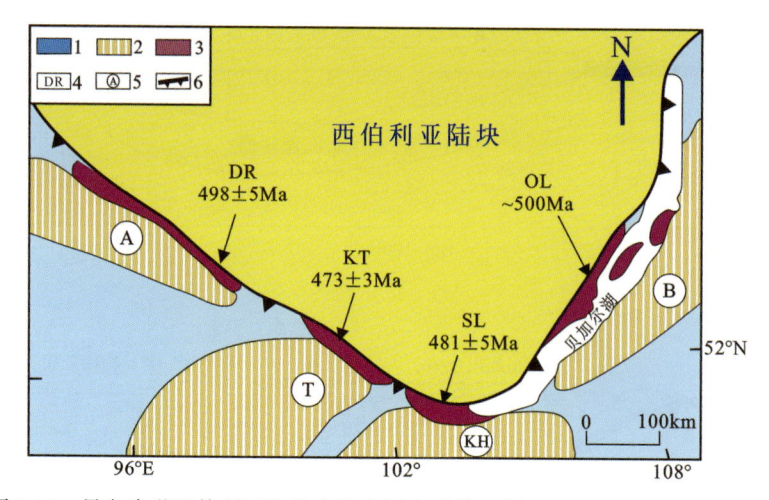

图 2-17 早奥陶世西伯利亚陆块南缘高压变质带（据 Gladkochub et al., 2010）

1. 古亚洲洋相关部分。2. 地块/微地块。3. 西伯利亚陆块周边高压变质单元。4. 不同变质单元英文名字缩写: DR. Derba; KB. Kitoyin; OL. Olkhon; SL. Slyudyanka; 相关的年龄值代表了变质单元中麻粒岩的年龄。5. 地块/微陆块名字缩写: A. Arzybei; BY. 巴尔古津-伊卡特; TM. 图瓦-蒙古; KH. 哈马-达瓦; 6. 断裂带, 箭头指倾向

（6）Dzhida 构造带

Dzhida 构造带又称为 Dzhida 岛弧或地体（图 2-12），被 Safonova 等（2017）定义为一个典型的洋内弧。处于哈马-达瓦构造带南侧，图瓦-蒙古地块东侧，位于蒙古国北部，外贝加尔南部地区，呈东西向展布，长度约为 600~700km（Badarch et al., 2003; Gordienko et al., 2007）。它主要由三个新元古代晚期—早寒武世的地质单元组成：残余岛弧、蛇绿岩套、古边缘海（弧后盆地）复理石建造。岛弧地质体主要由斜长花岗岩-英云闪长岩-闪长岩类和蛇绿混杂岩组成，主要岩性为基性-超基性岩石、玻安岩-玄武岩、流纹岩-安山岩、花岗质岩石、大理岩和凝灰岩类（Gordienko et al., 2007），其中，拉斑玄武岩和钙碱性玄武岩具有洋内弧火山岩的地球化学特征，表明其形成于洋内弧发育的早期阶段。该岛弧的蛇绿岩和花岗岩具有 570~510Ma 的 U-Pb 形成年龄（Gordienko et al., 2006, 2012），表明洋内弧的发育阶段为新元古代晚期—早寒武世；同时花岗岩还具有 800~740Ma 的 Nd 模式年龄，以及正的 $\varepsilon_{Nd}(t)$ 值，都表明了其岩浆起源于新增生的地幔物质。除此之外，岛弧附近 Dzhida 海山中的大理岩含有早寒武世化石（Gordienko et al., 2007），海山的基底被早奥陶世花岗岩侵入。所有的这些复合地质单元（如岛弧、海山、弧后盆地等）均形成于西伯利亚陆块和华北陆块的碰撞拼合过程中（Buslov et al., 2004; Gordienko et al., 2007）。新元古代—早古生代 Dzhida 洋内弧的形成模式如图 2-18 所示。

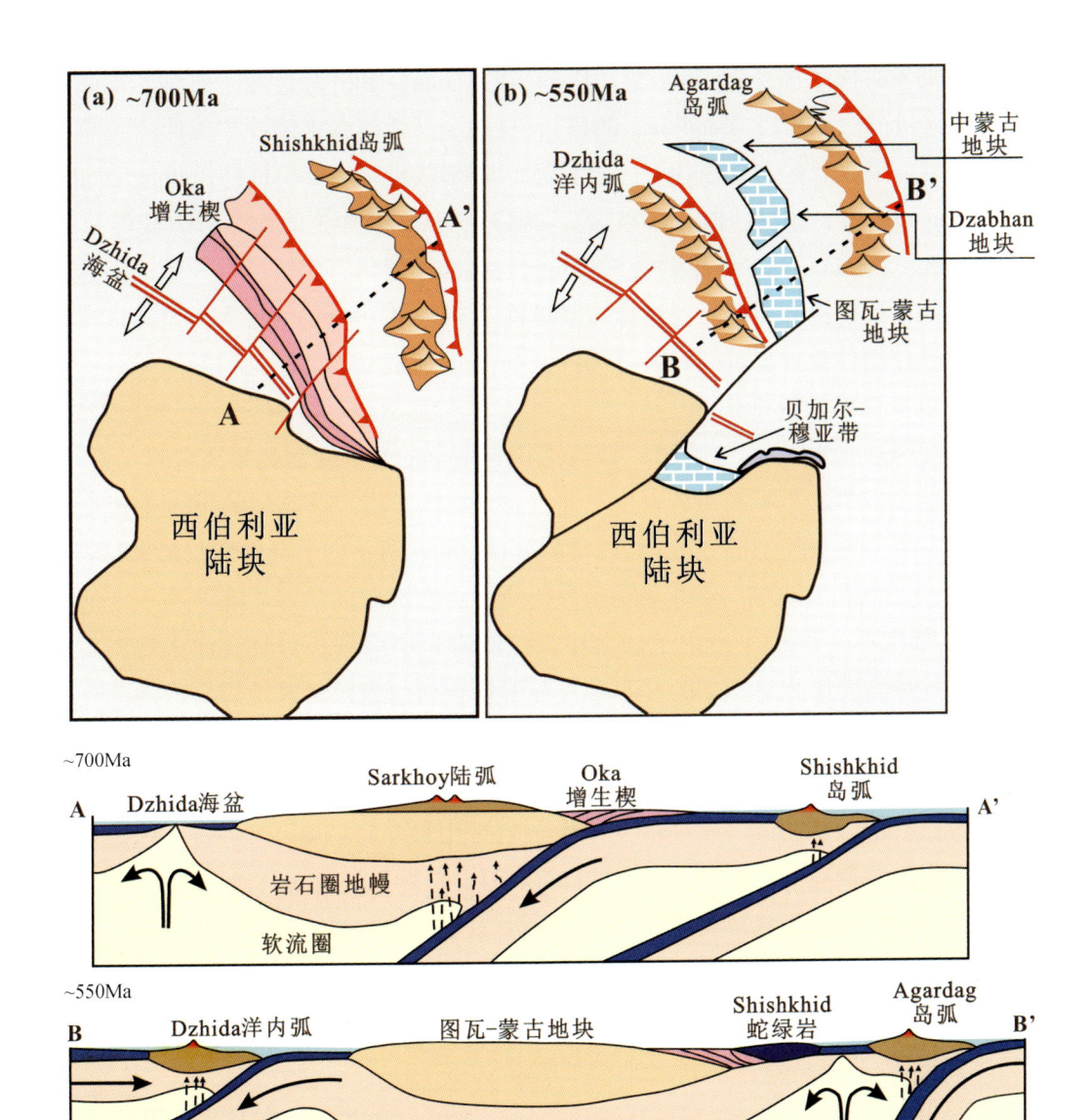

图 2-18　图瓦-蒙古地块东缘 Dzhida 洋内弧和西缘 Shishkhid 岛弧的形成模式
（据 Kuzmichev et al., 2005）

（7）阿尔泰-萨彦造山带

阿尔泰-萨彦造山带主要分布于西伯利亚陆块西南，图瓦-蒙古地块西北（地理位置上相当于蒙古国境外的西北部），湖区-Khamsara 造山带的西北部（图 2-12），为典型的新元古代—早寒武世造山带，是西伯利亚陆块新元古代晚期—早古生代早期的活动大陆边缘。

阿尔泰-萨彦造山带主要由新元古代晚期—奥陶纪硅质碎屑岩、碳酸盐岩、火山岩、花岗质岩石和变质岩石等组成，应该形成于岛弧、海山的多岛洋盆环境。该造山带东部发育库兹涅茨克–阿尔泰（Kuznetsk-Alatau）和北萨彦两个典型的岛弧系统（Buslov et al.，2002；Metelkin，2013），这两个岛弧体系中俯冲相关的岩浆事件最晚于震旦纪晚期已经开始发生，一直持续到晚寒武世（~496Ma）（Rudnev et al.，2008；Grave et al.，2011；Rudnev et al.，2013），从多处伴生的蛇绿岩中获得 U-Pb 年龄为 568~573Ma，Sm-Nd 年龄约 520Ma，与该区早期化石年代基本一致。随着区域上早奥陶世同碰撞和碰撞后花岗质岩浆事件（500~470Ma）的侵入，该地区古亚洲洋的俯冲作用停止（Grave et al.，2011；Wilhem et al.，2012）。

（8）西萨彦构造混杂带

西萨彦构造混杂带位于阿尔泰—萨彦造山带南部的北萨彦岛弧系统南侧，湖区–Khamsara 造山带西北，阿尔泰造山带东北（图 2-12），是一个典型的早古生代造山带。该构造带主要由北部的 Borus 和南部的 Kurtushiba 两条增生杂岩带及其之间的变质岩组成，二者平行排列，发育有新元古代晚期—寒武纪的蛇绿岩套、高压变质岩（蓝片岩–绿片岩）和火山–沉积岩。其中，蛇绿岩套中的辉长岩具有洋中脊岩石的特征，而蛇绿岩套中相对晚期的玄武质岩石则具有岛弧或弧后盆地岩石的地球化学性质（Kurenkov et al.，2002）。蛇绿岩带之上覆盖的玄武岩和玻安岩主体上形成于岛弧环境，同时与玄武岩互层的黑色页岩中发育新元古代晚期的微体化石（Dobretsov et al.，1992）。Kurtushiba 增生杂岩带中最年轻的高压变质岩–蓝片岩形成于中奥陶世早期（~470~465Ma，Volkova et al.，2011），Borus 杂岩带中 K-Ar 变质年龄集中在晚寒武世—早奥陶世（Dobretsov et al.，2004）。同时 Kurtushiba 增生杂岩带的倾向为南东，暗示西萨彦构造混杂带与湖区–Khamsara 活动陆缘带之间的洋壳于晚寒武世—中奥陶世向湖区–Khamsara 构造带之下发生了俯冲。

（9）湖区–Khamsara 造山带（活动陆缘带）

湖区–Khamsara 造山带（活动陆缘带）位于图瓦–蒙古地块的西侧，同样是一个典型的早古生代造山带。主要为浅海相岩石组合，由古老陆块的残片、震旦系—下寒武统和下奥陶统三套岩石组成。在该造山带北部的汉呼赫山南缘，下部岩石为碳酸盐岩，上部为安山岩组合。该区碳酸盐岩含震旦纪核形石和大量早寒武世的古杯海绵，故其形成时代为震旦纪—早寒武世。在该带的达里比山地区发育长达 200km 的蛇绿岩套和岛弧火山岩–硅质岩–大理岩岩石组合，其中蛇绿岩的年龄为 570~527Ma，时代为震旦纪—早寒武世，同时，大理岩和硅质岩中含早奥陶世海绵骨针与放射虫化石。在早奥陶世末期，该造山带发育了陆相磨拉石建造，这标志着早奥陶世湖区–Khamsara 早古生代造山带形成。同时湖区–Khamsara 造山带与图瓦–蒙古地块之间发育有 Agardagh Tes-Chem 蛇绿岩带（Pfänder et al.，2002）。

（10）阿尔泰造山带

阿尔泰造山带位于西伯利亚陆块的西南部，哈萨克斯坦构造域的东北（图 2-19）。

其范围与阿尔泰山系一致，呈北西走向，全长约2500km，宽120~200km，横跨中国、蒙古、俄罗斯和哈萨克斯坦四国，是中亚造山带中西部的重要组成部分。东北部与图瓦-蒙古构造域的萨拉伊尔造山带和西萨彦-湖区造山带相连，西南部以恰尔斯克-斋桑-额尔齐斯断裂与哈萨克斯坦构造域的准噶尔地块相隔，向南延伸至中国新疆境内（肖序常等，1992；Parfenov et al.，2004）。其北部地区在俄罗斯境内，称山区（Rudny）-阿尔泰；北西方向延入哈萨克斯坦境内，称戈尼（Gorny）-阿尔泰；向东延入蒙古境内，称戈壁阿尔泰（阿尔泰-蒙古）；其南部地区即为中国新疆境内的阿尔泰，称为中国阿尔泰。

在库兹涅茨克-阿尔泰岛弧南西侧，与阿尔泰构造带东北部戈尼-阿尔泰相邻，震旦纪—晚寒武世增生杂岩沿岛弧展布方向出露，主要由蛇绿岩套碎块和蛇纹岩混杂堆积、绿片岩相-榴辉岩相变质岩碎块、重力滑塌堆积岩、洋岛玄武岩碎块、暗礁碳酸盐岩和浅海相沉积岩组成（Dobretsov et al.，2004；Safonova et al.，2004），其中的蓝片岩具有490~485Ma的 ^{40}Ar-^{39}Ar变质年龄，代表了寒武纪晚期的高压变质作用（Volkova et al.，2011）。

该造山带出露有前寒武纪地块、古生代蛇绿混杂岩、火山弧、岛弧、俯冲增生楔（Xiao et al.，2004，2009；李锦轶等，2006；Windley et al.，2007）及大面积的古生代花岗岩类（韩宝福等，2006；Wang T et al.，2006，2009；Sun et al.，2008）。古生代花岗岩主要形成于奥陶纪至中泥盆世，其上部覆盖有晚期的晚泥盆世—早石炭世火山弧岩浆岩，由钙碱性火山岩和辉长岩、云母闪长岩组成；西南缘为弧前盆地沉积，东北缘为弧后盆地陆源碎屑岩和凝灰岩沉积。与南部的额尔齐斯蛇绿岩套增生楔正好组合为向北俯冲的泥盆纪—石炭纪沟弧盆体系，因此，阿尔泰造山带的构造演化主体上记录了西伯利亚陆块与哈萨克斯坦陆块之间古亚洲洋分支——斋桑-额尔剂斯洋俯冲闭合导致的俯冲增生造山过程。

目前部分学者认为，阿尔泰造山带出露前寒武纪变质岩系、角闪岩，应划分为古—中元古界克木齐群和新元古代富蕴群，作为该造山带的基底（李天德等，1996），称为阿尔泰地块，曾属于西伯利亚陆块的一部分（何国琦等，1990）；同时，该区出露的大面积低至中高级的早古生代变质岩系，被称为哈巴河群及泥盆系康布铁堡组和阿勒泰组等，应形成于被动大陆边缘（李锦轶和肖序常，1999；李会军等，2006）。

然而最近的研究表明：前人所定义的前寒武纪高级变质岩并不形成于前寒武纪，而是具有早古生代的原岩形成年龄（528~466Ma），并且与该区分布范围最广的早古生代沉积地层哈巴河群碎屑锆石年龄一致（龙晓平，2007）。同时，近年来对阿尔泰构造带早古生代变质岩系的研究认为：① 哈巴河群片岩沉积于中奥陶世和早泥盆世之间（468~504Ma），龙晓平（2007）通过对该套碎屑沉积岩的年代学及地球化学分析认为，其原岩为形成于活动大陆边缘/岛弧环境下的中-酸性火山岩，

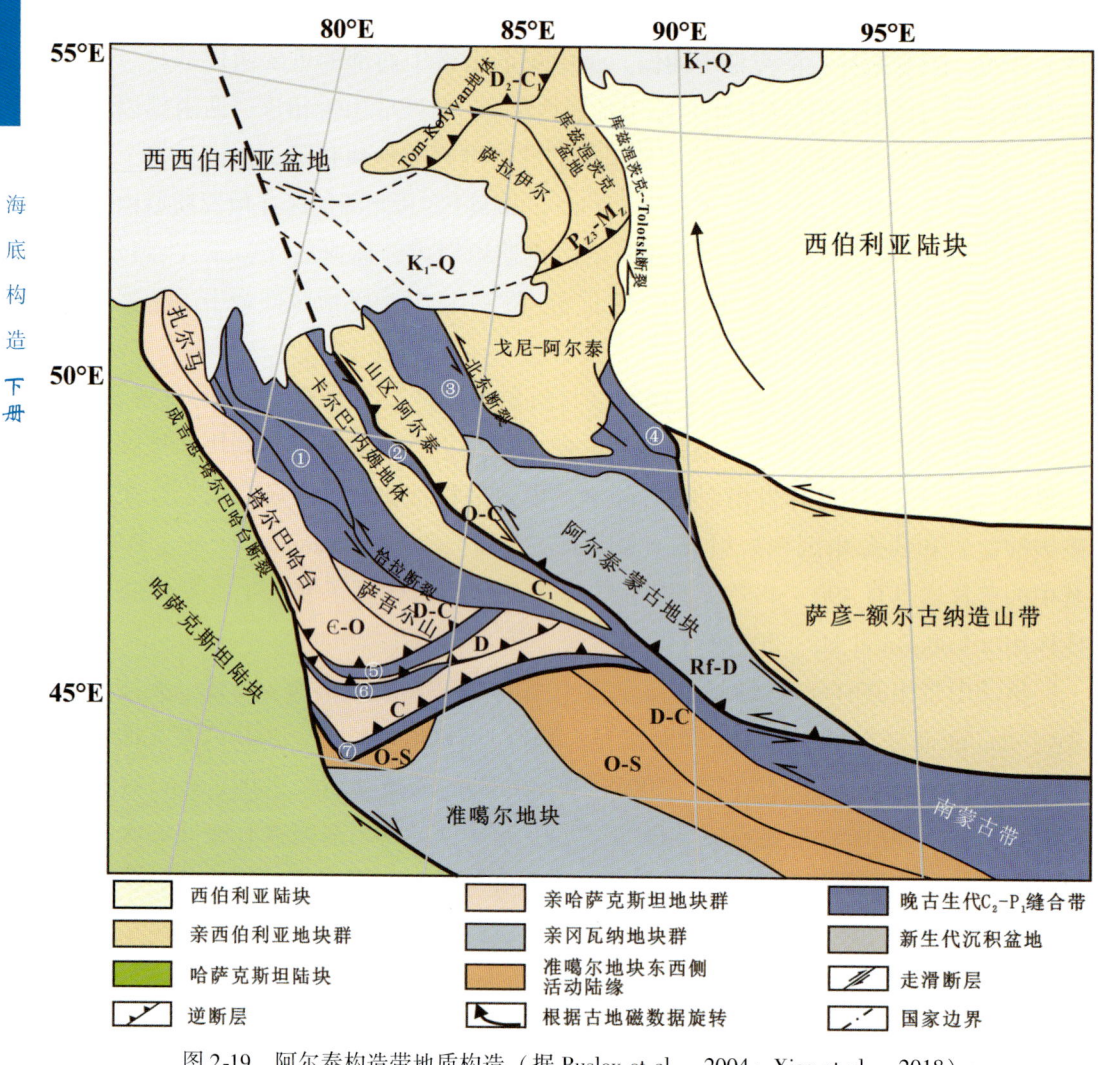

图 2-19　阿尔泰构造带地质构造（据 Buslov et al., 2004；Xiao et al., 2018）

晚古生代 C_2-P_1 缝合带：①额尔齐斯缝合带；②Charysh-Terekta 缝合带；③Kurai 缝合带；④Barlik-Khongulen-Khebukesair 缝合带；⑤Mailskaya 缝合带；⑥Tangbale 缝合带；⑦Kurtushuba 缝合带。

锆石 Hf 同位素组成也说明其物质主要来自新生的物质源区，仅有少量古老地壳物质的加入。U-Pb 年龄进一步表明，这些新生物质源于早古生代的岛弧岩浆岩。由于搬运距离较短，可能在弧前或弧后盆地沉积。哈巴河群混合岩的混合岩化作用发生在中泥盆世，其原岩形成过程可能与片岩相同。因此，哈巴河群的浅变质碎屑岩代表了活动大陆边缘沉积构造环境。② 康布铁堡组的变质砂岩沉积于早志留世（432Ma）之后，锆石 Hf 同位素及 U-Pb 年龄表明其形成与哈巴河群沉积物相同，主要来自新生的寒武纪—奥陶纪岛弧岩浆岩。而且，碎屑锆石磨圆差，搬运距离较短，应沉积于弧前或弧后盆地环境。③ 阿勒泰组的石榴夕线片麻岩形成于早泥盆世，可能是与岛弧碰撞有关的区域变质作用的产物，其原岩来自新生的寒武纪—奥陶纪岛弧岩浆岩。因此，阿尔泰造山带早古生代变质碎屑岩是寒武纪—奥陶纪岛弧岩浆岩在不同时期风化沉积的产物，此时阿尔泰造山带处于活动大陆边缘岛弧持续增生的构造演化模式之中，不支持前寒武纪古大陆板块裂解模式，这间接说明了阿尔泰造山带可能不存在前寒武纪结晶基底。

除上述地质特征外，阿尔泰造山带另一重要地质特征为花岗岩类深成岩出露广泛，几乎占露头面积的一半，形成巨大的北西向岩带，以海西期为主，侵位时代从晚志留纪（402Ma）到古生代末，总的可分为四期：早期为辉长岩-斜长花岗岩类小岩株和片麻状花岗岩，与混合岩关系密切，中泥盆统—石炭系覆盖于其上；中期为长条状浅色花岗岩，长轴方向与区域构造线走向一致；晚期为辉长闪长岩-二长花岗岩系列，主要位于布尔津-二台带中，呈岩株侵入下石炭统，围岩有强烈的烘烤现象；末期是碱性花岗岩小岩株，分布在蛇绿混杂带附近，晶洞发育，形成时代可能为晚二叠世。因此可以看出，岩浆活动总体是从北向南迁移的。前两期为同造山期花岗岩，末期岩体有人提出可能已属 A 型花岗岩，暗示可能已转变为造山后伸展环境。深层岩体的广泛出露以及同一个构造带中的古生界地层厚度在中国阿尔泰和俄罗斯戈尼-阿尔泰的巨大差异（后者近 20 000m），表明阿尔泰山在晚古生代发生了的巨大抬升和相应的剥蚀作用。

阿尔泰造山带主要构造演化阶段：文德纪—早寒武世，洋盆形成，发育洋壳和岛弧系统；中寒武世—早奥陶世，碰撞增生，前弧和岛弧增生到西伯利亚陆块南缘；中奥陶世—早泥盆世，为被动大陆边缘环境；泥盆纪—早石炭世，重新转换为活动大陆边缘环境；石炭纪—早二叠世，与西伯利亚陆块和哈萨克斯坦陆块碰撞拼贴；晚二叠世，处于碰撞造山后的伸展环境。

（11）中蒙古-额尔古纳造山带

中蒙古-额尔古纳造山带跨越了中蒙边境地区（图 2-12），位于黑龙江省西北端，沿额尔古纳河和克鲁伦河向西南延伸，大体止于蒙古国中戈壁省西部的必鲁特和呼勒德一带。东与吉黑造山带相接。北边以图库棱格腊深大断裂与扎格迪海西褶皱带接壤；南边以德尔布干深大断裂和察干锡贝图深大断裂与准噶尔-南蒙古-大兴安岭造山带相邻。中蒙古-额尔古纳造山带是以杭爱（Hangay）地区的前寒武纪地块——额尔古纳地块和中蒙古地块为核心，外侧主要由古生代岛弧、弧后/弧前盆地、俯冲增生杂岩组成（Windley et al., 2007）。

额尔古纳地块：该地块（图 2-12）位于中亚造山带东段，呈北东向延伸，长达 1500km 以上，其中北部区域几乎全部位于中国境内。从大地构造角度来看，额尔古纳地块西邻蒙古-鄂霍次克缝合带，东南以喜桂图-塔源断裂为界与兴安地块相邻，西南毗邻中蒙古地块（李锦轶，1998）。该地块主要由前寒武系、古生界、中生界和大面积不同时代的岩浆岩组成（黑龙江省地质矿产局，1993）。其中，元古宙和古生代岩浆岩出露面积并不大，而是以中生代岩浆岩为主（Wu et al., 2011）。

额尔古纳地块前寒武系的出露范围很小，主要分布在北极村、漠河以及红旗地区，自下而上依次为：兴华渡口群、佳疙瘩组和额尔古纳河组。兴华渡口群主要由一套花岗质片麻岩和变质基性、酸性火山岩及少量变质沉积岩组成，构成火山-沉积建造。此外，在火山-沉积建造中还零星分布着呈残块状的变质表壳岩，岩石类型主要包括斜长角闪岩类、片麻岩类、变（浅）粒岩类、片岩类及大理岩等。前人依据区域变质程度、区域构造特征和含有条带状磁铁石英岩及磁铁矿层等标志，将兴华渡口群归为古元古界（内蒙古自治区地质矿产局，1991，1996），并认为其是额尔古纳地块的古老结晶基底（表尚虎等，1999；Sun et al., 2002），而近期的研究表明兴华渡口群实际上是一套新元古代—早古生代大陆边缘或岛弧建造（苗来成等，2007；Wu et al., 2012）。佳疙瘩组主要为一套杂色片岩、浅粒岩、石英岩及少量变质砂岩等岩石组合（内蒙古自治区地质矿产局，1996），原岩为碎屑岩及少量酸性火山岩。Zhao 等（2016）认为该组中的岩石形成时代既有新元古代的又有侏罗纪—白垩纪的，因而认为佳疙瘩组并不是一套具有正常沉积层序的地层。额尔古纳河组主要由白云质硅质大理岩、大理岩、结晶灰岩、碳质粉砂质板岩、变质长石石英砂岩、变粒岩、浅粒岩及云母石英片岩组成，形成时代为 738~712Ma，即新元古代（Zhang Y H et al., 2014）。

Wu 等（2011）查明塔河-新林一线西北满归和碧水等地的侵入岩具有 927~792Ma 的锆石年龄，Wu 等（2012）对漠河以南约 50km 黑云母斜长片麻岩的研究表明，其形成于 794Ma，通过 Hf 同位素研究认为其原岩的模式年龄为中太古代，反映中太古代地壳熔融结果。同时在 767Ma 和 1853Ma 之间还存在多个碎屑锆石峰值。Zhou 等（2011）报道了石榴子石夕线石片麻岩 496±3Ma 的变质年龄和从 578±8Ma 到 1373±17Ma 的岩浆事件年龄。Tang 等（2013）报道了地块中部 851~737Ma 的 A 型花岗岩、辉长岩和辉长-闪长岩，其 $\varepsilon_{Hf}(t)$ = +25~+81，并指出它们产于与罗迪尼亚超大陆裂解有关的伸展环境。张丽等（2013）研究了地块西缘太平林场花岗片麻岩的时代，表明存在 840~830Ma、800~780Ma 和 730~720Ma 三期岩浆热事件。上述特征说明，额尔古纳地块具有前寒武纪基底。

中蒙古地块：该地块位于额尔古纳地块西南。古元古界分布于布彦图等地。岩性主要为黑云母片麻岩、石榴黑云片麻岩、二云片麻岩以及结晶片岩、角闪岩和大理岩，厚度为 2000~5000m。中元古界见于克鲁伦河右岸（巴彦特拉姆高地）地区，主要为绿片岩系。其岩性为石英绢云母绿泥石片岩、碳质石英绢云母片岩、石英绿帘石绿泥石片岩、阳起石片岩和变质砂岩、粉砂岩等。绿片岩中所夹混合岩的 Rb-Sr 年龄为 1058~950Ma，伟晶岩所测 U-Pb 年龄为 1100Ma、1050Ma、970Ma。新元古界—下寒武统分布于克鲁伦河流域的温都尔汗地带及额尔古纳河区。温都尔汗地区的新元古界—下寒武统与下伏地层呈不整合接触,主要为砂岩、粉砂岩、黏土质页岩、石灰岩、白云岩以及火山岩,其中火山岩以具有安山岩成分的喷发岩和凝灰岩为主,夹酸性基性熔岩和火山碎屑岩。总体上,它为一套陆源-碳酸盐-火山岩系。在额尔古纳河区,新元古界(震旦系)称佳疙瘩组,岩性主要为绿泥石片岩、绢云母片岩夹石英岩、砂岩、灰岩及凝灰岩;下寒武统称安娘娘桥组,与下呈连续沉积,岩性以绿泥石石英片岩为主,夹大理岩、长石石英砂岩、流纹斑岩及砾岩(上部),韵律明显,属复理石建造,总厚大于3600m。克鲁伦河区出露少量志留系,底部为砾岩,向上变为砂页岩,夹少量火山岩,总厚近1800m;志留系之上为泥盆系,分布较广,为碎屑岩、火山岩,属磨拉石建造,厚1000m;石炭系和二叠系主要是陆相碎屑岩和火山岩的磨拉石建造。

2.1.2.2 准噶尔-南蒙古-大兴安岭造山带

准噶尔-南蒙古-大兴安岭造山带总体上围绕北部萨彦-额尔古纳造山带的南缘(图2-3,图2-19),呈弧形展布,是一个典型的多旋回造山带,其发育时间从早古生代持续到晚古生代,但北侧结束较早,约在泥盆纪末,南侧结束较晚,主体为海西期褶皱所占据。

(1) 额尔齐斯-斋桑造山带

额尔齐斯-斋桑造山带从北面围限准噶尔地块,总体为北西向(图2-20)。但在准噶尔盆地以西、艾比湖以北部分出现北东走向构造,地貌上自西向东分别有巴尔雷克、玛依勒、沙尔布尔提等山脉。布伦特海以东的东准噶尔仍为北西向,自北向南有阿尔曼泰、克拉美丽等山脉。全区未见前寒武系基底,出露的最老地层为下、中奥陶统,在西准噶尔位于艾比湖北侧褶皱带最南端的唐巴勒一带。地层最下部为变质成绿片岩相的海相碎屑岩系,位于含化石的中奥陶统之下。后者为枕状细碧岩和火山碎屑岩,所夹灰岩透镜体中含腹足类 *Maclurita*,紫红色硅质岩中含放射虫,厚度超过1000m。志留系分布在奥陶系以北,二者间有间断,下部韵律性碎屑岩中含有棱角状基性火山岩、硅质岩岩屑及蓝闪石、橄榄石和镁铝榴石等矿物。志留系的中、上部为枕状细碧岩、角斑岩,夹薄层硅质岩和结晶灰岩。该灰岩中产珊瑚 *Heliolites*,*Cladopora* 等浅水生物化石。

上古生界是全区分布最广的层系,不整合在下伏地层之上。泥盆系有两种类型:①南部玛依勒山地区为被动陆缘沉积,下部砂砾岩中产 *Megastrohia* 等腕足类化石,复成分底砾岩中砾径最大的可达8m;中部为中酸性火山碎屑岩,含鳞木、石燕和珊瑚;上部为从圆砾岩开始的碎屑岩系,与中部有间断。其厚度由南向北增大,北部出现中酸性火山岩夹层,总体上都属于浅海相环境。②活动大陆边缘泥盆系主要分布在东北方向的达拉布特地区,由枕状熔岩、火山碎屑岩和放射虫硅质岩组

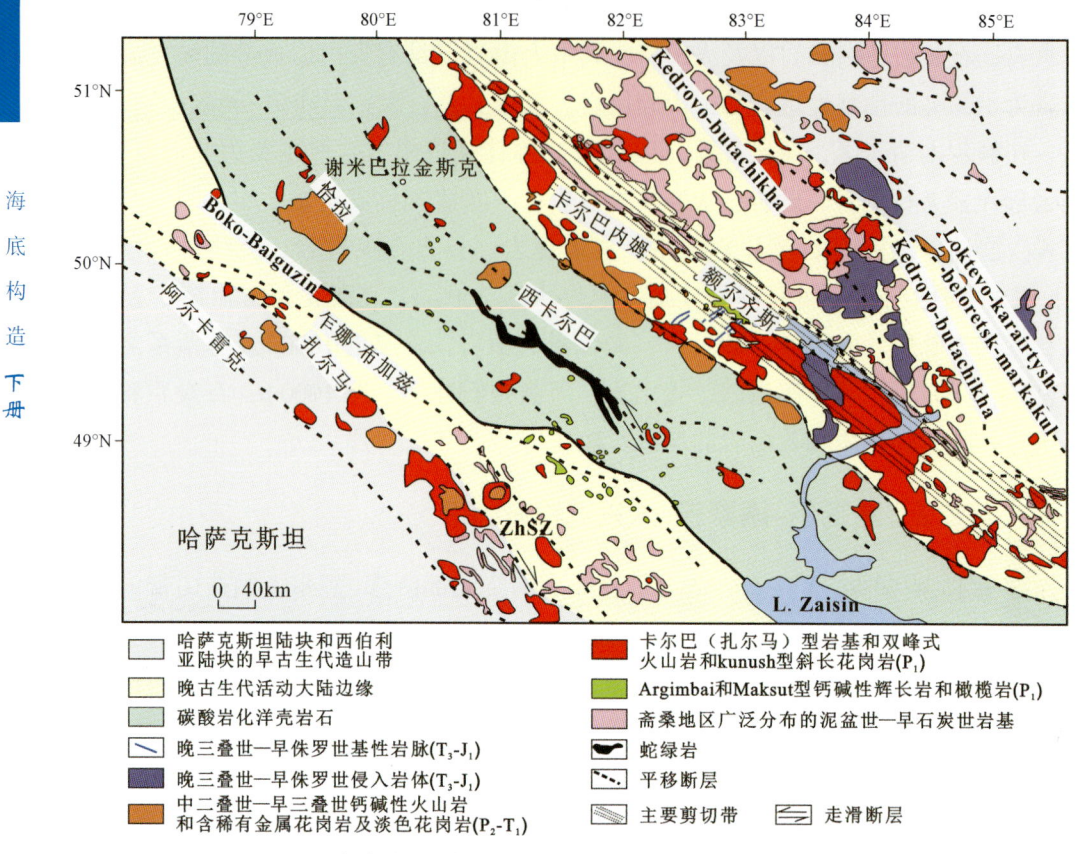

图 2-20 额尔齐斯-斋桑造山带地质略图（据 Xiao et al., 2018）

成，厚约 2500m，灰岩透镜体中含珊瑚 *Squameofavosites*。萨拉托海铬铁矿床即位于与之共生的超基性岩体中，中石炭统为海陆交互相碎屑岩，西部玛依勒山一带厚度小，夹有煤系，不整合在泥盆系之上，往东北方向厚度增大，额敏地区剖面中出现安山玢岩，达拉布特一带发育细碧岩和典型的浊积岩，与泥盆系连续，这表明这里仍保持活动陆缘背景。中石炭世后全区抬升，下二叠统下部为陆相英安岩、流纹岩夹碎屑岩及煤线，上部为陆相磨拉石，这标志着造山作用的结束。

额尔齐斯—斋桑造山带是新疆基性-超基性岩浆活动最发育的地带。它们在空间上组成若干线状分布的岩带，其中，在西准噶尔发育著名的唐巴勒带，其时代为寒武纪，呈近东西向的弧形，含青铝闪石的蓝片岩位于岩带南部。玛依勒带为中、晚志留世，近东西向，长约 60km。达拉布特带为中泥盆世，呈北东向，长 100km 以上。它们都含有从变质超基性岩到枕状熔岩的蛇绿岩套的各种主要岩性，以及斜长花岗岩等浅色岩体。目前都已乱序成为蛇绿混杂岩体，而且无一例外位于逆冲断裂的上盘。东准噶尔的科克切塔夫-阿尔曼泰带属晚泥盆世，呈北西向，向北倾，长近 400km。克拉美丽带属早石炭世，呈北西向，北倾，出露长度近 200km。这两条带也以含蛇绿岩的混杂岩的发育为特征，与围岩呈断层接触。花岗岩和中酸性火山岩都出露在岩带的北侧，因此这反映了向北的消减作用。这些超基性岩带现在已与周围地层一起卷入紧闭的线性褶皱，与叠瓦状冲断系伴生。在褶皱带西南部，逆掩方向由北向南，指向准噶尔地块。从志留纪末到早石炭世末，西准噶尔从南到北曾发生过三次这样的推覆，方向都指向南。

（2）南蒙古-兴安造山带

蒙古地区以中央蒙古构造线（额尔齐斯-索伦-黑河缝合带）为界，南部为南蒙古-兴安造山带（图2-12，图2-19）。其北以呼玛-海拉尔断裂与中蒙古-额尔古纳构造带分界；其南以贺根山-二连断裂与北山-锡林浩特地块相邻。该造山带内部主要分布有南蒙古和兴安两个地块。该区的古大洋经历了多旋回的拉张-闭合活动。南蒙古和兴安地块周围发育深断裂以及蛇绿岩带，并以具有中基性火山岩围岩的花岗岩类斑岩侵入体出露为特点。该造山带南部发育时代为泥盆纪的索伦山、北塔山和贺根山等蛇绿岩带。

东段的兴安造山带位于中国东北地区（图2-12），南以西拉木伦断裂带与南蒙古造山带相连，东邻松嫩地块，北西以德尔布干断裂带与额尔古纳造山带为界，西出国境到蒙古国境内。兴安地块位于大兴安岭山脉中，西北部以新林-喜桂图断裂为界，东南部以贺根山-黑河断裂为界，与松嫩地块毗邻。该地块主要出露的地质单元包括：新元古代兴华渡口群，早古生代的辉长岩和花岗岩，古生代地层以及中生代和新生代的沉积地层、火山岩（黑龙江省地质矿产局，1993；Wu et al.，2011）。兴华渡口群由一套孔兹岩系组成，包括夕线石片麻岩、大理岩、长英质片麻岩、角闪-斜长片岩，其中石英片岩碎屑锆石U-Pb年龄分布在1200~1000Ma，1800~1600Ma以及2600~2500Ma，显示兴华渡口群的沉积下限为1000Ma（Miao，2004，2007）。因此，前人认为该群形成于新元古代，并于后期经历了绿片岩相到角闪岩相的变质作用（黑龙江省地质矿产局，1993）。最新的研究资料显示：兴华渡口群的孔兹岩系变质地层达到了麻粒岩相变质（Zhou et al.，2011），SHRIMP锆石测年获得有关斜长角闪片岩的年龄分别为506Ma和547Ma（苗来成等，2007）；石榴夕线片麻岩的锆石变质年龄为494Ma（Zhou et al.，2011），表明其变质时代为500Ma左右，与额尔古纳地块的孔兹岩系变质时间相同。

（3）南蒙古活动陆缘带

南蒙古活动陆缘带也被称为乌里雅苏台活动陆缘带（Xiao et al.，2003）（图2-21）。南蒙古活动陆缘沿着内蒙古边境查干敖包延伸到乌里雅苏台地区（徐备等，2014）。10km厚的寒武纪灰岩和砂质泥岩沉积在元古宙片麻岩、片岩和石英岩为基底的被动陆缘上。2km厚的奥陶纪钙碱性安山岩、凝灰岩、凝灰质板岩和砂岩代表了从一个被动陆缘到一个活动陆缘的初始变化，之后沉积了志留纪砂岩和砂质泥岩（Hsu et al.，1991）。泥盆纪安山岩、玄武岩、斑岩、凝灰岩和火山碎屑岩限定了一个中—晚泥盆世活动陆缘（Tang，1990；Xu B et al.，2013）。泥盆系盖在花岗岩基底之上，形成了一个完整的含化石的泥盆系沉积序列，主要由5km厚的浅海相-陆相灰岩、泥质砂岩和砂岩组成（Tang，1990；Xu B et al.，2013）。石炭系由互层状陆源碎屑岩、火山岩和浅海相灰岩组成。下二叠统陆相火山岩以数千米厚的安山岩、凝灰岩和凝灰质角砾岩为代表（内蒙古自治区地质矿产局，1991，1996）。志留纪—早二叠世早期动物群以冷水型为主，早二叠世中期出现冷水型与暖水型混生组合，而早二叠世晚期以暖水型为主（Hsu et al.，1991）。这些特征反映了该大陆边缘逐渐向南漂移。该活动陆缘向西延伸进入蒙古国境内的Dzabhan地块（Badarch et al.，2003）。该地块主要由新元古代片麻岩、片岩、石英岩和大理岩组成，上覆寒武纪砂岩、粉砂岩和重力滑塌沉积。奥陶纪—志留纪碎屑沉积物并不像在乌里雅苏台初始弧的特征，但泥盆纪玄武岩、安山岩和火山碎屑岩和乌里雅苏台相似，形成在活动陆缘上。

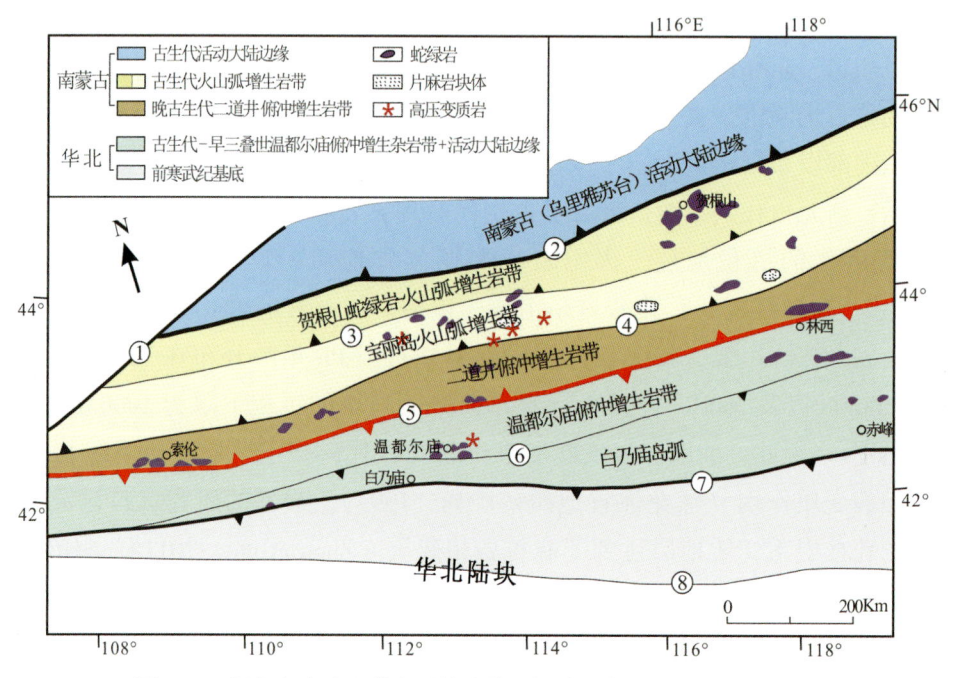

图 2-21　温都尔庙造山带主要构造单元划分（据 Xiao et al.，2018）

断裂及缝合带：①东戈壁断裂；②查干鄂博-阿荣旗断裂；③二连浩特断裂；④锡林浩特断裂；⑤索伦-林西断裂（缝合带）；⑥西拉木伦断裂（缝合带）；⑦赤峰-巴彦鄂博断裂；⑧济宁-龙华断裂

（4）贺根山蛇绿岩带

贺根山地区出露了30余处蛇绿质超镁铁质-镁铁质岩石，它们以往被作为一个单一的岩石单元（图2-21），命名为贺根山蛇绿岩带（Robinson et al.，1999）。Xiao等（2003）将该带整个作为一个弧增生杂岩带。然而，最近Jian等（2012）通过详细的年代学和岩石学研究认为，以二辉橄榄岩为主的石炭纪超镁铁岩和以方辉橄榄岩为主的白垩纪超镁铁质岩石，代表了无成因联系的两次不同的幔源岩浆事件。

（5）宝丽岛火山弧-增生岩带

宝丽岛火山弧-增生岩带主要表现为一条倾向北的逆冲断裂带（图2-21），包括三个早—中古生代单元（Jian et al.，2008，2010）：① 变质杂岩，其中正片麻岩锆石U-Pb年龄为437Ma（施光海等，2003），下泥盆统火山岩（SHRIMP锆石U-Pb年龄为411Ma）不整合覆盖在锡林郭勒杂岩上；② 蛇绿混杂岩带，发育有蓝片岩、近海沟的花岗岩类和新生的弧岩石（Jian et al.，2008）；③ 泥盆系磨拉石盆地（Xu B et al.，2013）。南蒙古地块南缘西段也发育锆石U-Pb年龄为431Ma的正片麻岩（Badarch et al.，2003），可能为该带的西延部分。该带也发育泥盆纪之后的火山-沉积岩，包括石炭纪发育面理的钙碱性岩体（328~308Ma，施光海等，2003；鲍庆忠等，2007b），早二叠世双峰式火山岩（284~274Ma，Zhang X et al.，2010）和未变形的A型花岗岩（施光海等，2004）。

（6）二道井俯冲增生岩带

二道井俯冲增生岩带以锡林浩特断裂与宝丽岛火山弧-增生岩带相隔（图2-21），为古亚洲洋分支——内蒙古洋的索伦段洋盆向北宝丽岛岛弧之下俯冲而形成。该俯冲增生带主要发育类似现代增生楔成分的构造混杂岩、浊积岩、叠瓦状覆盖的蛇绿岩、硅质岩、大理岩和弧火山岩。构造混杂岩主要包含基性-超基性岩、白云岩、石英岩、大理岩和蓝片岩，彼此混杂在一起，并以透镜体的形态分布于泥质岩中（Xiao et al.，2003，2018）。二道井俯冲增生岩带西南部为著名的索伦蛇绿岩带，处于中-蒙边境，具有279Ma的锆石SHRIMP年龄（Miao et al.，2007）。该带中靠近索伦缝合带的部分沉积岩中还发育中二叠世放射虫（Shang，2004）。含蓝片岩的混杂岩出露于该带北侧的Manghete、二道井-Honger一线（Zhang J R et al.，2015），紧邻宝丽岛火山弧-增生岩带，该混杂岩中发育有383Ma的角闪岩（Xu，2001）、318~280Ma的蓝片岩（Chen B et al.，2009）和239~235Ma的蓝片岩（Zhang J R et al.，2015）。因此，二道井俯冲增生岩带包含不同时代的蓝片岩。这些数据也表明索伦蛇绿岩主要来源于二叠纪古亚洲洋洋壳/地幔，并于晚二叠世—早三叠世之后构造混杂于二道井俯冲增生岩带中（Xiao et al.，2018）。

（7）吉黑造山带

吉黑造山带位于松辽盆地及东侧的张广才岭、老爷岭和小兴安岭地区，南与华北陆块相邻，西与南蒙古-兴安造山带毗邻，东邻西太平洋中新生代活动陆缘的乌苏里（完达山-那丹哈达）燕山期造山带。它主要由松嫩地块、布列亚-佳木斯地块和兴凯地块及其间的次级缝合带镶嵌而成。但是，也有学者认为布列亚-佳木斯地块和兴凯地块等不属于中亚造山带，而属于大华南地块（Li et al.，2017）。

A. 松嫩地块

松嫩地块代表早古生代贺根山-黑河和索伦-西拉木伦-长春两条缝合带之间的稳定地区，东部被松辽盆地、西部被浑善达克沙地所覆盖，呈东宽西窄的三角形，林西县以西到苏尼特左旗南的西半部分急剧变窄（图2-22）。来自松辽盆地东缘的云母片岩显示 757±9Ma、843±10Ma 的年龄（Wang F et al.，2014；权京玉等，2013）；而在南部，裴福萍等（2006）从钻孔岩芯中得到的火山角砾岩和变质辉长岩年龄分别为 1808±21Ma 和 1873±13Ma；王颖等（2006）也报道了变质闪长岩 SHRIMP 锆石年龄为 1839±7Ma，这些数据表明松嫩地块应存在早前寒武纪基底。在该地块东缘铁力地区，Zhou 等（2012）报道了变质沉积岩中 2.3~0.5Ga 的多组碎屑锆石。在地块西部苏尼特左旗南的浑善达克沙地北缘，温都尔庙群绢云石英片岩的碎屑锆石年龄图谱出现大量 2.2~0.5Ga 的数据，提供了地块西部可能具有前寒武纪基底的信息。

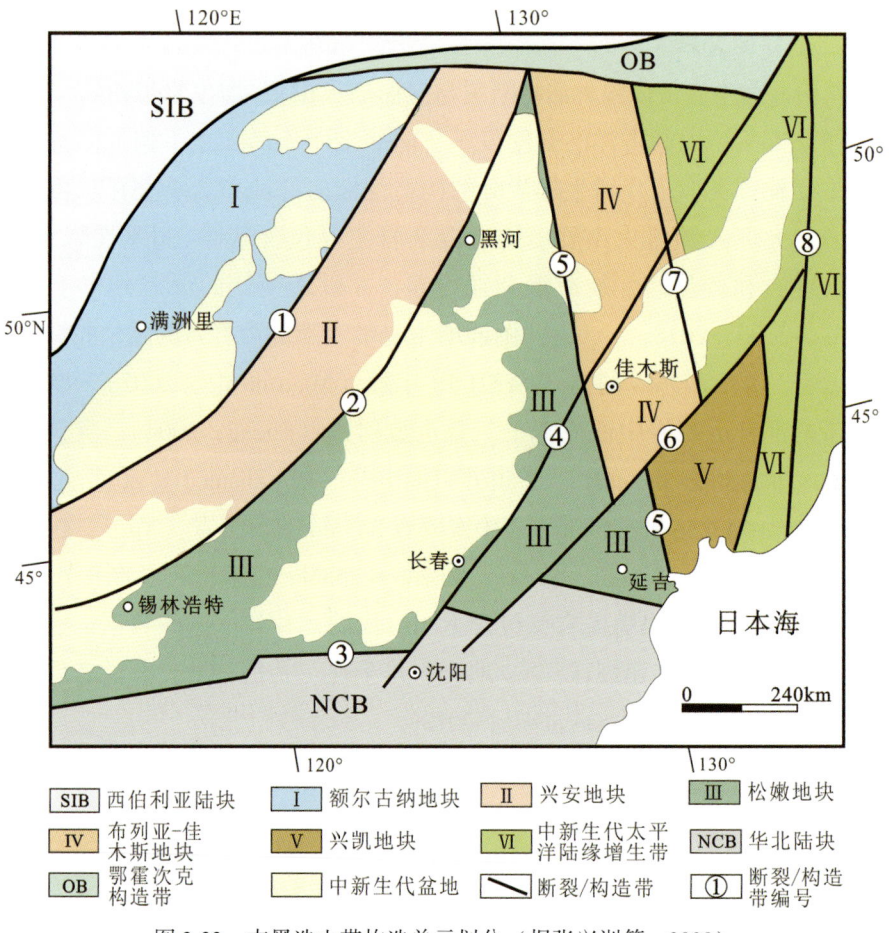

图 2-22 吉黑造山带构造单元划分（据张兴洲等，2008）

据地球物理资料和区域地质资料分析，松辽盆地应奠基在一个地块之上，小兴安岭与张广才岭是这个地块的东部被动陆缘，盆地的主体位于板块内部的地块之上，后期盆地向外扩展，扩展到周边不同性质的构造单元之上，因后期近南北向的嫩江断裂纵贯盆地西缘，故板块西部边缘未保留下来，而呈与西部构造带斜接的现状。

张广才岭被动陆缘的基底出露于牡丹江断裂北段西侧，主要为大理岩、灰岩和碳质板岩，含三叶虫、腕足类等化石，时代为前寒武纪—早寒武世。下古生界的岩石组合类型主要有两类：一类为变质岩组，分布于南段吉中区，如下二台群为片岩、片麻岩和变粒岩，呼兰群中除片岩、片麻岩外，夹有大理岩、石英岩，产有志留纪笔石和晚志留世珊瑚；另一类为未变质的滨浅海火山碎屑岩-碳酸盐岩组合，包括含化石的伊春一带的中奥陶统，吉中一带的上志留统。

晚古生代早期中-下泥盆统、石炭系，该地块大部分地区为滨浅海火山碎屑岩或正常碎屑岩-碳酸盐岩沉积，伊春一带石炭系为陆相火山岩-火山碎屑岩沉积，吉中地区则局部发育海陆交互相火山碎屑岩-碳酸盐岩沉积。上二叠统除吉中地区有海陆交互相沉积外，中北部地区均为陆相火山沉积或粗碎屑岩沉积（类磨拉石）。

中生界下部的上三叠统以火山磨拉石含煤沉积为特征，中—上侏罗统和下白垩统均为断陷盆地火山含煤（油页岩）沉积，上白垩统主要分布在北端嘉荫盆地（俄罗斯结雅盆地的一部分），为陆相火山碎屑含煤（油页岩）或砂砾岩沉积。

B. 布列亚-佳木斯地块

布列亚-佳木斯地块向北延伸到俄罗斯境内，向东延伸到完达山地体，西以牡丹江断裂带与松嫩地块相邻，向南与兴凯地块相连。这是一个前寒武系出露广泛，古生界滨浅海沉积厚度不大，中生代火山沉积零星分布的稳定地块。

该地块基底由太古宇—古元古界黑龙江群和麻山群、古—中元古界龙山村群（兴东群）和新元古界东风山群、马家街群（均原属上麻山群）构成。目前对该地块基底的研究多集中于该地块的南部。其中黑龙江群在牡丹江断裂附近发育距今2亿~1.6亿年的蓝片岩。Li 等（2017）认为它是苏鲁-大别造山带勉略带的北延，是古特提斯洋构造域的组成部分，而非古亚洲洋或古太平洋体系域组成。郭润华等（2017）通过古地磁证据证明该地块属于大华南地块东北部，因弯山构造而发生逆时针旋转，进而拼贴到了现今中亚造山带东缘（图2-23）。Wilde 等（2001）报道了佳木斯地块南部三道沟及西麻山一带的麻山群具有约500Ma年龄的麻粒岩相变质事件，并根据大量谐合的锆石数据揭示，该区存在1150~1000Ma的重要物源区，并认为早期位于冈瓦纳古陆东北缘，而不属于亲西伯利亚地块的组成。颉颃强等（2008）报道了地块南部穆棱地区麻山群混合岩中的岩浆锆石年龄为1004~843Ma，并认为这些数据指示了新元古代基底的存在。黑龙江省太平沟地区兴东群斜长角闪岩及侵入的花岗片麻岩锆石 SHRIMP 年龄分别为 913Ma 和 862Ma。这些研究表明布列亚-佳木斯地块存在中—新元古代的基底（Zhou et al.，2012）。

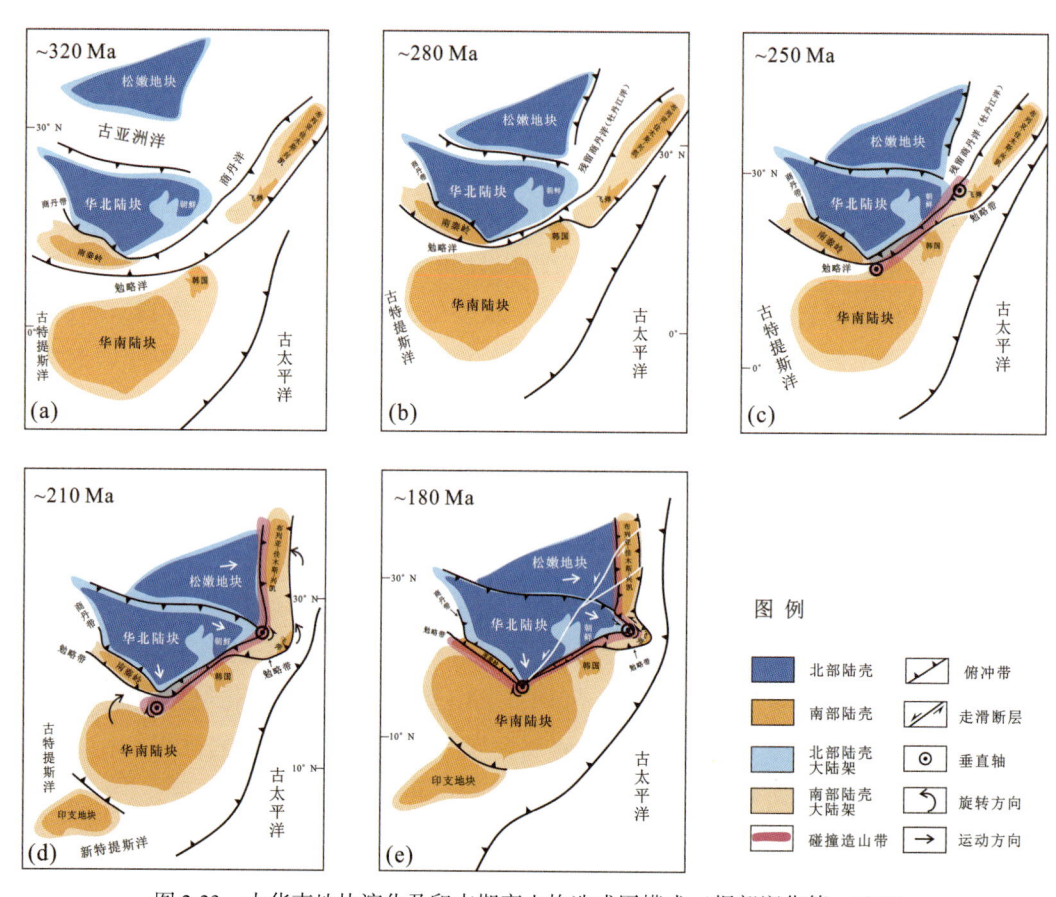

图 2-23　大华南地块演化及印支期弯山构造成因模式（据郭润华等，2017）

该地块下古生界下部（跃进山群、下寒武统金银库组）和奥陶系（宝泉群）为滨浅海火山碎屑-碳酸盐岩组合，中泥盆统下部（下黑台组）为滨浅海碳酸盐岩组合，中泥盆统上部（上黑台组）—上泥盆统（老秃顶子组、七里卡山组）—下石炭统（北兴组）为海陆交互相火山碎屑组合，上石炭统为陆相火山碎屑含煤组合，二叠系至中生界为陆相-海陆交互相碎屑岩-火山岩、火山碎屑岩组合，其中侏罗系为陆相到海陆交互相，上白垩统主要为陆相磨拉石。火山活动主要集中于断陷盆地中，下火山岩建造为大陆火山碎屑含煤组合，上火山岩建造为大陆火山熔岩-碎屑岩组合。

C. 兴凯地块

兴凯地块主体位于俄罗斯的滨海地区，在中国境内位于黑龙江省东部兴凯湖地区，敦化-密山断裂之南。其结晶基底主要分布在北部和中部形成两个不同的岩块，北部为伊曼岩块，中部为那希摩夫岩块（程瑞玉等，2006）。伊曼岩块上部的变质岩被划分为伊曼群，岩性特征近于布列亚-佳木斯地块上的麻山群，因此有学者认为它们可能为同一板块（张梅生等，1998），也有学者认为兴凯地块的地质构造演化与佳木斯地块有很大不同，并不是简单地被敦化-密山断裂所错开的同一个地块（唐克东等，1995）。那希摩夫岩块由乌苏里群的变质岩组成，在该组中采角闪岩样品用 Sm-Nd 法测定，其原岩（相当于拉斑玄武岩）形成年龄为 1318±184Ma，变质时间为 733±25Ma。在该地块西南部，志留纪末—泥盆纪初的花岗质岩石大面积侵入，面积达 3600km^2（程瑞玉等，2006）。

通过对俄罗斯远东南部地质资料和长白山北段地质构造资料的综合研究，发现兴凯地块实际上由两条早古生代造山带镶嵌的三个小地块构成（李锦轶，1998）。其中的地块一个位于虎头伊曼一带，一个位于兴凯湖以西，它们原来可能分别是麻山地块和哈尔滨地块的一部分，敦化密山断裂的左行走滑运动将它们错开；另一个地块位于兴凯湖及其以东，可称为兴凯湖地块。它们在早古生代晚期拼合在一起形成兴凯地块，与此同时兴凯地块与布列亚-佳木斯地块相拼合。

2.1.3 塔里木–华北北缘构造域

2.1.3.1 北山造山带

北山造山带地理位置上位于新疆最东部、甘肃省西北部和内蒙古最西部（图 2-24）。北山造山带主要由前寒武系、蛇绿混杂岩、岛弧火山岩、俯冲增生杂岩、大面积的古生代花岗岩类和与弧相关的沉积盆地组成（图 2-24）（Xiao et al.，2011）。前人研究表明，由北向南将北山造山带依次划分为雀儿山带、红石山带、星星峡-寒山带、红柳河-洗肠井碰撞带和敦煌地块北缘大陆边缘（左国朝和何国琦，1990；李锦轶等，2006；Xiao et al.，2011；Li S Z et al.，2012）。

(1) 雀儿山带

该带位于北山最北部（图 2-24），出露奥陶纪—二叠纪弧相关的岩浆岩和沉积岩序列。奥陶纪岩石包括玄武岩、基性火山岩-火山碎屑岩、凝灰岩、砂岩和板岩及少量灰岩透镜体。志留纪和石炭纪岩石为安山岩、英安岩、流纹岩、安山质和流纹质集块岩，夹有长石砂岩、杂砂岩、页岩和板岩（甘肃省地质矿产局，1989，1997）。下二叠统主要分布于雀儿山带南部。其东段出露杂砂岩、页岩、集块岩夹有少量火山碎屑岩和灰岩透镜体，西部由海相碎屑沉积岩石组成，包括浊积岩、砂岩、页岩、集块岩、生物碎屑灰岩和硅质岩（甘肃省地质矿产局，1989，1997）。上二叠统为玄武岩、玄武质安山岩、安山岩、英安岩、流纹岩、火山碎屑岩和碎屑岩、碳酸盐岩（甘肃省地质矿产局，1989，1997）。该带中的火山岩均具有钙碱性

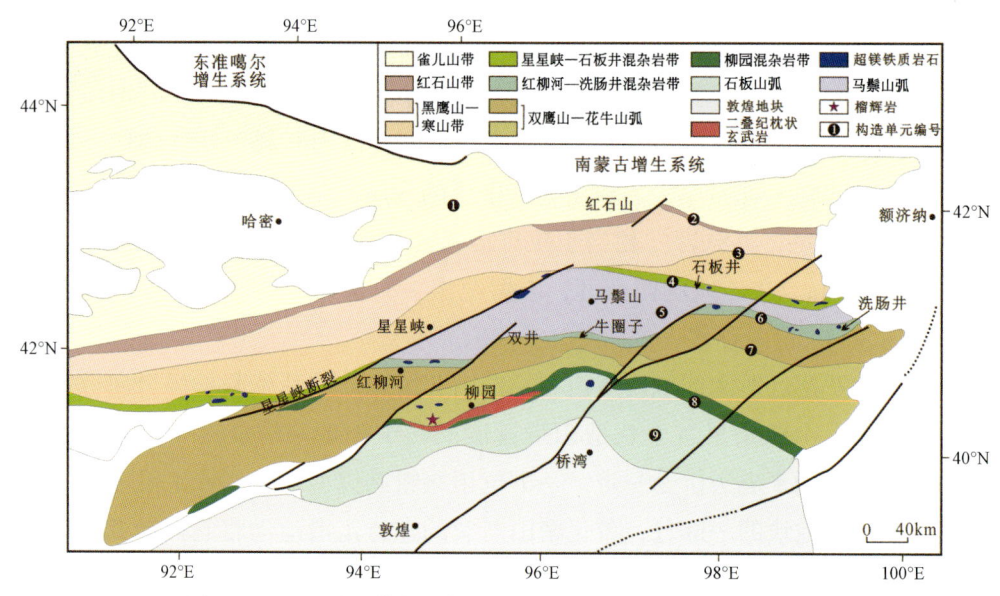

图 2-24 北山造山带主要构造单元划分（据 Xiao et al., 2018）

构造单元：①雀儿山带；②红石山带；③黑鹰山－寒山弧；④星星峡—石板井混杂岩带；⑤马鬃山弧；⑥红柳河—洗肠井蛇绿混杂岩带；⑦双鹰山—花牛山弧；⑧柳园混杂岩带；⑨石板山弧

岩浆岩的地球化学特征，表明雀儿山带从奥陶纪—二叠纪一直处于活动大陆边缘环境，主要是由于北山造山带北侧古亚洲洋向图瓦—蒙古构造域南缘俯冲所致。

（2）红石山带

该带位于雀儿山带南部（图 2-24），主要为一套蛇绿混杂岩，被二叠纪幔源杂岩和花岗岩类岩石侵入。混杂岩包括绿片岩相碎屑岩和超镁铁质-镁铁质岩块，呈东西向分布，主要包括蛇纹岩化橄榄岩、蛇纹岩、辉长质堆积岩、辉长岩、辉绿岩、蚀变玄武岩，以及绿片岩相杂砂岩、泥岩、凝灰岩、砂质板岩、千枚岩、浊积岩、灰岩和硅质岩，其中玄武岩具有 N-MORB 的地球化学特征。红石山带蛇绿岩套和北侧雀儿山带的石炭纪钙碱性火山岩呈叠瓦状接触，因此红石山蛇绿混杂带应形成于石炭纪—二叠纪，代表了图瓦—蒙古构造域南缘石炭纪—二叠纪的俯冲增生。

（3）星星峡-寒山带

该带可以细分为黑鹰山-寒山弧、星星峡-石板井混杂岩带以及马鬃山弧（图 2-24）。该带南侧马鬃山弧为星星峡-寒山带最古老的地质单元，主要出露前寒武纪片麻岩、片岩、糜棱岩、含铁石英岩和大理岩，经历了后期高温低压的变质作用。黑鹰山-寒山弧主要由石炭纪基性-中性火山岩、碎屑岩、碳酸盐岩和陆源碎屑沉积岩组成，其中基性-中性火山岩主要为钙碱性系列，相对富集轻稀土和大离子亲石元素，亏损高场强元素，具有火山弧的特征（黄增保和金霞，2006）。

（4）红柳河-洗肠井碰撞带

该碰撞带位于星星峡-寒山带以南。区内出露有早古生代浊积岩和火山碎屑岩，蛇绿混杂岩碎片和石炭纪—二叠纪砂砾岩、凝灰质粉砂岩、硅质岩、少量灰岩（左国朝和何国琦等，1990；聂凤军等，2002）。早古生代岩石经历了绿片岩相的变质作用，部分变形作用表现为糜棱构造。蛇绿岩套包括超基性岩、堆晶辉长岩、辉长岩、斜长花岗岩、辉绿岩、玄武岩和硅质岩（左国朝和何国琦等，1990）。红柳河蛇绿岩套中的辉长岩锆石 U-Pb 年龄为 426Ma（于福生等，2006）和 516Ma（张元元和郭召杰，2008）；月牙山-洗肠井蛇绿岩套斜长花岗岩的 SIMS 锆石 U-Pb 年龄为533Ma（Ao et al.，2012），同时该蛇绿岩套也发育二叠纪浊积岩块状和枕状玄武岩，上覆三叠纪类磨拉石碎屑沉积（左国朝等，2003），暗示后碰撞或后造山的构造事件。

（5）敦煌地块北缘大陆边缘

敦煌地块北部大陆边缘自北向南细分为双鹰山-花牛山弧、柳园混杂岩带、石板山弧。

北部双鹰山-花牛山弧主要包含有一个拆离的大陆碎块，新元古代的岩石类型主要为变砂岩、石英岩、板岩、页岩、大理岩、白云质大理岩、硅质岩、片麻岩和花岗岩。寒武纪的岩石类型包括砂岩、粉砂岩、泥岩、硅质岩、板岩、黑云片岩、千枚岩和浊积岩（左国朝和何国琦等，1990；聂凤军等，2002）。奥陶纪—早泥盆世俯冲相关的岩石包括玄武岩、玄武质安山岩、变质砂岩、千枚岩、硅质岩和灰岩、大理岩、混合质片麻岩、片麻状花岗岩和花岗岩。中—晚泥盆世火山-磨拉石沉积序列包括集块岩、砂岩、玄武岩、安山岩、流纹岩、砾岩、凝灰岩和灰岩。石炭纪—二叠纪岩石分布于该岛弧带的南部，石炭系为陆源碎屑沉积岩，岩性主要为玄武岩、中-基性火山岩和火山碎屑岩和少量灰岩；二叠系为中-基性火山岩和浊流沉积。该带内部发育有不连续的蛇绿岩块、超镁铁质-镁铁质岩块和硅质岩。但由于缺乏同位素年代学数据，推测其形成于早古生代（左国朝和何国琦等，1990；聂凤军等，2002）。

柳园混杂岩带为近 NW 走向断续分布的糜棱岩-混合岩带，包括有超镁铁质-镁铁质构造岩片和活动陆缘的残留体（聂凤军等，2002；Xiao et al.，2011；Mao et al.，2012a，2012b）。其中蛇绿混杂岩带内出露有橄榄岩、辉石岩、辉长岩、辉绿岩脉体、块状和枕状玄武岩和硅质岩，以及二叠纪凝灰质砂岩、千枚岩和灰岩。其辉长岩锆石 U-Pb 年龄为 286Ma，且玄武岩和辉长岩具有 MORB 的地球化学特征（Mao et al.，2012a，2012b）。

而柳园断裂带以南为石板山弧，主要发育石炭系陆源碎屑沉积，下二叠统海相沉积岩包括浊积岩（Guo et al.，2012），以及二叠纪超镁铁质-镁铁质岩浆岩和长英质岩浆岩，形成双峰式火成岩系列（Zhang et al.，2011）。其中，石炭系在该构造单元广泛分布，岩性主要有集块岩、杂砂岩、凝灰砂岩、板岩、千枚岩、灰岩、中基性火山岩、火山碎屑岩，还包括层状和熔结凝灰岩。二叠系以火山岩和火山碎屑岩石为主，下段岩性主要为凝灰岩、透镜状灰岩、长石石英砂岩、凝灰质砂岩、板岩和千枚岩，上段岩性为基性火山岩和火山碎屑岩，夹有集块岩、杂砂岩和灰岩透镜体。其南部发育有 10km 宽的糜棱岩化花岗质片麻岩和片麻状花岗岩带，糜棱岩中还出露有透镜状榴辉岩，其变质年龄为 465Ma（杨经绥等，2006b；Liu et af.，2011；Qu et al.，2011）。

北山地区的构造归属，由于资料有限，是地质界长期争论的问题。有些学者将该区主体归属于塔里木陆块，有些学者将其主体归属于哈萨克斯坦陆块，还有些学者认为该区存在早古生代的碰撞带，晚古生代为陆内裂谷，但仍有一些学者坚持认为该区古洋盆是在晚古生代才闭合的。根据与东天山和华北北缘的对比研究，发现北山中部的寒山微陆块是东天山隆起带的向东延伸，北山北部的红石山带与东天山康古尔塔格构造带可以对比连接，构成了西伯利亚陆块南缘的一条重要增生边界；蒙古南部奥依陶勒盖和黑龙江省多宝山地区出露的奥陶纪至石炭纪地质体，与东天山康古尔塔格带以北出露的同时代地质体具有可比性。类似的建造，还见于贺根山蛇绿岩带以北的内蒙古东部北缘地区。这些相似性显示东天山北部、北山北部的活动陆缘，可以通过蒙古南部、内蒙古东部延伸到黑龙江省小兴安岭，构成了北亚造山区中一条巨型的活动陆缘带。北山南部与华北陆块北缘发育相同的晚石炭世—三叠纪的岩浆岩，构成一条岩带。由于东天山隆起带和康古尔塔格构造带都属于西伯利亚古陆块南缘增生边缘的一部分，所以北山内部应该有一条两个陆缘的分界线。在星星峡和白玉山之间发育一套二叠纪浊积岩；向东，在牛圈子一带二叠纪地层呈线性条带分布；再向东，该带自然延伸到小黄山以北。建议以该线作为北山地区西伯利亚与华北两个陆块之间的二叠纪分界线；而北山南部柳园一带发育二叠纪海相玄武岩，有可能代表该区的二叠纪弧后盆地环境，柳园与白玉山—小黄山之间区域为早古生代岛弧带。

2.1.3.2 温都尔庙造山带

温都尔庙造山带位于中亚造山带东段南缘（图 2-21），北以索伦-林西缝合带与南蒙古-兴安造山带为界。大致沿华北陆块北侧呈近东西向延伸，西起阴山，向东经温都尔庙，经辽西延伸到吉林南部，是索伦-林西缝合带以南的典型沟-弧-盆体系，由温都尔庙俯冲增生杂岩、白乃庙岛弧带及志留系弧后盆地构成（Xiao et al.，2003；Jian et al.，2008；Wilde，2015）（图 2-21），为加里东期—海西期陆缘增生造山带。温都尔庙地区在新元古代晚期至早古生代早—中期发育有活动大陆边缘沉积组合，在该地层组合下部发育有蛇绿岩套，即温都尔庙蛇绿岩带；在早古生代中期沿该蛇绿岩带向南俯冲，形成包尔汗图、白乃庙、乌丹一带的岛弧；白云鄂博、四子王旗和五道湾一带为弧后盆地。该洋壳于奥陶纪末封闭。蛇绿岩套之上为志留纪磨拉石层不整合覆盖，可能代表温都尔庙俯冲增生杂岩带最后的形成时代。该带寒武系下部为以基性为主的海相火山岩。白乃庙岛弧带西起白云鄂博包尔汉图经达茂旗北部的巴特敖包、白乃庙、温都尔庙、翁牛特旗解放营子延伸至吉林境内的四平和伊通地区（Zhang J R et al.，2014），由白乃庙组变质火山岩、同期侵入岩及绿片岩相-低角闪岩相的变质岩系组成（Jian et al.，2008；柳长峰等，2014；Zhang J R et al.，2014）。温都尔庙增生杂岩由蛇绿岩（Jian et al.，2008）和洋内岛弧物质（李承东等，2012）共同构成。弧后盆地沉积以中上志留统徐尼乌苏组和志留系顶部西别河组为代表。

2.1.3.3 长春-延吉增生杂岩带

长春-延吉增生杂岩带主要发育在吉林东部地区，沿长春、磐石至延吉一线展布。沿断裂带出露的特征性构造-岩石组合以石头口门-烟囱山高压红帘石片岩、磐石呼兰群增生杂岩、色洛河群增生杂岩、青龙村群增生杂岩和开山屯增生杂岩等为代表（周建波等，2012；Zhou et al.，2012）。其主要特征如下：①发育特征性构造混杂岩。延边开山屯混杂岩最早由邵济安和唐克东（1995）报道，为一套由滑塌堆积、浊积岩以及深海泥质岩组成的大陆边缘的增生杂岩（邵济安和唐克东，1995；唐克东等，1995，2011）；呼兰群黄莺屯组也有混杂堆积及其蛇绿混杂岩的报道，石头口门-烟囱山高压红帘石片岩带以发育红帘石硅质岩为代表，同时下部有含锰结核的泥岩、硅质岩和玄武岩，中部为细碧岩、角斑岩和超镁铁质岩岩块，上部有硅质岩、杂砂岩、泥岩和生物碎屑灰岩，应为含蛇绿岩碎块的俯冲增生杂岩（唐克东等，2011）。②发育高压变质矿物组合。例如，在石头口门和烟囱山等地区发现红帘石片岩组合（唐克东等，2011；张春艳等，2009）；开山屯地区增生杂岩中具有硬绿泥石+纤锰柱石+多硅白云母组合以及呼兰群含有多硅白云母蓝晶石片岩带等（Wu et al.，2007）。

2.2 古亚洲洋构造域地块/微陆块的构造亲缘性

众多地块/微陆块存在是中亚造山带的一大显著地质特征（图2-25），如中国新疆境内的伊犁地块、中天山地块和蒙古国境内的图瓦-蒙古地块（Windley et al.，2007；Wilhem et al.，2012；Xiao et al.，2015）。一些构造演化模式的争议焦点在于对中亚造山带内部地块/微陆块的构造亲缘性存在不同解释。虽然西南太平洋多岛洋构造模式被越来越多的学者接受，但对于中亚造山带内部不同块体的属性及其演化过程还是没达到共识。这些分布在古亚洲洋中的地块/微陆块在某种程度上控制着整个中亚造山带的构造和演化格局。这些地块/微陆块既可以作为中亚造山带俯冲增生陆核,同时也可作为外来块体拼贴到古老陆块上。这些古老地块/微陆块的增生和拼贴不仅导致了中亚造山带内部块体的重新组合,而且对中亚造山带地质演化起到重要的决定作用。但是目前中亚造山带内部地块/微陆块的亲缘性和来源研究还存在争议,目前存在两种截然不同的认识:一种观点认为这些地块/微陆块裂解自北半球的西伯利亚陆块和东欧陆块,之后重新向北拼贴,并在新元古代末期重新拼贴到西伯利亚陆块之上(Sengor and Natal'in,1996;Yakubchuk,2004;Turkina et al.,2007);另一种观点则认为这些地块/微陆块是裂解自南半球的冈瓦纳古陆,随古亚洲洋的演化拼贴增生至西伯利亚陆块和东欧陆块的陆缘(Dobretsov et al.,2003;Windley et al.,2007;Biske and Seltmann,2010)。最近,还有一些学者相继提出塔里木陆块也可能是中亚造山带内地块/微陆块的一个重要来源(Levashova et al.,2011;Ma et al.,2013;Wang et al.,2014b)。

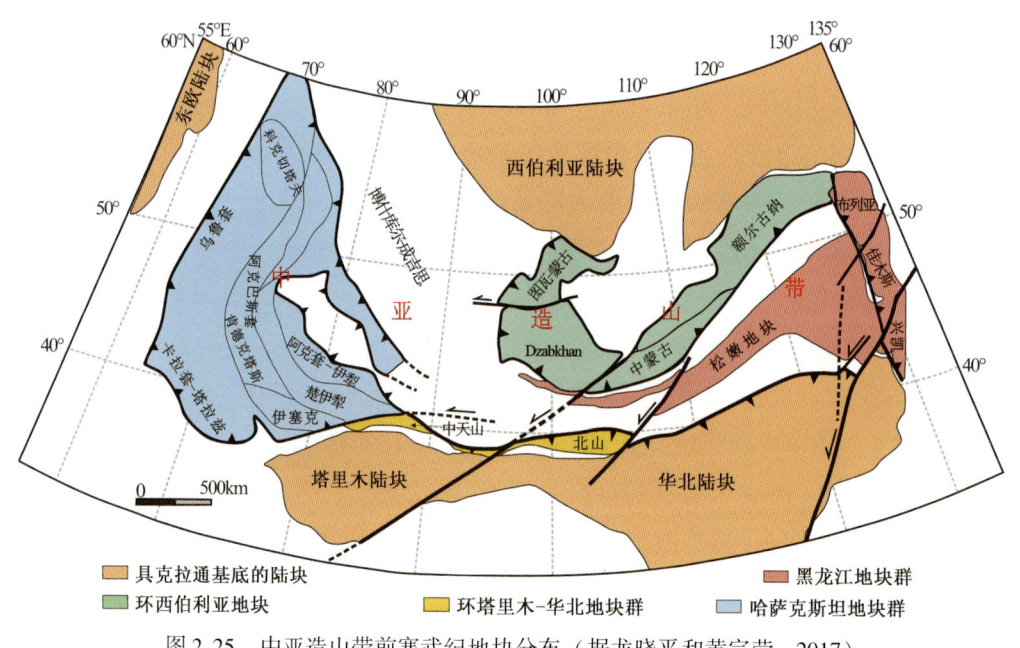

图 2-25 中亚造山带前寒武纪地块分布(据龙晓平和黄宗莹,2017)

2.2.1 图瓦-蒙古构造域

图瓦-蒙古构造域中的图瓦-蒙古地块、额尔古纳地块、中蒙古地块是具有新太古代—古元古代结晶基底的古老块体,也可能代表了该造山带最古老的块体(图 2-25)。作为夹于西伯利亚和华北陆块之间的中亚造山带中典型的古老大陆碎块,对于三个地块的构造归属,本书主要从岩浆事件、碎屑锆石 U-Pb 年代学和锆石 Hf 同位素的角度对三者的构造亲缘性给予一定的制约。

在早期的板块构造重建方案中，大多数学者认为图瓦-蒙古、额尔古纳-中蒙古地块与西伯利亚陆块具有明显的亲缘关系，曾经是西伯利亚陆块的一部分（Kuzmichev et al.，2001），然而许多资料都表明并非如此简单（Demonterova et al.，2011；Ivanov at al.，2014），不同时期亲缘性在不断变化。前人对比西伯利亚陆块与图瓦、额尔古纳和佳木斯地块上古地磁及地质年代学等方面的数据认为它们在新元古代初期（1050~980Ma）都属于罗迪尼亚超大陆的一部分，但西伯利亚陆块和这些地块之间是否存在亲缘关系并没有给出直接的证据（Bretshtein and Klimova，2007；Pisarevsky et al.，2008）。Wu等（2012）通过对额尔古纳地块上漠河地区新元古代兴华渡口群中变沉积岩形成环境的研究，认为其形成于古亚洲洋向北俯冲于西伯利亚陆块之下的大陆边缘弧后沉积盆地，并且认为从新元古代早期西伯利亚陆块南缘就处于活动大陆边缘的构造背景，这表明图瓦-蒙古、额尔古纳-中蒙古地块在新元古代时期可能是西伯利亚陆块的一部分。但是，很多研究证实在新元古代早中期，西伯利亚陆块大陆边缘几乎都处于一种被动陆缘的环境（Vernikovsky et al.，2004；Gladkochub et al.，2006；De Boisgrollier et al.，2009；Li et al.，2008），这表明它们与西伯利亚陆块可能并不具有亲缘关系。近年来，一些学者通过岩浆事件及碎屑锆石年龄的对比也印证了上述结论，并同时指出靠近西伯利亚陆块南缘的地块，如图瓦-蒙古地块、额尔古纳地块和中蒙古地块，在新元古代构造演化上具有相似性（Ivanov et al.，2014）。

本书通过收集西伯利亚南缘地块/微板块和邻近陆块（西伯利亚、华北和塔里木陆块）的新元古代岩浆事件和前寒武纪岩石的锆石U-Pb年龄得到以下认识。

第一，在图瓦-蒙古地块上存在~785Ma的英云闪长岩和~736Ma的辉长辉绿岩侵入体（Kuzmichev and Zhuravlev，1999；Kuzmichev et al.，2001），以及~800Ma的火山碎屑岩（Kuzmichev and Larionov，2013）。在贝加尔-穆亚带东段出现了~830Ma的辉长岩、花岗质片麻岩和斜长花岗岩，~790Ma的花岗质片麻岩和基性侵入岩，~774Ma的辉石岩和辉长岩及~730Ma的富钛辉长岩，同时在贝加尔-穆亚带西段发现了~815Ma的花岗质片麻岩（Gladkochub et al.，2007）；在Sharyzhalgai地块上存在~743Ma和~758Ma的基性岩墙群（Sklyarov et al.，2003）；同样，在中蒙古地块上也出现了类似的同位素年龄的构造岩浆事件（Kröner et al.，2007；Yarmolyuk et al.，2008）。与相邻地区这些地块上的同位素年代学资料进行对比发现（图2-26），沿西伯利亚陆块南缘展布的这些地块上的新元古代岩浆作用期次与额尔古纳地块具有相似性，它们可能是具有统一构造归属的地块群，其可能经历了相似的构造演化历史。

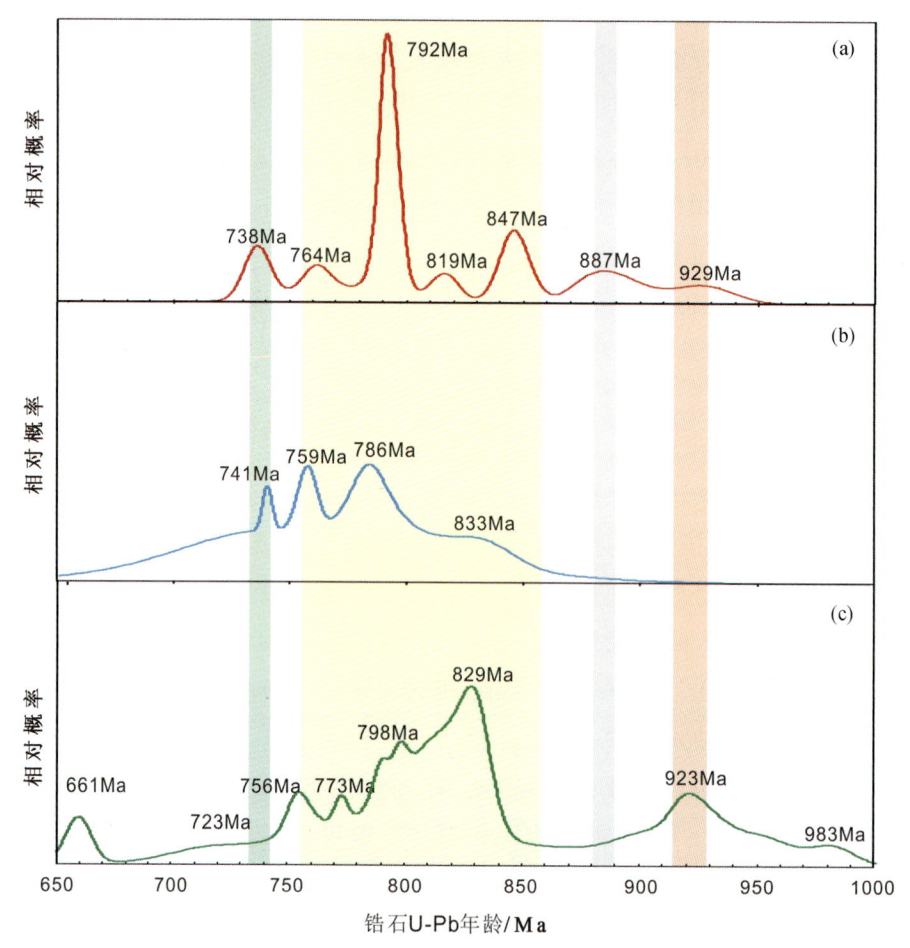

图 2-26　额尔古纳地块、西伯利亚南缘地块、塔里木陆块的新元古代岩浆
事件统计频数（据赵硕，2017）
a. 额尔古纳地块；b. 西伯利亚南缘地块；c. 塔里木陆块

第二，现有资料显示，西伯利亚和华北陆块少有新元古代岩浆活动，其前寒武纪岩浆作用以古太古代—古元古代为主（图2-27），而就华北陆块而言，仅在其南缘和东南缘发现了少量的新元古代早期（976~890Ma）的岩浆记录（Liu et al.，2006；Peng et al.，2011；王清海等，2011），碎屑锆石年龄特征也显示其缺少新元古代中晚期的岩浆活动（图2-27，图2-28）（Yang et al.，2012）。与图瓦-蒙古地块和额尔古纳地块新元古代岩浆记录明显不同，说明此时图瓦-蒙古地块和额尔古纳地块应远离西伯利亚和华北陆块。同时图瓦-蒙古地块 Darkhat 组新元古代（~750~650Ma）砂岩中~800Ma 的碎屑锆石最为发育和集中（Demonterova et al.，2011）的现象，进一步支持了该观点。

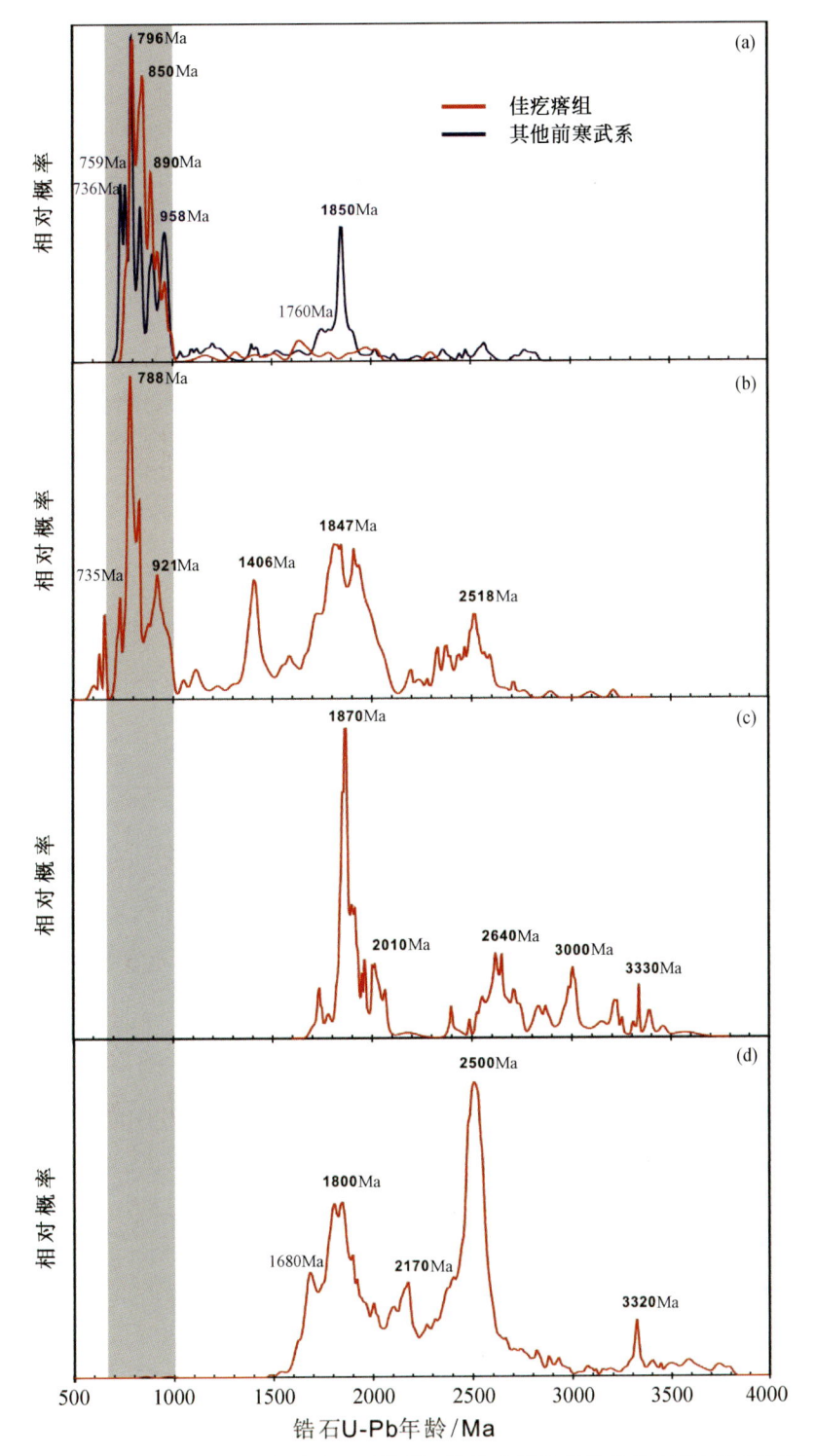

图 2-27 额尔古纳地块、塔里木陆块、西伯利亚陆块以及华北陆块前寒武纪锆石年龄对比

(a) 额尔古纳地块前寒武纪地层中碎屑锆石 U-Pb 年龄频数；(b) 塔里木陆块前寒武纪岩石中岩浆和碎屑岩锆石 U-Pb 年龄频数；(c) 西伯利亚陆块前寒武纪火成岩和变质岩锆石 U-Pb 年龄频数；(d) 华北陆块前寒武纪火成岩和变质岩锆石 U-Pb 年龄频数

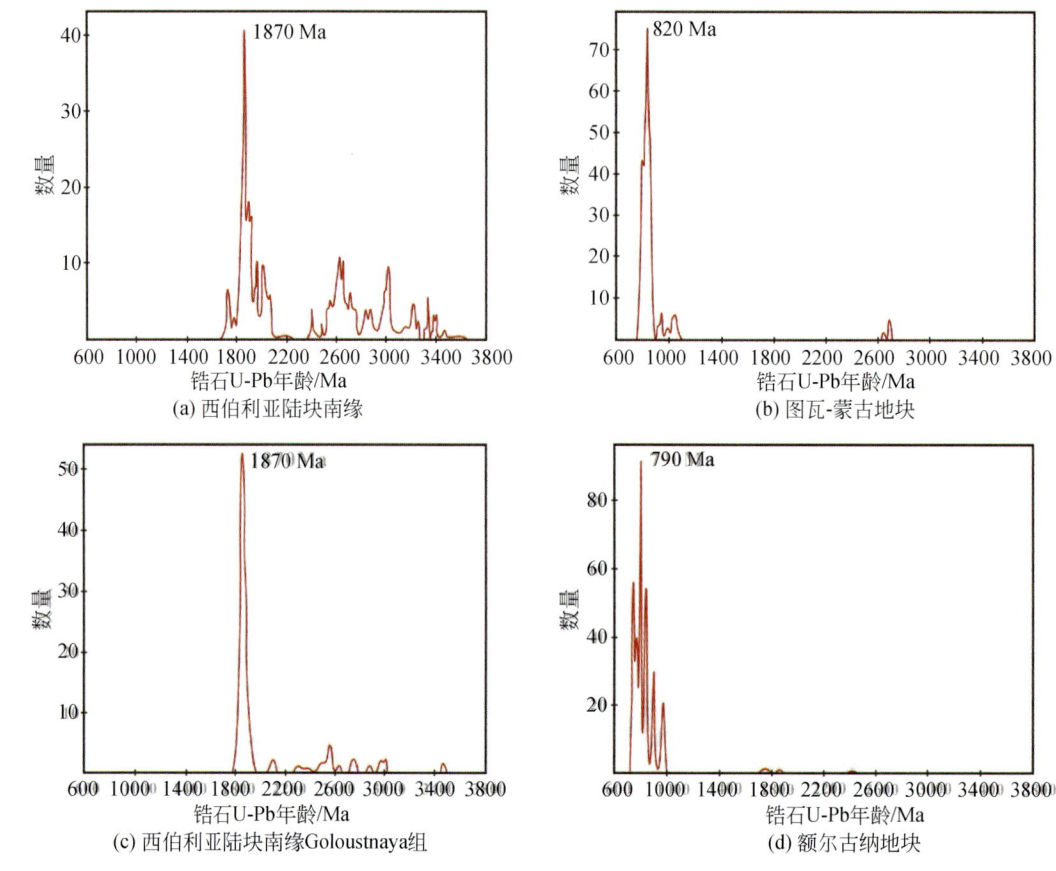

图 2-28　西伯利亚陆块南缘与图瓦-蒙古地块和额尔古纳地块碎屑锆石年龄频谱

（据 Ivanov et al.，2014）

第三，图瓦-蒙古地块在新元古代的裂谷岩系和冰碛岩、新元古代末至早寒武世的含磷层等标志，与西伯利亚陆块存在明显差异，而与哈萨克斯坦南部及中国扬子东南部相似。另外，图瓦-蒙古地块与西伯利亚陆块之间的 Slyudyanka 和 Kitoykin 杂岩均被证实形成于早古生代期间，并非形成于前寒武纪，同时，也不属于图瓦-蒙古地块的一部分（Salnikova et al.，2001；Donskaya et al.，2001）。因此，图瓦-蒙古地块与华北、西伯利亚陆块都无亲缘关系。然而在西伯利亚陆块南缘志留纪地层中发现了图瓦-蒙古地块上集中发育的图瓦贝动物，这表明很可能是在中元古代早期—早寒武世华北与西伯利亚陆块之间的"原亚洲洋"持续发展中，图瓦-蒙古地块晚期或末期从邻近塔里木陆块地区运移至西伯利亚南部边缘，从而成为"亲西伯利亚地块群"的一部分。

第四，塔里木陆块新元古代岩浆事件与图瓦-蒙古和额尔古纳地块对比发现，它们在新元古代岩浆活动上具有高度的相似性（图 2-26），尤其在罗迪尼亚超大陆~850~730Ma 的裂解活跃期，这表明额尔古纳地块和塔里木陆块具有相似的年代学记录，同时以新元古代（0.9~0.7Ga）和古元古代（1.85~1.70Ga）年龄峰值为特征（图 2-26~图 2-28）。另外，通过对比主要峰值年龄范围内碎屑锆石和岩浆锆石的 Hf 同位素组成发现，额尔古纳地块和塔里木陆块具有相似的锆石 Hf 同位素组分，暗示二者可能具有相似的地壳增生演化历史。综上表明，额尔古纳地块和塔里木板块在构造亲缘上具有密切的联系，二者可能经历了相似的前寒武纪构造演化历史。

综上所述，西伯利亚南缘的图瓦-蒙古地块、额尔古纳地块和中蒙古地块与塔里木陆块相对更具有构造亲缘性，而明显区别于西伯利亚陆块和华北陆块。

2.2.2 哈萨克斯坦构造域

哈萨克斯坦构造域是由多个岛弧、前寒武纪地块在早古生代拼合而形成的一个复合大陆（Windley et al., 2007），并在晚古生代弯曲成现今的哈萨克斯坦弯山构造。李春昱等（1982）认为哈萨克斯坦陆块不像华北陆块和西伯利亚陆块那样古老，缺乏最老的陆块核心，由几个不大的中间地块及若干不同走向的古生代褶皱带所构成，即在前寒武纪晚期到早古生代初期，哈萨克斯坦还不是一个独立的板块。Xiao 等（2015）也强调哈萨克斯坦陆块由不同构造体系组成，不具备统一的基底与组成，也不具有统一的古地理区划和大致相同的演化史。

尽管传统的哈萨克斯坦陆块基本被解体，但哈萨克斯坦构造域中广泛分布着多个前寒武纪地块同样是不争的事实，自北向南主要有：科克切塔夫地块、阿克巴斯套地块、乌鲁套地块、卡拉套地块、塔拉兹地块、肯德克塔斯地块、伊塞克地块、楚伊犁地块、阿克套-伊犁地块和中天山地块（图 2-6，图 2-7）。这些地块的前寒武纪基底岩石组合形成时代等均不相同，因此有必要对其进行基底岩石组合和形成时代的研究，为最终探讨其亲缘性提供有力依据。

2.2.2.1 哈萨克斯坦构造域各个地块的基底组成

科克切塔夫地块为哈萨克斯坦构造域最北部的前寒武纪地块，其结晶基底主要由花岗片麻岩、副片麻岩、角闪岩、石英岩、石英片岩和大理岩组成，花岗片麻岩普遍具有格林威尔造山事件年龄，为~1.2~1.1Ga（图 2-29）（Turkina et al., 2011；Tretyakov et al., 2011a, 2011b；Glorie et al., 2015；Kovach et al., 2017），这表明该地块基底主体上固结于中元古代。基底之上为新元古代石英岩、石英片岩、变质沉积岩和碳酸盐岩沉积盖层。Kovach 等（2017）对该地块中部和东部石英岩（1045~2480Ma）和石英片岩（1020~2760Ma）中的碎屑锆石定年结果显示，这些变质沉积岩的原岩均形成于中元古代以后，同时这些变质沉积岩中存在太古代的碎屑锆石年龄，暗示该地块的最老基底可以追溯到太古宙。

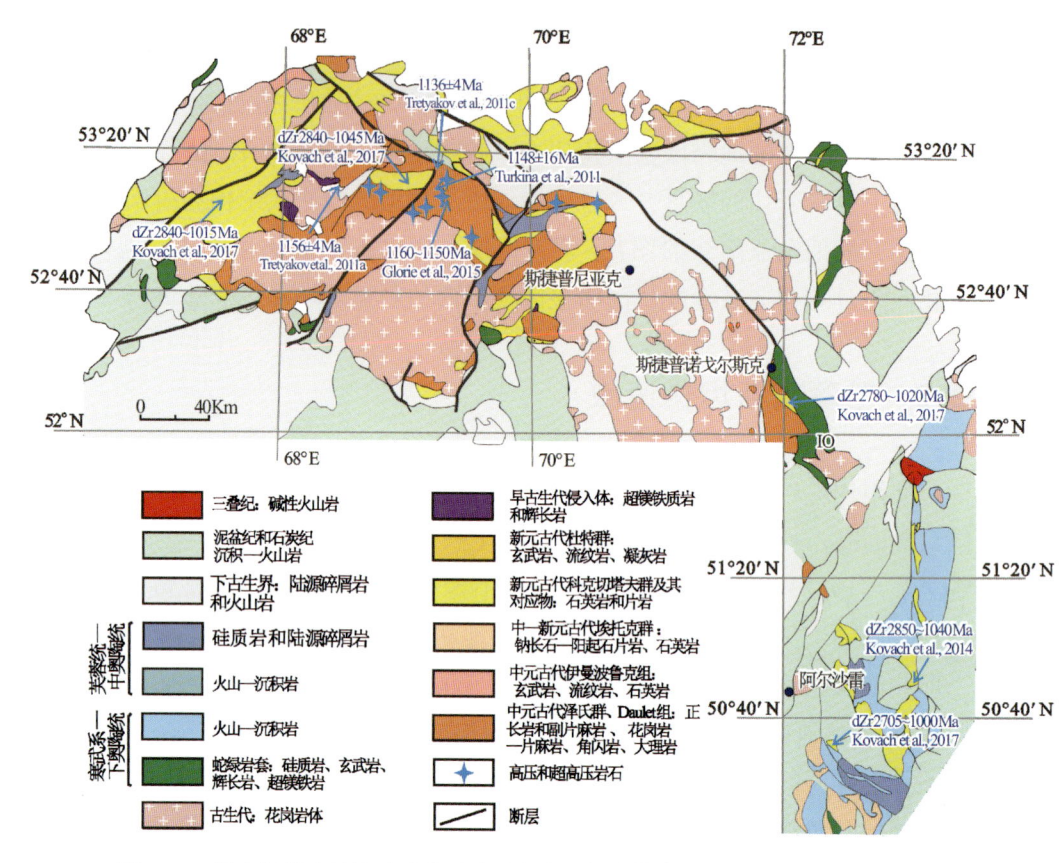

图2-29 科克切塔夫地块地质单元及基底岩石年龄信息（据Degtyarev et al.，2017）

乌鲁套地块的前寒武纪岩石主要为花岗片麻岩、长英质片麻岩、角闪岩、碳酸盐岩、流纹岩、流纹质-玄武质火山-沉积岩、花岗质岩石和冰碛岩组成（图2-30）。该地块花岗片麻岩具有新元古代的结晶年龄（808Ma，Kozakov，1993），同时长英质片麻岩、流纹岩-玄武岩也具有新元古代的形成年龄（840~730Ma，Glorie et al.，2011；Konopelko et al.，2013；Tretyakov et al.，2015b）。片岩中的碎屑锆石（Letnikova et al.，2016）则记录了900~830Ma和2200~1600Ma两个比较集中的年龄区段，暗示该地块最古老的岩石可能形成于古元古代。

肯德克塔斯地块和阿克巴斯套地块的前寒武纪岩石主要为石英岩、片岩、花岗片麻岩、角闪岩、副片麻岩以及火山弧和火山-沉积组合（图2-31）。肯德克塔斯地块的长英质片麻岩和花岗片麻岩，原岩形成时代分别为844Ma和778Ma（Kröner et al.，2012），并分别具有S型花岗岩和A型花岗岩的地球化学特征，与该地块776Ma流纹岩的形成时代一致（Kröner et al.，2007）。阿克巴斯套地块的花岗片麻岩和英云闪长质片麻岩，原岩形成时代为新元古代，分别为800Ma和769Ma（Tretyakov et al.，2016a）。石英岩中则记录了2674~775Ma的碎屑锆石年龄，显示

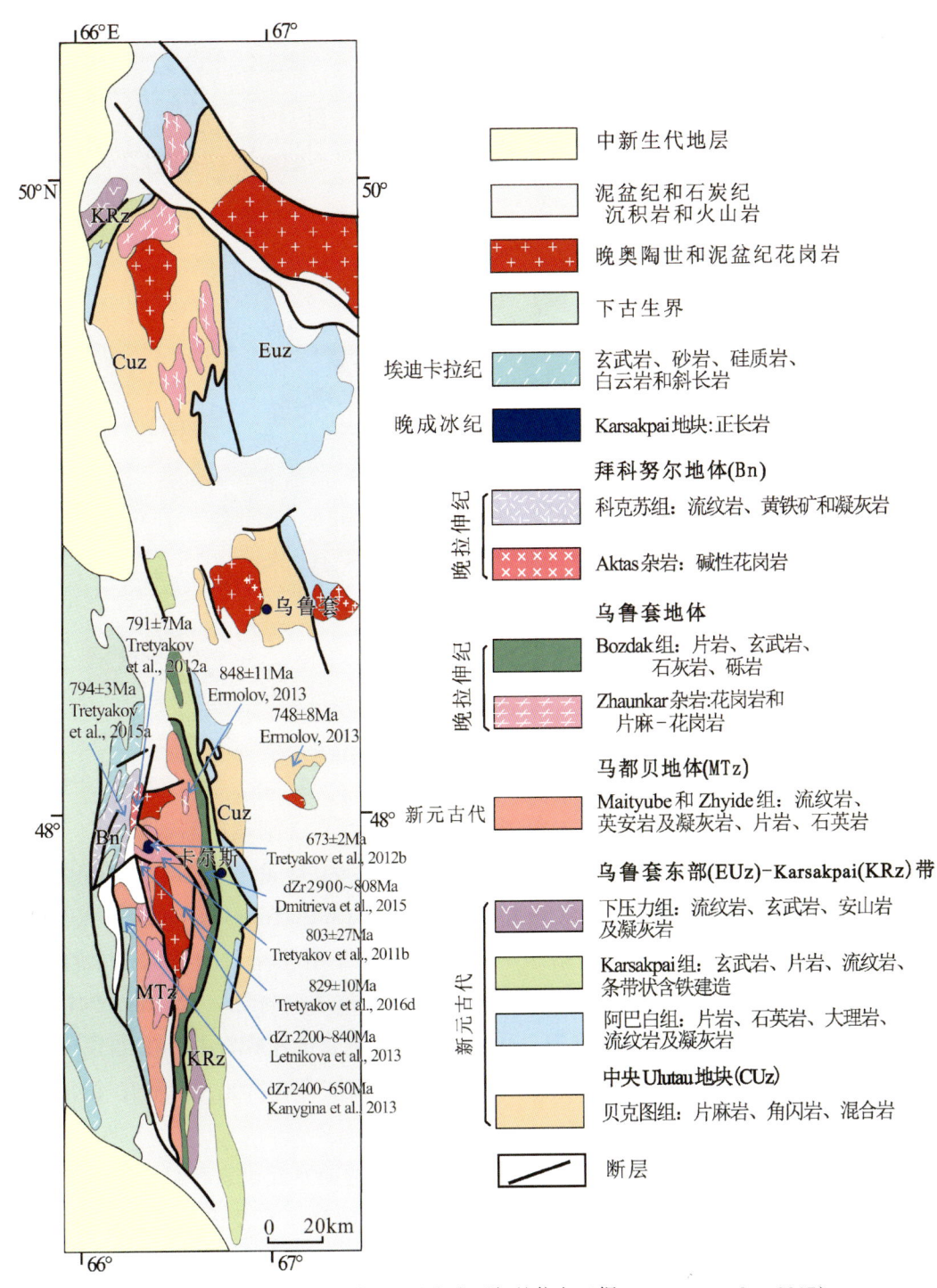

图 2-30 乌鲁套地块地质图及基底岩石年龄信息（据 Degtyarev et al., 2017）

出 796Ma、847Ma、982Ma、1001Ma、1090Ma、2048Ma、2458Ma 和 2650Ma 的峰值年龄，暗示这两个地块可能存在太古宙结晶基底。

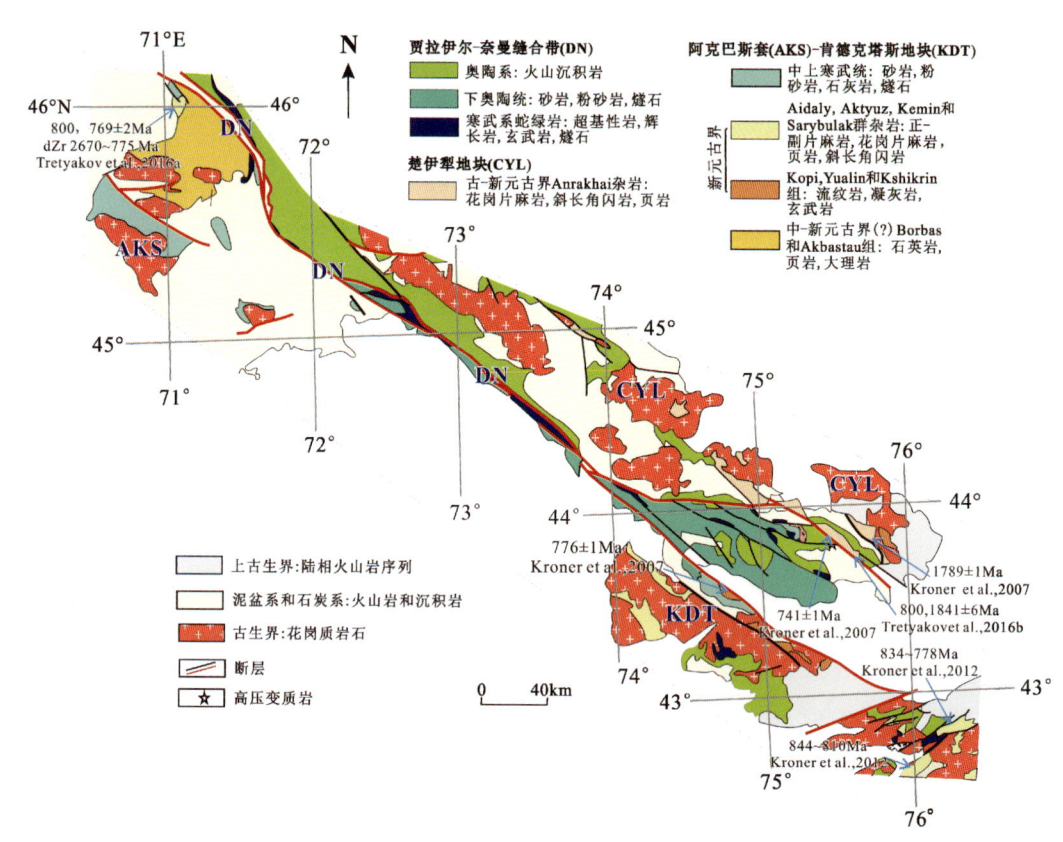

图2-31 肯德克塔斯、阿克巴斯套和楚伊犁地块地质图及基底岩石年龄信息（据Degtyarev et al.，2017）

楚伊犁地块的基底岩石主要为角闪岩、花岗片麻岩、副片麻岩、片岩、石英岩、大理岩、火山和火山沉积单元（图2-31）（Alexeiev et al.，2011；Tretyakov et al.，2016b）。该地块花岗片麻岩具有古元古代（1841Ma，Tretyakov et al.，2016b；1789Ma，Kröner et al.，2007）的结晶年龄，并具有A型花岗岩的地球化学特征。其余花岗质岩石主要形成于新元古代（800Ma，Tretyakov et al.，2016b；741Ma，Kröner et al.，2007）。新元古代晚期（694Ma）的石英云母片麻岩中存在2257Ma的古元古代锆石年龄（Alexeiev et al.，2011），也表明其应存在古元古代基底（Kröner et al.，2007）。

卡拉套地块和塔拉兹地块相邻（图2-32），二者的前寒武纪岩石组成基本一致，其岩性主要为未变质-弱变质的复理石、类复理石、碳酸盐岩及碎屑、粉砂岩、砂岩以及陆缘碎屑岩，缺乏花岗质岩石以及火山岩（Degtyarev et al.，2017）。砂岩的碎屑锆石年龄为2700~750Ma，集中在766~750Ma、860~820Ma、1200~950Ma、1950Ma、2500Ma和2700Ma等年龄区间，暗示这两个地块上也可能存在太古宙的结晶基底（Kozakov，1993；Rojas Agramonte et al.，2014）。

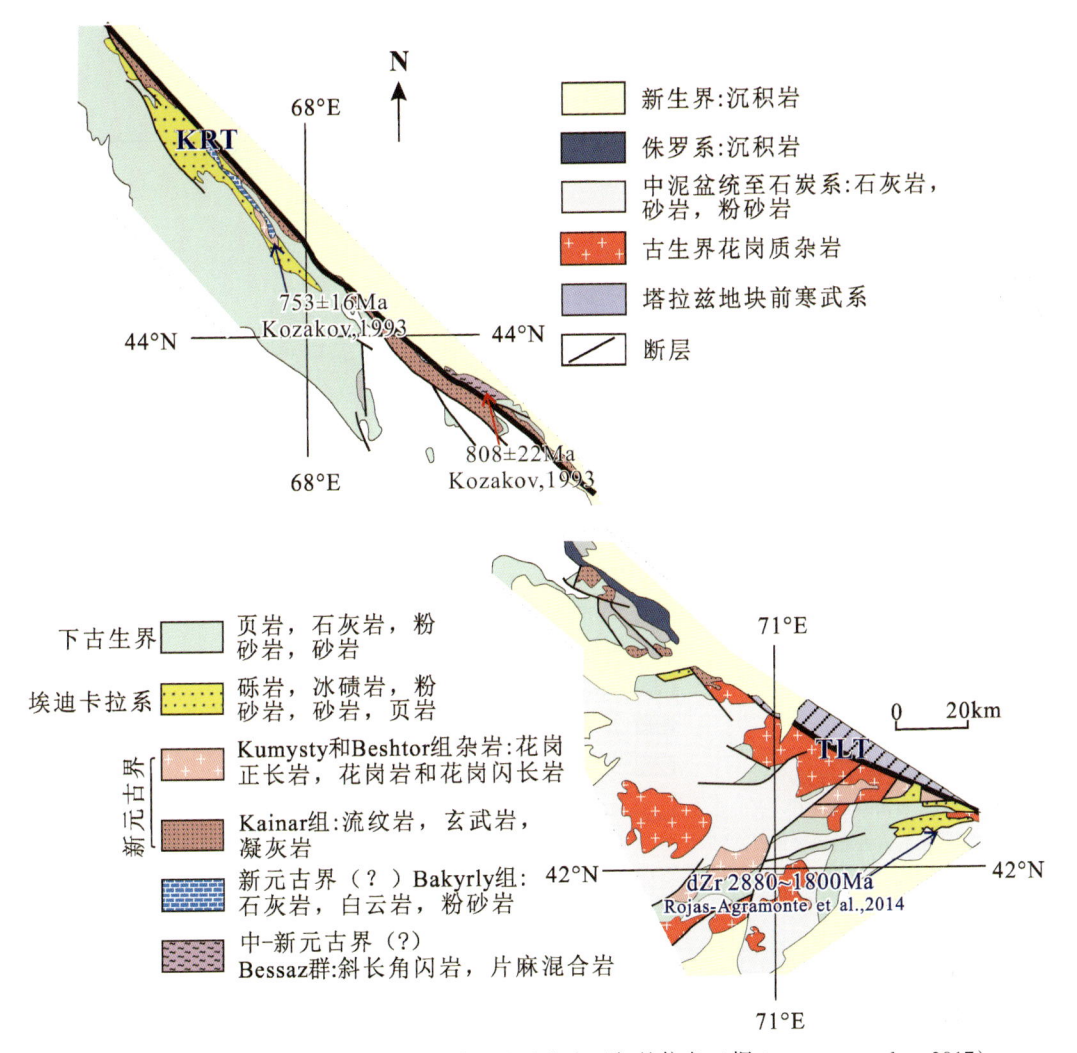

图 2-32 卡拉套和塔拉兹地块地质单元及基底岩石年龄信息（据 Degtyarev et al.，2017）

伊塞克地块的前寒武纪岩石主要分布于伊塞克湖南部和地块的西部（图 2-33），主要岩性为片麻岩、石英岩、结晶片岩、角闪岩、黑色页岩、玄武岩-流纹岩、石英片岩和陆缘碎屑岩-碳酸盐岩组合，以及花岗杂岩体。目前，该地块未见有太古宙—古元古代岩浆事件的报道，不过部分研究者在该地块发现了太古宙、古元古代早期和晚期的岩浆成因碎屑锆石年龄记录，分别为 2920Ma、2472~2356Ma 和 2100~1700Ma（Konopelko et al.，2012；Degtyarev et al.，2013；Rojas Agramonte et al.，2014）。Kröner 等（2013）报道了两期中元古代岩浆事件，较老的一期以约 1300Ma 的长英质火山岩（流纹岩）为代表，应形成于伸展裂谷环境；较年轻的一期以 1150~1050Ma 大规模花岗质岩石（石英闪长岩、花岗闪长岩、花岗片麻岩）和变质英安岩为代表，代表了格林威尔期北天山（伊塞克地块）的中元古代地壳组分。同时片麻岩和石英岩中的碎屑锆石记录了1180Ma和1616Ma两组集中的年龄，进一步明确该地块存在中元古代晚期岩浆事件的广泛发育。

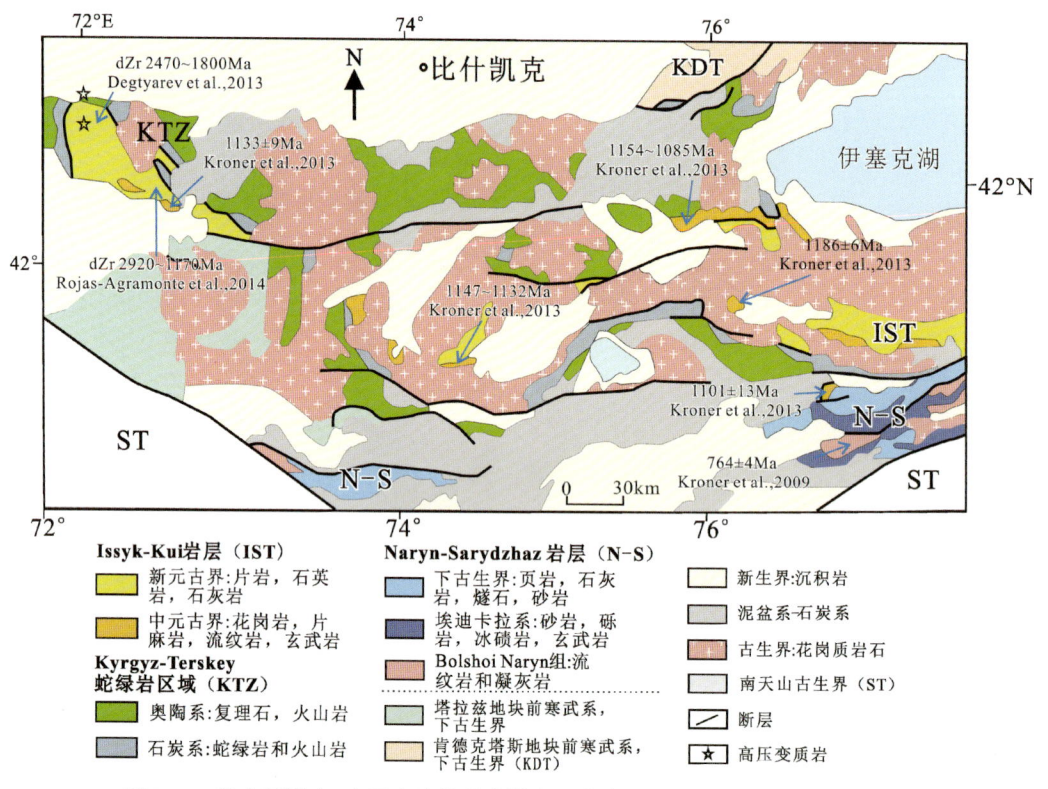

图 2-33 科克切塔夫-中天山地块最南端中元古代-早古生代火成岩的时空分布

（据 Degtyarev et al.，2017）

阿克套-伊犁地块的前寒武纪基底岩石主要由片麻岩、片岩、大理岩、角闪岩和石英岩等组成（图 2-8，图 2-9）。片麻状花岗岩具有 945～917Ma 的结晶年龄 (Tretyakov et al.，2015a；Degtyarev et al.，2008，2017)，与新元古代岩浆岩（0.93～0.85Ga）（胡霭琴等，2010；Wang et al.，2014a，2014b）和广泛发育的片麻岩（1.33～0.89Ga），具有相对一致的年龄记录。片麻状花岗岩的 Nd 模式年龄主要为 2.00～1.60Ga（Wang et al.，2014a），暗示伊犁地块可能存在古元古代基底。新元古代碎屑岩的碎屑锆石研究表明，在伊犁地块存在古元古代碎屑物质记录。同时碎屑锆石年龄谱还记录有少量的 2.50Ga 和 1.80～1.70Ga 碎屑锆石，前者具有他形特征，而后者具有相对自形到他形特征变化，这表明 2.50Ga 碎屑锆石主要以远距离搬运为主，而 1.80～1.70Ga 的碎屑锆石可能来自阿克套-伊犁地块自身或者相对较近的物质源区。这些特点表明阿克套-伊犁地块可能存在古元古代基底，但尚未有岩浆事件证据来证实。

中天山地块：胡霭琴等（1997）通过对中天山地块混合岩、花岗质片麻岩和其他高级变质岩 Sm-Nd 等时线定年，认为中天山地块主要形成于 1.85~1.83Ga，并认为该套岩石具有亏损 Nd 同位素特征（+4.5），进而提出中天山地块基底是大约在 1.80Ga 前由壳幔分异作用产生的新生地壳。然而，部分学者通过中天山地块碎屑沉积岩研究，发现中天山地块存在太古宙碎屑锆石记录，因此认为中天山地块存在太古宙的结晶基底（Ma et al.，2013）。Wang 等（2014c）在中天山地块发现具有亏损锆石 Hf 同位素特征（+3.4~+9.2）的古元古代初期片麻岩（上交点年龄 2.47Ga），并提出中天山地块存在太古宙到古元古代结晶基底。上述研究说明，中天山地块很可能存在太古宙和古元古代的结晶基底，同时，中天山地块发育大量的 1.40Ga 片麻岩（胡霭琴等，2006；施文翔等，2010；He Z Y et al.，2015）。进一步的锆石 Hf 同位素研究显示，这些中元古代片麻岩具有古元古代 Hf 两阶段模式年龄（2.27~1.63Ga），并具有 2.00~1.80Ga 的峰值（He Z Y et al.，2015）。这意味着中天山地块地壳初始物质主要集中形成于古元古代。此外，中天山地块同样出露有大量新元古代片麻岩（1.01~0.74Ga），这些片麻岩也具有大量的古元古代锆石 Hf 两阶段模式年龄（2.19~1.34Ga），并具有 2.00~1.70Ga 峰值（Lei et al.，2013；He et al.，2014；Huang Z Y et al.，2015；Gao et al.，2015；Liu Q et al.，2015；龙晓平和黄宗莹，2017）。这些一致的两阶段模式年龄表明，中天山地块结晶基底的早期固结时间主要集中于古元古代，并在 2.00~1.80Ga 骤然形成，这间接说明中天山地块可能不存在太古宙结晶基底。

基于上述对哈萨克斯坦构造域前寒武纪地块基底岩石的整体介绍，经过同等层位岩石组合和形成时代的对比（图 2-34），本书暂时认为哈萨克斯坦构造域内的各个地块均发育有中元古代晚期—新元古代早期集中的岩浆事件，暗示该时期它们可能处于比较一致的大地构造环境。而在中元古代晚期之前，不同地块早期结晶基底的形成阶段各不相同，其中科克切塔夫地块、楚伊犁地块和中天山地块早期基底的主要结晶时间集中在古元古代晚期—中元古代早期，且科克切塔夫地块基底最早的形成时间可以追溯到太古宙，而楚伊犁地块和中天山地块则可能不存在太古宙结晶基底；但乌鲁套地块、肯德克塔斯地块、阿克巴斯套地块、卡拉套地块、塔拉兹地块、伊塞克地块以及阿克套-伊犁地块早期结晶年龄记录尚未有发现，仅仅是在沉积地层的碎屑锆石中有太古宙—古元古代早期锆石年龄的记录，因此推测这几个地块可能存在太古宙—古元古代早期的结晶基底，这仍需进行很多工作来证实。

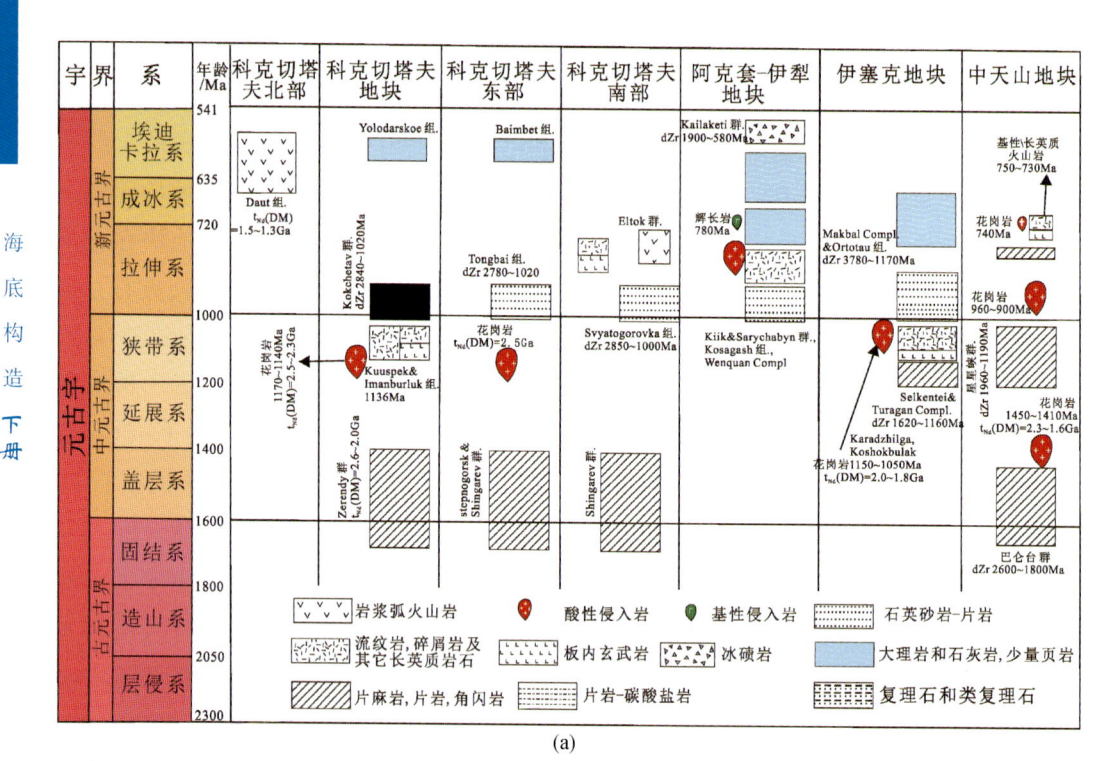

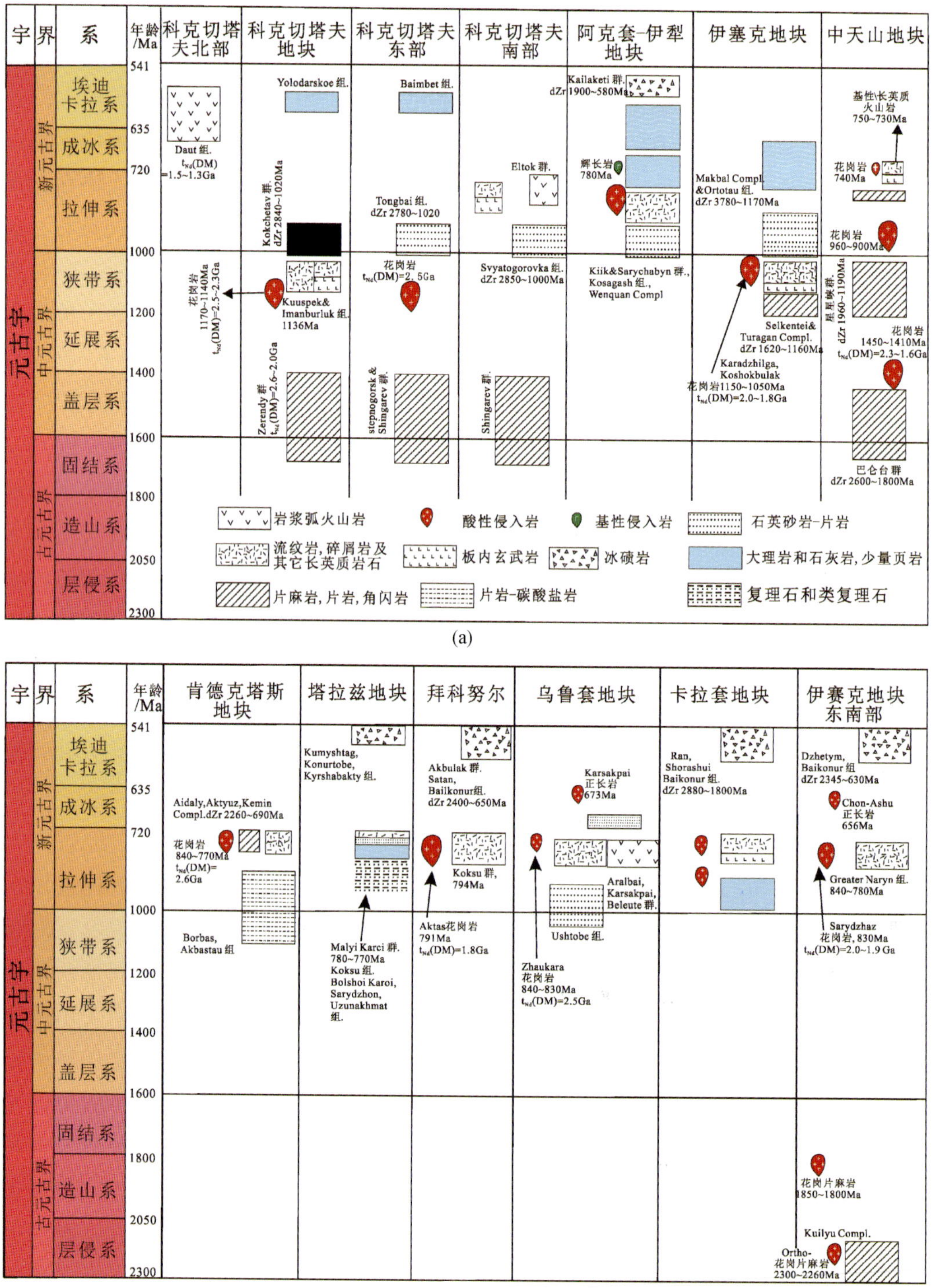

图 2-34 哈萨克斯坦构造域前寒武纪地块太古代—元古代岩石组合及年龄对比

（据 Degtyarev et al.，2017）

2.2.2.2 哈萨克斯坦构造域地块的亲缘性

前文已述及哈萨克斯坦构造域中存在众多的前寒武纪地块，对于这些前寒武纪地块的亲缘性和来源研究还存在争议，目前还存在以下几种不同的观点：① 在前寒武纪为独立板块；② 是准噶尔地块和哈萨克斯坦陆块的一部分；③ 在前寒武纪与塔里木陆块具有亲缘性，还有少数学者认为它们与塔里木陆块共同来自东冈瓦纳；④ 在前寒武纪与塔里木陆块不具有亲缘性，可能来源于东欧陆块。

目前对哈萨克斯坦构造域中的伊犁地块和中天山地块亲缘性的研究程度最高，因此，本书主要讨论哈萨克斯坦构造域中这两个地块的构造亲缘性。首先，可以肯定的是，伊犁地块和中天山地块在前寒武纪发育相对一致的岩浆事件、变质变形事件，并发育同沉积时代的变质沉积岩，具有一致的碎屑锆石年龄谱（图 2-35）和锆石 Hf 同位素特征（图 2-36），这表明二者在前寒武纪具有构造亲缘性，并来源于同一个大陆（Qian et al.，2009；Liu et al.，2014；黄宗莹，2017；龙晓平和黄宗莹，2017）。然而，对于它们到底来自哪个大陆一直存在较大争议：有些学者认为伊犁地块和中天山地块与东冈瓦纳有亲缘性（Allen et al.，1993；Levashova et al.，2011；He Z Y et al.，2014，2015）；有些学者则认为二者来源于塔里木陆块，曾经是塔里木陆块的一部分（Ma et al.，2012a，2012b；Shu et al.，2011；Liu et al.，2014；Wang X S et al.，2014）；还有些学者认为二者与塔里木陆块没有亲缘关系（Hu et al.，2000；Liu et al.，2004；He Z Y et al.，2014，2015；Huang Z Y et al.，2014，2015）。

目前，随着越来越多地质证据的增加，大多数学者偏向于认为伊犁地块和中天山地块与塔里木陆块并不具有亲缘性（黄宗莹，2017；龙晓平和黄宗莹，2017），主要证据如下。

1) 碎屑锆石证据。中天山地块/伊犁地块与塔里木陆块相同沉积时代地层的碎屑锆石显示出不同的年龄频谱分布特征（图 2-35，图 2-37）。塔里木陆块呈现出两个主要的年龄峰值，分别为 1.90~1.8Ga 和 2.50Ga [图 2-35（c）]，而这两个年龄峰值在中天山地块和伊犁地块缺失。中天山地块和伊犁地块具有明显的年龄峰值 900Ma 和 1600~1400Ma [图 2-35（a），（b）]，然而塔里木陆块缺失该年龄峰值（图 2-35，图 2-37），这表明中天山地块/伊犁地块与塔里木陆块在元古宙处于不同的沉积环境。与此同时，中天山地块和伊犁地块碎屑锆石 Hf 同位素特征与同时期塔里木陆块的也明显不同（图 2-36），这明显表明中天山地块/伊犁地块和塔里木陆块具有不同物质来源。

2) 前寒武纪岩浆事件证据。尽管塔里木陆块和中天山地块/伊犁地块均发育有中元古代岩浆作用，但是它们具有不同的地球化学特征，形成于不同的源区和构造背景。例如，塔里木陆块 1.4Ga 的岩浆岩主要为 A 型花岗岩和变辉绿岩脉，二者均

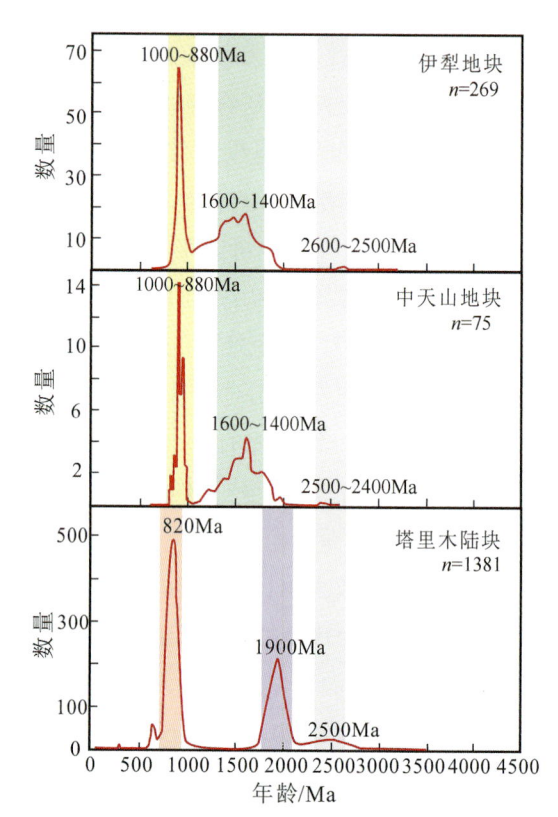

图 2-35　伊犁地块、中天山地块和塔里木陆块前寒武纪碎屑锆石频谱分布
（据龙晓平和黄宗莹，2017）

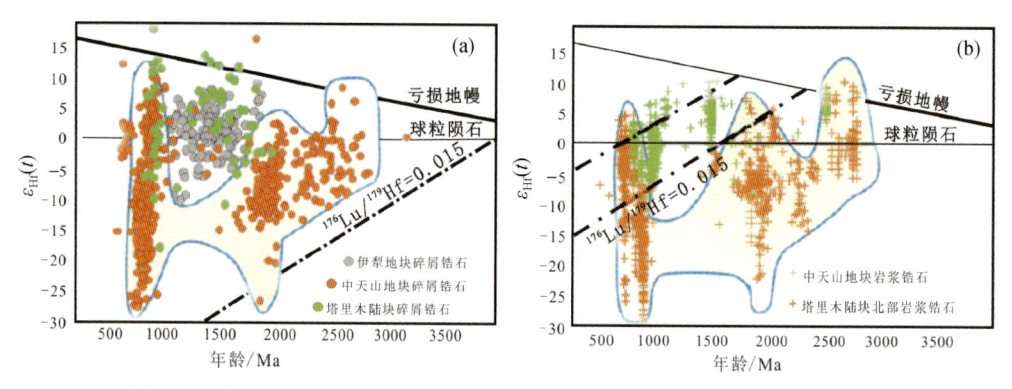

图 2-36　伊犁地块、中天山地块和塔里木陆块前寒武纪碎屑锆石 Hf 同位素
（据龙晓平和黄宗莹，2017）

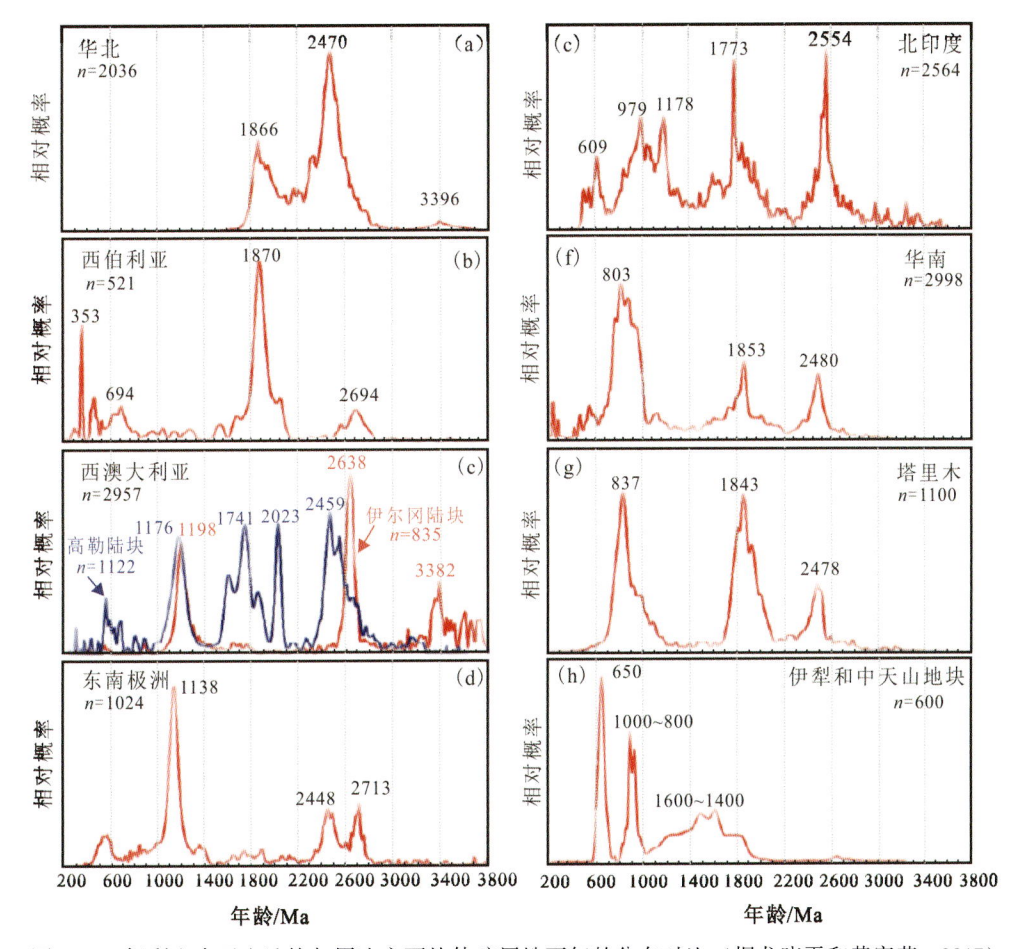

图 2-37 伊犁和中天山地块与周边主要块体碎屑锆石年龄分布对比（据龙晓平和黄宗莹，2017）

形成于非造山的伸展环境（Wu et al., 2014; Ye et al., 2016）；而中天山地块和伊犁地块中元古代的岩浆岩主要为一套花岗片麻岩，具有岛弧岩浆岩的地球化学特征，形成于活动大陆边缘岛弧环境（胡霭琴等，2006; He Z Y et al., 2015）。新元古代，中天山地块/伊犁地块出露有 1.01~0.81Ga 的 S 型花岗岩和岛弧花岗岩（黄宗莹，2017），然而塔里木陆块北部相近时期岩浆岩（1048~933Ma）的锆石单个分析点年龄分布范围非常大（1000~780Ma 和 1120~980Ma），并具有非常大的 MSWD（MSWD=7~9）（Shu et al., 2011），这表明这些样品可能经历了锆石的 Pb、Th 或 U 的丢失（Faure and Mensing, 2004），因此并不能代表塔里木陆块明确发育有新元古代岩浆岩。对塔里木盆地的大量钻井岩芯取样也尚未获得新元古代岩浆岩（Xu Z Q et al., 2013）。目前，仅在塔里木陆块的西南部发现了 880Ma 的流纹岩，形成于裂解环境，这不同于中天山地块和伊犁地块同时期的岛弧挤压环境（Wang et al., 2013）。由此表明，中天山地块/伊犁地块新元古代早期的岩浆岩在空间分布上，岩石成因上和构造背景上都明显区别于塔里木陆块该时期的岩浆岩。

因此，这里认为中天山地块/伊犁地块与塔里木陆块在中—新元古代时期经历了不同的构造演化过程，由此表明二者与塔里木陆块不具有构造亲缘性。

2.3　古亚洲洋构造域缝合线

2.3.1　额尔齐斯-达拉布特-北天山缝合带

额尔齐斯-达拉布特-北天山缝合带是西伯利亚陆块的西南边界，也是西伯利亚陆块与哈萨克斯坦陆块之间的碰撞缝合带，主体位于哈萨克斯坦北部，大体沿额尔齐斯河呈北西向展布。关于该带是否进入中国境内以及进入中国境内向东如何延伸，在地质界存在不同认识。李春昱等（1982）认为该带向南东与克拉美丽蛇绿岩带相连。后来对于克拉美丽蛇绿岩的研究发现，该带洋盆是在志留纪晚期至泥盆纪初期形成的弧后盆地，且该带两侧都发育晚志留世图瓦贝动物群化石，从而动摇了原有认识。Sengör 和 Matal'in（1996）和 Yakubchuck（2004）则认为该带没有进入中国境内，哈萨克斯坦境内的斋桑造山带是弧后盆地演化的产物，其南、北两侧属于同一个弧后盆地边缘。但在中国额尔齐斯河流域发育的蛇绿岩套，说明这一认识是不对的。何国琦和李茂松（2000）发现该带一直向南东进入蒙古国境内，任纪舜等（1999）也持大体相同的论点。但是，在蒙古境内的中蒙古断裂两侧出露的地质体，与额尔齐斯带两侧出露的地质体在构造属性和空间展布特征等方面的差别，并不支持这一论点。

本书把西伯利亚陆块西南边界置于额尔齐斯-达拉布特-北天山一线，主要基于如下资料：①沿额尔齐斯河流域出露的石炭纪增生杂岩，是西伯利亚陆块与哈萨克斯坦陆块之间最年轻的增生杂岩；沿该带出露的海相沉积岩系时代最年轻，为早石炭世晚期，也是哈萨克斯坦与西伯利亚陆块之间海相沉积最后消失的地带。达拉布特和北天山出露的增生杂岩组成与时代均与其类似。②该带两侧都发育奥陶纪至石炭纪的活动陆缘杂岩。阿尔泰和东准噶尔-东天山北部两个区域都显示出从奥陶纪至石炭纪岩浆前锋或活动陆缘的边界向南迁移的特征，构造指向为早期向南逆冲，叠加左行走滑；而该带南侧的塔尔巴哈台山、西准噶尔和北天山活动陆缘杂岩时代向北变新，并且构造指向为早期向北逆冲，叠加右行走滑。而且该带是志留纪中晚期图瓦贝动物群和石炭纪安加拉植物群化石的分界线。

目前比较一致的观点是，该缝合带形成于泥盆纪—早石炭世晚期。晚石炭世早期发育陆相磨拉石建造，这表明早石炭世古亚洲洋最早期分支的萨彦-额尔古纳洋盆西段已闭合；石炭纪—二叠纪花岗岩多具富碱-碱性花岗岩特征，为后碰撞及非碰撞期产物。

2.3.2 索伦-西拉木伦-长春-延吉缝合带

索伦-西拉木伦-长春-延吉缝合带是中亚造山带东段的南部边界，是图瓦-蒙古构造域与华北陆块之间的最终缝合带，由古亚洲洋东段闭合形成。该带在索伦山一带是清楚的，而且也没有分歧；向东如何延伸，存在多种不同认识，如与贺根山—黑河带相连，与西拉木伦河一带的蛇绿岩套相连，再向东延伸到吉林中部地区等；向西，目前认为与恩格尔乌苏带相连，再向西则不清楚。由于后期断裂活动和剥蚀作用，该段的缝合带特征在有些地区已经很不明显。这是一些学者怀疑该带是否通过吉林省中部地区的主要原因。另外，不均匀的抬升剥蚀导致沿该带不同地段及其两侧出露的岩石在组成及变质程度上都有所不同，使一些学者怀疑索伦山与西拉木伦两地能否相连为一条带，向西能否经过阿拉善北缘恩格尔乌苏后延伸到北山中部。

根据目前的资料，这里认为该带从索伦山向东与西拉木伦带相连，向西经过恩格尔乌苏延伸到北山中部，构成西伯利亚陆块南部边界以及其与华北陆块的分界线。依据主要如下：①该线是晚石炭世至二叠纪冷水动物群与暖水动物群、安加拉植物群与华夏植物群的分界线；②该带南北两侧二叠纪火山岩差别明显，北侧林西一带二叠纪火山岩与太平洋东岸墨西哥新生代玄武岩类似；该带以南，二叠纪火山岩为钙碱系列火山岩，与岛弧杂岩类似。③华北北缘晚石炭世至三叠纪岩浆岩带通过阿拉善北部延伸到北山南部地区。④该带是区域性海相沉积最后消失的地带。⑤该带是该区最年轻的强烈构造变形带。

同时，对于西拉木伦河断裂向东延伸的问题，大部分学者将长春-延吉断裂作为索伦-西拉木伦河断裂的东段来考虑（吉林省地质矿产局，1988；唐克东等，1995；Li et al.，2007；Wu et al.，2007），这一观点也得到了古生物资料的证实。古生物资料显示，在长春-延吉一线存在明显的华夏特提斯型、西伯利亚型动物群以及华夏、安加拉植物群的分界线（王成文等，2008）。

长期以来对于其闭合时间一直存在有争论：①部分研究者认为其闭合于早古生代末—晚古生代初（何国琦和邵济安，1983；唐克东等，1989，1997），华北陆块北缘与吉黑造山带碰撞对接（赵春荆等，1996；苏养正，2012；汪新文和刘友元，1997；彭玉鲸，2000；彭玉鲸和赵成弼，2001；张兴洲等，2008）；②另一部分研究者则认为古亚洲洋闭合于晚二叠世末—早三叠世或早二叠世（李锦轶，2004；王荃等，1991；王玉净和樊志勇，1997；Jia et al.，2004；Li，2006；王成文等，2008）。

目前研究程度的加深和研究方法的进步，越来越多的证据表明，二叠纪中亚造山带东段最南缘与华北陆块之间的古亚洲洋仍在俯冲，而中国东北地区二叠纪的动力学背景主要表现为古亚洲洋的收缩（Li，2006），该洋盆最终在晚二叠世—早三叠世闭合。以下的古生物地理学、岩相古地理以及岩浆事件和变质事件的研究都从不同的角度支持了这一观点。

A. 古生物地理学证据。黄本宏（1982，1987）认为西拉木伦-长春-延吉缝合线曾经是安加拉植物群和华夏植物群的古植物地理区系分界线，直到二叠纪晚期该分界线才消失，继之出现安加拉和华夏植物群的混生现象；关于该区古动物地理区系的演变，有迹象显示，不同动物群的混生发生在二叠纪中晚期（王惠和高荣宽，1999；Shi，2006；彭向东等，1998a，1998b），表明该区二叠纪存在古亚洲洋的分隔，二叠纪中晚期洋盆开始闭合。王成文等（2008，2009）基于对吉黑造山带南缘与华北陆块北缘之间出露的晚古生代海相地层和二叠纪哲斯腕足动物群古生物地理分布的研究，认为中二叠世北部的吉黑造山带与华北陆块之间存在一个较宽的深海洋盆，并非"裂陷槽"环境，中二叠世以后，吉黑造山带与华北陆块北缘沿西拉木伦-长春-延吉缝合线闭合。

B. 岩相古地理证据。文琼英和刘爱（1996）对吉林省晚古生代造山带内二叠纪生物地层、岩相古地理格架、沉积序列的研究认为，华北陆块北缘为被动大陆边缘，而杨宝忠等（2006）对吉林中部地区二叠纪沉积特征的研究得出了与之相同的认识，并指出晚二叠世东北中、小地块群与华北陆块沿西拉木伦河-长春-延吉缝合带拼合。李锦轶（1998）指出华北陆块北缘早古生代陆缘增生带缺失泥盆系，但石炭系和二叠系发育齐全，且华北陆块北缘和吉黑造山带之间的地区，二叠系发育完好且含有深水沉积物，表明二者之间的泥盆纪古洋持续到了二叠纪，并且华北陆块北缘在石炭纪—二叠纪显示出类似被动陆缘或前陆盆地的古地理特征。张梅生等（1998）根据地层建造特征、沉积古地理和生物古地理的时空演化规律，指出石炭-二叠纪在黑龙江地块与华北陆块之间存在古亚洲洋的南支，中晚二叠世南北陆-陆对接。Jia等（2004）对延边缝合线南侧华北陆块北缘的二叠纪沉积地层的研究认为，二叠纪华北陆块北缘为被动大陆边缘。Lin等（2008）对吉林中部和铁岭附近晚古生代沉积层序进行了详细的剖面分析，则认为晚古生代期间华北陆块处于古亚洲洋的俯冲作用之下，为活动大陆边缘。

C. 岩浆事件和变质事件证据。Zhang等（2004）和李承东等（2007）认为二叠纪期间，华北陆块北缘为活动大陆边缘环境，处于古亚洲洋陆块向华北陆块之下的俯冲阶段，从而导致了延边地区早二叠世（285Ma）英云闪长岩和吉林中部地区晚二叠世（252Ma）色洛河高镁安山岩的形成；早三叠世古亚洲洋闭合，吉黑造山带与华北陆块最终碰撞拼合，使得延边地区同碰撞二长花岗岩（249～

245Ma)（Zhang et al.，2004）和吉林中部大玉山同碰撞花岗岩（248Ma）（孙德有等，2004）侵位。吴福元等（2003）和Wu等（2007，2011）对吉林中部烟筒山红帘石硅质岩和呼兰群变质作用的研究认为，它们均经历了250~230Ma的中压相变质作用事件，代表了华北陆块与黑龙江地块的最终碰撞拼合，为晚二叠世末期—早三叠世。

2.3.3 贺根山-黑河-谢列姆扎河缝合带

贺根山-黑河-谢列姆扎河缝合带是中亚造山带中又一条重要的构造-生物区分界线。该带作为西伯利亚陆块东南（现今地理位置）的边界，向北东与蒙古—鄂霍次克造山带相交，被后者向南逆冲所构造掩覆；向南西可追索到扎兰屯一带，再向西如何延伸，是与贺根山蛇绿岩套相连，还是转向南南西，沿大兴安岭东麓，通过白城以西，与西拉木伦带相连，还需进一步研究，这里暂时采用后一种方案。

该缝合带中—晚志留世组成了前石炭纪西伯利亚陆块的俯冲大陆边缘；在石炭纪中期，海相沉积消失；晚石炭世转变为陆相，指示西伯利亚陆块与松嫩地块可能是在石炭纪中期碰撞的。同时该带也是图瓦贝动物群化石的南部边界，在黑河一带，沿此带以北，中—晚志留世属于以图瓦贝为特征的西伯利亚南部-蒙古生物区；以南从准噶尔、北天山向东至黑龙江的古亚洲洋均属于哈萨克斯坦-华北生物区；从志留纪到二叠纪则属于北方生物大区"准噶尔-兴蒙"生物区。

2.4 古亚洲洋演化历史

中亚造山带的演化始自中元古代末期（约1.022Ga），到二叠纪—早中生代结束，经历了长达7亿多年的复杂演化过程（Xiao et al.，2003），其形成与"原亚洲洋"、古亚洲洋的长期俯冲增生作用密不可分（Khain et al.，2003；Windly et al.，2007），同时中亚造山带的地质记录为研究古亚洲洋的初始形成、发展演化、闭合及洋陆格局提供了有力佐证。西伯利亚陆块、塔里木陆块和华北陆块均不是一直处于现在的位置，Smethurst（1998）通过对古地磁资料的研究发现，西伯利亚板块自古生代以来向北发生了大规模的漂移，自石炭纪以来，已顺时针旋转了180°；塔里木陆块在早古生代还属于冈瓦纳古陆，在早奥陶世至志留纪快速的移动到赤道以北的中低纬度地区，漂移达3500km，志留纪至早泥盆世基本稳定，早泥盆世至晚二叠世以顺时针旋转了67°（Zhu et al.，1998），直到新近纪才达到现今的位置。华北陆块在寒武纪—奥陶纪还位于南半球中低纬度地区，至晚古生代，华北陆块才越过赤道，处于北半球低纬度地区，从早寒武世至晚二叠世华北陆块向北漂移了3000km（Zhu et al.，1998）。这就表明，这三大陆块并不是一开始就相连的，在它们之间是浩瀚的古亚洲洋。根据板块构造和造山带的理论，中亚造山带的形成与古亚洲洋的闭合息息相关。因此，可以根据中亚造山带的地质记录来探讨古亚洲洋的演化历史。

2.4.1 古亚洲洋的最早打开——中元古代

古亚洲洋位于冈瓦纳古陆与西伯利亚陆块之间，是一个结构十分复杂的洋盆体系，包括一系列的洋盆和地块/微陆块，其经历了十分复杂的长期发展演化过程，是现今已经消失的大洋。目前对于古大洋早期形成历史和洋盆发展演化主要依据该大洋构造域范围内的蛇绿岩套、岛弧相关岩浆岩、沉积岩、变质岩以及古生物分布和地理环境转变等相关记录。其中，蛇绿岩套往往被看作古大洋的洋壳残片和岛弧等构造环境最直接的证据，因此，对蛇绿岩套的识别和性质鉴定是古大洋恢复最便捷有效的手段。

目前中亚造山带中最古老的蛇绿岩带和弧相关的岩浆记录主要集中在西伯利亚陆块西南的Enisey山脉、东萨彦岭南部和西伯利亚陆块东南的贝加尔山脉等地，形成了环西伯利亚新元古代蛇绿岩套-岛弧带（Khain et al.，1997；Kröner et al.，2015）（图2-38）。其中图瓦-蒙古地块东北萨彦岭附近的Dunzhugur蛇绿岩套形成时代最早（图2-38），Khain等（2002）的定年结果显示，其形成于1022Ma；随后Kuzmichev和Larionov（2013）再次对其进行的定年，结果为1010Ma，确定了Dunzhugur蛇绿岩的形成时代为中元古代末期。该蛇绿岩套具有玻安岩的地球化学特征。前人研究表明，目前发现的几乎所有的玻安岩都产于弧前环境，在时间上主要出现在岛弧演化的初期阶段，是板块消减作用初期阶段的产物。因此，该蛇绿岩套属于SSZ型，应该是该地区古洋盆收缩阶段的产物，也表明这一区域的古洋盆在该蛇绿岩套形成之前的中元古代已经打开（Dobretsov et al.，2003）。Nekrasov等（2007）在贝加尔湖东段南侧识别出了新元古代早期的Shaman蛇绿岩带（图2-38），形成时代为970~940Ma，具有MORB型大洋玄武岩的地球化学特征，代表了成熟洋壳的存在（Gordienko et al.，2009，2010）。因此，以上证据综合表明，古亚洲洋至少在中元古代已经打开，到了新元古代早期，已经形成相对成熟的古亚洲洋洋壳，这与目前大多数研究者所认为的古亚洲洋打开时间为970~850Ma的观点相一致（Dobretsov et al.，2003；Sklyarov et al.，2003；Metelkin et al.，2005a，2005b）。同时，这个在西伯利亚陆块南缘萨彦-贝加尔地区打开的最古老古亚洲洋分支被多数研究者称为萨彦-额尔古纳洋（或古蒙古洋）。

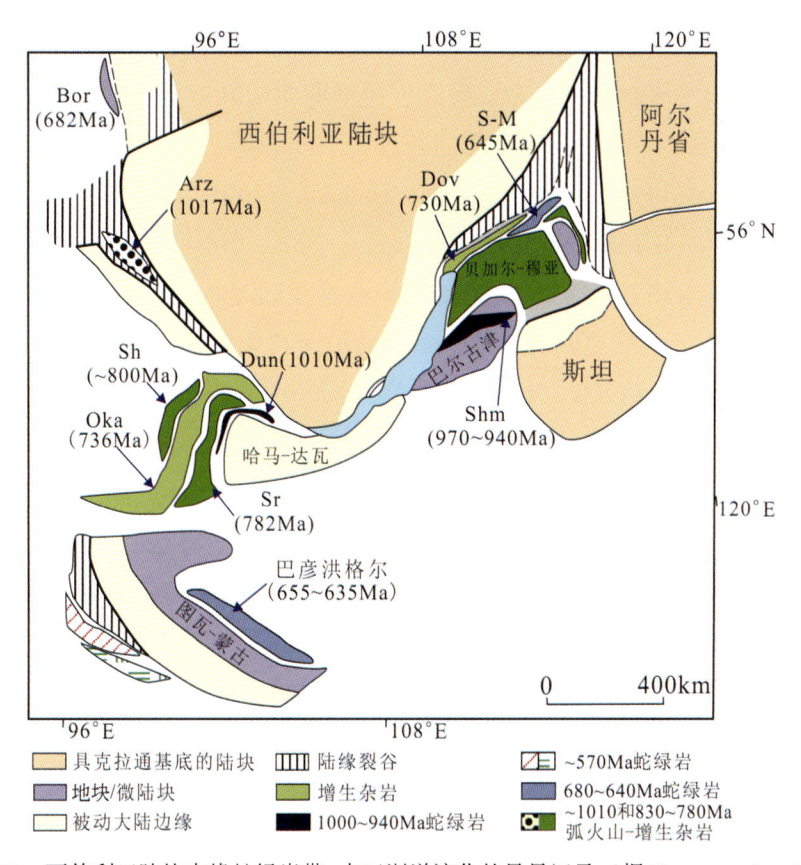

图 2-38 西伯利亚陆块南缘蛇绿岩带-古亚洲洋演化的最早记录（据 Kröner et al., 2015）

考虑到在中元古代末期—新元古代，全球规模的主要地球动力事件表现为罗迪尼亚超大陆的最终形成和局部起始裂解，因此大多数学者认为古亚洲洋的初始形成与罗迪尼亚超大陆的局部起始裂解密切相关（Zonenshain，1972）。同时近年来国际地质学界在中国秦岭、祁连、华南、澳大利亚、北美、非洲南部和南极普遍发现的新元古代大陆裂谷火山岩系（和岩墙群）共同表明，这期具有全球规模的大陆裂谷火山活动乃是罗迪尼亚超大陆主体裂解的先声，它对于古亚洲洋洋盆体系的形成具有重要的约束作用。因此，古亚洲洋的初始打开位置跟罗迪尼亚超大陆中劳伦古陆、西伯利亚陆块、华北陆块以及东欧陆块的位置密切相关。

古地磁数据表明，新元古代早期，西伯利亚离劳伦古陆北缘有一定的距离（图 2-39），二者之间很可能存在一些前寒武纪小块体（Vernikovsky et al., 2003；Zonenshain et al., 1990）。西伯利亚与劳伦古陆之间的位置关系解释了西伯利亚不存在与劳伦古陆上麦肯基（Mackenzie）大火成岩省相对应的岩浆事件记录的原因。西伯利亚南部 740Ma 的基性侵入岩很可能与劳伦古陆北部富兰克林（Franklin）岩浆事件相关，其间伴随着新元古代古亚洲洋的扩张（Metelkin et al., 2005a；Sklyarov et al., 2003）。该事件大体与西伯利亚南部 Karagas 组沉积过程相对应，是西伯利亚陆块被动大陆边缘的继承（Pisarevsky and Natapov，2003；Vernikovsky et al.，2003）。目前主流观点均认为，新元古代早期西伯利亚（图 2-39）停靠在劳伦古陆东北部，不同的模式仅仅在停靠的角度上有所差异（Condie and Rosen，1994；Ernst et al.，2000；Frost et al.，1998；Hoffman，1991；Rainbird et al.，1996；Vernikovsky and Vernikovskaya，2001；Li et al.，2008；Metelkin，2013）。

然而截至目前仍然没有足够的证据（无论地质还是古地磁数据），可以有力证明华北与罗迪尼亚超大陆之间的直接联系。通过对比华北陆块与劳伦古陆之间的古地磁极，揭示二者在 ~1200~700Ma 可能靠近同一个陆块，间接说明华北陆块也应该属于罗迪尼亚超大陆的一部分，但是华北陆块与劳伦古陆之间在 1800~1350Ma 应该为西伯利亚陆块所隔开，至新元古代晚期华北陆块与劳伦古陆的古地磁无关联（Zhang et al.，2006）。Li 等（2008）也认为华北陆块靠近西伯利亚陆块，且这种关联可能从 ~1800Ma 就已经开始并一直持续到罗迪尼亚裂解之后（~600Ma）。同时，华北陆块普遍缺失广泛分布在澳大利亚板块和华南陆块的新元古代岩浆记录，这表明新元古代时华北陆块应该远离澳大利亚–华南陆块域，不在罗迪尼亚核心区，而是游离于罗迪尼亚超大陆的边缘。

因此，这里在前人对罗迪尼亚超大陆的重建基础上，结合上述几大板块的古地磁资料，以及现今西伯利亚陆块南缘古亚洲洋最早地质记录的位置，并结合 Li 等（2008）和 Metelkin（2013）的重建方案，限定了古亚洲洋可能的打开位置（图 2-39），

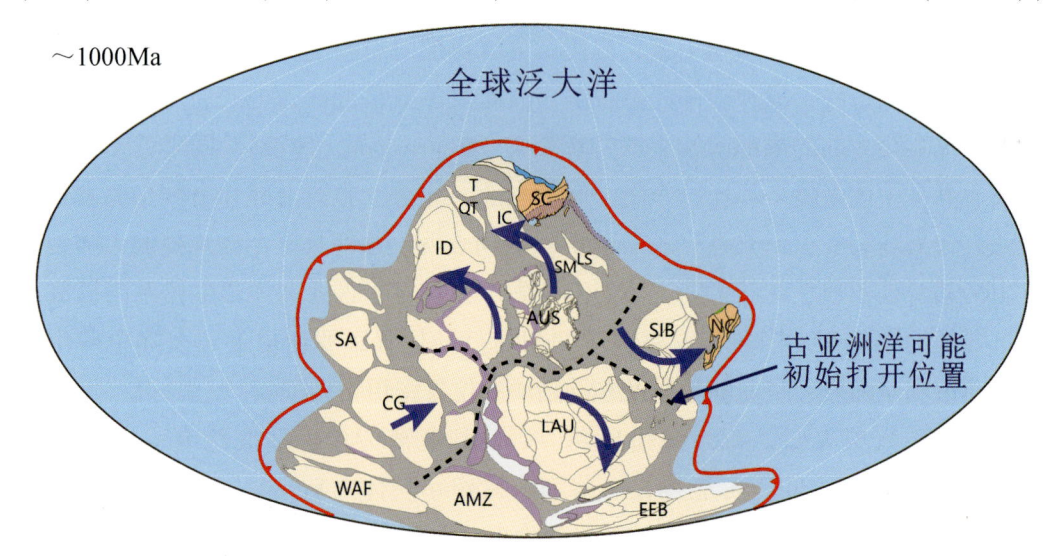

图 2-39　西伯利亚陆块和华北陆块新元古代早期全球位置及古亚洲洋初始打开位置重建

（据 Li S Z et al.，2018；Li et al.，2008）

LAU. 劳伦古陆；EEB. 东欧陆块；SIB. 西伯利亚陆块；AUS. 澳大利亚板块；ID. 印度板块；NC. 华北陆块；SC. 华南陆块；AMZ. 亚马孙克拉通；CG. 刚果克拉通；WAF. 西非克拉通；SA. 撒哈拉克拉通；TB. 塔里木陆块；IC. 印支地块；QT. 羌塘陆块；LS. 拉萨地块；SM. 滇缅马苏地块

即罗迪尼亚超大陆东部边缘，局限于西伯利亚陆块与劳伦古陆之间，范围相对较小，并且与整个新元古代早期的泛大洋相连接。同时，古地磁资料显示，西伯利亚陆块和华北陆块之间保持相对靠近的位置，二者之间仍与泛大洋的一小部分相连接，尚未出现古亚洲洋的演化记录。

2.4.2 古亚洲洋新元古代—古生代演化

2.4.2.1 萨彦-额尔古纳洋的新元古代—早古生代末期演化

新元古代早中期，从 Enisey 山脉开始，经西萨彦-东萨彦岭，直到贝加尔-Patom 地区，西伯利亚陆块西部、南部、东南部陆缘自西向东呈环状发育有大面积的连续碳酸盐岩沉积地层，为典型的被动陆缘沉积序列（Sovetov et al.，2007；Stanevich et al.，2007；Sovetov，2011），同时西伯利亚陆块南缘发育有 926Ma 和 740Ma 的被动大陆边缘裂谷的基性岩，而缺乏相应的钙碱性岩浆岩，表明新元古代早中期西伯利亚陆块南缘整体上为被动大陆边缘环境（Stanevich et al.，2007；Chumakov et al.，2007），其南侧的古亚洲洋洋盆应处于类似现今大西洋的扩张状态。古地磁资料显示，此时的华北陆块应处于赤道附近低纬度地区，而来自更年轻一点的元古宙岩石古地磁数据则显示华北陆块在 ~1200~700Ma 发生了大约 90°的旋转（图 2-39 和图 2-40），并且在此期间与劳伦古陆和西伯利亚陆块有着共同的古地磁极漂移轨迹。到了新元古代晚期（~650~615Ma），华北陆块脱离了与西伯利亚陆块以及劳伦古陆而开始表现为自我运动行为（Zhang et al.，2006），这表明古亚洲洋的大洋扩张中心至少已经扩张至西伯利亚陆块和华北陆块之间（图 2-40）。同时，古地磁资料显示，750~720Ma，随着罗迪尼亚超大陆的主体裂解，劳伦古陆和澳大利亚板块之间的古太平洋打开（图 2-40）。

不过需要注意的是，古亚洲洋中最古老的蛇绿岩，即图瓦-蒙古地块东北部、东萨彦地区 Dunzhugur 洋内弧中的中元古代晚期蛇绿岩具有玻安岩的地球化学特征，为 SSZ 型蛇绿岩，同时 Gargan 地块北部 Arzybey 杂岩带中还发育有 1017Ma 俯冲性质的英云闪长岩，表明该地区古亚洲洋发生了局部俯冲作用。考虑到 ~1000Ma，北部的西伯利亚陆块南缘和南部的 Gargan 地块北缘均为被动大陆边缘（Kozakov et al.，1999），Kuzmichev 等（2001）认为 Dunzhugur 蛇绿岩带最初应形成于由南向北的洋-洋俯冲环境［图 2-41（a）］，为一条典型的洋内弧（Kuzmichev et al.，2001；Domeier M，2018；Safonova et al.，2017）。随着洋-洋俯冲的持续，Dunzhugur 洋内弧不断增生，南侧的 Gargan 地块与其逐渐靠近。~840~800Ma［图 2-41（b）］，西伯利

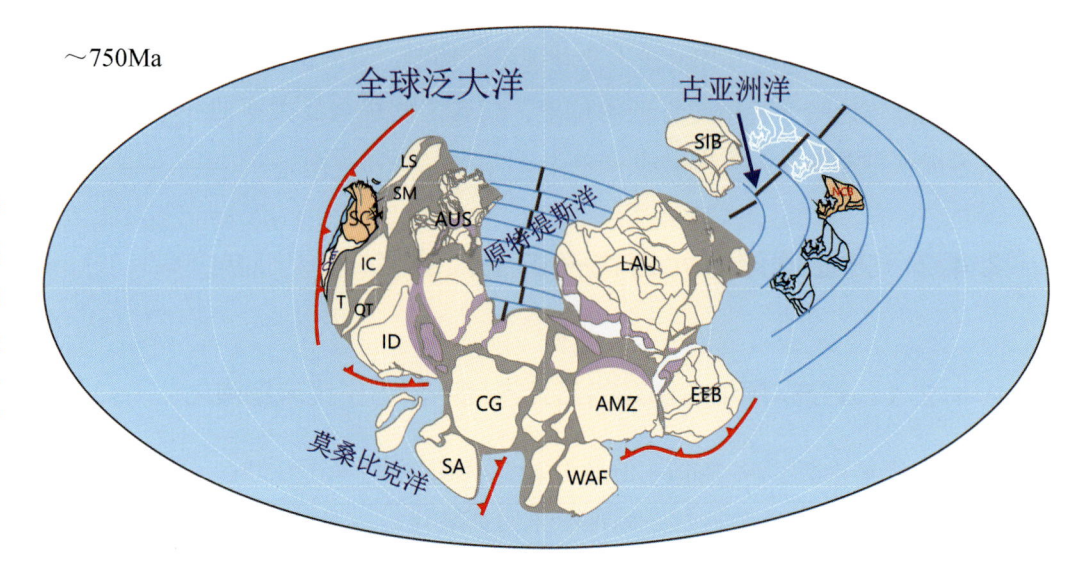

图 2-40　新元古代中期古亚洲洋地理位置以及华北陆块运移路径（据 Li et al.，2018）

缩写名称同图 2-39

亚陆块南侧的古亚洲洋向南俯冲，最直接的表现是依次向贝加尔-穆亚微陆块和巴尔古津-伊卡特微陆块之下的俯冲，使得贝加尔-穆亚微陆块北部发育有新元古代中期南华纪（830～700Ma）岛弧体系；新元古代晚期（约 640Ma），贝加尔-穆亚微陆块北部发生麻粒岩相变质，表明此时贝加尔-穆亚微陆块拼贴到西伯利亚陆块之上；古亚洲洋持续向南部巴尔古津伊卡特微陆块之下俯冲，在该地块北部发育有新元古代—寒武纪沟-弧-盆体系。因此自新元古代早期开始，古亚洲洋南向俯冲的远程效应，加速了西侧 Gargan 地块与 Dunzhugur 洋内弧的碰撞（Kuzmichev et al.，2001，2005），使得在 800Ma 左右，Dunzhugur 洋内弧上中元古代—新元古代形成的蛇绿岩套及洋内弧火山岩仰冲至 Gargan 地块之上，其伴生的沉积岩发生了强烈的变形，该碰撞事件同时导致该区古亚洲洋俯冲方向的改变，开始向南侧的 Gargan 地块之下俯冲；~790～700Ma，Gargan 地块北缘和西缘转变为活动大陆边缘，发育了 ~790Ma 的 Sumsunur 英云闪长岩［图 2-41（c）］和 ~718Ma 的 Sarkhoy 火山岩［图 2-41（d）］，其中 Sarkhoy 火山岩主要为玄武-安山岩-英安岩-流纹岩组成的钙碱性火山系列，同时在 Sarkhoy 火山弧的西侧和北侧外缘发育了自北向南的 Oka 增生楔（~753～736Ma）（图 2-18），主要为火山岩、陆缘碎屑沉积岩、复理石和碳酸盐岩等组成的构造混杂岩。

新元古代晚期—早寒武世（~650～500Ma），在阿尔泰-萨彦、贝加尔-穆亚微陆块、巴尔古津-伊卡特微陆块南侧和图瓦-蒙古地块周边，含玻安岩的洋岛和岛弧杂岩，包括熔岩、席状岩墙及与辉长辉石岩（gabbro-pyroxenites）和超基性岩有关

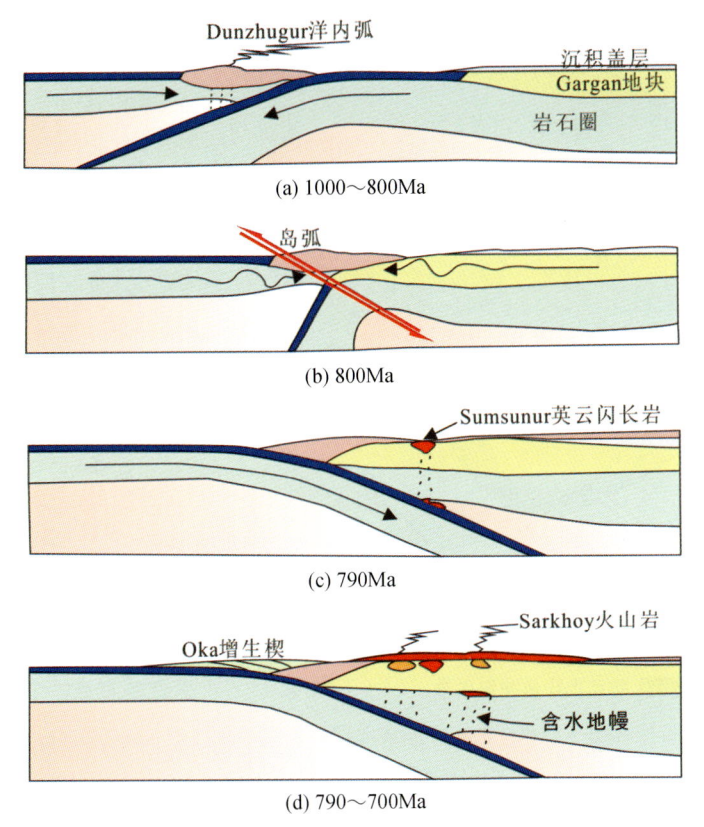

图 2-41 古亚洲洋北部早古老洋内弧蛇绿岩的形成模式（据 Kuzmichev et al.，2001）

的岩床大面积发育，形成了一系列洋内弧，如 Dzhida 洋内弧、Agardag 洋内弧等，表明此时古亚洲洋的最早期分支——萨彦-额尔古纳洋主体开始向西伯利亚陆块之下俯冲（图 2-42，图 2-43）。

在早寒武世晚期，海山与岛弧的碰撞导致了俯冲带的挤出和增生楔内的回卷流。蛇绿岩套和高压岩石碎片内的蛇纹石化杂岩是早古生代增生楔的典型成分。同时贝加尔-穆亚地区新元古代晚期-寒武纪沉积盖层中出现了与西伯利亚寒武纪地层中相同的化石（Belichenko et al.，2006；Rytsk et al.，2011），表明贝加尔—穆亚微陆块向西伯利亚陆块靠近。在中国境内，最早的古亚洲洋板块俯冲作用发生在额尔古纳河流域，沿德尔布干断裂向北俯冲消减。

晚寒武世—早奥陶世（~510~470Ma），萨彦-额尔古纳洋消失，碰撞造山作用达到高潮，在西伯利亚陆块南缘形成了一系列的高压-超高压变质带，如巴尔古津-伊卡特微陆块北侧的 Olkhon 变质带、Khamar-Daban 构造带北侧的 Slyudyanka 变质带、图瓦-蒙古地块北部的 Kitoykin 高压变质带、湖区-Khamsara 带北侧 Derba 高压变质带（图 2-17）（Gordienko et al.，2007；Gladkochub and Donskaya，2009；Kovach et al.，2013）。该事件代表了萨彦-额尔古纳洋内地块/微陆块、洋内弧、岛

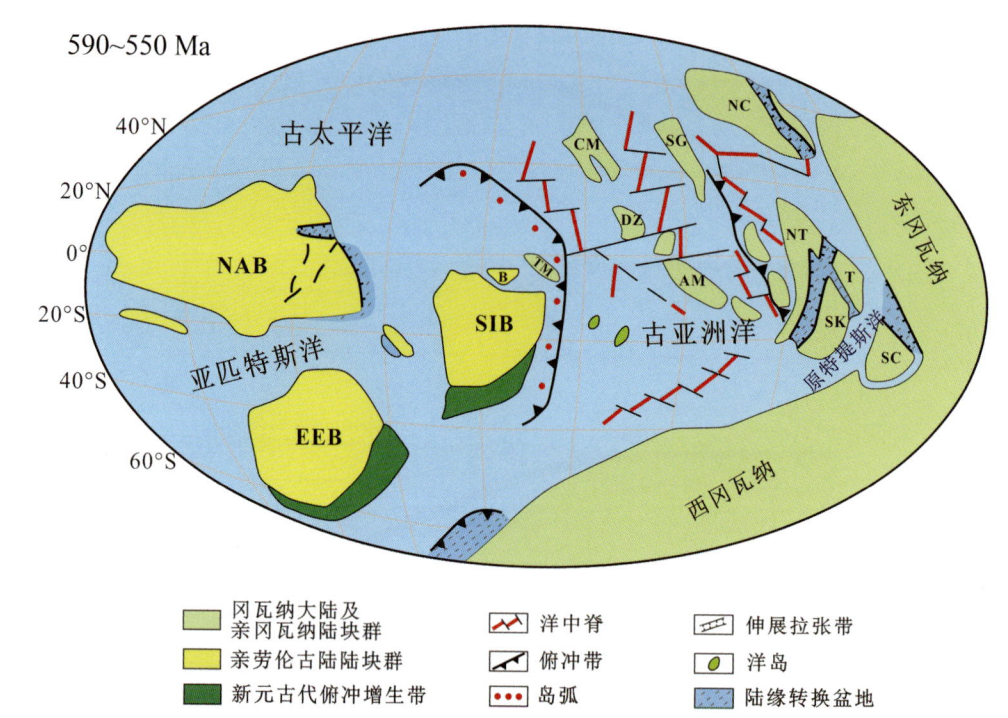

图 2-42 新元古代晚期—早寒武世古亚洲洋地理位置及范围（据 Safonova and Santosh，2014）
NAB. 北美陆块；EEB. 东欧陆块；SIB. 西伯利亚陆块；BY. 巴尔古津–伊卡特微陆块；BM. 贝加尔–穆亚微陆块；
TM. 图瓦–蒙古地块；CM. 中蒙古地块；DZ. Dzabkhan 地块；AM. 阿尔泰–蒙古地块；SG. 南戈壁带；
NC. 华北陆块；NT. 北天山造山带；TB. 塔里木陆块；SC. 华南陆块

弧等地质单元与西伯利亚陆块的碰撞拼合，特别是贝加尔–穆亚微陆块、巴尔古津–伊卡特微陆块和图瓦–蒙古地块拼贴到西伯利亚陆块南缘，导致西伯利亚陆块南部活动大陆边缘快速增生。

该造山事件被称为著名的萨拉伊尔运动。该造山带主要是由于早、中寒武世古亚洲洋作用于西伯利亚陆块陆缘俯冲–增生而形成，由宽阔的消减–增生杂岩和地块/微陆块组成，周期性向洋跃迁的岩浆弧把这些增生楔连同洋壳碎片和地块/微陆块焊接起来。萨拉伊尔运动在蒙古国的西部（湖区）保存最完整，研究程度也较高；向西北，延伸到俄罗斯的科兹涅茨阿拉套；向东南，由于蒙古弧弧顶区的构造挤压破坏而保存不全；再向东，可连接到中国的额尔古纳及兴凯湖地区。

从全球构造看，萨拉伊尔碰撞造山带是罗迪尼亚超大陆解体后，在古亚洲洋范围内较早发生的一期板块汇聚造山过程。但总的来看，这次造山作用还只是具有区域意义，在中亚的其他地区，包括研究区的哈萨克斯坦、华北、塔里木陆块等，仍然保持着大陆岩石圈板块彼此离散的格局，因此，古亚洲洋整体继续扩张。在中新元古代罗迪尼亚超大陆逐步解体，并向外漂移的过程中古亚洲洋开始了其扩张，奥陶纪持续了这种过程，并在早奥陶世末期扩张突然加速。萨拉伊尔碰撞造山带的形

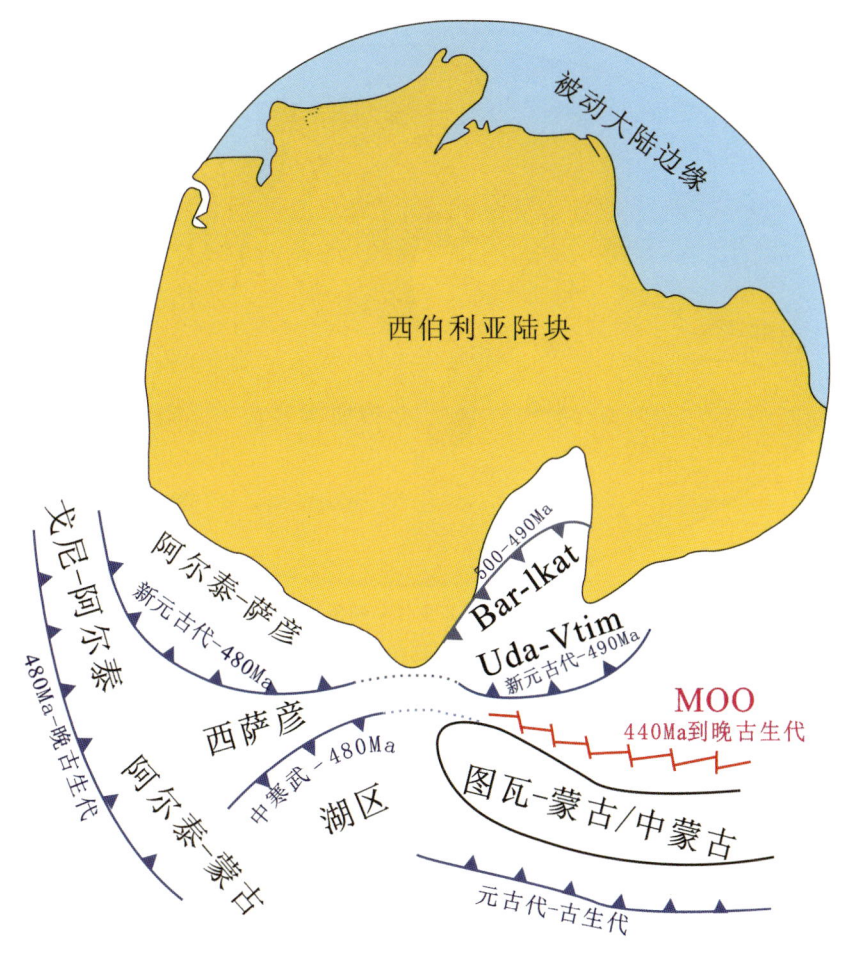

图 2-43 新元古代–早古生代萨彦—额尔古纳洋不同地区不同阶段的俯冲作用模式（据 Domeier M，2018）

成标志着古亚洲洋演化第一阶段（即萨彦-额尔古纳洋）的结束和劳俄古陆显生宙演化的开始，同时该洋盆的闭合促进了华北陆块与西伯利亚陆块之间古亚洲洋分支——斋桑-额尔齐斯洋-南蒙古洋的快速扩张，以及乌拉尔-南天山洋的打开（详述见 2.4.2.2 节），其具体位置主要依据前人古地磁资料，并结合微地块的区域地质资料进行了重建（图 2-44）。

晚奥陶世—志留纪（~440~400Ma），整个萨拉伊尔构造带普遍发育大规模走滑变形和伴随的岩浆活动，代表了造山后的伸展环境（Gladkochub et al.，2008；Donskaya et al.，2013），这次张裂同时导致了西伯利亚陆块与蒙古国和中国东北地区之间蒙古-鄂霍次克洋的打开（图 2-43）。

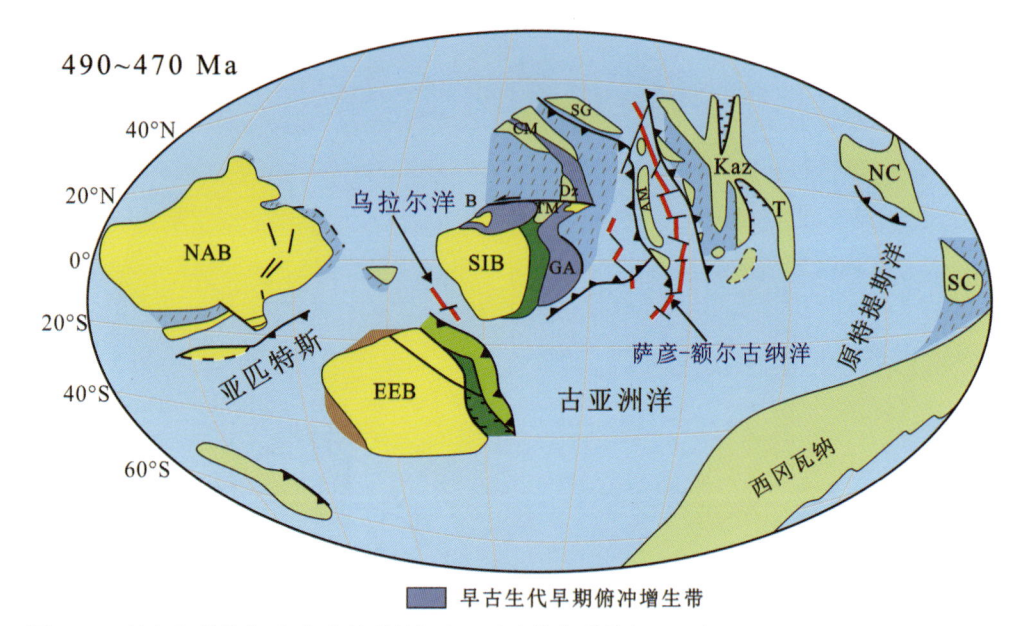

图 2-44　早奥陶世萨彦-额尔古纳洋的闭合以及乌拉尔洋的打开（据 Safonova and Santosh，2014）

Kaz. 哈萨克斯坦陆块；其余代号同图 2-43

2.4.2.2　斋桑-额尔齐斯-南蒙古洋和乌拉尔-南天山洋的古生代演化

（1）新元古代—寒武纪大洋扩张期

随着新元古代—寒武纪萨彦-额尔古纳洋向北消减于西伯利亚陆块之下，塔里木、华北陆块陆缘裂解作用增强，接着出现边缘裂谷系。海底扩张将白乃庙、南蒙古、准噶尔、伊犁、中天山等地块，先后从华北、塔里木陆块分离，并向北漂移，形成了西伯利亚陆块与塔里木、华北陆块之间广阔的古亚洲洋及大洋中的大小不一的块体（图 2-42）。

地块/微陆块的离散最晚开始于震旦纪，主要发生在震旦纪—早寒武世（图 2-42）和早中奥陶世（图 2-44）。现有资料表明，沿华北陆块北缘岩浆岩带的北侧，即内蒙古中部的温都尔庙一带，蛇绿岩套组合由大洋拉斑玄武岩、蛇纹石化纯橄榄岩、方辉橄榄岩、辉长辉绿岩和放射虫硅质岩等组成。向东，至五道石门，大洋拉斑玄武岩与放射虫硅质岩共生，吉林西保安组为一套拉斑玄武岩。向西，甘肃白云山-洗肠井一带蛇绿岩套的上部枕状玄武岩具过渡型洋中脊玄武岩特征，下部有辉绿岩墙群、堆晶辉长岩及大洋斜长花岗岩，底部超镁铁岩具高镁、贫钙、贫碱、贫铝和低钛特点；更西，还有甘肃红柳河、中天山卡瓦布拉克和西准噶尔唐巴勒一带的蛇绿岩套。目前，残存于中国境内的这些蛇绿岩套代表了古亚洲洋一次重要的大洋扩张期的产物。寒武纪—奥陶纪，古亚洲洋不同区段的洋盆规模不等，除出现的小洋盆

（弧后盆地、陆架海盆、陆间海盆）之外，其最大洋盆的宽度约为2000km。此时，华北陆块与西伯利亚陆块距离相对最远，西伯利亚陆块寒武纪的地北极位于塔斯曼海和澳大利亚东南部，而其自身则位于北半球赤道附近，华北陆块的同时期地北极在澳大利亚北部的阿拉弗拉海，自身位于北半球的低纬度区（图2-40），这表明这两个陆块当时的间隔比它们目前的距离至少要大2000km以上（李春昱等，1982），此时华北陆块和西伯利亚陆块之间的斋桑-额尔齐斯-南蒙古洋是古亚洲洋的主洋盆，规模最大。

然而，寒武纪—早奥陶世古亚洲洋的西段分支——南天山洋此时尚未完全打开。主要表现在天山地区寒武纪除了北侧准噶尔的唐巴勒地区出现洋盆外，大部分地区仍处于稳定时期，主要是以含磷的碎屑岩夹生物灰岩沉积为主的滨海、浅海环境。

（2）斋桑-额尔齐斯-南蒙古洋主弧期以及南天山洋的奥陶纪—志留纪形成

早古生代中晚期，一些大洋中的地块边缘出现了俯冲消减与大陆增生作用（图2-43）。中亚区地质构造发展研究表明，本阶段晚期，继萨拉伊尔造山事件之后，发生了更大规模的汇聚造山过程，洋陆格局的主要变化如下。

1）西伯利亚陆块继续向南东、南和南西（现代方位）增生，阿尔泰-西萨彦岭、南蒙古、额尔古纳等各类地体增生到西伯利亚陆块的南缘，使之具有向南凸出的弧形形态，并且控制着图瓦贝动物群的分布。

2）哈萨克斯坦-北天山（中国境外的北天山，下同）-伊犁地块与推测的"准噶尔地块"可能已连接在一起（王作勋等，1990）；而且，根据图瓦贝动物群的分布推断，"准噶尔地块"与西伯利亚陆块也可能已经拼贴在一起了，拼贴带位于中国的东准噶尔（何国琦等，2001）。

3）根据中国西北地区广泛发育早古生代褶皱带（加里东）的情况推断，哈萨克斯坦-北天山-伊犁地块、准噶尔地块与甘肃北山、阿拉善、中祁连、柴达木乃至于塔里木等也都有了一定程度的联合（左国朝等，1990；张建新等，1998，1999）。但Li等（2018）认为，后面这些地块应与冈瓦纳古陆在加里东期的汇聚有关，而与西伯利亚古陆无关。

中国境内古亚洲洋板块最早的俯冲作用发生在中奥陶世，并具有向南、向北的双向俯冲特点。在额尔古纳地区，沿德尔布干断裂向北俯冲在东乌珠-多宝山一带，形成长达上千千米的火山弧。东乌珠发育安山岩-流纹岩组合（O）；多宝山的细碧角斑岩组合（O_1-O_2）以角斑岩为主，里特曼指数（σ值）为1.8~3.3，Na_2O/K_2O为2.7~4.55，REE丰度较高，LREE富集，Eu无亏损或弱亏损；向西至居延地区，玄武岩-安山岩组合发育（O）；更西至北塔山地区为安山岩-流纹岩组合发育，并可见与火山岩同时形成的壳幔同熔型闪长岩、花岗闪长岩、二长花岗岩等深成岩。塔尔巴哈台地区以枕状玄武岩、安山岩为主，此带基性火山岩主要属岛弧拉斑玄武岩，中、酸性火山岩属岛弧钙碱性火山岩。在内蒙古温都尔庙地区，古亚洲洋的小分支在中奥陶世沿图林凯-西拉木伦一线向南俯冲消减于华北陆块之下，并在包尔汉图、白乃庙、乌丹一带，形成中奥陶世火山弧。包尔汉图发育玄武岩-安山岩组合；白乃庙地区的基性熔岩属岛弧拉斑玄武岩，FeO/MgO 为 1.5～2.5，TiO_2 为 0.6%～1.5%，REE 丰度较低。西拉木伦河南侧为安山岩-流纹岩组合；更东至吉林辽源一带，中、酸性火山岩及其火山碎屑岩都形成于活动大陆边缘环境。在该火山弧内，与火山岩同时形成的深成岩有石英闪长岩、花岗闪长岩等具壳幔同熔型特征的花岗岩。同时在白云鄂博北、王子四旗席敖包、五道湾一带还出现了弧后盆地（图 2-44）。

奥陶纪，除了古亚洲洋中部和东部分支的俯冲消减作用之外，同时其西部地块内部也出现了新的裂谷。在此期间，伊犁地块、中天山地块脱离塔里木陆块向北漂移，南天山洋进入主体形成和发展时期。在伊犁盆地北缘霍城-哈希勒根达坂一带，奥陶纪早期地壳逐渐发生拉张，中奥陶世在博罗科努地区形成岩浆型被动陆缘。王宝瑜等（1997）认为本带奥陶纪为博罗科努早期裂陷盆地，未出现洋盆，而肖序常等（2005）认为该带为哈萨克斯坦-准噶尔板块内部的准噶尔-巴尔喀什微板块和穆云库姆-克齐尔库-伊犁微板块间的碰撞造山带。对该带的断裂系统众多地质特征综合研究表明，该带有来自地幔的洋壳型超镁铁岩（哈希勒根达坂的二辉橄榄岩）以及奥陶纪伸展型被动陆缘到志留纪活动陆缘斜坡相的火山岩系等，这佐证了南天山洋曾在奥陶纪—志留纪与西邻哈萨克斯坦的楚-伊犁、肯达塔奥陶纪—志留纪洋区是相通的，向东与干沟-康古尔塔格奥陶纪—志留纪洋（李文铅等，2000）连为一体。后者称为南天山洋的伊犁洋。而南天山地区洋区的形成还要略晚于伊犁洋，早奥陶世受伊犁洋打开的影响，那拉提山西段侵入有非造山 A 型钾长花岗岩。中奥陶世在那拉提山南缘元古宙缝合带部位又一次出现拉张过程，在拉尔敦达坂地区伴有第二期"A"型钾长花岗岩侵入。因此，早奥陶世末期南天山洋开始打开，晚奥陶世为南天山洋的洋盆扩张期（图 2-44），在那拉提山南缘裂陷带上由北向南逐渐打开。早志留世在那拉提陆缘北侧的菁布拉克一带局部为拉张环境，有含铜镍矿的基性-超基性岩呈底辟形式侵位（张作衡等，2007）。中天山地块与塔里木北缘发生 440～400Ma 的岩浆活动，与岩石圈伸展导致南天山洋的打开相吻合。

（3）古亚洲洋的晚古生代消亡闭合

在中亚造山带的西部地区，古亚洲洋第二次俯冲消减活动发生于早泥盆世—中泥盆世（图 2-45），出现在准噶尔、伊犁、中天山等地块的边缘地带，导致巨大火山弧的发育。伊犁地块沿哈尔克南坡向南增生，岩石组合以中基性火山岩为主。北山地区发育安山岩-英安岩-流纹岩组合，其伴生壳幔同熔型花岗岩，均属钙碱性系列。在内蒙古中部，古亚洲洋东段分支洋盆沿二连-贺根山一线向北俯冲消减，西

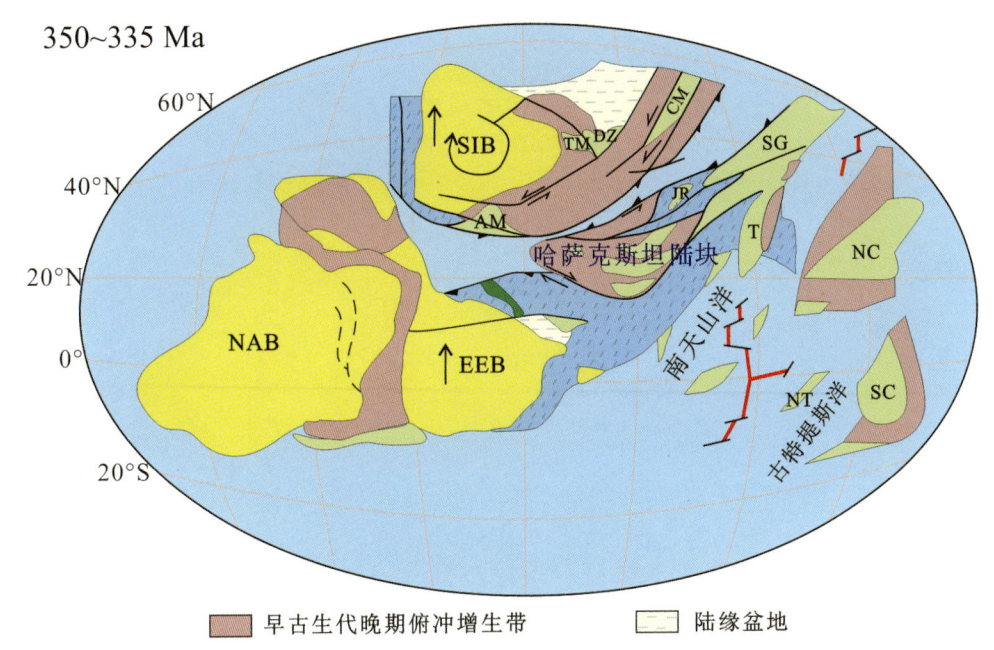

图 2-45 中晚泥盆世古亚洲洋地理位置及范围（据 Safonova and Santosh，2014，Eizenhöfer and Zhao，2017）

地块代号同图 2-42 和图 2-44

伯利亚陆块南部活动陆缘再次向南增生。

到晚泥盆世末期（图 2-44），古亚洲洋内各板块与南、北大陆间，通过洋壳消减和大陆增生活动，南天山洋盆东段、北山早古生代小洋盆、二连-贺根山洋盆、依兰-延寿裂陷盆地均已闭合。故前人认为伊犁地块、中天山地块、北山裂谷带与塔里木陆块已连成一体，额尔古纳地块、兴安地块、松嫩地块、佳木斯地块也已拼贴联合。此时，古亚洲洋只保存有斋桑、北天山、南天山的西段和西拉木伦等洋盆。但 Li 等（2018）认为塔里木陆块、佳木斯地块等此时位于冈瓦纳古陆北缘。

晚泥盆世到早石炭世，大兴安岭沿头道桥-伊列克得-阿里世一线发生陆内拉张，出现新生洋壳，扩张形成贺根山弧后小洋盆，到早石炭世末向两侧消减闭合。在中亚造山带西段，由于晚泥盆世伊犁、中天山地块和塔里木陆块形成联合板块后，塔里木联合板块北缘开始由被动大陆边缘转化成活动大陆边缘，早石炭世，北天山洋壳同时向北侧的哈萨克斯坦陆块和南侧的塔里木陆块之下双向俯冲（图 2-46），在南侧形成博罗科努成熟岛弧，并在伊犁地块北缘产生弧后拉张，在东段的中天山地块上形成觉罗塔格火山岛弧；在北侧出现哈尔里克岛弧和博格多弧后拉张盆地。此外，在伊犁地块上产生新生裂谷。

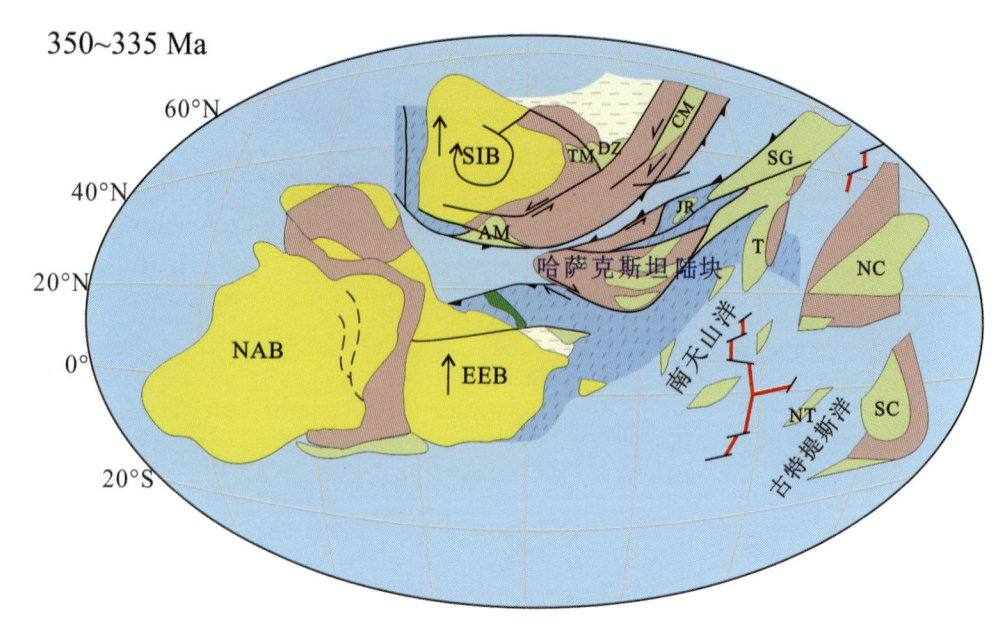

图 2-46　晚泥盆世—早石炭世古亚洲洋地理位置及范围（据 Safonova and Santosh，2014）
地块代号同图 2-42 和图 2-44

到石炭纪，哈萨克斯坦陆块与西伯利亚陆块之间的斋桑洋壳向北俯冲，阿尔泰南缘出现岛弧（图 2-47）。在新疆境内，已归并到西伯利亚陆块的阿尔泰与准噶尔地块陆缘增生带发生碰撞拼合，克拉美丽一带小洋盆也向北俯冲闭合，并与准噶尔地块拼为一体，南侧伊犁地块与塔里木陆块拼合处的南天山发育有陆内残余海盆的碎屑岩-碳酸盐岩建造。

随着洋壳消减和大陆增生，到石炭纪末期—早二叠世，西伯利亚陆块与塔里木-华北陆块之间的距离已经很近，但是大部分区域仍然没有碰撞在一起［图 2-48，图 2-49（a）］。石炭纪晚期，准噶尔、南蒙古、松嫩地块及其陆缘增生带已经以地体方式拼贴于西伯利亚陆块南缘，伊犁地块、中天山地块、北山裂谷带也已拼贴于塔里木-华北陆块的北缘。但是，古地磁及古生物地理区系分布显示，重新组合的南、北两大板块之间仍然存在深海大洋的分隔［图 2-49（a）］。在石炭纪和早二叠世（~360~270Ma），华北陆块位于赤道附近，那里生长着亚热带-热带型植物群，命名为华夏植物群。相反，西伯利亚陆块位于高纬度，那里分布着适温植物群（temperate flora），又称为安加拉植物群（Angara Flora）。这两种类型的植物群非常有特色，地理屏障的存在及它们在不同气候带中的独特位置，使得它们之间不会发生互相混合［图 2-49（a）］。

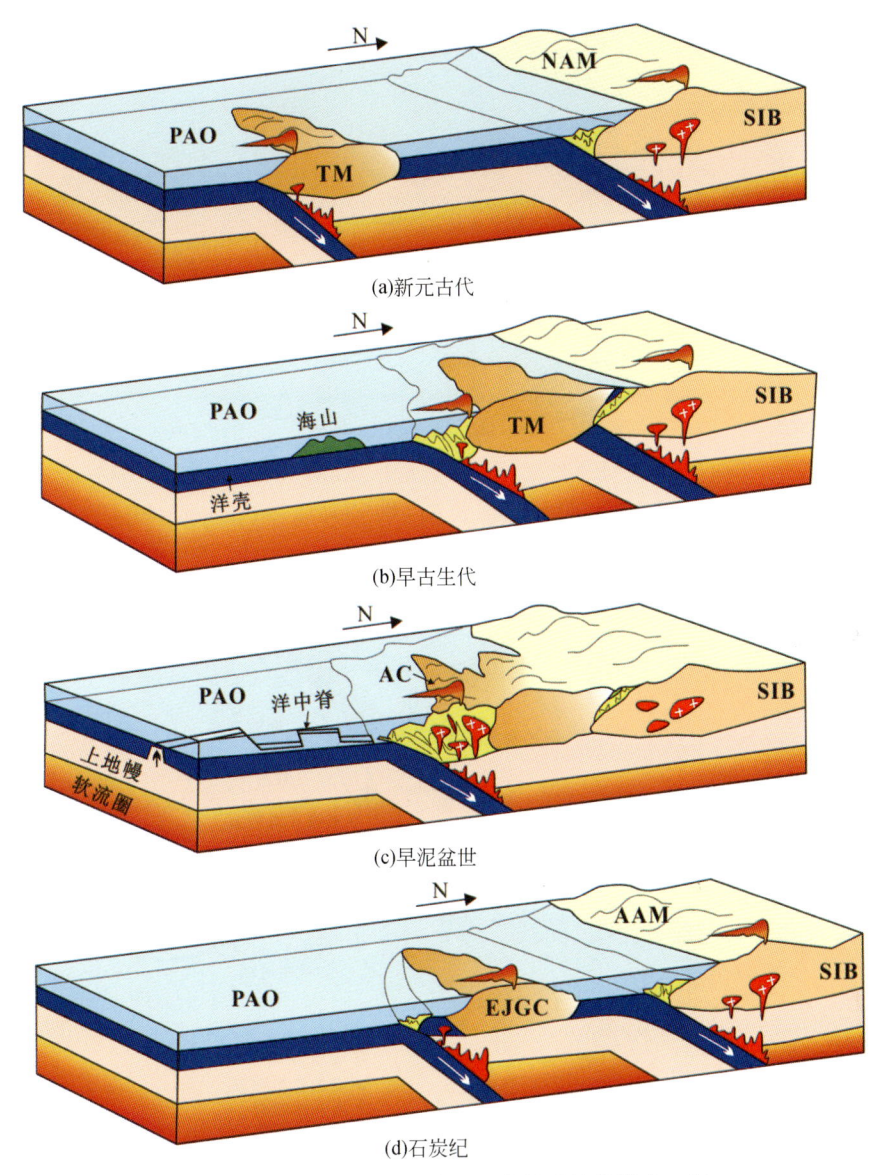

图 2-47　早古生代—石炭纪古亚洲洋西北段阿尔泰地区的构造演化模式（据 Xiao and Santosh，2014）
PAO. 古亚洲洋；AAM. 阿尔泰活动大陆边缘；NAM. 新元古代活动大陆边缘；TM. 图瓦-蒙古地块；
SIB. 西伯利亚陆块；AC. 阿尔泰弧；EJGC. 东准噶尔弧

到了晚二叠世—早三叠世，古亚洲洋的最东段分支内蒙古-兴安洋主体闭合[图2-49（b），图2-50]，华夏植物群和安加拉植物群大面积混生[图2-49（b）]，这表明西伯利亚陆块南缘和华北陆块沿着艾比湖-伊林哈别尔尕山麓-康古尔塔格-索伦-西拉木伦-长春-延吉一线全面碰撞对接，成为亚洲北部大陆最重要的构造分界线。对这条缝合线的东、西端的延伸方向，不同学者认识不一。这里确定的依据是：在西段，出现巴音沟蛇绿岩套及其南的岛弧带，康古尔塔格有长达600km的巨大韧性剪切

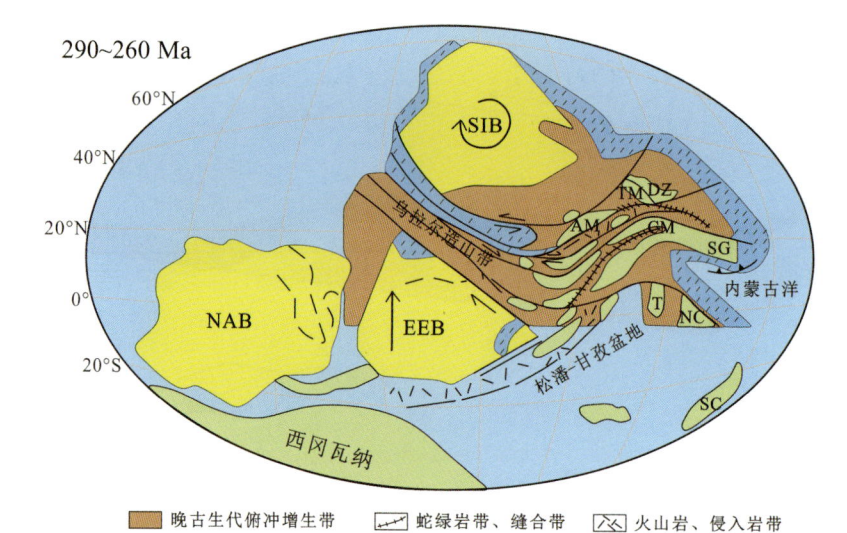

图 2-48　早二叠世古亚洲洋重建模式（据 Safonova and Santosh，2014）

地块代号同图 2-40 和图 2-42

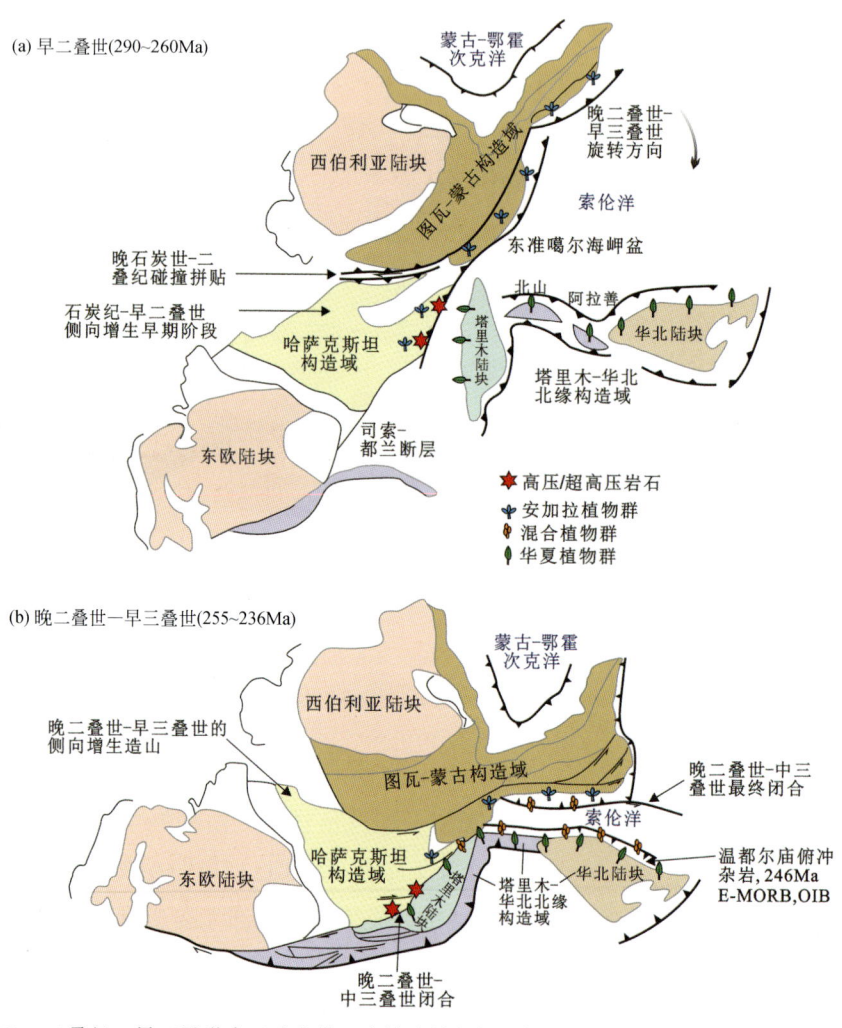

图 2-49　二叠纪—早三叠世中亚造山带三大构造域之间的构造演化模式（据 Xiao et al.，2015）

带、混杂岩带、蛇绿岩带及其南北的岛弧带；在东段，索伦山-西拉木伦出现蛇绿岩套、巨大韧性剪切带和南、北成熟岛弧带。它们是西伯利亚与塔里木-华北两大陆块间最年轻的蛇绿岩套和沟-弧-盆体系。至此，古亚洲洋除哲斯敖包-林西还残留晚二叠世小洋盆外，已全面封闭，这导致亚洲北部统一大陆的形成，同时西伯利亚陆块与黑龙江地块之间的蒙古-鄂霍次克洋作为古太平洋体系的一部分继续演化。

晚古生代末—早中生代初，古亚洲洋的南界为现今天山以北的准噶尔盆地以南、阿拉善北部和华北的阴山以北，向东至沈阳、阿拉木河至中朝边界一带；其北界即为劳亚陆块群南部边缘，由西向东为新疆的阿尔泰造山带，经蒙古国阿尔泰至中国大兴安岭褶皱带。南北两条边均为早古生代和晚古生代褶皱带及其间充填的中新生代断陷、拗陷盆地，西段现残存的宽度约为300km，东段约500km，即形成了现今中亚造山带的初始形态。

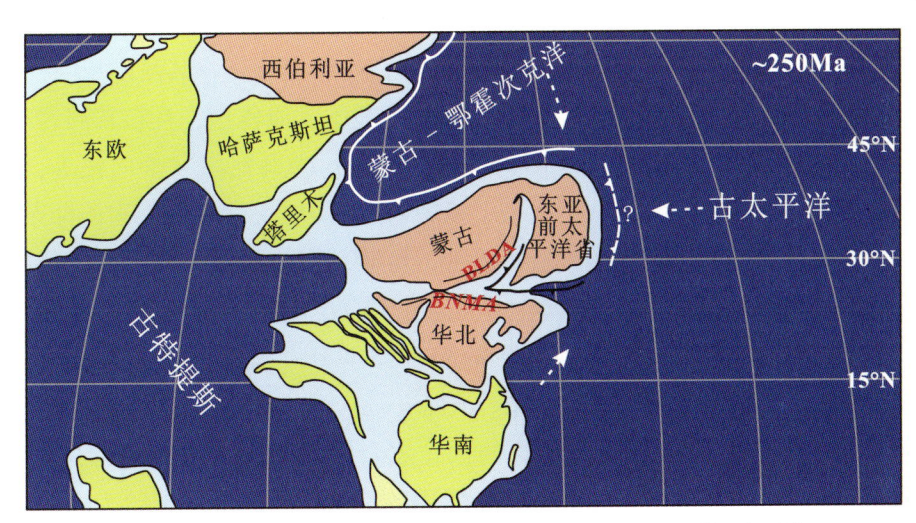

图2-50 晚二叠世—早三叠世蒙古-鄂霍次克洋与中亚造山带的相对位置

（据Eizenhöfer and Zhao，2017）

2.4.3 古亚洲洋的剪刀式闭合

西伯利亚陆块和华北陆块是何时最终碰撞而形成劳亚古陆的？西伯利亚陆块和华北陆块之间的碰撞是地质历史上的一次重大事件，其导致了古亚洲洋的最终闭合及劳亚古陆的形成，并导致了潘吉亚超大陆的最终集结。尽管近几十年相关学者已经对此进行了大量的研究，但确定这事件的准确时间仍是一个难题。Deng等（2009）通过对中国东北部黑龙江省地层学和古生物学的研究，发现许多植物化石形成于晚二叠世。在详细鉴定后，这些化石可以被分成两种类型：安加拉植物群和华夏植物群。因此，这些植物化石表现为一种混合的植物群。这种混合的植物群说明安加拉型植物群与一些华夏植物群在晚二叠世时在这个位置是生活在一起的。这意味着一旦随着古亚洲洋在晚二叠世的消失，植物屏障发生迁移，那些之前生长在华北陆块区域的植物迁移到了西伯利亚地区，与西伯利亚区域的植物发生了混合。因此，大多数学者均认为古亚洲洋最终在二叠纪末，即~251Ma之前最终闭合。

塔里木陆块与西伯利亚陆块在二叠纪完成了对接（朱日祥等，1998），这表明古亚洲洋在西部最先闭合，随后呈剪刀式向东部逐渐闭合；华北陆块和黑龙江地块与西伯利亚陆块在晚侏罗纪—白垩纪最终完成了对接（Zhu et al.，1998；任收麦和黄宝春，2002），古亚洲洋在东部也彻底消失。

2.4.3.1 古亚洲洋西段-斋桑-准噶尔-北天山洋盆的闭合

志留纪，古亚洲洋的消减活动主要出现在西部地区，以南天山洋的收缩为标志。位于中天山以南的伊犁-中天山地块南缘发育蛇绿混杂岩，其西段长阿吾子-科克苏河和东段库米什（铜花山、榆树沟）经历了高压变质作用，且在长阿吾子和库米什之间，自西向东，在古洛沟（高长林等，1995）和乌瓦门（李向民等，2002）等处也发现有蛇绿岩套。它们共同代表了伊犁-中天山地块南缘古海沟俯冲杂岩带，这应当是天山地区的一条重要的构造边界带，可能相当于西段中亚地区的尼古拉耶夫线，代表了乌拉尔-南天山古生代洋盆的俯冲消减位置。长阿吾子-科克苏河蛇绿混杂岩中榴辉岩的矿物Sm-Nd等时线年龄为343±43Ma，蓝片岩中多硅白云母和钠质角闪石的^{40}Ar-^{39}Ar年龄为401~364Ma（Gao et al.，2000）；该低温高压变质带西延到吉尔吉斯斯坦南天山，其蓝片岩的同位素年龄值也主要集中于410~350Ma（Dobretsov，1987）；铜花山蛇绿混杂岩基质中蓝闪石的^{40}Ar-^{39}Ar年龄为361Ma（刘斌和钱一雄，2003）。这些年龄值指示乌拉尔-南天山洋盆的闭合时代可能为晚志留世—泥盆纪。

迄今为止，天山造山带及其邻区伴有高压变质岩的古生代蛇绿岩套有4处，它们分别是：中天山南缘西段的长阿吾子-科克苏河、中天山南缘东段的库米什（高俊等，1993）、中天山北缘的干沟-乌斯特沟（高长林等，1995）和西准噶尔南缘的唐巴勒（冯益民，1991）。以伊犁-中天山地块为界，上述4处含有高压变质岩石的蛇绿混杂岩可以被分为南北两组。中天山北缘的干沟-乌斯特沟蛇绿混杂岩被含笔石化石的下志留统不整合覆盖（车自成等，2011），这表明其形成时代应早于志留纪。西准噶尔南缘唐巴勒蛇绿混杂岩中蓝闪石的^{40}Ar-^{39}Ar年龄为470~458Ma（相当于早—中奥陶世）（张立飞，1997）。可以看出，中天山以北这两处伴有高压变质岩的蛇绿岩套所指示的斋桑-准噶尔-北天山洋盆的闭合年龄基本一致，也为奥陶纪。此外，在东准噶尔克拉美丽蛇绿岩带南侧的志留纪地层中发现有局限于西伯利亚陆块南缘的图瓦贝腕足类化石（肖序常等，1992），这也暗示着克拉美丽蛇绿岩套的形成时代可能早于志留纪。目前尚不清楚的是，上述两处蛇绿混杂岩是否原来就是一条古海沟俯冲杂岩带，尔后被晚期的构造变动分割为两段？还是它们本来就是中天山以北互不相干的两条古海沟俯冲杂岩带的组成部分，这暗示着斋桑-准噶尔-北天山洋盆是从奥陶纪始通过古海沟自北而南的退缩渐次消减掉的？再者，新近的1:5万巴斯克阔彦德幅区域地质调查已发现，东准噶尔克拉美丽蛇绿岩被上泥盆统克拉安库都组不整合覆盖，西准噶尔中部达拉布特蛇绿岩的辉长辉绿岩中锆石的LA-ICP-MS U-Pb 年龄为398Ma 左右（相当于早泥盆世）。上述资料表明，斋桑-准噶尔-北天山洋盆可能在中泥盆世已经消亡。

至于南天山内部分布的库勒湖-铁力买提达坂-科克铁克达坂和米斯布拉克-满大勒克-色日克牙依拉克等两条蛇绿岩带，它们的地质含义争议颇大。高俊等（1995）认为，南天山北支蛇绿岩带是南支蛇绿岩带的飞来峰，呈外来推覆岩片产出，并且还认为前述中天山南缘古海沟俯冲杂岩带是南天山早古生代洋盆向北俯冲消减于伊犁-中天山地块之下的产物，而上述南天山内部的两条蛇绿岩则应当是南天山早古生代洋盆消亡之后，因塔里木被动大陆边缘拉张而产生的晚古生代南天山洋盆的残片。根据野外观察，从库勒湖沿独山子-库车公路向南，自库尔干始，可以见到十分发育的自北向南逆冲的低角度推覆构造，南天山南蛇绿岩带极有可能是北蛇绿岩带的向南推覆岩片。高俊等（2004）测得南天山库勒湖玄武岩中锆石的微区 SHRIMP U-Pb 年龄为425Ma；马中平等（2007）测得库勒湖辉长岩中锆石的 LA-ICP-MS U-Pb 年龄为418Ma。这些数据表明，这两个地区蛇绿岩所记录的洋盆形成时限应为中—晚志留世。因此，根据岩石地球化学特征判断，乌拉尔-南天山洋盆沿中天山南缘古海沟向南俯冲消减，引起弧后拉伸，前述南天山内部分布的蛇绿岩套应当是弧后次生洋盆的地质记录；而在北部古海沟俯冲杂岩带和南部南天山内部蛇绿岩之间分布的志留纪巴音布鲁克组火山岩系，则是与该消减作用相伴的岛弧火山作用的产物。

从南天山地区东部邻区所出露的蛇绿岩带来看，由北而南出现：古洛沟-乌瓦门、榆树沟-铜花山、霍拉山-库勒以及黑英山-满达勒克-色日牙克依拉克蛇绿岩带等。值得注意的是，那拉提山南缘缝合带向东，沿着古洛沟-乌瓦门-包尔图-拱拜子断裂，除了残存蛇绿岩套外，还断续出露一套非蛇绿岩型基性-超基性杂岩体，这些岩体侵入时代为前寒武纪及古生代（姜常义等，2000）。因此，作为中、南天山构造带重要分界线的深断裂带曾是一条超长期的活动带。董云鹏等（2005b）研究了乌瓦门蛇绿岩形成的构造环境，并提出将榆树沟蛇绿岩带与乌瓦门-拱拜子构造带相连。但这一观点值得商榷，因为榆树沟蛇绿混杂岩带北侧的中天山南缘断裂带大片出露志留纪岛弧火山岩及碎屑岩和大理岩，并被泥盆纪花岗岩侵入，其中尚有角闪片岩构造岩块,该区带也是早古生代的构造堆叠混杂带。由此,据榆树沟蛇绿混杂岩带的空间展布,它应为一条独立的蛇绿岩带。这里认为该带向西可能隐伏在哈尔克山北坡构造带内,再向西有可能与邻区吉尔吉斯斯坦伊内里切克套山南缘早、晚古生代叠加的俯冲增生带相连(何国琦等,2001;何国琦和李茂松,2000)。库勒蛇绿岩为最南侧蛇绿岩带,龙灵利等(2006)利用SHRIMP锆石U-Pb测年确定其形成时代为中志留世(425Ma),改变了该蛇绿岩形成于泥盆纪(高俊等,1996)的认识。另外,下石炭统野云沟组不整合于蛇绿岩之上(冯新昌,2005)以及蔡东升等(1996)在研究塔北及塔中的地震剖面时发现的石炭纪维宪期地层与下伏地层不整合关系说明库勒窄洋盆经历时限为志留纪。

根据以上综合分析,南天山洋盆的演化有由北向南逐渐变新的趋势(图2-51)。早奥陶世晚期南天山古洋盆初始打开;该洋盆的扩张期是从早奥陶世末期到中泥盆世末期;其闭合期为晚泥盆世—中二叠世,到晚二叠世早期南天山古洋盆最终消亡。此后,部分洋盆转化为残余海盆。

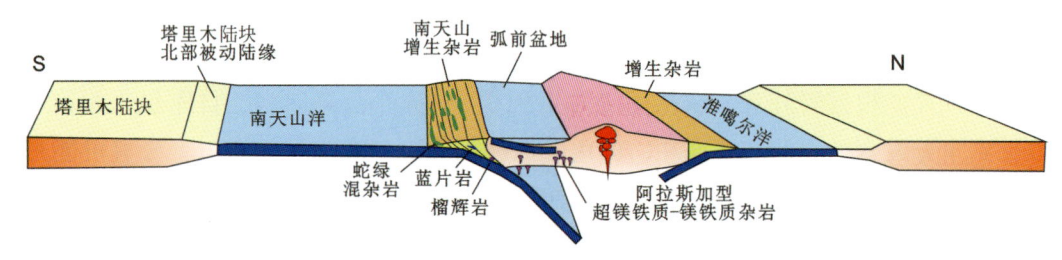

图2-51 天山洋闭合导致的塔里木北缘–北天山–准噶尔弧盆系统(据Xiao and Santosh,2014)

2.4.3.2 古亚洲洋东段–内蒙古–兴安洋的最终闭合

东北地区古亚洲洋的构造演化,基本上体现在蒙古–鄂霍次克造山带和内蒙古–兴安造山带的发展过程。它们在总体上取决于西伯利亚和华北陆块及布列于其间的不同规模地块的俯冲和拼贴作用。

在新元古代期间,西伯利亚陆块和华北陆块之间为被岗仁–额尔古纳–中部蒙古地块所分隔的蒙古–鄂霍次克洋和内蒙古–兴安洋,图兰–佳木斯和兴凯地块与华北陆块相邻。

震旦纪—寒武纪时期,上述大洋板块分别向西伯利亚陆块和华北陆块消减和增生,沿着西伯利亚陆块南缘增生带形成了土库林格勒和阿金斯科蛇绿岩带;沿着华北陆块东北缘增生带形成了牡丹江–嘉荫蛇绿混杂岩带,同时发生高压变质作用,形成蓝片岩带。

蒙古–鄂霍次克洋到中生代收缩封闭,演化成蒙古–鄂霍次克造山带,叠加和改造并晚古生代和早中生代增生及碰撞构造。

内蒙古-兴安洋在中志留世发生过一次重要的消减作用，造成温多尔庙蛇绿岩的构造侵位，并使牡丹江-嘉荫蛇绿混杂岩带及蓝片岩带再次变质-变形作用改造。布列亚-张广才岭巨型花岗岩带随着这次消减作用依次由火山弧型深成岩、碰撞型花岗岩和碰撞后碱性花岗岩等所构成。

华北陆块北缘中段内蒙古地区晚古生代岩浆事件的研究揭示，该带晚石炭世—早二叠世（330～280Ma）侵入岩为一套钙碱性岩石组合，这表明华北陆块北缘中段为安第斯型活动大陆边缘（图2-52）（陶继雄等，2004；袁桂邦和王惠初，2006；王惠初等，2007；曾俊杰等，2008；Ma et al.，2013；张维和简平，2012）；而在延边地区也发育活动大陆边缘环境的早二叠世英云闪长岩（285Ma，Zhang et al.，2004）。因此，岩浆事件证据表明，华北陆块北缘中东段晚石炭世—早二叠世为活动大陆边缘，依然处于古亚洲洋的俯冲作用之下，因此，古亚洲洋并未在早古生代末—晚古生代初闭合。

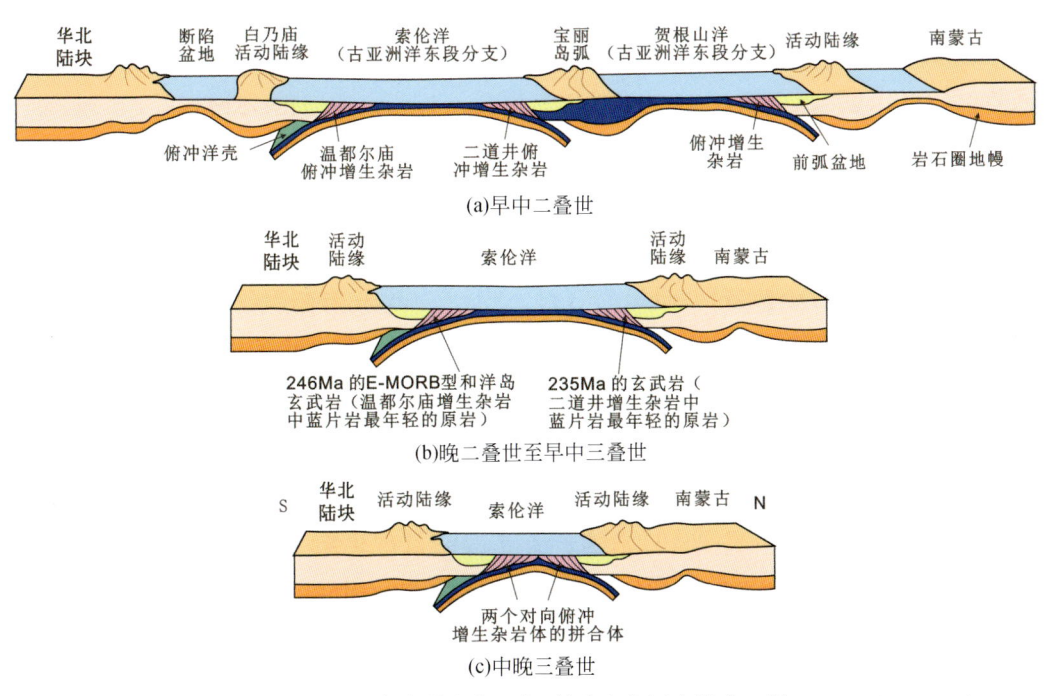

图2-52 古亚洲洋东段蒙古-索伦洋晚古生代-早中生代闭合模式（据Xiao et al.，2017）

这一认识同时得到了古生物地理学、岩相古地理证据的支持。王玉净和樊志勇（1997）、尚庆华等（2004）和王惠等（2005）陆续在内蒙古中部发现了二叠纪含放射虫的深水沉积，这表明直至二叠纪古亚洲洋仍未封闭。王成文等（2008）基于对吉黑造山带南缘与华北陆块北缘之间出露的晚古生代海相地层和二叠纪哲斯腕足动物群古生物地理分布的研究，认为二叠纪吉黑造山带与华北陆块之间存在一个较宽的深海洋盆。根据内蒙古地区发育的蛇绿岩和增生地质体（王荃等，1991），古生代期间西伯利亚和华北陆块之间存在一个宽阔的洋盆，其洋壳往两侧的大陆板块之下多次俯冲，到了晚二叠世，两侧陆块的活动陆缘造山带沿林西至索伦敖包一线碰撞拼合。付晓辉（2007）对四子王旗北部江岸一带寿山沟组复理石的研究表明，早二叠世古亚洲洋仍未完全闭合或者还有残余海的存在，华北陆块北缘处在活动大陆边缘演化阶段，存在火山岛弧，并有海相沉积。刘永江等（2010）和韩国卿等（2011）对西拉木伦河缝合带北侧二叠纪砂岩碎屑锆石的研究认为，晚石炭世—早二叠世吉黑造山带南缘发育有活动大陆边缘沉积建造，这说明吉黑造山带南缘存在洋壳的俯冲作用。文琼英和刘爱（1996）对吉林省晚古生代造山带内二叠纪生物地层、岩相古地理格架、沉积序列的研究显示，该区晚古生代发育一个复合边缘海盆。张梅生等（1998）根据地层建造特征、沉积古地理和生物古地理的时空演化规律，指出石炭纪—二叠纪在黑龙江地块与华北陆块之间存在古亚洲洋的南支。Lin 等（2008）对吉林中部和铁岭附近晚古生代沉积层序进行了详细的剖面分析，同样认为晚古生代期间华北陆块处于古亚洲洋的俯冲作用之下。

如前所述，古亚洲洋并未于早古生代末—晚古生代初闭合，晚古生代华北陆块北缘中东段与吉黑造山带之间主要表现为古亚洲洋的俯冲消亡，华北陆块北缘晚石炭世—早二叠世为活动大陆边缘，处于古亚洲洋向南的俯冲作用下（Li et al.，2006；张拴宏等，2010；赵越等，2010）。

早二叠世古亚洲洋持续俯冲，到了早二叠世末期，华北陆块中段内蒙古-吉林中部地区该洋盆收缩为一个残余海盆（Li et al.，2006），洋壳消失，冷水和暖水动物群混生（彭向东等，1999），索伦-林西地区缺失晚二叠世沉积（汪新文和刘友元，1997），吉林中部地区中二叠世末期地层中海相沉积迅速减少，以陆源碎屑岩为主，发育磨拉石建造（彭玉鲸等，2012；赵娟等，2012），同时内蒙古地区和吉林中部地区形成了过铝质含石榴子石花岗岩体及碰撞花岗岩（王鑫琳等，2007；赵庆英等，2007；柳长峰等，2010），这表明北部的松嫩地块与南部的华北陆块北缘发生了陆-陆碰撞作用（李锦轶，1995），这也标志着华北陆块北缘中段早二叠世末—中二叠世古亚洲洋洋壳消失，古亚洲洋闭合。

尽管中二叠世华北陆块北缘中段古亚洲洋已经闭合，然而东段的延边地区和珲春地区未见有中二叠世碰撞造山地质事件的记录，晚二叠世仍发育具有活动大陆边缘岩石组合和地球化学特征的火成岩（付长亮，2009；Cao et al.，2011），这表明华北陆块北缘最东段仍处于古亚洲洋板片的俯冲作用下。到了早三叠世，吉林中部地区和延边地区形成了大量地壳加厚成因的埃达克质花岗岩和同碰撞花岗岩（孙德有等，2004；Zhang et al.，2004），呼兰群发生了顺时针中压相变质作用，同时海相沉积地层和沉积夹层全部消失，古生物地理分区消失，这表明华北陆块北缘东段早三叠世发生了华北陆块和吉黑造山带的最终碰撞拼合，使得长春-延吉缝合线最终闭合，古亚洲洋彻底消失（Wu et al.，2007，2011；彭玉鲸等，2012）。

总之，华北陆块北缘中东段与吉黑造山带之间的古亚洲洋并未于早古生代末—晚古生代初闭合，早二叠世古亚洲洋向华北陆块之下俯冲，早二叠世末—中二叠世华北陆块北缘中段的古亚洲洋先闭合，到了早三叠世华北陆块北缘东段的古亚洲洋最终闭合。据此，华北陆块北缘中东段的古亚洲洋自西向东呈剪刀式逐渐闭合。

因此，对古亚洲洋从开始到结束的演化过程可以简单叙述为：① 中新元古代，古亚洲洋出现，洋域内的大多地块/微陆块曾独立漂移，保存有残缺不全的陆缘；② 早古生代或晚古生代初，地块/微陆块之间相互拼合并先后与北侧的西伯利亚陆块碰撞拼合；③ 晚古生代末期—早中生代初期，微板块与西伯利亚陆块构成的统一板块，与南侧的塔里木–华北陆块拼合，最终结束了古亚洲洋的活动历史。

第 3 章　　古太平洋板块系统演化

罗迪尼亚超大陆裂解后，便开始形成泛大洋（Panthalassa），即古太平洋。古太平洋存在的时间非常长，古太平洋内曾经存在的板块，统称古太平洋板块或泛大洋板块。古太平洋内部的板块格局会不断变化，从 700Ma 一直连续演化到 190Ma。190Ma 后现今太平洋板块在古太平洋板块内部开始生成。在 190Ma 之后，组成古太平洋板块的库拉、依泽奈崎、法拉隆和菲尼克斯等板块开始沿东、西太平洋陆缘俯冲，其中一些消亡殆尽，而另一些可能转换成新的板块，如东太平洋陆缘附近的法拉隆板块转变为了胡安·德富卡板块等，直到现今，太平洋内还存在一些古太平洋板块的残留。因此，古太平洋的海底演化过程也就是其中现今已消失板块和依然存留板块的演化过程。

泛大洋的大部分海盆或洋壳，已经分别隐没至北美洲板块与欧亚板块下方。泛大洋板块的残余部分可能有胡安·德富卡板块、戈尔达板块、科科斯板块以及纳兹卡板块，以上四者都为法拉隆板块的残余部分。在潘吉亚超大陆裂解、特提斯洋被隔离后，泛大洋缩小，形成了太平洋。

建立太平洋板块构造模型的早期工作主要集中在识别磁条带以及获得现今活动板块之间的相对运动速率，这些活动板块扩张脊（洋中脊）两侧都保留了下来，如胡安·德富卡-太平洋洋中脊、太平洋-南极洲洋中脊、东太平洋海隆以及科科斯—纳兹卡洋中脊。其他板块构造模型的建立集中在识别太平洋中较老部分的磁条带，尤其是北太平洋和西太平洋，这些地方已经不存在共轭的磁条带，因为相关洋中脊已经俯冲消失或被改造、转变，如库拉-太平洋、依泽奈崎-太平洋、法拉隆-太平洋、菲尼克斯-太平洋洋中脊的消亡，以及翁通爪哇-希库朗基（Hikurangi）-马尼希基（Manihiki）洋底高原的裂解增生，都可导致磁条带呈现不对称性。除此之外，很少有研究致力于获得这些现已消失板块的相对旋转模型，以建立古太平洋板块更长期的构造演化历史，而这些更早的海底扩张演化历史记录迄今很少或几乎未被保存。

此外，基于其他信息来约束太平洋演化的板块构造模型或方法已经被用于解释陆上地质，尤其是检验与洋中脊俯冲有关的异常火山活动和地球化学特征、地壳缩短速率和事件、外来地体的增生、蛇绿岩套的侵位、大尺度地壳变形及块状硫化物和其他与俯冲相关的矿床和沉积。这种重建有时候完全基于陆上的地质记录，并被综合成一个古板块汇聚演化的示意图，但这些板块重建图经常只是聚焦于几个时间点而不是一个连续的演化过程，并且不是根据海底扩张记录获得的定量结果。然而，它们对定性建立现今已消失洋壳的演化模型是有益的。

Engebretson 等（1985）提出了一个定量再现海底扩张记录的板块动力学模型，其聚焦于北太平洋海盆过去 180Myr 的演化历史，这也是现今最综合的、被引用最多的太平洋板块重建模型。这项研究促使大量学者将他们的区域构造重建和地质观测结果纳入一个太平洋板块的宏观构造框架中。其次，引用最多的定量重建模型为 Seton 等（2012）的成果。目前，230Ma 以来的新一代全球板块重建即将由 EarthByte 团队发布，更多微板块的形成与演化、深浅部构造耦合过程将得到体现。

太平洋三角区是西太平洋的一个古老洋壳保存区域，该区域存在三组中生代磁条带，即日本磁条带、夏威夷磁条带和菲尼克斯磁条带，三者相互交切围限（图3-1），记录了太平洋板块从三个"母体"中生长出来的过程，即法拉隆、依泽奈崎和菲尼克斯板块。这三个母体板块的演化影响了之后太平洋海底扩张系统的发育。西北磁条带区（日本磁条带）代表了太平洋和依泽奈崎板块之间的扩张，向西北方向变年轻；最东部磁条带区（夏威夷磁条带）代表了太平洋和法拉隆板块之间的扩张，向东部变年轻；最南部磁条带区（菲尼克斯磁条带）代表了太平洋和菲尼克斯板块之间的扩张，向南部变年轻。这三个老板块在中生代期间由新生的太平洋板块向外辐射，但在太平洋板块形成之前，三者则以一个简单的洋中脊-洋中脊-洋中脊三节点交接的构造格局存在。

3.1 依泽奈崎板块

太平洋最西部发现的 M-序列的日本磁条带区代表了向北西变年轻的侏罗纪—白垩纪海底扩张系统最后残留的洋壳（图3-1）。早期的重建将日本磁条带区与太平洋-库拉洋中脊的新生代海底扩张历史（图3-1 右上紫色线）联系到一起。尽管现今有一些模型仍然倾向于这两个区域属于单个库拉板块（Norton，2007），以检验保存下来的北东-南西走向的日本磁条带与太平洋-库拉洋中脊扩张所形成的新生代东-西走向磁条带的几何形态，但 Woods 和 Davies（1982）早已提出独立的依泽奈崎板块观点。由于自新生代以来的渐进俯冲，依泽奈崎板块以及记录了依泽奈崎板块死亡过程的太平洋板块部分的整个洋壳都已经消失了，只残留了太平洋板块的中生代洋壳，因此，现今很少有约束这个区域演化过程的构造参数，此外，也缺少太平洋板块出现之前对依泽奈崎板块演化历史的约束，这使得海底板块重建变得复杂。

在西北太平洋地区，人们很好地识别出了日本磁条带区的磁异常[①] M33~M0（~158~120Ma）。在 ODP 801C 钻孔附近的皮加费塔（Pigafetta）盆地进行的深拖磁力仪调查揭示了一个低幅度的磁异常序列，将日本磁条带区的磁异常延长到 M44（~170Ma），在侏罗纪磁静带内，磁异常 M42（~168Ma）对应 ODP 801C 钻孔。先前基于太平洋三角区的插值，将太平洋内最老地壳推测到了 175Ma，但是这个年龄似乎与最近获得的磁异常定年和 ODP 801C 钻孔测年结果不吻合，其中，801C 钻孔距太平洋三角区的推测中心约为 750km。在太平洋板块和依泽奈崎板块之间的扩张启动之后，这条洋中脊不再稳定发育，可能发生了一次或多次洋中脊跃迁，以此来解释 M33 和 M29（~158~156Ma）之间沿一条洋中脊出现两条相邻等值线之间距离异常远的现象。但是，对磁异常和推测的洋中脊跃迁侧翼的洋底构造进行分析，并没有发现消失的洋中脊。扩张作用在 M29 和 M25 之间（~156~154Ma）以相对较高的海底扩张速率持续进行，直至 M21（~147Ma）降低至平均速率。

卫星重力数据和船测数据观测到的破碎带样式揭示，依泽奈崎板块相对太平洋板块在 M21（~147Ma）时发生了 24°的顺时针旋转，尤其是在沿伊豆-小笠原-马里亚纳海沟附近的鹿岛（Kashima）破碎带处更为明显（图3-1）。扩张方向从 NW-SE 向 NNW-SSE 转变，这与依泽奈崎-法拉隆-太平洋三节点处沙茨基海隆的火山喷发事件是吻合的，之后，三节点中心经历了约 2Myr 的逐渐重组和迁移。M21 和 M20（~147~145Ma）磁条带之间的阶段也与太平洋、南极洲及印度洋中扩张速率和扩张方向的改变一致。在该海域识别出的最年轻磁条带对应了 M0（~120Ma），其走向与 M20（~145Ma）之后的磁条带方向相似（图3-1）。这说明至少在 145~120Ma 没有发生扩张方向的改变。因此，向北到达 M0（~120Ma）的洋壳形成于白垩纪正极性超时（Cretaceous Normal Superchron）期间，并代表了目前保留下来的与依泽奈崎-太平洋洋中脊相关的最年轻大洋岩石圈。

Seton 等（2012）通过太平洋板块中保存下来的这些约束条件，模拟了中生代—早新生代依泽奈崎板块的演化，确定了太平洋和依泽奈崎板块之间的扩张启动时间为 190Ma，比先前的研究结果提早了 15~20Myr。这个模式化最大年龄建立在如下基础之上。

1）可识别的最老磁异常，M44（~170Ma）的位置距离推测的太平洋三角区中心还有 750km；

2）ODP 801C 钻孔处的 M42（~168Ma）磁条带与枕状玄武岩上覆微体化石的定年结果一致；

[①] 本书"磁条带"指空间实体，"磁异常"指时间点。

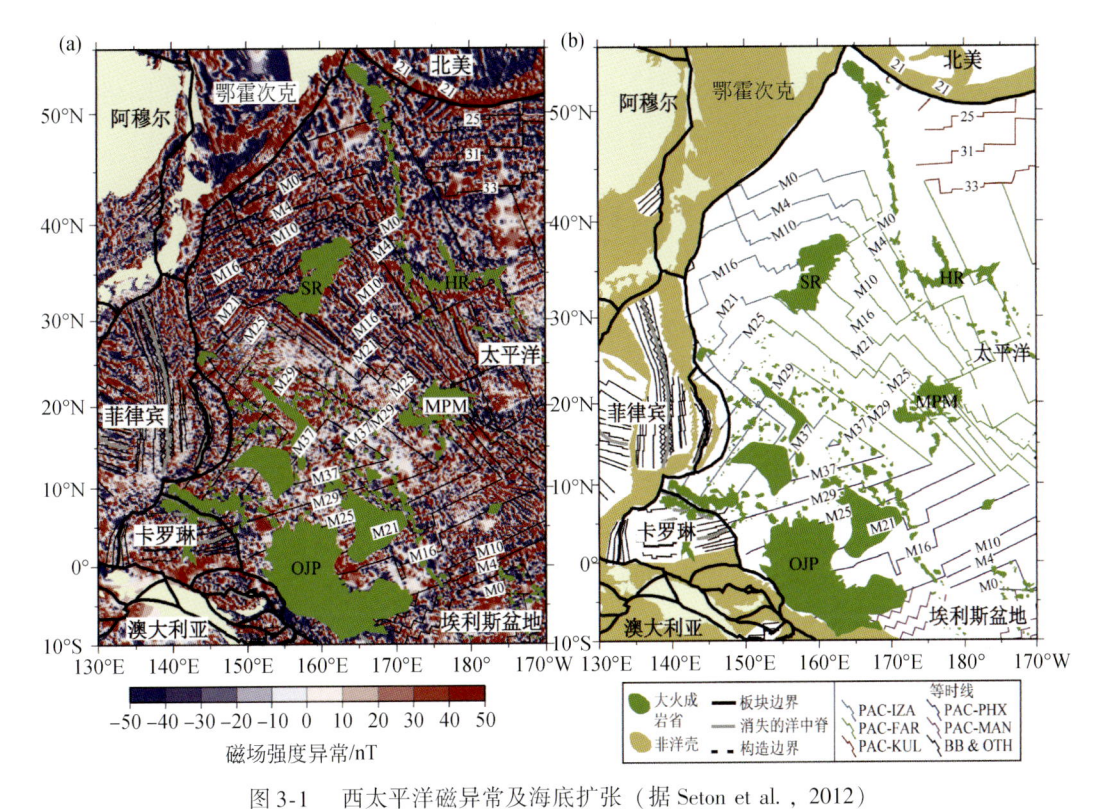

图 3-1 西太平洋磁异常及海底扩张（据 Seton et al., 2012）

(a) 西太平洋网格化磁异常。黑色细线指示海底扩张等时线。数字为磁条带编号。HR. Hess Rise，赫斯海隆；MPM. Mid Pacific Mountains，中太平洋海山群；OJP. Ontong Java Plateau，翁通爪哇高原；SR. Shatsky Rise，沙茨基海隆。(b) 海底扩张等时线。BB. 弧后盆地；FAR. Farallon，法拉隆；IZA. Izanagi，依泽奈崎；KUL. Kula，库拉；MAN. Manihiki，马尼希基；PAC. Pacific，太平洋；PHX. Phoenix，菲尼克斯；OTH. 该区域的其他扩张系统

3）从 M44 到太平洋三角区中心，以中等海底扩张速率（~30~40mm/a）推断，太平洋三角区中心处年龄接近 190Ma；

4）依泽奈崎–太平洋、法拉隆–太平洋和菲尼克斯–太平洋之间海底扩张启动的年龄越小，越需要异常高的扩张速率或者大量的不对称性扩张。而这个快速扩张速率不可能超过 Tominaga 等（2008）所提出的 ~75mm/a。因此，太平洋板块开始形成的最大年龄应该是 190Ma。

Seton 等（2012）将日本磁条带和破碎带与基于卫星重力异常数据获得的破碎带轨迹组合在一起，来确定依泽奈崎和太平洋板块之间的海底扩张历史。所获得的海底扩张等值线与磁异常网格中可见的自 M25（~154Ma）开始的磁条带吻合得非常好，而 M25（~154Ma）是磁异常特征最强的时候（图3-1）。

该模型将 M21（~147Ma）处扩张方向的 24°顺时针旋转考虑进来，这个旋转主要是通过存在于 M28~M10（~156~130Ma）的鹿岛破碎带来进行约束的（图3-1）。这个扩张方向的主要变化与法拉隆–依泽奈崎–太平洋三节点处沙茨基海隆南部塔穆地块的形成一致，之后三节点变得不稳定。根据 Sager 等（1988）的模型，在太平洋–法拉

隆-依泽奈崎板块交汇处，两个三节点同时存在并发生了至少9次小规模、短期的洋中脊跃迁事件，这导致三节点中心向北东方向跃迁了800km，这一点在网格化的M21~M16（~147~138Ma）磁异常数据体中也可以清楚地观测到（图3-1）。由于三节点方案存在多解性，以及缺少依泽奈崎和法拉隆板块资料，故该模型选择了一个简单方式，即在整个演化历史中太平洋-依泽奈崎-法拉隆三节点维持洋中脊-洋中脊-洋中脊组合。

太平洋最西部的破碎带在M20（~146Ma）之后没有显著的走向变化（图3-1）。M0之后，没有可识别走向的破碎带以指示白垩纪正极性超时期间的运动方向，因此该模型默认为M20到白垩纪正极性超时期间运动方向没有发生变化，并对整个时期采用了固定的旋转轴。由于沿东亚陆缘的俯冲，晚白垩世—早新生代依泽奈崎板块的大量证据已经丢失，Seton等（2012）假设从M0（最新标定的磁异常，~120Ma）到沿依泽奈崎-太平洋洋中脊扩张停止期间，扩张方向和速率都没有明显变化。

使用半阶段极点法（half-stage pole method），并假设扩张具有对称性，对依泽奈崎-太平洋洋中脊扩张计算了有限旋转，这个有限旋转主要依赖破碎带轨迹来获得运动方向。对于早期无洋壳保存的时间段来说，Seton等（2012）假设了中等的全扩张速率为~80mm/yr（与晚白垩世扩张速率相似）、扩张对称性和一个统一的扩张方向来模拟洋中脊的位置。结果发现，太平洋-依泽奈崎洋中脊在55~50Ma与东亚陆缘近于平行相互作用，这与地质和地震层析成像观测结果是一致的。该模型说明，在东部的库拉-太平洋洋中脊形成之后，海底扩张沿太平洋-依泽奈崎洋中脊持续进行，这与先前大多数模型是相反的。邻近太平洋-依泽奈崎洋中脊区域所保存下来的海底扩张记录表明，在55Ma之前不存在两个主要板块碰撞（依泽奈崎板块死亡）而引发板块驱动力的调整。相反，库拉和太平洋板块之间的扩张在M24（~55~53Ma）经历了扩张方向和扩张速率的一个重大变化，这导致库拉板块的扩张速率发生了显著的双倍增加以及扩张方向从南北向向北西-南东方向发生大角度的逆时针旋转。

依泽奈崎板块开始出现的时间还不能确定。依泽奈崎板块肯定在太平洋板块形成之前就已经存在，根据三节点闭合原则，它是三个板块（还有法拉隆和菲尼克斯）洋中脊-洋中脊-洋中脊三节点的一部分。然而，由于该板块已经逐渐俯冲到东亚陆缘之下，海底扩张记录中没有保存该洋壳以反映它的早期历史。

3.2　法拉隆板块

西太平洋磁条带的早期成图也识别出北西-南东走向的中生代磁条带，大体以沙茨基和赫斯海隆及中太平洋海山群为界（图3-1，图3-2）。这些磁条带被称为夏威夷磁条带，反映了太平洋和现今已经消失的法拉隆板块［存在于M29～M0（～156～120Ma）］之间的北东-南西向扩张作用。法拉隆板块的中生代洋壳自晚中生代开始俯冲到北美之下，并在北美中部和东部的层析成像中清楚地显示为地震波高速体。夏威夷磁条带在M11（～133Ma）表现为扩张方向的顺时针旋转，而根据磁条带的一致性，尽管缺失M25（～154Ma）之前的破碎带轨迹，仍可推测太平洋-法拉隆洋中脊的早期扩张未发生扩张方向的明显变化。而根据略微呈扇形展布的磁条带特征推断，中生代扩张的旋转极很可能位于南部或赤道太平洋（图3-1，图3-2）。

夏威夷磁条带与北部的日本磁条带组成了一个大磁弯（Great Magnetic Bight），并追踪了太平洋-法拉隆-依泽奈崎三节点的轨迹（图3-1）。沙茨基海隆在M21～M19（～147～143Ma）沿三节点中心形成，这可能是地幔柱头到达地表的结果，也可能是洋中脊减压熔融的结果。沙茨基海隆的形成与三节点处一个800km长、九阶段的跃迁过程一致，在此期间，三节点从洋中脊-洋中脊-洋中脊结构转换成洋中脊-洋中脊-转换断层结构。三节点在初始喷出阶段后恢复了稳定性，之后直至M1（～121～124Ma），减弱的火山作用沿三节点中心形成了帕帕宁（Papanin）海脊。

在南部，夏威夷磁条带在中太平洋海山群之下消失，掩盖了太平洋-法拉隆-菲尼克斯三节点的轨迹。在更东部，夏威夷磁条带形成了由复杂的扇形磁条带组合（如麦哲伦和中太平洋海山磁条带）形成的几个离散交点，这些交点的特征表现为在快速扩张的三节点中心处，在微板块形成期间新生成了洋壳。这些扇形的磁条带在M15～M1（～138～121Ma）是活动的。此外，中太平洋海山群南部的一些短的NEE-SWW走向的磁条带被确定为M21～M14（～147～136Ma），并被推测为形成于菲尼克斯板块和可能的特立尼达（Trinidad）板块之间。

在M异常的东侧存在一个形成于白垩纪正极性超时期间的宽洋壳带。在显著的门多西诺、拓荒者号、默里、莫洛凯和克拉里恩破碎带处可观测到扩张方向的指示标志（图3-2）。门多西诺、莫洛凯和克拉里恩破碎带清晰地记录了扩张方向的两次变化：一次介于M0（～120Ma）和白垩纪正极性超时中期之间，另一次顺时针变化为近东西向，发生在白垩纪正极性超时末期（图3-2）。但目前还没有建立时间上更清楚的指示标志，因为沿破碎带走向没有明显变化的情况下，约束白垩纪正极性超时起始和终止的等时线是无法恢复的。因此，Atwater等（1993）认为，这两条等时线限定的最窄洋底段之间的扩张不对称性及/或一系列洋中脊跃迁，必然发生在白垩纪正极性超时期间。赫斯（Hess）、利留卡拉尼（Liliuokalani）和Sculpin海脊被认为可能是这个早期扩张历史的残留，然而，也有学者认为它们与赫斯海隆的形成有关。白垩纪正极性超时期间太平洋-法拉隆洋中脊扩张形成的洋壳，也在马尼希基海隆东部的中南太平洋中被识别出来，这说明太平洋-法拉隆洋中脊在中生代之后向南跃迁。

中生代磁条带记录了法拉隆板块五个主要的裂解期，包括库拉、温哥华、科科斯、纳兹卡和胡安·德富卡板块的形成，这些磁条带延伸长度几乎横跨整个东太平洋。东北太平洋是世界上磁条带成图最好的区域（图3-2）。扩张作用在早白垩世似乎很简单，越靠近海沟变得越复杂。在东北太平洋所有破碎带中识别出的最明显弯曲，恰恰发生在磁条带33（~79Ma）之前，这个时候扩张方向从近东西向转变为NEE-SWW向，这说明推测的扩张系统的连续性为这个时期简单的两板块系统提供了证据，否定了微板块［如奇努克（Chinook）板块］形成的必要。磁异常33号（~79Ma）对应了最老的、可清晰识别的、与太平洋-库拉洋中脊扩张有关的磁异常，标志了法拉隆板块初始裂解的最小时间。扩张作用在磁异常32~24号（~71~53Ma）保持合理的稳定性，并与沿北部大磁弯处库拉-太平洋洋中脊的扩张相连（图3-2）。磁异常24号（~55~53Ma；晚古新世—早始新世）对应了一个主要的半球范围的板块重组事件，并表现为太平洋和法拉隆板块之间的扩张方向从SWW-NEE向转为东西向，顺时针旋转了20°，太平洋—库拉洋中脊扩张方向的变化及法拉隆板块的裂解联合导致温哥华板块形成。法拉隆板块的裂解发生于拓荒者号和默里破碎带之间，伴有斜向压缩和缓慢的相对运动。这时，洋中脊位于靠近俯冲带的地方，之后存在一段时间的复杂扩张和/或扩张不稳定性，在磁异常19~12号（~41~31Ma）之间形成了一个"扰动带"。另一次扩张方向的主要变化发生在磁异常10号（~28Ma）时期，这在默里和拓荒者号破碎带之间的海底扩张记录中是明显的，导致形成了蒙特雷（Monterey）和安古洛（Arguello）板块。默里破碎带南侧，在磁异常7号和磁异常5号（~25~10Ma）期间形成了瓜达卢佩（Guadalupe）板块。这些板块由于转换断层与法拉隆俯冲带相交而逐渐形成。在磁异常10号（~28Ma）之后，温哥华板块经常被称为胡安·德富卡板块，其形成时间与圣·安德烈斯断层一样，不早于30Ma。

太平洋和法拉隆板块之间的中生代扩张发生在与北美陆缘共轭的区域。然而，从白垩纪正极性超时开始，太平洋-法拉隆洋中脊扩张向南延拓，最南部直达南太平洋的埃尔塔宁（Eltanin）破碎带（图3-2，图3-3）。太平洋板块上与太平洋-法拉隆洋中脊扩张有关的磁异常34号（~84Ma）到磁异常6号（~20Ma）与南美陆缘共轭。在纳兹卡板块上，与太平洋-法拉隆洋中脊扩张有关的磁异常为磁异常23~6号（~52~20Ma）。磁异常34~21号期间（~84~47Ma）的海底扩张保持稳定，直至磁异常21号（~47Ma）时扩张系统发生了一次明显重组，这次重组在南太平洋破碎带方向上可以观测到。太平洋-法拉隆洋中脊扩张停止，法拉隆板块在23Ma裂解，形成科科斯和纳兹卡板块。

沙茨基海隆形成于依泽奈崎-法拉隆-太平洋三节点处，因此，部分沙茨基海隆肯定已经喷出到法拉隆和依泽奈崎板块上。通过模拟共轭的沙茨基海隆发现，其在90Ma时与北美陆缘接触，与北美西部Laramide造山运动的启动及北美西部之下一个浅层地震高速体具有很好的相关性。

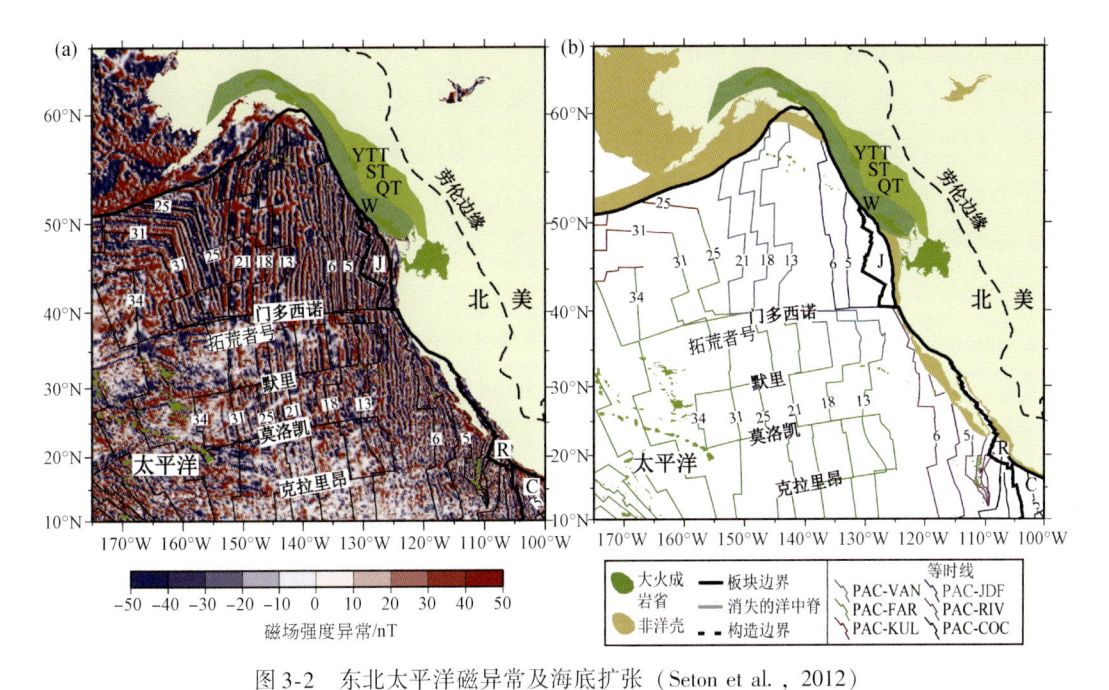

图 3-2 东北太平洋磁异常及海底扩张（Seton et al., 2012）

（a）东北太平洋网格化磁异常。黑色细线指示海底扩张等时线。数字为磁条带编号。QT. Quesnellia 地体；ST. Stikinia 弧地体；W. Wrangellia；YTT. Yukon/Tanana 地体。（b）海底扩张等时线。C 或 COC. Cocos, 科科斯；FAR. Farallon, 法拉隆；J 或 JDF. Juan De Fuca, 胡安·德富卡；KUL. Kula, 库拉；PAC. 太平洋；R. 或 RIV. Rivera 里维拉；VAN. Vancouver, 温哥华

法拉隆板块在磁异常 24 号（~53Ma）分裂出温哥华板块，这导致沿拓荒者号破碎带发生了较小的相对运动（图3-2）。由于太平洋-法拉隆洋中脊延伸到了北美俯冲带，大量微板块、洋中脊跃迁和拓展事件使扩张作用变得更加复杂。由于法拉隆板块随后分裂成了科科斯板块和纳兹卡板块，太平洋-法拉隆洋中脊的扩张作用在南美和中美西侧于 23Ma（磁异常 6B 号）停止。

3.3 库拉板块

晚白垩世到古新世/始新世期间，库拉板块存在于北太平洋，表现为现今向北变年轻、东西走向展布的磁异常（图3-2）。这些位于奇努克海槽北部的磁异常仅代表了库拉-太平洋洋中脊南侧（太平洋侧）的增生洋壳，其他磁异常已俯冲到了阿留申海沟之下。库拉-太平洋洋中脊初始扩张发生在法拉隆板块内部，标志了法拉隆板块裂解的第一个阶段。此外，主流的太平洋板块模型（Engebretson et al., 1985）提出，依泽奈崎-太平洋洋中脊停止扩张早于太平洋-库拉洋中脊的形成，因此，太平洋-依泽奈崎和太平洋-库拉洋中脊的扩张作用不是同时的。这个结果对北太平洋的形成和这个区域的板块驱动力研究有启示意义。

与合理重组的库拉-太平洋洋中脊扩张作用相关的最老磁异常是磁异常 31

（~68Ma）或磁异常 32（~71Ma），不过还有一些学者认为是磁异常 33（~79Ma）或磁异常 34（~83.5Ma）。后者认为，在依泽奈崎板块死亡之后，裂谷扩张作用向东跃迁，到达奇努克海槽，那里东西走向的磁条带通过简单的库拉—太平洋洋中脊扩张而形成。然而，Rea 和 Dixon（1983）假设在 ~83.5Ma 扩张方向发生变化后，两条扩张脊沿先存的太平洋–法拉隆破碎带形成，从而形成了第二个板块，即奇努克板块，它位于奇努克海槽南部。

Stalemate 破碎带是库拉板块的西界（图 3-1），为库拉板块从磁异常 34/31 号（83.5~71Ma）至磁异常 25 号（~56Ma）期间的南北向运动轨迹及磁异常 24 号（~55~53Ma）至磁异常 20/19 号（~44~41Ma）期间的北西向运动轨迹。此外，Lonsdale（1988）认为磁异常 20/19 号（~44~41Ma）期间有一条明显的扩张脊，并在这条扩张脊的西侧解释出一条短的 21~20 号（~47~44Ma）磁条带。因此，Lonsdale（1988）的研究说明，库拉板块的扩张历史包括磁异常 32~25 号（~71~56Ma）的南北向扩张脊形成之后，约磁异常 24 号（~55~53Ma）时期，板块运动发生的 20°~25°明显变化。太平洋–库拉洋中脊扩张的停止最初被认为发生在磁异常 25 号（~56Ma）时期，之后被认为发生在 47~43Ma，这与太平洋板块的重大重组事件一致。在太平洋板块西北角识别出的一条明显扩张脊，进一步将扩张停止时间精确为磁异常 18 号左右（~40Ma）。

在东部，库拉板块由大磁弯约束，后者为磁异常 34/31 号（~84~71Ma）到 25 号（~56Ma）期间太平洋—库拉—法拉隆洋中脊—洋中脊—洋中脊型三节点的轨迹（图 3-2）。之后形成一个"T"形磁条带，对应了磁异常 24 号（~55~53Ma），它可能是在太平洋–库拉–法拉隆三节点重组过程中形成的。

导致库拉和太平洋板块之间板块运动突然发生变化的因素，是俯冲作用从西伯利亚陆缘向阿留申海沟转移时，北向的板块拉力出现了短暂消失。Seton 等（2012）认为，55~50Ma，依泽奈崎–太平洋洋中脊的俯冲导致了俯冲作用的暂时中止和沿东亚陆缘的板片断离，这引起了库拉板块的北西向运动。在东亚陆缘之下，太平洋–依泽奈崎洋中脊与俯冲带相遇，该俯冲洋中脊对太平洋板块和库拉板块向东的洋中脊推力随之消失，因而促使库拉板块向西运动。

3.4 纳兹卡和科科斯板块

东太平洋海隆目前是太平洋板块与纳兹卡及科科斯板块之间的快速海底扩张部位，并控制了东南太平洋的海底地形（图 3-3）。其他活动的洋中脊是智利洋中脊（纳兹卡和南极洲板块之间的扩张）和加拉帕戈斯扩张中心（纳兹卡–科科斯洋中脊的扩张）。纳兹卡板块包括太平洋–纳兹卡、太平洋–法拉隆、纳兹卡–科科斯和纳兹卡-南极洲板块扩张增生及鲍尔微板块形成的洋壳。科科斯板块包括科科斯-太平洋洋中脊、科科斯-纳兹卡洋中脊及里维拉和数学家微板块中扩张作用所形成的洋壳。

纳兹卡和科科斯板块都是法拉隆板块南端在大约 23Ma 时发生裂解而形成的残留板块。法拉隆板块的裂解起因于北部法拉隆板块早期裂解后北向拉力的增强、中美洲俯冲带处板片拉力的增加及在加拉帕戈斯热点影响下板块拉力沿分裂点的减弱，这三个因素联合驱动了其分裂。此外，在 24Ma 时，东南太平洋发生了一次重要的板块重组，该重组导致了法拉隆板块在分裂之前发生了 1~2Myr 的运动变化。尽管纳兹卡和科科斯板块现在是独立的板块，它们的演化历史中必须考虑法拉隆板块的演化，以理解这个区域老于 23Ma 的大洋岩石圈的性质。

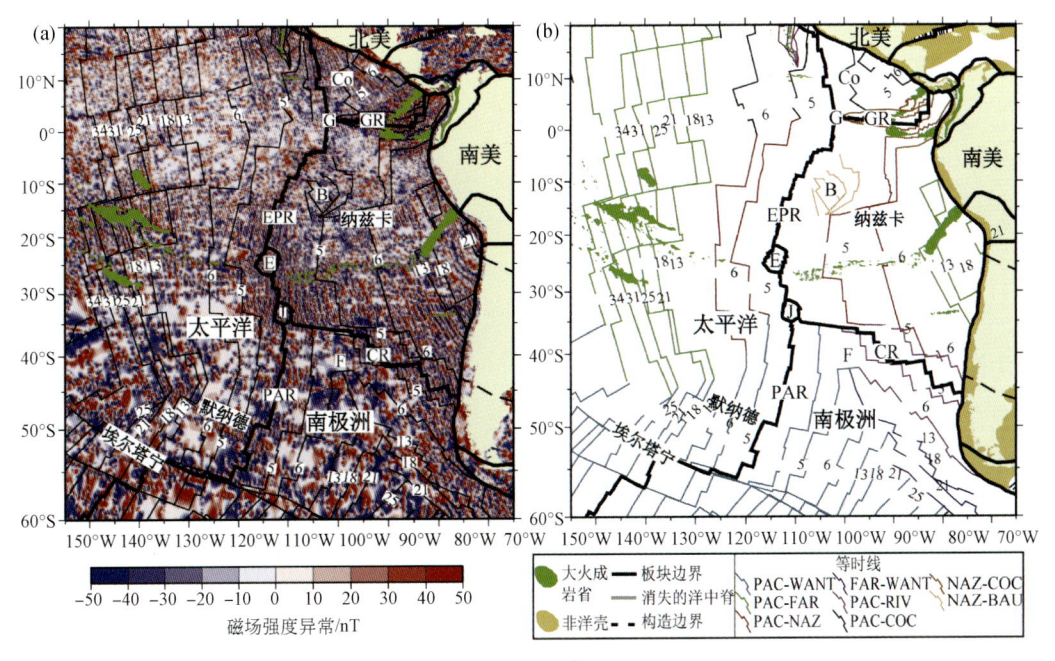

图 3-3 东南太平洋磁异常及海底扩张（Seton et al., 2012）

（a）东南太平洋网格化磁异常。黑色细线指示海底扩张等时线。数字为磁条带编号。B. 鲍尔微陆块；CR. 智利海岭；E. 复活节微陆块；EPR. 东太平洋海隆；F. Friday，星期五微陆块；G. 加拉帕戈斯微陆块；GR. 加拉帕戈斯海岭；J. 胡安·费尔南德斯微板块；PAR. 太平洋—南极洲洋中脊。（b）海底扩张等时线。BAU. 鲍尔；Co 或 COC. 科科斯；FAR. 法拉隆；NAZ. 纳兹卡；PAC. 太平洋；RIV. 里维拉，WANT. 西南极洲/南极洲

继法拉隆板块在 23Ma 分裂之后，太平洋-纳兹卡板块之间形成的洋壳经历了复杂的扩张历史。扩张作用在太平洋-纳兹卡-南极洲洋中脊之间以向北的"阶梯式三节点迁移"（step-wise triple junction migration）方式进行，尤其是在 20Ma 左右和 12Ma 左右之后，留下了洋中脊跃迁和微陆块形成的记录，其中微陆块包括智利破碎带南部的星期五微陆块（图 3-3）。这种扩张方式的复杂性导致渐新世之后磁条带难以解译。尽管这次扩张期间形成的大部分洋壳仍保存在现今的地质记录中，但单独的纳兹卡-太平洋洋中脊扩张作用区被北部的科科斯板块捕获，之后俯冲到中美洲海沟之下。

3.5 菲尼克斯板块

直至最近，主流观点认为，菲尼克斯板块演化始于自太平洋板块形成而开始扩张的菲尼克斯—太平洋洋中脊，至少持续到中—晚白垩世，在此期间为一个简单的南北向扩张的双板块系统（Larson and Chase，1972）。东西走向的菲尼克斯磁条带（根据其靠近菲尼克斯岛而命名），构成了三角形太平洋板块的南界（图3-1），其磁异常范围从M29（~156Ma）到M1（~123Ma）或可能是M0（~120Ma）。还未定年的、假设的更老磁条带可以向北追溯到M29（~156Ma），它靠近推测的太平洋三节点中心。磁条带向西在翁通爪哇洋底高原之下消失，向东在中太平洋海山群南部紧邻一套复杂的扇形磁条带（麦哲伦磁条带）和北东-南西走向的磁条带（M21~M14；~147~136Ma）。复杂的麦哲伦和中太平洋磁条带说明在菲尼克斯-太平洋-法拉隆三节点处存在几个微板块［如特立尼达（Trinidad）和麦哲伦］，这些微板块的形态与东太平洋海隆快速扩张迁移所形成的微板块相似。

埃利斯（Ellice）盆地内部的海底及汤加-克马德克俯冲带东部本质上与太平洋-菲尼克斯洋中脊M0（~120Ma）之后的演化有联系（图3-1，图3-3）。早期的板块模型预测这个区域是一个简单的、持续的南北向扩张系统的一部分，这个扩张系统在白垩纪正极性超时期间死亡。然而，需要用白垩纪正极性超时期间异常快速的海底扩张速率形成的洋壳和海底构造弥补这个区域，后者如东西走向的Nova Canton海槽、东西走向的奥斯本（Osbourn）海槽和南北走向的海底构造，埃利斯盆地中侧阶的（side-stepping）破碎带说明这个区域经历了更复杂的演化。基于海底扩张构造的解释，两个板块模型已经被提出以解释太平洋-菲尼克斯洋中脊在M1/M0（~123/~120Ma）之后的演化：一个为持续向南的洋中脊跃迁模型，另一个为洋底高原裂解模型。

在Nova Canton海槽洋中脊连续跃迁模型中，一个东西向的重力低位于南部，并与中生代磁条带平行（图3-2，图3-3），它被解释为一个与太平洋-菲尼克斯洋中脊扩张有关的死亡扩张中心。一条扰乱的海底构造带可以依据北部埃利斯盆地中的卫星重力数据观测到的两个明显东西走向低重力异常来约束，这条构造带引发了一种观点，即存在一条与沿太平洋-菲尼克斯洋中脊的南北向扩张有关的裂谷带。根据死亡洋中脊/裂谷带模型推测，太平洋-菲尼克斯洋中脊或者在M0（~120Ma）之后很快消失，或者在区域板块重建过程中，扩张脊跃迁到另一个位置，很可能跃迁到了M0（~120Ma）南部。这个时间是依据Nova Canton海槽北部磁异常M0（~120Ma）的识别来确定的。南部的洋中脊跃迁模型得到东西走向奥斯本海槽（位于汤加-克马德克海沟的东部及路易斯维尔海山链的北部）的支持，奥斯本海槽是白垩纪死亡的扩张脊（图3-4），而不是太平洋板块的后期构造形迹。

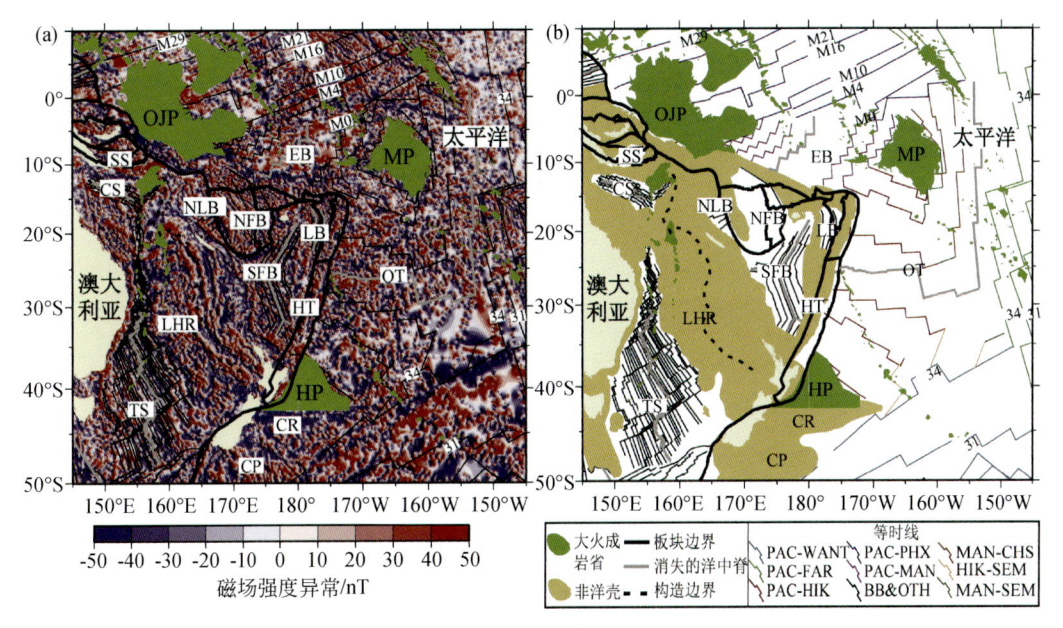

图 3-4　西南太平洋磁异常及海底扩张（Seton et al.，2012）

(a) 西南太平洋网格化磁异常。黑色细线指示海底扩张等时线，数字为磁条带编号。CP. 坎贝尔高原；CR. 查塔姆隆起；CS. 珊瑚海；EB. 埃利斯盆地；HP. 希库朗基高原；HT. 阿弗尔（Havre）海槽；LB. 劳盆地；LHR. Lord Howe Rise，豪勋爵隆起；MP. Manihiki. 马尼希基高原；NFB. 北斐济盆地；NLB. North Loyalty，北忠诚盆地；OJP. 翁通爪哇高原；OT. Osbourn，奥斯本海槽；SFB. 南斐济盆地；SS. 所罗门海。(b) 海底扩张等时线。BB. 弧后盆地；CHS. Chasca；FAR. 法拉隆；HIK. 希库朗基；MAN. 马尼希基；OTH. 其他；PAC. 太平洋；PHX. 菲尼克斯；SEM. 东南马尼希基；TS. 塔斯曼；WANT. 西南极洲/南极洲

奥斯本海槽附近的海底扩张形态大致确定了沿慢速-中速扩张中心的南北向扩张作用，而早期运动似乎与 Wishbone 洋中脊平行。奥斯本海槽的扩张作用起始于 M0（~120Ma）之后，导致了马尼希基和希库朗基高原的分离。海底扩张记录不能约束时间，因为早期洋壳可能在白垩纪正极性超时期间已经形成。相反，扩张作用的起始时间可以通过马尼希基高原南部及希库朗基高原北部与裂谷有关的构造的定年来约束。扩张作用停止时间约束得很差，但大多数学者将沿奥斯本海槽的扩张作用的终止与希库朗基高原与查塔姆海隆的拼贴联系在一起。不幸的是，希库朗基高原和查塔姆海隆之间的碰撞时间也没有被很好地限定。一些学者基于新西兰的地质观测和伸展作用的启动，认为碰撞发生在 105~100Ma，而另一些学者认为碰撞发生在 86~80Ma。与奥斯本海槽有关的最年轻的磁异常是磁异常 33 号（~79Ma）或 32 号（~71Ma），或磁异常 34 号（~84Ma）。

洋底高原裂解模型（Taylor，2006）认为翁通爪哇高原、马尼希基高原和希库朗基高原在它们喷出的时候就连接在了一起。根据枕状玄武岩之上覆盖的沉积物定年及 ^{40}Ar-^{39}Ar 定年，推测这个巨大的大火成岩省于阿普特期喷出。Taylor（2006）

基于埃利斯盆地的海洋地球物理数据认为，埃利斯盆地是在翁通爪哇和马尼希基高原分离时形成的。在这个模型中，基于侧扫声呐数据，Nova Canton 海槽被解释为克利珀顿破碎带的延伸，而不是一条死亡的扩张脊，而 Larson（1997）识别出的扰乱的"裂谷带"被解释为东西向扩张系统的北部，并具有阶梯状、东西走向的破碎带和南北向的深海海山构造，这个构造将翁通爪哇和马尼希基高原分隔开。这个模型还认为，在 M0（~120Ma）之后，构造区从南北向的太平洋–菲尼克斯洋中脊扩张，转换成太平洋板块和新的马尼希基板块之间的东西向扩张。巧合的是，先前的模型认为南北向扩张发生在马尼希基和希库朗基高原之间。这两个扩张系统之间的差异运动需要在太平洋、马尼希基和希库朗基板块之间存在一个三节点。因为没有磁异常被解释出来，所以洋底高原分裂的时间还没有得到海底扩张记录的约束。然而，翁通爪哇高原东侧和马尼希基高原西侧的裂谷结构说明其发生在 120Ma 左右，这与马尼希基和希库朗基高原分裂的时间吻合得很好。

太平洋–菲尼克斯洋中脊扩张形成的海底其他主要特征还有西南太平洋的 Tongareva 三节点轨迹。Tongareva 三节点轨迹大致为北北西—南南东线形展布，起始于马尼希基高原最东北角的 Pernyn 盆地，在方向转成北西—南东之前向西延伸到 Cook 岛，最后到达与太平洋—南极洲洋中脊有关的扩张处（图3-4）。该三节点轨迹的西侧为北东东走向的深海山地形，在其正东部，地形是北北西—南南东走向的。这个轮廓被认为记录了太平洋–法拉隆–菲尼克斯板块之间洋中脊–洋中脊–洋中脊型三节点的迁移，而更详细的分析揭示，该三节点在演化过程中很可能在洋中脊–洋中脊–洋中脊型和洋中脊–洋中脊–转换断层型三节点之间快速转换。马尼希基高原的东部边缘有一个显著的张扭性陡崖，说明推测的大型马尼希基高原最东部被从边缘撕裂下来，并受三节点有关的板块运动所控制。根据马尼希基高原上碳酸盐岩沉积物的定年，该扩张作用起始于 120Ma 左右，终止于 84Ma 左右。

3.6 古太平洋板块的起始与消亡

Seton 等（2012）建立了自潘吉亚超大陆裂解以来的一套板块演化模型，这个模型所描述的构造事件以 20Myr 为间隔（图3-5 ~ 图3-15）。

（1）200 ~ 180Ma（图3-5，图3-6）

中生代之前，全球大陆聚合形成一个超大陆，即潘吉亚超大陆，其周围被两个古大洋所包围，即泛大洋（Panthalassa）和较小的特提斯洋。到早—中中生代时，潘吉亚经历了缓慢的大陆裂解作用，这个裂解作用沿着自北极、北大西洋、中大西洋到佛罗里达和加勒比海区域的墨西哥湾一线的裂谷带进行。190Ma 时，沿早期的大西洋裂谷，由裂解作用转向板块漂移。

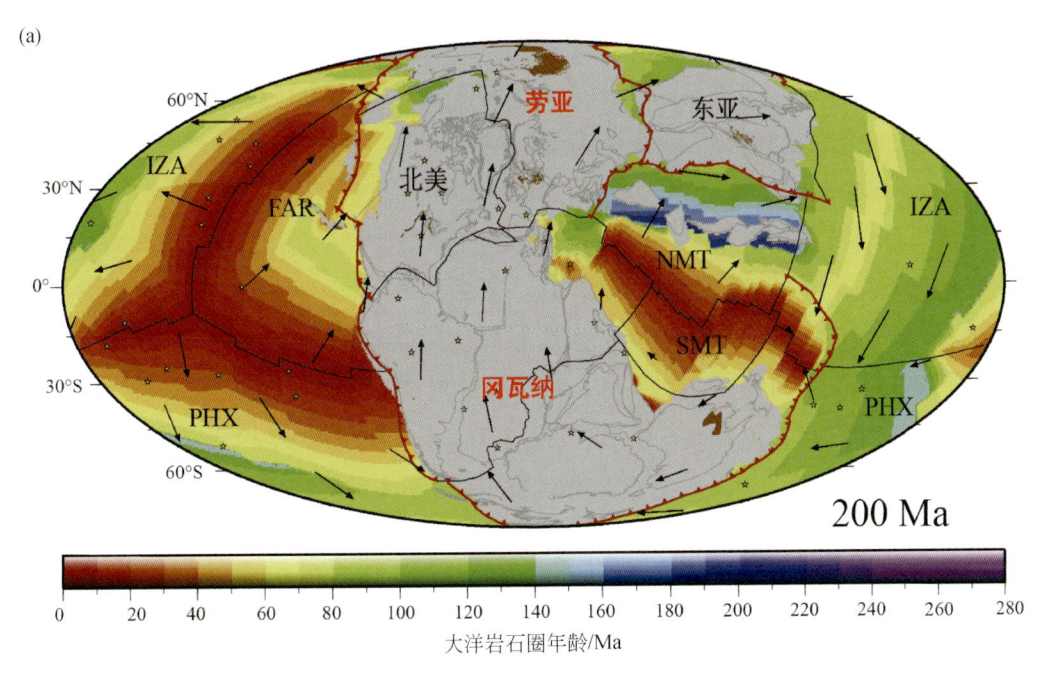

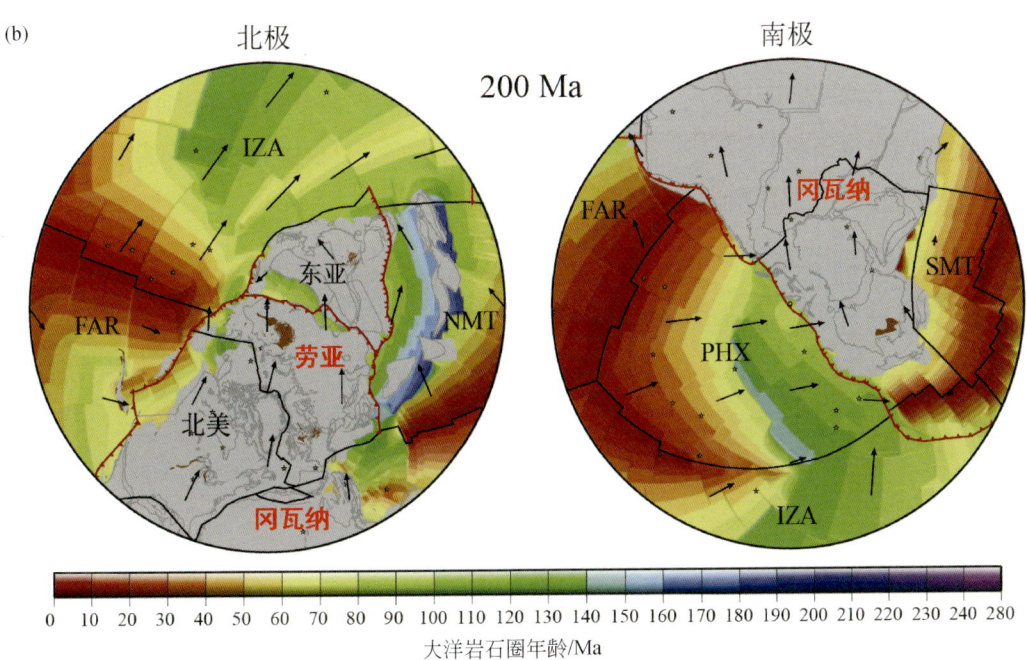

图 3-5　200Ma 的全球板块重建（据 Seton et al., 2012）

底图指示了大洋岩石圈形成时的年龄分布。红线指示俯冲带，黑线指示洋中脊和转换断层。褐色区域指示与地幔柱相关的大规模岩浆作用。黄色五角星是现今热点的位置。绝对板块速度以黑色箭头表示。FAR. 法拉隆板块；IZA. 依泽奈崎板块；NMT. Seton 等（2002）的中特提斯北部（North Meso-Tethys）；PHX. 菲尼克斯板块；SMT. Seton 等（2002）的中特提斯南部泛大洋在早中生代中期周围全部为俯冲带，海底为一个简单的三板块系统，即依泽奈崎、法拉隆和菲尼克斯板块。这个三节点的三支洋中脊向外延伸，与环泛大洋的陆缘相交，并伴随着陆缘的微小迁移：澳大利亚东部（依泽奈崎-菲尼克斯洋中脊）、沿东亚陆缘（依泽奈崎-法拉隆洋中脊）和北美南部陆缘（法拉隆-菲尼克斯洋中脊）。190Ma 时，太平洋板块的产生形成了一个更复杂的洋内扩张洋中脊系统，包括三个三节点和六条扩张中心，后者即依泽奈崎-法拉隆、依泽奈崎-菲尼克斯、依泽奈崎-太平洋、菲尼克斯-法拉隆、菲尼克斯-太平洋、法拉隆-太平洋洋中脊。沿古太平洋这些洋中脊的初始扩张是缓慢/中速（70～80mm/a）的，这个扩张速度逐渐增加，在中白垩世达到顶峰。在泛大洋东北部，沿 Stikinia 弧东侧倾向南西的俯冲带，卡什克里克（Cache Creek）洋（Yujun-Tanana 地体和 Stikinia 弧之间形成的弧后盆地）关闭。在泛大洋西北部，蒙古-鄂霍次克洋（东亚和西伯利亚之间的古洋盆）通过西伯利亚南部边缘倾向北的俯冲作用而关闭。这条蒙古-鄂霍次克俯冲带的东北部与面向泛大洋北部的俯冲带相接，西南段与特提斯俯冲带相接。

(2) 180～160Ma（图 3-6，图 3-7）

这个时期表现为在依泽奈崎、法拉隆和菲尼克斯板块消亡的基础上，太平洋板块加速生长。在泛大洋东北部，卡什克里克地体的仰冲和 Stikinia 弧的增生在 175～172Ma 沿北美古陆陆缘进行。Stikinia 弧的增生导致了俯冲带的跃迁，俯冲极性沿北美古陆新陆缘从南西转向北东，形成了法拉隆俯冲带。泛大洋西北陆缘与蒙古-鄂霍次克洋相交，后者沿西伯利亚南部的俯冲带关闭。

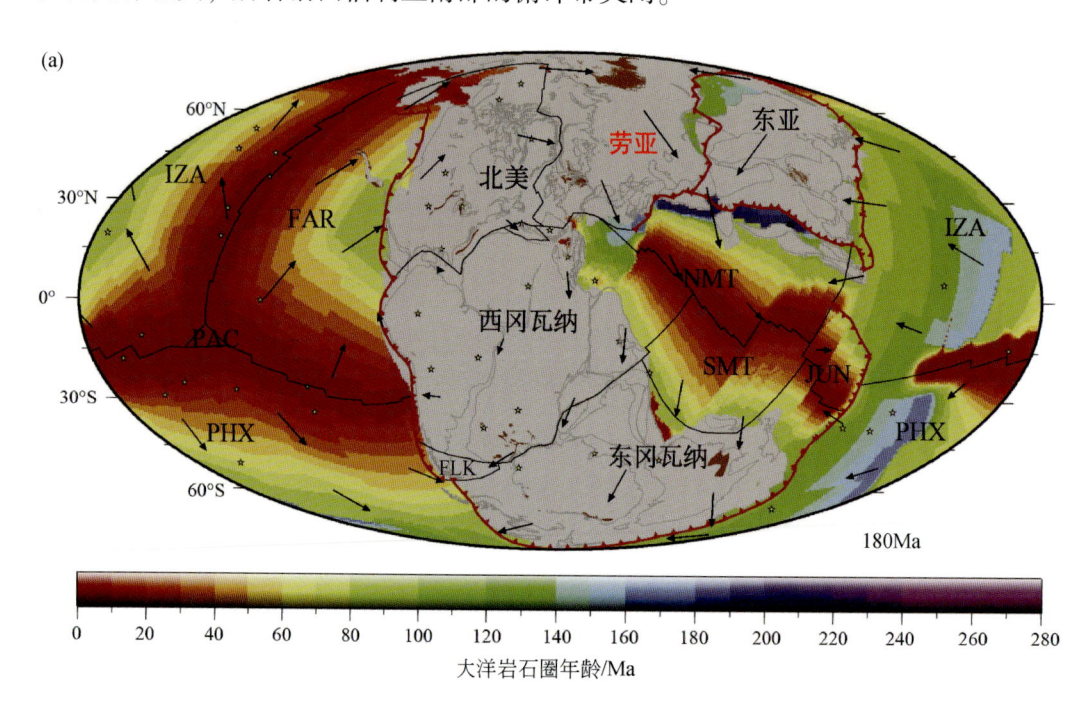

(b)

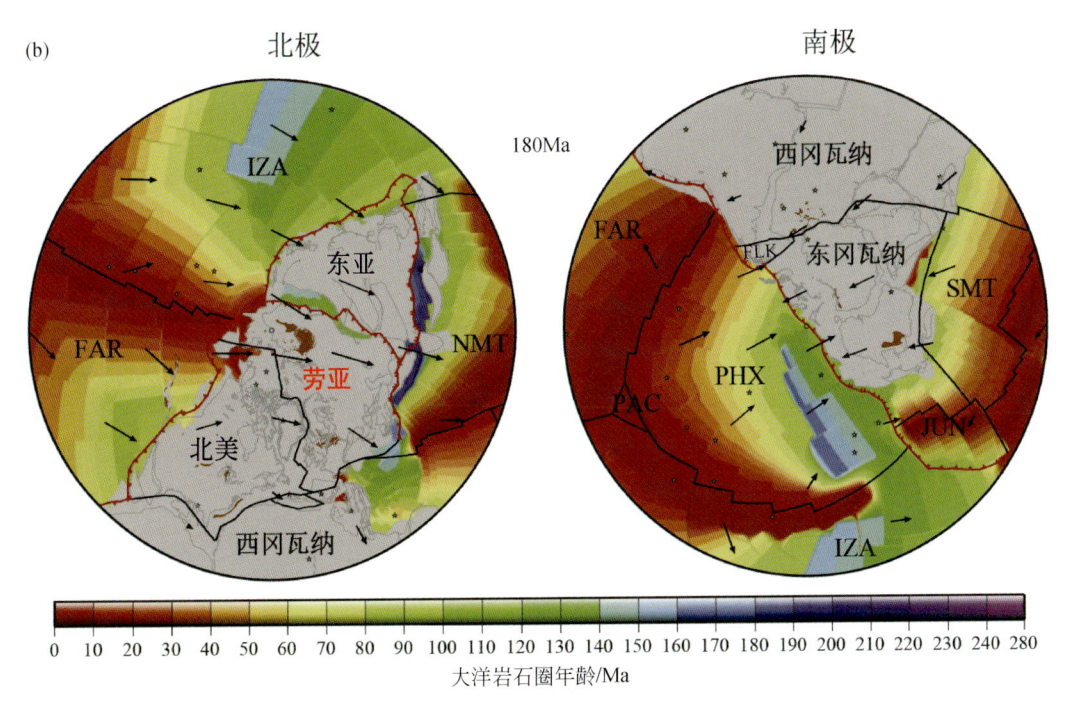

图 3-6 180Ma 的全球板块重建（据 Seton et al., 2012）

图例同图 3-5。FAR. 法拉隆板块；FLK. Falkland；IZA. 依泽奈崎板块；JUN. Junction；NMT. Seton et al. (2002) 的中特提斯北部 (North Meso-Tethys)；PAC. 太平洋板块；PHX. 菲尼克斯板块；SMT. Seton 等 (2002) 的中特提斯南部

（3）160~140Ma（图 3-7，图 3-8）

在这个阶段，泛大洋内的太平洋板块持续扩张和生长，扩张速度也逐渐增加。太平洋-依泽奈崎-法拉隆三节点处沙茨基海隆的喷发导致了三节点中心的重新调

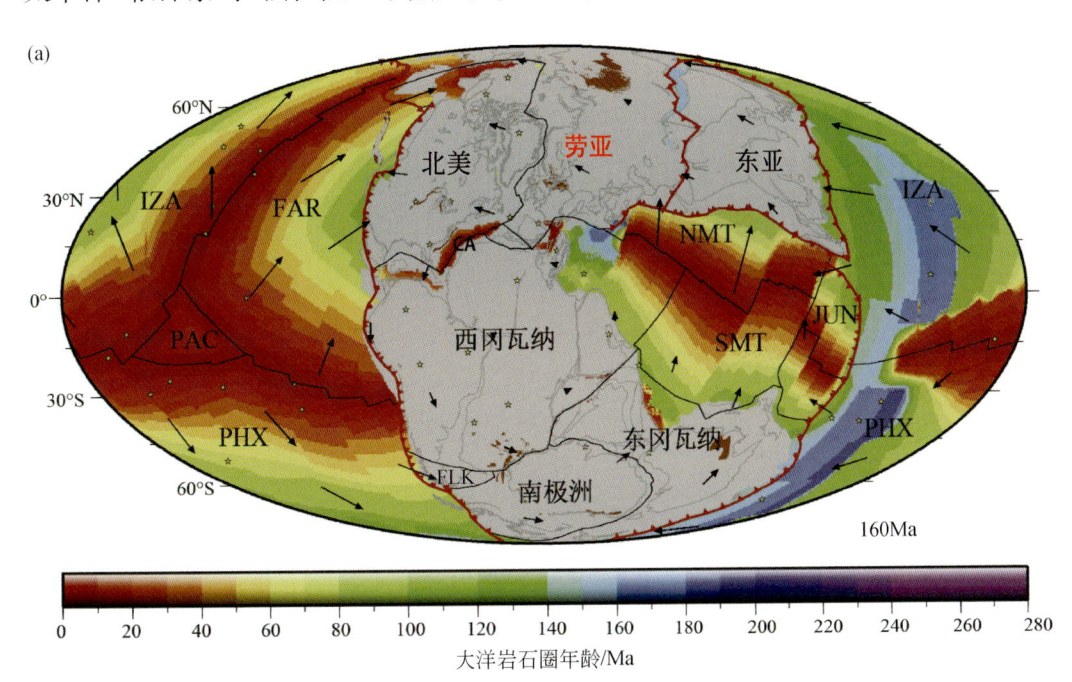

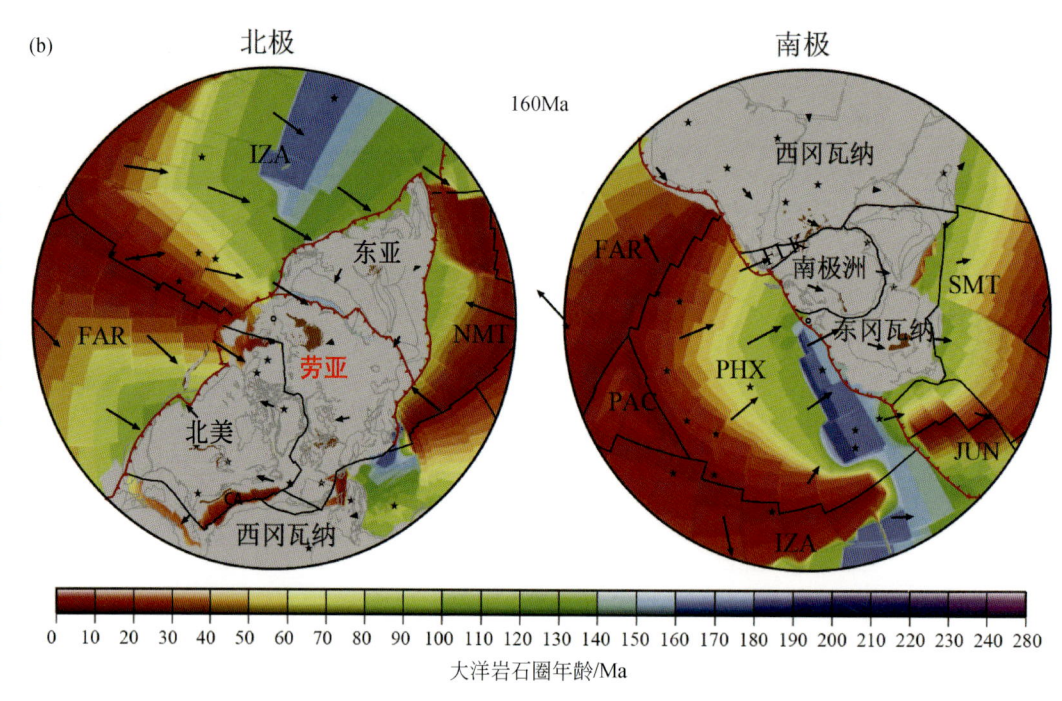

图 3-7　160Ma 的全球板块重建（据 Seton et al., 2012）

图例同图 3-5。CA. 中大西洋；FAR. 法拉隆板块；FLK. Falkland；IZA. 依泽奈崎板块；JUN. Junction；NMT. Seton 等（2002）的中特提斯北部（North Meso-Tethys）；PAC. 太平洋板块；PHX. 菲尼克斯板块；SMT. Seton 等（2002）的中特提斯南部

整，这与太平洋和依泽奈崎板块之间的扩张方向在 147Ma 时发生 24°的顺时针旋转是一致的。这导致了太平洋-依泽奈崎、依泽奈崎-菲尼克斯和依泽奈崎-法拉隆洋中脊的顺时针旋转及其组合的变化。蒙古-鄂霍次克洋在 150Ma 时闭合，形成了蒙古-鄂霍次克缝合带，东亚陆块拼合到了早期由北美和西伯利亚、东欧陆块构成的劳伦古陆之上，此时称为欧亚板块。

(4) 140~120Ma（图 3-8，图 3-9）

早—中白垩世，泛大洋中的海底扩张速率明显增加。太平洋、法拉隆、依泽奈崎和菲尼克斯板块之间也发生扩张。在泛大洋北部，阿拉斯加北部持续发生逆时针旋转，打开了加拿大盆地。

在泛大洋西南陆缘，南忠诚盆地沿东澳大利亚打开，这是泛大洋西南俯冲带自 140Ma 开始的回卷作用导致的。南忠诚盆地的持续打开一直延续到 120Ma，这时西南泛大洋中的板块格局发生了一次重要变化。

(5) 120~100Ma（图 3-9，图 3-10）

该阶段，泛大洋中发生了超快速大洋扩张，同时伴随着大火成岩省的喷发，其中最值得注意的是翁通爪哇、马尼希基和希库朗基高原在 120Ma 时的喷发。这种巨型大火成岩省的喷发直接导致了菲尼克斯板块裂解成四个板块：希库朗基、马尼希基、Chasca 和 Catequil 板块（图3-4）。这次裂解事件发生在120Ma，在翁通爪哇和马尼希基高原之间的埃利斯盆地以东西向打开，同时，伴随着马尼希基和希库朗基高原沿奥斯本（Osbourn）海槽的南北向扩张（图3-4），裂谷作用开始启动。这个区域还有两个三节点活动，导致东马尼希基高原裂解和 Tongareva 三节点形成。东部

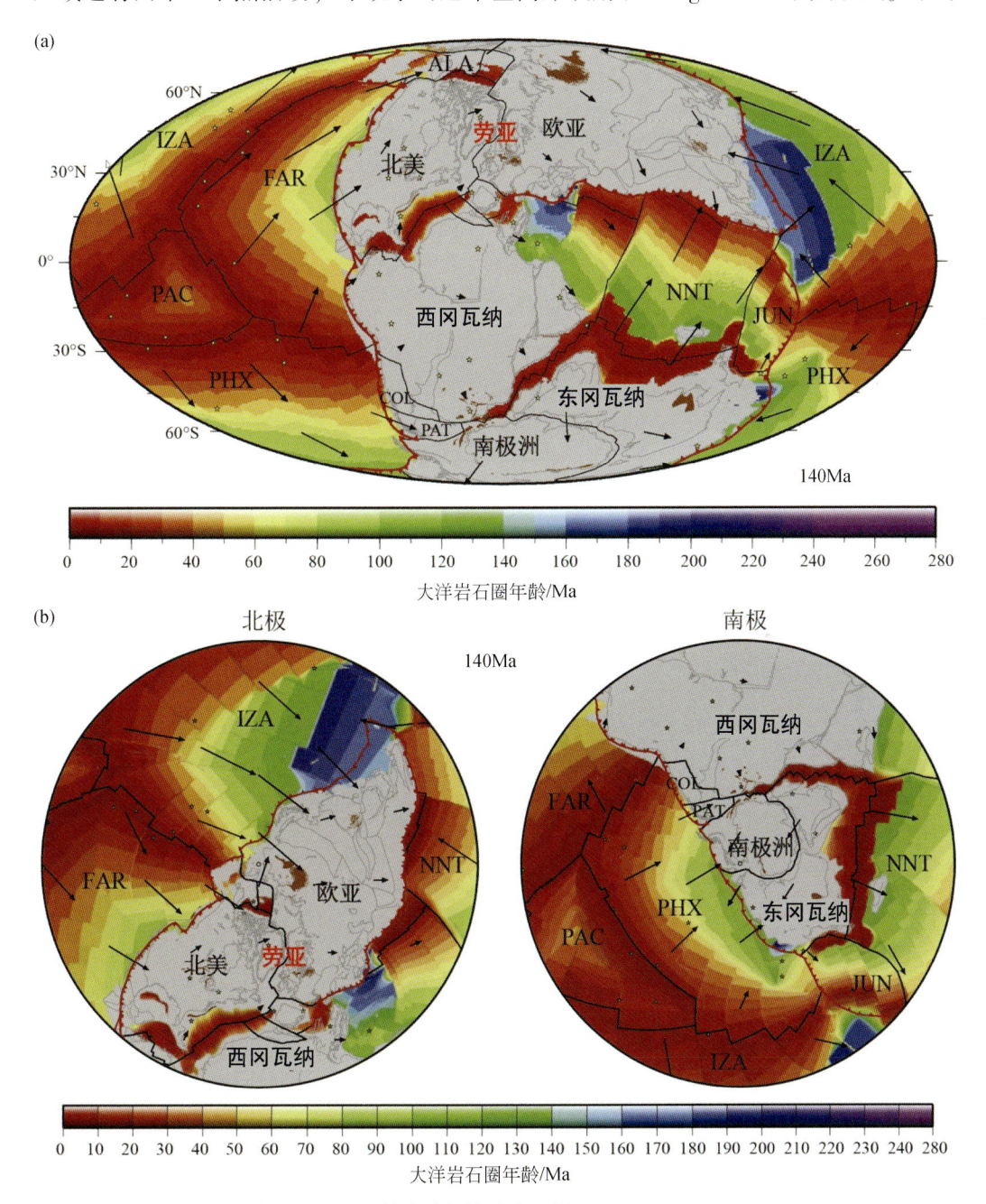

图 3-8　140Ma 的全球板块重建（据 Seton et al.，2012）

图例同图3-5。ALA. 阿拉斯加；COL. 科罗拉多；FAR. 法拉隆板块；IZA. 依泽奈崎板块；JUN. Junction；NNT. 新特提斯北部（North Neo-Tethys）；PAC. 太平洋板块；PAT. 巴塔哥尼亚；PHX. 菲尼克斯板块

的三节点代表了马尼希基、菲尼克斯和 Chasca 板块之间的扩张作用，南部的三节点代表了希库朗基、Catequil 和马尼希基板块之间的扩张作用。太平洋-马尼希基-希库朗基三节点的启动导致沿澳大利亚东缘的构造机制发生改变。在 120Ma 之前，菲尼克斯板块俯冲到澳大利亚东缘之下，变成了希库朗基板块及一小部分 Catequil 板块，但 120Ma 之后汇聚速率减小。

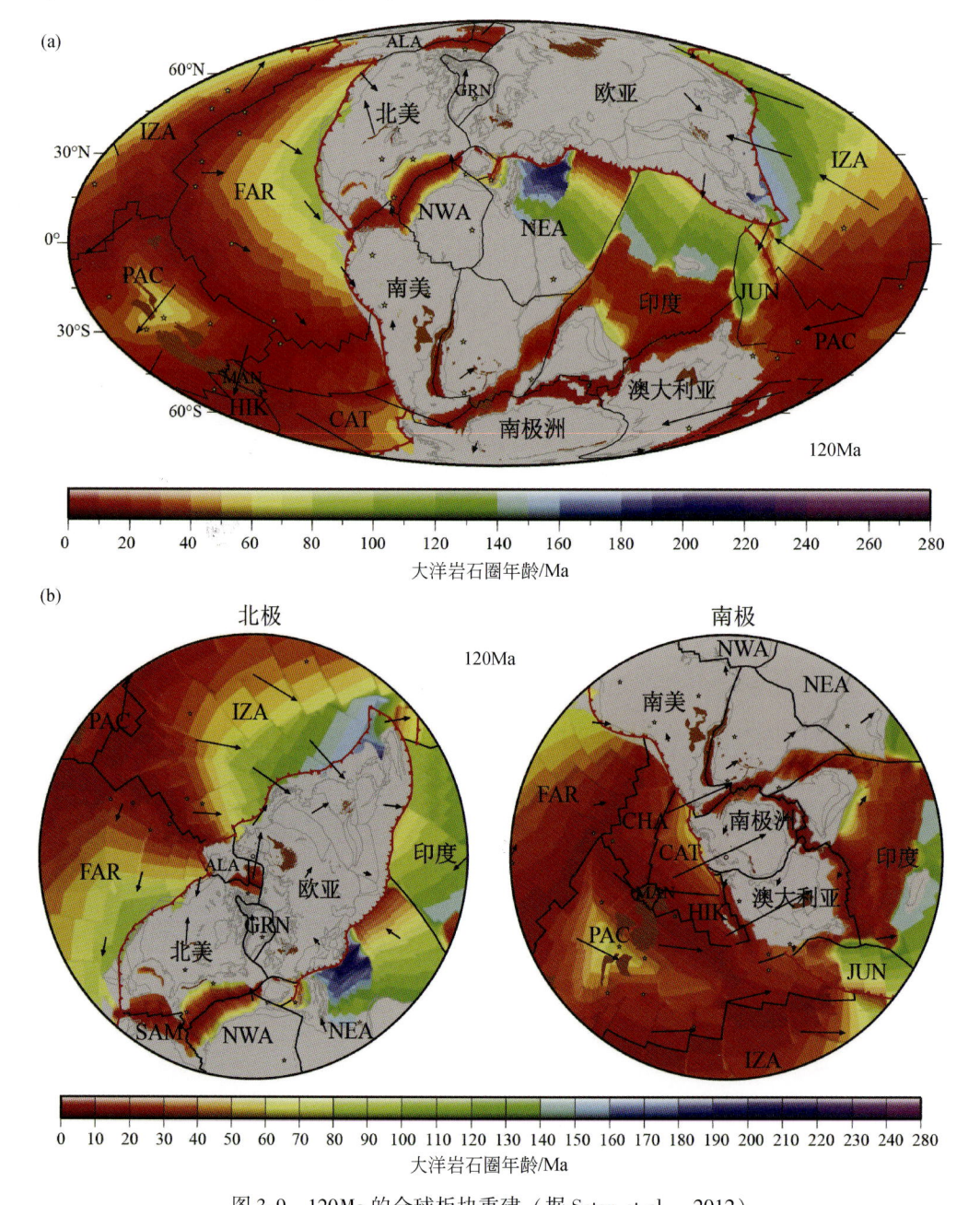

图 3-9　120Ma 的全球板块重建（据 Seton et al.，2012）

图例同图 3-5。ALA. 阿拉斯加；CAT. Catequil；CHA. Chasca 板块；FAR. 法拉隆板块；GRN. 格陵兰；HIK. 希库朗基板块；IZA. 依泽奈崎板块；JUN. Junction；MAN. 马尼希基板块；NEA. 东北非洲板块；NWA. 西北非洲板块；PAC. 太平洋板块；SAM. 南美

(6) 100~80Ma（图 3-10，图 3-11）

在泛大洋中，该阶段扩张作用沿太平洋-依泽奈崎、太平洋-法拉隆、法拉隆-依泽奈崎及与大陆裂解区有关的洋中脊进行。门多西诺、莫洛凯和克拉里恩（Clarion）破碎带中记录了扩张方向的改变（与太平洋—法拉隆洋中脊扩张作用有关），推测这

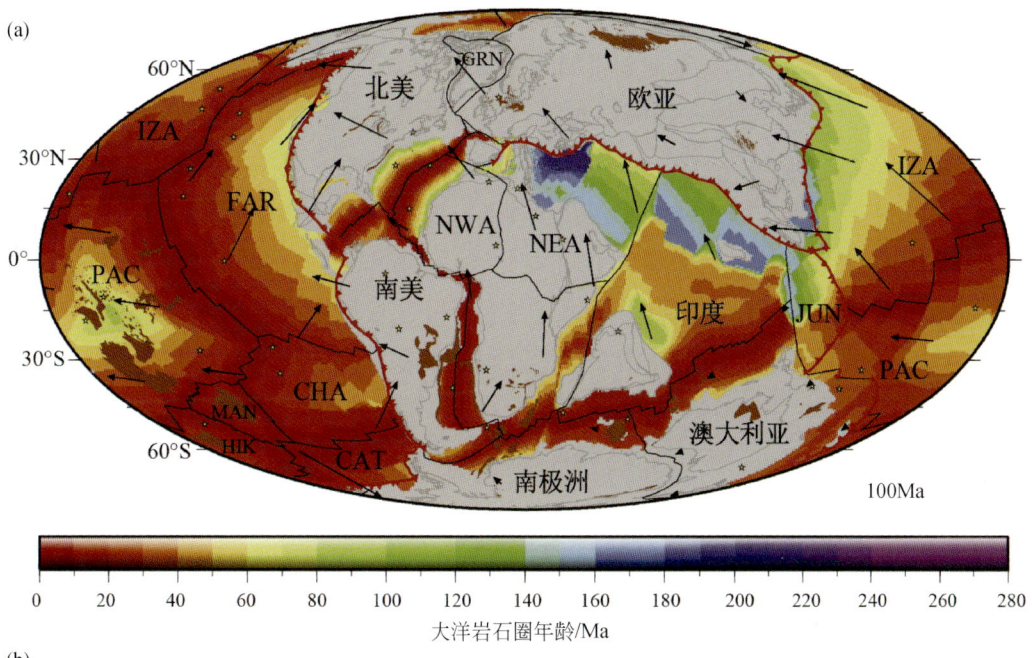

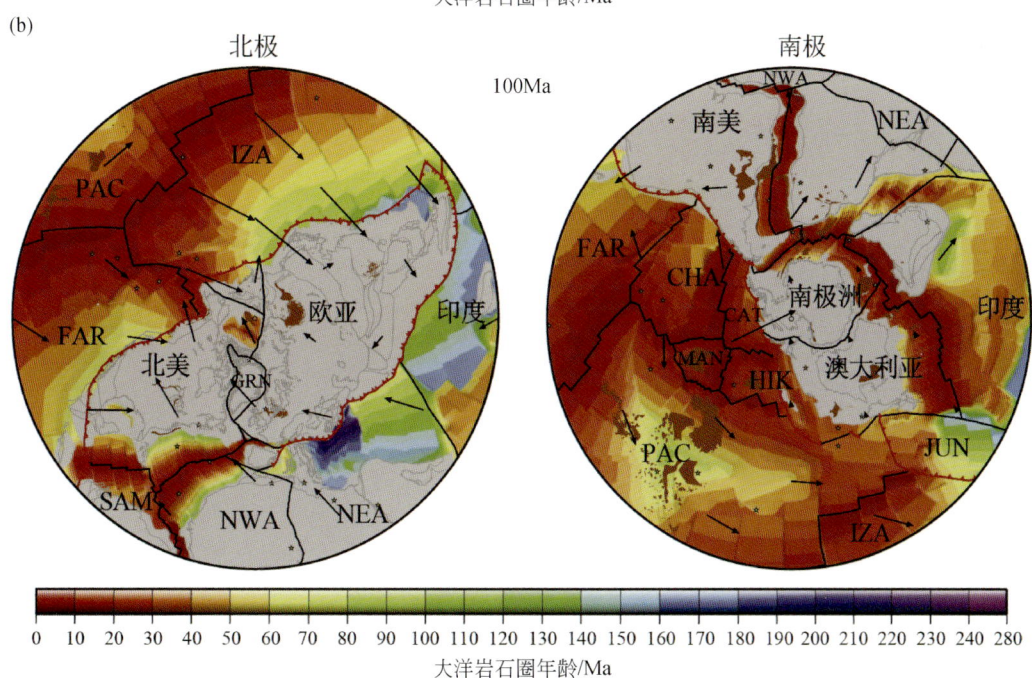

图 3-10 100Ma 的全球板块重建（据 Seton et al., 2012）

图例同图 3-5。CAT. Catequil；CHA. Chasca 板块；FAR. 法拉隆板块；GRN. 格陵兰；HIK. 希库朗基板块；IZA. 依泽奈崎板块；JUN. Junction；MAN. 马尼希基板块；NEA. 东北非洲板块；NWA. 西北非洲板块；PAC. 太平洋板块；SAM. 南美

个改变发生在103~100Ma,与太平洋板块上热点轨迹的弯曲是一致的,这说明在这个时间发生了板块重组。此外,奥斯本海槽中的扩张方向发生了顺时针旋转(图3-4),这个扩张方向的旋转改变了澳大利亚东缘的构造属性,使其从汇聚陆缘转变为走滑占主导的陆缘。86Ma时,希库朗基高原停靠在查塔姆隆起上,使与翁通爪哇、马尼希基和希库朗基高原有关的洋中脊扩张作用停止。沿这些洋中脊的扩张作用停止后,伸展区域向南跃迁到南极洲和查塔姆隆起之间,形成了太平洋-南极洲洋中脊。在东部,太平洋-法拉隆洋中脊向南延伸,与太平洋-南极洲洋中脊在太平洋-南极洲-法拉隆三节点处相交。

与大火成岩省有关的扩张中心停止活动后,太平洋板块变成了泛大洋中的主板块,也就是在这个时候,泛大洋(或古太平洋)转变成了太平洋。在西太平洋,塔斯曼海从84Ma开始打开,导致了豪勋爵隆起(Lord Howe Rise)板块的形成(图3-4)。在更北边,古南海开始在华南陆缘和婆罗洲/加里曼丹之间打开。

(7) 80~60Ma(图3-11,图3-13)

太平洋主要是由法拉隆板块在79Ma时裂解成库拉板块所控制的,这次裂解启动了沿东西向的库拉-太平洋洋中脊和北东-南西向的库拉-法拉隆洋中脊的扩张作用。库拉-法拉隆洋中脊延续了黄石热点的轨迹,并在沿陆缘向北迁移之前与北美洲陆缘相交。法拉隆板块裂解成库拉板块这个事件与在东北太平洋破碎带中观测到的扩张方向的改变是一致的。在这个模型中,在东部的库拉-太平洋洋中脊形成之后,扩张作用沿太平洋-依泽奈崎洋中脊持续进行。太平洋-依泽奈崎洋中脊快速靠近东亚陆缘,并在60Ma时最为接近;55~45Ma,该洋中脊俯冲到东亚陆缘之下,

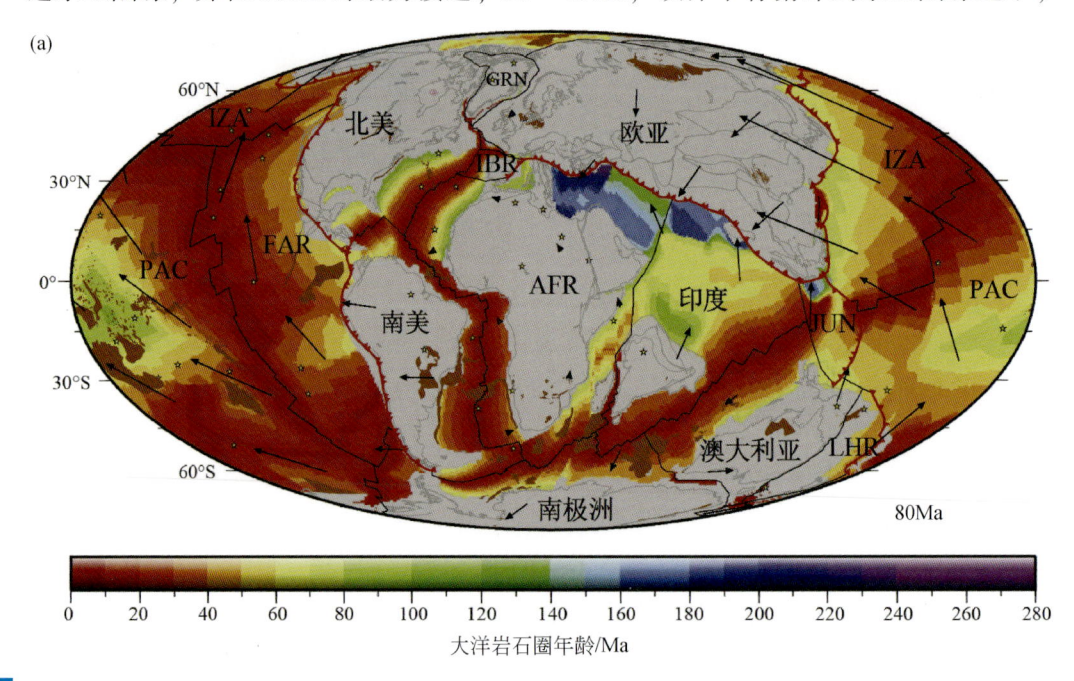

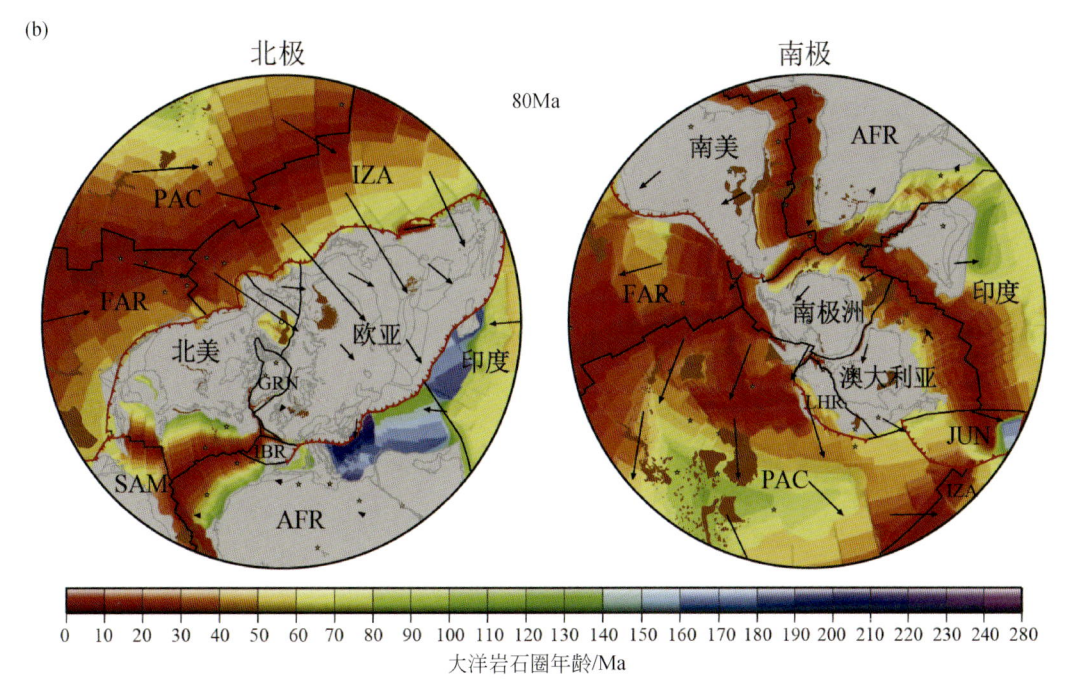

图 3-11 80Ma 的全球板块重建（据 Seton et al., 2012）
图例同图 3-5。AFR. 非洲板块；FAR. 法拉隆板块；GRN. 格陵兰；IBR. 伊比利亚；IZA. 依泽奈崎板块；JUN. Junction；LHR. 豪勋爵隆起；PAC. 太平洋板块；SAM. 南美

使得东亚陆缘整体抬升，大量盆地启动裂解。在南太平洋，扩张作用沿太平洋–南极洲洋中脊进行，向东延伸与太平洋–法拉隆和法拉隆–南极洲洋中脊相接。在67Ma 时，扩张方向的改变记录在南太平洋的破碎带中。

太平洋北部的精细演化模型建立在一个古地磁参考坐标系［图 3-12（a）］和一个地幔参考坐标系［图 3-12（b）］之上，Domeier 等（2017）采用最新的地质学、古地磁学和层析成像数据确定了板块边界，其余的板块边界引自 Seton 等（2012）。除了对 Kronotsky 弧进行简单的拉直（现今边界用虚线表示），该模型没有尝试其他变形复原技术。图 3-12（a）中，有颜色的五角星指示由平均古地磁确定的洋内弧的古纬度，误差用沿经度方向的短线表示（虚线包括倾斜斜面未校正结果的误差）；每个弧的古地磁参考点用黄色圆圈表示。现存的（现今）磁条带用蓝色细线表示，沿着千叶–阿留申（Kuril-Aleutian）现存洋壳重建后的边界用黑色虚线表示。依泽奈崎–克洛诺斯（Izanagi-Kronos）边界位置是未知的，两个可能的边界位置用虚线代替。图 3-12（b）中，根据地幔层析成像资料及上地幔和下地幔的平均下沉速率进行重建。正波速检测模板中层析成像数据体现了滤波数，表示层析模型数量，体现了某个位置具有明显的正波速度异常，即大于随深度变化的平均正值（Domeier et al., 2017）。从图 3-12（a）和（b）的对比中可以发现，现今太平洋内部深地幔结构也可用来约束已消失的古太平洋板块格局。

(a) 古地磁参考坐标系

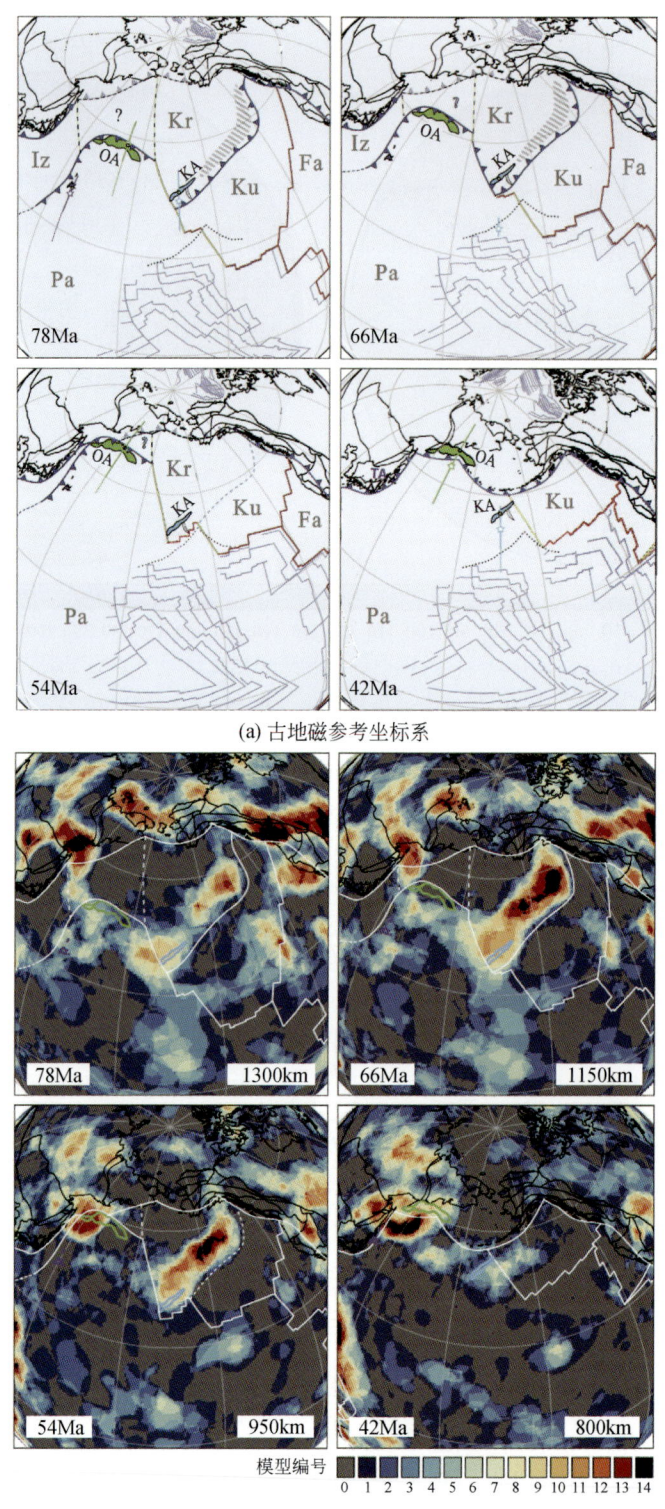

(b) 地幔参考坐标系

图 3-12　晚白垩世—始新世重建备选方案（据 Domeier et al., 2017）
Pa. 太平洋板块；Iz. 依泽奈崎板块；Kr. 克洛诺斯板块；Ku. 库拉板块；Fa. 法拉隆板块；
OA. 奥洛托尔斯基弧（Olutorsky arc）；KA. 克罗诺基弧（Kronotsky arc）

（8）60~40Ma（图3-13，图3-14）

在太平洋中，太平洋-依泽奈崎洋中脊在55~50Ma开始向东亚陆缘下俯冲，标志着依泽奈崎板块的死亡，在30Myr内形成了东亚大陆地幔过渡带的滞留板片。太平洋-依泽奈崎洋中脊俯冲消除了板片拉力，这与库拉-太平洋洋中脊的扩张方向由南北向转向北西-南东向是一致的。库拉-太平洋洋中脊在60~55Ma与太平洋-法拉隆洋中脊和库拉-法拉隆洋中脊相交。在55Ma之后，东太平洋主要被拓荒者号破碎带附近法拉隆板块的破裂所控制，该破裂形成了温哥华板块。这次裂解事件导致沿拓荒者号破碎带发生了小位移的相对运动。在更南部，沿太平洋-法拉隆、太平洋-南极洲、法拉隆-南极洲和太平洋-阿鲁克洋中脊持续发生扩张作用。坎贝尔高原附近与太平洋-南极洲洋中脊有关的破碎带记录了扩张方向在55Ma时的改变，这与太平洋在相同时间内发生的其他事件也很吻合。

在西太平洋，古南海的扩张作用在50Ma时停止，这与邻近的菲律宾海板块的顺时针旋转事件一致。菲律宾海板块运动方向的明显变化重组了这个区域的板块边界，导致巴拉望和古南海之间俯冲带的形成，也导致了古南海在50Ma之后的俯冲。同时，西菲律宾海盆和苏拉威西海仍在发生扩张作用。在更南部，古汤加-克马德克海沟之后，北忠诚盆地开始了扩张作用。

夏威夷海岭和皇帝海山链之间著名的~60°弯折代表了太平洋板块在~47Ma前运动方向的改变，但导致这种变化的起因仍然处于激烈的论争中，这包涵了主板块重组的本质过程。鲜为人知但同样重要的是在太平洋板块的大磁弯出现之前（80~47Ma）的运动学也难以理解。根据传统的板块模型，它指向一个快速扩张脊，这与

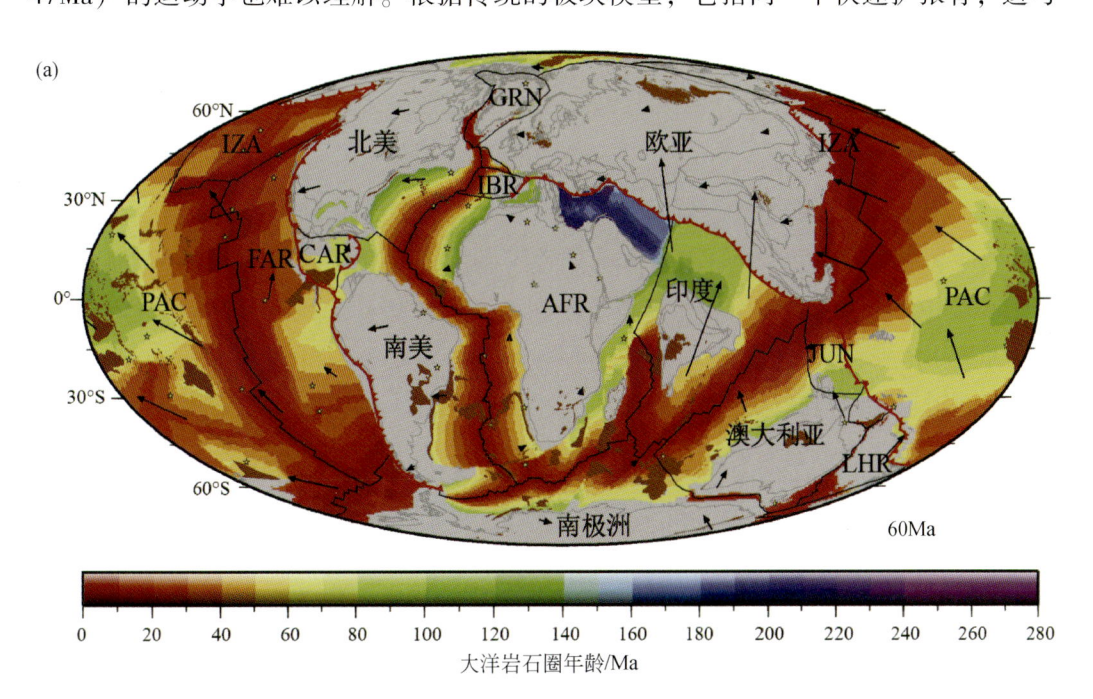

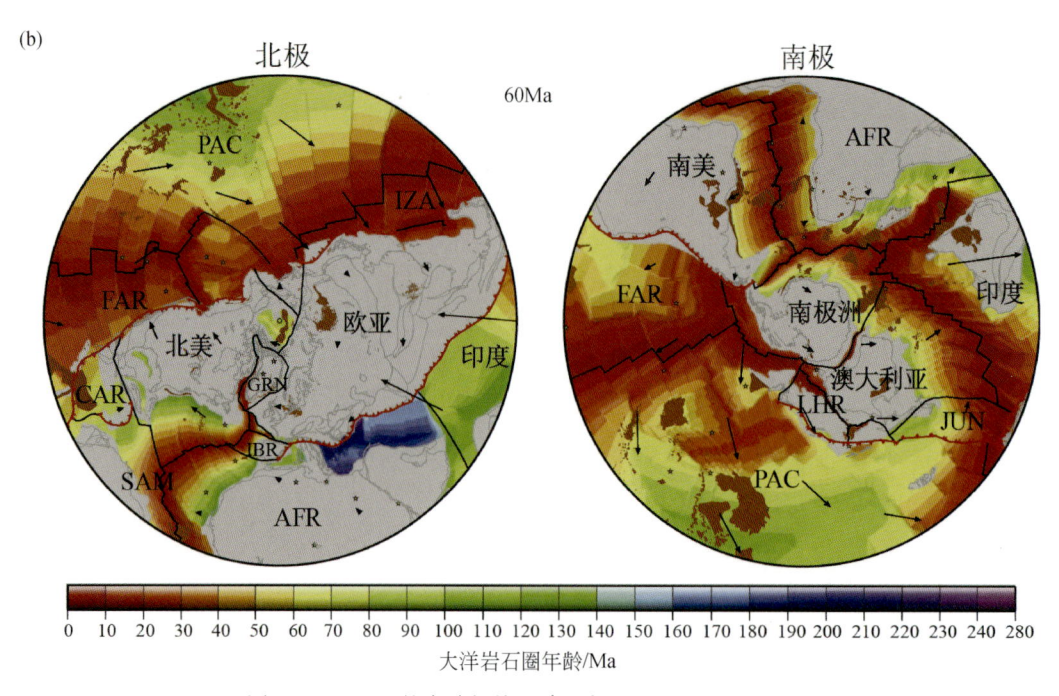

图 3-13　60Ma 的全球板块重建（据 Seton et al.，2012）

图例同图 3-5。AFR. 非洲板块；CAR. 加勒比；FAR. 法拉隆板块；GRN. 格陵兰；IBR. 伊比利亚；IZA. 依泽奈崎板块；JUN. Junction；LHR. 豪勋爵隆起；PAC. 太平洋板块；SAM. 南美

预测的构造受力方向相矛盾。利用地震层析成像、古地磁和大陆边缘地质学提供的约束条件，揭示了在晚白垩世至古新世期间存在两条洋内俯冲带，并指示了北太平洋的宽度，进而得出一个简单的板块构造模型。这些洋内俯冲带约束了太平洋域 80~47Ma 的运动史，推动了一次重大的板块重组（Domeier et al., 2017）。

(9) 40~20Ma（图 3-14，图 3-15）

太平洋中库拉-太平洋和库拉-法拉隆之间的扩张作用在 40Ma 时停止，导致太平洋内发育太平洋、温哥华、法拉隆、阿鲁克和南极洲等板块。默里转换断层与北美洲俯冲带在 30Ma 左右时的相互作用导致了圣·安德烈斯断层的形成，也对应了胡安·德富卡板块的形成。法拉隆板块的进一步破裂发生在 23Ma，导致了科科斯和纳兹卡板块的形成以及东太平洋海隆、加拉帕戈斯扩张中心和智利洋中脊的启动。

在西太平洋，西菲律宾海盆地的扩张作用在 38Ma 时停止，而苏拉威西海的扩张作用仍在进行。卡罗琳海的形成发生在一个快速向南迁移的俯冲带之后。到 30Ma 时，西倾的伊豆-小笠原-马里亚纳岛弧之后，四国和帕里西维拉海盆开始发生扩张作用，而苏拉威西海停止扩张。在西北太平洋，所罗门海在 40Ma 时开始扩张，南斐济海盆则在 35Ma 时开始启动。南斐济海盆扩张作用在 25Ma 左右停止。

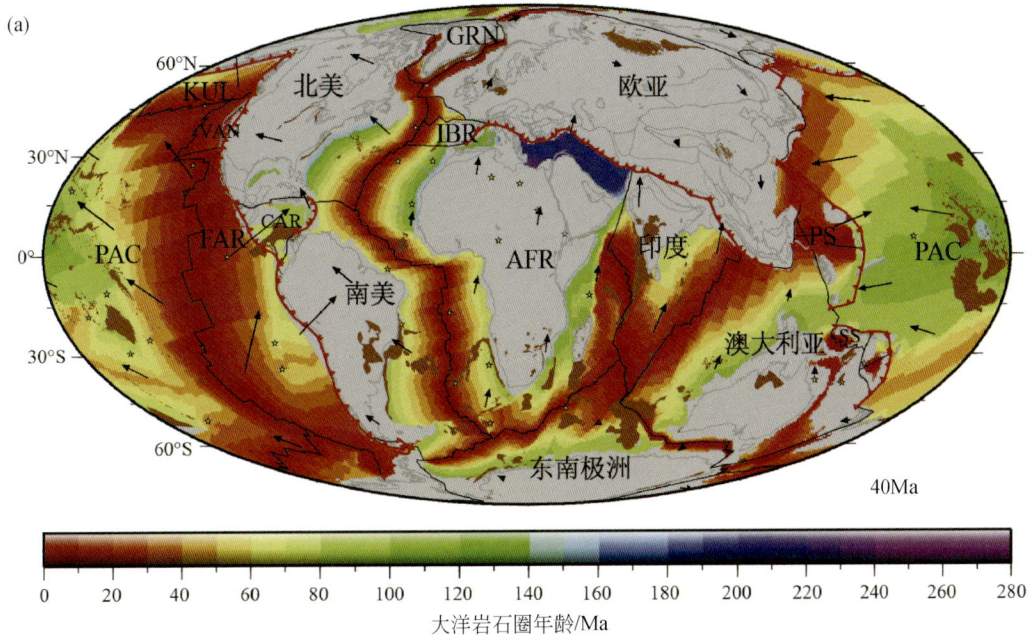

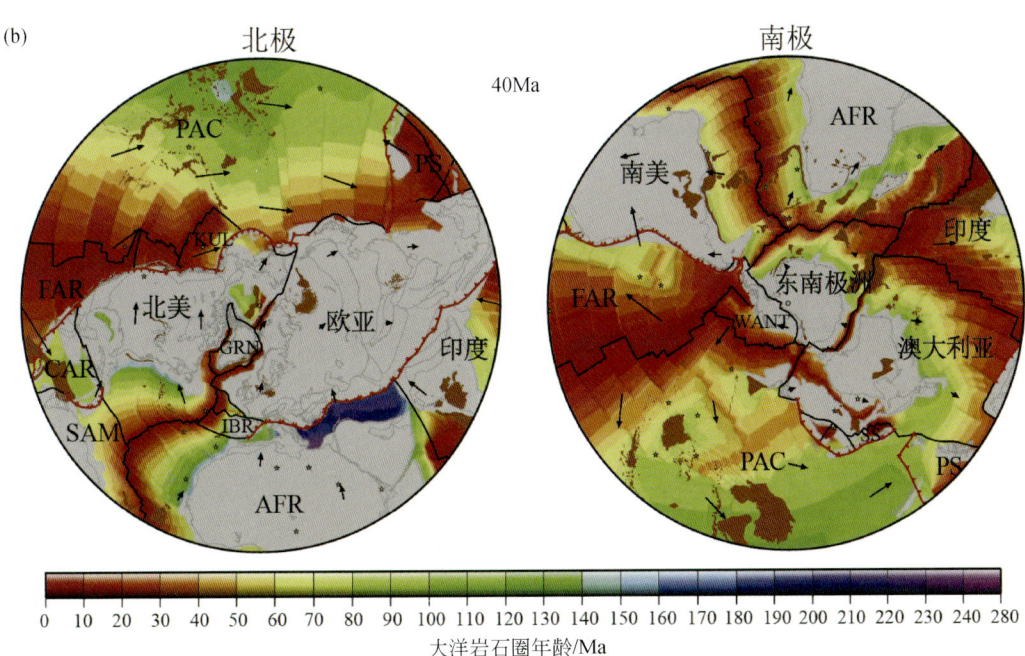

图 3-14 40Ma 的全球板块重建（据 Seton et al., 2012）

图例同图 3-5。AFR. 非洲板块；CAR. 加勒比；FAR. 法拉隆板块；GRN. 格陵兰；IBR. 伊比利亚；KUL. 库拉；PAC. 太平洋板块；PS. 菲律宾海；SAM. 南美；SS. 所罗门海；VAN. 温哥华；WANT. 西南极洲

(10) 20~0Ma（图 3-15）

在太平洋中，扩张作用沿太平洋-胡安·德富卡、太平洋-纳兹卡、太平洋-科科斯、科科斯-纳兹卡、太平洋-南极洲和纳兹卡-南极洲洋中脊进行。鲍尔微板块在 17Ma

沿东太平洋海隆形成，并持续到6Ma。之后扩张轨迹跃迁到东太平洋海隆（太平洋和纳兹卡板块之间）。东太平洋海隆是最快的洋中脊扩张系统（包括弧后扩张），现今还被几个微板块包围，即复活节、胡安·德富卡和加拉帕戈斯微板块。目前，胡安·德富卡微板块南界被门多西诺破碎带约束，并沿卡斯凯迪亚（Cascadia）俯冲带发生缓慢俯冲。

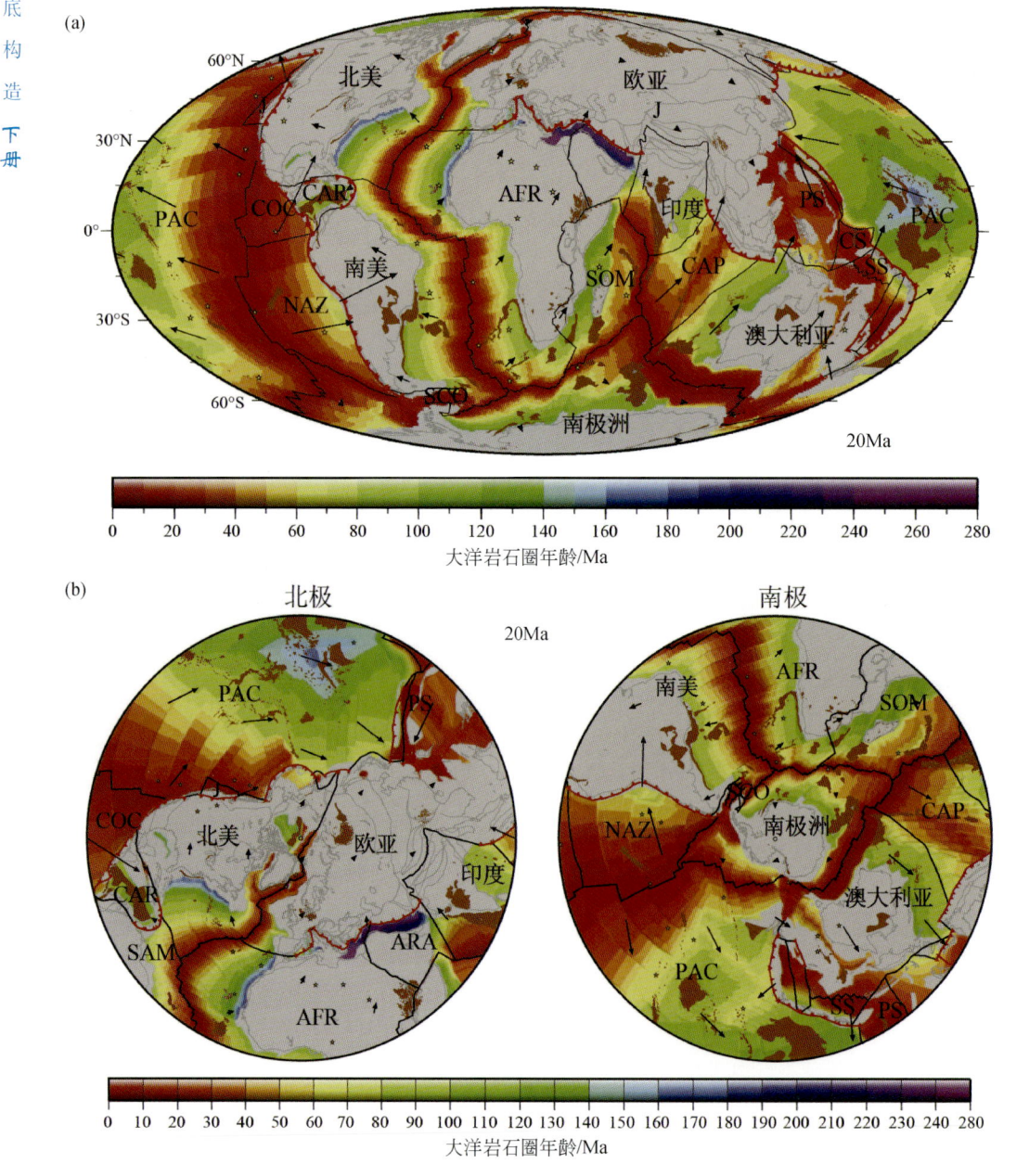

图 3-15　20Ma 的全球板块重建（据 Seton et al., 2012）

图例同图 3-5。AFR. 非洲板块；CAP. Capricorn；CAR. 加勒比；COC. 科科斯板块；CS. 卡罗琳海；NAZ. 纳兹卡板块；PAC. 太平洋板块；PS. 菲律宾海；SAM. 南美；SCO. 斯科舍海；SOM. 索马里板块；SS. 所罗门海；VAN. 温哥华；WANT. 西南极洲西太平洋主要由一系列弧后盆地控制，这些弧后盆地是由汤加-克马德克和伊豆-小笠原-马里亚纳海沟的后退式俯冲所引起。四国和帕里西维拉海盆及南海的扩张作用在15Ma时停止。到9Ma时，马里亚纳海槽的扩张作用开始启动。古南海在10Ma左右完全俯冲殆尽。劳海盆扩张作用起始于7Ma。

第 4 章 超大洋与超大陆演化

地质学家围绕地球早期板块边界性质、俯冲-碰撞过程、高级区-低级区关系、典型造山带的组成、岩浆成因和年代学、变质年代学、构造变形几何学与运动学、早期洋壳记录等内容做了大量的探索研究，为板块构造旋回至少始于新太古代前 (3.0~2.5Ga) 的传统认识奠定了基础。Brown (2007) 根据全球元古宙到显生宙不同地热梯度下的变质岩出现时间，把板块构造体制分为 2700Ma 以来极高热流值为特征的元古宙板块构造体制和 600Ma 后以低热流值为特征的现代板块构造体制。全球板块经历多次聚散，前人提出原地裂解与聚合 (intro-version)、裂解的相反方向聚合 (extro-version)、裂解的正交方向聚合 (ortho-version) 等超大陆聚合模式。然而，近年来 Piper (2013) 基于古地磁研究提出，地球在 600Ma 之前只存在过一个统一的超大陆，即板块构造旋回在 600Ma 的潘诺西亚 (Pannotia) 超大陆开始裂解之后才出现。但是，基于板块构造旋回的传统认识，地质学家综合地质、气候、环境等多方面因素，提出了 3.0Ga 的 Ur、2.7~2.5Ga 的肯诺兰 (Kenorland)、1.9~1.8Ga 的哥伦比亚、1.1Ga 的罗迪尼亚、250Ma 的潘吉亚等超大陆重建，这些超大陆都存在了较长稳定期后才开始裂解。

地球表层是由大洋和大陆所组成，其洋陆的演变主要是通过大陆的聚合和裂解来完成，是板块运动的结果。在地球演化某一阶段，当几乎所有大陆板块聚合到一起时，它们就形成一个超大陆。事实上，所有大陆板块聚合到一起的概率是极低的，与地幔动力学的周期性密切相关，这也是为什么地球在近 46 亿年漫长演化过程中只形成少数几个超大陆。其中，广为人知的是距今 250Ma 左右形成的潘吉亚 (Pangea) 超大陆 (也称"泛大陆")。地球上首次超级大陆的形成是地球初始板块构造演变的产物。因此，地球上首个超级大陆形成过程的研究也是探索板块构造启动的关键内容。

4.1 Kenorland（肯诺兰）

超大陆旋回是一个令人迷惑的有趣课题，尤为关键的是：第一个超大陆何时如何形成？目前，尽管有些证据表明存在几个超级克拉通 (Supercraton; Bleeker,

2003），但尚无可靠证据支持早于新太古代的超大陆存在。现今地球表面大概有35个克拉通，多数为更大陆块的裂解碎片。Bleeker（2003）建议，根据这些克拉通的相似程度，将其归为3组，每组都来自不同的超级克拉通。Slave（大奴）、Dhwarer（达瓦尔）、Zimbabwe（津巴布韦）、Wyoming（怀俄明）克拉通是某个超级克拉通，且这个超级克拉通在2.6Ga期间稳定存在，破裂于2.2Ga或2.0Ga（Ernst and Bleeker，2010）。Superior（苏必利尔）、Rae（瑞恩）、Kola（科拉）、Hearne（赫恩）、Volga（伏尔加）可能是不确定的第二个超级克拉通，而Kaapvaal（卡普瓦尔）和Pilbara（皮尔巴拉）为第三个超级克拉通的一部分。

图4-1表示了一个新太古代超大陆或更为准确地应为超级克拉通重建的例子，这个新太古代超级克拉通名为Kenorland（Aspler and Chiarenzelli，1998；Ernst and Bleeker，2010），即肯诺兰超大陆。其中，南苏必利尔和赫恩克拉通之间的约2500Ma、2446Ma、2110Ma三次地质事件可以很好匹配，而苏必利尔和卡累利阿（Karelia）克拉通之间不下四次地质事件可以匹配，且更为精确吻合。这些克拉通的裂离事件发生在2100～1980Ma的某个时间，但这个卡累利阿克拉通上准确确定的事件在南苏必利尔克拉通上没有匹配的事件。而这正好意味着，苏必利尔和卡累利阿克拉通年龄为2400～2300Ma的共同盖层应形成在克拉通内裂谷环境或伸展盆地中，并不是形成于克拉通裂离形成的被动陆缘上。第二个太古代超级克拉通就是Vaalbara（瓦尔巴拉），包括现今南半球的南非卡普瓦尔和西澳皮尔巴拉。虽然目前没有准确的定年来确定这样一个超级克拉通形成时间，但这两个克拉通的古地磁极约束其至少在2.8～2.7Ga就已经发生了聚合（De Kock et al.，2009）。

超级克拉通和超大陆的形成要求主要大陆地壳碎片不被循环进入地幔。但是，新太古代之前，地幔高温和高对流速率可能导致大陆地壳的快速循环，而没有足够时间碰撞形成超级克拉通或超大陆（Armstrong，1991），正是没有可靠的碰撞造山带记录，因而迄今也有学者坚持认为第一个超大陆应当为哥伦比亚超大陆，然而基于短寿命的LIPs事件（基性岩墙群）相关性和盖层层序相关性重建，第一个超大陆可能在新太古代已经出现。因此，必然要问：新太古代到底什么因素导致了首个超级克拉通形成？一个可能就是意味着板块构造机制的首次启动导致了这个超大陆形成，这个机制可在短期（小于或等于100Myr）产生大量大陆地壳。而且，数值模拟也表明，地球热演化到2500Ma的时候，自由对流模式会突发性转变为一阶地幔对流模式，是地球热演化的必然结果。如果是这样，首个超级克拉通的形成也就意味着是对全球首次广泛俯冲作用的响应。此外，新太古代超级克拉通生长的一个有利条件是太古代陆下岩石圈地幔较厚，因而具有相对较大的浮力而得以在板块俯冲体制下易于保存。

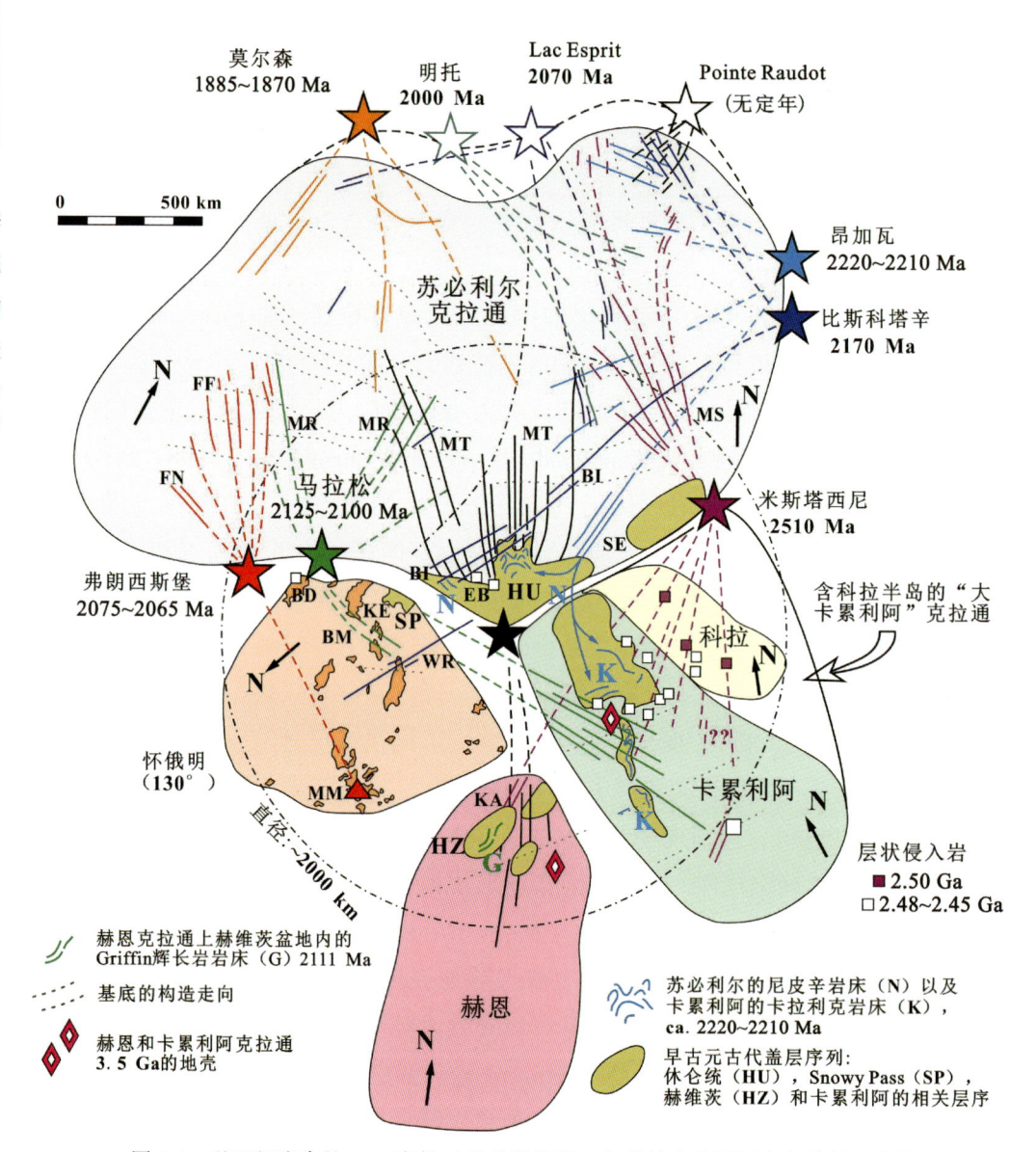

图 4-1 基于短寿命的 LIPs 事件（基性岩墙群）相关性和盖层层序相关性重建的新太古代超级克拉通或超大陆可能形态（Ernst and Bleeker, 2010）

岩墙群名称：KA, Kaminak；BI, Biscotasing（比斯科塔辛）；FF, Fort Frances（弗朗西斯堡）；FN, Franklin dyke（富兰克林岩墙，弗朗西斯堡岩墙群的一部分）；MR, Marathon（马拉松）；MS, Mistassini（米斯塔西尼）；MT, Matachewan（马塔奇文）；SE, Senneterre（森特尔）；EB, East Bull Lake intrusive suite（东牛湖侵入岩系）；BD, Blue Draw 辉长岩；BM, Bear Mountain dykes（贝尔山岩墙）；KE, Kennedy dykes（肯尼迪岩墙）；MM, metamorphosed dykes and sills（变质的岩墙和岩床）；WR, Wind River dykes（风河岩墙）；圆圈代表可能的地幔柱，它有可能驱散这些克拉通

4.2 Columbia（哥伦比亚）

20世纪80年代以来，元古宙超大陆受到科学家的广泛关注。Dalziel（1991），Hoffman（1991）和Moores（1991）几乎同时提出了以劳伦古陆为中心的Rodinia（罗迪尼亚）超大陆的概念（详见4.3节）。但是，之后的研究表明，组成罗迪尼亚超大陆的众多块体中存在2.1~18Ga古老的碰撞造山带（Nast，1997；Rogers et al.，1995）。Hoffman（1989）曾推断在罗迪尼亚之前存在一个古元古代—中元古代的超级大陆（Condie，1998，2000；Luepke and Lyons，2001；Rogers，1996）。Zhao等（2002）根据古地磁证据和全球造山带研究，提出2.1~1.8Ga的全球碰撞造山事件最终形成了一个古元古代—中元古代超大陆，将其命名为"Hudson"。Rogers和Santosh（2002）提出1.82~1.5Ga全球存在一个统一的超大陆（图4-2），并将该超大陆命名为哥伦比亚超大陆，因为他们认为北美哥伦比亚河（Columbia River）地区的3条中元古代裂谷带为该超大陆最主要的证据。为避免超大陆名称使用上的混乱，Zhao等（2002）弃用"Hudson"而改用"Columbia"来命名该超大陆，这一做法受到国际高度赞誉。

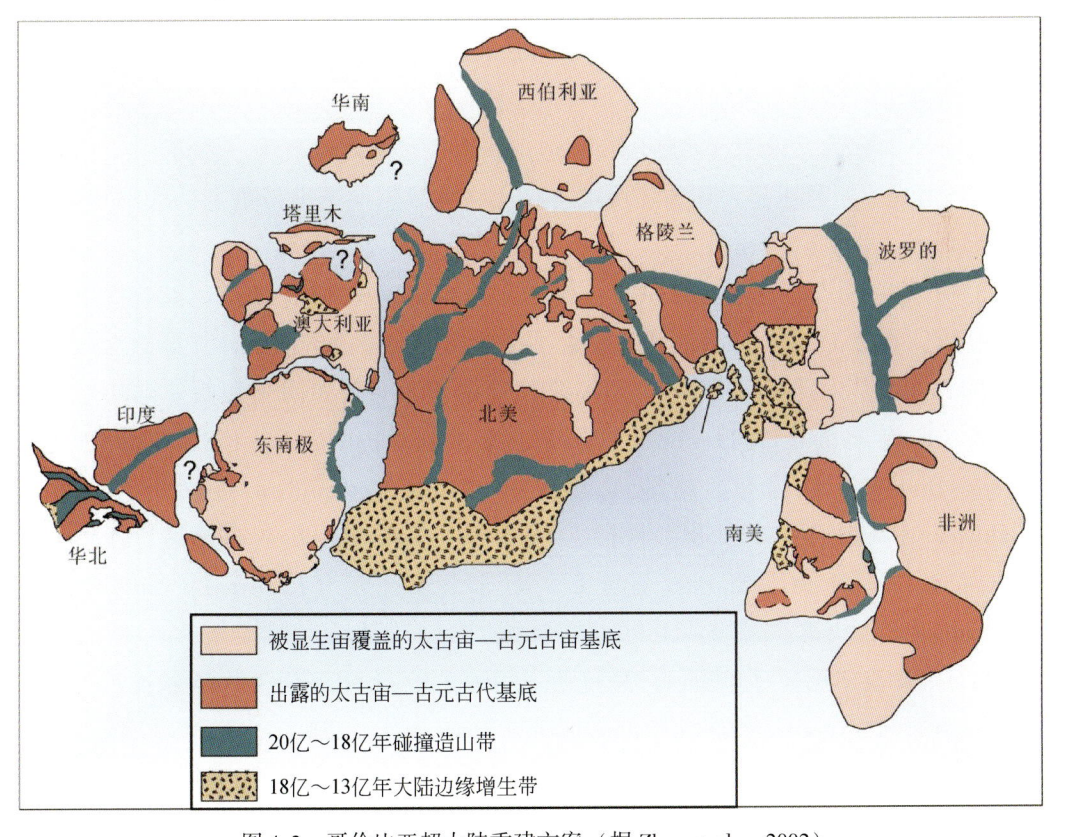

图4-2 哥伦比亚超大陆重建方案（据Zhao et al.，2002）

4.2.1 哥伦比亚超大陆的提出

现有研究资料表明，地球在~46亿年的漫长演化过程中只形成过少数几个超大陆，其中众所周知的是距今250Myr形成的潘吉亚超大陆。它是由德国气象学家Alfred Wegener于1912年首次系统科学论证的（Wegener，1912），但直到20世纪60年代末板块构造理论出现之后，潘吉亚超大陆才被人们广泛接受，并得到地质、古生物和古地磁资料所证实。自20世纪80年代以来，越来越多的地质学者认为中元古代末至新元古代初（距今11亿~9亿年）地球上曾存在一个更老的超大陆，因为地球在这一时期经历了全球规模的大陆碰撞事件，其中以北美10亿年前的格林威尔造山事件最为著名。1990年，Mark McMenamin和Dianna McMenamin在他们的《动物的出现》这一著作中，将这个超大陆命名为"Rodinia"（罗迪尼亚）。Rodinia一词源于俄语"Родить，rodit"，有"诞生"或"始创"的涵义，因为地质学家当时认为它是地球历史上所出现的第一个超大陆。

在整个20世纪90年代，罗迪尼亚超大陆的重建主导了超大陆研究领域，并成为国际地学界的一个研究热点。然而，在重建罗迪尼亚超大陆过程中，人们发现三个与"罗迪尼亚是地球历史上第一个超大陆"观点不符的地质事实。

1）罗迪尼亚超大陆许多组成陆块之间，如北美与西伯利亚，北美与南极、北美与澳大利亚，南美与波罗的，西非与南美之间等，并非是由1.0Ga的格林威尔期造山带连在一起的，说明这些陆块在罗迪尼亚形成之前就已成为一体。

2）组成罗迪尼亚超大陆的陆块都含有比格林威尔期造山带更老的大陆碰撞带，且主要形成于2.1~1.8Ga。

3）1.8~1.1Ga（长达0.7Gyr），地球上基本没有较大规模的陆–陆碰撞事件发生。相反，在2.1~1.8Ga，地球上发生了全球规模的碰撞造山事件，导致全球各古老大陆之间或其内部都有2.1~1.8Ga碰撞造山带分布，如南美和西非陆块之间的2.1~2.0Ga亚马孙中部-Eburnean碰撞带，北美陆块内的1.9~1.8Ga哈得孙中部（Trans-Hudson）碰撞带，格陵兰陆块内的Nagssugtoquidian碰撞带，波罗的（Baltica）古陆内的1.9~1.8Ga科拉–卡累利阿（Kola-Karelia）碰撞带，西伯利亚陆块内的1.9~1.8Ga Akitkan碰撞带，南非卡普瓦尔（Kaapvaal）和津巴布韦（Zimbabwe）陆块之间2.0~1.9Ga的林波波（Limpopo）碰撞带，西澳伊尔岗（Yilgarn）和皮尔巴拉（Pilbara）克拉通之间的2.0~1.9Ga Capricorn碰撞带，华北克拉通内部的~1.85Ga的华北中部碰撞带（Zhao et al.，2002），等等。

因此，基于以上研究，Zhao等（2000b）在第15届澳大利亚地质大会上首次提出地球上广泛分布的2.1~1.8Ga碰撞造山带可能记录了一次全球性陆–陆碰撞事件，导致了全球陆块之间的相互拼合而形成一个前罗迪尼亚超大陆，并将该超大陆命名为"Hudson"，因为北美陆块内的哈得孙中部造山带是导致该超大陆拼合的最典型陆-陆碰撞带。

2002年，Zhao等（2002）在国际地学权威刊物 Earth-Science Reviews 上发表一篇题为"Review of global 2.1-1.8Ga origens: implications for a pre-Rodinian supercontinent"的长篇论文（Zhao et al., 2002），对该超大陆的形成过程进行了详细阐述，并提出了该超大陆的重建方案（图4-2）。同年，美国北卡罗来纳大学 John Rogers 教授和日本高知大学 M. Santosh 教授在 Gondwana Research 杂志上合作发表一篇题为"Configuration of Columbia, a Mesoproterozoic Supercontinent"的文章（Rogers and Santosh, 2002），也提出存在一个比罗迪尼亚更老的超大陆，并将该超大陆命名为哥伦比亚，因为他们认为该超大陆裂解的最可靠证据是北美哥伦比亚河地区的3条中元古代裂谷带。为了避免该超大陆在名称使用上的混乱，赵国春等在论文（Zhao et al., 2002）校稿阶段，弃用"Hudson"而改用"Columbia"来称呼这一超大陆。John Rogers 教授后来在他和 Tucker 教授合作出版的 Earth Science and Human History 大学教科书中对赵国春教授的这个做法给予高度评价（Rogers and Tucker, 2008）。

2002年两篇有关哥伦比亚超大陆文章的同时发表立刻引起国际地学界的广泛关注。2003年，国际著名古地磁学家 Pesonen 等（2003）从全球元古宙古地磁重建角度支持哥伦比亚超大陆的存在。同年，Gondwana Research 上 Zhao 等（2003）的文章证实中国华北克拉通保留了哥伦比亚超大陆拼合、增生和裂解的完整记录。2004年，Zhao等（2004）又在 Earth-Science Reviews 上发表一篇题为"A Paleo-Mesoproterozoic supercontinent: Assembly, growth and breakup"的文章，对哥伦比亚超大陆拼合、增生和裂解过程进行了系统阐述（Zhao et al., 2004）。该文与2002年 Earth-Science Reviews 上的文章（Zhao et al., 2002）已成为哥伦比亚超大陆研究的两篇经典文献。

2005年，联合国教育、科学及文化组织和国际地质科学联合会设立一项主要研究该超大陆重建的国际对比专项（IGCP509：Paleoproterozoic Supercontinents & Global Evolution），来自25个国家的160多位地质学者参与了该国际对比专项，中国学者在该国际对比专项中起着重要作用。2002年以来，哥伦比亚超大陆的重建一直是国际地学界研究热点之一。根据 Web of Knowledge 全部数据库资料统计（以 Columbia supercontinent 或 Nuna supercontinent 为主题词检索），截至2013年8月，各国地质学者在各种期刊上已发表与哥伦比亚超大陆有关的学术论文400余篇，从地质和古地磁资料证实了哥伦比亚超大陆的存在并提出各种重建模式。与潘吉亚和罗迪尼亚超大陆一样，哥伦比亚超大陆现今已被地质学家普遍接受，尽管北美一些地质学家近年来喜欢用"Nuna"来称呼该超大陆。这个学术争论直到2012年，Meert（2012）

专门撰文给予界定，文中明确表明，尽管 Nuna 这个术语比哥伦比亚超大陆的提出早一点，但 Nuna 这个概念非常模糊，最初只是指劳伦（Laurentia）的元古宙陆核，且 Nuna 提出者后来表明原文中"Nuna"只是指更早提出的劳伦、波罗的（Baltica）和安哥拉（Angara）三个克拉通的链接（曾称 Nena），也没给出一个清晰的重建轮廓，因此，后来的 Nuna 界定也只能说是哥伦比亚的核心组成要素之一。Meert (2012) 严格按照 75% 以上的古—中元古代大陆汇集为一体这个标准界定后，明确指出哥伦比亚超大陆的提出才具有全球性和科学性。此外，Gower 等（1990）当初提出 Nena 的界定是指北欧和北美克拉通的链接，Rogers (1996) 继承发展 Nena，尽管其方案包括了全球一些主体陆核，但没有包括西冈瓦纳、印度、澳大利亚以及中国的一些微小陆核，因而还不被学界认可是最早提出的一个古—中元古代全球性超大陆。因此，哥伦比亚超大陆才是明确的具有清晰重建轮廓的、地质依据充分的古—中元古代超大陆。

4.2.2 华北两条陆陆碰撞造山带的厘定

哥伦比亚超大陆的提出原本启发于两项基于华北克拉通的突破性研究成果，即在华北中部发现一条形成于 ~1.85Ga 前的大陆碰撞带（Trans-North China Orogen），并证实它由东部地块和西部地块拼合而成，与当今的喜马拉雅山一样，是古大洋俯冲、闭合所形成的陆-陆碰撞带。后来，在华北西部地块内发现了另一条 ~1.95Ga 的大陆碰撞带（Khondalite Belt）。这些发现说明中国华北在 1.95~1.85Ga 前就已存在现代样式的板块构造，是由微陆块拼合而成，而在此之前，主流观点一直认为华北陆块是由一个统一的新太古界结晶基底所组成（白瑾，1993）。因此，这些发现改写了人们对华北陆块形成历史的基本认识。这两条古老大陆碰撞造山带的发现也引起国际地学界的广泛关注，华北也由此成为国际前寒武纪研究的热点地区和研究程度最高地区之一。

4.2.2.1 华北中部碰撞造山带的确定

在 20 世纪 90 年代末，Zhao 等（2000a）首先发现华北克拉通中部在一条近于南北走向、宽 100~300km、长达 1600km 的构造带内，所有不同类型和不同时代的变质岩石都具有相似的变质作用演化特征：早期经历地壳成倍加厚的进变质作用，峰期发生相对高压高温变质作用，而晚期都经历地壳大规模快速抬升的近等温降压变质作用，其变质作用 P-T-t 轨迹均表现为顺时针具等温降压的演化特征。这样的变质作用 P-T-t 轨迹演化特征与显生宙典型陆-陆碰撞造山带（如大别-苏鲁带和喜马拉雅山带）的变质作用 P-T-t 轨迹演化特征一致（Zhao et al.，2000a，2001b），反映了陆-陆碰撞的大地构造环境。相反，华北克拉通的东部和西部地区的太古宙基底岩石的变质 $P-T-t$ 轨迹则以逆时针具等压冷却演化为特征（Zhao et al.，1998），反映其变质作用与大规模幔源岩浆底侵有关。据此，Zhao 等（1998）提出华北克拉通中部带是一条典型的陆-陆碰撞造山带（图 4-3），是由华北克拉通东、西两个地块碰撞拼合而成（Li S Z et al.，2010）。

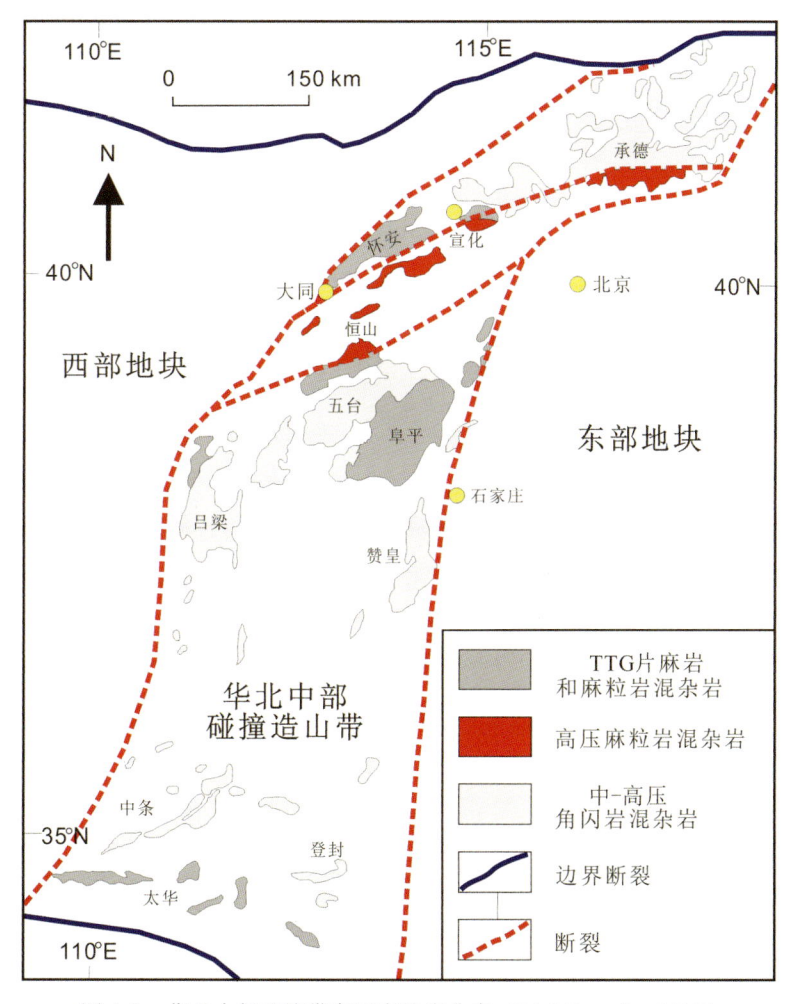

图 4-3　华北中部碰撞带高压麻粒岩分布（Li S Z et al.，2010）

在此基础上，人们对华北克拉通东、西地块和中部碰撞造山带的岩石组合、构造样式、岩石地球化学和同位素年龄进行了进一步总结对比（Zhao et al.，2001b；Wu et al.，2005），结果发现华北中部碰撞造山带在其他方面也与华北东部、西部地块太古宙基底不同，具有典型碰撞造山带诸多特征，其中包括以下几个。

1) 带内沿恒山-怀安-宣化-承德一线所出露的高压麻粒岩和退变榴辉岩（图 4-3）。
2) 以五台群金刚库组基性-超基性岩为代表的可能的残余洋壳和混杂岩。

3）带内构造岩片显示多期变形、紧闭同斜褶皱、鞘褶皱、矿物拉伸线理、大规模推覆体和模韧性剪切带（Li S Z et al., 2010）。

4）大量岩浆弧岩石组合。

5）以野鸡山群、吕梁群、嵩山群所代表的弧前或前陆盆地的存在等（Guan et al., 2002；Lu et al., 2008）。

相反，华北东、西地块太古宙基底与世界其他地区太古宙基底一样，除局部地区的花岗-绿岩地体变质级别相对较高之外，主要以低级花岗-绿岩地体和高级片麻岩穹窿为特征，片麻理由变质矿物定向而成，其区域变质作用时间发生在~2.5Ga，而华北中部碰撞造山带岩石的区域变质作用时间是在1.9~1.8Ga。基于这些地质事实，赵国春等（Zhao et al., 2001a, 2001b）系统论述了华北东部地块和西部地块与中部碰撞造山带在物质组成、地球化学、变质演化、构造样式及变质时间上的显著差别，进一步佐证华北中部碰撞造山带是一条典型的陆-陆碰撞造山带，是由东部地块与西部地块在古元古代（1.9~1.8Ga）拼合而成。为了精确地确定华北西部地块与东部地块的碰撞时间，应用离子探针质谱计（SHRIMP）等微区测年技术，对华北中部造山带岩石开展了系统的变质定年研究，结果显示带内所有变质岩石的变质时间都在1.9~1.8Ga（Wilde et al., 2002；Yin et al., 2009；Xia et al., 2006a, 2006b；Zhao et al., 2010），这说明东部地块与西部地块是在距今18.5亿年左右才最终拼合形成华北克拉通的统一结晶基底。

4.2.2.2 华北西部地块内古元古代碰撞造山带——孔兹岩带的确定

自2003年以来，华北克拉通的研究重点扩展到西部地块和东部地块的内部，其中一项突破性研究成果是在西部地块内又发现一条古元古代碰撞造山带，因其主要组成为孔兹岩系而称为孔兹岩带（Khondalite Belt）。目前，在该带又发现泥质高压麻粒岩（Yin et al., 2014），更进一步佐证了这个认识。该碰撞造山带呈东西向延伸上千千米，将西部地块分成北部的阴山地块和南部的鄂尔多斯地块。与华北中部碰撞带一样，华北西部的孔兹岩带具有典型碰撞造山带诸多特征，尤其是该带含有高压泥质麻粒岩和超高温岩石。由于孔兹岩系的原岩是以泥岩和页岩为主的沉积岩，形成于稳定的地表环境（被动陆缘），所以只有俯冲和陆-陆碰撞的构造机制才能将这些沉积岩从地表带到下地壳深度而遭受高压麻粒岩相变质作用。正因如此，2005年赵国春等在 *Precambrian Research* 上发表文章提出孔兹岩带是华北克拉通内部另一条陆-陆碰撞造山带（图4-4），沿此碰撞带，北部的阴山地块和南部的鄂尔多斯地块在古元古代发生碰撞拼合形成西部地块（Zhao et al., 2005）。

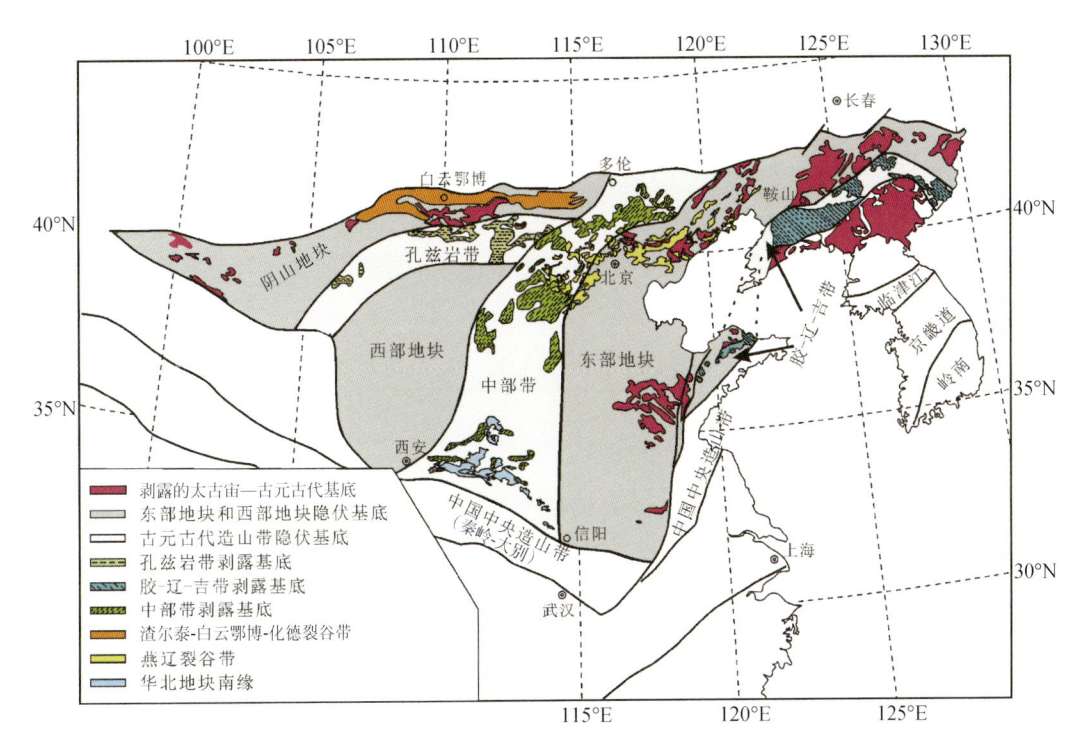

图 4-4　华北克拉通古元古代构造格架（据 Zhao et al.，2005）

为了精确地确定阴山地块和鄂尔多斯地块的碰撞时间，应用 LA-ICP-MS 微区测年技术，对孔兹岩带岩石中的变质锆石开展了系统的定年研究，结果显示绝大多数变质锆石的年龄为距今 19.5 亿年左右（Xia et al.，2006a，2006b；Zhao et al.，2010）。据此，可确定阴山地块是在距今 19.5 亿年左右与鄂尔多斯地块碰撞对接而形成西部地块，随后西部地块在距今 18.5 亿年左右再与东部地块拼合形成统一的华北克拉通基底，即华北克拉通基底形成经历了两次陆-陆碰撞事件（Zhao et al.，2010）。位于孔兹岩带与华北中部带交汇部位的集宁杂岩和怀安杂岩显示两期麻粒岩相变质作用的叠加为此提供了有力证据（Zhao et al.，2010）。

古元古代孔兹岩带与华北中部碰撞造山带的发现对于探索板块构造在华北克拉通何时启动具有极其重要意义。这两条古元古代碰撞造山带的存在，表明当今的板块构造机制于 1.9~1.8Ga 前就已在华北克拉通上启动。正因如此，两条碰撞造山带引起国际各种地学组织和一些著名学者的极大关注。2002 年 9 月 23~30 日，美国地质学会（Geological Society of America）在华北中部碰撞造山带的恒山-五台地区组织了国际高规格的彭罗斯（Penrose）野外考察现场会；2007 年 8 月 17~24 日，国际 IGCP 509 项目组织了恒山-五台-阜平野外现场讨论会；2010 年 10 月 15~19 日，国际前寒武纪研究中心组织了华北西部孔兹岩带超高温岩石野外现场会，等等。华北克拉通也由此成为国际前寒武纪研究的一个热点地区，澳大利亚、德国、法国、英国、美国、加拿大等国地质学家相继来该区与中国学者开展合作研究，取得大量新的研究成果。至此，赵国春等在华北发现两条古元古代（1.95~1.85Ga）陆-陆碰撞造山带，并提出华北克拉通基底是由若干微陆块在古元古代相互拼合而成（Zhao，2001b；Zhao et al.，2002，2005；Li S Z et al.，2010）。目前华北克拉通已成为全球克拉通大陆研究程度最高地区之一。从这一点上看，我国前寒武纪地质研究为提高我国地学研究在国际舞台上的地位做出了巨大贡献。

4.2.3 胶辽吉陆内造山带的确定

华北克拉通东部是全球最典型的早前寒武纪地区之一，保存了39亿年的历史。古元古代是地质历史中动力学与热力学格局转变的重要时期。古元古代的构造格局、构造体制与太古宙的相比发生了明显变化，出现不同性质的线性构造带和相对稳定地块的并存构造格局。但20世纪90年来以来，是否出现板块构造体制始终存在不同认识或疑惑。以古元古代胶辽吉带为核心，探讨两侧从新太古代至古元古代期间的构造-热转换过程和动力学机制，基于胶辽吉带内部地层、变质、变形、地质事件等完美的可对比性，可以探讨华北板块构造起源时间。

胶辽吉带也称为胶辽吉造山带，出露较好的辽东段通常作为其他地段相应造山带研究的对照标准，其主要构造单元可划分为两大部分：辽河群和辽吉花岗岩，后者进一步划分为北辽河群和南辽河群（图4-5）。

（1）胶辽吉带构造单元

南、北辽河群是胶辽吉带内最具代表性且岩性、古生物、变质、变形等完全可比的变质地层，辽吉花岗岩是该带伴随南辽河群广泛分布的变质变形的花岗岩。因为这种空间的紧密关系，张秋生教授早在20世纪60年代就提出了一个争论长达半个世纪的辽吉花岗岩"既老又新"的模糊认识。然而，通过长期地质填图，野外并未确切发现任何辽吉花岗岩侵入辽河群的现象，两者之间几乎全为韧性剪切带的构造接触。随着SHRIMP定年方法的成熟，最近系统而精确地确定胶辽吉带广泛分布的辽吉花岗岩年代为2.179~2.154Ga。同样，利用LA-ICP-MS定年，确定辽河群的沉积时限为2.05~1.93Ga，辽河群沉积形成于非常短暂的时限。这些结果进而澄清了前人认为辽河群沉积时限长达7亿年的长期误会和模糊认识，特别是，在辽河群碎屑锆石中还发现辽吉花岗岩年龄相同的碎屑锆石，结合构造变形、变质、沉积等多种地质约束，更是明确确定了"辽吉花岗岩"为辽河群的基底。

对整个胶辽吉带南北两侧太古宙基底的详细填图调查发现，"辽吉花岗岩"也见构造就位于北辽河群中、侵入北部龙岗地块内和南部狼林地块中，可见华北克拉通东部基底具有统一性。此外，胶辽吉带内部几十年来也从未发现经典的原岩为安山岩的岩石组合，进而，进一步确定胶辽吉带的原型盆地与现代陆内裂谷可比，不仅线性分布特征清晰，而且形成时限相当。

胶辽吉带的最早盖层的年代确定也取得一些进展，利用 LA-ICP-MS 定年，确定了张秋生（1984）原定为古元古代的榆树砬子组实际为新元古代早期沉积建造，而不是前人认为的胶辽吉带造山后的磨拉石建造或中元古代长城系组成，进而确定辽东东部缺失中元古代建造，说明胶辽吉裂谷发生过全面封闭与隆升剥蚀。

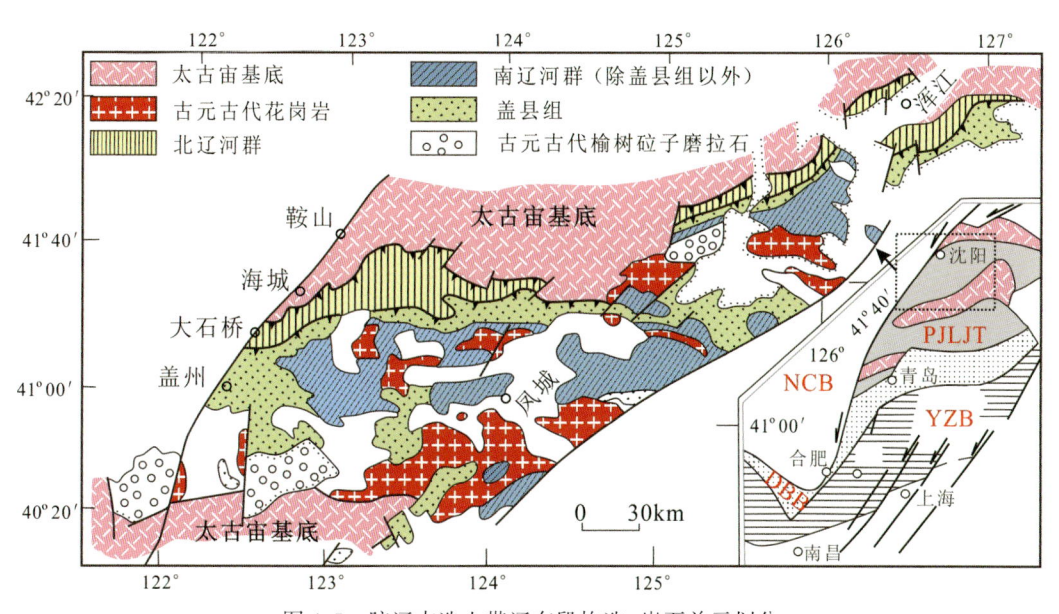

图 4-5 胶辽吉造山带辽东段构造-岩石单元划分

NCB. 华北陆块；DBB. 大别造山带；YZB. 扬子地块；PJLJT. 胶辽吉古裂谷

（2）胶辽吉带构造-热事件序列

胶辽吉带作为华北克拉通的一个重要构造单元得到广泛认可，成为研究华北克拉通形成和破坏的两方面人员广为引用的经典划分方案。利用 SHRIMP 锆石 U-Pb 定年和 ^{40}Ar-^{39}Ar 法，确定辽河群的变质时限为 1.914~1.875Ga，李三忠（1993）建立了构造变形相关的四阶段变质幕，最早发现南、北辽河群的变质作用 P-T-t 轨迹相反（图 4-6），后被卢良兆教授（1996）、贺高品教授和叶慧文（1998）等的研究多次证实；提出垂向递增变质带概念，这丰富了传统递增变质带（侧向）认识。

通过变质变形关系、显微构造、变质作用研究，提出南、北辽河群经历了三幕变形，其中第一幕变形为伸展变形，指出其不同于典型的变质核杂岩，提出类似渠道流模式的"隆-滑构造"模型。其中，结合年代学界定了每幕变形事件时限，第一幕变形为 1880~1844Ma，第二幕事件为 1843~1817Ma，第三幕事件为 1815~1790Ma。在系统地对华北克拉通整个东部古元古代和太古代地质野外实地科学考察后，针对华北克拉通五台地区与胶辽吉带的构造对比，将辽河群变形与恒山、五台

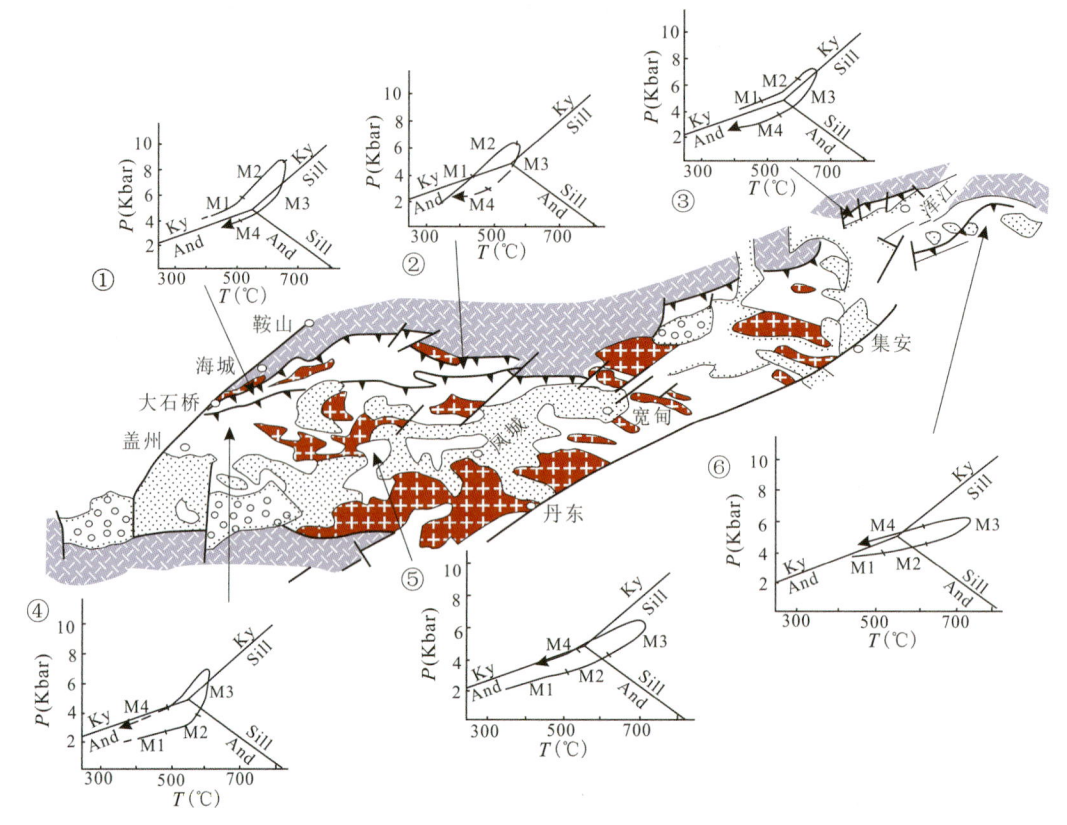

图 4-6　辽河群逆反的 P-T-t 轨迹

和阜平地区构造变形特征重点进行了对比，确立了华北克拉通东部古元古代经历了统一的三幕–四幕变形样式（图 4-3），这不仅抛去了五台–恒山–阜平构造带存在多个角度不整合和多期构造运动的半个多世纪的传统认识，同样，发现姜春潮研究员（1987）在辽吉地区划分的 3–4 个区域性角度不整合同样不存在，而是一系列早期伸展滑脱形成的顺层韧性剪切带。

精确约束辽吉花岗岩年代的同时，也厘定了后造山或造山后无变形变质花岗岩的时代为 1.875~1.850Ga，侵入变形变质的辽河群，不仅确定了辽河群变形的最终时代，而且，在辽吉花岗岩中发现锆石边变质年龄与辽河群相同，说明辽吉花岗岩的变形变质时代与辽河群相同，这也被后期精细定年研究不断进一步确证。

最终，证明胶辽吉带具有统一的岩浆–变质–变形事件序列，不存在多期变质、多期构造运动；也否定了南、北辽河群为不同变质地体拼贴的模式，或者弧–陆碰撞模式，或双缝合线模式。系统建立了胶辽吉带从南到北、从东到西统一的构造–热演化序列。

（3）胶辽吉带泥质高压麻粒岩

在胶北栖霞地区基性高压麻粒岩分布区发现了具有石榴石+蓝晶石+正条纹长

石+反条纹长石+白云母+金红石特征组合的泥质高压麻粒岩。通过 THERMOCALC 程序定量计算并建立泥质岩石的 P–T 视剖面图，确定该高压麻粒岩变质峰期的温压条件为 $T = 800 \sim 840℃$，$P = 1.0 \sim 1.25\text{GPa}$，峰期后先呈现近等温降压（ITD）变化，后期呈现近等压冷却（IBC）变化，构成典型的顺时针 P-T 演化轨迹，反映陆壳先发生碰撞增厚，后又快速折返到正常地壳深度的变质动力学过程。

华北克拉通东部胶-辽-吉古元古代活动带是属于陆内裂谷带，学界一直存在较大争议，认为裂谷不可能封闭。胶北地块古元古代晚期高压泥质麻粒岩、深熔作用的发现表明该活动带局部曾经历高温、高压变质作用改造，并具有顺时针 P–T–t 演化轨迹。由于高压泥质麻粒岩的原岩为地表沉积岩，其形成必然要经历地壳俯冲、加厚过程，充分说明裂谷发生了封闭，反映其成因机制很可能最终与陆-陆碰撞造山作用有关，从而为正确认识华北克拉通东部地块古元古代晚期的构造演化提供了重要岩石学制约。

总之，系统的岩石学、地球化学和变质动力学成果，支持了构造研究结果，即东向俯冲模式的正确性；发现胶辽吉带高压麻粒岩分布的构造控制规律，并解释了高压麻粒岩的同造山挤出剥露机制；在东部地块胶辽吉带长期研究基础上，系统提出了一个统一的古元古代华北克拉通化过程中的动力学演化模型，将胶辽吉裂谷的成因归结为华北中部碰撞造山带古元古代斜向俯冲-碰撞，之后的裂谷封闭可能与东、西部地块早期碰撞的远程效应有关联；初步界定了胶辽吉构造带为古元古代板内造山带的属性，而今这类造山带被命名为裂熔造山带（Zheng and Wu, 2018）。

(4) 华北克拉通板块构造起源时间

华北克拉通结晶基底的形成过程主要可分为三个过程：多陆核分散形成阶段、微地块拼合阶段和华北克拉通化阶段，最终导致多个微地块集结为华北克拉通结晶基底。因太古代末期华北克拉通东部的龙岗和狼林微地块碰撞拼合为整体一块，沿龙岗地块南缘或东缘出现了新太古代非造山型钾质花岗岩，证明了 2.5Ga 左右胶北（狼林地块）和辽北（龙岗地块）碰撞的证据，这也得到了胶北岩石学和变质年代的证实（图 4-5）。

太古宙洋壳板块沿华北中部构造带向东俯冲于东部陆核西缘（图 4-7），因而早前寒武纪早期中部构造带和华北克拉通东部陆核虽有着极为不同的演化历史，两个单元的新太古代物质组成属性也不同，但新太古代末期都发育一些岛弧型建造，这些岛弧建造最终增生或直接发育于东部地块西缘一定范围，这意味着现代板块构造体制的俯冲-增生过程可能启动（图 4-7）；同样，在华北克拉通中部构造带北段的尚义杂岩也可能具有相同成因，并可能因太古宙板块的刚性不如现今板块的刚性强，导致俯冲过程发生中断，诱发再富集的地幔楔岩浆大量形成上涌，同时引起地壳中早期 TTG 等地壳岩石再熔融和复杂交代作用，这可能是太古宙多数为热俯冲所致。与现代板块体制差异的原因，可能是太古宙相对现今的极热状态，而现代板块体制多为相对冷的俯冲。在东部地块西缘中段的鲁西地区、青龙-朱杖子地区也有一套岛弧型玄武岩和富钾的安山岩、英安岩形成于 2604~2511Ma，~2560~2510Ma 为弧岩石组合，~2604Ma 更合理的解释是代表一次更老的造山事件；在东部地块西缘北段的辽北清源绿岩带研究中，新宾地区的基性-超基性和酸性火山岩（>2510Ma）与石英闪长岩（2570~2510Ma）、TTG（2570~2510Ma）和石英二长岩（2510~2490Ma）侵入体的地球化学特征表明，它们都是太古宙热俯冲的产物，并可能是一个新太古晚期的岛弧根部带，~2480Ma 这个岛弧可能抬升而剥露 [图 4-7 (a)]。这些物质记录都说明新太古代洋壳向华北克拉通的东部陆核西缘俯冲的过程，并意味着初始板块体制出现在东部陆核西缘。这个过程一直持续到古元古代早期，小秦岭地区太华杂岩中 2.45~2.20Ga 的岩浆岩也可能是安第斯型大陆弧或岛弧背景下初始岩浆与古老地壳成分不同程度混合的产物，随后也经历了中部带类似的 1.97~1.82Ga 的变质变形作用 [图 4-7 (c)、(e) 和 (f)]。此外，东部地块西缘的地幔柱相关的科马提岩、变质叠加的弧相关钙碱性火山岩和花岗片麻岩可能综合表明，在新太古代早期可能还存在 2.7Ga 左右的地幔柱-陆核或微地块相互作用、地幔柱-岛弧相互作用等壳幔过程；而新太古代晚期的 2.6~2.5Ga，板片-地幔楔相互作用和岛弧-微陆块相互作用过程，伴随洋内弧增生，表现出明显的太古宙基底岩石的不对称分布，这些都进一步佐证了华北中部碰撞造山带的洋壳向东部陆核西缘俯冲的俯冲极性，而不是西向俯冲。

总之，岩石学及地球化学研究表明，东部地块西缘新太古代-古元古代岩石反映为一种岛弧型巨型侵入岩带，Sun 等（1993）最早从地球化学角度，确定华北克拉通最早的岛弧型火山岩建造是 2.56Ga，是西部地块沿华北中部碰撞造山带俯冲于东部地块之下的结果。这满足板块构造体制出现的必要条件之一——俯冲作用。最新 SHRIMP 定年研究表明，在新太古末期，西部两个陆核之间、西部与东部陆核之间均为宽阔的大洋相隔，中部带在新太古代为大洋内或边缘的一些小陆块和岛弧，这又满足板块构造出现的必要条件之二——对流循环。P-T-t 轨迹研究表明，两个陆核的轨迹正好相反，反映其变质动力学过程不同或大地构造背景有明显差别（图 4-6）。

此外，通过对龙岗地块与辽河群接触带附近的详细构造分析表明，辽河群角度不整合于太古宙卵形构造之上。胶辽吉造山带原型盆地是一个裂谷带，辽河群最早沉积年代厘定为 2.2Ga，这意味着华北克拉通东部 2.2Ga 之前至少具有了一定的刚性，也意味着东部陆核在张性裂解背景下的线性构造带的首次出现，并满足板块构造出现的必然条件之三——刚性。综合上述种种迹象，表明华北克拉通初始板块构造诞生于 2.56Ga 左右，成熟于 2.2Ga 左右。

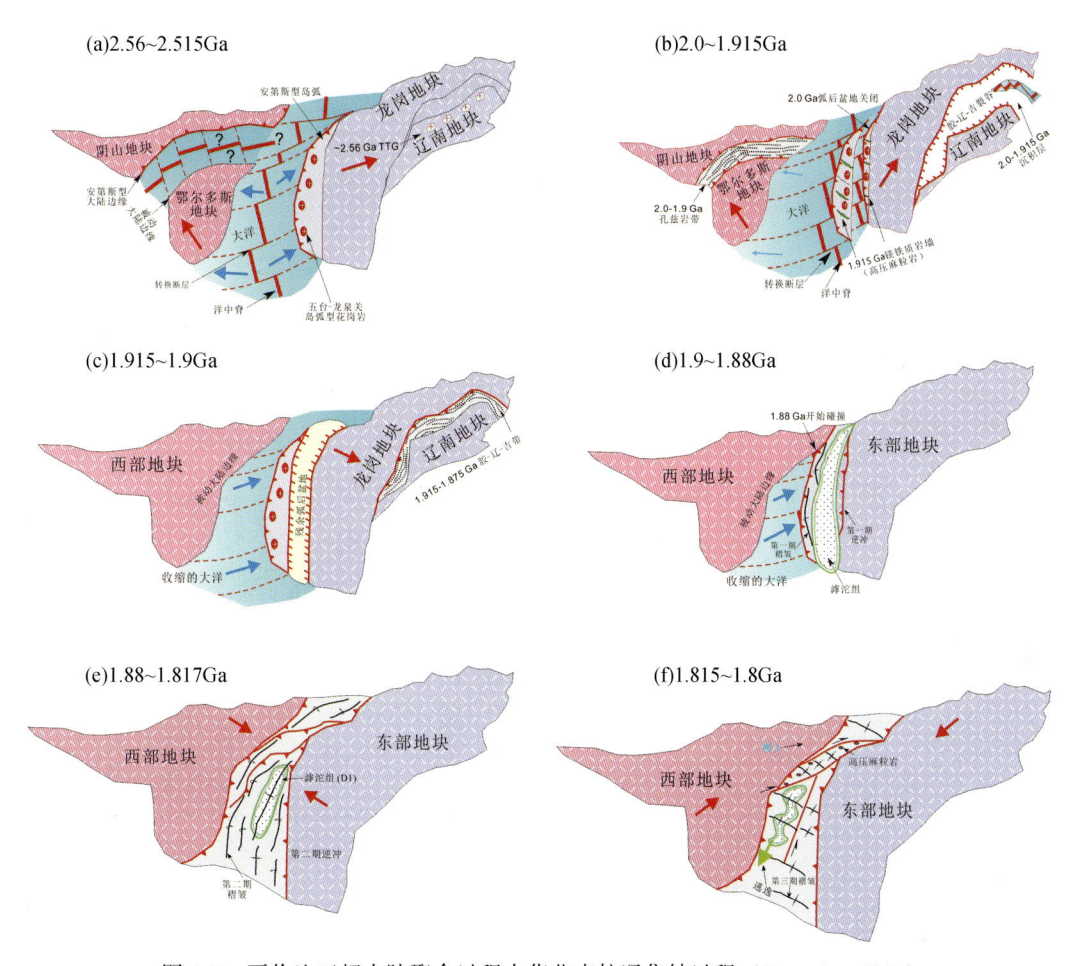

图 4-7 哥伦比亚超大陆聚合过程中华北克拉通集结过程（Li et al., 2010）

4.2.4 哥伦比亚超大陆重建

4.2.4.1 2.1~1.8Ga 全球造山带

哥伦比亚超大陆是 2.1~1.8Ga 前拼合而成的超级大陆（Zhao et al., 2002），而这一时期的造山带包括为数众多的造山带（图4-8），这些造山带大体可以归结为以下几个碰撞造山带（图4-8）：南美和西非之间的 Eburnean-亚马孙中部造山带（2.1~2.0Ga），劳伦古陆内部的 Nagssugtoqidian 和哈得孙中部造山带（1.9~1.8Ga），波罗的古陆内部的科拉-卡累利阿造山带（1.9~1.8Ga），西伯利亚陆块内部的 Akitkan 造山带（1.9~1.8Ga），南非卡普瓦尔（Kaapvaal）和津巴布韦（Zimbabwe）克拉通之间的林波波造山带（2.0~1.9Ga），澳大利亚西部伊尔岗

(Yilgarn)和皮尔巴拉（Pilbara）克拉通之间的 Capricorn 造山带（2.0~1.9Ga），南北印度克拉通之间的古元古代中央造山带，华北克拉通东部地块和西部地块之间的华北中部碰撞造山带（1.9~1.8Ga）。

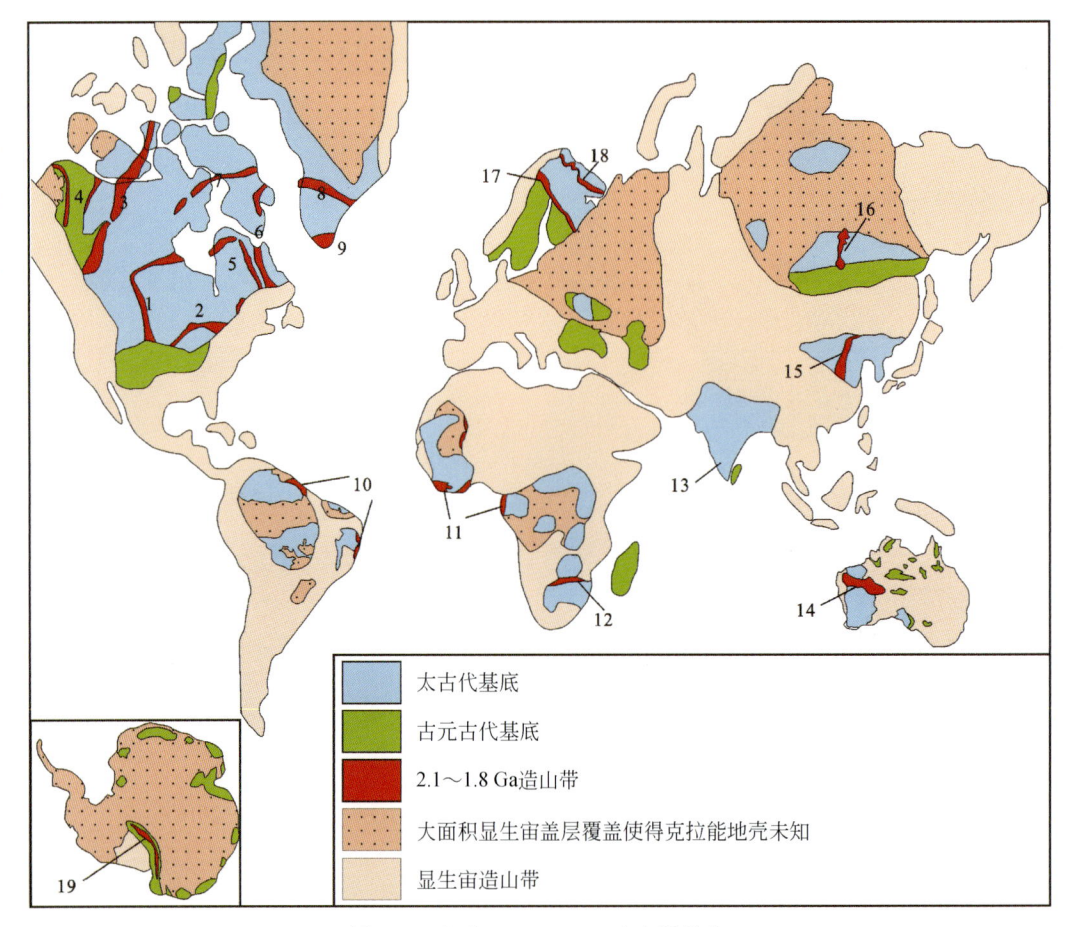

图 4-8 全球 2.1~1.8Ga 造山带分布

1. 哈得孙中部（Trans-Hudson）造山带；2. 佩尼奥克（Penokean）造山带；3. Taltson-Thelon 造山带；4. Wopmay 造山带；5. 凯普史密斯–新魁北克（CapeSmith-NewQuebec）造山带；6. Torngat 造山带；7. 福克斯（Foxe）造山带；8. Nagssugtoqidian 造山带；9. 马科维奇–凯蒂利德（Makkovikan-Ketilidian）造山带；10. 亚马孙中部（Trans-Amazonian）造山带；11. Eburnean 造山带；12. 林波波（Limpopo）造山带；13. Moyar 造山带；14. Capricorn 造山带；15. 华北中部（Trans-NorthChina）碰撞造山带；16. 阿尔丹中央（Central Aldan）造山带；17. 瑞芬（Svecofennian）造山带；18. 科拉–卡累利阿（Kola-Karelian）造山带；19. 南极洲中部（Transantarctic）造山带

4.2.4.2 太古代克拉通相关性

Zhao 等（2002）根据同位素测年数据、沉积学以及其他地质学方面的证据，提出以下太古宙克拉通之间的相关性：南美和非洲，西澳和南非，劳伦古陆和波罗的，西伯利亚和劳伦古陆，劳伦古陆和中澳，东南极和劳伦古陆，华北和印度

(Zhao et al., 2003)。这些块体之间在岩石学、地层学及古地磁等方面的证据有一定的可对比性。

4.2.4.3 古地磁证据

根据 Onstott 和 Hargraves（1981）、Onstott 等（1984）的古地磁数据揭示，亚马孙古陆和西非克拉通距今21亿~15亿年同期的岩石具有类似的古地磁极，说明西非古陆和亚马孙古陆中的西非克拉通和刚果克拉通，以及南美洲的圣弗朗西斯科克拉通至少在20亿年前就发生了拼合。Onstott 等（1984）提出亚马孙古陆和南非克拉通在距今20亿~19亿年的古地磁极与卡拉哈里克拉通的差别很大，这说明西非克拉通和卡拉哈里克拉通在这一时期发生了相对运动，或者这三个相互毗连的块体在这一时期并不相连。

劳伦古陆和波罗的的古地磁数据显示，在20亿~19亿年前，两个大陆内部大多数克拉通块体有相似的视极移轨迹，而且大部分被限制在30°N~30°S，这表明这些块体在这一时期可能作为一个统一的大陆存在。而劳伦古陆太古代克拉通之间的碰撞很可能发生在古元古代，但是至少在18.5亿年以前并没有形成统一的克拉通。

中元古代古地磁资料显示，西伯利亚同样处于30°N~30°S，与劳伦古陆和波罗的的纬度大体类似。Zegers 等（1998）的古地磁数据显示，皮尔巴拉的 Millinda 杂岩（2860±20Ma，U-Pb）和卡普瓦尔的 Usushwana 杂岩（2871±30Ma，U-Pb）的视古地磁极（2.87Ga）位于现今的北极，这两个克拉通的位置十分接近，符合 Cheney（1996）所提出来的卡普瓦尔和皮尔巴拉曾经发生碰撞形成一个大陆的模型。

4.2.4.4 哥伦比亚超大陆的演化过程

（1）哥伦比亚超大陆的拼合

哥伦比亚超大陆是通过2.1~1.8Ga造山带将几乎全球大陆块体拼合在一起的统一大陆（Condie，2002；Rogers and Santosh，2002；Zhao et al.，2002）。其中，北美洲太古宙克拉通是沿1.95~1.8Ga的哈得孙中部造山带［图4-9（a）］和与其同期的造山带聚合而成。在格陵兰岛，东西向1.9~1.8Ga的 Nagssugtoqidian 造山带是太古宙北大西洋（North Atlantic）克拉通和迪斯科（Disko）克拉通拼合的结果［图4-9（b）］。波罗的、科拉、卡累利阿、Volgo-Uralia、萨尔马提亚（Sarmatia）等块体则沿1.9~1.8Ga 科拉-卡累利阿造山带、Volhyn-Central Russian 造山带和帕切尔马（Pachelma）造山带拼合在一起［图4-9（c）］。西伯利亚的阿尔丹（Aldan）地盾和其他太古宙克拉通由1.9~1.8Ga Akitkan 造山带连接在一起［图4-9（d）］。在南美和西非，2.1~2.0Ga 的亚马孙中部（Trans-amazonian）造山带和 Eburnean 造山带则是亚马孙（Amazonia）克拉通与西非克拉通、圣弗朗西斯科克拉通与刚果克拉通碰撞的结果［图 4-9（e）、（f）］。澳大利亚的伊尔岗克拉通和皮尔巴拉克拉通在 2.0~1.9Ga 沿着 Capricorn 山脉发生拼合［图 4-9（g）］，金伯利（Kimberley）克拉通和北澳克拉通则是沿着 1.8Ga 的霍尔斯克里克（Halls Creek）造山带拼合。南北印度地块沿着 1.8Ga 中印度构造带拼合［图 4-9（h）］。华北陆块的东部地块和西部地块在 1.8Ga 沿着中部造山带碰撞［图 4-9（i）］。南非津巴布韦克拉通和卡普瓦尔克拉通于 2.0~1.9Ga 沿着林波波造山带拼合［图 4-9（f）］（Holzer et al.，1998；Kröner et al.，1999）。这些 2.1~1.8Ga 的碰撞造山带指示了一期全球性的碰撞时间，使众多太古宙克拉通拼合最终形成哥伦比亚超大陆（Condie，2002；Rogers and Santosh，2002，2003；Zhao et al.，2002）。

（2）哥伦比亚超大陆稳定增生

哥伦比亚超大陆在距今 18 亿年拼合之后，经历了很长时间的稳定期（1.8~1.2Ga），此期间主要表现为大陆边缘增生。

在北美洲、格陵兰和波罗的南部展布着一条 1.8~1.2Ga 的岩浆增生带［图 4-10（a）］，它从亚利桑那州经科罗拉多、密歇根、格陵兰南部、苏格兰、瑞典和芬兰，最后与俄罗斯西部接壤。这条岩浆增生带包括：北美洲西南部的亚瓦佩（Yavapai）和中央平原（Central Plains）带（1.8~1.7Ga）、马扎察尔（Mazatza）带（1.7~1.6Ga）、圣弗朗索瓦（St. Francois）和斯帕维诺（Spavinaw）花岗岩–流纹岩带（1.5~1.3Ga）以及埃尔泽维里安（Elzevirian）带（1.3~1.2Ga）；北美洲东北部的马科维奇（Makkovikian）带（1.8~1.7Ga）和拉布拉多（Labradorian）带（1.7~1.6Ga）；格陵兰的凯蒂利德（Ketilidian）带（1.8~1.7Ga）；不列颠群岛的马林（Malin）带（1.8~1.7Ga）；波罗的海地区的斯堪的纳维亚中部（Trans-Scandinavian）火成岩带、孔斯伯格–哥特（Kongsberggian-Gothian）带（1.7~1.6Ga）和早期的 Sveconorwegian 带（1.3~1.2Ga）。岩石学和地球化学研究表明这些岩浆–构造带与现今的岛弧和活动大陆边缘类似，代表了哥伦比亚超大陆边缘与俯冲相关的幕式产物。

在南美洲，亚马孙古陆西侧存在一条 1.8~1.3Ga 增生带［图 4-10（b）］，包括里奥内格罗–茹鲁埃纳（Rio Negro-Juruena）（1.8~1.45Ga）、朗多尼亚–圣伊格纳西奥（Rondonian-San Ignacio）（1.45~1.3Ga）。其中，北西向延伸的里奥内格罗–茹鲁埃纳西南侧的里奥内格罗地体被认为是与俯冲相关的岩浆弧或者两个先后增生的岛弧，Geraldes 等（2001）将其划分为三个与俯冲相关的系统。

1）东部的阿尔托–饶鲁（Alto Jauru）（1.79~1.74Ga）代表岛弧早期建造。

2）中部的卡舒埃里尼亚（Cachoeirinha）（1.5Ga）为侵入到 Alto Jauru 中的钙

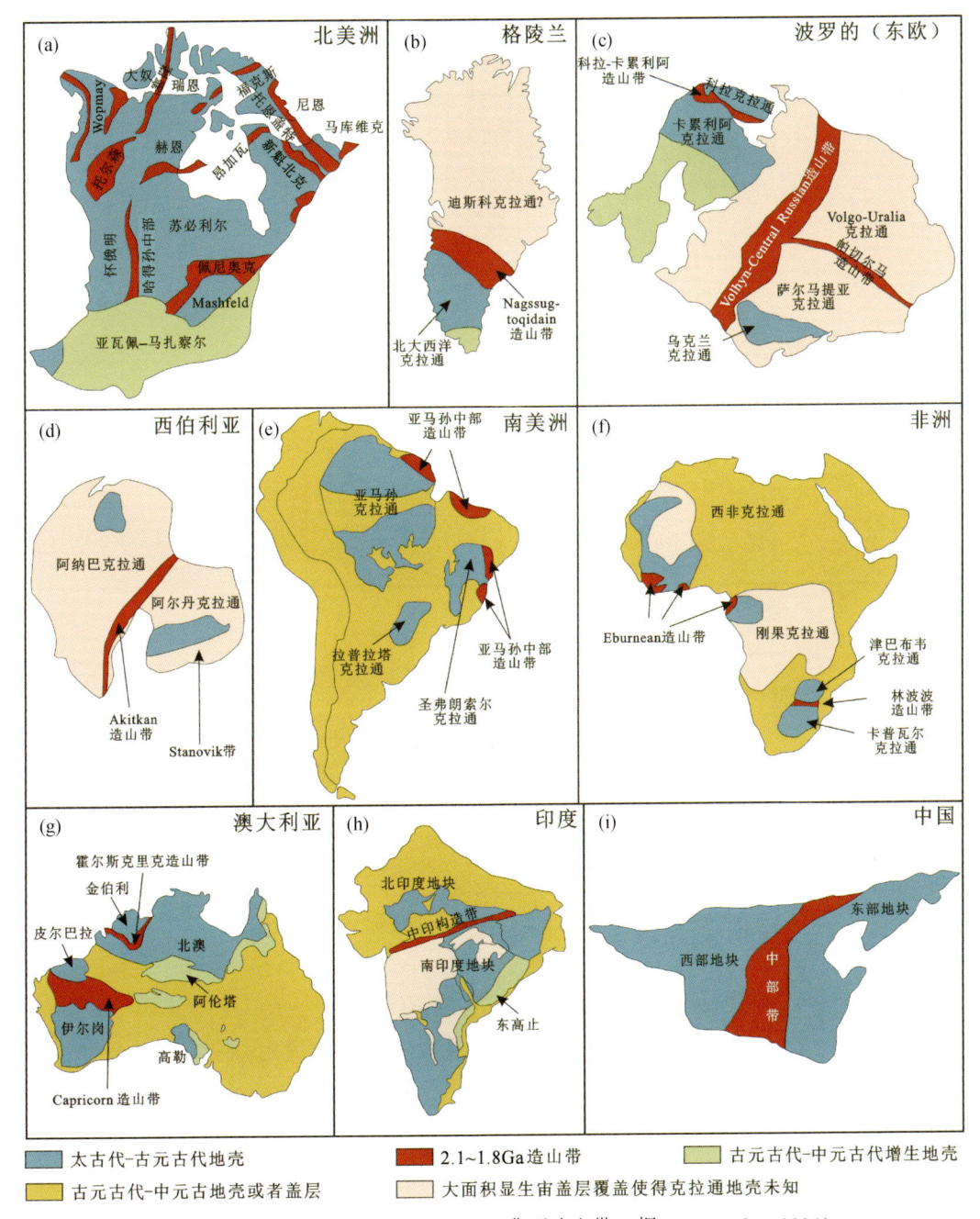

图 4-9 太古宙克拉通和 2.1~1.8Ga 典型造山带（据 Zhao et al., 2004）

碱性侵入体，代表大陆边缘岛弧。

3) 里奥阿莱格里（Rio Alegre）镁铁质火山岩及深成岩体（1.52~1.47Ga）被圣赫勒拿（Santa Helena）（1.45Ga）岩基侵入，被解释为增生弧。

澳大利亚 1.8~1.5Ga 增生岩浆带广泛出露在北澳克拉通东缘、高勒（Gawler）

克拉通东缘［图 4-10（c）］（Myers et al.，1996）。形成这些增生岩浆带的主要岩浆事件发生在原澳大利亚大陆（北澳克拉通）南缘汇聚型型板块边界。

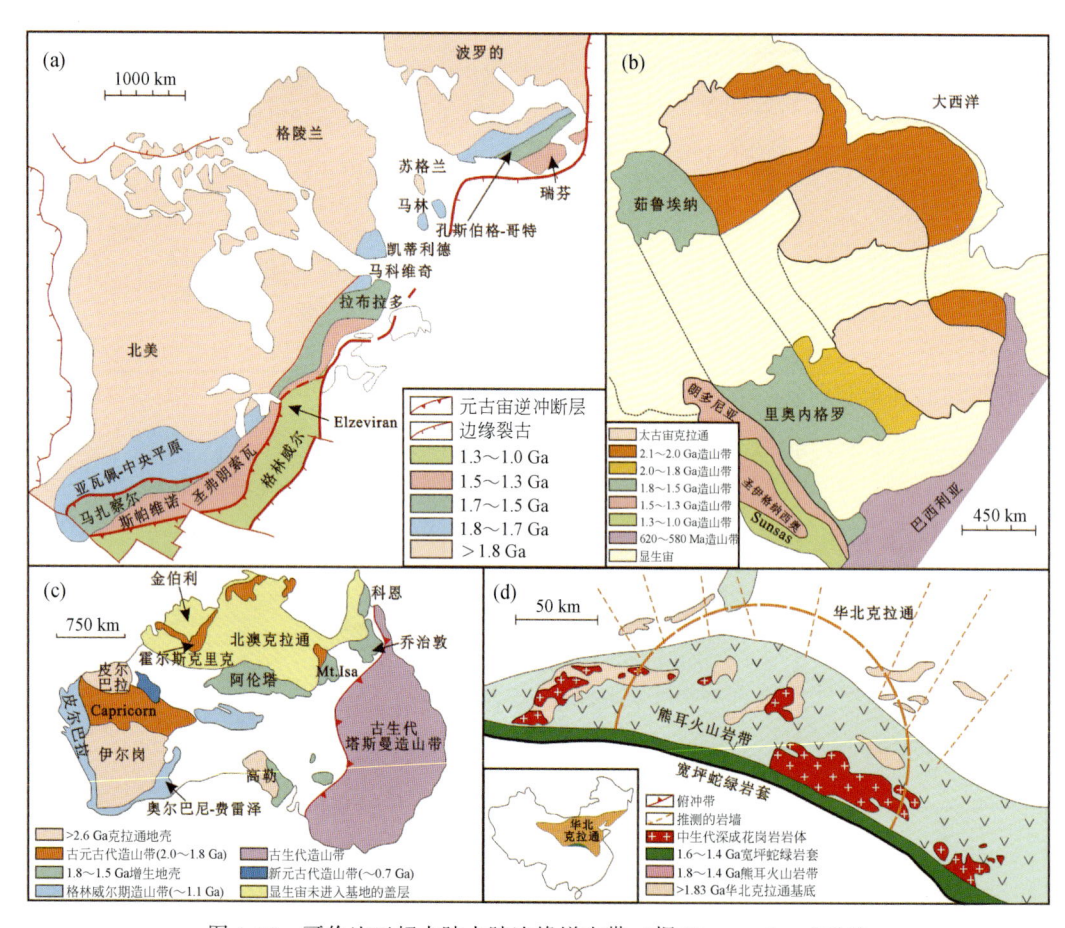

图 4-10　哥伦比亚超大陆大陆边缘增生带（据 Zhao et al.，2004）

在中国，华北陆块南缘的熊耳群（1.75～1.7Ga）为一条岩浆增生带［图 4-10（d）］。熊耳群岩性为安山质熔岩、英安斑岩和少量中酸性火山凝灰岩，为安第斯型大陆边缘（Chen and Zhao，1997；Zhao et al.，2003）。熊耳群与南侧的宽坪群以古洛南-栾川断裂为界，宽坪群所代表的大洋早期向北侧的华北克拉通之下俯冲，熊耳群作为陆缘弧在俯冲作用下形成（Chen and Zhao，1997）。这说明在哥伦比亚超大陆，华北克拉通南缘可能没有与大陆接壤，而是以一条俯冲带与大洋分割。

（3）哥伦比亚超大陆裂解

中元古代最主要的地质特征是广泛发育的大陆裂谷和非造山岩浆作用。Windley（1996）认为中元古代非造山岩浆作用是一个 1.65Ga 以前的超大陆裂解的产物。Condie（2002）基于古元代—中元古代非造山岩浆作用组合和基性岩浆群，认为裂解作用发生在 1.5Ga；Rogers 和 Santosh（2002）则认为哥伦比亚超大陆裂解作用开始于1.6Ga，结束于1.2Ga。与之相关包括以下几个裂谷系统（图4-11）：劳伦古陆西缘裂谷系统（Wernecke，Muskwa，Belt，Purcell，Uinta，Unkar和Apache）、波罗的南缘裂谷系统（Telemark超群）、西伯利亚东南缘裂谷系统（Riphean拗拉槽）、南非西北缘裂谷系统（Kalahari Copper构造带）、华北地块北缘裂谷系统（渣尔泰-白云鄂博裂谷带）。

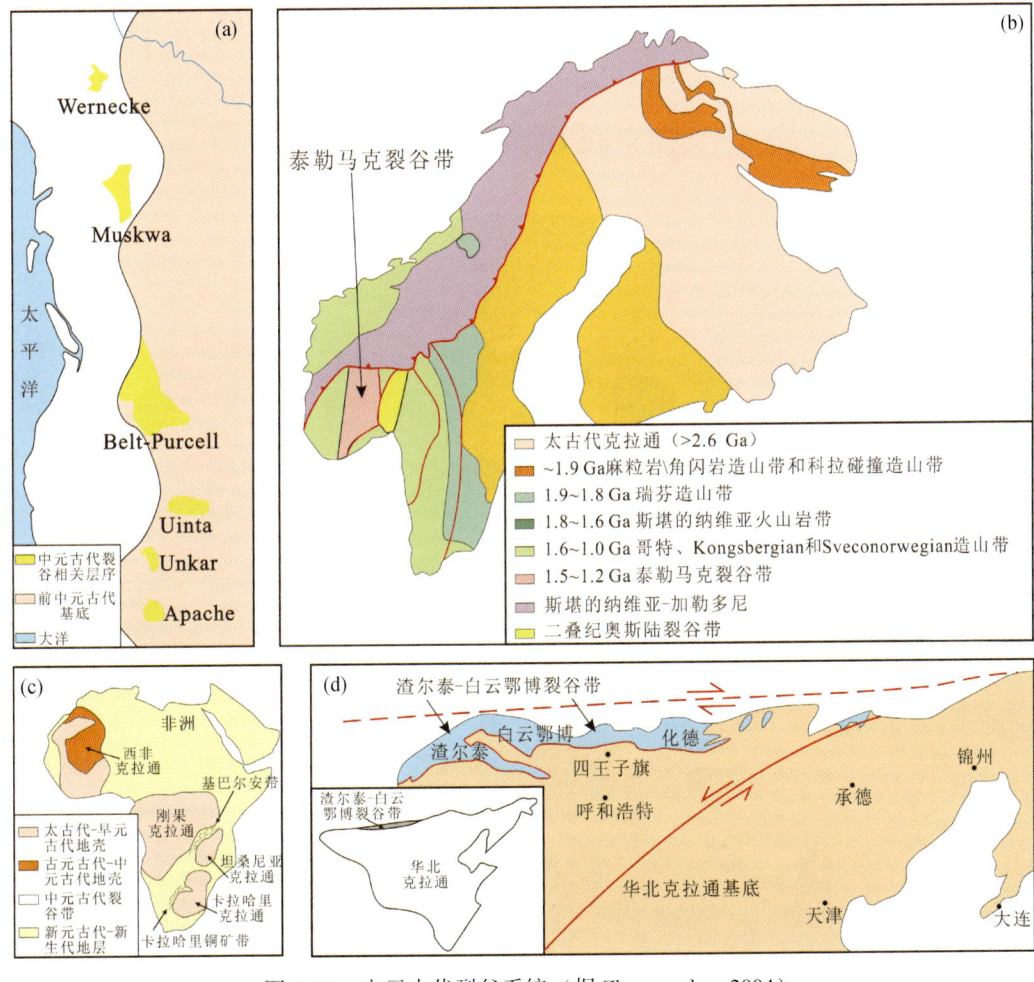

图4-11 中元古代裂谷系统（据Zhao et al.，2004）

北美地区马更些（McKenzie）、萨德伯里（Sudbury）、西尔湖（Seal Lake）、哈普（Harp）和Mealy等地几乎同时发生的基性岩墙群和玄武岩喷发事件将哥伦比亚超大陆最终裂解时间限制在1.3~1.2Ga（Zhao et al.，2004）。哥伦比亚超大陆裂解之后，紧接着全球格林威尔期造山事件（1.1Ga左右）使众多陆块拼合成罗迪尼亚超大陆（Dalziel et al.，2000）。

4.3 Rodinia（罗迪尼亚）

罗迪尼亚超大陆（图 4-12）是一个 1300~1000Ma 前通过格林威尔造山运动生成、800~600Ma 裂解的新元古代超大陆。罗迪尼亚超大陆最早是由 Valentine 和 Moores（1970）提出，认为在前寒武纪末期存在一个超级大陆，称为 Pangea I。McMenamin（1987）将其重新命名为罗迪尼亚超大陆，原意为俄文"祖国"的意思。按霍夫曼（Hoffman，1991）和戴尔齐尔（Dalziel，1991）20 世纪 90 年代早期的再造，罗迪尼亚超大陆以劳伦古陆为中心，东冈瓦纳古陆位于一侧，西伯利亚、

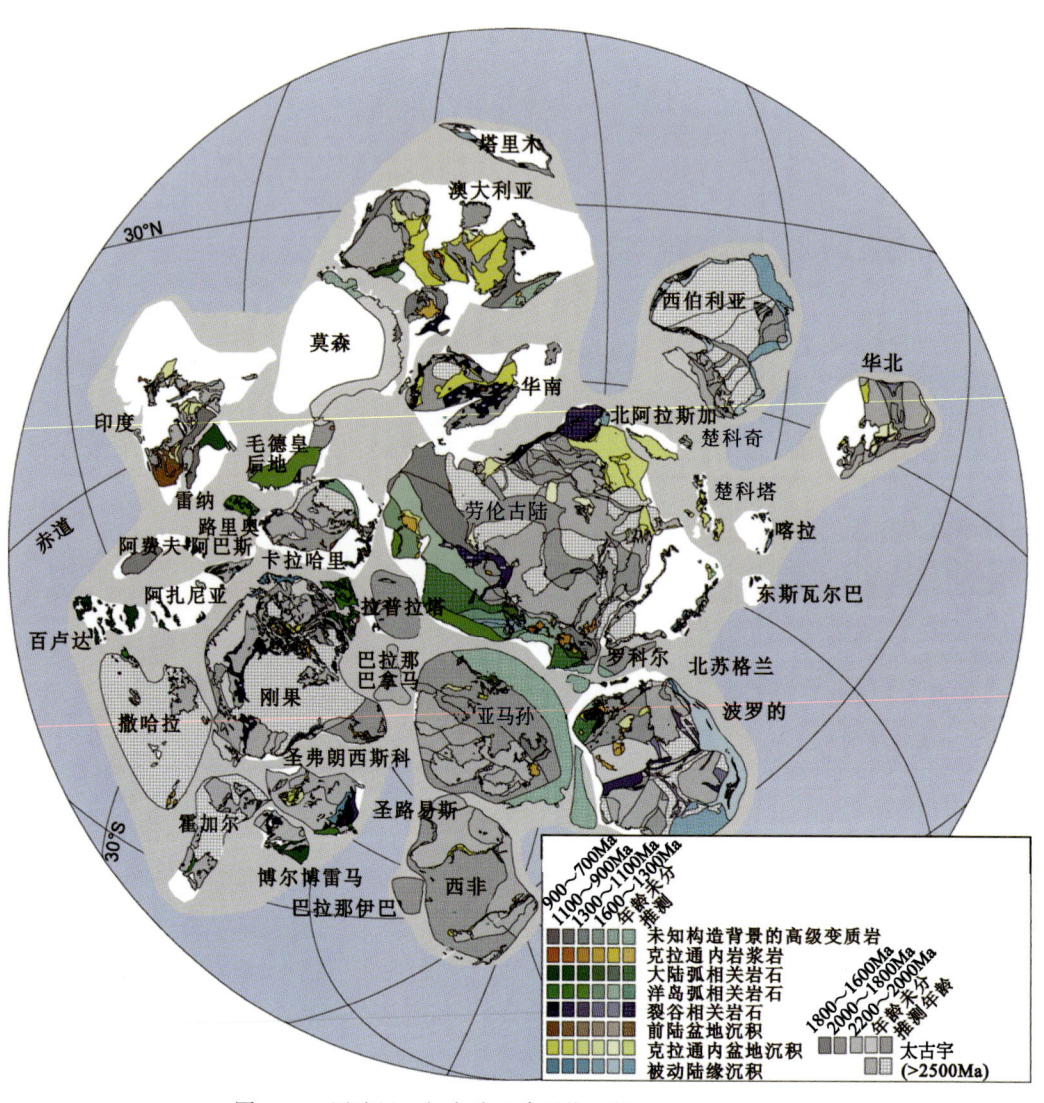

图 4-12　罗迪尼亚超大陆重建图像（据 Li et al.，2008）

波罗的古陆、巴西地盾和西非克拉通位于另一侧。卡拉哈里和刚果克拉通则分散在当时的莫桑比克洋中。20 世纪 90 年代中叶，有人根据中国扬子、塔里木陆块、澳大利亚以及加拿大西部元古宙裂谷系地层的对比，提出扬子地块当时位于劳伦古陆东侧的澳大利亚与西伯利亚陆块之间。21 世纪有人根据新的古地磁资料将澳大利亚移至低纬度。

4.3.1 罗迪尼亚形成

20 世纪 70 年代开始有人提出，在新元古代早期，地球存在一个超大陆，因为新元古代造山带分布于全世界的克拉通，如北美洲的格林威尔造山带、西伯利亚的乌拉尔造山带和欧洲的达斯兰亭造山带。

此后，许多罗迪尼亚超大陆可能的形态被提出。这些重构都是基于造山带和克拉通的分布。虽然目前对罗迪尼亚超大陆的克拉通形态已经有充分了解，但在细节上仍有许多差异，仍有赖于未来古地磁学等深入研究。

罗迪尼亚超大陆的分布可能以赤道以南为中心。而罗迪尼亚超大陆的中心一般认为是北美克拉通（劳伦古陆），其东南侧则环绕着东欧克拉通（之后形成波罗的古陆）、亚马孙克拉通和西非克拉通，南侧则是拉普拉塔克拉通和圣弗朗西斯科克拉通，西南则是刚果克拉通和卡拉哈里克拉通，东北侧是澳大利亚、印度次大陆和东南极克拉通。北美克拉通北部的西伯利亚陆块、华北陆块、华南陆块的位置则因为以下不同的假设而有显著差异。

1）SWEAT（美国西南–东南极克拉通，Southwest US- East Antarctica Craton）：南极洲位于劳伦古陆西南，澳大利亚位于南极洲北部 [图 4-13（a）]。

2）AUSWUS（澳大利亚–美国西部，Australia-Western US）：澳大利亚位于劳伦古陆西部 [图 4-13（c）]。

3）AUSMEX（澳大利亚–墨西哥，Australia-Mexico）：澳大利亚位于劳伦古陆以南相对于当今墨西哥的位置。基于 Li 等（2008）提出的华南陆块位于劳伦古陆西岸，以及 Sears 和 Price（2000）提出西伯利亚古陆和美国西岸经由贝尔特超群（Belt Supergroup）接壤，进而 Bogdanova 等（2009）提出 AUSMEX [图 4-13（b）]。

4）克里斯多弗·斯科蒂斯（Christopher Scotese）的假设。

罗迪尼亚超大陆形成前的古地理所知甚少，古地磁和地质资料仅能完整重构罗迪尼亚超大陆分裂之后的状态。当今能确定的是罗迪尼亚超大陆在 1.1～1.0Ga 形成，750Ma 分裂。罗迪尼亚超大陆则是由超级大洋米洛维亚洋（来自俄语 мировой，意为"全球的"）环绕。

(1) SWEAT 假说

基于横跨太平洋的古地磁和地层研究（Eisbacher，1985），Moores（1991）提出了 SWEAT 假说［图 4-13（a）］，认为劳伦古陆西部、澳大利亚和东南极可以对比。并且，劳伦古陆和东冈瓦纳古地磁资料与重建的 1050～720Ma 超大陆相吻合。

该模型建立的基础是劳伦古陆西缘和澳大利亚东岸相似的新元古代地层，这一发现最早是由 Eisbacher（1985）、Bell 和 Jefferson（1987）提出，之后由 Young（1992）、Rainbird 等（1996）进一步完善。Moores（1991）、Dalziel（1991）、Hoffman（1991）通过大陆基底地层对比，认为 SWEAT 假说最早可能存在于 1900Ma 之前，并持续到新元古代中期。Moores（1991）提出，中元古代高勒克拉通沿着奥尔巴尼–弗雷泽–马斯格雷夫（Albany-Fraser-Musgrave）造山带与北美和西澳克拉通之间的碰撞，使北美和西澳克拉通才成为 SWEAT 假说中大陆的一部分。Powell 等（1993）根据古地磁证据提出，SWEAT 假说中的大陆存在于 1050～720Ma，并于 580Ma 分离。

然而，对于盆地物源和地壳属性更精细的研究表明，SWEAT 假说的连接模型存在地质上的不连续性（Borg and Depaolo，1994）。一些地质学家认为这些基底块体可能是外来起源，并在古太平洋打开后拼贴在南极洲东部。虽然，这可以解释寒武纪罗斯–德拉马利亚（Ross-Delamerian）山脉的一些地体的变形（Stump，1995），但是，无法解释巴尔的摩（Beardmore）地体拼接发生在 SWEAT 裂解（约 750Ma）和巴尔的摩组被动陆缘沉积（不迟于 668±1Ma）之间十分短暂的时间之内（Goodge et al.，2002）。同样，其他的证据也不支持 SWEAT 假说。

1）劳伦古陆南侧缺少 1400Ma 左右（1500～1350Ma）横穿大陆的地磁异常（Nyman et al.，1994；Schmus et al.，1996）；

2）在 SWEAT 连接区域，中元古代地幔柱记录有一定的错位（Park et al.，1995；Wingate et al.，1998；Li et al.，1999）；

3）北美西部 Belt 盆地和上覆的 Buffalo Hump 建造（Deer Trail 组）需要 1786～1642 Ma、1600～1590Ma 和 1244～1070Ma 的物源；而在 SWEAT 假说中，东南极并不具备这种组合的物源区（Ross et al.，1992；Ross and Villeneuve，2003）；

4）最早提出的格林威尔造山带延伸到东南极的科茨地（Dalziel，1991；Moores，1991），后来证明这在古地磁和地质上是站不住脚的，科茨地在 1110Ma 更有可能是劳伦古陆的一部分，在 1090～1060Ma 随着卡拉哈里与劳伦古陆碰撞，而与卡拉哈里拼合在一起，一直保持到冈瓦纳古陆裂解（Jacobs et al.，2003a，2003b，2008）。

越来越多的证据表明，格林威尔造山带在劳伦古陆西缘和澳大利亚东岸都有存在。在澳大利亚–东南极一侧，除了类似于横断山脉古元古代基底，还存中元古代格林威尔造山期测年数据，Berry等（2005）发表了塔斯马尼亚西北部金岛发现的1287±18Ma变质年龄（独居石U-Th-Pb），Foden等（2005）获得了南塔斯曼海隆石英正长岩1119±9Ma的测年数据，这说明塔斯马尼亚西北部和金岛很可能是外来地体。但是以下研究质疑了这个可能。

1）古地磁记录显示，在晚寒武世塔斯马尼亚西北部已经成为澳大利亚的一部分（Li et al.，1997），这个区域内没有识别出从罗迪尼亚裂解（约750Ma）到晚寒武世期间的挤压事件。

2）塔斯马尼亚西北部和金岛新元古宙构造地层学研究显示，它与阿得莱德（Adelaide）褶皱带相符合。基于大量锆石测年数据，在昆士兰北部同样识别出可能存在的格林威尔造山运动（Blewett et al.，1998）［图4-13（a）］。

格林威尔造山运动可能最重要的年龄数据为1090～1030Ma的变质年龄（榍石U-Pb），该年龄来自于Belt-Purcell群中1468±2Ma基性侵入体。麦肯齐（Mackenzie）山脉中有一期东西向挤压事件（Corn Creek造山运动），发生在1033～750Ma（Thorkelson et al.，2005）。其基底火山通道存在一个不确定的花岗岩碎屑，其结晶年龄数据为1175～1100Ma（Jefferson and Parrish，1989）。如果在劳伦古陆和澳大利亚-东南极确实存在格林威尔造山带，这将证明SWEAT假说必须存在于格林威尔造山运动期间或者更晚。

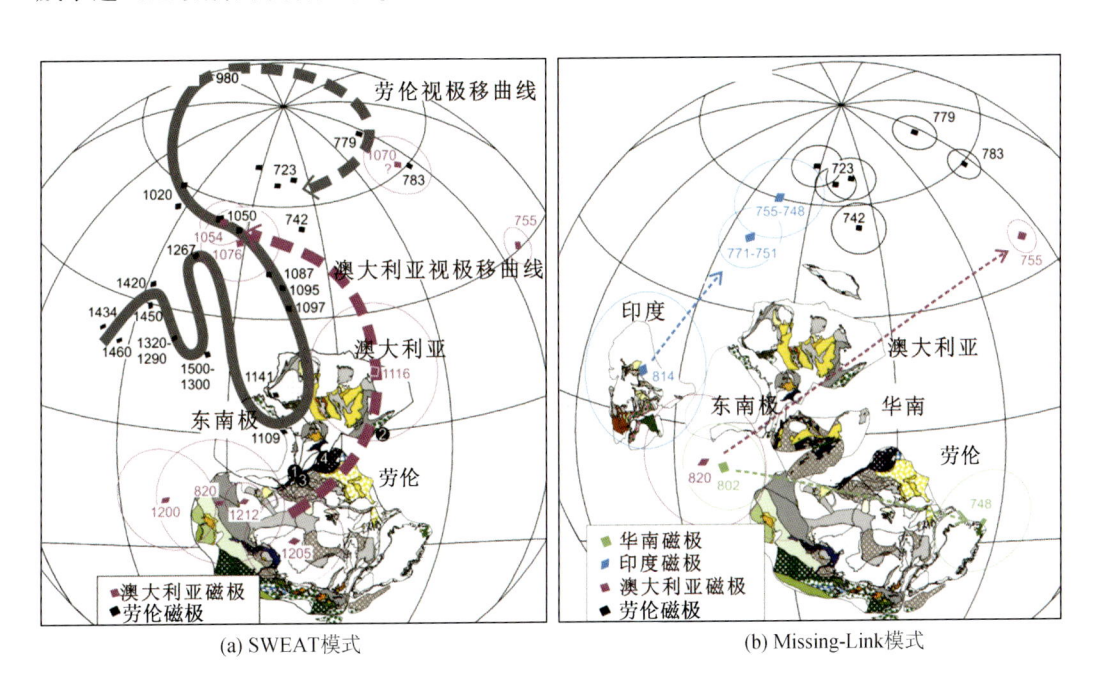

(a) SWEAT模式

(b) Missing-Link模式

(c) AUSWUS模式

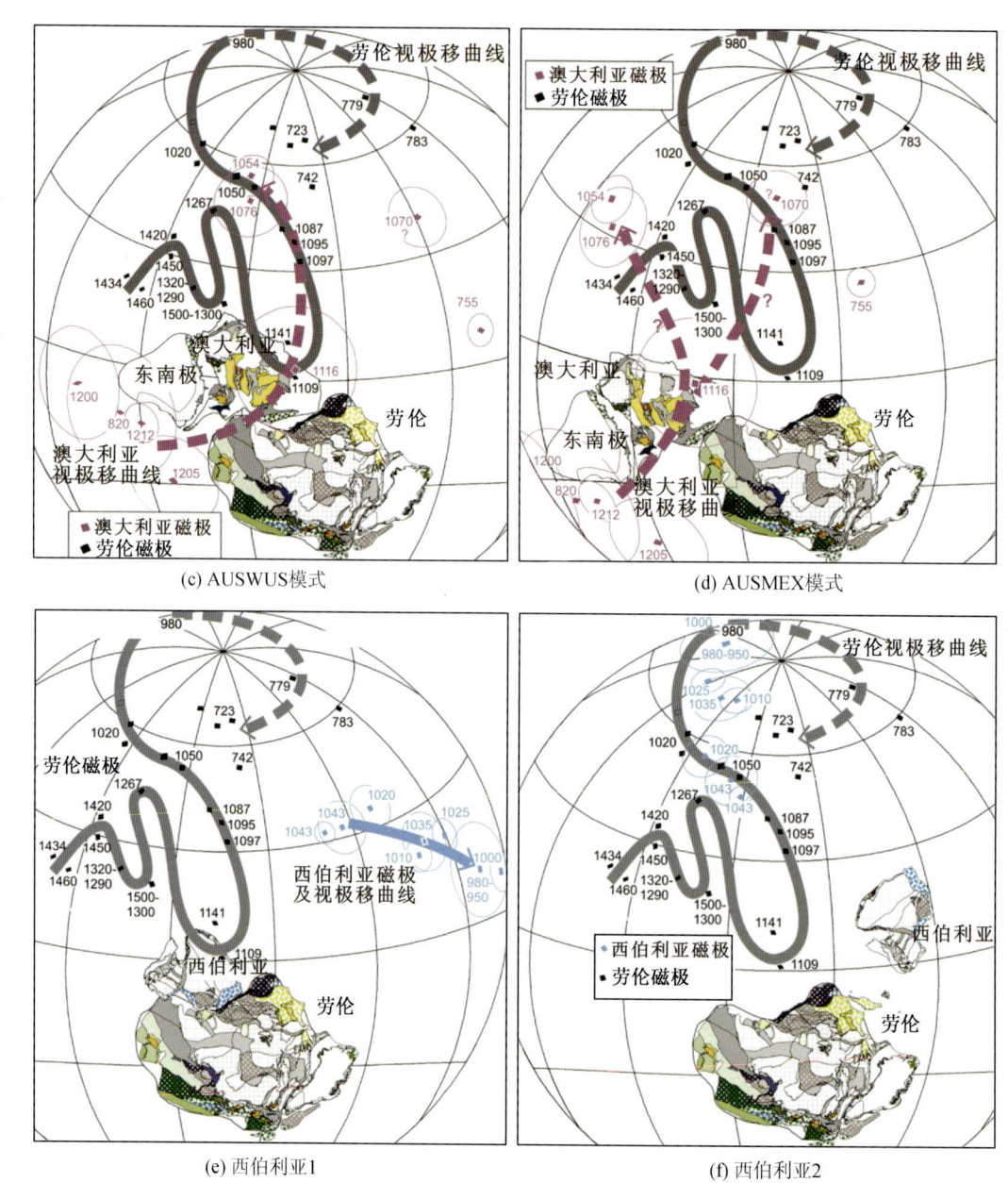

(d) AUSMEX模式

(e) 西伯利亚1

(f) 西伯利亚2

图 4-13　罗迪尼亚超大陆重建模式（据 Li et al., 2008）

古地磁数据表明，约 1050Ma 的地质事实支持 SWAET 假说（Powell et al., 1993），但是并不支持约 1200Ma 的大陆类似 SWEAT 假说的重建（Pisarevsky et al., 2003）。这与本节所提到的地质上的错位一致。然而，并不能排除澳大利亚和劳伦古陆在古元古代晚期（1800~1600Ma）存在 SWEAT 的连接（Betts and Giles, 2006）。

（2）Missing-Link 模式

Li 等（1995）提出了 Missing-Link 模式［图 4-13（b）］，认为在罗迪尼亚超大陆中华南陆块位于澳大利亚-东南极和劳伦古陆之间，作为两个大陆之间"丢失的连接"。该模式依据以下几个方面的证据建立。

1）澳大利亚-东南极与劳伦古陆基底不吻合。

2）华南、澳大利亚南部和劳伦古陆西部新元古代地层具有一定相似性（Eisbacher，1985）。

3）华南东南部的华夏地块和劳伦古陆南部基底具有相似性。

4）Belt 盆地需要一个来自西部的物源以解释其中元古代晚期的碎屑锆石颗粒。

该模型否定了澳大利亚-东南极与劳伦古陆基底在 1000～900Ma 之前就已经拼合的观点，并且依据新元古代裂谷记录、新元古代早期地幔柱记录和古磁约束（尽管现今还存在巨大争论），该模式似有一定的合理性。

其主要的地质证据如下。

1）从 1800Ma 到罗迪尼亚超大陆拼合这段时间内，华夏地块是劳伦古陆的延伸，一直到 1000～900Ma 之前，澳大利亚-东南极、扬子地块和劳伦古陆-华夏地块之间相互没有联系。尽管华夏地块前寒武纪基底出露很少，但它的基底被推测为劳伦古陆西南侧 Belt 盆地西侧物质来源区（Ross et al.，1992）。华夏地块基底年龄集中在 1830～1430Ma，并且存在 1300～1000Ma 变质事件的模糊记录（Li et al.，2002）。华夏地块中的海南岛与莫哈韦（Mojave）特别相似，因为 1430Ma 的花岗岩侵入体以及同期克拉通沉积和火山岩系的存在（Li et al.，2002），这可以与劳伦古陆南部横贯大陆 1500～1350Ma 的花岗-流纹岩省进行对比（Nyman et al.，1994）。假设上覆石英岩的物源来自超过 1200Ma 的古老华夏地块，且可以与 Belt 盆地中 1610～1490Ma 沉积进行对比（Ross and Villeneuve，2003），那么这部分碎屑颗粒则并非来自于劳伦古陆。因此，华夏地块是劳伦古陆的一部分，至少在 1830～1000Ma 的后半阶段是合理的（图 4-14 和图 4-15）。

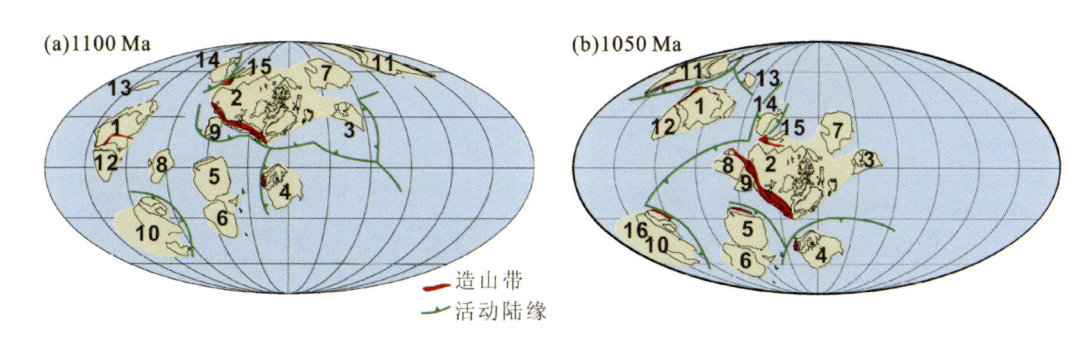

(a) 1100 Ma

(b) 1050 Ma

造山带
活动陆缘

(c) 1000 Ma

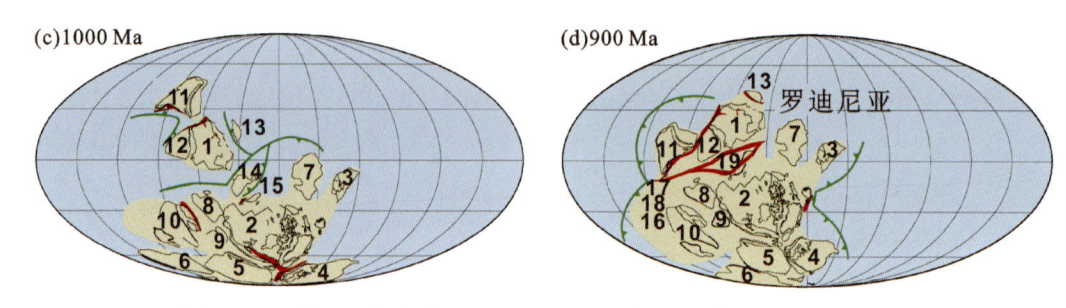

(d) 900 Ma 罗迪尼亚

图 4-14 罗迪尼亚超大陆 1100～1000Ma 聚合过程（据 Li et al.，2008）
1. 澳大利亚；2. 劳伦古陆；3. 华北；4. 波罗的；5. 亚马孙；6. 西非；7. 西伯利亚；8. 卡拉哈里；9. 拉普拉塔；10. 刚果–圣弗朗西斯科；11. 印度；12. 东南极；13. 塔里木；14. 扬子；15. 华夏；16. 撒哈拉；17. 阿拉伯；18. 努比亚；19. 华南；20. 塞舌尔；21. 马达加斯加

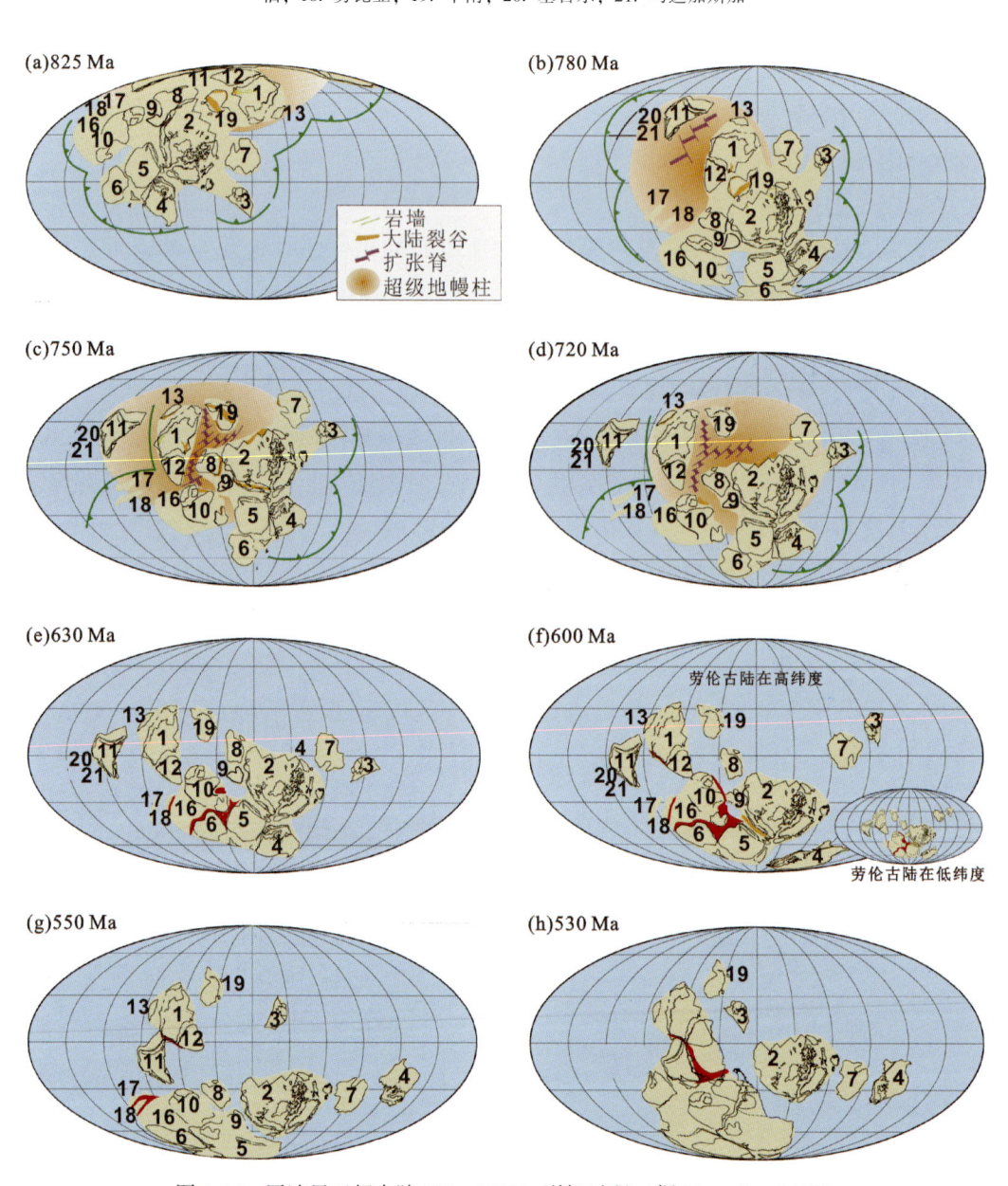

(a) 825 Ma

(b) 780 Ma

岩墙
大陆裂谷
扩张脊
超级地幔柱

(c) 750 Ma

(d) 720 Ma

(e) 630 Ma

(f) 600 Ma 劳伦古陆在高纬度

劳伦古陆在低纬度

(g) 550 Ma

(h) 530 Ma

图 4-15 罗迪尼亚超大陆 825～530Ma 裂解过程（据 Li et al.，2008）

2）新元古代地幔柱记录。地幔柱活动最大的特点是大火成岩省的形成，可以用于恢复重建超大陆。但是，SWEAT假说相关的岩墙测年数据差别较大：在澳大利亚中部和东南部的盖尔德纳-阿马塔（Gairdner-Amata）岩墙群大约为825Ma（Wingate et al.，1998），在劳伦古陆西侧的Gunbarrel放射状岩墙群年龄大约在780Ma（Harlan et al.，2003a，2003b）。在SWEAT假说中，澳大利亚和劳伦古陆应该是相连的，但是在劳伦古陆西侧并没有825Ma的相关事件发生。780Ma的Gunbarrel放射状岩墙群中心指向它的西侧，但是在澳大利亚东部的阿得莱德（Adelaide）裂谷系和塔斯马尼亚西北部的小型基性火成岩中并没有地幔柱中心的记录。Li Z X等（1999）和Li X H等（2003）认为华南陆块位于825Ma和780Ma地幔柱活动之上。

华南陆块之下825Ma地幔柱存在证据主要包括：广泛的岩浆事件，岩性变化为花岗岩-超镁铁质岩墙和岩床，这代表着一期大的热源和镁铁质岩浆底侵作用；大规模岩浆隆起；大约820Ma发生的大陆裂谷体系。一个类似的大型岩浆事件发生在780Ma左右，其中一些基性岩墙显示大陆溢流玄武岩地球化学特征（Li et al.，2003；Lin et al.，2007）。对于825~780Ma岩浆事件的地球化学解释也有不同的观点，Zhou等（2002）认为其为岛弧火山作用，Wang等（2006）将其解释为造山后板片断离引起的岩浆作用。

3）新元古代裂谷记录和冰川事件。华南地区的裂谷记录与澳大利亚东部裂谷记录十分相似，在830~700Ma主要有四期岩浆和裂谷事件，分别为820Ma、800Ma、780Ma和750~720Ma。在劳伦古陆西侧，直到780Ma的Gunbarrel岩墙群才出现裂谷相关记录（Harlan et al.，2003a，2003b）。尽管事件年龄较为年轻（Fanning and Link，2004；Lund et al.，2003），像华南一样（Zhang S et al.，2005），裂谷岩浆事件主要集中在750Ma和720Ma（Heaman et al.，1992；Karlstrom et al.，2000）。冰川记录显示，劳伦古陆西侧、澳大利亚东侧和华南在780Ma以后是相互关联的，尽管这种关联在全球范围内并不唯一。

（3）AUSWUS和AUSMEX关联

AUSWUS（澳大利亚-美国西南部）最早是由Brookfield（1993）根据罗迪尼亚超大陆沿着澳大利亚克拉通东缘和劳伦古陆西部裂解期间形成的线形裂谷带的匹配关系提出的。然而，澳大利亚克拉通东缘年龄后来被证明不超过600Ma（Direen and Crawford，2015）。Karlstrom等（1999）、Burrett和Berry（2000）根据澳大利亚与劳伦古陆西南部沉积物和基底性质重新修正了AUSWUS假说［图4-13（c）］。尽管这个模型有一定的优点，但是这个模型存在明显的不足。

1）难以解释在劳伦古陆西侧、昆士兰北部、塔斯马尼亚和罗斯（Ross）造山带零星存在的格林威尔期变形证据。

2）在澳大利亚缺少与劳伦古陆南侧相对应的1400Ma的花岗岩-流纹岩火成

岩省。

3）在劳伦古陆缺少与澳大利亚盖尔德纳–阿马塔岩墙相对应的 825Ma 左右的地幔柱记录（Wingate et al.，1998），澳大利亚北部同样缺少 780Ma 的地幔柱记录。

4）相对于澳大利亚东部（825Ma），劳伦古陆西部的裂谷开始时代明显年轻（<780Ma）。

5）1200Ma 的古地磁不匹配（Pisarevsky et al.，2003），尽管 1100～1050Ma 的古地磁极大多数是吻合的［图 4-13（d）］。

(4) 西伯利亚–劳伦古陆关联

西伯利亚和劳伦古陆在元古宙连接在一起是早已经形成的共识，争议主要存在于二者之间如何相连。主流观点认为西伯利亚位于劳伦古陆北侧，但是不同的模型认为其位置多有变化。Sears 和 Price（2000）、Sears 等（1978）提出西伯利亚位于劳伦古陆西侧，但是这个模型与古地磁数据不相符［图 4-13（e）］。Pisarevsky 等（2008）根据现有的古地磁数据限制西伯利亚和劳伦古陆之间的位置［图 4-13（f）］，表明西伯利亚的古地磁极一般情况下遵循劳伦古陆在 1043～980Ma 的古地磁极移曲线。

古地磁数据表明西伯利亚离劳伦古陆北缘有一定的距离，二者之间很可能存在一些前寒武纪块体。西伯利亚离劳伦古陆之间的位置关系解释了西伯利亚不存在与麦肯齐（Mackenzie）大火成岩省相对应的岩浆事件记录的事实。西伯利亚南部 740Ma 的基性侵入岩很可能与劳伦古陆北部富兰克林（Franklin）岩浆事件相关，其间伴随着新元古代古亚洲洋的打开（Metelkin et al.，2005a；Sklyarov et al.，2003）。这次事件大体与西伯利亚南部 Karagas 组沉积过程相对应，导致被动陆缘形成。

(5) 罗迪尼亚超大陆聚合过程

在新元古代（大约 1100Ma），西伯利亚、华北陆块、华夏地块、拉普拉塔等块体可能已经拼合在了一起［图 4-14（a）］，扬子地块开始向劳伦古陆斜向俯冲（Greentree et al.，2006）。在这一阶段，其他地块可能并没有与劳伦古陆拼合。澳大利亚克拉通与东南极的莫森（Mawson）克拉通已经拼合在了一起。金岛（1287±18Ma，Berry et al.，2005）、塔斯马尼亚、南塔斯曼海隆（1119±9Ma 石英正长岩，Foden et al.，2005）由于接近扬子与劳伦古陆碰撞位置而开始接受来自于劳伦古陆的沉积（Berry et al.，2001）。

在 1050Ma［图 4-14（b）］，卡拉哈里可能与劳伦古陆南部发生碰撞。扬子克拉通与劳伦古陆南侧持续的碰撞导致了 Belt-Purcell 组 1090～1030Ma 变基性侵入岩（Anderson and Davis，1995）。大多数大陆此时发育汇聚型大陆边缘，大陆之间的大洋板块随着罗迪尼亚超大陆拼合过程而不断消失。

在 1000Ma［图 4-14（c）］，除了印度、澳大利亚–东南极和塔里木陆块，其他的块体已经和劳伦古陆拼合在了一起，扬子地块与华夏地块（劳伦古陆的一部分）

发生拼合。澳大利亚西部和大印度板块之间的压扭性运动可以解释平贾拉（Pinjarra）造山带 1100~1000Ma 的变质年龄（Bruguier et al.，1999）。

900Ma 左右，基本上所有已知的陆块聚合在一起形成了罗迪尼亚超大陆[图 4-14（d）]，其主要的地质证据：华南四堡山脉中 920~880Ma 岛弧火山岩和蛇绿岩仰冲（Li et al.，2005），扬子克拉通北缘 950~900Ma 岛弧火山岩（Ling et al.，2003），印度东高止（Eastern Ghats）山脉和与之相关的东南极雷纳（Rayner）省在 990~900Ma 发生的高级变质事件。900Ma 变质事件很可能起因于老的罗迪尼亚超大陆中造山带重新活化，在劳伦古陆西北部的麦肯齐山脉在 1033~750Ma（Thorkelson et al.，2005）也存在一期东西向的挤压事件（Corn Creek 造山事件）。在澳大利亚克拉通内部，Capricorn 山脉南侧，Edmundian 造山事件一直持续到 900Ma（Occhipinti and Reddy，2016）。澳大利亚北部 King Leopold 山脉同样存在 900Ma 左右的 Yampi 造山事件。但是，值得注意的是，越来越多的研究支持罗迪迪亚超大陆聚合峰期时间为 1100Ma。

4.3.2 罗迪尼亚裂解

（1）超级地幔柱活动、大陆裂谷和罗迪尼亚超大陆持续裂解

900~830Ma 的古地磁记录十分稀少，地质证据也只有很少的一部分，除了在中国华南、阿拉善地区和非洲 870~850Ma 少量的侵入体（Johnson et al.，2005；Li et al.，2003）。但阿拉善地区近年来获得大量 1000~900Ma 的 A 型花岗岩、基性岩形成年龄，表明罗迪尼亚裂解可能始于 1000Ma。但这里依然以 900Ma 为界进行描述。845Ma 和 870Ma 斯堪的纳维亚加里东造山带（Paulsson and Andreasson，2002）和劳伦古陆的苏格兰岬（Dalziel and Soper，2001）所发现的双峰式火山岩代表了罗迪尼亚超大陆的裂解事件（Li et al.，2003），Li 等（2003）认为这些侵入体很可能是罗迪尼亚"超级"地幔柱（本丛书不认为地球存在"超级"地幔柱）最开始的标志。825Ma 的基性岩墙群、陆内铁质-镁铁-超镁铁质侵入体以及地壳熔融或岩浆分异作用导致的酸性侵入体代表了大范围内的地幔柱活动。这一类的岩浆事件包括澳大利亚（Wingate et al.，1998；Zhao et al.，1994）、华南陆块（Li et al.，1999，2003）、塔里木陆块（Zhang et al.，2006）、印度（Radhakrishna and Mathew，1996）、卡拉哈里（Frimmel et al.，2001）和阿拉伯-努比亚地块（Stein and Goldstein，1996；Teklay et al.，2002）。这些侵入体通常被类似年龄的裂谷火山岩覆盖，呈不整合接触，代表同岩浆隆起（Li et al.，1999）。Li 等（1999，2003）将这些广泛存在的、基本上同步发生的岩浆事件解释为超级地幔柱岩浆事件，该事件最终导致了罗迪尼亚超大陆的裂解，全球 900~880Ma 和 820Ma 沉积间断被认为是地

幔柱引起的地壳剥蚀所致。

825Ma的地幔柱事件［图4-15（a）］，紧接着大陆裂谷事件持续了大约25Myr，另外800Ma还存在一期较弱的岩浆事件（Li et al.，2003；Ernst et al.，2008）。790Ma左右全球缺失地幔柱岩浆活动（Li et al.，2003），但是另外一期地幔柱事件出现在780Ma左右，劳伦古陆西侧的Gunbarrel事件（Harlan et al.，2003b）、华南的康定事件（Li et al.，2003；Lin et al.，2007）等均为该地幔柱事件的记录。在这一时期，罗迪尼亚超大陆离开北极地区［图4-15（b）］，印度此时可能已经从罗迪尼亚超大陆裂解出去（Torsvik et al.，2001）。罗迪尼亚超大陆820～800Ma和780～750Ma快速的旋转可解释为与高纬度地幔柱出现相关的真极漂移（Evans，2003；Li et al.，2003）。

750Ma左右［图4-15（c）］，罗迪尼亚超大陆西侧可能已经开始在赤道超级地幔柱上裂解开，755～750Ma的双峰式火山岩是罗迪尼亚超大陆中最后一期类似的裂解岩浆事件。720Ma左右澳大利亚—东南极和华南陆块彼此之间已经相隔广阔的大洋，甚至卡拉哈里和西伯利亚此时也开始从劳伦古陆裂离。750～700Ma同样是全球性的Sturtian冰期发生的时间，在这个时候，全球绝大多数的大陆处于低纬度-中纬度区间（Kirschvink，1992）。在650～630Ma时候，大陆块体进一步分散在古赤道的位置［图4-15（e）］，发生了第二次广泛的低纬度冰期（Marinoan冰期）。

在600Ma左右，亚马孙古陆、西非和刚果-圣弗朗西斯科克拉通在Brasiliano造山事件聚合在了一起（Trompette，1997），然而亚马孙古陆和拉普拉塔在这一时期很可能仍然拼贴在劳伦古陆上［图4-15（f）］。西伯利亚、华北陆块和波罗的在大约600Ma与劳伦古陆分离。亚马孙古陆在570Ma与劳伦古陆分开（Cawood and Pisarevsky，2006）。660～550Ma，大陆块体之间的裂谷系统可能导致了这些块体边缘广泛存在的沉积地质记录（Bond et al.，1984）。

（2）冈瓦纳古陆的诞生

Hoffman（1991）首先提出，罗迪尼亚超大陆裂解形成的碎片在地球的另一边形成了冈瓦纳古陆（约600Ma）。然而这一时期，在澳大利亚-东南极、印度、东非和卡拉哈里等块体之间仍存在大洋。大约在550Ma［图4-15（g）］，印度靠近澳大利亚西侧，并形成了平贾拉造山带左旋走滑运动的记录（Fitzsimons，2003）。卡拉哈里开始与刚果和拉普拉塔发生碰撞，导致新元古代达马斯托尔（Adamastor）海关闭（Prave，1996）。华北陆块自650Ma与劳伦-西伯利亚古陆分离，经古太平洋向澳大利亚方向漂移。

冈瓦纳古陆最终拼合时间在540～530Ma［图4-15（h）］，莫桑比克洋闭合导致了东非造山带中的马达加斯加（Malagasy）造山事件，印度和澳大利亚-东南极沿着平贾拉拼合。冈瓦纳古陆中，华北陆块和华南陆块均邻近澳大利亚。

相对于罗迪尼亚超大陆的形成，研究者对于罗迪尼亚超大陆裂解的认知已经很明了。罗迪尼亚超大陆分裂始于在9亿年或10亿年前。一个三叉地堑形成，使得罗迪尼亚超大陆开始分裂。

早在8.5亿~8亿年前，一条裂谷带在现今的澳大利亚、东南极、印度、刚果克拉通、卡拉哈里克拉通之间形成，之后在劳伦古陆、波罗的古陆、亚马孙克拉通、西非克拉通、圣弗朗西斯科克拉通也形成裂谷带，裂解后形成埃迪卡拉纪的阿达马斯托洋。

罗迪尼亚超大陆在8亿~7亿年前分裂为南北两个大陆，两者之间泛大洋开始形成。南半球的劳伦古陆西部（现今的北美洲）在此次分裂有关的构造幕期间成为拗拉谷（Aulacogen），并形成大型沉积盆地。原本环绕罗迪尼亚超大陆的米洛维亚（Mirovia）洋，随着泛非洋与泛大洋的扩张而开始缩小。地壳裂谷带并非同时在各处发生。新元古代大量岩浆流与火山爆发的证据在每个大陆都有发现，这些是罗迪尼亚超大陆在7.5亿年前完全分裂的证据。

大约6.1亿年前，埃迪卡拉纪中期形成亚匹特斯洋。亚匹特斯洋东部在劳伦古陆和波罗的古陆之间形成，西部则位于劳伦古陆和亚马孙克拉通之间。分裂时间和泛非造山运动的时间难以关联。一般认为在6.5亿~6亿年前地球上所有大陆重新聚集形成理论上的潘诺西亚超大陆。

在6.5亿~5.5亿年前，新的超大陆开始形成，即潘诺西亚大陆，潘诺西亚大陆呈倒V字形，倒V字形内侧是泛大洋，外侧则是泛非洋以及米洛维亚洋的残余部分。

大约在5.5亿年前埃迪卡拉纪和寒武纪的分界，亚马孙克拉通、西非克拉通、圣弗朗西斯科克拉通首先合并。这个构造阶段叫作泛非造山运动，形成了在几亿年后都相当稳定的冈瓦纳古陆。

4.3.3 雪球地球与生物大爆发

不像后来的超大陆，罗迪尼亚超大陆是块荒地。生命在陆地上出现前，罗迪尼亚超大陆就已存在。因为当时臭氧层尚未形成，过于强烈的紫外线使陆地不适合生命生存。尽管如此，罗迪尼亚超大陆对于海洋生物的影响相当明显。

在成冰纪，全地球经历了大规模的冰河时期，平均温度至少相当于现在最冷气温。罗迪尼亚超大陆可能被冰河或南极冰帽覆盖。低温可能使大陆分裂的效应增强。地壳底下的地热能到达一定峰值后大陆就会开始分裂。由于温度较高的岩石密度较小，将会被抬升至相对于周边岩石较高的高度。这些较高区域的温度较低，使冰不发生融化，也许可以解释埃迪卡拉纪的许多冰川。

陆地分裂造成新的海洋，海底扩张开始，产生温度较高而密度较低的洋壳。因为密度较低的关系，这些温度较高的洋壳不会沉入温度较低而密度较高的地壳，而是向上抬升造成海平面上升，形成许多浅海。因为海洋面积增加，蒸发量增加造成降雨量增加，加快裸露岩石的风化。根据 $^{18}O:^{16}O$ 的同位素比值资料可知，因为喷出岩的快速风化，增加降雨量使温室效应减弱，造成雪球地球。增加的火山活动使海洋环境增加了许多生物养分，在早期生命演化扮演重要角色。

雪球地球指的是表面从两极到赤道全部结成冰的地球，地球表面几乎全被冰雪覆盖。地球历史上可能出现过多次雪球地球事件，一次是在大约23亿年前，或发生在24.5亿~22.2亿年前。通过对前寒武纪全球冰川沉积物的磁性矿物测量发现，8亿~5.5亿年前有多次大规模的雪球地球事件。期间地球表面从两极到赤道全部结成冰，只有海底残留了少量液态水。

在地球历史上，有四次冰曾覆盖大部分地球。其中，两次最近的冰期是：一次发生在大约1Ma的更新世，当时人类刚刚开始进化，因为地球围绕太阳的公转轨道出现变化，整个北大西洋沿岸的大陆边缘都铺上了厚厚的冰层；另一次则是大概21 000年前，北美和欧洲的大部分地区被厚达2km的冰层覆盖，并且导致海平面下降了120m之多，这次5亿年以来最残酷的冰期至少影响了地球表面30%的地区。但是这两次最近的冰期都没有8亿~5.5亿年前的全球性冰期事件来得更戏剧和更残酷，因为8亿~5.5亿年前发生的雪球地球事件使得整个地球被冻成一个大雪球，导致无数物种灭绝。

1964年，剑桥大学的 B. W. Harland 最早对全球范围内新元古代（大概8亿~5.5亿年前）的冰期沉积物做了研究，他提出在全世界各个陆块都有8亿~5.5亿年前的冰期沉积物。同时，他通过简单的地磁学分析指出，当时这些陆块其实并没有像现在那样被海洋分开，而是在赤道附近汇聚成一整块巨大的大陆。而在当时，大陆漂移学说也才慢慢被接受。而且由于分析手段缺乏，加上数据有限，所以 B. W. Harland 的说法并没有明确地得到广泛证实，更没有人能解释冰期沉积怎么到了赤道附近。

在随后的二三十年里面，通过在海洋生物学、地球化学等领域的进一步研究，科学家获得了不少新进展。1987年，加州理工学院的 J. L. Kirschvink 等研究了澳大利亚的一块新元古代粉砂岩之后，证实了它是属于当时沉积在赤道附近的浅海环境，确凿地说明了冰川曾经到达了赤道附近，而且这个成果也被后来的研究反复检测所证实，其中也包括古地磁学证据。依据更多沉积物以及其他地质证据，科学家才公认8亿~5.5亿年前地球一直处于完全冰冻状态。

Evans 等（2000）研究了这个时期（8亿~5.5亿年前）各个大陆的冰川沉积地层学、地质年代学、古地磁学后指出，许多冰期沉积的杂砾岩出现在南北纬10°以内，甚至没有超过60°。1992年，J. L. Kirschvink 首先提出在新元古代（8亿~5.5亿年前）曾经出现过几次雪球地球事件。

8亿或10亿年前地球上的大陆并不是完全分离的，而是在赤道附近连在一起的罗迪尼亚超大陆。罗迪尼亚超大陆因强烈的地幔柱火山活动而裂解，裂解为几个陆块，这就使得陆地的海岸线增长了很多；海岸线的增加带来两种效应：一是生物在岸边的活动增加，光合作用的加强导致大量CO_2被吸收；二是增强了大陆的硅酸岩风化，吸收了大量CO_2。这两个结果导致大气的CO_2迅速减少，"温室"变"冰室"，产生巨大的冰雪覆盖，进而产生了失控的反照率事件，最终形成了"雪球地球"。

经过计算，当时冰盖有1km厚，推进到赤道附近，地球温度下降到-50℃左右。因为冰雪埋藏效应，光合作用和大陆的硅酸岩风化作用都被终止，但是地球的火山活动还在继续，向外释放了大量的CO_2。经过长达10Myr的积累，这些CO_2终于足够形成"温室效应"，从而迅速融化"雪球地球"，在融化阶段整个海洋温度达到50℃以上，温室地球再一次发生，温度又逐渐升高，冰层融化，生命重返地球。但是如果地球环境继续恶化，地球有可能再次成为"雪球"，地球上的生物将面临被再次被毁灭的危险。

（1）冰室效应说

最早提出"雪球地球"理论的美国加州理工学院研究小组发现，使地球早期变成雪球的罪魁祸首很可能只是一种细菌，它释放出的氧气破坏了可使地球保持温暖的关键气体——甲烷。

科学家推测，在23亿年前，一种叫蓝菌或蓝绿藻的细菌具有分解水及释放氧气的能力，氧气的增加使当时大气中丰富的温室气体甲烷很不稳定。在至少10万年的时间内，温室效应被破坏，地球甲烷减少，全球温度下降到-50℃。地球进入冰河期后变得十分寒冷，赤道海洋被大约1.6km厚的冰层覆盖，大量生物死亡，只有转入地下或在热的温泉中，生物才能得以生存下来。

（2）泥泞地球说

对于雪球地球观点的最早争辩始于1989年，之后持反对观点的科学家对此进行了更加猛烈的攻击，其中最具代表性的就是加拿大多伦多大学的三位物理学家。2008年4月，他们对新元古代末期的二氧化碳进行计算机模拟，指出新元古代末期是海洋氧气生成的重要时期。

这三位物理学家的计算模拟结果显示，持续的寒冷气温将使大气中的氧气输送到海洋，通过光合作用转化成为溶解有机碳，释放二氧化碳气体。通过大气层温室气体效应加热空气，在地球进入冰冻循环周期之前，诱导海洋冰层逐渐融化、冰河逐渐缩小。也就是说，地球在8.5亿～5.5亿年前的成冰纪并不是一个冰冻的雪球，当时的地球很可能是气候温和、土壤泥泞，热带地区的海水处于非冰冻状态，海水中可以进行充足的光合作用。这个时期并没有大量火山喷发的二氧化碳气体，也没有持续上亿年的冷空气。

(3) 阳光阻隔说

科学家认为"雪球地球"时期的火山喷发向大气层释放了大量硫颗粒，阻滞阳光照射大地，从而使地球温度下降。

(4) 反照假说

Kirschvink（1992）认为，当时在中高纬度的反照率很高，可导致形成大量冰川，然后海平面下降，陆地面积增加，因而进一步增加了地球的反照率。同时，热带地区大陆增加有利于硅酸岩风化，有利于大气中 CO_2 的埋藏，加强了"冰室效应"。这两个因素不断影响，导致了地球不断变冷，从而形成一个"雪球"。在形成"雪球"之后，因为地球的火山作用不断释放出 CO_2 等温室气体，这些气体经过长期积累，最终强大到足够产生显著的"温室效应"，地球温度升高，所以冰川又融化了。

美国哈佛大学地球学家弗朗西斯·麦克唐纳等对加拿大夹在冰川沉积物之中的火山岩进行了研究，确定了冰河时代的褐红色沉积物为冰川沉积物，这证明加拿大火山岩曾在"雪球地球"时代被冰雪覆盖。他们还利用高精度铀-铅放射性年代测定法认定，火山岩和冰川沉积物是在大约 7.16 亿年前形成的，并与前人一系列研究结果进行了对比，发现火山岩是在加拿大处于赤道附近时形成，并且随着时间的推移，该区火山岩向北移动到了现今的加拿大育空地区和西北地区。

雪球地球时期是地史中冷冻最长、最深的时期，其证据来源于海洋深层沉积物。^{13}C 是植物通过光合作用形成的沉积物质。在成冰纪的上层和下层富含大量的 ^{13}C，也就是说成冰纪时期地球处于生物低潮期，对含这些有机质地层进行 ^{13}C 的测定可有力地说明当时地球的气候状况。因此，联系其他强烈的冰冻作用，成冰纪时期地球完全处于冰冻状态，厚厚的冰层覆盖着海洋并蔓延至热带地区，甚至还到达了赤道。这个假说的主要证据是冰川沉积物之上的碳酸盐岩沉积物是典型的低纬度沉积物堆积，而且出现沉积铁矿层表明海洋中缺氧，这也与冰川事件相吻合。

此外，围绕"雪球地球"还有许多谜团尚未解开，"雪球地球"事件的成因还很不清楚，但普遍认为与当时大陆分布在热带地区有关，即增加地球反射的阳光，使全球变冷。然而仅凭借一个冰封的赤道，尚无法确定当时地球上冰雪覆盖的程度。地球可能一直处于完全的"深度冰冻"状态，或者可能只是受制于不断活动的冰川和冰山，或是介于两者之间的冰体。事实上，连"雪球地球"这一名称可能同样需要重新考虑。麦克唐纳认为地球可能不是"一个雪球，而更有可能是一个泥球"，因为火山经常爆发可能使得地球表面"布满灰尘"。无论如何，在"雪球地球"时期，部分物种可存活下来，或进化成新的物种。"雪球地球"具有开放水域的避难所，或至少是冰层裂缝，例如，南极冰层下面就有生命存在，使得地球生命得以在冰封中延续。生命在冰封中幸存有如下几种可能。

1）深海热液喷口附近。

2）生命可以采取类似孢子休眠的方式来度过冰封期。

3）在低纬度冰原岛峰地区，火山作用和阳光辐射可能会在白天融化部分冰，产生临时水洼。

4）冰层之下，类似于"矿物质代谢"生态系统可以提供避风港。

5）在冰盖下面会存在液态水坑，类似于南极洲的沃斯托克湖。

4.4 Proto-Pangea（原潘吉亚）

迄今，对于潘吉亚、罗迪尼亚和哥伦比亚超大陆的重建较为清晰，而对早古生代时期板块构造演化和洋-陆格局的研究仍存在较大争议。前人对该时期的板块重建做了很多研究，提出过 600Ma 或 540Ma 的潘诺西亚/大冈瓦纳（Greater Gondwana）和 460Ma 的 Artejia 两个存在时间短暂的超大陆的设想，还有其他名称，如古潘吉亚（Paleo-Pangea），因而，导致板块旋回的周期存在 8 亿年、5 亿年、3 亿年之争。然而，对潘诺西亚、大冈瓦纳、古潘吉亚和 Artejia 存在与否、早古生代具体的板块拼合过程和最终拼合时间以及该古大陆的具体图像等方面，仍然很模糊。为此，这里需要对全球早古生代造山带进行系统总结，并讨论相关板块重建方案，探讨全球早古生代洋陆格局和超大陆旋回。

4.4.1 全球早古生代主要造山带

罗迪尼亚超大陆存在于 1100Ma 之前，最近 ~950Ma 阿拉善和华北、西伯利亚南缘等地区碱性花岗岩和基性岩墙群的发现，可能表明这个超大陆的最早裂离（break-up）事件［这里没采用一般的裂解（rifting）概念］，连同前人早已发现的 850~825Ma 和 780~650Ma 的裂离或裂解事件，如西伯利亚从罗迪尼亚裂离始于 780~650Ma，华南陆块 800~725Ma 发生陆内裂谷事件，代表了罗迪尼亚裂离的三个阶段。随后，在新元古代晚期—早古生代时期（650~400Ma），全球板块具有较快的运动速度，板块汇聚作用活跃，虽然也存在一些微陆块的裂离，例如，塔里木陆块裂离记录在中南天山震旦纪（新元古代末期）—早寒武世的裂谷火山岩，是罗迪尼亚超大陆最后一期大范围的裂解事件，但此时在全球范围内以碰撞或增生型造山运动最为显著，主要体现在冈瓦纳古陆的泛非造山带、劳伦古陆的经典加里东碰撞造山带以及古亚洲洋和特提斯洋构造体系中的早古生代增生型造山带（图 4-16）。

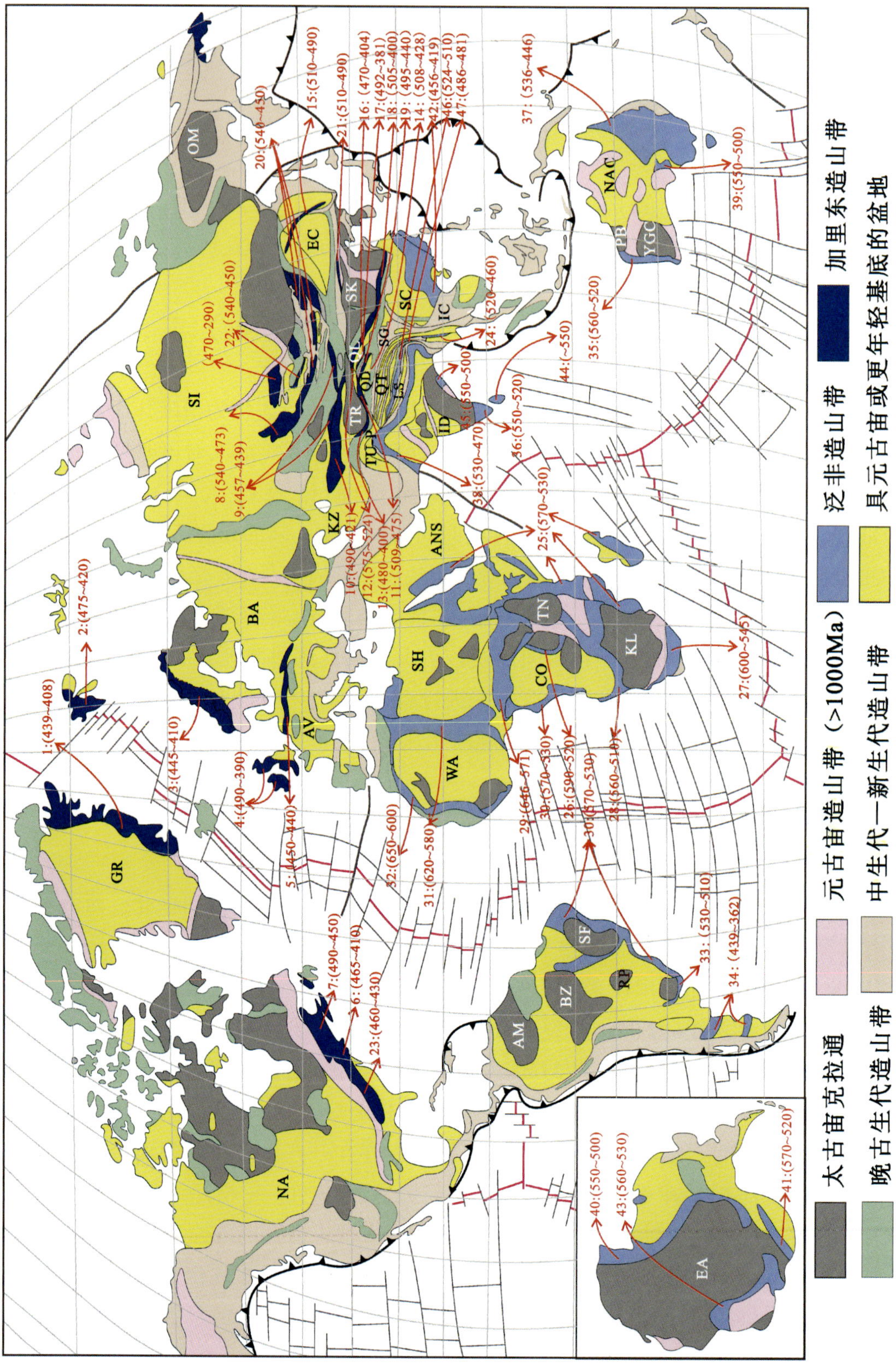
太古宙克拉通
晚古生代造山带
元古宙造山带（>1000Ma）
中生代—新生代造山带
泛非造山带
具元古宙或更年轻基底的盆地
加里东造山带
NA
GR
SI
BA
AV
WA
SH
ANS
CO
KL
TN
EC
SK
SC
IC
ID
KZ
TR
QD
QT
SG
LS
OM
NAC
PB
YGC
AM
BZ
SF
RP
EA

图 4-16 全球新元古代晚期—早古生代造山带及前早古生代主要地块分布

图中所标年龄为造山作用从开始俯冲到碰撞结束发生时限,单位为 Ma。加里东造山带或地体名称:1. 东格陵兰造山带:439~408 Ma;2. Svalbard 加里东造山带:475~420Ma;3. 斯堪的纳维亚加里东造山带:445~410Ma;4. 苏格兰加里东造山带:490~390Ma;5. 中欧缝合带(德国-波兰加里东造山带):450~440Ma;6. 中阿巴拉契亚造山带:465~410Ma;7. 北阿巴拉契亚加里东造山带:490~450Ma;8. 阿尔泰造山带:540~473Ma;9. 西天山造山带:457~439Ma;10. 北阿巴拉契亚造山带:490~421Ma;11. 南阿尔金:509~475Ma;12. 北阿尔金缝合带:575~524Ma;13. 西昆仑造山带(库地-其曼于特,蒙古包-普宁,康西瓦-塔格蛇绿混杂岩):480~400Ma;14. 中国东北早古生代造山部:508~428Ma;15. 中国东北早古生代造山带:510~490Ma;16. 北祁连造山带:470~404Ma;17. 南祁连造山带:492~381Ma;18. 北秦岭造山带:505~400Ma;19. 柴达木北缘:495~440Ma;20. 科布多-戈壁阿尔泰造山带:540~450Ma;21. 华北克拉通北缘弧-陆碰撞带:510~490Ma;22. 萨拉伊尔造山带:590~520Ma;23. 南阿巴拉契亚造山带:540~450Ma。泛非木克兰造山带:460~430Ma;24. 滇西早古生代造山带:520~460Ma;25. 东非造山带:570~530Ma;26. Ubendian 造山带:600~545Ma;27. Saldanian 造山带:600~510Ma;28. Damara 造山带:646~571Ma;29. Qubanguide 造山带:530~510Ma;30. Brasiliano 造山带:570~530Ma;31. Trans-Sahara 造山带:620~580Ma;32. 环西非克拉通缝合带:650~600Ma;33. Panpean 造山带:530~510Ma;34. Patagonia 造山带:439~362Ma;35. Pinjarra 造山带:560~520Ma;36. 印度南部麻粒岩地体:550~520Ma;37. 塔斯曼造山带:536~446Ma;38. Bhimphedian 造山带:530~470Ma;39. Delamerian 造山带:550~500Ma;40. Dronning Maud 造山带:550~500Ma;41. Ross 造山带:570~520Ma;42. 华南陆内造山带:456~419Ma;43. Kuunga 造山带:560~530Ma;44. 斯里兰卡:~550Ma;45. 东高止造山带:550~500Ma;46. 狮泉河-申扎-嘉黎早古生代俯冲缝合带:524~510Ma;47. 龙木错-双湖早古生代缝合带:486~481Ma,427~422Ma。主要的陆块、微陆块或克拉通:AM. 亚马孙克拉通;ANS. Arabian-Nubian(阿拉伯-努比亚)地盾;AV. Avalonia(阿瓦隆尼亚)微陆块;BA. Brazil(巴西)克拉通;BZ. 波罗的古陆;CO. 刚果克拉通;EC. 中国东北微陆块群;EA. 东南极克拉通;GR. 格陵兰地盾;IC. 印支地块;ID. 印度克拉通;IS. 伊朗地块;KZ. 哈萨克斯坦陆块;KL. Kalahari(卡拉哈里)克拉通;OM. 奥曼隆-科罗马克拉通;PB. 皮尔巴拉克拉通;QD. 柴达木地块;QL. 祁连地块;QT. 羌塘地块;RP. Rio de la plata(拉普拉塔)克拉通;NA. 北美克拉通;NAC. 北澳大利亚克拉通;SC. 华南陆块;SG. 松潘-甘孜地块(若尔盖);SF. 圣弗朗西斯科克拉通;SK. 中朝克拉通;TN. 坦桑尼亚克拉通;TR. 塔里木陆块;TU-P. 图瓦-帕米尔微陆块;WA. 西非克拉通;YGC. 伊尔冈克拉通以东亚为例，早古生代造山运动具有自身的特点，不仅在造山时代上要略晚，其所处的构造环境与造山方式也有很大区别，从残留陆块规模较小且多为微陆块判断，大部分处于古亚洲洋-原特提斯-古特提斯洋内的环冈瓦纳多岛弧-盆构造背景，早古生代造山方式多为增生型和陆内型造山；陆松年（2004）、陆松年等（2009）建议将这些造山带称为泛华夏型造山带，以便与经典加里东和泛非造山带相区别；尹赞勋等（1978）将华南宽阔的早古生代褶皱带形成时期称为广西旋回。特别是，前人几乎都认为，中国的一些陆块/微陆块始终是分散在泛大洋中的、孤立的，始终徘徊在大陆块之外。然而，最近10年来大量地质资料显示，中国境内几乎所有的造山带都记录了早古生代的造山过程，这一特点具有全球统一性（图4-16）。这里需要注意的是，前人基本没有彻底摆脱固定论观点，秉持现在的块体空间关系的直观解释（将今论古），认为杂乱的微陆块必然是类似东南亚的多岛洋成因。然而，"多岛洋"的成因还存在问题，东南亚的多岛洋块体不是从一个大陆裂离出来的，而是太平洋西侧通过大洋俯冲-增生作用带来欧亚陆缘的不规则且来源不同的系列半岛拼合而成的；而且大量事实表明，一条大陆边缘通过裂离作用不可能形成多岛洋，更不可能发生多次裂解形成多带、多列微陆块群。从古板块重建（如阿瓦隆尼亚）到现今的西太平洋事实（如日本列岛裂离），都没有见到过一条大陆边缘持续或间歇性裂离形成多条平行且并存的岛链——"多岛洋"格局；反而，从古到今见到的都是一列岛弧。因此，类似青藏高原的多岛洋演化过程也是构造理论上还不清晰的问题。这里建议"多岛洋"改为"多岛海"，且只能约束在（古）地理概念范畴，不能引申到构造领域。

根据相互作用地质体的性质，这里造山带分类采用俯冲、碰撞和陆内造山带的分类方案，图4-16展示了全球早古生代主要的陆-陆硬碰撞造山带、部分显著的增生-软碰撞造山带以及个别陆内或板内造山带时空分布特征。据造山带的类型以及分布特点，可将其分为以下几个区域：现今北冰洋-北大西洋沿岸，包括经典加里东造山带（东格陵兰、斯堪的纳维亚、北苏格兰-英格兰、斯瓦尔巴群岛加里东造山带）、中欧加里东缝合带（德国北部-波兰）、阿巴拉契亚造山带；南大西洋沿岸，包括Brisiliano造山带、环西非克拉通造山带（Mauritanides, Marampa, Rockellides造山带）、非洲中部的Oubanguide造山带；印度洋沿岸，包括东非造山带、印度南部麻粒岩地体（Southern Granulite Terrain）、东高止带；亚洲的加里东期造山带，主要包括西伯利亚南缘的增生碰撞造山系，中亚与"多岛洋"闭合相关的阿尔金、天山以及秦-祁-昆早古生代增生-碰撞造山系，以及中国东北的加里东期孔兹岩系三部分。

4.4.2 早古生代造山事件群

依据全球新元古代晚期—早古生代主要碰撞和增生造山带的区域性构造、岩浆、变质变形事件的总结和对比，这里大致将其划分为 7 期造山事件群，每一期造山运动对应局部板块的拼贴。这 7 期造山运动按照时间的先后顺序分别为：属于泛非造山运动的东非造山运动、Brasiliano 造山运动、Kuunga 造山运动，属于加里东期造山运动的欧洲经典加里东造山运动、美洲阿巴拉契亚（Appalachian）加里东造山运动和中欧加里东造山运动，以及亚洲与原特提斯洋和古亚洲洋演化相关的加里东期造山运动（图 4-17）。

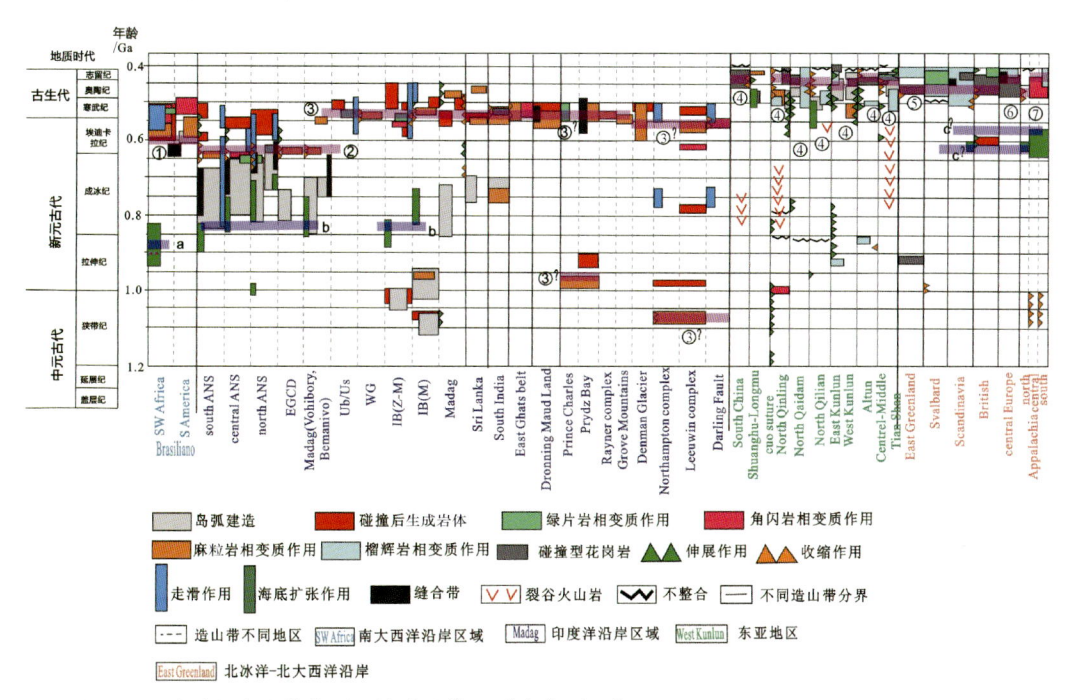

图 4-17　全球早古生代主要碰撞造山带地质事件群（据 Fritz et al.，2013；Fitzsimons，2003；Peter et al.，2007；Collins et al.，2014；Meert，2003；徐学义等，2008）

EGCD. Eastern Granulite-Cabo Delgado Nappe Complex（东部麻粒岩带-Cabo Delgado 推覆杂岩）；Ub/Us. Usagaran/Ubendian 带；WG. Western Granulite Belt（西部麻粒岩带）；IB（Z-M）. Irumide Belt of Zambia and Malawi（赞比亚和马拉维的 Irumide 带）；IB（M）. Irumide Belt of Mozambique（莫桑比克的 Irumide 带）；Madag. Madagascar（马达加斯加）。区域碰撞造山事件群的划分：①Brasiliano 造山事件群；②东非造山事件群；③Kuunga 造山事件群；④东亚的加里东期造山事件群；⑤经典加里东造山事件群；⑥中欧加里东 Caradoc 造山事件群；⑦阿巴拉契亚造山事件群。洋壳扩张作用：a. Brasiliano 洋；b. 莫桑比克洋；c. 通奎斯特洋

（1）冈瓦纳古陆拼合事件群

冈瓦纳古陆拼合最早开始于西冈瓦纳的拼合，导致了圣弗朗西斯科-刚果、卡

拉哈里和亚马孙-西非、拉普拉塔陆块之间的碰撞和Brasiliano造山运动。其演化过程包括650~600Ma Brasiliano洋盆闭合过程以及后期陆块之间长期的碰撞调整。东冈瓦纳古陆拼合过程则存在两种不同认识：①随着莫桑比克洋盆520Ma的消亡而简单拼合；②经历多阶段复杂拼合过程。通过总结前人成果，这里认为新元古代晚期冈瓦纳古陆发生了Brasiliano造山运动、东非造山运动，在阿拉伯-努比亚地盾和莫桑比克带体现了这两个阶段运动以及Kuunga造山运动，这些造山运动使冈瓦纳古陆表现为多阶段复杂拼合，最终在~540Ma完成汇聚（图4-18），之后直到400Ma，在较长的时间内主体作为统一的整体运动。

东非造山带南段莫桑比克带、马达加斯加的大部分地区和斯里兰卡、印度南部麻粒岩地体、东高止带、东南极西缘（毛德皇后地）、东南极北缘（查尔斯王子山、普利兹湾、Rayner杂岩、格罗夫山等）共同经历了Kuunga造山运动，发生560~530Ma榴辉岩相高压-超高压变质作用、麻粒岩相高温-超高温变质作用和挤压变形，顺时针 P-T-t 轨迹的碰撞造山，520~500Ma的碰撞后深成侵入等事件。在查尔斯王子山-普利兹湾地区，则明显有两期强烈构造运动，且在查尔斯王子山南部，发现有一套新元古代稳定克拉通内盆地沉积和早古生代磨拉石沉积，这为早古生代之前印度-东南极已形成统一的地块提供了一方面的证据。而东南极北部Rayner杂岩、格罗夫山也有550~535Ma高压麻粒岩变质作用的发生，且格罗夫山在新元古代—寒武纪仅发生过这一次高压变质作用，这也为印度和澳大利亚早古生代Kuunga

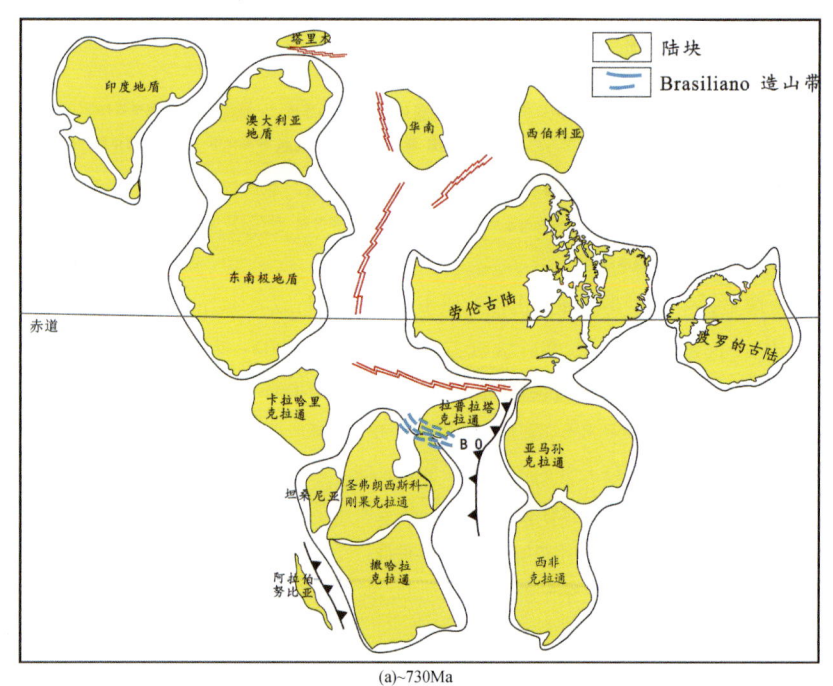

(a)~730Ma

(b)~610Ma

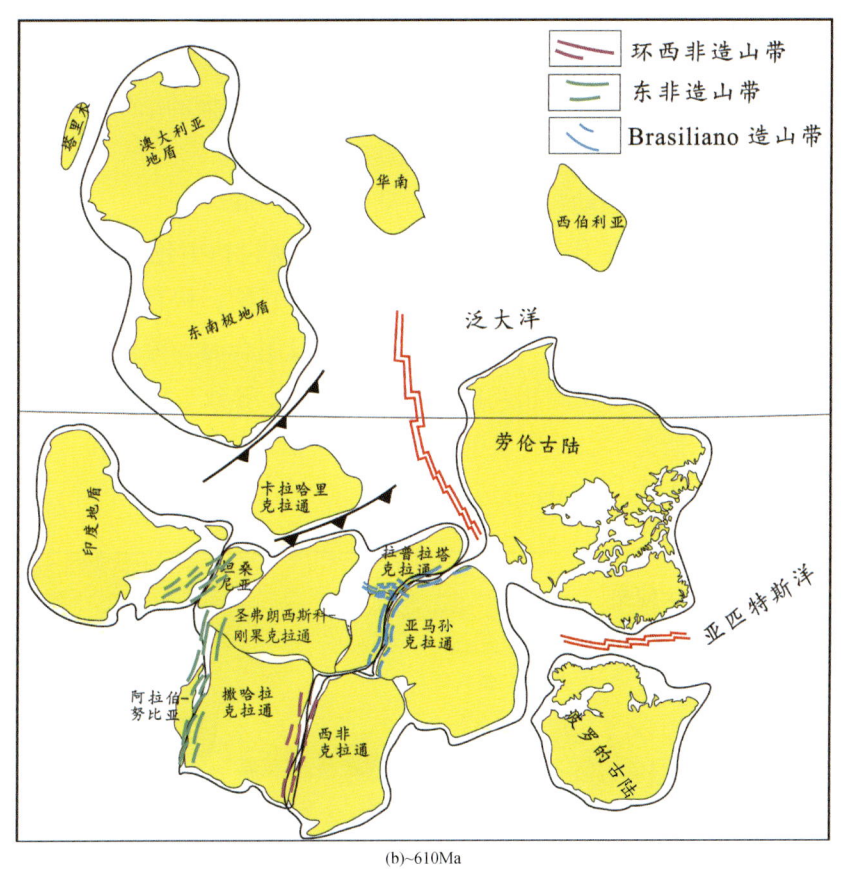

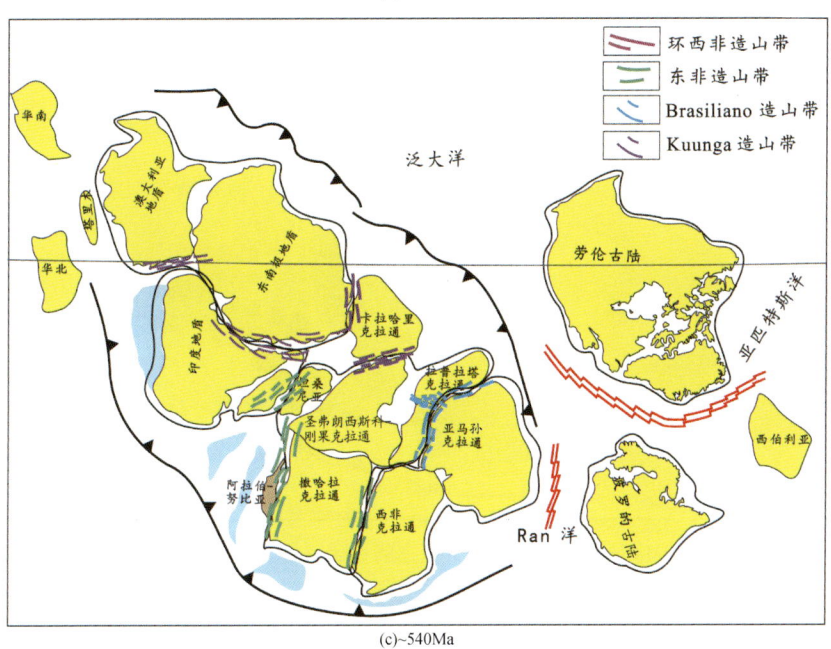

(c)~540Ma

图 4-18　730～540Ma 泛非造山带与冈瓦纳古陆重建模型（据 Torsvik and Rehnstrom，2003；Veevers，2004；Meert and Lieberman，2008）

造山期的碰撞运动提供了证据。澳大利亚西缘达林（Darling）走滑断裂550Ma发生了左旋走滑，其位移达到大陆块尺度；麻粒岩相高压变质显示，该区晚新元古代同样经历了Kuunga期造山运动，这是印度与澳大利亚陆块碰撞的结果。因此，这些泛非造山事件导致冈瓦纳古陆在550～530Ma最终完成汇聚。

（2）欧洲加里东造山运动与北方劳俄古陆拼合事件群

新元古代晚期到早古生代期间，北方大陆（主要包括劳伦古陆、西伯利亚陆块、波罗的古陆、阿瓦隆尼亚等微陆块）从初始汇聚开始，相互之间以及与冈瓦纳古陆之间经历了复杂的聚散运动。亚匹特斯洋欧洲段闭合时，劳伦古陆、波罗的古陆、阿瓦隆尼亚微陆块三者之间相互碰撞（图4-19），导致志留纪东格陵兰、斯堪的纳维亚、英格兰、斯瓦尔巴经典加里东碰撞造山带、中欧缝合带和北阿巴拉契亚造山带形成，最终于425～420Ma形成劳俄古陆。

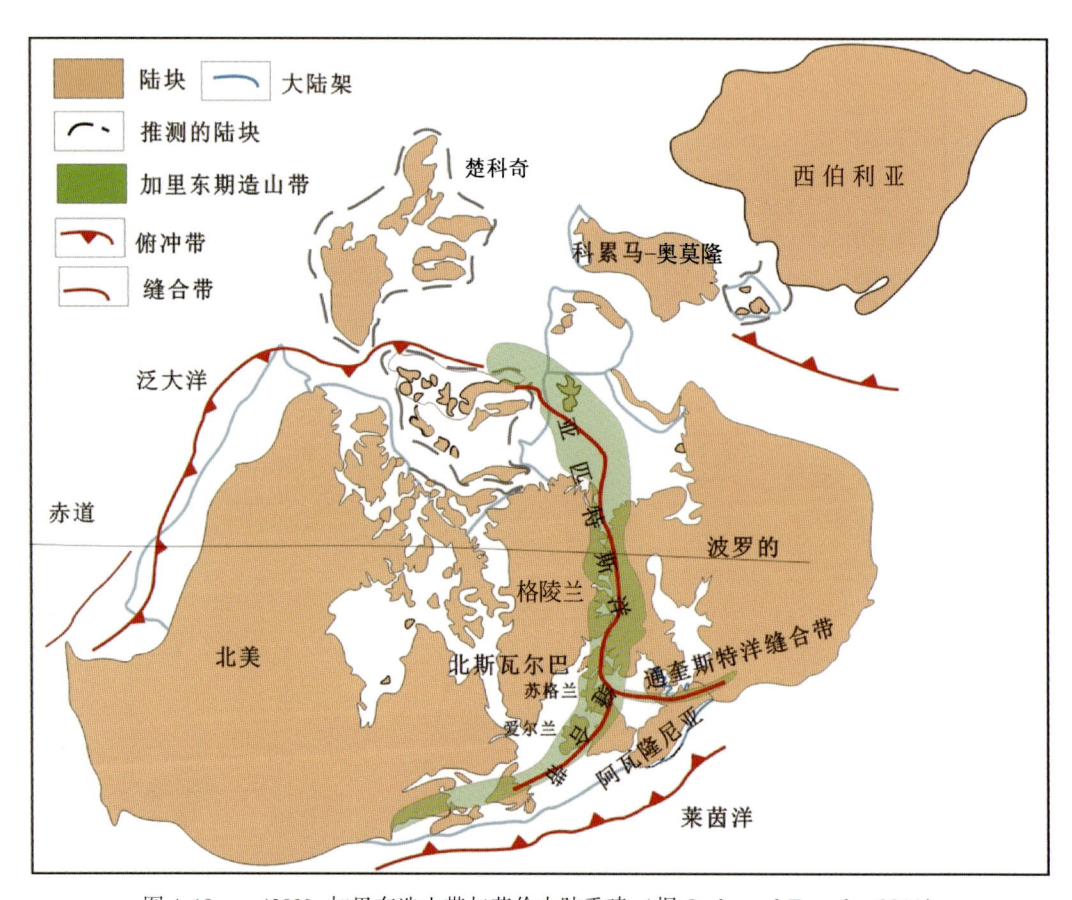

图4-19　~420Ma加里东造山带与劳伦古陆重建（据Cocks and Torsvik，2011）

斯堪的纳维亚加里东造山带不仅最上部地体的C和Sr同位素具有亲劳伦古陆的特征，其439～417Ma的高压榴辉岩和409～360Ma的超高压榴辉岩与挪威西部片麻岩区的422～369Ma具有柯石英相的高压–超高压变质岩可进行对比，并且两者都发育了~425Ma的S型花岗岩，这表明斯堪的纳维亚加里东造山带和东格陵兰加里东造山带在早古生代为同一构造带，波罗的古陆和格陵兰地盾于425Ma完成拼贴。而斯瓦尔巴群岛的西北和东北地体的早古生代地层与格陵兰东部具有相似性，其高压–超高压变质作用与斯堪的纳维亚早古生代造山带的相似。因此，斯瓦尔巴群岛北部地体在早古生代期间位于格陵兰东部，与格陵兰一起与波罗的古陆碰撞造山，晚志留世—早泥盆世红层磨拉石建造发育，之后再裂解旋转到现今位置。英格兰加里东造山带中志留世—中泥盆世发育老红色砾岩磨拉石建造，与斯瓦尔巴群岛北部地体相似。两者之间的蓝片岩、蛇绿岩等具有相似的年代学特征，北爱尔兰和苏格兰加里东造山带与斯瓦尔巴群岛加里东造山带也具有相同的演化特征，在早古生代为同一条造山带，可能同属于格陵兰的一部分，后与波罗的古陆碰撞。而中欧加里东造山带是波罗的古陆与环冈瓦纳北缘裂离地体–阿瓦隆尼亚微陆块碰撞的结果，两者古地磁极移曲线在446~421Ma重合，437Ma两侧具有相似的几丁石特征，440~400Ma具有高压–超高压变质作用，表明两者之间的通奎斯特洋于446~420Ma闭合。此时，西伯利亚陆块虽然没有与它们碰撞，但已经很接近。因此，结合古地磁证据，经典加里东造山运动、中欧加里东造山运动以及北阿巴拉契亚造山运动促使了北方劳俄古陆于早—中志留世~420Ma完成拼贴（图4-19）。

（3）东亚早古生代造山事件与中华陆块群聚合的关系

东亚地区分布有众多的微陆块和裂离的陆壳碎片（图4-20），而早古生代早期原特提斯洋、古亚洲洋分别位于其南、北两侧，早古生代末—晚古生代古特提斯洋也开始打开，三个洋盆分阶段先后作用于其中的微陆块，使其构造极其复杂，使得在西伯利亚南缘增生造山系、中亚造山系、特提斯构造域中都有早古生代不同阶段的造山带分布，但各造山带之间具有相应可比性的连接或递变关系。

大量的年代学资料表明：阿尔金—祁连—昆仑地区洋盆在晚新元古代开启，寒武纪发育成熟，于中—晚奥陶世开始发生俯冲消减作用，晚志留世—早泥盆世陆块或岛弧发生碰撞。传统认为，这种方式导致北阿尔金与北祁连、南阿尔金与柴达木北缘、西昆仑与东昆仑在早古生代期间两两对应成同一条构造带，这种认识必然导致华北、扬子和这三条带之间的微陆块在早古生代就完成了古中国联合陆块的聚集。因而，在中国大量文献中据此得出的剖面和平面构造模式图，几乎无一例外都是华北-中间微陆块（一个或多个）-华南三者的南北向平行分布关系或相互作用。进而在中—新生代期间，这些构造带被活动的阿尔金左行走滑断裂错开。

中南天山震旦纪—早寒武世的裂谷火山岩对应罗迪尼亚超大陆最后一期大范围的裂解事件，洋盆经过中奥陶世—早志留世缓慢的俯冲，早志留世在中天山南缘东段首先发生点碰撞，在塔里木-库鲁克塔格陆块与中天山微陆块未产生全面碰撞时，弧后盆地扩张便转变为洋中脊环境，于库米什-榆树沟-铜花山一带发育MORB型蛇绿岩。

华南陆块 800~725Ma 发生陆内裂谷事件，形成陆内海盆分隔的华夏和扬子地块，甚至华夏地块内部还可能进一步裂解成多个古陆残块（武夷、滇桂、云开等），但其间并未出现洋盆。晚奥陶世—晚志留世（459~416Ma）的陆内造山过程才将华南陆块内部块体重新统一。

北秦岭和北祁连造山带自早古生代 500Ma 以来具有相似的演化过程，两者都发生了晚寒武世—早奥陶世的榴辉岩相变质，和中奥陶世—志留纪的地壳收缩变形。但是，两条构造带中榴辉岩的性质有所不同，北祁连的榴辉岩为含硬柱石的低温高压变质，北秦岭官坡榴辉岩性质则为含柯石英的超高压变质，并伴随同时代的高温麻粒岩相变质。北秦岭宽坪构造带和北祁连蛇绿岩年龄集中在新元古代晚期—早中奥陶世，北祁连玉石沟-穿刺沟-扎麻什-边马沟一带新元古代晚期—早中奥陶世蛇绿岩性质为洋中脊属性（可能为原特提斯洋的北界），且两者在中新元古代发育裂谷火山岩，代表了中新元古代—早中奥陶世的被动大陆边缘，宽坪构造带和祁连九个泉-熬油沟-老虎山一带晚寒武世—早中奥陶世的蛇绿岩套性质，多数为俯冲带上的 SSZ 型，与冷榴辉岩、岛弧建造一起代表了洋盆俯冲过程，被动大陆边缘转变成了活动大陆边缘。两者在晚志留世—早泥盆世两者都发育区域性的角度不整合和收缩变形，在早古生代可对比为同一条构造带，构造研究揭示它们早古生代的俯冲极性都是向南俯冲。

西昆仑的库地-其曼于特一带发育 526~494Ma 和 428Ma 两期蛇绿岩套，与北祁连早古生代蛇绿岩套吻合，而且西昆仑的岛弧建造指示的洋壳俯冲极性与北祁连的冷榴辉岩代表的洋壳俯冲相极性一致，这里发育的造山型花岗岩可以与北祁连带的地壳收缩变形相对应。东昆仑在早志留世也存在一期蛇绿岩套，东昆仑地块碰撞造山过程中的 S 型花岗岩集中在早中泥盆世，晚志留世—早泥盆世的角度不整合不发育，与西昆仑的造山演化过程具有对比性。而阿尔金早古生代剪切带性质也更接近东、西昆仑，且在塔里木盆地东南缘呈弧形回折到柴北缘，柴北缘又在鄂拉山回折到东昆仑。因此，早古生代北秦岭-北祁连-北阿尔金-南阿尔金-柴北缘-东昆仑北-西昆仑北应为同一条弯山构造带（图 4-20），将其复原后，它们南侧微陆块的原始状态应当是串联排列着的原特提斯洋内的地体群。这一点也被 Murphy 等（2009）重建的状态佐证，但他们重建的时间不对，或许他们的重建结果是撕裂出去的状态。这里需要从思想上改变的传统认识是：现今空间上并列残存在造山带中不同年龄的蛇绿岩套，就必然代表是不同年代的洋盆原来空间上就并列存在、时间上依次演化的结果；或者年代相同且并列展布的蛇绿岩套，就代表是同时的"多岛洋"。实际上，同一个洋盆消减，完全可能在后来同一造山带的不同地段保存，或是同一洋盆具有时间跨度很大的不同年龄的洋壳。

柴北缘记录有新元古代中期罗迪尼亚裂解时的玄武岩和基性岩墙群，西段绿梁山发育540~490Ma的弧后盆地蛇绿岩套。岛弧火山岩、洋壳俯冲型榴辉岩、I型花岗岩显示，柴达木微陆块与欧龙布鲁克微陆块之间的洋盆于中寒武世开始了持续40Myr的俯冲；原岩为陆壳的柯石英相榴辉岩、S型花岗岩显示，柴达木微陆块与欧龙布鲁克微陆块拼贴。

东昆仑的昆中和昆南缝合带中出现多期蛇绿岩套，寒武纪为洋盆环境，晚奥陶世—志留纪为向北的俯冲带，而早—中泥盆世碰撞型花岗岩和同时期的榴辉岩表明北昆仑和南昆仑地体已发生拼贴碰撞。

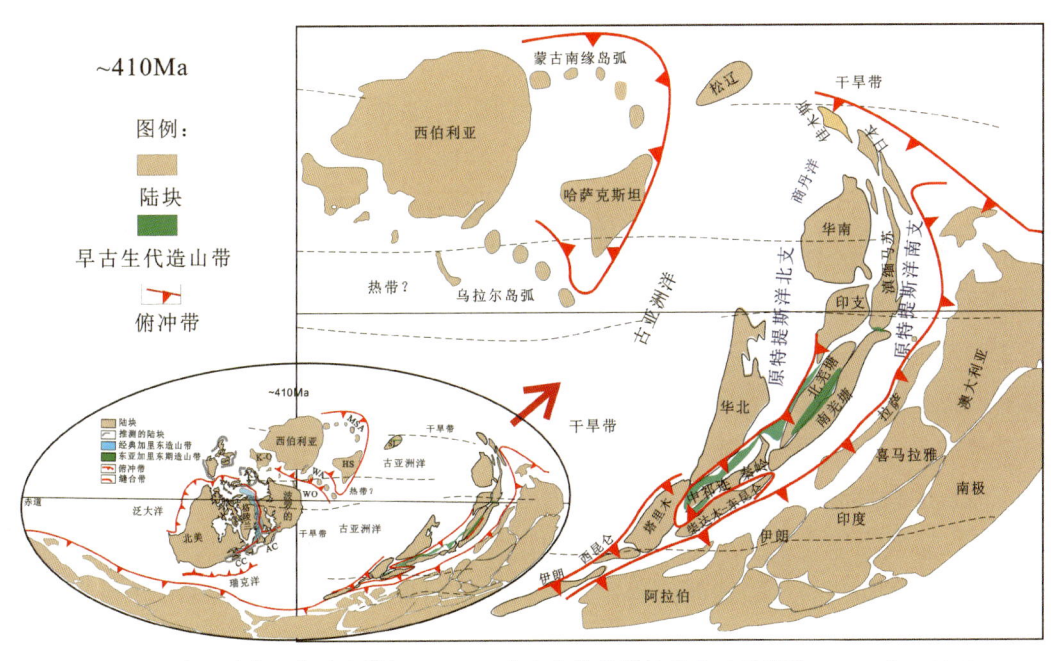

图4-20 东亚早古生代造山带与~410Ma古中华陆块群的重建（重建据Yao et al.，2014；古气候分带据Boucot and Scotese，2012）

K-O：科罗马-奥莫隆；WO：乌拉尔洋；SL：松辽；WA：乌拉尔岛弧；HS：哈萨克斯坦；MAS：蒙古南缘岛弧；KL：喀拉；AC：阿瓦隆尼亚微陆块；CC：卡罗来纳微陆块

青藏高原南、北羌塘之间的龙木错-双湖缝合带发育了晚寒武世之前的蛇绿岩、中奥陶世大洋性质的蛇绿岩、晚奥陶世俯冲带性质的蛇绿岩等，多期洋盆记录表明，该缝合带代表了位于冈瓦纳古陆北缘与中华古陆块群之间的早古生代原特提斯洋。拉萨地块发育早—中寒武世岛弧火山岩和双峰式火山岩，分布在班公湖-怒江和狮泉河-申扎两条早寒武世南向俯冲的俯冲带上盘。双湖-龙木错缝合带南侧曾获得早奥陶世的碰撞型花岗岩和早—中志留世高压变质岩，这表明南、北羌塘微地块于早-中奥陶世开始碰撞。青藏高原东南缘腾冲微地块与羌塘具有早古生代的亲缘性，且有大量的早古生代早期的安第斯型岩浆弧记录，以及奥陶系底砾岩与下伏地层的不整合，这与冈瓦纳古陆北缘的安第斯型造山带相似。

（4）北方劳俄古陆与环冈瓦纳古陆北缘微陆块拼合事件群

北方劳俄古陆与环冈瓦纳古陆北缘微陆块的拼合事件主要表现在中-南阿巴拉契亚造山带以及 Ouachita 造山带。中-南阿巴拉契亚发育奥陶纪—志留纪区域性的绿片岩相和中级角闪岩相变质，出露 459～394Ma 高压榴辉岩，410～340Ma 多阶段的地体拼贴导致整体发生低级变质。在中阿巴拉契亚段发育泥盆纪角度不整合，西部发育中—晚泥盆纪磨拉石。南阿巴拉契亚的卡罗来纳等地区年代学和直接的野外观察显示，发育奥陶纪—志留纪的收缩变形和左旋走滑剪切带，为劳俄古陆与冈瓦纳古陆北缘地体碰撞的体现。

4.4.3　原潘吉亚超大陆：南美和北美板块拼合

以早寒武世古杯类腕足动物、小壳动物化石和莱德利基（Redlichid）三叶虫（华北也有发育）为特征的冈瓦纳古生物地理分区，主要分布在澳大利亚和印度、卡拉哈里（Kalahari）之间的莫森（Mawson）洋沿岸；以 Olenellid 三叶虫为特征的古生物地理分区，在早寒武世～530Ma 就已经很明显。并且，冈瓦纳古生物地理分区和西伯利亚古生物地理分区的三叶虫化石具有相似性，可能从西伯利亚古地理分区迁徙而来，说明西伯利亚在早寒武世之前曾与冈瓦纳也很接近。

晚古生代期间巨型板块表现为稳定而且有规律的运动，而早古生代板块尚处于不稳定的运动状态中，如塔里木陆块表现出的震荡性运动，欧洲波罗的古陆和冈瓦纳古陆多次短暂拼合，以及西伯利亚陆块和波罗的古陆之间反复裂离作用等。全球古地磁数据和古板块再造获得的板块运动轨迹指示，在志留纪—二叠纪，全球主要大陆向北半球中纬地区汇聚。Nance 等（1988）提出，一个完整的超大陆旋回通常需要 3 亿～5 亿年；Condie（2011）根据板块运动速度随着地质年代变新而加快，认为超大陆形成的周期和整体存在的时限也随之变短。因此据此判断，显生宙还存在多个可能的超大陆或尚有没发现或没识别出来的超大陆，逻辑上也与超大陆旋回随地球演化变短的传统认识相吻合。

早古生代发生了全球尺度的加里东期造山运动，晚奥陶世—早志留世响应 Hirnantian 大冰期事件，全球海平面发生了一次短暂的显著下降，而到晚志留世—早泥盆世，海平面再次下降，处于一个相对低的水位。此时，全球中纬度地区气候干旱，广泛发育老红砂岩，冈瓦纳古陆则冰川发育，冰盖虽有些消融但仍存在。美洲东部浅海动物群（Eastern Americas faunal realm）显示，南美西北部、西非克拉通和北美东部于晚志留世—早泥盆纪依然连通，腕足动物化石具有很高的相似性。但古地磁、古地理研究显示，晚志留世—早泥盆世劳俄古陆和冈瓦纳古陆西缘已经非常接近。

至泥盆纪，冈瓦纳古陆开始向北运动并顺时针旋转，但是由于劳俄古陆旋转速度较快，导致南美板块和北美板块分离。两个板块之间这次的分离运动在 Armorica 微陆块有记录。Armorica 微陆块从冈瓦纳北缘裂离，志留纪—早泥盆世夹持在冈瓦纳古陆和劳伦古陆之间，此后一直留在劳俄古陆南缘，其古地磁数据显示，泥盆纪—石炭纪 Armorica 和冈瓦纳古陆之间发生了一次新的洋盆打开事件，此时两岸的古生物亲缘性也不一样，随后在石炭纪重新闭合并导致 Hercynian-Alleghanian（海西期）造山运动。因此，在晚志留世—早泥盆世，形成了一个分别由西伯利亚陆块和中国大部分陆块总体呈半岛形式拼合到劳伦和冈瓦纳古陆上的（即全球主要陆块拼合而成的）卡罗来纳（Carolina）超大陆（图 4-21）。但目前缺乏早泥盆世的南、北大陆之间的碰撞造山记录，因此，对于晚志留世—早泥盆世超大陆存在的确切性，还需要板块重建的验证及南、北大陆碰撞造山证据的进一步支持。

尽管如此，至少美国卡罗来纳带内 Dreher Shoals 地体的高压变质岩年龄为 421~295Ma，在夏洛特（Charlotte）地体中存在 415Ma 的榴辉岩，还有其他角闪岩相变质地层中的 $^{40}Ar\text{-}^{39}Ar$ 年龄多数在 480~425Ma，更为可靠的 $^{40}Ar\text{-}^{39}Ar$ 年龄结果指示冷却时间为 391Ma，这表明南、北大陆可能沿该带拼合顶峰时期为 421~415Ma，或至少说在 400Ma 之前，且在 450Ma 之后，这正好也是华北等地块与冈瓦纳 450~400Ma 聚合时限内。故 420~400Ma 完全可能存在一个全球大陆一体的原潘吉亚超大陆（曾称卡罗来纳超大陆）。因此，潘吉亚超大陆与其说是新形成的超大陆，不如说是原潘吉亚超大陆的延续存在形式或者是原潘吉亚超大陆的微小调整。也就是说，原潘吉亚超大陆才是新生的超大陆。Hibbard 等（2002）特别强调，一些在卡罗来纳带中的构造-热事件甚至老于亚匹特斯洋的陆缘，因此，与其说这个带记录的是卡罗来纳带内地体增生到劳伦古陆的历史，不如说是代表冈瓦纳古陆与劳伦古陆相互作用的历史。就是说，早古生代末期，南、北两个大陆在这里已经拼合接触或拼合在了一起。

值得讨论的是，这个超大陆存在与否，还得讨论下瑞克洋。前人认为瑞克洋启动于 500Ma，是随着亚匹特斯洋关闭而打开的，直到它封闭，潘吉亚超大陆才最终聚合。但是瑞克洋的建立是基于欧洲的阿瓦隆尼亚地体群从冈瓦纳古陆的裂离，这并不能支持同一个构造带内的美国卡罗来纳地体群在晚古生代期间也必然要打开一个同样的洋盆，并必然要脱离冈瓦纳的说法。毕竟卡罗来纳带和阿瓦隆尼亚地体群还是存在巨大差异。

最为关键的是，西方学者始终没能提出 400Ma 左右存在一个超大陆的主要原因是：他们始终认可中国学者提出的这些曾称为"中华陆块群"或"华夏陆块群"的一系列块体始终弥散状分布在泛大洋内，即使不认为它们是弥散状的，也大体归结为一条称为"匈奴地体群"的岛链，分布在冈瓦纳外围。通过系统总结近 30 年来中国地质界可靠性高的成果，对比全球，可以发现，"中华陆块群"实际上在450～400Ma已经完全拼合到了冈瓦纳古陆北缘（图4-21）。这是提出原潘吉亚超大陆的重要支撑。这一超大陆的提出和板块重建结果，改变了魏格纳提出潘吉亚以来100多年的传统认识。

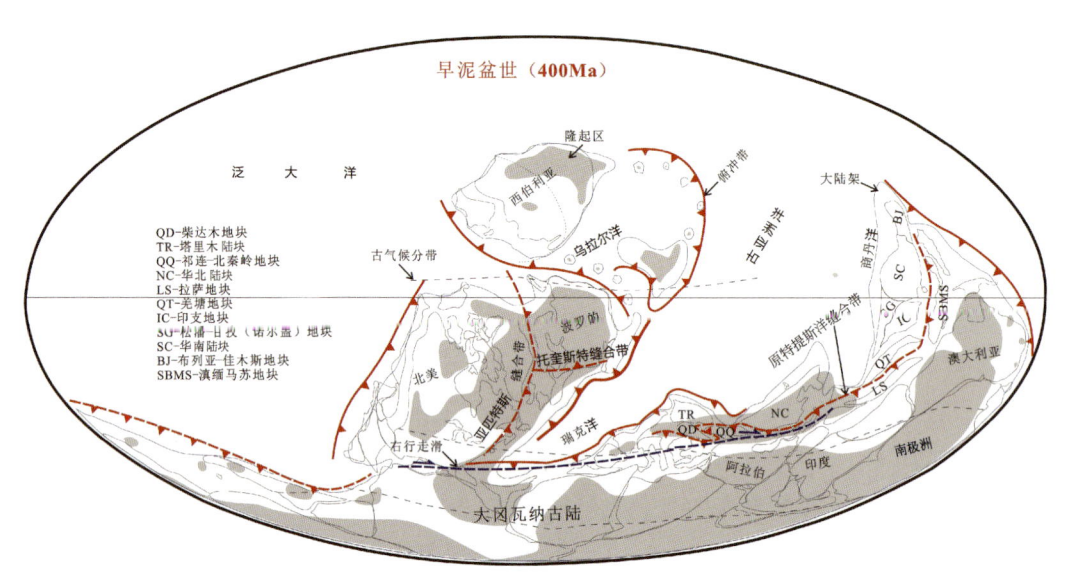

图4-21 晚志留世—早泥盆世（400Ma）全球板块重建（据Boucot et al.，2009）

古元古代与显生宙的板块构造特征和旋回演化过程具有明显区别，反映出两种不同的板块构造体制。早古生代为这两个时期的过渡阶段，其构造过程研究与板块重建是地球板块构造旋回机制和周期分析的关键。采用综合集成的方法，在总结对比罗迪尼亚超大陆裂解以来全球早古生代主要碰撞造山带的地质事件基础上，分析早古生代碰撞造山带的演化特征，可总结出与冈瓦纳古陆拼合、劳俄古陆拼合、古"中华陆块群"增生相关的7期碰撞-增生造山事件群：Brasiliano、东非、Kuunga、东亚与原特提斯洋和古亚洲洋演化相关的加里东期造山事件、经典加里东造山、中欧加里东造山、阿巴拉契亚造山。再在这7期造山事件群基础上，结合古地磁、古生物、古地理等资料，可将新元古代—早古生代末全球板块的拼合过程重建为：罗迪尼亚超大陆从新元古代的~950Ma开始经历了3个（也可细分为7个）阶段裂解，此时存在泛大洋、莫桑比克洋和古太平洋3个大洋，随后615～560Ma亚匹特斯洋打开，~560Ma波罗的古陆与西冈瓦纳裂离导致狭窄的Ran洋打开；~540Ma南半球Brasiliano、东非和Kuunga造山运动导致冈瓦纳古陆分阶段最终完成拼贴；~500Ma冈瓦纳古陆北缘西段的微陆块群局部向北裂离，导致瑞克洋和通奎斯特（Tornquist）洋局部打开，并于~420Ma，经典加里东造山带和中欧缝合带形成，亚匹特斯洋闭合，此时，斯瓦尔巴和英格兰可能位于格陵兰地盾东南缘，同时冈瓦纳古陆北缘东段的华北为代表的陆块基本拼合在冈瓦纳古陆北缘。此外，虽然425Ma西伯利亚陆块有远离聚合了的劳俄古陆的趋势，但晚奥陶世—早泥盆世南美和北美板块靠近，北美板块与环冈瓦纳北缘西段的地体拼合碰撞。在大约400Ma时，南、北美洲的混合生物群和古地理重建显示，两者非常接近，因此，此时可能存在一个初始的逐步稳定的超大陆，曾称为卡罗来纳超大陆，因为卡罗来纳造山带是这个超大陆最终拼合的地带，但后来改称为原潘吉亚（Proto-Pangea）。本书据此，判断超大陆旋回为7亿年。

总之，通过对全球早古生代造山带的系统集成分析，可以得出以下几点新认识。

1) 新元古代晚期—早古生代发生7期全球尺度的造山运动，形成了碰撞、增生、陆内3种类型造山带。特别是在早古生代末存在全球性准同时的造山事件值得重视，相比之下，全球不存在280~250Ma的全球性造山事件。

2) 全球早古生代洋-陆格局演变大体经历了如下几个演化阶段：615~560Ma亚匹特斯洋打开；~560Ma波罗的古陆与西冈瓦纳裂离导致狭窄的Ran洋打开；530~520Ma冈瓦纳古陆完成最终的拼合；~500Ma冈瓦纳古陆西北缘微陆块群向北裂离，导致瑞克（Rheic）洋、通奎斯特洋和原特提斯洋西段打开，并于420~400Ma再次闭合，劳伦古陆和波罗的古陆聚合为劳俄古陆；虽然425Ma西伯利亚陆块裂离正聚合的劳俄古陆，但晚奥陶世—早泥盆世南美和北美板块靠近，北美板块与环冈瓦纳地体拼合碰撞。特别是华北、华南等一系列中国的陆块实际于450~400Ma也聚集到了冈瓦纳古陆北缘。

3) 早古生代的北方大陆（劳俄古陆和西伯利亚）最终形成于420Ma，最为特征的是北方大陆广泛存在中泥盆统与下伏地层之间的角度不整合，如加里东造山带；当然这个角度不整合也广泛存在于当时处于南方大陆北缘的塔里木、华南、祁连等地，但南方大陆（冈瓦纳）主体聚合于540Ma，后来"中华陆块群"的南向俯冲、增生和汇聚，于400Ma前彻底形成了早古生代南方大陆的最终形态。而且，此时南、北方大陆两者于400Ma左右沿卡罗来纳造山带也发生了碰撞。

4) 前人提出的潘诺西亚超大陆（600Ma）或Artejia（460Ma）分别在新元古代末期或早古生代早期，本书资料显示，这两个时期的造山事件不具有全球同时性。然而，晚志留世—早泥盆世~400Ma已经拼合的波罗的-劳伦古陆与环冈瓦纳古陆北缘的地体拼贴事件，以及古地磁和古生物等特征，显示冈瓦纳古陆的西非克拉通与劳伦古陆相隔很近（古生物资料表明不存在宽阔大洋分割），Scotese等（1999）的重建方案直接显示南、北大陆是拼合的，但在其重建方案中，由于难以深入分析中国的早古生代-陆块群状况，且前人基本都认为中国这些陆块群此时是分散在泛大洋中，因而认为此时还不存在一个统一的超大陆。但近年来中国大量年代学的积累显示，实际此时它们都成为了冈瓦纳古陆北缘的一部分，同时，西伯利亚陆块也可能被一列岛弧与劳伦古陆相连，因而，本书提出420～400Ma存在一个原潘吉亚超大陆，具有全球性或准全球性。

5）肯诺兰超大陆最终集结于2.5Ga，哥伦比亚最终聚合时间为1.8Ga，罗迪尼亚最终聚合峰期时间为1.1Ga，原潘吉亚超大陆最终聚合时间为0.4Ga，再到潘吉亚超大陆的0.25Ga最终拼合，并结合推测的未来约0.25Ga后的亚美（Amasia）超大陆，时间间隔分别为7亿年、7亿年、7亿年、1.5亿年、5亿年，超大陆集散周期似乎没有规律，是随机的过程或总体变短的趋势。但是如果考虑潘吉亚超大陆是原潘吉亚超大陆的延续存在形式，或原潘吉亚不是一个过渡性超大陆，是新生的，因此，从原潘吉亚超大陆到亚美超大陆的周期是6.5亿年，则超大陆旋回可确定为6.5亿～7.0亿年。如果采用亚美超大陆推测在未来0.3Ga后聚合的观点，则超大陆旋回甚至直接就是7亿年周期。这个7亿年的超大陆旋回周期值得从多学科角度重新论证。可见，早古生代原潘吉亚超大陆的重建是板块超大陆旋回建立的关键所在。

总之，前寒武纪晚期"冰室"世界（650Ma前），始于11亿年前形成的罗迪尼亚超大陆的分裂。前寒武纪晚期的世界与现在的气候十分相近，是一个"冰室"世界。罗迪尼亚超大陆大约在750Ma前分裂成两半，之间为泛大洋（Panthalassic Ocean）。

寒武纪是古生代的开始（514Ma前），硬壳生物在寒武纪第一次大量出现。各大陆为浅海所泛滥。冈瓦纳古陆开始在南极洲附近形成。亚匹特斯洋（Iapetus Ocean）在劳伦（Laurentia，北美）、波罗的（Baltica，北欧）和西伯利亚（Siberia）这几个古大陆之间扩张。

奥陶纪时（458Ma前）古海洋分隔开劳伦、波罗的、西伯利亚和冈瓦纳古陆。奥陶纪末期是地球历史上最寒冷的时期之一。冈瓦纳古陆的南方完全为冰所覆盖。亚匹特斯洋隔开了波罗的古陆和西伯利亚，古特提斯洋（Paleo-Teyhys Ocean）和吉亚洲洋分隔开冈瓦纳古陆、波罗的古陆和西伯利亚，泛大洋（Panthalassic Ocean）则覆盖了北半球的大部分。

志留纪古生代海洋闭合，各大陆开始碰撞（425Ma前），劳伦与波罗的古陆的碰撞闭合了北部的亚匹特斯洋，并形成了"老红砂岩"（Old Red Sandstone）大陆。珊瑚礁扩张，陆生植物开始覆盖荒芜的大陆。大陆碰撞导致斯堪的纳维亚半岛上的加里东山脉（Caledonide Mts.）形成以及大不列颠北部、格陵兰和北美东海岸的阿巴拉契山脉（Appalachian Mts.）的形成。

随后，泥盆纪进入鱼类的时代（390Ma前）。泥盆纪时，古生代早期海洋闭合，形成一些学者称为的"前盘古"（pre-Pangea）大陆，Li等（2017b）称为原潘吉亚

(Proto-Pangea)超大陆。淡水鱼类从南半球迁徙至北美和欧洲。森林首次在赤道附近的古加拿大生长。植物大量生长及埋藏形成了今天加拿大北部、格陵兰北部和斯堪的纳维亚的最早煤炭。

4.5 Pangea（潘吉亚）和 Panthalassa（泛大洋）

盘古大陆（Pangaea）也称潘吉亚，源出古希腊语，有"所有的陆地"（all earth）的意思，是指在古生代至中生代期间形成的统一大陆。潘吉亚超大陆由大陆漂移学说创始人——德国地质学家和气象学家阿尔弗雷德·魏格纳所提出。在中国，相传混沌未开乃人之圣皇——盘古开天辟地，故此，习惯称该超大陆为盘古大陆，也有"世界的起始"之意。尽管现今人们知道地球起始远早于此，潘吉亚超大陆也不是最早的超大陆，但人们依然沿袭这个名称。潘吉亚对应的大洋称泛大洋（Panthalassa 或 Panthalassic Ocean），在古希腊文中意为"所有的海洋"，是个史前巨型海洋，存在于古生代到中生代早期，环绕着盘古大陆。泛大洋包含太平洋与特提斯洋的前身。随着特提斯洋的隔离、盘古大陆的分裂，导致大西洋、北极海、印度洋的出现，残余的泛大洋最终演变成为太平洋，因此泛大洋又称古太平洋（Paleo-Pacific）。

4.5.1 潘吉亚的提出

阿尔弗雷德·魏格纳主要研究大气热力学和古气象学，1912年提出关于地壳运动和大洋大洲分布的假说——"大陆漂移说"。他根据大西洋两岸，特别是非洲和南美洲海岸线几何轮廓非常相似等资料，认为地壳的硅铝层是漂浮于硅镁层之上的，并设想全世界的大陆在石炭纪以前是一个统一的整体（潘吉亚超大陆），在它的周围是辽阔的海洋（泛大洋）。后来，特别是在中生代末期，潘吉亚超大陆在天体引潮力和地球自转所产生的离心力作用下，破裂成若干块体，在硅镁层上分离漂移，逐渐形成了今日世界上各大洲和各大洋的海陆格局。

4.5.2 潘吉亚的形成

形成于古生代末期的这块超大陆虽然称为"潘吉亚"，但是这个超大陆在当时似乎仍未包含所有的陆地，就在东半球—古地中海的右侧，仍然有游离于超大陆之外的陆地。这些大陆就是华北、华南陆块以及一条长条形的基梅里（Cimmeria）微地块。基梅里微地块包含的部分有土耳其（Turkey）、伊朗（Iran）、阿富汗（Afghanistan)、西藏（Tibet）、印支（Indochina）和马来亚（Malaya）。现有研究表明，晚石炭世到早二叠世期间基梅里微地块从冈瓦纳古陆（印度-澳大利亚）的陆缘分离出来，与中国一些陆块结合后，一起朝着欧亚板块往北移动，最终在晚三叠世时与西伯利亚南缘发生拼合。于是，亚洲这些破碎陆块互相拼合之后，才完成了全球所有陆块的拼合，最终形成了潘吉亚超大陆。

伴随着这次全球板块的重组，地球环境也在不断变迁。从石炭纪开始，全球第一次出现宽阔的低纬度热带-亚热带潮湿气候带。煤和铝土矿（和铝土页岩）广布于北美大陆的北部、格陵兰北部和俄罗斯北部，其中，不少地区在石炭纪之前曾是北半球干旱带。亚洲的绝大部分也广布煤和铝土矿，处于热带-亚热带，华北和华南都是煤和铝土矿伴生的最佳地区。南半球温带的煤也广布于南美洲的哥伦比亚到阿根廷和澳大利亚。南半球干旱带则广布蒸发盐，如北美南部、欧洲的中部与南部以及非洲北部。从密西西比亚纪之末开始，北半球干旱带扩张，蒸发盐类进入格陵兰和俄罗斯的新地岛。在密西西比亚纪之前北半球干旱带只存在于西伯利亚，而从密西西比亚纪开始则扩展至亚洲的北部，包括塔里木和柴达木以及亚洲的极区。

在密西西比亚纪初期（杜内期—维宪期）（图4-22），劳伦古陆、波罗的古陆和西伯利亚都向北迁移。冈瓦纳和劳伦古陆的格局形成西向季风模式，南半球高纬度区有局部的冰川活动。从泥盆纪末开始，尼日尔出现冰碛岩；到密西西比亚纪之初，西藏南部也开始出现冰碛岩；但在北半球却没有发现冰川活动的证据。在加拿大哥伦比亚省出现的钙芒硝状方解石，是上升流带来的产物。上述证据说明密西西比亚纪之初，全球达到中—高级气候梯度。

在二叠纪中、晚期（亚丁斯克期—长兴期）（图4-23），干旱带分布在中、低纬度带，全球初现潘吉亚超大陆。潘吉亚超大陆大部分为干旱带所据，潮湿气候沿潘吉亚超大陆东缘分布。全球纬向气候带中断，而以潘吉亚超大陆的东、西干湿气候分区为特征。地中海的热带-亚热带潮湿气候带以铝土矿（和铝土页岩）和煤广泛分布为特征，铝土矿和煤分布于中东到中国、阿富汗、西伯利亚南部、越南和柬埔寨的广大地区。凉温带的极向界线在南半球以澳大利亚新南威尔士和南非的煤与高岭石记录为界，在北半球以西伯利亚的煤与高岭石记录为界。二叠纪中期和晚期虽无冰川出现，但落石和钙芒硝状方解石出现在澳大利亚东部和西伯利亚北部，说明全球气候梯度较高。澳大利亚东部含落石和钙芒硝状方解石的地层与高岭石层互层，说明这一地区在该时期存在气候的波动。南非晚二叠世的湖相沉积可证实当地气候条件的改善。

早三叠世（印度期—奥伦尼克期，赛特期）（图4-24），潘吉亚超大陆广布干旱

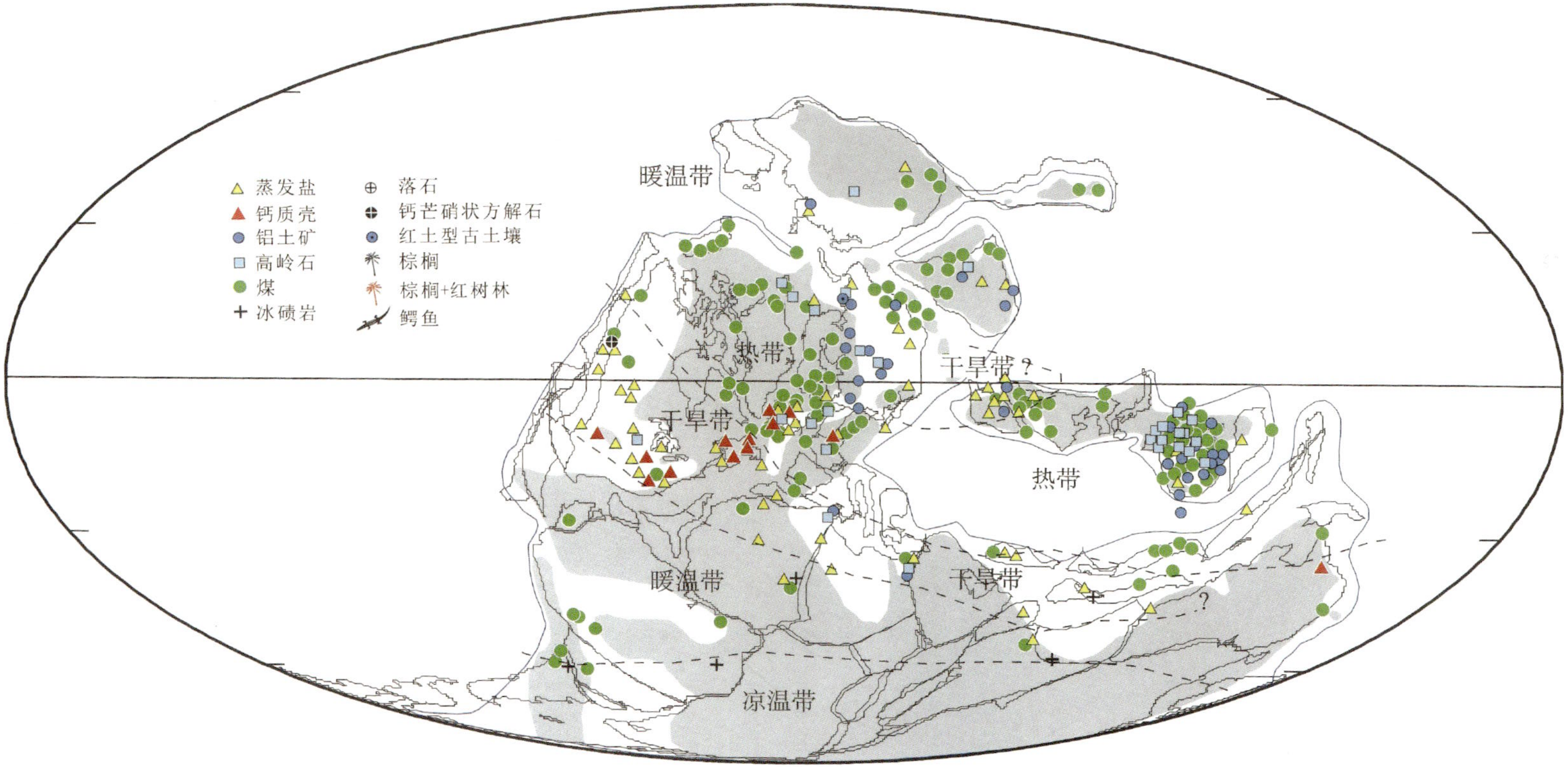

图 4-22　密西西比亚纪初期（杜内期—维宪期）（据Boucot et al., 2009）

第 4 章　超大洋与超大陆演化

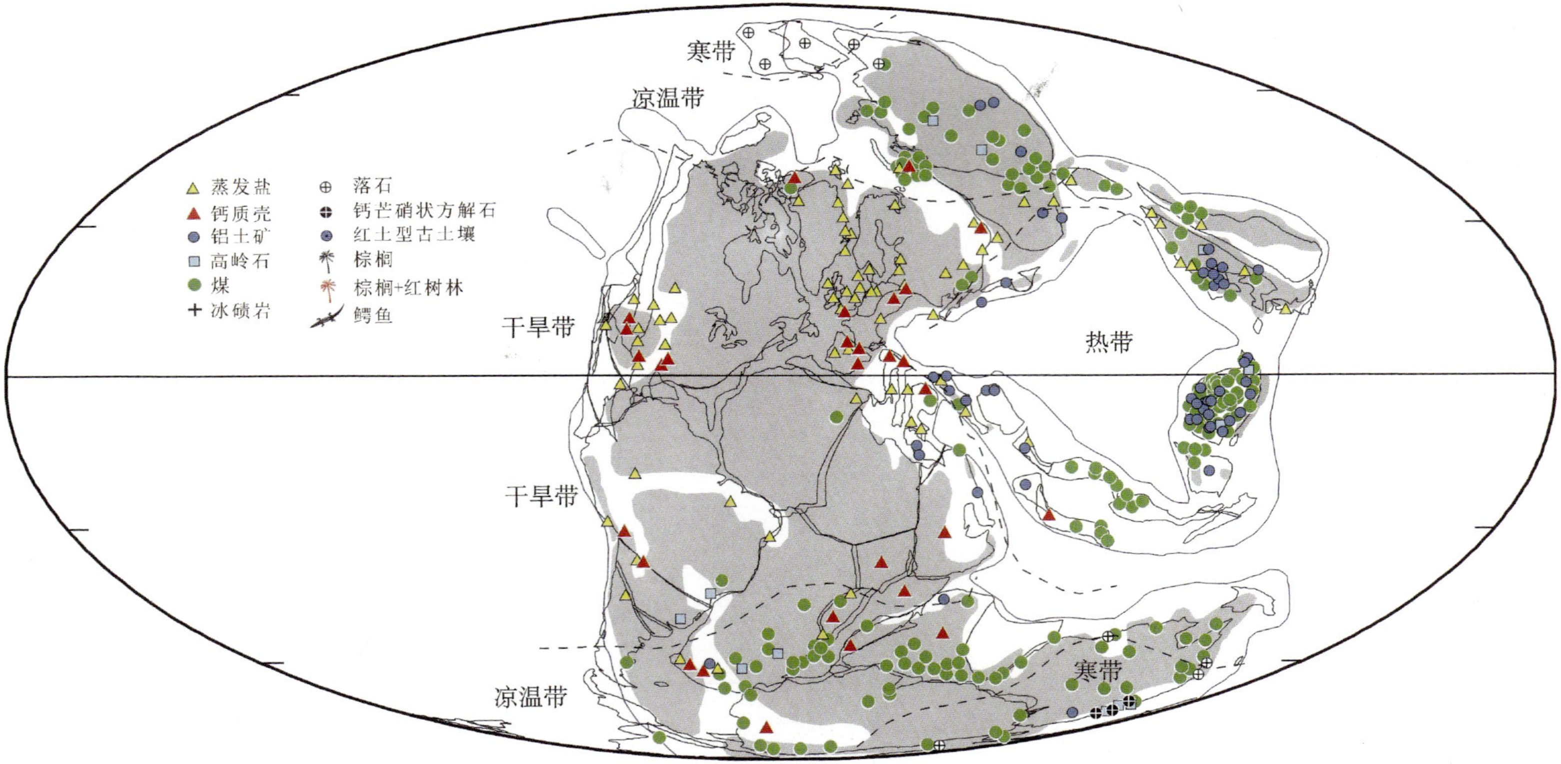

图 4-23 二叠纪中、晚期（亚丁斯克期—长兴期）（据 Boucot et al., 2009）

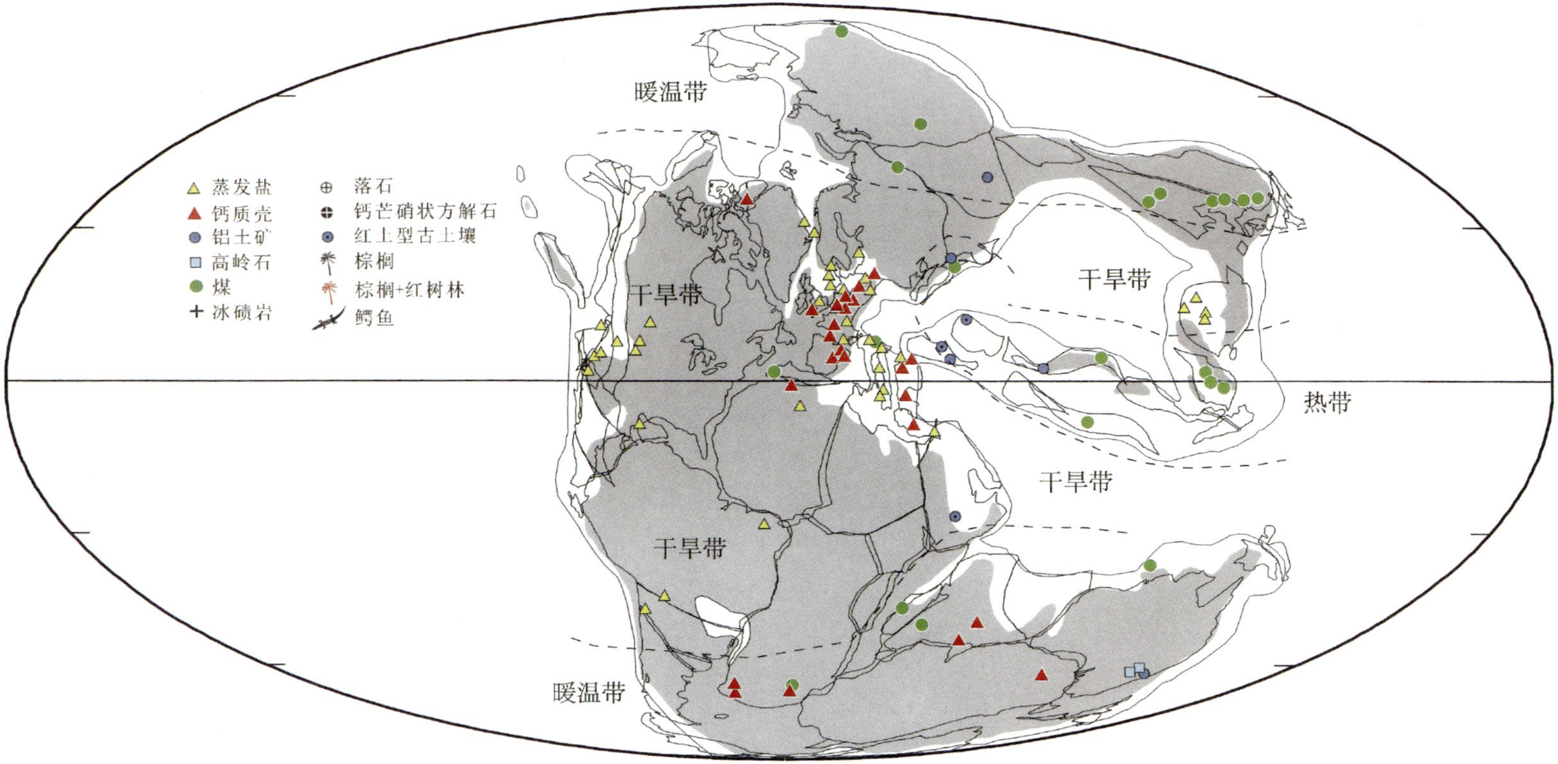

图 4-24 早三叠世（印度期—奥伦尼克期，赛特期）（据Boucot et al., 2009）

第 4 章 超大洋与超大陆演化

气候带。早三叠世煤的资料点主要根据未能准确确定时代的上覆地层推测而得。但不管怎样，早三叠世全球不同地区之间气候差异性降低是一个不争的事实。从图4-24可以看出，早三叠世目前能搜集到的资料点很少，大致与寒武纪的资料点数量相仿。东南亚少量的煤的资料点可能指示了早三叠世热带-亚热带的位置，在这一时期不存在类似新生代那样广布的热带-亚热带。

总之，石炭纪早期潘吉亚超大陆逐步开始形成（356Ma前），欧美大陆（Euramerica）和冈瓦纳古陆间的古生代海洋闭合，形成阿巴拉契亚山脉（Appalachian Mts.）和华力西山脉（Variscan Mts.）。南极开始形成冰帽，同时，四足脊椎动物在赤道附近的煤炭沼泽开始发展。石炭纪晚期为巨大煤炭沼泽的时代（360Ma前），由北美及欧洲组成的劳亚古陆与南方的冈瓦纳古陆碰撞，形成了潘吉亚超大陆西半部。南半球大部分被冰所覆盖，而巨大的煤炭沼泽则沿着赤道形成。以赤道为中心，潘吉亚从南极延伸至北极，并将古地中海（Paleo-Tethys Ocean）与泛大洋（Panthalassic）分别分隔在东、西两侧。

二叠纪末期出现自古至今最大的灭绝事件（255Ma前）。二叠纪时巨大的沙漠覆盖了潘吉亚西部。同时，爬行动物扩散到整个超大陆。99%的生物在灭绝事件中消失，标志着古生代的终结。

三叠纪末期潘吉亚超大陆形成（237Ma前），使陆生动物可以从南极迁徙到北极。在二叠纪—三叠纪大灭绝之后，生命开始复苏。同时，暖水生物群落扩散到整个特提斯洋（Tethys Ocean）。

4.5.3 潘吉亚的裂解

潘吉亚超大陆的裂解是地球演化史上的重大事件，它不仅是现今大陆分布格局形成的关键过程，更是现今各大洋逐步打开形成的过程，是地表系统发生翻天覆地变迁的根本因素。从全球角度，大约距今1.8亿年，潘吉亚超大陆开始解体，这个解体经历了三个阶段。

第一阶段：大约距今1.8亿年裂解活动开始。沿着北美东岸、非洲西北岸和大西洋中央的岩浆活动，将北美向西北方向推移。在南美与北美互相远离的同时，墨西哥湾开始形成。同时，位于另一侧的非洲，由于裂解，东非、南极洲和马达加斯加陆缘的火山发生喷发，西印度洋逐渐形成。在潘吉亚超大陆开始分裂后，在中生代时期北美和欧亚板块依然是同一块大陆——劳亚古陆。当大西洋中央开始张裂时，劳亚古陆开始顺时针旋转，向北推动北美洲，欧亚板块则向南移动。由于亚洲大陆潮湿的气候带移往副热带的干燥区，侏罗纪早期在东亚的成煤环境消失，因此取而代之的是晚侏罗世时期沙漠及盐的沉积。劳亚古陆这种顺时针的运动也导致了当初将它与冈瓦纳古陆分开的 V 字形古特提斯洋（Paleo-Tethys Ocean）开始闭合，使得侏罗纪早期东南亚发生汇聚。

第二阶段：潘吉亚超大陆分裂的第二个阶段开始于侏罗纪晚期约 1.52 亿年前，大西洋中段已经张裂成一狭窄的海洋，把欧洲与北美东部分隔开来。南半球的东冈瓦纳也同时与西冈瓦纳开始分裂。在白垩纪时期，大西洋南段剪刀式从南向北张开，此时，大西洋南段并没有贯通，而是像拉拉链一般，由南向北渐渐张开，这也是为什么南大西洋比较宽的原因；印度陆块与马达加斯加分离开来，并加速向北。值得注意的是：北美洲与欧洲此时仍然相连，而且澳大利亚大陆此时也还属于南极洲的一部分。随后，冈瓦纳古陆不断地变得破碎，包括大西洋南段的张裂，隔开了南美和非洲；以及印度和马达加斯加一起从南极洲漂移开来；还有发生在澳大利亚西缘的东印度洋张裂，等等。

第三阶段：新生代早期进入潘吉亚超大陆分裂的第三个阶段，在 55~50Ma 前，北美与格陵兰从欧洲漂移而分离，印度板块与亚洲大陆碰撞，形成了青藏高原和喜马拉雅山。印度与亚洲的碰撞其实只是新特提斯洋（古地中海）在其东段闭合过程中的一系列大陆与大陆碰撞的一个环节。从西到东所有的大陆与大陆之间碰撞包括有：西班牙与法国地区的碰撞，形成了比利牛斯山脉（Pyrenees）；意大利、法国与瑞士地区的碰撞形成了阿尔卑斯山；希腊、土耳其与巴尔干地区的碰撞，形成了西奈山（Hellenide）和底纳瑞德（Dinaride）；阿拉伯半岛与伊朗地区的碰撞，形成了伊朗高原。与碰撞伴生的是裂解作用：新生代以来，原本与南极洲大陆相连的澳大利亚大陆也在此时开始迅速向北漂移，15Ma 左右与东南亚的印度尼西亚群岛初始碰撞。特别是，20Ma 前发生的裂解活动持续到了现代，包括：红海的张裂使阿拉伯板块与非洲板块分离，东非裂谷系统产生，日本海的打开使日本岛往东移动进入太平洋，加利福尼亚湾的开启使得墨西哥北部及加利福尼亚州一起往北运动。这些构造事件奠定了今日地球的轮廓。

整体演化过程也可按地质时代简述如下。

侏罗纪早期，恐龙遍布潘吉亚超大陆（195Ma 前），中亚和南亚陆块完成拼合。宽广的新特提斯洋（古地中海）将北方大陆与冈瓦纳古陆分隔。侏罗纪中期，尽管潘吉亚超大陆依然完整，但侏罗纪晚期潘吉亚超大陆已经开始分裂（约 1.52 亿年前）。侏罗纪晚期，大西洋中段出现将非洲与北美东部隔开的狭窄海洋，且东冈瓦纳古陆开始与西冈瓦纳古陆分离。

白垩纪期间，新的大洋打开（94Ma 前），白垩纪时期大西洋南段张开；印度从马达加斯加分离，加速向北朝欧亚板块漂移。值得注意的是，北美大陆仍与欧洲大陆相连，澳大利亚大陆仍然是南极洲大陆的一部分。白垩纪时期大火成岩省喷发显著，全球的气候比现在要温暖。恐龙与棕榈树甚至出现在现今的北极圈、南极洲以及澳大利亚南部。虽然白垩纪早期的极区可能会有一些冰盖存在，但是整个中生代都没有任何大规模的冰盖出现过。白垩纪是海盆迅速张裂的时期，洋中脊迅速扩张导致了海平面的上升。

新生代以来，恐龙时代终结（65Ma前）。恐龙灭绝包括数十种说法，但并未有一致认同的答案，其中之一为小行星撞击地球，形成希克苏鲁伯陨石坑（Chicxulub），可能导致全球气候剧烈变化，恐龙和许多其他种类的生物因此而灭绝。白垩纪晚期，全球海洋继续拓宽，印度板块接近亚洲大陆南缘。始新世大印度陆块与亚洲大陆初始碰撞。55~47Ma前，现今印度板块与亚洲大陆拼合，碰撞挤压形成了青藏高原和喜马拉雅山脉。原本与南极洲相连的澳大利亚此时也开始迅速向北移动。34~20Ma前，南极洲逐渐被冰川所覆盖，同时北方各个大陆迅速降温，地球进入冰室气候，直至中新世，奠定了全球现代构造格局和气候格局（14Ma前）。冰川时代晚期，两极皆被冰雪覆盖，极区冰盖因为地球轨道变化（米兰柯维奇旋回，Milankovitch Cycle）而扩张。最近一次极区冰盖扩张发生在18 000年前，现今气候分带形成。可见，从整个潘吉亚裂解以来，现今地球正处于新一轮全球大陆大汇聚、大碰撞的新阶段，特别是新生代47~55Ma以来，东亚洋陆过渡带在太平洋-依泽奈崎洋中脊俯冲、太平洋板块的俯冲板片越来越老、印度快速北上和澳大利亚滞后北漂的复杂构造过程中，东亚洋陆过渡带大范围处于右旋张扭的应力场作用下，形成了一系列右行右阶的拉分盆地，伴随太平洋板块的俯冲后撤，进而形成了时空上复杂的伸展与挤压构造格局和相关构造迁移，但总体是处于全球汇聚背景，这最终会在未来形成新的超大陆。

4.6 Amasia（亚美）

终极潘吉亚大陆，又称超级潘吉亚大陆（Pangaea Ultima，英文名称还有Pangaea Proxima、Neopangaea、Pangaea II、Novopangea），是一个可能在未来形成的超大陆，也即亚美超大陆（Amasia，图4-25）。但实际上，按照7亿年旋回，未来10亿年后还可能出现更新的超大陆，因此，亚美超大陆还不应当是最终的终极盘古大陆。"终极盘古大陆"的名号应当留给板块构造机制在地球上终结前形成的那个超大陆。

依照超大陆旋回，亚美超大陆可能会在3亿年后形成。这个超大陆是由得克萨斯大学阿灵顿分校的克里斯多弗·斯科蒂斯（Christopher Scotese）提出，因为形状类似潘吉亚超大陆，所以被称为"终极潘吉亚"。

根据终极潘吉亚大陆理论，终极潘吉亚大陆的形成过程如下：新的俯冲带将在大西洋西岸形成，即美洲东岸形成；大西洋洋中脊将被拉入俯冲带，大西洋洋盆将被消减，大西洋闭合消失。在大西洋和印度洋沿岸将出现的新俯冲带将使各大陆开始聚合。许多陆块和微陆块预期将与欧亚板块碰撞拼合，正如盘古大陆形成时许多大陆与劳伦古陆碰撞，美洲大陆将与欧洲和非洲大陆碰撞。就像大多数的超大陆，终极潘吉亚大陆的内部可能是极端高热的半干燥沙漠。

为了重建这个未来的超大陆，依靠不断成熟的科技手段，以及全球卫星定位系统的发展，地质学家又向前迈进了一步。地质学家从对过去地学信息的大数据挖掘，进入对未来的预测，第一次描绘出了过去 2 亿年到未来 2.5 亿年间地球外貌变化的模拟图。近到 10Myr 后，洛杉矶将成为旧金山的邻居；远到 2.5 亿～3 亿年后，七大洲将久别重逢，重新合并为一个超级大陆：亚美超大陆（图 4-25）。

图 4-25　未来 3 亿年后的海陆分布

基于最近一个超大陆形成于 250Myr 之前，即潘吉亚超大陆，其各陆块围绕赤道聚集。在检验了世界上造山带的地质学特征之后，地质学家之前认为未来的超大陆将出现在与潘吉亚超大陆相同的位置，靠近大西洋，或者出现在太平洋中心。但是对于未来超大陆的位置也有不同认识，有人认为，在未来 250～300Myr 后，地球上所有的大陆将会再次逐步聚集到一起，形成亚美超大陆，但它是一个围绕北极的整体大陆（图 4-26）。这个结论来自于一个计算机模型，该模型模拟了各个大陆在未来几十个百万年的缓慢运动。

特别是，耶鲁大学的地质学家 Ross Mitchell 及其团队分析了古老岩石的磁性，计算出它们过去在地球上的位置，并测量了地幔怎样驱动了大陆。他们发现下一个超大陆不会出现在赤道附近，而是在北极处聚集。这是因为 Mitchell 等（2012）认为，潘吉亚超大陆与其之前的罗迪尼亚超大陆呈 90°的交角，而罗迪尼亚超大陆与其之前的哥伦比亚超大陆也呈 90°交角，因此亚美超大陆也将会形成于与潘吉亚超

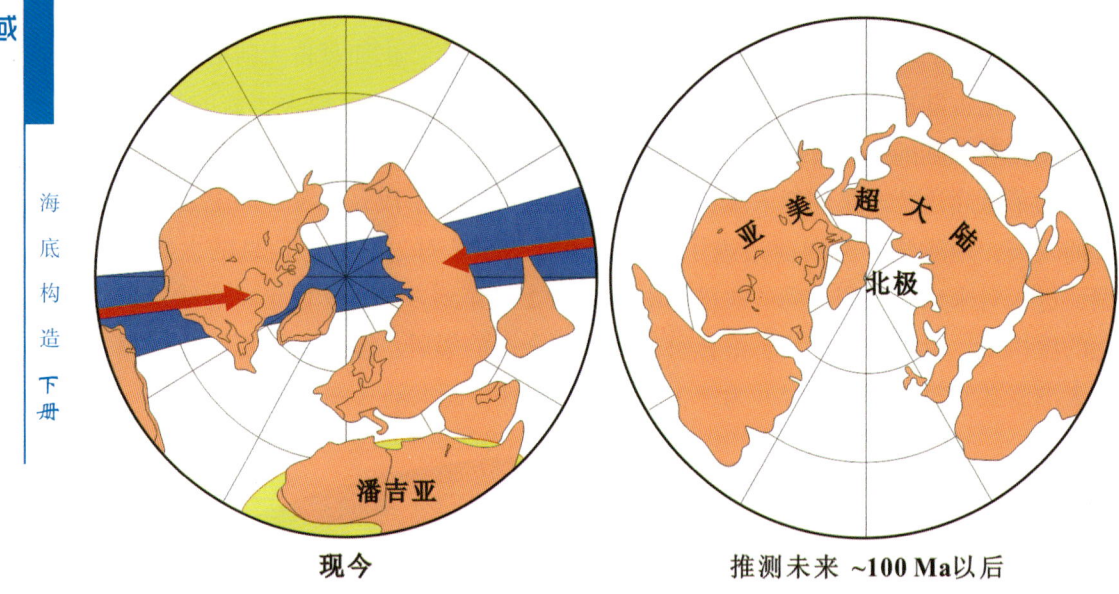

图 4-26　亚美超大陆重建

大陆成 90°交角的位置。这个新模型被称为 orthoversion，与 introversion 相反，后者是超大陆恰好形成于潘吉亚所在的位置，或为 extroversion，其是超大陆移动到地球的另一侧，但仍停靠在赤道上。Orthoversion 解开了困扰了科学家几十年的一个难题，因为其模拟了下一个超大陆将出现的位置。但是，值得指出的是，如果潘吉亚超大陆不是一个原生超大陆，而是原潘吉亚超大陆向亚美超大陆演化的中间阶段产物，那么未来超大陆的位置依然值得重新探讨。

迄今，很多人相信，在 2.5 亿年前，地球上只有一个大陆，那就是潘吉亚超大陆。随着岩石圈板块的移动，潘吉亚超大陆分裂开来，形成了今天的各大洲。但几亿年后，地球不再是现在的模样。美国得克萨斯大学的地质学家克里斯多弗·斯科蒂斯运用电脑技术，描绘出大陆漂移在过去以及未来更为详细的模拟图。斯科蒂斯基于这些模拟，提出这样一种大胆的推断：在 2.5 亿年或 3 亿年后，分散的大陆将再度漂移到一起，重新形成一个超级大陆，斯科蒂斯将它命名为"终极潘吉亚"。

1）大约未来 50Myr 后，北美洲可能向西移动，欧亚板块将向东移动，甚至向南，不列颠群岛将向北极靠近，而西伯利亚将南移到亚热带地区。非洲将和欧洲、阿拉伯半岛相碰撞，地中海（特提斯洋的最后残余）和红海完全消失。一座新的山脉将从伊比利亚半岛开始延伸通过南欧（新形成地中海山脉），经过中东进入亚洲，甚至可能形成比圣母峰更高的山。类似的状况发生在澳大利亚和东南亚相撞，新的俯冲带环绕澳洲沿岸，并延伸到中印度洋；同时南加利福尼亚州和下加利福尼亚半岛将与阿拉斯加碰撞形成新的山脉。50Myr 后，如果今天的板块继续运动，大西洋将会拓宽，非洲与欧洲碰撞，并使地中海闭合，澳大利亚将会与东南亚碰撞，加利福尼亚将向北滑移到阿拉斯加沿岸。

2）约未来 150Myr 后，大西洋将停止扩张，并因为大西洋洋中脊进入俯冲带并开始缩小，南美洲和非洲之间的洋中脊可能会先俯冲消失。印度洋也会沿正在中印度洋逐渐形成的新俯冲带发生俯冲而缩小。北美大陆和南美大陆将推向东南。非洲南部将通过赤道到达北半球。澳大利亚将与南极洲碰撞并到达南极点。当大西洋洋中脊最终进入美洲沿岸的俯冲带，大西洋将快速闭合消失，并加速终极盘古大陆形成。未来 150Myr 后，大西洋开始闭合，沿着北美和南美东海岸将产生新的俯冲带，这将消减掉大西洋海底。距今 1 亿年后大西洋洋中脊将俯冲潜没，各个大陆将逐渐靠拢。

3）未来 250Myr 后，大西洋和印度洋将消失，北美大陆与非洲大陆相撞，但位置会偏南。南美大陆预期将与非洲南端拼贴，巴塔哥尼亚将和印度尼西亚拼贴，它们环绕着印度洋的残余洋（称为印度–大西洋）分布。南极洲将重新到达南极点。太平洋将扩大并占据地球表面一半。终极盘古大陆将在未来 250Myr 后形成，北大西洋和南大西洋的海底将会俯冲消减于北美和南美板块之下，结果产生第二个盘古大陆——"终极潘吉亚大陆"。这个超大陆中央会裂解，形成下一个小洋盆。

斯科蒂斯说，"与其前身'潘吉亚大陆'的完整性不同，'终极潘吉亚'的中心还嵌着一个印度洋，它看上去会像一个巨大的油炸甜甜圈。我本来想称为'甜甜圈海'，但是我的一个非洲朋友提出了一个更酷的名字：'终极潘吉亚'，意思是这是最后一个潘吉亚超大陆。"当然，在地质学家看来，"终极潘吉亚"绝对不会是最后一个潘吉亚超大陆。在几十亿年的时间里，大陆与大陆之间"分久必合、合久必分"，好像在跳着一支异常缓慢的舞蹈。

4.7　超大陆旋回及其动力学机制

地球历经 46 亿年复杂地史演化，突变与渐变相间发生，但最为独特的阶段是太古宙–古元古代转换时期，构造上，全球极为普遍的太古宙卵形构造在古元古代不再发育，古元古代线性构造在全球普遍出现。这个巨大转换时期也被认为是板块构造体制起始时期，是探讨板块构造体制起源的起点。因此，自板块构造理论诞生以来，人们就一直关注全球太古宙–古元古代构造体制转换。目前，板块构造起源依然是国际地学界的一个研究热点，也是 Science 创刊 125 周年列出的尚未解决"地球内部如何运转？"这个科学问题的核心。

超大陆旋回包括两大过程，即超大陆聚合和超大陆裂解，从全球角度看，通常是两个过程交错进行。以哥伦比亚超大陆 7 幕裂解、罗迪尼亚超大陆 7 幕聚合（图 4-27 和图 4-29）为例，Pisarevsky 等（2014）通过基于古地磁资料的板块重建

（图 4-27），本书也做了一个重建（图 4-28），再现了这个过程，系统总结了全球资料，其整体过程简述如下。

第一幕（~1770Ma）：太古宙克拉通在 2000~1800Ma 碰撞拼合形成劳伦古陆的核心。怀俄明克拉通在 1780~1720Ma 向劳伦古陆漂移，并与赫恩克拉通碰撞（图 4-27），此时在劳伦古陆的南-东南陆缘（现今位置，下同）形成新生地壳的增生造山作用。太古宙科拉和卡累利阿克拉通在 1940~1860Ma 拼合为芬诺斯坎迪亚（Fennoscandia）古陆的核心。在其西南边缘俯冲增生作用开始于 1920Ma。在劳伦古陆的南-东南陆缘和芬诺斯坎迪亚古陆的西南陆缘俯冲增生作用持续进行。萨尔马提亚/印度与 Volgo-Uralia 旋转到靠近芬诺斯坎迪亚古陆位置。Johansson 等（2009）认为此时亚马孙和西非古陆也随他们一起旋转（图 4-30b）。另外，澳大利亚、南极洲的莫森、华北以及西伯利亚和刚果/圣弗朗西斯科的聚合也在持续进行。但是，也可见劳伦古陆与南极洲的莫森、澳大利亚几个克拉通之间开始发生裂离（breakup），视为哥伦比亚超大陆裂解（rifting）的第一幕。

第二幕（~1720Ma）：劳伦古陆东南缘与芬诺斯坎迪亚古陆西南缘增生造山作用持续进行。怀俄明克拉通与赫恩克拉通最终碰撞拼合。萨尔马提亚与 Volgo-Uralia 继续向芬诺斯坎迪亚古陆漂移。三者在 1800~1700Ma 碰撞拼合为波罗的古陆，并随后拉张形成 Volyn-Orsha 和 Mid-Russian 拗拉谷（图 4-27）。澳大利亚和莫森向劳伦古陆西缘漂移。北澳克拉通南缘持续增生过程（1740~1715 Ma）。

第三幕（~1580Ma）：北澳克拉通和劳伦古陆在~1600Ma 碰撞拼合。劳伦古陆西南缘的俯冲作用停止，原因不明，而波罗的古陆西缘的俯冲增生作用持续进行，可见大量 1600~1580Ma 的岩浆作用。在 1600~1500Ma，从南澳大利亚克拉通到北澳大利亚克拉通存在热点活动轨迹。Piserevsky 等（2014）推测在 1600~1580Ma 劳伦-波罗的-印度（西哥伦比亚）和澳大利亚-莫森-华北（东哥伦比亚）碰撞拼合，哥伦比亚超大陆最终形成，但 Zhao 等（2002）基于华北克拉通挤压向伸展转换时间为 1800Ma，认为全球哥伦比亚超大陆最终聚合时间为 1800Ma。这一点也是全球古元古代与中元古代地层时代划分上的巨大分歧点。本书基于中国的地质事实，采用 1800Ma 作为中元古代的起始点。

第四幕（~1450Ma）：此时，劳伦古陆东北缘俯冲作用重新启动，原因不明。波罗的古陆西缘增生作用于 1520~1420Ma 期间持续进行。两条连续的裂谷分支导致东哥伦比亚超大陆内莫森/高勒部分与劳伦古陆分离开来，而 Belt-Purcell 盆地代表了夭折的裂谷分支（图 4-27）。澳大利亚克拉通位于劳伦古陆东侧，其内部 1465Ma 的基性岩浆事件很可能与这期裂解事件有关。在海南岛 1450~1430Ma 的岩浆作用暗示其在古-中元古代期间很可能属于劳伦古陆的一部分。

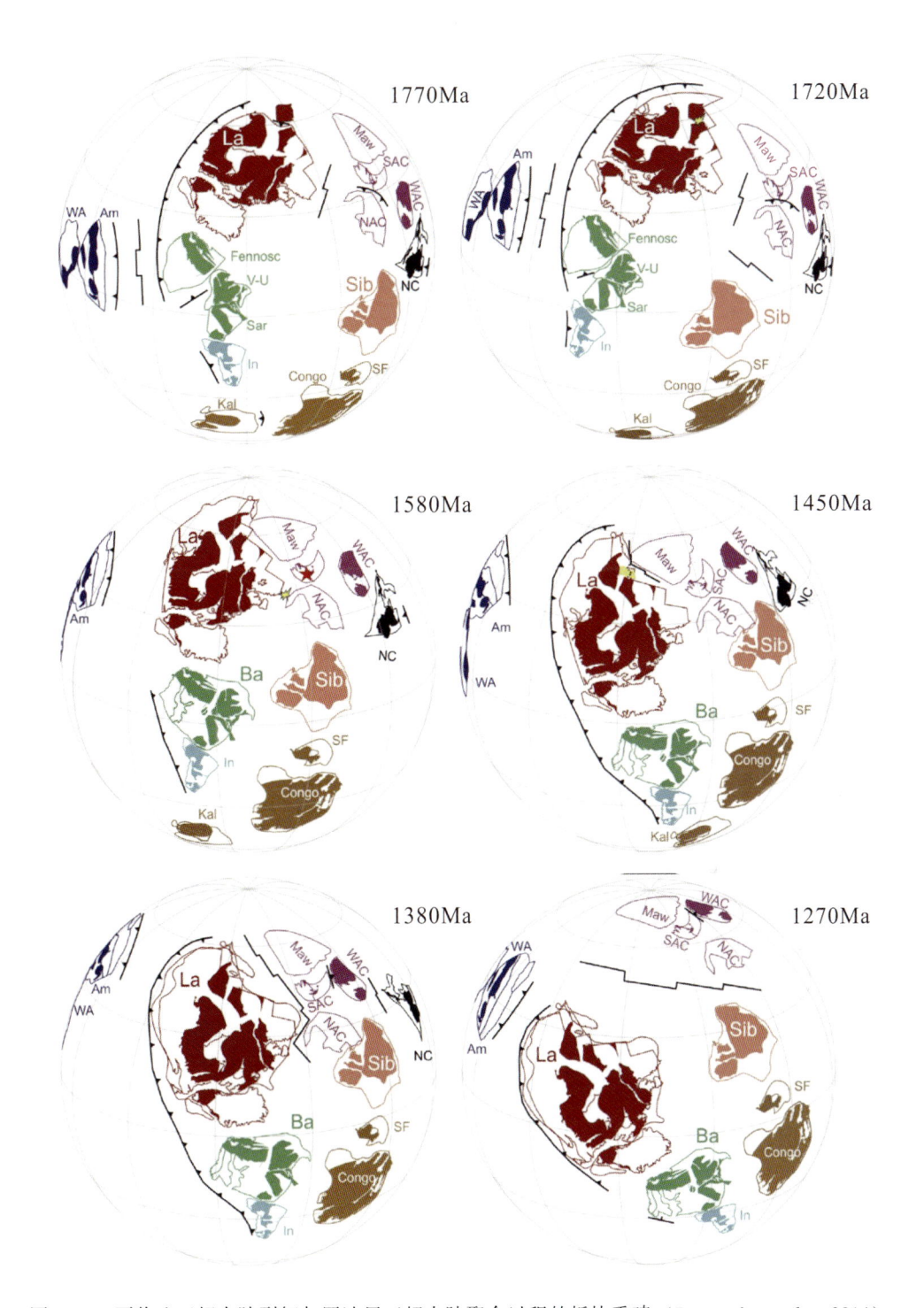

图 4-27 哥伦比亚超大陆裂解与罗迪尼亚超大陆聚合过程的板块重建（Piserevsky et al., 2014）
La. 劳伦古陆；Ba. 波罗的古陆；Fennosc. 芬诺斯堪的纳维亚古陆；VU. Volgo-Uralia；Sar. 萨尔马提亚古陆；NAC. 北澳克拉通；WAC. 西澳克拉通；SAC. 南澳克拉通；MAW. 莫森克拉通；Sib. 西伯利亚克拉通；SF. 圣弗朗西斯科克拉通；Kal. 卡拉哈里克拉通；Am. 亚马孙古陆；WA. 西非古陆；NC. 华北克拉通；congo. 刚果克拉通

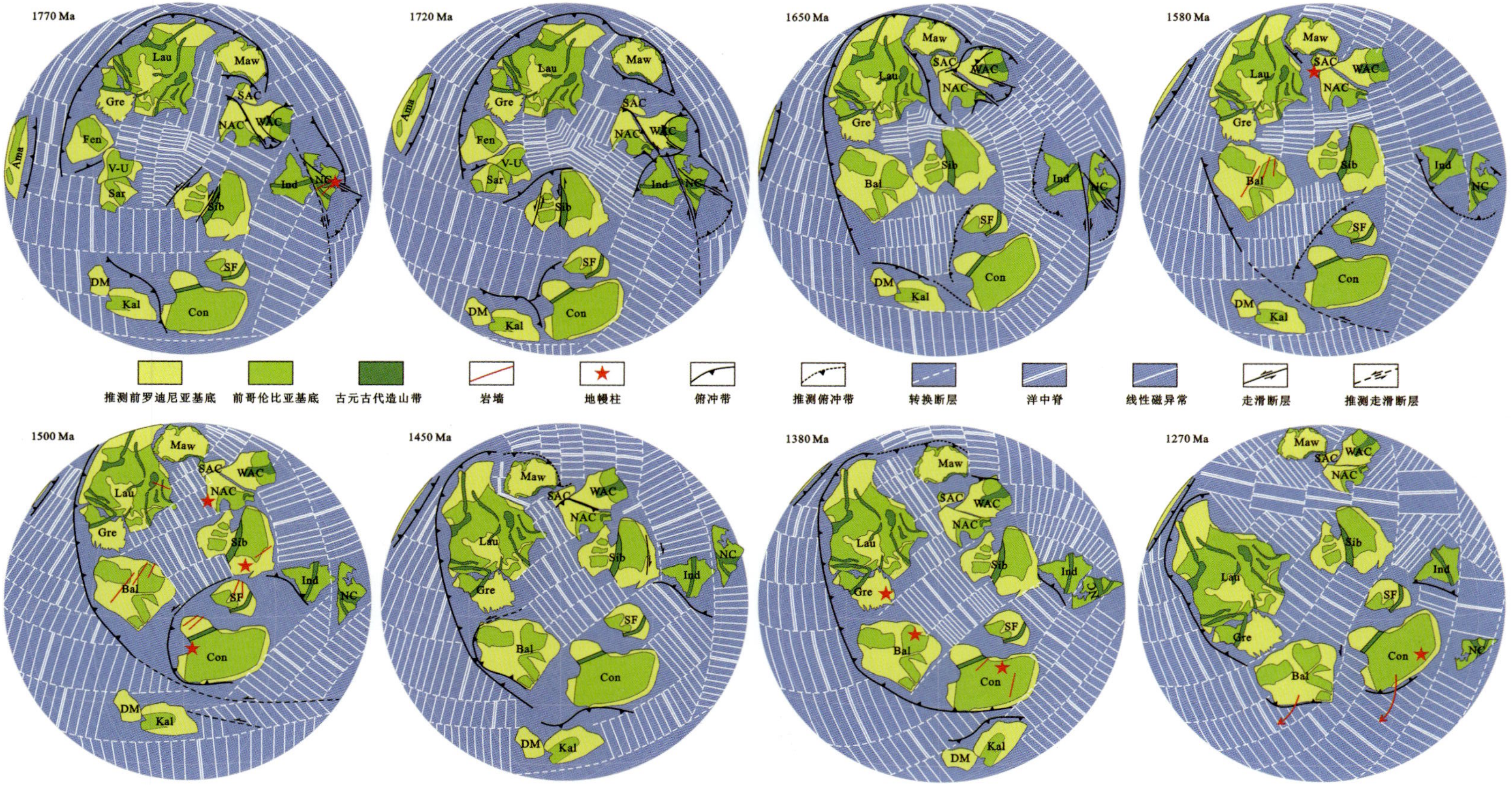

图4-28 1770~1270Ma全球构造古地理和板块重建

Lau.劳伦古陆；Gre.格陵兰；Fen.芬诺斯堪迪亚古陆；V-U.Volgo-Uralia；Sar.萨尔马提亚古陆；NAC.北澳克拉通；WAC.西澳克拉通；SAC.南澳克拉通；Maw.莫森克拉通；Sib.西伯利亚基底；SF.圣弗朗西斯科克拉通；Ama.亚马孙古陆；WA.西非古陆；Ind.印度克拉通；NC.华北克拉通；Con.刚果克拉通；Kal.卡拉哈里克拉通；DM.毛德皇后地克拉通

第五幕（~1380Ma）：劳伦古陆东南缘与波罗的古陆西缘很可能仍然处于俯冲增生过程中。西伯利亚相距劳伦古陆较远，而与刚果/圣弗朗西斯科相连。西劳伦古陆和莫森/南澳克拉通之间的裂谷裂解继续扩展，并最终导致北澳克拉通和劳伦古陆在1380Ma裂离（图4-27）。这期裂解事件导致了东哥伦比亚超大陆内部的构造运动，尤其是南澳克拉通相对于北澳克拉通的逆时针旋转，并导致北澳克拉通从南澳克拉通裂离以及南澳克拉通和西澳克拉通碰撞拼合（图4-27）。华北克拉通在1400Ma之后旋转并从东哥伦比亚超大陆中裂离出来。另外，1380Ma的基性岩浆已在劳伦古陆、西伯利亚、波罗的、南极洲、刚果和卡拉哈里克拉通陆续被识别出来，代表一次全球性广泛的裂解事件。

第六幕（~1270Ma）：此时波罗的古陆和劳伦古陆仍然相连，而澳大利亚克拉通与劳伦古陆相隔甚远。在劳伦古陆东北缘增生造山作用持续进行。西伯利亚与刚果/圣弗朗西斯科仍然相连。在劳伦古陆北缘，1270Ma的岩墙群、溢流玄武岩和地幔柱与大陆裂解有关。在劳伦古陆东缘1280~1236Ma的岩墙和溢流玄武岩以及波罗的内部1270~1247Ma的辉绿岩被认为是裂解事件的产物，并认为此时劳伦古陆与波罗的古陆也已经开始裂离，这标志哥伦比亚超大陆彻底裂解分散。

第七幕（~1210Ma）：在澳大利亚识别出的1210Ma大火成岩省可能代表了大陆边缘的增生造山作用。另外，同时代的辉绿岩也在波罗的古陆识别出来，这表明澳大利亚和波罗的古陆在该时期很可能并置在一起。波罗的古陆相对于劳伦古陆发生顺时针旋转［图4-30（e）］。但是，最后在1200~1150Ma，劳伦古陆和亚马孙古陆发生初始斜向碰撞和走滑移置［图4-31（a）］，这标志罗迪尼亚超大陆开始最终的快速聚合。

哥伦比亚超大陆启动全球性7幕裂解（有的导致裂离）同时，紧接着或间隔着发生罗迪尼亚超大陆全球性7幕聚散过程（图4-29~图4-31），特别是在格林威尔造山带的几幕连续增生过程尤为显著（图4-30）。其整体过程简述如下：

第一幕（~1100Ma）：早期的溢流玄武岩事件（1117~1087Ma）促进了哥伦比亚超大陆的最终裂解。在格林威尔陆缘的挤压作用终止了伸展裂解事件进一步的发展，这期造山事件与罗迪尼亚超大陆的聚合密切相关，视为罗迪尼亚聚合的峰期阶段。波罗的-亚马孙古陆先与劳伦古陆碰撞［图4-31（b）］，随后波罗的古陆与亚马孙古陆碰撞［图4-30（f）；图4-31（c）］，形成了格林威尔及其同期造山带，并伴随后期大量后碰撞的岩浆作用（1000~900Ma），也就是开启了罗迪尼亚超大陆裂解进程。因此，1100Ma也是全球罗迪尼亚超大陆聚合事件与裂解事件的分野时间。澳大利亚内大火成岩省（1078~1070Ma）与美国辉绿岩省（1100~1070Ma）暗示澳大利亚的板块重建应该靠近劳伦古陆的西缘。

第二幕（~900Ma）：另有几次事件与罗迪尼亚超大陆最终聚合中形成的格林威

尔造山带大致同步。其中一些事件与局部伸展或者显著的裂解相关，如阿拉善一些碱性岩浆事件，这表明在罗迪尼亚超大陆整体裂解过程中存在少量陆块的聚合，可视为400Ma彻底聚合的原潘吉亚超大陆的聚合起点。

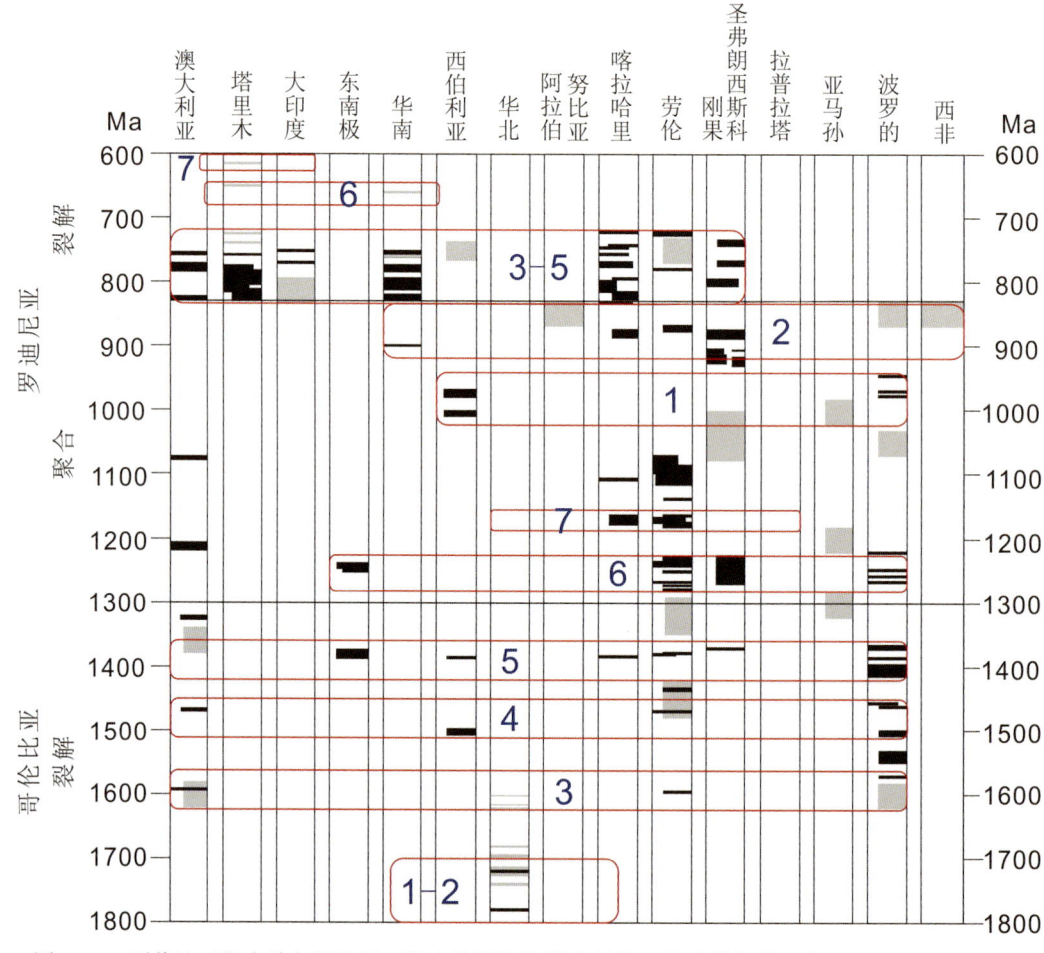

图4-29 哥伦比亚超大陆与罗迪尼亚超大陆裂解阶段的基性岩浆事件划分（据Ernst et al.，2008）
黑色或灰色长方形为基性岩浆事件发生时间，数字为基性岩浆事件编号

第三幕（825~800Ma）：华南克拉通是扬子克拉通和华夏克拉通于825Ma之前聚合形成的统一克拉通，之后出现统一盖层，这被视为罗迪尼亚超大陆总体裂解过程中的局部聚合事件。随后，825Ma的大火成岩省在华南克拉通和澳大利亚克拉通出现，Li和Li（2007）认为这种同时大陆尺度的穹隆与裂谷暗示二者位于同一地幔柱之上。另外，这期岩浆事件很可能延伸到塔里木克拉通。随后815Ma华南克拉通内的裂谷作用产生大量双峰式火山岩，同期的双峰式岩浆作用亦在塔里木、印度、刚果和卡拉哈里等古陆出现。因此，Li和Li（2007）认为，在罗迪尼亚超大陆中澳大利亚、华南、塔里木、印度、卡拉哈里和刚果很可能是相互连接的，且在全球板

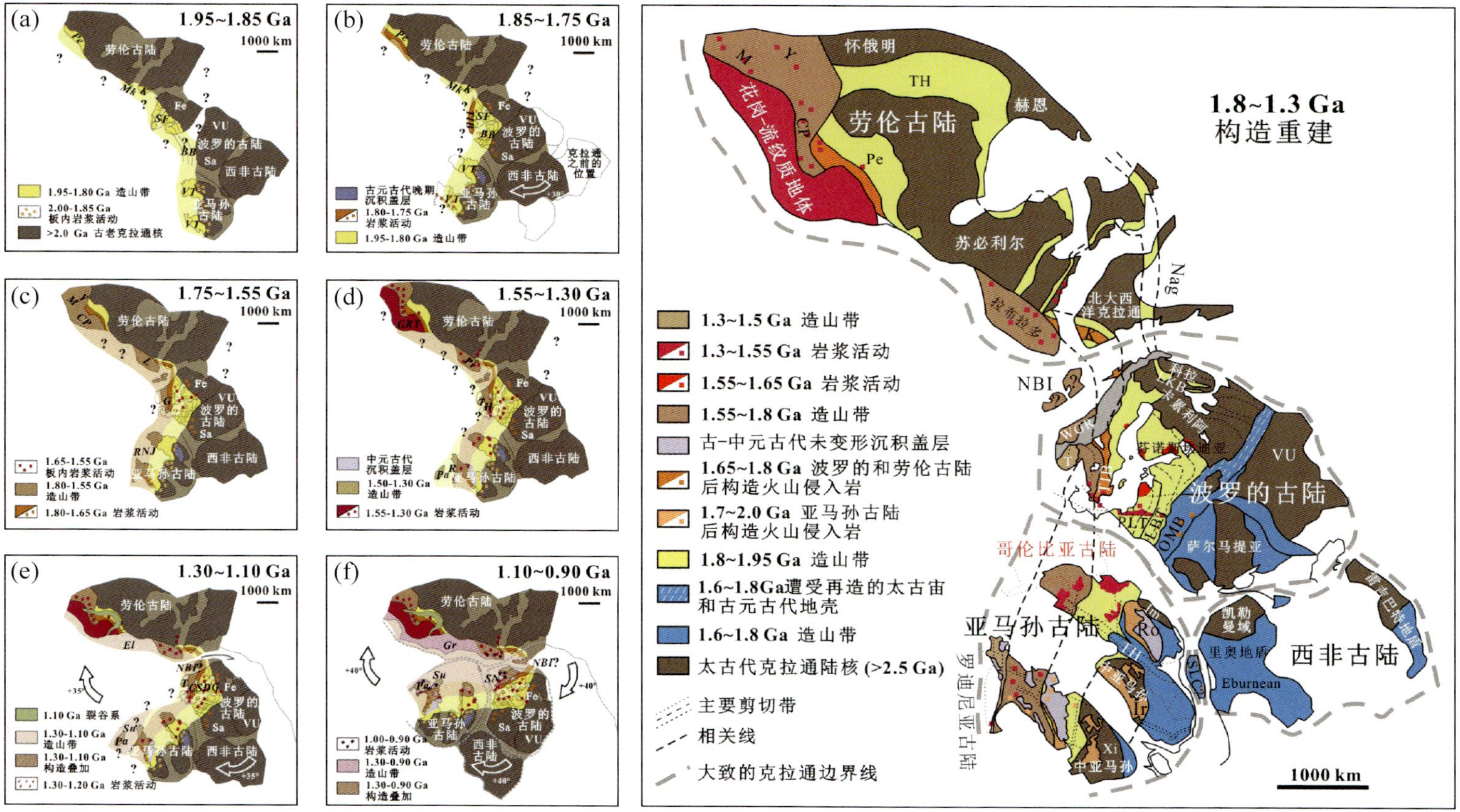

4-30 罗迪尼亚超大陆聚合的第2~4幕增生过程（据Johansson, 2009）

Pe.佩伦尼奥克造山带；Mk.马科维奇造山带；K.凯蒂蒂利德造山带；SF.瑞芬造山带；BB.波罗的海—白俄罗斯岩带；VT.Ventauri-Tapajos；TIB.斯堪的纳维亚中部火成岩带；Y.亚瓦帕带；M.马扎察尔带；CP.中央平原带；G.哥特；RNJ.马奥内格尔—茹鲁鲁辉；Pa.帕拉瓜地体；（Rondonian-San Ignacio event）；Su-Sunsas；Gr.格林威尔造山带；SN.Sveconorwegian；Fe.芬诺斯坎迪亚；Sa.萨尔尔坎迪亚；Pi.Pinwarian；T.泰勒马克；H.Hallandian；R.朗多尼亚—圣伊格拉纳西亚事件（Rondonian-San Ignacio event）；Pa.帕拉瓜地体；（Dolerite Group）；Su-Sunsas；Gr.格林威尔造山带；SN.Sveconorwegian；Fe.芬诺斯坎迪亚；Sa.萨尔尔坎迪亚；Fe.哈得逊中部造山带；ag.Nagssugtoqidian造山带；NBI.不列颠群岛北部；LKB.拉普兰-科拉；WGR.西部片麻岩区；PLT.波兰-立陶宛地体；LBT.立陶易宛克地体；OMB.Osmitsk-Mikashevichi带；SLC.圣路易斯克拉通（Sao Luis Craton）；Ro.罗赖马州地块；Xi.兴岔地块；Ir.伊里库梅地块（Iricoumé Block）；Im.Imataca带；

块重建格局中,华南被置于罗迪尼亚超大陆中心。然而,华南深入的调查发现:①华南新元古代裂谷具有显著的 NE 向(现今方位)定向性,似乎不具备三叉裂谷形态;②华南克拉通此时并不在超大陆中心,在华南西缘存在连续的俯冲增生事件;③不同地点的裂谷形成也具有时间递变规律,不具有非洲三叉裂谷的准同时性。

第四幕(~780Ma):~780Ma 岩浆事件在西劳伦古陆、华南、塔里木和澳大利亚克拉通均已被识别出来,暗示他们在此时是相邻的。劳伦古陆中放射性岩墙的收敛端指示地幔柱中心位于劳伦古陆西部,这也曾被指认为与华南内的裂谷系是一致的。

第五幕(~755Ma):~755Ma 岩浆作用在澳大利亚西北部、印度、华南、西伯利亚和塞舌尔群岛均有出露。古地磁和年代学数据显示大印度地盾(印度、塞舌尔群岛和马达加斯加岛)在 770~750Ma 时期处于中纬度地区,或许与澳大利亚西北部相连。这说明大印度与澳大利亚西北部的 755Ma 岩浆事件很可能代表了一次大火成岩省事件,即大印度地盾从澳大利亚西缘裂离出去。而华南和西伯利亚克拉通内 755Ma 岩浆事件很可能各自代表了一次单独的事件。劳伦古陆北部 723Ma 的大火成岩省可以一直延续到格陵兰,而同期的岩浆事件在世界范围内分布较少,仅在卡拉哈里克拉通内可见,这说明二者在该时期很可能相连。

第六幕(~660Ma):南华纪裂谷作用在华南和塔里木克拉通较发育。在华南克拉通裂谷内充填的是黑色页岩、双峰式火山岩和侵入岩等,其中凝灰岩所获年龄为 663Ma。塔里木克拉通裂谷内以黑色泥岩为主,凝灰岩夹层锆石 U-Pb 年龄为 655Ma。

第七幕(~615Ma):在波罗的古陆,可见大量新元古代晚期的拗拉谷和裂谷盆地。劳伦古陆、波罗的古陆与亚马孙古陆相继分离。震旦纪时期,华南和塔里木克拉通内裂谷活动进入尾声,二者主体继承了南华纪裂谷的沉积格局。这次裂解事件可视为罗迪尼亚超大陆彻底裂解离散的峰期阶段,随后进入原潘吉亚超大陆的快速聚合阶段,即出现所谓的 Panotia 超大陆、冈瓦纳古陆、Artejia 超大陆等。

Gurnis(1988)率先进行了超大陆集结机制的二维数值模拟,结果表明:大陆在地幔下降流之上碰撞集结形成超大陆,随后由于热屏蔽效应,超大陆之下会形成地幔上升流,这个上升流又导致超大陆离散。实际上,具有大量下降流的短波长结构的地幔循环,并不会导致超大陆集结,因为大量陆块可能被不同的下降流所俘获,而不能集结。但已有板块重建结果表明,罗迪尼亚超大陆和潘吉亚超大陆确实以赤道附近的单一中心聚集,这个超大陆单一中心集结的动力机制,可能来源于深部地幔长波长循环格局。大地水准测量可以用来指示地幔对流的结构变化,据大地水准面的二阶球谐异常特征,潘吉亚超大陆最终集结中心为东亚地区,是中太平洋(Jason)和非洲(Tuzo)之下两个大地水准面长波长的高异常所致,这两个大地水

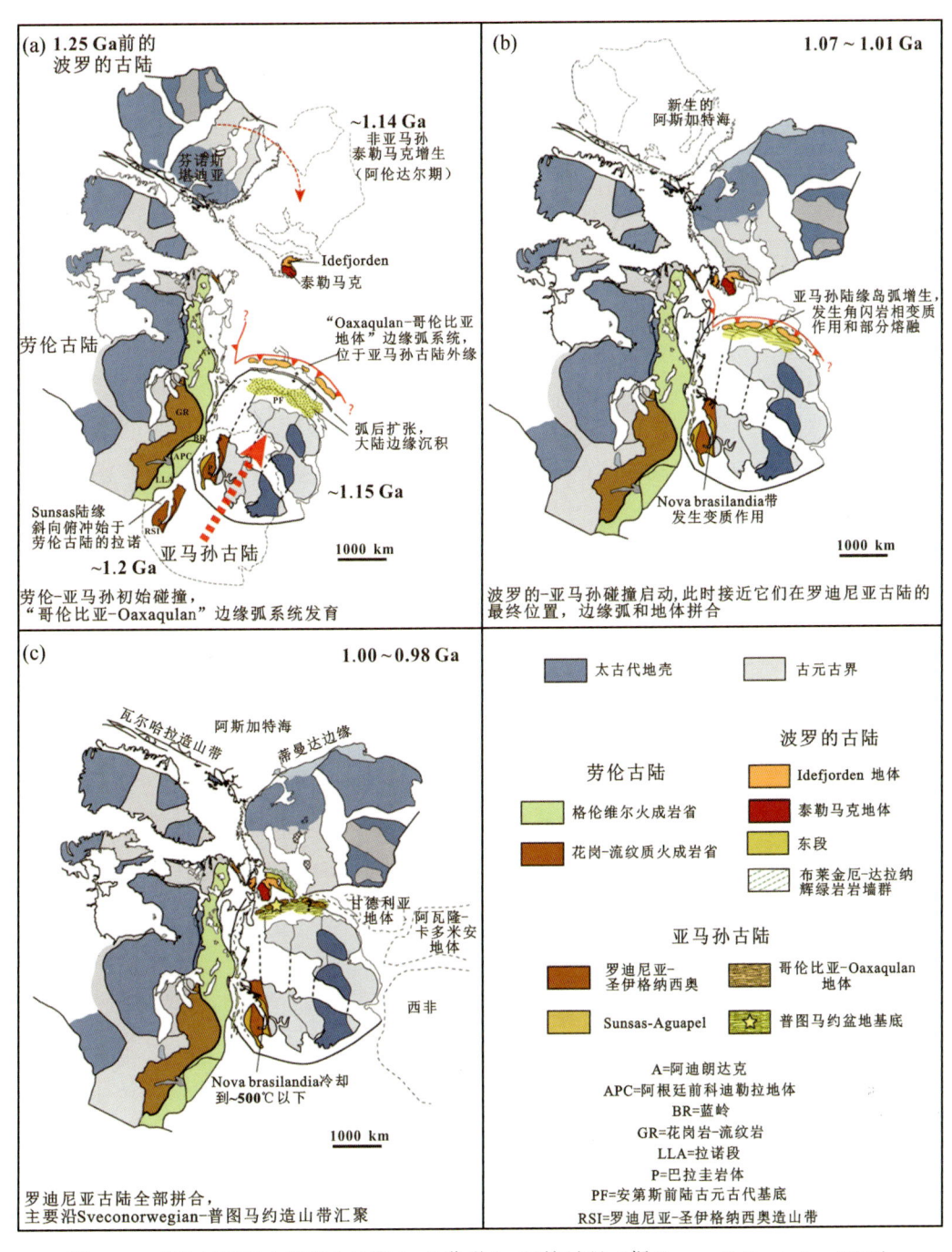

图 4-31 罗迪尼亚超大陆聚合的第 5~7 幕增生-碰撞过程（据 Ibanez-Mejia et al.，2011）

准面高异常是反对称的,且由潘吉亚超大陆的绝热效应导致的。然而,潘吉亚超大陆以非洲为中心聚集时,但中太平洋这个高异常不在超大陆之下。因此,超大陆集结的深部机制还存在一些噬待解决的问题,特别是三维模拟还有待深化。此外,还要考虑梯度较大的地幔黏度分层结构(依赖深度的黏度),以及依赖温度的黏度结构,对地幔循环的影响。

随后,Zhong 等(2007)的三维模拟结果表明,带活动盖的地幔循环受一阶形态控制,即一个半球为上升流,另一个半球为下降流,正是这个一阶对流格局使得上升流推动、下降流拉动大陆块体集结碰撞形成超大陆。随后,超大陆形成后,就会导致其下部形成另一个上升流,并使得地幔对流格局由一阶对流转变为二阶对流格局,即两个反对称的上升流。上升流导致超大陆离散和火山活动、裂解作用等。超大陆裂解为多个大陆块体后,这些碎片化的陆块向构造赤道运移,地幔对流格局再次回到一阶对流型式。因此,这个过程反复,导致形成另外一个超大陆形成和超大陆旋回。正是由于有大陆块体的调制,导致地幔循环在一阶和二阶对流格局之间来回摆动。未来研究还需要进行岩石圈的非线性变形机制、甚长波长地幔对流型式下,多个大陆块体参与的动态相互作用、长波长地幔对流型式的物理机制,包括地幔黏度结构对长波长地幔对流型式的推动作用,以及对对称和不对称一阶地幔下降流生长的控制。

Zhong 等(2007)及 Li 和 Zhong(2009)先后开展的超大陆聚合和裂解过程的全球动力学数值模拟还发现,超大陆聚合和裂解过程分别需要 350Myr 的时长。据此,超大陆聚散一个周期需要 7 亿年,这和本书前述章节介绍的地质事实极其吻合。25 亿年肯诺兰、18 亿年哥伦比亚、11 亿年罗迪尼亚、4 亿年原潘吉亚、未来 3 亿年的亚美超大陆之间时间间隔,正好皆为 7 亿年。如果再往早前寒武纪推测,32 亿年是全球地幔变化急变时期,含金刚石榴辉岩的地幔出现;39 亿年是很多克拉通陆壳岩石记录的最早年龄,例如华北克拉通的辽北鞍山和河北曹庄。

7 亿年超大陆旋回机制主要受瑞利-泰勒不稳定性所控制,数值模拟揭示,一种早期地球自由对流的最终结果是分散的太古宙克拉通会通过一阶球谐函数(degree-1)模式在 25 亿年的时候聚合形成统一的大陆,弥散性的地幔自由对流格局转变为第一个一阶地幔对流格局。25 亿年之后,一阶球谐函数(degree-1)与二阶球谐函数(degree-2)模式之间反复来回转换(图 4-32),这两个模式下超大陆旋回性地实现着超大陆的聚散和转换。

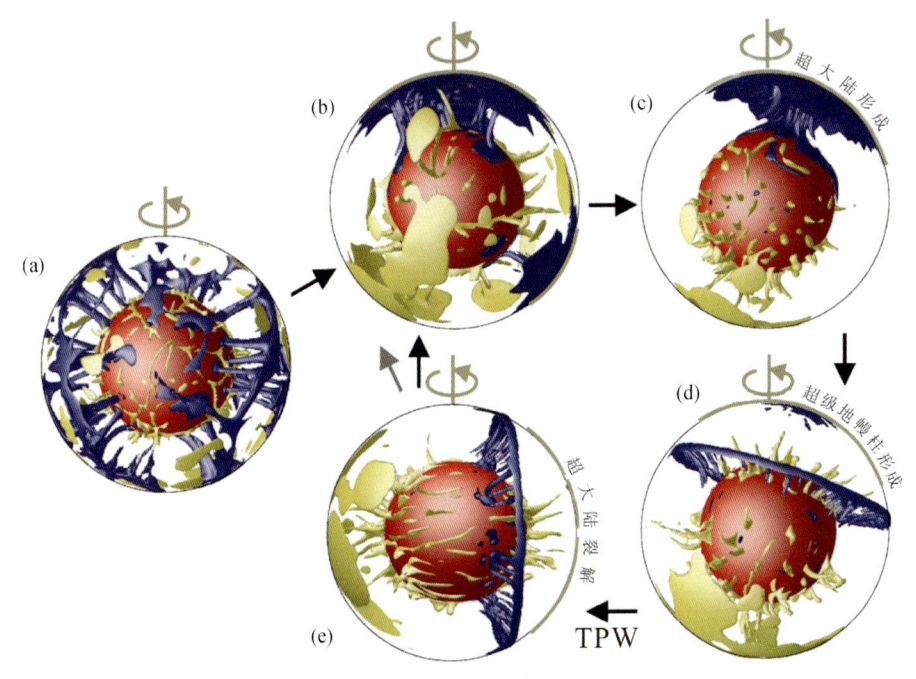

图 4-32 超大陆裂解和聚合动力学机制的数值模拟结果（Li and Zhong，2009）

(a) 25 亿年前的自由、小尺度地幔对流；(b) 小尺度对流最终转变为一阶地幔对流；(c) 超级俯冲（下降流或冷幔柱）导致超大陆集结，启动第一个超大陆肯诺兰；(d) 超大陆的热屏蔽效应使得其下部热聚集，出现二阶地幔对流，热驱散超大陆裂解，因环超大陆的俯冲带的存在，最终导致最终聚合到超大陆主体的陆块最先裂离，直到整个超大陆裂解为一系列微陆块，单向向构造赤道运移聚集；(e) 超大陆裂解的碎片最终彻底移离原始位置，且这个单向裂解与单向汇聚过程，导致下一个超大陆将于对跖极聚合，地球可能发生真极移（TPW），并进入下一个超大陆旋回聚合阶段（b）。蓝色为冷地幔，黄色为热地幔，红色为地核。

参 考 文 献

白瑾.1993.华北陆台北缘前寒武纪地质及铅锌成矿作用.北京:地质出版社.

鲍庆中,张长捷,吴之理,等.2007a.内蒙古东南部晚古生代裂谷区花岗质岩石锆石 SHRIMP U-Pb 定年及其地质意义.中国地质,(5):790-798.

鲍庆中,张长捷,吴之理,等.2007b.内蒙古白音高勒地区石炭纪石英闪长岩 SHRIMP 锆石 U-Pb 年代学及其意义.吉林大学学报,(1):15-23.

边千韬,郑祥身.1992.青海可可西里地区构造特征与构造演化//徐贵忠,常承法.大陆岩石圈构造与资源.北京:海洋出版社:19-32.

边千韬,李涤澈.1999.阿尼玛卿蛇绿岩带花岗–英云闪长岩锆石 U-Pb 同位素定年及大地构造意义.地质科学,(4):420-426.

边千韬,罗小全,李红生,等.1999.阿尼玛卿山早古生代和早石炭–早二叠世蛇绿岩的发现.地质科学,(4):523-524.

表尚虎,李仰春,何晓华,等.1999.黑龙江省塔河绿林林场一带兴华渡口群岩石地球化学特征.中国区域地质,18(1):28-33.

蔡东升,卢华复,贾东,等.1996.南天山蛇绿混杂岩和中天山南缘糜棱岩的(40)Ar/(39)Ar 年龄及其大地构造意义.地质科学,4:384-390.

常承法,郑锡澜.1973.中国西藏南部珠穆朗玛峰地区地质构造特征.地质科学,2:257-265.

常承法,潘裕生,郑锡兰,等.1982.青藏高原地质构造.北京:科学出版社.

常青松,朱弟成,赵志丹,等.2011.西藏羌塘南缘热那错早白垩世流纹岩锆石 U-Pb 年代学和 Hf 同位素及其意义.岩石学报,27:2034-2044.

车自成,罗金海,刘良.2011.中国及其邻区区域大地构造学(第2版).北京:科学出版社.

陈洪德,侯明才,许效松,等.2006.加里东期华南的盆地演化与层序格架.成都理工大学学报,33(1):1-8.

陈景文,李才,胡培远,等.2014.藏北羌塘中部日湾茶卡地区花岗闪长岩 LA-ICP-MS 锆石 U-Pb 年龄与地球化学特征.地质通报,(11):1750-1758.

陈隽璐,黎敦朋,李新林,等.2004.东昆仑祁漫塔格山南缘黑山蛇绿岩的发现及其特征.陕西地质,22(2):35-46.

陈隽璐,徐学义,王洪亮,等.2008.北秦岭西段早古生代埃达克岩地球化学特征及岩石成因.地质学报,82(4):475-484.

陈亮,孙勇,柳小明,等.2000.青海省德尔尼蛇绿岩的地球化学特征及其大地构造意义.岩石学报,16(1):106-110.

陈亮,孙勇,裴先治,等.2003.古特提斯蛇绿岩的综合对比及其动力学意义——以德尔尼蛇绿岩为例.中国科学:地球科学,33(12):1136-1142.

陈新,卢华复,舒良树,等.2002.准噶尔盆地构造演化分析新进展.高校地质学报,8(3):257-267.

陈新跃,王岳军,孙林华,等.2009.天山冰达坂和拉尔敦达坂花岗片麻岩SHRIMP锆石年代学特征及其地质意义.地球化学,38:424-431.

陈旭,戎嘉余.1999.从生物地层学到大地构造学——以华南奥陶系和志留系为例.现代地质,(2):201.

陈雨,周德进,王二七,等.1995.北祁连肃南县大岔大坂蛇绿岩中玻安岩系岩石的发现及其地球化学特征.岩石学报,(s1):147-153.

陈振宇,张立飞,杜瑾雪,等.2011.西天山榴辉岩的进变质和退变质时脉体中锆石的U-Pb年龄制约.广州:中国矿物岩石地球化学学会学术年会.

陈正宏,李寄嵎,谢佩珊,等.2008.利用EMP独居石定年法探讨浙闽武夷山地区变质基底岩石与花岗岩的年龄.高校地质学报,14(1):1-15.

陈智梁.1994.特提斯地质一百年.特提斯地质,18:1-22.

程瑞玉,吴福元,葛文春,等.2006.黑龙江省东部饶河杂岩的就位时代与东北东部中生代构造演化.岩石学报,22(2):353-376.

崔可.2000.特提斯构造带的主要含油气盆地及其探明储量.海相油气地质(z2):54-54.

邓万明.1996.青藏古特提斯蛇绿岩与"冈瓦纳古陆北界".北京:蛇绿岩与地球动力学研讨会.

董云鹏,张国伟,杨钊,等.2007.西秦岭武山E-MORB型蛇绿岩及相关火山岩地球化学.中国科学:地球科学,37(A01):199-208.

董云鹏,张国伟,周鼎武,等.2005a.中天山北缘冰达坂蛇绿混杂岩的厘定及其构造意义.中国科学:地球科学,35(6):552-560.

董云鹏,周鼎武,张国伟,等.2005b.中天山南缘乌瓦门蛇绿岩形成构造环境.岩石学报,21(1):37-44.

董云鹏,杨钊,张国伟,等.2008.西秦岭关子镇蛇绿岩地球化学及其大地构造意义.地质学报,82(9):1186-1194.

杜德道.2012.西藏班公湖–怒江缝合带(中段和西段)的花岗岩地球化学特征及其构造环境.中国地质大学(北京)硕士学位论文.

杜德道,曲晓明,王根厚,等.2011.西藏班公湖–怒江缝合带西段中特提斯洋盆的双向俯冲:来自岛弧型花岗岩锆石U-Pb年龄和元素地球化学的证据.岩石学报,27:1993-2002.

段向东.2005.滇西南耿马地区古特斯阶段地层序列恢复及盆地演化.昆明:昆明理工大学硕士学位论文.

冯建赟,裴先治,于书伦,等.2010.东昆仑都兰可可沙地区镁铁–超镁铁质杂岩的发现及其LA-ICP-MS锆石U-Pb年龄.中国地质,37(1):28-38.

冯新昌.2005.南天山蛇绿岩研究新认识//第五届天山地质矿产资源学术讨论会论文集.乌鲁木齐:新疆科学技术出版社:355-358.

冯益民.1991.新疆东准噶尔地区构造演化及主要成矿期.西北地质科学,32:47-60.

冯益民,何世平.1995.北祁连蛇绿岩的地质地球化学研究.岩石学报,(s1):125-140.

付长亮.2009.珲春小西南岔地区花岗岩类的时代、地球化学特征及成因.长春:吉林大学硕士学位论文.

付晓辉.2007.内蒙古四子王旗北部二叠系寿山沟组复理石研究.北京:中国地质大学(北京)博士学位

论文.

甘克文.2000.特提斯域的演化和油气分布.海相油气地质,5(3-4):21-29.

甘肃省地质矿产局.1989.甘肃省区域地质志.北京:地质出版社.

甘肃省地质矿产局.1997.甘肃省岩石地层.北京:地质出版社.

高长林,崔可锐,钱一雄,等.1995.天山微板块构造与塔北盆地.北京:地质出版社.

高俊,肖序常,汤耀庆,等.1993.南天山库米什蓝片岩的发现及其大地构造意义.地质通报,4:344-347.

高俊,汤耀庆,赵民,等.1995.新疆南天山蛇绿岩的地质地球化学特征及形成环境初探.岩石学报,(s1).

高俊,何国琦,李茂松,等.1996.新疆南天山高压变质岩石的抬升机制.地质科学,4:365-374.

葛文春,吴福元,周长勇,等.2005.大兴安岭北部塔河花岗岩体的时代及对额尔古纳地块构造归属的制约.科学通报,50(12):1239-1247.

龚全胜.1997.肃南塔洞沟早奥陶世蛇绿岩的成因和侵位.甘肃地质,(1):25-36.

龚由勋,孙存礼.1996.赣西南加里东造山带磨拉石相沉积的发现.地质通报,(2):108-113.

郭福祥.2000.华南东部震旦–志留纪大地构造属性.华南地质与矿产,(1):39-42.

郭福祥.2001.中国及邻区中新生代大型大陆扩张盆地及其造山作用(续).桂林理工大学学报,21(1):58-76.

郭进京.2000.柴引缘锡铁山地区滩间山群构造变形分析.前寒武研究进展,(3):147-152.

郭润华,李三忠,索艳慧,等.2017.华北地块楔入大华南地块和印支期弯山构造.地学前缘,24(4):171-184.

韩宝福,何国琦,吴泰然,等.2004.天山早古生代花岗岩锆石 U-Pb 定年、岩石地球化学特征及其大地构造意义.新疆地质,22:2-11.

韩宝福,季建清,宋彪,等.2006.新疆准噶尔晚古生代陆壳垂向生长(Ⅰ)——后碰撞深成岩浆活动的时限.岩石学报,22(5):1077-1086.

韩国卿,刘永江,温泉波,等.2011.西拉木伦河缝合带北侧二叠纪砂岩碎屑锆石 LA-ICP-MS U-Pb 年代学及其构造意义.地球科学,36(4):687-702.

郝国杰,陆松年,李怀坤,等.2001.柴北缘沙柳河榴辉岩岩石学及年代学初步研究.地质调查与研究,24(3):154-162.

郝杰,杨美芳,李继亮.1993.东南地区磨拉石地层及其大地构造意义//李继亮.东南大陆岩石圈结构与地质演化.北京:冶金工业出版社,55-58.

郝杰,刘小汉,王二七,等.2005.新疆东昆仑阿其克湖蛇绿岩的确定——来自岩石地球化学研究的证据.自然科学进展,15(9):1070-1079.

郝义,李三忠,金宠,等.2010.湘赣桂地区加里东期构造变形特征及成因分析.大地构造与成矿学,34(2):166-180.

何国琦,邵济安.1983.内蒙古东南部(昭盟)西拉木伦河一带早古生代蛇绿岩建造的确定及其大地构造意义//中国北方板块构造文集.北京:地质大学出版社:243-250.

何国琦,李茂松.2000.中亚蛇绿岩带研究进展及区域构造连接.新疆地质,18(3):193-202.

何国琦,李茂松.2001.中国新疆北部奥陶–志留系岩石组合的古构造、古地理意义.北京大学学报(自然科学版),37(1):99-110.

何国琦,韩宝福,岳永君,等.1990.中国阿尔泰造山带的构造分区和地壳演化.新疆地质科学.北京:地质出版社,(2):9-20.

何国琦,李茂松,韩宝福.2001.中国西南天山及邻区大地构造研究.新疆地质,19(1):7-11.

何世平,王洪亮,陈隽璐,等.2008.中祁连马衔山岩群内基性岩墙群锆石LA-ICP-MS U-Pb年代学及其构造意义.地球科学,33(1):35-45.

和钟铧,杨德明,郑常青,等.2006.冈底斯带门巴花岗岩同位素测年及其对新特提斯洋俯冲时代的约束.地质论评,52(1):100-106.

贺高品,叶慧文.1998.辽东–吉南地区早元古代两种类型变质作用及其构造意义.岩石学报,14(2):152-162.

黑龙江省地质矿产局.1993.黑龙江省区域地质志.北京:地质出版社.

侯增谦.2010.大陆碰撞成矿论.地质学报,84(1):30-58.

侯增谦,王二七.2008.印度–亚洲大陆碰撞成矿作用主要研究进展.地球学报,29(3):275-292.

胡霭琴,王中刚,涂光炽,等.1997.新疆北部地质演化及成岩成矿规律.北京:科学出版社.

胡霭琴,郝杰,张国新,等.2004,新疆东昆仑地区新元古代蛇绿岩Sm-Nd全岩矿物等时线定年及其地质意义.岩石学报,20(3):457-462.

胡霭琴,韦刚健,江博明,等.2010.天山0.9Ga新元古代花岗岩SHRIMP锆石U-Pb年龄及其构造意义.地球化学,39:197-212.

胡霭琴,韦刚健,邓文峰,等.2006.天山东段1.4Ga花岗闪长质片麻岩SHRIMP锆石U-Pb年龄及其地质意义.地球化学,35:333-345.

胡霭琴,韦刚健,张积斌,等.2008.西天山温泉地区早古生代斜长角闪岩的锆石SHRIMP U-Pb年龄及其地质意义.岩石学报,24:2731-2740.

胡波.2005.甘肃天水地区清水–张家川早古生代变质火山岩岩石地球化学特征及其构造意义.长安:长安大学硕士学位论文.

胡培远,李才,李林庆,等.2009.藏北羌塘中部早古生代蛇绿岩堆晶岩中斜长花岗岩的地球化学特征.地质通报,28(9):1297-1308.

胡培远,李才,吴彦旺,等.2014.藏北羌塘中部存在志留纪洋盆——来自桃形湖蛇绿岩中斜长花岗岩的锆石U-Pb年龄证据.地质通报,(11):1651-1661.

黄本宏.1982.东北北部石炭二叠纪陆相地层及古地理概况.地质论评,28(5):395-401.

黄本宏.1987.内蒙古昭乌达盟晚二叠世地层及植物化石.地层古生物,5:214-226.

黄标,刘刚.1993.武夷山中段加里东早期交代改造型花岗岩类的特点及形成的碰撞造山环境.岩石学报,9(4):388-400.

黄岗,张占武,董志辉,等.2011.南天山铜花山蛇绿混杂岩中斜长花岗岩锆石LA-ICP-MS微区U-Pb定年及其地质意义.中国地质,38(1):94-102.

黄汲清.1956.中国主要地质构造单位.北京:地质出版社.

黄汲清,陈炳蔚.1987.中国及邻区特提斯海的演化.北京:地质出版社.

黄建华,吕喜朝,朱星南,等.1995.北准噶尔洪古勒楞蛇绿岩研究的新进展.新疆地质,1:20-30.

黄增保,金霞.2004.甘肃昌马地区寒武纪构造演化探讨.西北地质,37(1):51-57.

黄增保,金霞.2006.甘肃北山红石山蛇绿混杂岩带中基性火山岩构造环境分析.中国地质,(5):1030-1037.

黄增保,张有奎,吕菊蕊,等.2010.北祁连水洞峡蛇绿岩地球化学特征及构造环境.甘肃地质,(2):1-7.

黄宗莹.2017.中国天山地区前寒武纪地质演化过程.广州:中国科学院广州地球化学研究所博士学位论文.

吉林省地质矿产局.1988.吉林省区域地质志.北京:地质出版社.

计文化,韩芳林,王炬川,等.2004.西昆仑于田南部苏巴什蛇绿混杂岩的组成、地球化学特征及地质意义.地质通报,23(12):1196-1201.

贾承造.2004.塔里木盆地中新生代构造特征与油气,北京:石油工业出版社.

贾丽辉,孟繁聪,冯惠彬.2014.东昆仑温泉地区超镁铁岩的矿物学特征及成因.全国矿物科学与工程学术会议.

江元生,周幼云,王明光,等.2003.西藏冈底斯山中段第四纪火山岩特征及地质意义.地质通报,22(1):17-20.

姜常义,穆艳梅,赵晓宁,等.2000.南天山褶皱带北缘基性–超基性杂岩带的地质学特征与大地构造意义.地球科学与环境学报,22(2):1-6.

姜春潮.1987.辽吉东部前寒武纪地质.沈阳:辽宁科学技术出版社.

姜春发,杨经绥,冯秉贵,等.1992.昆仑开合构造.北京:地质出版社.

颉颃强,苗来成,陈福坤,等.2008.黑龙江东南部穆棱地区"麻山群"的特征及花岗岩锆石 SHRIMP U-Pb 定年——对佳木斯地块最南缘地壳演化的制约.地质通报,27(12):2127-2137.

解玉月.1998.昆中断裂东段不同时代蛇绿岩特征及形成环境.青海国土经略,(1):27-36.

赖绍聪,秦江锋,李学军,等.2010.昌宁–孟连缝合带干龙塘–弄巴蛇绿岩地球化学及 Sr-Nd-Pb 同位素组成研究.岩石学报,26(11):3195-3205.

兰朝利,吴峻,李继亮,等.2001.木孜塔格蛇绿岩时代的初步确定及其与邻区古特提斯(Paleotethys)关系探讨.自然科学进展:国家重点实验室通讯,11(3):256-260.

兰朝利,李继亮,何顺利.2005.新疆东昆仑阿其克库勒湖西南缘蛇绿岩–铬铁矿证据及其构造环境探讨.地质与勘探,41(1):38-42.

劳秋元,叶真华,胡世玲,等.1997.云开群硅质岩的 $^{40}Ar/^{39}Ar$ 年龄及其地质意义.地球学报,18(z1):89-101.

冷成彪,张兴春,王守旭,等.2008.滇西北中甸松诺含矿斑岩的锆石 SHRIMP U-Pb 年龄及地质意义.大地构造与成矿学,32(1):124-130.

李才.1997.西藏羌塘中部蓝片岩青铝闪石 $^{40}Ar/^{39}Ar$ 定年及其地质意义.科学通报,42(4):488.

李才,翟庆国,董永胜,等.2006a.青藏高原羌塘中部榴辉岩的发现及其意义.科学通报,51(1):70-74.

李才,翟庆国,陈文,等.2006b.青藏高原羌塘中部榴辉岩 Ar-Ar 定年.岩石学报,22(12):2844-2849.

李才,谢尧武,董永胜,等.2009.北澜沧江带的性质——是冈瓦纳板块与扬子板块的界线吗? 地质通报,28(12):1711-1719.

李超,肖文交,韩春明,等.2013.新疆北天山奎屯河蛇绿岩斜长花岗岩锆石 SIMS U-Pb 年龄及其构造意义.地质科学,48(3):815-826.

李承东,张福勤,苗来成,等.2007.吉林色洛河晚二叠世高镁安山岩 SHRIMP 锆石年代学及其地球化学特征.岩石学报,23(4):767-776.

李承东,冉皞,赵利刚,等.2012.温都尔庙群锆石的 LA-MC-ICPMS U-Pb 年龄及构造意义.岩石学报,28(11):3705-3714.

李春昱,王荃,刘雪亚,等.1982.亚洲大地构造图(1:800万)及说明书.北京:地图出版社.

李化启,蔡志慧,陈松永,等.2008.拉萨地体中的印支造山事件及年代学证据.岩石学报,24(7):1595-1604.

李怀坤,陆松年,陈志宏,等.2003.南秦岭耀岭河群裂谷型火山岩锆石 U-Pb 年代学.地质通报,22(10):775-781.

李会军,何国琦,吴泰然,等.2006.阿尔泰—蒙古微大陆的确定及其意义.岩石学报,22(5):1369-1379.

李江海,王洪浩,李维波,等.2014.显生宙全球古板块再造及构造演化.石油学报,35(2):207-218.

李锦轶.1995.陆间残余海盆与板块碰撞造山作用.地学研究,28:6-14.

李锦轶.1998.中国东北及邻区若干地质构造问题的新认识.地质论评,44(4):339-347.

李锦轶.2004.新疆东部新元古代晚期和古生代构造格局及其演变.地质论评,50(3):304-322.

李锦轶,肖序常.1999.对新疆地壳结构与构造演化几个问题的简要评述.地质科学,4:405-419.

李锦轶,牛宝贵,宋彪.1995.黑龙江省东部中太古代碎屑岩浆锆石的发现及其地质意义.地球学报,3:331-333.

李锦轶,何国琦,徐新,等.2006.新疆北部及邻区地壳构造格架及其形成过程的初步探讨.地质学报,80(1):148-168.

李锦轶,张进,杨天南,等.2009.北亚造山区南部及其毗邻地区地壳构造分区与构造演化.吉林大学学报,39(4):584-605.

李丽,陈正乐,祁万修,等.2008.准噶尔盆地周缘山脉抬升–剥露过程的 FT 证据.岩石学报,24(5):1011-1020.

李三忠.1993.营口地区辽河群盖县岩组的构造样式及变质变形关系研究.长春:长春地质学院硕士学位论文.

李三忠,杨朝,赵淑娟,等.2016a.全球早古生代造山带(Ⅳ):板块重建与 Carolina 超大陆.吉林大学学报,46(4):1026-1041.

李三忠,赵淑娟,李玺瑶,等.2016b.东亚原特提斯洋(Ⅰ):南北边界和俯冲极性.岩石学报,32(9):2609-2627.

李三忠,赵淑娟,余珊,等.2016c.东亚原特提斯洋(Ⅱ):早古生代微陆块亲缘性与聚合.岩石学报,32(9):2628-2644.

李三忠,索艳慧,李玺瑶,等.2018.西太平洋中生代板块俯冲过程与东亚洋陆过渡带构造-岩浆响应.科学通报,63(16):1550-1593.

李曙光.2004.大别山超高压变质岩折返机制与华北–华南陆块碰撞过程.地学前缘,11(3):63-70.

李天德,祁志明,肖世录,等.1996.中国和哈萨克斯坦阿尔泰地质及成矿研究的新进展//中国地质学会编.献给三十届国际地质大会"八五"地质科技重要成果学术交流会议论文选集.北京:冶金工业出版社:256-259.

李天福,张建新.2014.西昆仑库地蛇绿岩的二辉辉石岩和玄武岩锆石 LA-ICP-MS U-Pb 年龄及其意义.岩石学报,30(8):2393-2401.

李王晔.2008.西秦岭-东昆仑造山带蛇绿岩及岛弧型岩浆岩的年代学和地球化学研究——对特提斯洋演化的制约.合肥:中国科学技术大学博士学位论文.

李王晔,李曙光,裴先治,等.2004.西秦岭天水地区关子镇辉长岩锆石 SHRIMP U-Pb 年龄——商-丹断裂带与昆中断裂带连接的证据.海口:全国岩石学与地球动力学研讨会.

李王晔,李曙光,裴先治,等.2006.西秦岭天水-武山断裂带关子镇变玄武岩和变中-基性岩浆岩及武山蛇绿岩中辉长岩的地球化学和锆石 SHRIMP U-Pb 年龄.南京:全国岩石学与地球动力学研讨会.

李王晔,李曙光,郭安林,等.2007.青海东昆南构造带苦海辉长岩和德尔尼闪长岩的锆石 SHRIMP U-Pb 年龄及痕量元素地球化学——对"祁-柴-昆"晚新元古代-早奥陶世多岛洋南界的制约.中国科学,(A01):288-294.

李卫东,彭湘萍,康正文,等.2003.东昆仑木孜塔格地区畅流沟蛇绿岩岩石地球化学特征及其构造意义.新疆地质,21(3):263-268.

李文昌.2011."西南三江"古特提斯构造演化研究新进展和新问题//中国科学技术协会学会学术部.新观点新学说学术沙龙文集55:板块汇聚、地幔柱对云南区域成矿作用的重大影响.北京:中国科学技术出版社.

李文昌,潘桂棠,侯增谦.2010.西南"三江"多岛弧盆-碰撞造山成矿理论与勘查技术.北京:地质出版社.

李文铅,董富荣,周汝洪.2000.新疆鄯善康古尔塔格蛇绿杂岩的发现及其特征.新疆地质,18(2):121-128.

李文铅,马华东,王冉,等.2008.东天山康古尔塔格蛇绿岩 SHRIMP 年龄、Nd-Sr 同位素特征及构造意义.岩石学报,24(4):773-780.

李祥辉,王成善,胡修棉.2001.西藏最新非碳酸盐海相沉积及其对新特提斯关闭的意义.地质学报,75(3):314-321.

李向民,董云鹏,徐学义,等.2002.中天山南缘乌瓦门地区发现蛇绿混杂岩.地质通报,21(6):304-307.

李兴振,潘桂棠.2002.青藏高原及其邻区大地构造单元初步划分方案.南京:世界华人地质科学研讨会.

李兴振,潘桂棠,罗建宁.1990.论三江地区冈瓦纳和劳亚大陆的分界//青藏高原地质文集(20)——"三江"论文专辑.北京:地质出版社.

李源,杨经绥,张健,等.2011.新疆东天山石炭纪火山岩及其构造意义.岩石学报,27(1):193-209.

李源,杨经绥,裴先治,等.2012.秦岭造山带早古生代蛇绿岩的多阶段演化:从岛弧到弧间盆地.岩石学报,28(6):1896-1914.

李正祥,Powell C M,方大钧,等.1996.华南中生代以来弯山构造的发育和地块相对旋转:地质和古地磁证据.科学通报,41(5):446-450.

梁定益,聂泽同,郭铁鹰,等.1983.西藏阿里喀喇昆仑南部的冈瓦纳-特提斯相石炭二叠系.地球科学(1):11-29.

林宜慧,张立飞.2012.北祁连山清水沟蓝片岩带中含硬柱石蓝片岩和榴辉岩的岩石学、^{40}Ar/^{39}Ar 年代学及其意义.地质学报,86(9):1503-1524.

刘本培,冯庆来,方念乔,等.1993.滇西南昌宁-孟连带和澜沧江带古特提斯多岛洋构造演化.地球科学,18(5):529-539.

刘本培,冯庆来,Chonglakmani C,等.2002.滇西古特提斯多岛洋的结构及其南北延伸.地学前缘,9(3):161-171.

刘斌,钱一雄.2003.东天山三条高压变质带地质特征和流体作用.岩石学报,19(2):283-296.

刘鸿飞,刘焰.2009.旁那石榴蓝闪片岩特征及其构造意义.岩石矿物学杂志,28:199-214.

刘鸿允.1950.中国寒武纪古地理及古地理图.地质论评,(Z2):119-133,247-249.

刘庆宏,肖志坚,曹圣华,等.2004.班公湖-怒江结合带西段多岛弧盆系时空结构初步分析.沉积与特提斯地质,24:15-21.

刘先文.1991.斯堪的那维亚和Sualbard地区加里东造山带中的地体及其增生历史评述.世界地质,(1):91-92.

刘永江,张兴洲,金巍,等.2010.东北地区晚古生代区域构造演化.中国地质,37(4):943-951.

刘增乾.1983.从地质新资料试论冈瓦纳北界及青藏高原地区特提斯的演变.青藏高原地质文集,(04):11-24.

刘增乾,徐宪,潘桂棠,等.1990.青藏高原大地构造与形成演化.北京:地质出版社.

刘战庆,裴先治,李瑞保,等.2011.东昆仑南缘阿尼玛卿构造带布青山地区两期蛇绿岩的LA-ICP-MS锆石U-Pb定年及其构造意义.地质学报,85(2):185-194.

柳长峰,杨师,武将伟,等.2010.内蒙古中部四子王旗地区晚二叠-早三叠世过铝花岗岩定年及成因.地质学报,84(7):1002-1016.

柳长峰,刘文灿,王慧平,等.2014.华北克拉通北缘白乃庙组变质火山岩锆石定年与岩石地球化学特征.地质学报,88(7):1273-1287.

龙灵利,高俊,熊贤明,等.2006.南天山库勒湖蛇绿岩地球化学特征及其年龄.岩石学报,22(1):65-73.

龙灵利,高俊,熊贤明,等.2007.新疆中天山南缘比开(地区)花岗岩地球化学特征及年代学研究.岩石学报,23:719-732.

龙晓平.2007.新疆阿尔泰古生代碎屑沉积岩的沉积时代、物质来源及其构造背景.广州:中国科学院广州地球化学研究所博士学位论文.

龙晓平,黄宗莹.2017.中亚造山带内微陆块的起源——以中国天山造山带研究为例.矿物岩石地球化学通报,36(5):771-785.

卢华复.1962.赣南崇余山区前泥盆纪地层中角度不整合的发现及其意义.南京大学学报(地质学版),(1):75-87.

卢良兆.1996.中国北方早前寒武纪孔兹岩系.长春:长春出版社.

鲁银涛,栾锡武.2008.重力模型探寻南海北部陆坡特提斯痕迹.海洋科学集刊,49(1):58-65.

鲁银涛.2008.南海北部陆坡-洋陆边界特提斯痕迹探讨.北京:中国科学院研究生院硕士学位论文.

陆松年,于海峰,李怀坤,等.2006."中央造山带(中-西部)"早古生代缝合带及构造分区概述//中国地质学会,国土资源部地质勘查司."十五"重要地质科技成果暨重大找矿成果交流会材料四——"十五"地质行业重要地质科技成果资料汇编.北京:中国地质学会.

陆松年.2001.从罗迪尼亚到冈瓦纳超大陆——对新元古代超大陆研究几个问题的思考.地学前缘,8(4):441-448.

陆松年.2003.秦岭中-新元古代地质演化及对Rodinia超级大陆事件的响应.北京:地质出版社.

陆松年.2004.初论"泛华夏造山作用"与加里东和泛非造山作用的对比.地质通报,23(增刊2):952-958.

陆松年,于海岭,李怀坤,等.2009.中央造山带(中-西部)前寒武系地质.北京:地质出版社.

马昌前,刘园园.2011.华南东南部大陆再造中的岩浆活动.广州:中国矿物岩石地球化学学会学术年会.

马中平,夏林圻,徐学义,等.2007.南天山库勒湖蛇绿岩锆石年龄及其地质意义.西北大学学报,37(1):107-110.

毛景文,杨建民,张招崇,等.1997.北祁连山西段前寒武纪地层单颗粒锆石测年及其地质意义.科学通报,42(13):1414.

孟繁聪,张建新,郭春满,等.2010.大岔大坂MOR型和SSZ型蛇绿岩对北祁连洋演化的制约.岩石矿物学杂志,29(5):453-466.

苗来成,刘敦一,张福勤,等.2007.大兴安岭韩家园子和新林地区兴华渡口群和扎兰屯群锆石SHRIMP U-Pb年龄.科学通报,52(5):591-601.

莫宣学,路凤香,沈上越,等.1993.三江特提斯火山作用与成矿.北京:地质出版社.

莫宣学,董国臣,赵志丹,等.2005.西藏冈底斯带花岗岩的时空分布特征及地壳生长演化信息.高校地质学报,11:281-290.

内蒙古自治区地质矿产局.1991.内蒙古自治区区域地质志.北京:地质出版社.

内蒙古自治区地质矿产局.1996.内蒙古自治区岩石地层.北京:中国地质大学出版社.

倪守斌,满发胜.1995.西天山琼阿乌孜超基性岩体的稀土元素和Sr,Nd同位素研究.岩石学报,11(1):65-70.

聂凤军.2002.北山地区金属矿床成矿规律及找矿方向.北京:地质出版社.

聂凤军,江思宏,白大明,等.2002.北山地区金属矿床成矿规律及找矿方向.北京:地质出版社:1-408.

潘桂棠.1994.全球洋陆转换中的特提斯演化.特提斯地质,18:23-40.

潘桂棠,陈智梁,李兴振,等.1997.东特提斯地质构造形成演化.北京:地质出版社.

潘桂棠,李兴振,王立全,等.2002.青藏高原及邻区大地构造单元初步划分.地质通报,21(11):701-707.

潘桂棠,朱弟成,王立全,等.2004.班公湖-怒江缝合带作为冈瓦纳古陆北界的地质地球物理证据.地学前缘,11:371-382.

潘桂棠,莫宣学,侯增谦,等.2006.冈底斯造山带的时空结构及演化.岩石学报,22:521-533.

潘桂棠,肖庆辉,陆松年,等.2009.中国大地构造单元划分.中国地质,36(1):1-28.

潘桂棠,王立全,李荣社,等.2012.多岛弧盆构造模式:认识大陆地质的关键.沉积与特提斯地质,32:

1-20.

潘桂棠,王立全,张万平,等.2013.青藏高原及邻区大地构造图及说明书(1:1500000).北京:地质出版社.

潘裕生,孔祥儒.1998.青藏高原岩行圈结构演化和动力学.广州:广东科技出版社,1-428.

潘裕生,方爱民.2010.中国青藏高原特提斯的形成与演化.地质科学,45(1):92-101.

潘裕生,周伟明,许荣华,等.1996.昆仑山早古生代地质特征与演化.中国科学(D辑:地球科学),26(4):302-307.

裴福萍,许文良,杨德彬,等.2006.松辽盆地基底变质岩中锆石U-Pb年代学及其地质意义.科学通报,51(24):2881-2887.

裴先治,丁仨平,张国伟,等.2007.西秦岭天水地区百花基性岩浆杂岩的LA-ICP-MS锆石U-Pb年龄及地球化学特征.中国科学(D辑:地球科学),s1:224-234.

裴先治,李勇,陆松年,等.2005.西秦岭天水地区关子镇中基性岩浆杂岩体锆石U-Pb年龄及其地质意义.地质通报,24(1):23-29.

彭向东,张梅生,米家榕.1998a.中国东北地区二叠纪生物混生机制讨论.辽宁地质,1:40-44.

彭向东,张梅生,张松梅,等.1998b.吉黑造山带二叠纪生物古地理区划及特征.长春科技大学学报,28(4):361-365.

彭向东,张梅生,李晓敏.1999.吉黑造山带古生代构造古地理演化.世界地质,(3):24-28.

彭玉鲸,齐成栋,周晓东,等.2012.吉黑复合造山带古亚洲洋向滨太平洋构造域转换:时间标志与全球构造的联系.地质与资源,21(3):261-265.

彭玉鲸.2000.吉林省石头口门硅岩之成因及构造环境.吉林地质,19(4):1-10.

彭玉鲸,赵成弼.2001.古吉黑造山带的演化与陆壳的增生.吉林地质,20(2):1-9.

彭智敏,耿全如,王立全,等.2014.青藏高原羌塘中部本松错花岗质片麻岩锆石U-Pb年龄、Hf同位素特征及地质意义.科学通报,59(26):2621-2629.

祁生胜,宋述光,史连昌,等.2014.东昆仑西段夏日哈木–苏海图早古生代榴辉岩的发现及意义.岩石学报,30(11):3345-3356.

强巴扎西,吴浩,格桑旺堆,等.2016.班公湖–怒江缝合带中段东巧地区早白垩世岩浆作用——对大洋演化和地壳增厚的指示.地质通报,35:648-666.

丘元禧,陈焕疆.1993.云开大山及其邻区地质构造论文集.北京:地质出版社.

曲晓明,王瑞江,辛洪波,等.2009.西藏西部与班公湖特提斯洋盆俯冲相关的火成岩年代学和地球化学.地球化学,38:523-535.

权京玉,迟效国,张蕊,等.2013.松嫩地块东部新元古代东风山群碎屑锆石LA-ICP-MS U-Pb年龄及其地质意义.地质通报,32(2-3):353-364.

任纪舜,王作勋,陈炳蔚.1999.从全球看中国大地构造:中国及邻区大地构造图简要说明.北京:地质出版社.

任收麦,黄宝春.2002.晚古生代以来古亚洲洋构造域主要块体运动学特征初探.地球物理学进展,17(1):113-120.

戎嘉余,李荣玉,尼·库尔科夫.1995.亚洲志留纪Llandovery世腕足类生物地理分析——兼对亲缘关系指数公式的推荐.古生物学报,4:428-453.

剡晓旭.2014.青海省玉石沟蛇绿岩套岩石学年代学特征及其构造意义.北京:中国地质大学(北京)硕士学位论文.

尚庆华,曹长群,金玉玕.2004.全球上二叠统的年代对比.地质学报,78(4):448-457.

邵济安,唐克东.1995.中国东北地体与东北亚大陆边缘演化.北京:地震出版社.

施光海,刘敦一,张福勤,等.2003.中国内蒙古锡林郭勒杂岩SHRIMP锆石U-Pb年代学及意义.中国科学院地质与地球物理研究所二〇〇三学术论文汇编·第五卷.

施光海,苗来成,张福勤,等.2004.内蒙古锡林浩特A型花岗岩的时代及区域构造意义.科学通报,(4):384-389.

施文翔,廖群安,胡远清等.2010.东天山地区中天山地块内中元古代花岗岩的特征及地质意义.地质科技情报,29:29-37.

史仁灯,杨经绥,吴才来,等.2004.北祁连玉石沟蛇绿岩形成于晚震旦世的SHRIMP年龄证据.地质学报,78(5):649-657.

舒良树,于津海,贾东,等.2008.华南东段早古生代造山带研究.地质通报,27(10):1581-1593.

司国辉,苏会平,杨光华,等.2014.北天山四棵树岩体地球化学特征及地质意义.新疆地质,(1):19-24.

宋述光,张立飞,Y Niu,等.2004.北祁连山榴辉岩锆石SHRIMP定年及其构造意义.科学通报,49(6):592-595.

宋述光,张聪,李献华,等.2011.柴北缘超高压带中锡铁山榴辉岩的变质时代.岩石学报,27(4):1191-1197.

宋述光,张贵宾,张聪,等.2013.大洋俯冲和大陆碰撞的动力学过程:北祁连-柴北缘高压-超高压变质带的岩石学制约.科学通报,58(23):2240-2245.

宋泰忠,赵海霞,张维宽,等.2010.祁漫塔格地区十字沟蛇绿岩地质特征.西北地质,43(4):124-133.

苏会平,司国辉,张超.2014.新疆北天山巴音沟南侧发育早泥盆纪蛇绿岩及其构造意义.陕西地质,32(1):33-38.

苏犁,宋述光,宋彪,等.2004.松树沟地区石榴辉石岩和富水杂岩SHRIMP锆石U-Pb年龄及其对秦岭造山带构造演化的制约.科学通报,49(12):1209-1211.

苏养正.2012.东北地区古生代地层间断.地质与资源,21(1):74-76.

孙德有,吴福元,张艳斌,等.2004.西拉木伦河-长春-延吉板块缝合带的最后闭合时间——来自吉林大玉山花岗岩体的证据.吉林大学学报,34(2):175-183.

孙德有,吴福元,高山,等.2005.吉林中部晚三叠世和早侏罗世两期铝质A型花岗岩的厘定及对吉黑东部构造格局的制约.地学前缘,12(2):263-275.

孙桂华,李锦轶,朱志新,等.2007.新疆东部哈尔里克山片麻状黑云母花岗岩锆石SHRIMP U-Pb定年及其地质意义.新疆地质,25:4-11.

孙雨.2010.东昆仑南缘布青山得力斯坦蛇绿岩地质特征、形成时代及构造环境研究.长安:长安大学硕士学位论文.

唐俊华,顾连兴,郑远川,等.2006.东天山卡拉塔格钠质火山岩岩石学、地球化学及成因.岩石学报,22:1150-1166.

唐克东,邵济安.1997.中亚褶皱区构造演化问题——俄罗斯学者近年研究成果评价.现代地质,(01):22-29.

唐克东,颜竹筠,张允平,等.1989.辽宁北部"辽河群"问题讨论//中国地质科学院沈阳地质矿产研究所文集.北京:中国地质学会,(19):1-24.

唐克东,王莹,何国琦,等.1995.中国东北及邻区大陆边缘构造.地质学报,1:16-30.

唐克东,邵济安,李永飞.2011.松嫩地块及其研究意义.地学前缘,18(3):57-65.

陶继雄,苏茂荣,宝音乌力吉,等.2004.内蒙古达尔罕茂明安联合旗满都拉地区索伦山蛇绿混杂岩的特征及构造意义.地质通报,23(12):1238-1242.

汪双双.2009.北祁连乌鞘岭蛇绿岩地球化学特征及其构造意义.兰州:兰州大学硕士学位论文.

汪新文,刘友元.1997.东北地区前中生代构造演化及其与晚中生代盆地发育的关系.现代地质,(4):434-443.

王宝瑜,李强,刘建兵.1997.新疆天山中段独库公路地质构造.新疆地质,15(2):134-154.

王保弟,王立全,潘桂棠,等.2013.昌宁-孟连结合带南汀河早古生代辉长岩锆石年代学及地质意义.科学通报,58(4):344-354.

王保弟,王立全,许继峰,等.2015.班公湖-怒江结合带洞错地区舍拉玛高压麻粒岩的发现及其地质意义.地质通报,34:1605-1616.

王秉璋,张智勇,张森琦.2000.东昆仑东端苦海-赛什塘地区晚古生代蛇绿岩的地质特征.地球科学,25(6):592-598.

王超,刘良,车自成,等.2007.西南天山阔克萨彦岭巴雷公镁铁质岩石的地球化学特征、LA-ICP-MS U-Pb年龄及其大地构造意义.地质论评,53(6):743-754.

王成文,金巍,张兴洲,等.2008.东北及邻区晚古生代大地构造属性新认识.地层学杂志,32(2):119-136.

王成文,孙跃武,李宁,等.2009.东北地区晚古生代地层分布规律.地层学杂志,33(1):56-61.

王德滋,周新民,孙幼祥.1982.华南前寒武纪幔源花岗岩类的基本特征.桂林冶金地质学院学报,(4):4-11.

王国强,李向民,徐学义,等.2013.甘蒙北山蛇绿岩年代学、地球化学研究及其构造意义//中国地质学会2013年学术年会论文摘要汇编——S11西北地区重要成矿带成矿规律与找矿突破分会场.昆明:中国地质学会.

王惠,高荣宽.1999.内蒙古达茂旗满都拉地区早二叠世生物地层划分对比再研究.内蒙古地质,2:18-27.

王惠,王玉净,陈志勇,等.2005.内蒙古巴彦敖包二叠纪放射虫化石的发现.地层学杂志,29(4):368-371.

王惠初,陆松年,莫宣学,等.2005.柴达木盆地北缘早古生代碰撞造山系统.地质通报,24(7):603-612.

王惠初,赵凤清,李惠民,等.2007.冀北闪长质岩石的锆石SHRIMP U-Pb年龄:晚古生代岩浆弧的地质记录.岩石学报,23(3):597-604.

王立全,潘桂棠,李才,等.2008.藏北羌塘中部果干加年山早古生代堆晶辉长岩的锆石SHRIMP U-Pb年龄——兼论原-古特提斯洋的演化.地质通报,27(12):2045-2056.

王立全,刘书生,张璋,等.2014.青藏高原羌塘中部本松错花岗质片麻岩锆石 U-Pb 年龄、Hf 同位素特征及地质意义.科学通报,59(26):2621-2629.

王清海,杨德彬,许文良.2011.华北陆块东南缘新元古代基性岩浆活动:徐淮地区辉绿岩床群岩石地球化学、年代学和 Hf 同位素证据.中国科学:地球科学,41(6):796-815.

王荃,刘雪亚,李锦铁.1991.中国华夏与安加拉古陆间的板块构造.北京:北京大学出版社.

王润三,王焰,李惠民,等.1998.南天山榆树沟高压麻粒岩地体锆石 U-Pb 定年及其地质意义.地球化学,(6):517-522.

王生云.2010.西藏羌塘中部果干加年山地区早二叠世蛇绿岩研究.长春:吉林大学硕士学位论文.

王鑫琳,张臣,刘树文,等.2007.河北康保地区花岗岩独居石电子探针定年.岩石学报,23(4):817-822.

王毅智,叶占福,李琳业,等.2010.青海南部杂多地区新建扎青组的地层层序及地质意义.西北地质,43(3):20-27.

王颖,张福勤,张大伟,等.2006.松辽盆地南部变闪长岩 SHRIMP 锆石 U-Pb 年龄及其地质意义.科学通报,51(15):1810-1816.

王玉净,樊志勇.1997.内蒙古西拉木伦河北部蛇绿岩带中二叠纪放射虫的发现及其地质意义.古生物学报,36(1):58-69.

王作勋,邬继易,吕喜朝,等.1990.天山旋回演化及成矿.北京:科学出版社.

文琼英,刘爱.1996.吉林省晚古生代造山带二叠纪移置地体及古地理原型.长春地质学院学报,(3):265-272.

吴福元,张兴洲,马志红,等.2003.吉林省中部红帘石硅质岩的特征及意义.地质通报,22(6):391-396.

吴富江,张芳荣.2003.华南陆块北缘东段武功山加里东期花岗岩特征及成因探讨.中国地质,30(2):166-172.

吴浩,李才,胡培远,等.2014.藏北班公湖–怒江缝合带早白垩世双峰式火山岩的确定及其地质意义.地质通报,11,1804-1814

吴浩若.2000.广西加里东运动构造古地理问题.古地理学报,2(1):70-76.

吴峻,兰朝利,李继亮,等.2002.阿尔金红柳沟蛇绿混杂岩中 MORB 与 OIB 组合的地球化学证据.岩石矿物学杂志,21(1):24-30.

吴彦旺,李才,董永胜,等.2009.藏北羌塘中部桃形湖早古生代蛇绿岩的岩石学特征.地质通报,28(9):1290-1296.

吴彦旺,李才,徐梦婧,等.2014.藏北羌塘中部果干加年山石炭纪蛇绿岩地球化学特征及 LA-ICP-MS 锆石 U-Pb 年龄.地质通报,(11):1682-1689.

武鹏,李向民,徐学义,等.2012.北祁连山扎麻什地区东沟蛇绿岩 LA-ICP-MS 锆石 U-Pb 测年及其地球化学特征.地质通报,31(6):896-906.

夏林圻,张国伟,夏祖春,等.2002a.天山古生代洋盆开启、闭合时限的岩石学约束——来自震旦纪、石炭纪火山岩的证据.地质通报,21(2):55-62.

夏林圻,夏祖春,徐学义,等.2002b.天山古生代洋陆转化特点的几点思考.西北地质,35(4):9-20.

夏小洪,宋述光.2010.北祁连山肃南九个泉蛇绿岩形成年龄和构造环境.科学通报,55(15):1465.

夏小洪,孙楠,宋述光,等.2012.北祁连西段熬油沟二只哈拉达坂蛇绿岩的形成环境和时代.北京大学学报,48(5):757-769.

相振群,陆松年,李怀坤,等.2007.北祁连西段熬油沟辉长岩的锆石SHRIMP U-Pb年龄及地质意义.地质通报,26(12):1686-1691.

肖序常,李廷栋.2000.青藏高原的构造演化与隆升机制.广州:广东科技出版社.

肖序常,汤耀庆,冯益民,等.1992.新疆北部及其邻区大地构造.北京:地质出版社.

肖序常,王军,苏犁,等.2003.再论西昆仑库地蛇绿岩及其构造意义.地质通报,22(10):745-750.

新疆维吾尔自治区地质矿产局.1993.新疆维吾尔自治区区域地质志.北京:地质出版社.

徐备,Charvet J,张福勤.2001.内蒙古北部苏尼特左旗蓝片岩岩石学和年代学研究.地质科学,36(4):424-434.

徐备,赵盼,鲍庆中,等.2014.兴蒙造山带前中生代构造单元划分初探.岩石学报,30(7):1841-1857.

徐先兵,张岳桥,舒良树,等.2009.闽西南玮埔岩体和赣南菖蒲混合岩锆石La-ICP-MS U-Pb年代学:对武夷山加里东运动时代的制约.地质论评,55(2):277-285.

徐学义,马中平,李向民,等.2003.西南天山吉根地区P-MORB残片的发现及其构造意义.岩石矿物学杂志,22(3):245-253.

徐学义,马中平,夏林圻,等.2005.北天山巴音沟蛇绿岩斜长花岗岩锆石SHRIMP测年及其意义.地质论评,51(5):523-527.

徐学义,夏林圻,马中平,等.2006.北天山巴音沟蛇绿岩斜长花岗岩SHRIMP锆石U-Pb年龄及蛇绿岩成因研究.岩石学报,22(1):83-94.

徐学义,何世平,王洪亮,等.2008.中国西北部地质概论:秦岭,祁连,天山地区.北京:科学出版社.

徐学义,王洪亮,马国林,等.2010.西天山那拉提地区古生代花岗岩的年代学和锆石Hf同位素研究.岩石矿物学杂志,29:691-706.

许靖华.1997.大灭绝:寻找一个消失的年代.上海:生活·读书·新知三联书店.

许靖华,崔可锐,施央申.1994.一种新型的大地构造相模式和弧后碰撞造山.南京大学学报,30(3):381-389.

许荣华,张玉泉,谢应雯,等.1994.西昆仑山北部早古生代构造——岩浆带的发现.地质科学,(4):313-328.

许王,董永胜,张修政,等.2014.藏北羌塘红脊山地区香桃湖变质堆晶辉长岩地球化学特征及其地质意义.地质通报,(11):1673-1681.

许文良,王枫,裴福萍,等.2013.中国东北中生代构造体制与区域成矿背景:来自中生代火山岩组合时空变化的制约.岩石学报,29(2):339-353.

许志琴,侯立玮,王宗秀.1992.中国松潘-甘孜造山带的造山过程.北京:地质出版社.

许志琴,杨经绥,吴才来,等.2003.柴达木北缘超高压变质带形成与折返的时限及机制.地质学报,77(2):163-176.

许志琴,杨经绥,李海兵,等.2007.造山的高原——青藏高原的地体拼合、碰撞造山及隆升机制.北京:地质出版社.

许志琴,李思田,张建新,等.2011.塔里木陆块与古亚洲/特提斯构造体系的对接.岩石学报,27(1):

1-22.

许志琴,杨经绥,李文昌,等.2013.青藏高原中的古特提斯体制与增生造山作用.岩石学报,29(6):1847-1860.

闫巧娟.2012.北祁连山西段熬油沟蛇绿岩地质特征及其研究进展.西北地质,45(s1):105-108.

闫全人,王宗起,刘树文,等.2005.西南三江特提斯洋扩张与晚古生代东冈瓦纳裂解:来自甘孜蛇绿岩辉长岩的SHRIMP年代学证据.科学通报,50(2):158-166.

杨宝忠,夏文臣,杨坤光.2006.吉林中部地区二叠纪岩相古地理及沉积构造背景.现代地质,20(1):61-68.

杨帆,邹国富,吴静,等.2011.中甸春都铜矿区岩体成岩时代及地质意义.大地构造与成矿学,35(2):307-314.

杨海波,高鹏,李兵,等.2005.新疆西天山达鲁巴依蛇绿岩地质特征.新疆地质,23(2):123-126.

杨杰,裴先治,李瑞保,等.2014.东昆仑南缘布青山地区哈尔郭勒玄武岩地球化学特征及其地质意义.中国地质,41(2):335-350.

杨经绥,许志琴,宋述光,等.2000.青海都兰榴辉岩的发现及对中国中央造山带内高压-超高压变质带研究的意义.地质学报,74(2):156-168.

杨经绥,王希斌,史仁灯,等.2004.青藏高原北部东昆仑南缘德尔尼蛇绿岩:一个被肢解了的古特提斯洋壳.中国地质,31(3):225-239.

杨经绥,许志琴,李海兵,等.2005.东昆仑阿尼玛卿地区古特提斯火山作用和板块构造体系.岩石矿物学杂志,24(5):369-380.

杨经绥,许志琴,耿全如,等.2006a.中国境内可能存在一条新的高压/超高压变质带-青藏高原拉萨地体中发现榴辉岩带.地质学报,80(12):1788-1792.

杨经绥,吴才来,陈松永,等.2006b.甘肃北山地区榴辉岩的变质年龄:来自锆石的U-Pb同位素定年证据.中国地质,33(2):317-325.

杨经绥,白文吉,方青松,等.2007.极地乌拉尔豆荚状铬铁矿中发现金刚石和一个异常矿物群.中国地质,34(5):951-952.

杨经绥,徐向珍,李天福,等.2011.新疆中天山南缘库米什地区蛇绿岩的锆石U-Pb同位素定年:早古生代洋盆的证据.岩石学报,27(1):77-95.

杨军录,冯益民,潘晓平.2001.武山蛇绿岩的特征、同位素年代及其地质意义.地质调查与研究,24(2):98-106.

杨森楠.1989.华南裂陷系的建造特征和构造演化.地球科学,(1):29-36.

杨树峰,贾承造,陈汉林,等.2002.特提斯构造带的演化和北缘盆地群形成及塔里木天然气勘探远景.科学通报,47:36-43.

杨天南,李锦轶,孙桂华,等.2006.中天山早泥盆世陆弧:来自花岗质糜棱岩地球化学及SHRIMP U-Pb定年的证据.岩石学报,22:41-48.

杨文敏.2008.对北祁连中段皇城一带蛇绿岩的初步认识.甘肃科技,24(8):42-43.

杨钊,董云鹏,柳小明,等.2006.西秦岭天水地区关子镇蛇绿岩锆石LA-ICP-MS U-Pb定年.地质通报,25(11):1321-1325.

尹赞勋,张守信,谢翠华.1978.论褶皱幕.北京:科学出版社.

于福生,李金宝,王涛.2006.东天山红柳河地区蛇绿岩U-Pb同位素年龄.地球学报,27(03):213-216.

于平,关晓坤,赵震宇,等.2012.俄罗斯贝加尔湖—日本仙台断面地震波速结构及其地质意义.地球物理学报,55(10):3277-3284.

袁桂邦,王惠初.2006.内蒙古武川西北部早二叠世岩浆活动及其构造意义.地质调查与研究,29(4):303-310.

曾建元,杨怀仁,杨宏仪,等.2007.北祁连东草河蛇绿岩:一个早古生代的洋壳残片.科学通报,52(7):825-835.

曾俊杰,郑有业,齐建宏,等.2008.内蒙古固阳地区埃达克质花岗岩的发现及其地质意义.地球科学,33(6):755-763.

翟庆国,李才.2007.藏北羌塘菊花山那底岗日组火山岩锆石SHRIMP定年及其意义.地质学报,81(6):795-800.

翟庆国,李才,黄小鹏.2006.西藏羌塘中部角木日地区二叠纪玄武岩的地球化学特征及其构造意义.地质通报,25(12):1419-1427.

翟庆国,李才,王军.2009.藏北羌塘中部戈木日榴辉岩的岩石学、矿物学及变质作用pTt轨迹.地质通报,28(9):1207-1220.

张爱梅,王岳军,范蔚茗,等.2010.闽西南清流地区加里东期花岗岩锆石U-Pb年代学及Hf同位素组成研究.大地构造与成矿学,34(3):408-418.

张传林,于海锋,沈家林,等.2004.西昆仑库地伟晶辉长岩和玄武岩锆石SHRIMP年龄:库地蛇绿岩的解体.地质论评,50(6):639-643.

张春艳,张兴洲,夏庆贺.2009.吉林中部硅质岩中锆石U-Pb年龄及其地质意义.现代地质,23(2):256-261.

张芳荣,舒良树,王德滋,等.2009.华南东段加里东期花岗岩类形成构造背景探讨.地学前缘,1:248-260.

张国伟,董云鹏,赖绍聪,等.2003.秦岭-大别造山带南缘勉略构造带与勉略缝合带.中国科学(D辑),35:1121-1135.

张国伟,张宗清,董云鹏.1995.秦岭造山带主要构造岩石地层单元的构造性质及其大地构造意义.岩石学报,11(2):101-114.

张洪瑞,侯增谦,杨志明.2010.特提斯成矿域主要金属矿床类型与成矿过程.矿床地质,29(1):113-132.

张建利,田小波,张洪双,等.2012.贝加尔裂谷区地壳上地幔复杂的各向异性及其动力学意义.地球物理学报,55(8):2523-2538.

张建新,许志琴,徐惠芬,等.1998.北祁连加里东期俯冲-增生楔结构及动力学.地质科学,(3):290-299.

张建新,张泽明,许志琴,等.1999.阿尔金构造带西段榴辉岩的Sm-Nd及U-Pb年龄——阿尔金构造带中加里东期山根存在的证据.科学通报,44(10):1109.

张建新,杨经绥,许志琴,等.2000.柴北缘榴辉岩的峰期和退变质年龄:来自U-Pb及Ar-Ar同位素测定的证据. 地球化学, 29(3):217-222.

张建新, 孟繁聪, 李金平, 等. 2009. 柴达木北缘榴辉岩中的柯石英及其意义. 科学通报, (5):618-623.

张开均, 唐显春. 2009. 青藏高原腹地榴辉岩研究进展及其地球动力学意义. 科学通报, 13:1804-1814.

张克信, 林启祥, 朱云海, 等. 2004. 东昆仑东段混杂岩建造时代厘定的古生物新证据及其大地构造意义. 中国科学:地球科学, 34(3):210-218.

张立飞. 1997. 新疆西准噶尔唐巴勒蓝片岩 $^{40}Ar/^{39}Ar$ 年龄及其地质意义. 科学通报, 42(20):2178-2181.

张丽, 刘永江, 李伟民, 等. 2013. 关于额尔古纳地块基底性质和东界的讨论. 地质科学, 48(1):227-244.

张梅生, 彭向东, 孙晓猛. 1998. 中国东北区古生代构造古地理格局. 国土资源, 2:91-96.

张鹏飞. 2009. 中扬子地区古生代构造古地理格局及其演化. 东营:中国石油大学(华东)博士学位论文.

张旗, Chen Y, 周德进, 等. 1998. 北祁连大岔大坂蛇绿岩的地球化学特征及其成因. 中国科学, 19(1):30-34.

张旗, 王岳明, 钱青, 等. 1997. 甘肃景泰县老虎山地区蛇绿岩及其上覆岩系中枕状熔岩的地球化学特征. 岩石学报, (1):92-99.

张旗, 周国庆, 王焰. 2003. 中国蛇绿岩的分布、时代及其形成环境. 岩石学报, 19(1):1-8.

张秋生. 1984. 中国早前寒武纪地质及成矿作用. 长春:吉林人民出版社.

张森琦, 王秉璋, 王瑾, 等. 2000. 西藏冈底斯B型山链南缘松多群的构成及其变质变形特征. 地球科学与环境学报, 22(3):5-10.

张拴宏, 赵越, 刘建民, 等. 2010. 华北地块北缘晚古生代—早中生代岩浆活动期次、特征及构造背景. 岩石矿物学杂志, 29(6):824-842.

张天羽, 李才, 苏犁, 等. 2014. 藏北羌塘中部日湾茶卡地区堆晶岩 LA-ICP-MS 锆石 U-Pb 年龄、地球化学特征及其构造意义. 地质通报, (11):1662-1672.

张维, 简平. 2012. 华北北缘固阳二叠纪闪长岩–石英闪长岩–英云闪长岩套 SHRIMP 年代学. 中国地质, 39(6):1593-1603.

张翔, 张本旗, 芦青山, 等. 2007. 北祁连直河蛇绿岩的地质和地球化学特征. 兰州大学学报, 43(3):8-12.

张兴洲, 周建波, 迟效国, 等. 2008. 东北地区晚古生代构造–沉积特征与油气资源. 吉林大学学报, 38(5):719-725.

张兴洲, 马玉霞, 迟效国, 等. 2012. 东北及内蒙古东部地区显生宙构造演化的有关问题. 吉林大学学报, 42(5):1269-1285.

张修政, 董永胜, 李才, 等. 2014. 羌塘中部晚三叠世岩浆活动的构造背景及成因机制——以红脊山地区香桃湖花岗岩为例. 岩石学报, 30(2):547-564.

张亚峰, 裴先治, 丁仨平, 等. 2010. 东昆仑都兰县可可沙地区加里东期石英闪长岩锆石 LA-ICP-MS U-Pb 年龄及其意义. 地质通报, 29(1):79-85.

张元元, 郭召杰. 2008. 甘新交界红柳河蛇绿岩形成和侵位年龄的准确限定及大地构造意义. 岩石学报, 24(04):793-802.

张招崇, 周美付, Paul T ROBINSON, 等. 2001. 北祁连山西段熬油沟蛇绿岩 SHRIMP 分析结果及其地质意义. 岩石学报,17(2):222-226.

张志,唐菊兴,姚晓峰,等. 2013. 西藏尕尔穷–嘎拉勒铜金矿集区中侏罗世晚期岛弧闪长岩的厘定及其构造意义. 矿物学报,(s2):872-873.

张宗清,刘敦一,付国民. 1994. 北秦岭变质地层同位素年代研究. 北京:地质出版社.

张作衡,毛景文,王志良,等. 2006. 新疆西天山达巴特铜矿床地质特征和成矿时代研究. 地质论评,52:683-689.

张作衡,王志良,王彦斌,等. 2007. 新疆西天山菁布拉克基性杂岩体闪长岩锆石SHRIMP定年及其地质意义. 矿床地质,26(4):4-11.

张作衡,王志良,左国朝,等. 2008. 西大山达巴特矿区火山岩的形成时代、构造背景及对斑岩型矿化的制约. 地质学报,82:1494-1503.

赵春荆,彭玉鲸,党增欣,等. 1996. 吉黑东部构造格架及地壳演化. 沈阳:辽宁大学出版社.

赵国春,孙敏,Wilde S A. 2002. 早–中元古代Columbia超级大陆研究进展. 科学通报,47(18):1361-1364.

赵娟,彭玉鲸,丁明广,等. 2012. 吉辽边界梅河口–开原地段晚海西—早印支期岩浆旋回及构造意义. 地质与资源,21(4):371-375.

赵庆英,刘正宏,吴新伟,等. 2007. 内蒙古大青山地区哈拉合少岩体特征及成因. 矿物岩石,27(1):46-51.

赵淑娟,李三忠,余珊,等. 2016. 东亚原特提斯洋(Ⅲ):北秦岭韧性剪切带构造特征. 岩石学报,32(9):2645-2655.

赵硕. 2017. 额尔古纳地块新元古代—早古生代构造演化及块体属性:碎屑锆石U-Pb年代学与火成岩组合记录. 长春:吉林大学博士学位论文.

赵霞. 2004. 北秦岭西段鹦鸽嘴蛇绿混杂岩地球化学特征及其构造意义. 西安:西北大学硕士学位论文.

赵越,陈斌,张拴宏,等. 2010. 华北克拉通北缘及邻区前燕山期主要地质事件. 中国地质,37(4):900-915.

郑健康. 1992. 东昆仑区域构造的发展演化. 青海国土经略,(1):15-25.

郑来林,耿全如,欧春生,等. 2003. 藏东南迦巴瓦地区雅鲁藏布江蛇绿混杂岩中玻安岩的地球化学特征和地质意义. 地质通报,22(11):908-911.

郑有业,许荣科,何来信,等. 2004. 西藏狮泉河蛇绿混杂岩带——一个新的多岛弧盆系统的厘定及意义. 沉积与特提斯地质,24:13-20.

钟大赉,丁林. 1993. 从三江及邻区特提斯带演化讨论冈瓦纳古陆离散与亚洲大陆增生. 国际地质对比计划IGCP321项目论文集. 北京:地震出版社.

周辉,李继亮,侯泉林,等. 1998. 西昆仑库地蛇绿混杂带中早古生代放射虫的发现及其意义. 科学通报,43(22):2448-2451.

周建波,曾维顺,曹嘉麟,等. 2012. 中国东北地区的构造格局与演化:从500Ma到180Ma. 吉林大学学报,42(5):1298-1316.

朱弟成,潘桂棠,莫宣学,等. 2006. 冈底斯中北部晚侏罗世—早白垩世地球动力学环境:火山岩约束. 岩石学报,22:534-546.

朱弟成,潘桂棠,王立全,等. 2008. 西藏冈底斯带中生代岩浆岩的时空分布和相关问题的讨论. 地质通报,27:1535-1536.

朱弟成,莫宣学,赵志丹,等. 2009. 西藏南部二叠纪和早白垩世构造岩浆作用与特提斯演化:新观点. 地学前缘,2:1-20.

朱清波,黄文成,孟庆秀,等. 2015. 华夏地块加里东期构造事件:两类花岗岩的锆石 U-Pb 年代学和 Lu-Hf 同位素制约. 中国地质,42(6):1715-1739.

朱日祥,杨振宇,马醒华,等. 1998. 中国主要地块显生宙古地磁视极移曲线与地块运动. 中国科学:地球科学,28(s1):1.

朱小辉,陈丹玲,刘良,等. 2014. 柴北缘绿梁山地区早古生代弧后盆地型蛇绿岩的年代学、地球化学及大地构造意义. 岩石学报,30(3):822-834.

朱永峰,张立飞,古丽冰,等. 2005. 西天山石炭纪火山岩 SHRIMP 年代学及其微量元素地球化学研究. 科学通报,18:1-11.

朱云海,林启祥,贾春兴,等. 2005. 东昆仑造山带早古生代火山岩锆石 SHRIMP 年龄及其地质意义. 中国科学,35(12):1112-1119.

朱志新,王克卓,徐达,等. 2006. 依连哈比尔朵山石炭纪侵入岩锆石 SHRIMP U-Pb 测年及其地质意义. 地质通报,25:986-991.

朱志新,董连慧,王克卓,等. 2013. 西天山造山带构造单元划分与构造背景. 地质通报,32:297-306.

左国朝,何国琦. 1990. 北山板块构造及成矿规律. 北京:北京大学出版社,1-209.

左国朝,刘义科,刘春燕. 2003. 甘新蒙北山地区构造格局及演化. 甘肃地质学报,12(01):1-15.

高俊,熊贤明,黄德志,等. 2004. Composition of hydrous fluids released by dehydration of oceanic island basalts during subduction: Constraints from the high-pressure veins in the western Tianshan, NW China. 全国岩石学与地球动力学研讨会.

Simon A Wilde,吴福元,张兴洲. 2001. 中国东北麻山杂岩晚泛非期变质的锆石 SHRIMP 年龄证据及全球大陆再造意义. 地球化学,30(1):35-50.

Wolftart Langer,刘亚民. 1992. 19 世纪德国学者对中国地质学的贡献. 河北地质学院学报,(5):541-545.

Armstrong R A, Compston W, Retief E A, et al. 1991. Zircon ion microprobe studies bearing on the age and evolution of the Witwatersrand triad. Precambrian Research,53(3-4):243-266.

Agard P, Om rani J, Jolivet L, et al. 2005. Convergence history across Zagros (Iran): Constraints from collisional and earlier deformation. International Journal of Earth Sciences, 94:401-419.

Aikman A B, Harrison T M, Lin D. 2008. Evidence for early (N44 Ma) Himalayan crustal thickening, Tethyan Himalaya, southeastern Tibet. Earth and Planetary Science Letters, 274:14-23.

Aitchison J C, Ali J R, Davis A M. 2007. When and where did India and Asia collide? Journal of Geophysical Research-Solid Earth,112:B05423.

Alexeiev D V, Ryazantsev A V, Kröner A, et al. 2011. Geochemical data and zircon ages for rocks in a high-pressure belt of Chu-Yili Mountains, southern Kazakhstan: Implications for the earliest stages of accretion in

Kazakhstan and the Tianshan. Journal of Asian Earth Sciences, 42(5):805-820.

Alexeiev D V, Biske Yu S, Wang B, et al. 2015. Tectono-stratigraphic framework and Palaeozoic evolution of the Chinese South Tianshan. Geotectonics, 49:93-122.

Allen M B, Windley B F, Zhang C. 1993. Paleozoic collisional tectonics and magmatism of the Chinese Tien Shan, Central Asia. Tectonophysics, 220:89-115.

Anderson D L. 1982. Hotspots, polar wander, Mesozoic convection and the geoid. Nature, 297(5865):391-393.

Anderson H E, Davis D W. 1995. U-Pb geochronology of the Moyie sills, Purcell Supergroup, southeastern British Columbia: Implications for the Mesoproterozoic geological history of the Purcell (Belt) basin. Canadian Journal of Earth Sciences, 32(32):1180-1193.

Andréasson P G. 1994. The Baltoscandian margin in neoproterozoic-early palaeozoic times. Some constraints on terrane derivation and accretion in the Arctic Scandinavian Caledonides. Tectonophysics, 231(1-3):1-32.

Anisimova I V, Kozakov I K, Yarmolyuk V V, et al. 2009. Age, sources, and geological position of another sites of Precambrian terranes of Central Asia: Example from the Khunzhilingol Massif, Mongolia. Doklady Earth Sciences, 428(1):1120-1125.

Ao S J, Xiao W J, Han C M, et al. 2012. Cambrian to early Silurian ophiolite and accretionary processes in the Beishan collage, NW China: Implications for the architecture of the Southern Altaids. Geological Magazine, 149(4):606-625.

Araújo M N C, Vasconcelos P M, Silva F C A D, et al. 2005. $^{40}Ar/^{39}Ar$ geochronology of gold mineralization in Brasiliano strike-slip shear zones in the Borborema province, NE Brazil. Journal of South American Earth Sciences, 19(4):445-460.

Armstrong R A, Compston W, Retief E A, et al. 1991. Zircon ion microprobe studies bearing on the age and evolution of the Witwatersrand triad. Precambrian Research, 53(3-4):243-266.

Artemieva I M, Meissner R. 2012. Crustal thickness controlled by plate tectonics: A review of crust-mantle interaction processes illustrated by European examples. Tectonophysics, 530-531(2):18-49.

Aspler L B, Chiarenzelli J R. 1998. Two Neoarchean supercontinents? Evidence from the Paleoproterozoic. Sedimentary Geology, 120(1-4):75-104.

Atherton M P, Ghani A A. 2002. Lab breakoff: A model for Caledonian, Late Granite syn-collisional magmatism in the orthotectonic (metamorphic) zone of Scotland and Donegal, Ireland. Lithos, 62(3):65-85.

Atwater T, Sclater J, Sandwell D, et al. 1993. Fracture zone traces across the north Pacific cretaceous quiet zone and their tectonic implications. Geophysical Monograph Series, 77:137-154.

Aubouin J, Debelmas J, Latreille M. 1980. Géologie des chaînes alpines issues de la Téthys: Geology of the Alpine chains born of the Tethys. Mémoires du Bureau de recherches géologiques et minières, 23(14):53-65.

Audley Charles M G, Hallam A. 1988. Introduction. Geological Society, London, Special Publications, 37(1):1-4.

Augland L E, Andresen A, Corfu F, et al. 2012. Late Ordovician to Silurian ensialic magmatism in Liverpool Land, East Greenland: New evidence extending the northeastern branch of the continental Laurentian magmatic arc. Geological Magazine, 149(4):561-577.

Babinski M, Chemale F, Hartmann L A, et al. 1996. Juvenile accretion at 700-750 Ma in Southern Brazil. Geology, 24:439-442

Badarch G, Cunningham W D, Windley B F. 2003. A new terrane subdivision for Mongolia:Implications for the Phanerozoic crustal growth of Central Asia. Journal of Asian Earth Sciences, 21(1):87-110.

Baksi A K, Farrar E. 1990. Evidence for errors in the geomagnetic polarity time-scale at 17-15 Ma: $^{40}Ar/^{39}Ar$ dating of basalts from the Pacific Northwest, USA. Geophysical Research Letters, 17(8):1117-1120.

Bally A, Palmer A. 1989. The Geology of North America:An overview. Colorado:Geological Society of America.

Belichenko V G, Geletii N K, Barash I G. 2006. Barguzin microcontinent (Baikal mountain area):The problem of outlining. Russian Geology & Geophysics, 47(10):1049-1059.

Bell R T, Jefferson C W. 1987. An hypothesis for an Australia-Canadian connection in the Late Proterozoic and the birth of the Pacific Ocean. Proc. Pacific Rim Congress, 87:39-50.

Berger J, Féménias O, Ohnenstetter D, et al. 2010. New occurrence of UHP eclogites in Limousin (French Massif Central):Age, tectonic setting and fluid-rock interactions. Lithos, 118(3):365-382.

Bernard-Griffiths J, Peucat J J, Ohta Y. 1993. Age and nature of protoliths in the Caledonian blueschist-eclogite complex of western Spitsbergen: A combined approach using U-Pb, Sm-Nd and REE whole-rock systems. Lithos, 30(1):81-90.

Berry R F, Jenner G A, Meffre S, et al. 2001. A North American provenance for Neoproterozoic to Cambrian sandstones in Tasmania? Earth and Planetary Science Letters, 192(2):207-222.

Berry R F, Holm O H, Steele D A. 2005. Chemical U-Th-Pb monazite dating and the Proterozoic history of King Island, southeast Australia. Journal of the Geological Society of Australia, 52(3):461-471.

Berthelsen A. 1998. The Tornquist Zone northwest of the Carpathians:An intraplate pseudosuture. Geologiska Fällreningen I Stockholm Fällrhandlingar, 120(2):223-230.

Betts P G, Giles D. 2006. The 1800-1100 Ma tectonic evolution of Australia. Precambrian esearch,144(1):92-125.

Bian W, Hornung J, Liu Z, et al. 2010. Sedimentary and palaeoenvironmental evolution of the Junggar Basin, Xinjiang, Northwest China. Palaeobiodiversity & Palaeoenvironments, 90(3):175-186.

Bingen B, Belousova E A, Griffin W L. 2011. Neoproterozoic recycling of the Sveconorwegian orogenic belt: Detrital-zircon data from the Sparagmite basins in the Scandinavian Caledonides. Precambrian Research, 189(3):347-367.

Biske Y S, Seltmann R. 2010. Paleozoic Tian-Shan as a transitional region between the Rheic and Urals-Turkestan oceans. Gondwana Research, 17(2):602-613.

Bleeker W. 2003. The late Archean record:a puzzle in ca. 35 pieces. Lithos,71(2-4): 99-134.

Blewett R S, Black L P, Sun S S, et al. 1998. U-Pb zircon and Sm-Nd geochronology of the Mesoproterozoic of North Queensland:Implications for a Rodinian connection with the Belt supergroup of North America. Precambrian Research, 89(3-4):101-127.

Bogdanova S V, Pisarevsky S A, Li Z X. 2009. Assembly and Breakup of Rodinia (Some results of IGCP project 440). Stratigraphy & Geological Correlation, 17(3):259-274.

Bond G C, Nickeson P A, Kominz M A. 1984. Breakup of a supercontinent between 625 Ma and 555 Ma: New evidence and implications for continental histories. Earth and Planetary Science Letters, 70(2): 325-345.

Borg S G, Depaolo D J. 1994. Laurentia, Australia, and Antarctica as a Late Proterozoic supercontinent: Constraints from isotopic mapping. Geology(United States), 22(4): 307-310.

Boucot A J, Chen Xu, Scotese C R. 2009. Global Paleoclimate Reconstruction in Phanerozoic. Beijing: Science Press.

Boucot A J, Scotese C R. 2012. Pangaean Assembly and Dispersal with Evidence from Global Climate Belts. Journal of Palaeo Geography, 1(1): 5-13.

Boundy T M, Mezger K, Essene E J. 1997. Temporal and tectonic evolution of the granulite-eclogite association from the Bergen Arcs, western Norway. Lithos, 39(3-4): 159-178.

Breivik A J, Mjelde R, Grogan P, et al. 2005. Caledonide development offshore-onshore Svalbard based on ocean bottom seismometer, conventional seismic, and potential field data. Tectonophysics, 401(1): 79-117.

Bretshtein Y S, Klimova A V. 2007. Paleomagnetic study of Late Proterozoic and Early Cambrian rocks in terranes of the Amur plate. Izvestiya Physics of the Solid Earth, 43: 890-903.

Brito Neves B B, Campos Neto M C, Fuck R A. 1999. From Rodinia to Western Gondwana: An approach to the Brasiliano-Pan African cycle and orogenic collage. Episodes, 22: 155-166.

Brookfield M E. 1993. Neoproterozoic Laurentia-Australia fit. Geology, 21(1993): 683-686.

Brown M. 2007. Metamorphism, Plate Tectonics, and the Supercontinent Cycle. Earth Science Frontiers, 14(7): 1-18.

Brown D, Spadea P. 1999. Processes of forearc and accretionary complex formation during arc-continent collision in the southern Ural Mountains. Geology, 27(7): 591-625.

Brueckner H K, Gilotti J A, Nutman A P. 1998. Caledonian eclogite-facies metamorphism of Early Proterozoic protoliths from the North-East Greenland Eclogite Province. Contributions to Mineralogy & Petrology, 130(2): 103-120.

Brueckner H K, Roermund H L M V. 2007. Concurrent HP metamorphism on both margins of Iapetus: Ordovician ages for eclogites and garnet peridotites from the Seve Nappe Complex, Swedish Caledonides. Journal of the Geological Society, 164(12): 117-128.

Bruguier O, Bosch D, Pidgeon R T, et al. 1999. U-Pb chronology of the Northampton Complex, Western Australia-evidence for Grenvillian sedimentation, metamorphism and deformation and geodynamic implications. Contributions to Mineralogy & Petrology, 136(3): 258-272.

Bruton D L, Harper D A T. 1981. Brachiopods and trilobites of the Early Ordovician serpentinite Otta Conglomerate, south central Norway. Norsk Geologisk Tidsskrift, 61(2): 3-18.

Buhre, Stephan, Barth, et al. 2013. Early Palaeozoic deep subduction of continental crust in the Kyrgyz, North Tianshan: Evidence from Lu-Hf garnet geochronology and petrology: of mafic dikes. Contributions to Mineralogy & Petrology, 166(2): 525-543.

Burrett C, Berry R. 2000. Proterozoic Australia Western United States (AUSWUS) fit between Laurentia and Australia. Geology, 28(2): 103-106.

Burrett C, Zaw K, Meffre S, et al. 2014. The configuration of Greater Gondwana-Evidence from LA ICPMS, U-

Pb geochronology of detrital zircons from the Palaeozoic and Mesozoic of Southeast Asia and China. Gondwana Research, 26(1):31-51.

Buslov M M, Watanabe T, Saphonova I Y, et al. 2002. A Vendian-Cambrian Island Arc System of the Siberian Continent in Gorny Altai (Russia, Central Asia). Gondwana Research, 5(4):781-800.

Buslov M M, Watanabe T, Fujiwara Y, et al. 2004. Late Paleozoic faults of the Altai region, Central Asia: Tectonic pattern and model of formation. Journal of Asian Earth Sciences, 23(5):655-671.

Cande S C, Patriat P, Dyment J. 2010. Motion between the Indian, Antarctic and African plates in the early Cenozoic. Geophysical Journal International, 183:127-149.

Candan O, Koralay O E, Topuz G, et al. 2016. Late Neoproterozoic gabbro emplacement followed by early Cambrian eclogite-facies metamorphism in the Menderes Massif (W. Turkey): Implications on the final assembly of Gondwana. Gondwana Research, 34:158-173.

Cao H, Wenliang X U, Pei F, et al. 2011. Permian Tectonic Evolution in Southwestern Khanka Massif: Evidence from Zircon U-Pb Chronology, Hf isotope and Geochemistry of Gabbro and Diorite. Acta Geologica Sinica(English Edition), 85(6):1390-1402.

Cao M J, Qin K Z, Li G M, et al. 2016. Tectono-magmatic evolution of Late Jurassic to Early Cretaceous granitoids in the west central Lhasa subterrane, Tibet. Gondwana Research, 39:386-400.

Carey S W. 1955. The Orocline Concept in Geotectonics PART I. Papers & Proceedings of the Royal Society of Tasmania, 89:255-288.

Casado B O, Gebauer D, Schäfer H J, et al. 2001. A single Devonian event for the HP/HT metamorphism of the Cabo Ortegal complex within the Iberian Massif. Tectonophysics, 332(3):359-385.

Cawood P A, Pisarevsky S A. 2006. Was Baltica right-way-up or upside-down in the Neoproterozoic? Journal of the Geological Society, 163(163):753-759.

Cawood P A, Buchan C. 2007. Linking accretionary origenesis with supercontinent assembly. Buchan: Earth Science Reviews, 82(3):217-256.

Cawood P A, Kröner A, Collins W J, et al. 2009. Accretionary orogens through Earth history. Earth Accretionary Systems in Space and Time. Geological Society of London Special Publications,318(1):1-36.

Chang C F, Shackleton R M, Dewey J F. 1989a. The Geological Evolution of Tibet (Royal Society Discussion Volumes). Cambridge:Cambridge University Press:1-413.

Chang C F, Pan Y S, Sun Y Y. 1989b. The tectonic evolution of Qinghai-Tibet Plateau: A review. NATO ASISeries. SeriesC, Mathematical and Physical Sciences,259:415-476.

Charvet J, Shu L S, Laurent Charvet S, et al. 2011. Paleozoic tectonic evolution of the Tianshan belt, NW China. Science in China Series D:Earth Sciences, 54:166-184.

Chatterjee S, Goswami A, Scotese C R. 2013. The longest voyage: Tectonic, magmatic, and paleoclimatic evolution of the Indian plate during its northward flight from Gondwana to Asia. Gondwana Research, 23: 238-267.

Chen B, Jahn B M, Tian W. 2009. Evolution of the Solonker suture zone:Constraints from zircon U-Pb ages, Hf isotopic ratios and whole-rock Nd-Sr isotope compositions of subduction and collision-related magmas and forearc sediments. Journal of Asian Earth Sciences, 34(3):245-257.

Chen B, Long X P, Yuan C, et al. 2015. Geochronology and geochemistry of Late Ordovician-Early Devonian gneissic granites in the Kumishi area, northern margin of the South Tianshan Belt: Constraints on subduction process of the South Tianshan Ocean. Journal of Asian Earth Science, 113: 293-309.

Chen D, Sun Y, Liu L. 2007. The Metamorphic Ages of the Country Rocks of the Yukahe Eclogites in the Northern Margin of Qaidam Basin and Its Geological Significance. Earth Science Frontiers, 14(1): 108-116.

Chen M, Sun M, Cai K, et al. 2014. Geochemical study of the Cambrian-Ordovician meta-sedimentary rocks from the northern Altai-Mongolian terrane, northwestern Central Asian Orogenic Belt: Implications on the provenance and tectonic setting. Journal of Asian Earth Sciences, 96: 69-83.

Chen S Y, Yang J S, Li Y, et al. 2009. Ultramafic blocks in Sumdo region, Lhasa block, Eastern Tibet Plateau: An ophiolite unit. Journal of Earth Science, 20(2): 332-347.

Chen W, Yang T, Zhang S, et al. 2012. Paleomagnetic results from the Early Cretaceous Zenong Group volcanic rocks, Cuoqin, Tibet, and their paleogeographic implications. Gondwana Research, 22: 461-469.

Chen Y J, Zhao Y C. 1997. Geochemical characteristics and evolution of REE in the Early Precambrian sediments: Evidences from the southern margin of the North China craton. Episodes, 20(2): 109-116.

Cheney E S. 1996. Sequence stratigraphy and plate tectonic significance of the Transvaal succession of southern Africa and its equivalent in Western Australia. Precambrian Research, 79(1-2): 3-24.

Chu Y, Lin W, Faure M, et al. 2012. Phanerozoic tectonothermal events of the Xuefengshan Belt, central South China: Implications from U-Pb age and Lu-Hf determinations of granites. Lithos, 150(10): 243-255.

Chumakov N M, Pokrovskii B G, Melezhik V A. 2007. Geological history of the Late Precambrian Patom Supergroup (Central Siberia). Doklady Earth Sciences, 413(2): 343-346.

Cocks L R M, Torsvik T H. 2011. The Palaeozoic Geography of Laurentia and Western Laurussia: A Stable Craton with Mobile Margins. Earth-Science Reviews, 106(1-2): 1-51.

Coffin M F, Eldholm O. 1994. Large igneous provinces: Crustal structure, dimensions, and external consequences. Reviews of Geophysics, 32(1): 1-36.

Coleman R G. 1994. Terranes (units) in the western half of the geodynamic map, in Stanford-China Geosciences Industrial Affiliates Program. Annual Reviews.

Collins A S, Clark C, Plavsa D. 2014. Peninsular India in Gondwana: The Tectonothermal Evolution of the Southern Granulite Terrain and Its Gondwanan Counterparts. Gondwana Research, 25(1): 190-203.

Collins W J. 2003. Slab pull, mantle convection, and Pangaean assembly and dispersal. Earth and Planetary Science Letters, 205(3): 225-237.

Collinson J W, Isbell J L, Elliot D H, et al. 1994. Permian-Triassic Transantarctic basin//Veevers J J, Powell C McA. Permian-Triassic Basins and Foldbelts Along the Panthalassan Margin of Gondwanaland. Geological Society of America Memoir, 184: 173-222.

Conaghan P J, Shaw S E, Veevers J J. 1994. Sedimentary evidence of the Permian/Triassic global crisis induced by the siberian hotspot. Cspg Special Publications.

Condie K C, Rosen O M. 1994. Laurentia-Siberia connection revisited. Geology, 22(2): 168-170.

Condie K C. 1998. Episodic continental growth and supercontinents: A mantle avalanche connection? Earth and Planetary Science Letters, 163(1-4): 97-108.

Condie K C. 2000. Episodic continental growth models: Afterthoughts and extensions. Tectonophysics, 322(1): 153-162.

Condie K C. 2002. Breakup of a Paleoproterozoic Supercontinent. Gondwana Research, 5(1):41-43.

Condie K C. 2011. Earth as an Evolving Planetary System (Second Edition). New York: Acadmic Press the Netherland.

Cooray H. 1994. Dentistry in Sri Lanka. Fdi World, 3(4):18.

Coward M P, Kidd W S F, Pan Y, et al. 1988. The structure of the 1985 Tibet geotraverse, Lhasa to Golmud. Philosophical Transactions of the Royal Society of London A: Mathematical. Physical and Engineering Sciences, 327:307-333.

Crowell J C. 1999. Pre-Mesozoic ice ages: Their bearing on understanding the climate system. Geological Society of America Memoir, 192:106.

Cui Z L, Sun Y, Wang X R. 1995. Discovery of radiolarias from the Danfeng ophiolite zone, North Qinling, and their geologic significance. Chinese Science Bulletin, 40(18):1686-1688.

Da Silva L C, Mcnaughton N J, Armstrong R, et al. 2005. The neoproterozoic Mantiqueira Province and its African connections: A zircon-based U-Pb geochronologic subdivision for the Brasiliano/Pan-African systems of orogens. Precambrian Research, 136(3):203-240.

Dallmeyer R D, Gee D G. 1986. $^{40}Ar/^{39}Ar$ mineral dates from retrogressed eclogites within the Baltoscandian miogeocline: Implications for a polyphase Caledonian orogenic evolution. Geological Society of America Bulletin, 97(1):26.

Dallmeyer R D, Reuter A. 1989. $^{40}Ar^{39}Ar$ whole-rock dating and the age of cleavage in the Finnmark autochthon, northernmost Scandinavian caledonides. Lithos, 22(3):213-222.

Dallmeyer R D, Lecorche J P. 1990. $^{40}Ar/^{39}Ar$ polyorogenic mineral age record within the southern Mauritanide Orogen (M'Bout-Bakel region), West Africa. Geological Society of America Bulletin, 290(10):1136-1168.

Dalziel I W D. 1991. Pacific margins of Laurentia and East Antarctica-Australia as a conjugate rift pair: Evidence and implications for an Eocambrian supercontinent. Geology, 19(6):598.

Dalziel I W D, Soper N J. 2001. Neoproterozoic Extension on the Scottish Promontory of Laurentia: Paleogeographic and Tectonic Implications. Journal of Geology, 109(3):299-317.

Dalziel I W D, Mosher S, Gahagan L M. 2000. Laurentia-Kalahari Collision and the Assembly of Rodinia. Journal of Geology, 108(5):499-513.

Dalziel I W D. 1997. OVERVIEW: Neoproterozoic-Paleozoic geography and tectonics: Review, hypothesis, environmental speculation. Geological Society of America Bulletin, 109(1):16-42.

De Boisgrollier T, Petit C, Fournier M, et al. 2009. Palaeozoic orogeneses around the Siberian craton: Structure and evolution of the Patom belt and foredeep. Tectonics, 28(1):227-231.

Degtyarev K E, Shatagin K N, Kotov A B, et al. 2008. Late Precambrian volcano plutonic association of the Aktau-Dzhungar massif, Central Kazakhstan: Structural position and age. Doklady Earth Sciences, 421(2): 879-883.

Degtyarev K E, Ryazantsev A V, Tretyakov A A, et al. 2013. Neoproterozoic-Early Paleozoic tectonic evolution of the western part of the Kyrgyz Ridge (Northern Tian Shan) caledonides. Geotectonics, 47(6):377-417.

Degtyarev K E, Yakubchuk A, Tretyakov A A, et al. 2017. Precambrian geology of the Kazakh Uplands and Tien Shan: An overview. Gondwana Research, 47:44-75.

De Kock M O, Evans D A D, Kirschvink J L, et al. 2009. Paleomagnetism of a Neoarchean- Paleoproterozoic carbonate ramp and carbonate platform succession (Transvaal Supergroup) from surface outcrop and drill core, Griqualand West region, South Africa. Precambrian Research, 169(1):80-99.

Demonterova E I, Ivanov A V, Reznitskii L Z, et al. 2011. Formation history of the Tuva-Mongolian Massif (Western Hubsugul region, North Mongolia) based on U-Pb dating of detrital zircons from sandstone of the Darkhat group by the LA-ICP-MS method. Doklady Earth Sciences, 441(1):1498-1501.

Deng S H, Wan C B, Yang J G. 2009. Discovery of a Late Permian Angara-Cathaysia mixed flora from Acheng of Heilongjiang, China, with discussions on the closure of the Paleoasian Ocean. Science in China, 52(11):1746-1755.

Deng W M. 1996. Ophiolites in geological evolution of the Karakorum and Kunlun Mountains//Pan Y S. Geological Evolution of the Karakorum and Kunlun Mountains. Beijing: Seismological Press:51-93.

Dewey J F, Burke K C A. 1973. Tibetan, Variscan, and Precambrian Basement Reactivation: Products of Continental Collision. Journal of Geology, 81(6):683-692.

Dewey J F, Cande S, Pitman W C. 1989. Tectonic evolution of the India-Eurasia collision zone. Eclogae Geol. Helv., 82: 717-734.

Dilek Y, Furnes H. 2011. Ophiolite genesis and global tectonics: Geochemical and tectonic fingerprinting of ancient oceanic lithosphere. GSA Bulletin, 123(3-4):387-411.

Dilek Y, Furnes H. 2014. Ophiolites and their origins. Elements, 10(2):93-100.

Dingle R V, Siesser W G, Newton A R. 1983. Mesozoic and Tertiary geology of Southern Africa. Rotterdam:375.

Direen N G, Crawford A J. 2015. The Tasman Line: Where is it, what is it, and is it Australia's Rodinian breakup boundary? Journal of the Geological Society of Australia, 50(4):491-502.

Dobretsov N L. 1987. Blueschist belts in Asia and possible periodicity of blueschist facies metamorphism. Ofioliti, 12(3):445-456.

Dobretsov N L, Shatsky V S. 2004. Exhumation of high-pressure rocks of the Kokchetav massif: Facts and models. Lithos, 78(3):307-318.

Dobretsov N L, Konnikov E G, Dobretsov N N. 1992. Precambrian ophiolite belts of southern Siberia, Russia, and their metallogeny. Precambrian Research, 58(1-4):427-446.

Dobretsov N L, Buslov M M, Vernikovsky V A. 2003. Neoproterozoic to Early Ordovician Evolution of the Paleo-Asian Ocean: Implications to the Break-up of Rodinia. Gondwana Research, 6(2):143-159.

Dobretsov N L, Buslov M M, Yu U. 2004. Fragments of oceanic islands in accretion-collision areas of Gorny Altai and Salair, southern Siberia, Russia: Early stages of continental crustal growth of the Siberian continent in Vendian-Early Cambrian time. Vikas Publishing House Pvt Ltd:673-690.

Domeier M. 2018. Early Paleozoic tectonics of Asia: Towards a full-plate model. Geoscience Frontiers, 9(3):789-862.

Domeier M, Torsvik T. 2014. Plate tectonics in the late Paleozoic. Geoscience Frontiers, 5(3):303-350.

Domeier M, Shephard G E, Jakob J, et al. 2017. Intraoceanic subduction spanned the Pacific in the Late

Cretaceous-Paleocene. Science Advances, 3(11):doi:10.1126/sciadv.aao2303.

Dong Y, Zhang G, Hauzenberger C, et al. 2011. Palaeozoic tectonics and evolutionary history of the Qinling orogen:Evidence from geochemistry and geochronology of ophiolite and related volcanic rocks. Lithos, 122(1-2):39-56.

Donskaya T V, Gladkochub D P, Fedorovsky V S, et al. 2013. Synmetamorphic granitoids (~490 Ma) as accretion indicators in the evolution of the Ol'khon terrane (western Cisbaikalia). Russian Geology & Geophysics, 54(10):1205-1218.

Donskaya T V, Sklyarov E V, Gladkochub D P, et al. 2001. Early Paleozoic Collisional Events Along Southern Margin of the Siberian Craton (Northern Segment of the Central Asian Foldbelt). Gondwana Research, 4(4): 610-611.

Du J X, Zhang L F, Shen X J, et al. 2014. A new P-T-t, path of eclogites from Chinese southwestern Tianshan:Constraints from P-T, pseudosections and Sm-Nd isochron dating. Lithos, 200-201(1):258-272.

Eide E A, Lardeaux J M. 2002. A relict blueschist in meta-ophiolite from the central Norwegian Caledonides-discovery and consequences. Lithos, 60(1):1-19.

Eisbacher G H. 1985. Late proterozoic rifting, glacial sedimentation, and sedimentary cycles in the light of windermere deposition, Western Canada. Palaeogeography Palaeoclimatology Palaeoecology, 51(1):231-254.

Eizenhöfer P R, Zhao G C. 2017. Solonker Suture in East Asia and its bearing on the final closure of the eastern segment of the Palaeo-Asian Ocean. Earth-Science Reviews, DOI:10.1016/j.earscirev.2017.09.010.

Encarnación J, Fleming T H, Elliot D H, et al. 1996. Synchronous emplacement of Ferrar and Karoo dolerites and the early breakup of Gondwana. Geology, 24(6):535-538.

Engebretson D C, Cox A, Gordon R G. 1985. Relative Motions between Oceanic and Continental Plates in the Pacific Basin. Geological Society of America,206:1-60.

Ernst R E, Buchan K L, Hamilton M A, et al. 2000. Integrated paleomagnetism and U-Pb geochronology of mafic dikes of the Eastern Anabar Shield Region Siberia:Implications for mesoproterozoic paleolatitude of Siberia and comparison with Laurentia. Geological Journal, 108:381-401.

Ernst R E, Wingate M T D, Buchan K L, et al. 2008. Global record of 1600-700 Ma Large Igneous Provinces (LIPs):Implications for the reconstruction of the proposed Nuna (Columbia) and Rodinia supercontinents. Precambrian Research, 160(1):159-178.

Ernst R, Bleeker W. 2010. Large igneous provinces (LIPs),giant dyke swarms,and mantle plumes: significance for breakup events within Canada and adjacent regions from 2.5 Ga to the Present. canadian journal of earth sciences,47: 695-739.

Evans D A D. 2000. Stratigraphic, geochronological, and paleomagnetic constraints upon the Neoproterozoic climatic paradox. American Journal of Science, 300(5):347-433.

Evans D A D. 2003. True polar wander and supercontinents. Tectonophysics, 362(1):303-320.

Fairchild T R, Schopf J W, Shen Miller J, et al. 1996. Recent discoveries of Proterozoic microfossils in south-central Brazil. Precambrian Research, 80:125-152.

Fan J J, Li C, Xie C M, et al. 2014. Petrology, geochemistry and geochronology of the Zhonggang ocean island, northern Tibet:Implications for the evolution of the Banggongco-Nujiang oceanic arm of the Neo-Tethys. International Geology Review, 56:1504-1520.

Fan J J, Li C, Liu Y M, et al. 2015. Age and nature of the late Early Cretaceous Zhaga Formation, northern Tibet:Constraints on when the Bangong-Nujiang Neo-Tethys Ocean closed. International Geology Review, 57: 342-353

Fanning C M, Link P K. 2004. U-Pb SHRIMP ages of Neoproterozoic (Sturtian) glaciogenic Pocatello Formation, southeastern Idaho. Geology, 32(10):881-884.

Faure G, Mensing T M. 2004. Isotopes: Principles and Applications. New Jersey:John Wiley and Sons,0-928

Fischer A G. 1984. The two Phanerozoic supercycles//Berggren W A, Van Couvering J A. Catastrophes and Earth History. Princeton:Princeton University Press, 129-150.

Fitzsimons I C W. 2003. Proterozoic Basement Provinces of Southern and Southwestern Australia, and Their Correlation with Antarctica. Geological Society, London, Special Publications, 206(1):93-130.

Foden J, Visonà D, Fioretti A M, et al. 2005. Grenville-age magmatism at the South Tasman Rise (Australia): A new piercing point for the reconstruction of Rodinia. Geology, 33(10):769-772.

Frimmel H E, Zartman R E, Späth A. 2001. The Richtersveld Igneous Complex, South Africa:U-Pb Zircon and Geochemical Evidence for the Beginning of Neoproterozoic Continental Breakup. Journal of Geology, 109(4): 493-528.

Fritz H, Abdelsalam M, Ali K A, et al. 2013. Orogen Styles in the East African Orogen:A Review of the Neoproterozoic to Cambrian Tectonic Evolution. Journal of African Earth Sciences, 86(4):65-106.

Frost B R, Avchenko O V, Chamberlain K R, et al. 1998. Evidence for extensive Proterozoic remobilization of the Aldan shield and implications for Proterozoic plate tectonic reconstructions of Siberia and Laurentia. Precambrian Research, 89:1-23.

Gansser A. 1964. The Geology of the Himalayas. Geographical Journal,104(1):86-91.

Gao J, Wang X S, Klemd R N, et al. 2015. Record of assembly and breakup of Rodinia in the Southwestern Altaids:Evidence from Neoproterozoic magmatism in the Chinese Western Tianshan Orogen. Journal of Asian Earth Sciences, 113:173-193.

Gao J, Zhang L F, Liu S W. 2000. The ^{40}Ar/^{39}Ar age record of formation and uplift of the blueschists and eclogites in the western Tianshan Mountains. Science Bulletin, 45(11):1047-1052.

Gebauer D, Schäfer H J. 1951. A single Devonian event for the HP/HT metamorphism of the Cabo Ortegal complex within the Iberian Massif. Tectonophysics, 332(3):359-385.

Geraldes M C, Schmus W R V, Condie K C, et al. 2001. Proterozoic geologic evolution of the SW part of the Amazonian Craton in Mato Grosso state, Brazil. Precambrian Research, 111(1):91-128.

Giacomini F, Bomparola R M, Ghezzo C. 2005. Petrology and geochronology of metabasites with eclogite facies relics from NE Sardinia:Constraints for the Palaeozoic evolution of Southern Europe. Lithos, 82(1):221-248.

Gibbons A, Zahirovic S, Müller R, et al. 2015. A tectonic model reconciling evidence for the collisions between India, Eurasia and intra-oceanic arcs of the central-eastern Tethys. Gondwana Research, 28:451-92.

Girardeau J, Marcoux J, AllÈ C J, et al. 1984. Tectonic environment and geodynamic significance of the Neo-Cimmerian Donqiao ophiolite, Bangong-Nujiang suture zone, Tibet. Nature, 307:27-31.

Gladkochub D P, Donskaya T V. 2009. Overview of Geology and Tectonic Evolution of the Baikal-Tuva

Area. Prog Mol Subcell Biol, 47:3-26.

Gladkochub D P, Pisarevsky S A, Donskaya T, et al. 2006. The Siberian craton and its evolution in terms of Rodinia hypothesis. Episodes, 29:169-174.

Gladkochub D P, Donskaya T V, Mazukabzov A M, et al. 2007. Signature of Precambrian extension events in the southern Siberian craton. Russian Geology and Geophysics, 48(1):17-31.

Gladkochub D P, Donskaya T V, Wingate M T D, et al. 2008. Petrology, geochronology, and tectonic implications of c. 500 Ma metamorphic and igneous rocks along the northern margin of the Central Asian Orogen (Olkhon terrane, Lake Baikal, Siberia). Journal of the Geological Society, 165(9):235-246.

Gladkochub D P, Donskaya T V, Fedorovsky V S, et al. 2010. The Olkhon metamorphic terrane in the Baikal region: An Early Paleozoic collage of Neoproterozoic active margin fragments. Russian Geology & Geophysics, 51(5):447-460.

Glennie K W. 2000. Cretaceous tectonic evolution of Arabia's eastern plate margin: A tale of two oceans. Middle East Models of Jurassic/Cretaceous Carbonate Systems. SEPM (Society for Sedimentary Geology) Special Publication, 69:9-20.

Glodny J, Ring U, Kühn A, et al. 2005. Crystallization and very rapid exhumation of the youngest Alpine eclogites (Tauern Window, Eastern Alps) from Rb/Sr mineral assemblage analysis. Contributions to Mineralogy & Petrology, 149(6):699-712.

Glorie S, Grave J D, Buslov M M, et al. 2010. Multi-method chronometric constraints on the evolution of the Northern Kyrgyz Tien Shan granitoids (Central Asian Orogenic Belt): From emplacement to exhumation. Journal of Asian Earth Sciences, 38(3):131-146.

Glorie S, Grave J D, Buslov M M, et al. 2011. Tectonic history of the Kyrgyz South Tien Shan (Atbashi-Inylchek) suture zone: The role of inherited structures during deformation-propagation. Tectonics, 30(6):1-23.

Glorie S, Zhimulev F I, Buslov M M, et al. 2015. Formation of the Kokchetav subduction-collision zone (northern Kazakhstan): Insights from zircon U-Pb and Lu-Hf isotope systematics. Gondwana Research, 27(1):424-438.

Godard G, Mabit J L. 1998. Peraluminous sapphirine formed during retrogression of a kyanite-bearing eclogite from Pays de Léon, Armorican Massif, France. Lithos, 43(1):15-29.

Goodge J W, Myrow P, Williams I S, et al. 2002. Age and Provenance of the Beardmore Group, Antarctica: Constraints on Rodinia Supercontinent Breakup. Journal of Geology, 110(4):393-406.

Gordienko I V, Kovach V P, Gorokhovsky D V, et al. 2006. Composition, U-Pb age, and geodynamic setting of island-arc gabbroids and granitoids of the Dzhida zone. Geologiya I Geofizika, 47(8):956-962.

Gordienko I V, Filimonov A V, Minina O R, et al. 2007. Dzhida island-arc system in the Paleoasian Ocean: Structure and main stages of Vendian-Paleozoic geodynamic evolution. Russian Geology & Geophysics, 48(1):91-106.

Gordienko I V, Bulgatov A N, Lastochkin N I, et al. 2009. Composition and U-Pb isotopic age determinations (SHRIMP II) of the ophiolitic assemblage from the Shaman paleospreading zone and the conditions of its formation (North Transbaikalia). Doklady Earth Sciences, 429(2):1420-1425.

Gordienko I V, Bulgatov A N, Ruzhentsev S V, et al. 2010. The Late Riphean-Paleozoic history of the Uda-Vitim island arc system in the Transbaikalian sector of the Paleoasian ocean. Russian Geology & Geophysics, 51(5):461-481.

Gordienko I V, Medvedev A Y, Gornova M A, et al. 2012. The Haraa Gol terrane in the western Hentiyn Mountains (northern Mongolia): Geochemistry, geochronology, and geodynamics. Russian Geology & Geophysics, 53(3):281-292.

Gower C F, Ryan A B, Rivers T. 1990. Mid-Proterozoic Laurentai-Baltic:An overview of its geological evolution and summary of the contributions by this volume. In:Gower C F , Rivers T , Ryan B(eds.). Mid-Proterozoic Laurentia-Baltica. Spec. Pap. Geol. Assoc. Can. 38:1-20.

Grave J D, Glorie S, Zhimulev F I, et al. 2011. Emplacement and exhumation of the Kuznetsk-Alatau basement (Siberia):Implications for the tectonic evolution of the Central Asian Orogenic Belt and sediment supply to the Kuznetsk, Minusa and West Siberian Basins. Terra Nova, 23(4):248-256.

Greentree M R, Li Z X, Li X H, et al. 2006. Late Mesoproterozoic to earliest Neoproterozoic basin record of the Sibao orogenesis in western South China and relationship to the assembly of Rodinia. Precambrian Research, 151(1):79-100.

Grenne T, Ihlen P M, Vokes F M. 1999. Scandinavian Caledonide Metallogeny in a plate tectonic perspective. Mineralium Deposita, 34(5-6):422-471.

Grunow A, Hanson R, Wilson T. 1996. Were aspects of Pan-African deformation linked to Iapetus opening? Geology, 24(12):1063-1066.

Guan H, Sun M, Wilde S A, et al. 2002. SHRIMP U-Pb zircon geochronology of the Fuping Complex: Implications for formation and assembly of the North China Craton. Precambrian Research, 113:1-18.

Guo L, Shi Y, Lu H, et al. 1989. The pre-Devonian tectonic patterns and evolution of South China. Journal of Southeast Asian Earth Sciences, 3(1):87-93.

Guo Q, Xiao W, Windley B F, et al. 2012. Provenance and tectonic settings of Permian turbidites from the Beishan Mountains, NW China:Implications for the Late Paleozoic accretionary tectonics of the southern Altaids. Journal of Asian Earth Sciences, 49(3):54-68.

Gurnis M. 1988. Large-scale mantle convection and the aggregation and dispersal of supercontinents. Nature,332 (6166): 695-699.

Gutiérrez Alonso G, Johnston S T, Weil A B, et al. 2012. Buckling an orogen:The Cantabrian Orocline. Gsa Today, 22(7):4-9.

Guynn J H, Kapp P, Pullen A, et al. 2006. Tibetan basement rocks near Amdo reveal "missing" Mesozoic tectonism along the Bangong suture, central Tibet. Geology, 34:505-508.

Hacker B R, Gans P B. 2005. Continental collisions and the creation of ultrahigh-pressure terranes:Petrology and thermochronology of nappes in the central Scandinavian Caledonides. Geological Society of America Bulletin, 117(1):117-134.

Haile N S. 1978. Reconnaissancepalaeomangetic results from Sulawesi,Indonesia,and their bearing on palaeogeographic reconstructions . Tectonophysics,419(6): 77-85.

Hall R. 2012. Late Jurassic-Cenozoic reconstructions of the Indonesian region and the Indian Ocean. Tectonophysics, 570-571: 1-41.

Hall R, Ali J R, Anderson C D. 1995. Cenozoic motion of the Philippine Sea Plate: palaeomagnetic evidence from eastern Indonesia. Tectonics, 14: 1117-1132.

Hallam A. 1992. Phanerozoic Sea-Level Changes. New York: Columbia University Press.

Han B F, Guo Z J, Zhang Z C, et al. 2010. Age, geochemistry, and tectonic implications of a late Paleozoic stitching pluton in the North Tian Shan suture zone, western China. Geological Society of America Bulletin, 122(3): 627-640.

Hannes K, Bruecknera J A, Gilottia A P. 1998. Caledonian eclogite-facies metamorphism of Early Proterozoic protoliths from the North-East Greenland Eclogite Province. Contributions to Mineralogy & Petrology, 130 (2): 103-120.

Harlan S S, Geissman J W, Premo W R. 2003a. Paleomagnetism and geochronology of an Early Proterozoic quartz diorite in the southern Rind River Range, Wyoming, USA. Tectonophysics, 362(1): 105-122.

Harlan S S, Heaman L, Lecheminant A N, et al. 2003b. Gunbarrel mafic magmatic event: A key 780 Ma time marker for Rodinia plate reconstructions. Geology, 31(12): 1053.

Harrison T M, Chen W J, Leloup P H, et al. 1992. An early Miocene transition in deformation regime within he Red River fault zone, Yunnan, and its significance for Indo-Asian tectonics. Journal of Geophysical Research: Solid Earth (1978-2012), 97(B5): 7159-7182.

Hatcher R D. 1972. Developmental Model for the Southern Appalachians. Geological Society of America Bulletin, 83(9): 2735-2760.

He J, Zhu W, Zheng B, et al. 2015. Neoproterozoic diamictite-bearing sedimentary rocks in the northern Yili Block and their constraints on the Precambrian evolution of microcontinents in the Western Central Asian Orogenic Belt. Tectonophysics, 665: 23-36.

He Z Y, Zhang Z M, Zong K Q, et al. 2014. Zircon U-Pb and Hf isotopic studies of the Xingxingxia Complex from Eastern Tianshan (NW China): Significance to the reconstruction and tectonics of the southern Central Asian Orogenic Belt. Lithos, 190-191: 485-499.

He Z Y, Klemd R, Zhang Z M, et al. 2015. Mesoproterozoic continental arc magmatism and crustal growth in the eastern Central Tianshan Arc Terrane of the southern Central Asian Orogenic Belt: Geochronological and geochemical evidence. Lithos, 236-237: 74-89.

Heaman L M, Lecheminant A N, Rainbird R H. 1992. Nature and timing of Franklin igneous events, Canada: Implications for a Late Proterozoic mantle plume and the break-up of Laurentia. Earth and Planetary Science Letters, 109(1-2): 117-131.

Hegner E, Klemd R, Corsini M, et al. 2010. Mineral ages and p-t conditions of late paleozoic high-pressure eclogite and provenance of mé lange sediments from atbashi in the south tianshan orogen of kyrgyzstan. American Journal of Science, 310(9): 916-950.

Heine C, Müller R. 2005. Late Jurassic rifting along the Australian North West Shelf: margin geometry and spreading ridge configuration. Australian Journal of Earth Sciences, 52 (1): 27-39.

Heine C, Müller R D, Gaina C. 2004. Reconstructing the lost Eastern Tethys Ocean Basin: Constraints for the convergence history of the SE Asian margin and marine gateways//Clift P, Hayes D, Kuhnt W, et al. Continent-Ocean Interactions in Southeast Asia, Volume 1149: Geophys. Monogr. Ser. Washington: American Geophysical Union.

Hibbard J P, Stoddard E F, Secor D T, et al. 2002. The Carolina Zone: Overview of Neoproterozoic to Early Paleozoic Peri-Gondwanan Terranes Along the Eastern Flank of the Southern Appalachians. Earth-Science Reviews, 57(3):299-339.

Hill, Archibald A. 1958. Introduction to Linguistic Structures: From sound to sentence in english. Harcourt: Brace and Company.

Hoffman P F. 1989. Speculations on laurentia's first gigayear (2.0 to 1.0Ga). Geology, 17(2):135-138.

Hoffman P F. 1991. Did the breakout of laurentia turn gondwanaland inside-out? Science, 252(5011): 1409-1412.

Hoffman P F, Kaufman A J, Halverson G P. 1998a. Comings and goings of global glaciations in a Neoproterozoic tropical platform in Namibia. GSA Today, 8(5):1-9.

Hoffman P F, Kaufman A J, Halverson G P, et al. 1998b. A Neoproterozoic snowball Earth. Science, 281: 1342-1346.

Hollis S P, Cooper M R, Roberts S, et al. 2013. Stratigraphic, geochemical and U-Pb zircon constraints from Slieve Gallion, Northern Ireland: A correlation of the Irish Caledonian arcs. Journal of Geological Society, 170(5):737-752.

Holm D K, Holst T B, Ellis M. 1988. Oblique subduction, footwall deformation, and imbrication: A model for the Penokean orogeny in east-central Minnesota. Geological Society of America Bulletin, 100(11): 1811-1818.

Holmes A. 1928. The problem of geological time. Third part: The convergence of evidence. Scientia, 22(43):7.

Holzer L, Frei R, Jr J M B, et al. 1998. Unraveling the record of successive high grade events in the Central Zone of the Limpopo Belt using Pb single phase dating of metamorphic minerals. Precambrian Research, 87(1):87-115.

Hong D, Zhang J, Wang T, et al. 2004. Continental crustal growth and the supercontinental cycle: Evidence from the Central Asian Orogenic Belt. Journal of Asian Earth Sciences, 23(5):799-813.

Hou T, Zhang ZC, Santosh M, et al. 2014. Geochronology and geochemistry of submarine volcanic rocks in the Yamansu iron deposit, Eastern Tianshan Mountains, NW China: Constraints on the metallogenesis. Ore Geology Reviews, 56:487-502.

Hsu K J, Wang Q, Li J, et al. 1991. Geologic evolution of theNeimonides: A working hypothesis. Eclogae Geologicae Helvetiae,84: 1-35.

Hu A Q, Jahn B M, Zhang G X, et al. 2000. Crustal evolution and Phanerozoic crustal growth in northern Xinjiang:Nd isotopic evidence. Part I. Isotopic characterization of basement rocks. Tectonophysics, 328(1-2):15-51.

Huang B T, He Z Y, Zhang Z M, et al. 2015. Early Neoproterozoic granitic gneisses in the Chinese Eastern Tianshan:Petrogenesis and tectonic implications. Journal of Asian Earth Sciences, 113:339-352.

Huang B T, He Z, Zong K, et al. 2014. Zircon U-Pb and Hf isotopic study of Neoproterozoic granitic gneisses from the Alatage area, Xinjiang:Constraints on the Precambrian crustal evolution in the Central Tianshan

Block. Science Bulletin, 59(1):100-112.

Huang H, Zhang Z, Kusky T, et al. 2012. Geochronology and geochemistry of the Chuanwulu complex in the South Tianshan, western Xinjiang, NW China: Implications for petrogenesis and Phanerozoic continental growth. Lithos, 140-141:66-85.

Huang Z Y, Long X P, Kroner A, et al. 2013. Geochemistry, zircon U-Pb ages and Lu-Hf isotopes of early Paleozoic plutons in the northwestern Chinese Tianshan: Petrogenesis and geological implications. Lithos, 182-183:48-66.

Huang Z Y, Long X P, Kroner A, et al. 2015. Neoproterozoic granitic gneisses in the Chinese Central Tianshan Block: Implications for tectonic affinity and Precambrian crustal evolution. Precambrian Research, 269: 73-89.

Humler E, Besse J. 2002. A correlation between mid-ocean-ridge basalt chemistry and distance to continents. Nature, 419(6907):607-609.

Hébert R, Bezard R, Guilmette C, et al. 2012. The Indus-Yarlung Zangbo ophiolites from Nanga Parbat to Namche Barwa syntaxes, southern Tibet: First synthesis of petrology, geochemistry, and geochronology with incidences on geodynamic reconstructions of Neo-Tethys. Gondwana Research, 22:377-397.

Ibanez-Mejia M, Ruiz J, Valencia V A, et al. 2011. The PutumayoOrogen of Amazonia and its implications for Rodinia reconstructions: New U-Pb geochronological insights into the Proterozoic tectonic evolution of northwestern South America. Precambrian Research, 191(1):58-77.

Ivanov A V, Mazukabzov A M, Stanevich A M, et al. 2013. Testing the snowball Earth hypothesis for the Ediacaran. Geology, 41(7):787-790.

Ivanov A V, Demonterova E I, Gladkochub D P, et al. 2014. The Tuva-Mongolia Massif and the Siberian Craton- are they the same? A comment on Age and provenance of the Ergunahe Group and the Wubinaobao Formation, northeastern Inner Mongolia, NE China: Implications for tectonic setting of the Erguna Massif. International Geology Review, 56(8):954-958.

Jacobs J, Bauer W, Fanning C M. 2003a. Late Neoproterozoic/Early Palaeozoic Events in Central Dronning Maud Land and Significance for the Southern Extension of the East African Orogen into East Antarctica. Precambrian Research, 126(1):27-53.

Jacobs J, Fanning C M, Bauer W. 2003b. Timing of Grenville-age vs. Pan-African medium-to high grade metamorphism in western Dronning Maud Land (East Antarctica) and significance for correlations in Rodinia and Gondwana. Precambrian Research, 125(1):1-20.

Jacobs J, Pisarevsky S, Thomas R J, et al. 2008. The Kalahari Craton during the assembly and dispersal of Rodinia. Precambrian Research, 160(1):142-158.

Jahn B M, Windley B, Natal'In B, et al. 2004. Phanerozoic continental growth in Central Asia. Journal of Asian Earth Sciences, 23(5):599-603.

Jahn B M, Wu F, Capdevila R, et al. 2001. Highly evolved juvenile granites with tetrad REE patterns: The Woduhe and Baerzhe granites from the Great Xing'an Mountains in NE China. Lithos, 59(4):171-198.

Jahn B M, Wu F, Chen B. 2000. Granitoids of the Central Asian Orogenic Belt and continental growth in the Phanerozoic. Trans R Soc Edinburgh Earth Sci. Earth & Environmental Science Transactions of the Royal

Society of Edinburgh, 91(1):181-193.

Janák M, Roermund H V, Majka J, et al. 2013. UHP metamorphism recorded by kyanite-bearing eclogite in the Seve Nappe Complex of northern Jämtland, Swedish Caledonides. Gondwana Research, 23(3):865-879.

Jefferson C W, Parrish R R. 1989. Late Proterozoic stratigraphy, U-Pb zircon ages, and rift tectonics, M. Canadian Journal of Earth Sciences, 26(26):1784-1801.

Jia D C, Hu R Z, Lu Y, et al. 2004. Collision belt between the Khanka block and the North China block in the Yanbian Region, Northeast China. Journal of Asian Earth Sciences, 23:211-219.

Jian P, Liu D, Kröner A, et al. 2008. Time scale of an early to mid-Paleozoic orogenic cycle of the long-lived Central Asian Orogenic Belt, Inner Mongolia of China: Implications for continental growth. Lithos, 101(3): 233-259.

Jian P, Liu D Y, Kröner A, et al. 2009a. Devonian to Permian plate tectonic cycle of the Paleo-Tethys Orogen in southwest China (I): Geochemistry of ophiolites, arc/back-arc assemblages and within-plate igneous rocks. 113(3):748-766.

Jian P, Liu D Y, Kröner A, et al. 2009b. Devonian to Permian plate tectonic cycle of the Paleo-Tethys Orogen in southwest China (II): Insights from zircon ages of ophiolites, arc/back-arc assemblages and within-plate igneous rocks and generation of the Emeishan CFB province. Lithos, 113(3):767-784.

Jian P, Liu D, Kröner A, et al. 2010. Evolution of a Permian intraoceanic arc-trench system in the Solonker suture zone, Central Asian Orogenic Belt, China and Mongolia. Lithos, 118(1):169-190.

Jian P, Kröner A, Windley B F, et al. 2012. Carboniferous and Cretaceous mafic-ultramafic massifs in Inner Mongolia (China): A SHRIMP zircon and geochemical study of the previously presumed integral "Hegenshan ophiolite". Lithos, 142-143:48-66.

Johansson Å. 2009. Baltica, Amazonia and the SAMBA connection-1000 million years of neighbourhood during the Proterozoic? Precambrian Research, 175(1):221-234.

Johansson Å, Gee D G, Larionov A N, et al. 2010. Grenvillian and Caledonian evolution of eastern Svalbard-a tale of two orogenies. Terra Nova, 17(4):317-325.

Johnson S P, Rivers T, Waele B D. 2005. A review of the Mesoproterozoic to early Palaeozoic magmatic and tectonothermal history of south-central Africa: Implications for Rodinia and Gondwana. Journal of the Geological Society, 162(3):433-450.

Johnston S M, Hartz E H, Brueckner H K, et al. 2010. U-Pb zircon geochronology and tectonostratigraphy of southern Liverpool Land, East Greenland: Implications for deformation in the overriding plates of continental collisions. Earth and Planetary Science Letters, 297:512-524.

Juhlin C, Friberg M, Echtler H P, et al. 1998. Crustal structure of the Middle Urals: Results from the (ESRU) Europrobe seismic reflection profiling in the Urals experiments. Tectonics, 17(5):710-725.

Kalsbeek F, Jepsen H F, Nutman A P. 2001. From source migmatites to plutons: Tracking the origin of ca. 435 Ma S-type granites in the East Greenland Caledonian orogen. Lithos, 57(1):1-21.

Kapp P, Manning C E, Harrison T M, et al. 2003. Tectonic evolution of the early Mesozoic blueschist-bearing Qiangtang metamorphic belt, central Tibet. Tectonics, 22:1-17.

Kapp P, Yin A, Harrison T M, et al. 2005. Cretaceous-Tertiary shortening, basin development, and volcanism in central Tibet. Geological Society of America Bulletin, 117:865-878.

Karlstrom K E, Harlan S S, Williams M L, et al. 1999. Refining Rodinia:Geologic evidence for the Australia-western US connection in the Proterozoic. GSA Today, 9 (10):1-7.

Karlstrom K E, Bowring S A, Dehler C M B, et al. 2000. Chuar Group of the Grand Canyon:Record of breakup of Rodinia, associated change in the global carbon cycle, and ecosystem expansion by 740 Ma. Geology, 28 (7):619.

Keller G R, Hatcher Robert D. 1999. Some comparisons of the structure and evolution of the southern Appalachian-Ouachita orogen and portions of the Trans-European Suture Zone region. Tectonophysics, 314(1-3):43-68.

Kellett D A, Cottle J M, Smit M. 2014. Eocene deep crust at Ama Drime, Tibet: Early evolution of the Himalayan orogen. Lithosphere, 6:220-229.

Keppie J D, Nance R D, Murphy J B, et al. 2010. The high-pressure Iberian-Czech belt in the Variscan orogen:Extrusion into the upper (Gondwanan) plate? Gondwana Research, 17(2):306-316.

Khain E V, Bibikova E V, Kröner A, et al. 2002. The most ancient ophiolite of the Central Asian fold belt:U-Pb and Pb-Pb zircon ages for the Dunzhugur Complex, Eastern Sayan, Siberia, and geodynamic implications. Earth and Planetary Science Letters, 199(3):311-325.

Khain E V, Bibikova E V, Salnikova E B, et al. 2003. The Palaeo-Asian ocean in the Neoproterozoic and early Palaeozoic:New geochronologic data and palaeotectonic reconstructions. Precambrian Research, 122(1):329-358.

Khain V E, Gusev G S, Khain E V, et al. 1997. Circum-Siberian Neoproterozoic ophiolite belt. Ofioliti, 22 (2):195-200.

King P B. 1975. The Ouachita and Appalachian Orogenic Belts. In: The Gulf of Mexico and the Caribbean. Springer US,201-241.

Kirschvink J L. 1992. Late Proterozoic Low-Latitude Global Glaciation:The Snowball Earth//Schopf J W, Klein C. The Proterozoic Biosphere. Cambridge Cambridge University Press;51-52.

Kiselev A I, Popov A M. 1992. Asthenospheric diapir beneath the Baikal rift: Petrological constraints. Tectonophysics, 208(1-3):287-295.

Klemd R, Hegner E, Bergmann H, et al. 2014. Eclogitization of transient crust of the Aktyuz Complex during Late Palaeozoic plate collisions in the Northern Tianshan of Kyrgyzstan. Gondwana Research, 26(3-4):925-941.

Klemd R, Gao J, Li J L, et al. 2015. Metamorphic evolution of (ultra)-high-pressure subduction-related transient crust in the South Tianshan Orogen (Central Asian Orogenic Belt):Geodynamic implications. Gondwana Research, 28:1-25.

Klemme H D, Ulmishek G F. 1991. Effective petroleum source rocks of the world :Stratigraphic distribution and controlling depositional factors. Aapg Bulletin, 75(12):1809-1851.

Kośmińska K, Majka J, Mazur S, et al. 2015. Blueschist facies metamorphism in Nordenskiöld Land of west-central Svalbard. Terra Nova, 26(5):377-386.

Konopelko D, Biske G, Seltmann R, et al. 2007. Hercynian post-collisional A-type granites of the Kokshaal

Range, Southern Tien Shan, Kyrgyzstan. Lithos, 97:140-160.

Konopelko D, Biske G, Seltmann R, et al. 2008. Deciphering Caledonian events: Timing and geochemistry of the Caledonian magmatic arc in the Kyrgyz Tien Shan. Journal of Asian Earth Sciences, 32(2-4):131-141.

Konopelko D, Kullerud K, Apayarov F, et al. 2012. SHRIMP zircon chronology of HP-UHP rocks of the Makbal metamorphic complex in the Northern Tien Shan, Kyrgyzstan. Gondwana Research, 22(1):300-309.

Konopelko D, Seltmann R, Apayarov F, et al. 2013. U-Pb-Hf zircon study of two mylonitic granite complexes in the Talas-Fergana fault zone, Kyrgyzstan, and Ar-Ar age of deformations along the fault. Journal of Asian Earth Sciences, 73(8):334-346.

Kovach V P, Matukov D I, Berezhnaya N G, et al. 2004. SHRIMP zircon age of the Gargan block tonalities-find of early Precambrian basement of the Tuvino-Mongolian microcontinent, Central Asia Mobile Belt. The 32th International geological Congress, Florence.

Kovach V P, Salnikova E, Wang K L, et al. 2013. Zircon ages and Hf isotopic constraints on sources of clastic metasediments of the Slyudyansky high-grade complex, southeastern Siberia: Implication for continental growth and evolution of the Central Asian Orogenic Belt. Journal of Asian Earth Sciences, 62(5):18-36.

Kovach V P, Degtyarev K, Tretyakov A, et al. 2017. Sources and provenance of the Neoproterozoic placer deposits of the Northern Kazakhstan: Implication for continental growth of the western Central Asian Orogenic Belt. Gondwana Research, 47:28-43.

Kozakov I K. 1993. The Early Precambrian of the Central Asia Fold Belt. Nauka, St. Petersburg, 272 (in Russian).

Kozakov I K, Kotov A B, Nikova E B S, et al. 1999. Metamorphic Age of Crystalline Complexes of the Tuva-Mongolia Massif: The U-Pb Geochronology of Granitoids. Petrology, 1999, 7(2):177-191.

Kröner A, Jaeckel P, Brandl G, et al. 1999. Single zircon ages for granitoid gneisses in the Central Zone of the Limpopo Belt, Southern Africa and geodynamic significance. Precambrian Research, 93(4):299-337.

Kröner A, Windley B F, Badarch G, et al. 2007. Accretionary growth and crust-formation in the Central Asian Orogenic Belt and comparison with the Arbian-Nubian shield. Memoir of the Geological Society of America, 200(5):181-209.

Kröner A, Alexeiev D V, Hegner E, et al. 2012. Zircon and muscovite ages, geochemistry and Nd-Hf isotopes for the Aktyuzmetamorphic terrane: Evidence for an Early Ordovician collision belt in the northern Tianshan of Kyrgyzstan. Gondwana Research, 21:901-927.

Kröner A, Alexeiev D V, Rojas-Agramonte Y, et al. 2013. Mesoproterozoic (Grenville-age) terranes in the Kyrgyz North Tianshan: Zircon ages and Nd-Hf isotopic constraints on the origin and evolution of basement blocks in the southern Central Asian Orogen. Gondwana Research, 23(1):272-295.

Kröner A, Kovach V, Belousova E, et al. 2014. Reassessment of continental growth during the accretionary history of the Central Asian Orogenic Belt. Gondwana Research, 25(1):103-125.

Kröner A, Fedotova A A, Khain E V, et al. 2015. Neoproterozoic ophiolite and related high-grade rocks of the Baikal-Muya belt, Siberia: Geochronology and geodynamic implications. Journal of Asian Earth Sciences, 111:138-160.

Kumar G, Shanker R, Mathur V K, et al. 2000. Maldeota section, mussoorie syncline, krol belt, lesser

Himalaya, India: A candidate for global stratotype section and point for terminal proterozoic system. Terminal Proterozoic System 13th Circular, February 2000. Terminal Proteroxoic Sub-Commission, IUGS, Kingston, Ont:9-19.

Kuzmichev A B, Zhuravlev D Z. 1999. Pre-Vendian age of the Oka Group, eastern Sayan: Evidence from Sm-Nd dating of sills. Doklady Earth Sciences, 365(1): 173-177.

Kuzmichev A B, Larionov A N. 2013. Neoproterozoic island arcs in East Sayan: Duration of magmatism (from, U-Pb zircon dating of volcanic clastics). Russian Geology & Geophysics, 54(1): 34-43.

Kuzmichev A B, Bibikova E V, Zhuravlev D Z. 2001. Neoproterozoic (~800 Ma) orogeny in the Tuva-Mongolia Massif (Siberia): Island arc-continent collision at the northeast Rodinia margin. Precambrian Research, 110: 109-126.

Kuzmichev A B, Kröner A, Hegner E, et al. 2005. The Shishkhid ophiolite, northern Mongolia: A key to the reconstruction of a Neoproterozoic island-arc system in central Asia. Precambrian Research, 138(1-2): 125-150.

Kylander Clark A R C, Hacker B R, Johnson C M, et al. 2009. Slow subduction of a thick ultrahigh-pressure terrane. Tectonics, 28(2): TC2003.

Labrousse L, Elvevold S, Lepvrier C, et al. 2008. Structural analysis of high-pressure metamorphic rocks of Svalbard: Reconstructing the early stages of the Caledonian orogeny. Tectonics, 27(5): TC5003.

Larson R L. 1997. Superplumes and ridge interactions between Ontong Java and Manihiki plateaus and the Nova-Canton trough. Geology, 25: 779-782.

Larson R L, Chase C G. 1972. Late Mesozoic evolution of the Western Pacific. Geological Society of America Bulletin, 83: 3627-3644.

Le Pichon X, Fournier M, Jolivet L. 1992. Kinematics, topography, shortening, and extrusion in the India-Eurasia collision zone. Tectonics, 11: 1085-1098.

Lee T Y, Lawver L A. 1995. Cenozoic plate reconstruction of Southeast Asia. Tectonophysics, 251: 85-138.

Lei R X, Wu C Z, Chi G X, et al. 2013. The Neoproterozoic Hongliujing A-type granite in Central Tianshan (NW China): LA-ICP-MS zircon U-Pb geochronology, geochemistry, Nd-Hf isotope and tectonic significance. Journal of Asian Earth Sciences, 74: 142-154.

Lepvrier C, Maluski H, Vuong N V, et al. 1997. Indosinian NW-trending shear zones within the Truong Son belt (Vietnam) ^{40}Ar-^{39}Ar Triassic ages and Cretaceous to Cenozoic overprints. Tectonophysics, 283(1): 105-127.

Lepvrier C, Maluski H. 2008. The Triassic Indosinian orogeny in East Asia-Foreword. Comptes Rendus Geoscience, 340(2-3): 75-82.

Lesne O, Calais E, Deverchère J. 1998. Finite element modelling of crustal deformation in the Baikal rift zone: New insights into the active-passive rifting debate. Tectonophysics, 289(4): 327-340.

Letnikova E F, Dmitrieva N V, Tretyakov A A. 2016. Precambrian history of development of the Ulutau Continental Block (central Kazakhstan): According to the dating of zircons by LA-ICP-MS method// Degtyarev K E Tectonics, Geodynamics and Ore Genesis of Fold Belts and Platforms. Materials of the XLVIII Tectonic Meeting. Vol. 1. Moscow, GEOS (in Russian): 341-345.

Levashova N M, Meert J G, Gibsher A S, et al. 2011. The origin of microcontinents in the Central Asian Orogenic Belt: Constraints from paleomagnetism and geochronology. Precambrian Research, 185(1-2): 37-54.

Li H Q, Xu Z Q, Yang J S, et al. 2012. Indosinian orogenesis in the Lhasa Terrane, Tibet: New muscovite ^{40}Ar-^{39}Ar geochronology and evolutionary process. Acta Geologica Sinica, 86(5): 1116-1127.

Li J Y. 2006. Permian geodynamic setting of Northeast China and adjacent regions: Closure of the Paleo-Asian Ocean and subduction of the Paleo-Pacific Plate. Journal of Asian Earth Sciences, 26(3): 207-224.

Li J Y, He Guo-qi, Xu Xin, et al. 2006. Crustal tectonic framework of northern Xinjiang and adjacent regions and its formation. Acta Geologica Sinica, 80(1): 148-168.

Li J X, Qin K Z, Li G M, et al. 2014. Geochronology, geochemistry, and zircon Hf isotopic compositions of Mesozoic intermediate-felsic intrusions in central Tibet: Petrogenetic and tectonic implications. Lithos, 198: 77-91.

Li P F, Sun M, Rosenbaum G, et al. 2018. Geometry, kinematics and tectonic models of the Kazakhstan Orocline, Central Asian Orogenic Belt. Journal of Asian Earth Sciences, 153: 42-56.

Li S M, Zhu D C, Wang Q, et al. 2016. Slab-derived adakites and subslab asthenosphere-derived OIB-type rocks at 156 ± 2 Ma from the north of Gerze, central Tibet: Records of the Bangong-Nujiang oceanic ridge subduction during the Late Jurassic. Lithos, 262: 456-469.

Li S Z, Zhao G C, Sun M, et al. 2005. Deformation history of the Paleoproterozoic Liaohe assemblage in the eastern block of the North China Craton. Journal of Asian Earth Sciences, 24(5): 659-674.

Li S Z, Zhao G C, Wilde S A, et al. 2010. Deformation history of the Hengshan-Wutai-Fuping Complexes: Implications for the evolution of the Trans-North China Orogen. Gondwana Research, 18: 611-631.

Li S Z, Wang T, Wilde S A, et al. 2012. Geochronology, petrogenesis and tectonic implications of Triassic granitoids from Beishan, NW China. Lithos, 134-135(2): 123-145.

Li S Z, Jahn B M, Zhao S J, et al. 2017. Triassic southeastward subduction of North China Block to South China Block: Insights from new geological, geophysical and geochemical data. Earth-Science Reviews, 166: 270-285.

Li S Z, Zhao S J, Liu X, et al. 2018. Closure of the Proto-Tethys Ocean and Early Paleozoic amalgamation of microcontinental blocks in East Asia. Earth-Science Reviews, 186: 37-75.

Li X H, Li Z X, Ge W et al. 2003. Neoproterozoic granitoids in South China: Crustal melting above a mantle plume at ca. 825 Ma? Precambrian Research, 122(1): 45-83.

Li X H, Su L, Chung S L, et al. 2005. Formation of the Jinchuan Ultramafic Intrusion and the World's Third Largest Ni-Cu Sulfide Deposit: Associated with the ~825 Ma South China Mantle Plume? Geochemistry, Geophysics, Geosystems, 6(11): 1-16.

Li Y P, Li J Y, Sun G H, et al. 2007. Basement of Junggar basin: Evidence from detrital zircons in sandstone of previous Devonian Kalamaili formation. Acta Petrologica Sinica, 23(7): 1577-1590.

Li Z X, Li X H. 2007. Formation of the 1300km Wide Intracontinental Orogen and Postorogenic Magmatic Province in Mesozoic South China: A Flat-Slab Subduction Model. Geology, 35(2): 179-182.

Li Z X, Zhong S. 2009. Supercontinent-superplume coupling, true polar wander and plume mobility: Plate dominance in whole-mantle tectonics. Physics of the Earth & Planetary Interiors, 176(3): 143-156.

Li Z X, Zhang L, Mca Powell C. 1995. South China in Rodinia: Part of the missing link between Australia East Antarctica and Laurentia? Geology, 23(5): 407.

Li Z X, Baillie P W, Powell C M. 1997. Relationship between northwestern Tasmania and East Gondwanaland in the Late Cambrian/Early Ordovician: Paleomagnetic evidence. Tectonics, 16(1): 161-171.

Li Z X, Li X H, Kinny P D, et al. 1999. The breakup of Rodinia: Did it start with a mantle plume beneath South China? Earth and Planetary Science Letters, 173(3): 171-181.

Li Z X, Li X H, Zhou H, et al. 2002. Grenvillian continental collision in south China: New SHRIMP U-Pb zircon results and implications for the configuration of Rodinia. Geology, 30(2): 163-166.

Li Z X, Bogdanova S V, Collins A S, et al. 2008. Assembly, Configuration, and Break-up History of Rodinia: A Synthesis. Precambrian Research, 160(1-2): 179-210.

Li Z X, Li X H, Wartho J A, et al. 2010. Magmatic and metamorphic events during the early Paleozoic Wuyi-Yunkai orogeny, southeastern South China: New age constraints and pressure-temperature conditions. Geological Society of America Bulletin, 122(5-6): 772-793.

Lin G C, Xianhua L I, Wuxian L I. 2007. SHRIMP U-Pb zircon age, geochemistry and Nd-Hf isotope of Neoproterozoic mafic dyke swarms in western Sichuan: Petrogenesis and tectonic significance. Science in China, 50(1): 1-16.

Ling W, Shan G, Zhang B, et al. 2003. Neoproterozoic tectonic evolution of the northwestern Yangtze craton, South China: Implications for amalgamation and break-up of the Rodinia Supercontinent. Precambrian Research, 122(1-4): 111-140.

Lin W, Faure M, Nomade S, et al. 2008. Permian-Triassic amalgamation of Asia: Insights from Northeast China sutures and their place in the final collision of North China and Siberia. Comptes rendus Géoscience, 340(2): 190-201.

Liu G H, Einsele E. 1994. Sedimentary history of the Tethyan basin in the Tibetan Himalayas. Geologische Rundschau, 83: 32-61.

Liu H, Wang B, Shu L, et al. 2014. Detrital zircon ages of Proterozoic meta-sedimentary rocks and Paleozoic sedimentary cover of the northern Yili Block: Implications for the tectonics of microcontinents in the Central Asian Orogenic Belt. Precambrian Research, 252(5): 209-222.

Liu Q, Zhao G C, Sun M, et al. 2015. Ages and tectonic implications of Neoproterozoic ortho and paragneisses in the Beishan Orogenic Belt, China. Precambrian Research, 266: 551-578.

Liu X J, Xu J F, Xiao W J, et al. 2015. The boundary between the Central Asian Orogenic belt and Tethyan tectonic domain deduced from Pb isotopic data. Journal of Asian Earth Sciences, 113: 7-15.

Liu X, Chen B, Jahn B M, et al. 2011. Early Paleozoic (ca. 465 Ma) eclogites from Beishan (NW China) and their bearing on the tectonic evolution of the southern Central Asian Orogenic Belt. Journal of Asian Earth Sciences, 42(4): 715-731.

Liu X, Su W, Gao J, et al. 2014. Paleozoic subduction erosion involving accretionary wedge sediments in the South Tianshan Orogen: Evidence from geochronological and geochemical studies on eclogites and their host metasediments. Lithos, 210-211: 89-110.

Liu Y, Gao L, Liu Y, et al. 2006. Zircon U-Pb dating for the earliest Neoproterozoic mafic magmatism in the southern margin of the North China block. Science Bulletin, 51(19): 2375-2382.

Logatchev N A, Zorin Y A. 1987. Evidence and causes of the two-stage development of the Baikal rift. Tectonophysics, 143(1): 225-234.

Long L L, Gao J, Klemd R, et al. 2011. Geochemical and geochronological studies of granitoid rocks from the Western Tianshan Orogen: Implications for continental growth in the southwestern Central Asian Orogenic Belt. Lithos, 126: 321-340.

Lonsdale P. 1988. Paleogene history of the Kula plate: Offshore evidence and onshore implications. Geological Society of America Bulletin, 100: 733.

Lu S N, Zhao G C, Wang H C, et al. 2008. Precambrian metamorphic basement and sedimentary cover of the North China Craton: Review. Precambrian Research, 160: 77-93.

Luepke J J, Lyons T W. 2001. Pre-Rodinian (Mesoproterozoic) supercontinental rifting along the western margin of Laurentia: Geochemical evidence from the Belt-Purcell Supergroup. Precambrian Research, 111(1-4): 79-90.

Lund K, Aleinikoff J N, Evans K V, et al. 2003. SHRIMP U-Pb geochronology of Neoproterozoic Windermere Supergroup, central Idaho: Implications for rifting of western Laurentia and synchroneity of Sturtian glacial deposits. Geological Society of America Bulletin, 115: 349-372.

Ma X, Shu L, Jahn B M, et al. 2012b. Precambrian tectonic evolution of Central Tianshan, NW China: Constraints from U-Pb dating and in situ Hf isotopic analysis of detrital zircons. Precambrian Research, 222-223(3): 450-473.

Ma X, Shu L, Santosh M, et al. 2012b. Detrital zircon U-Pb geochronology and Hf isotope data from Central Tianshan suggesting a link with the Tarim Block: Implications on Proterozoic supercontinent history. Precambrian Research, 206-207: 1-16.

Ma X, Shu L, Santosh M, et al. 2013. Paleoproterozoic collisional orogeny in Central Tianshan: Assembling the Tarim Block within the Columbia supercontinent. Precambrian Research, 228: 1-19.

Makrygina V A, Petrova Z I, Sandimirova G P, et al. 2005. New data on the age of the strata framing the Chuya and Cisbaikalian uplifts (northern and western Baikal areas). Russian Geology & Geophysics, 46(7): 714-722.

Maksumova R A, Dzhenchuraeva A V, Berezanskii A V. 2001. Structure and evolution of the Tien Shan nappe-folded orogen. Russian Geology & Geophysics, 42: 1367-1374.

Mao Q G, Xiao W J, Fang T H, et al. 2014. Geochronology, geochemistry and petrogenesis of Early Permian alkaline magmatism in the Eastern Tianshan: Implications for tectonics of the Southern Altaids. Lithos, 190-191: 37-51.

Mao Q, Xiao W, Fang T, et al. 2012a. Late Ordovician to early Devonian adakites and Nb-enriched basalts in the Liuyuan area, Beishan, NW China: Implications for early Paleozoic slab-melting and crustal growth in the southern Altaids. Gondwana Research, 22(2): 534-553.

Mao Q, Xiao W, Windley B F, et al. 2012b. The Liuyuan complex in the Beishan, NW China: A Carboniferous-Permian ophiolitic fore-arc sliver in the southern Altaids. Geological Magazine, 149(3): 483-506.

Maruyama S, Liou J G, Seno T. 1989. Mesozoic and Cenozoic evolution of Asia. Oxford Monograph on Geology and Geophysics:75-99.

Massonne H J, Kopp J. 2005. A Low-Variance Mineral Assemblage with Talc and Phengite in an Eclogite from the Saxonian Erzgebirge, Central Europe, and its P-T Evolution. Journal of Petrology, 46(2):355-375.

Matte P. 1998. Continental subduction and exhumation of HP rocks in Paleozoic orogenic belts: Uralides and Variscides. GFF,120(2):209-222.

Mattinson C G, Wooden J L, Liou J G, et al. 2006. Age and duration of eclogite-facies metamorphism, North Qaidam HP/UHP terrane, Western China. Geochimica Et Cosmochimica Acta, 70(18):A401-A401.

McElhinny M W, Powell C M, Pisarevsky S A. 2003. Paleozoic terranes of eastern Australia and the drift history of Gondwana. Tectonophysics,362(1):41-65.

McMenamin M A S, McMenamin D L S. 1990. The Emergence of Animals:The Cambrian Breakthrough. New York:Columbia University Press:1-217.

McMenamin M A S. 1987. The Emergence of Animals. Scientific American, 256(4):94.

Meert J G, Lieberman B S. 2008. The Neoproterozoic Assembly of Gondwana and Its Relationship to the Ediacaran-Cambrian Radiation. Gondwana Research, 14(1/2):5-21.

Meert J G, Voo R V D, Ayub S. 1995. Paleomagnetic investigation of the Neoproterozoic Gagwe lavas and Mbozi complex, Tanzania and the assembly of Gondwana. Precambrian Research, 74(4):225-244.

Meert J G. 2003. A Synopsis of Events Related to the Assembly of Eastern Gondwana. Tectonophysics, 362(1):1-40.

Meert J G. 2012. What's in a name? The Columbia (Paleopangaea/Nuna) supercontinent. Gondwana Research, 21(4):987-993.

Meng F, Cui M, Wu X, et al. 2015. Heishan mafic-ultramafic rocks in the Qimantag area of Eastern Kunlun, NW China:Remnants of an early Paleozoic incipient island arc. Gondwana Research, 27(2):745-759.

Metcalfe I. 1984. Stratigraphy, palaeontology and palaeogeography of the Carboniferous of Southeast Asia. Mem. Soc. Geol. France, 147:107-118.

Metcalfe I. 1990. Allochthonous terrane processes in Southeast Asia. Philosophical Transactions of the Royal Society of London, A331:625-640.

Metcalfe I. 1994. Gondwanaland origin, dispersion, and accretion of East and Southeast Asian continental terranes. Journal of South American Earth Sciences, 7:333-347.

Metcalfe I. 1996. Gondwanaland dispersion, Asian accretion and evolution of eastern Tethys. Australian Journal of Earth Sciences, 43(6):605-623.

Metcalfe I. 1998. Paleozoic and Mesozoic geological evolution of the SE Asian region:Multidisciplinary constrains and implication for biogeography//Holloway H. Biogeography and Geological Evolution SE Asia. Lei den:Backhuys Publish,25-41.

Metcalfe I. 1999. Gondwana dispersion and Asian accretion:An overview. In:Metcalfe I. Gondwana Dispersion and Asian Accretion. A. A. Balkema, Rotterdam:9-29.

Metcalfe I. 2006. Palaeozoic and Mesozoic tectonic evolution and palaeogeography of East Asian crustal fragments:The Korean Peninsula in context. Gondwana Research, 9(1-2):24-46

Metcalfe I. 2011. Tectonic framework and Phanerozoic evolution ofSundaland. Gondwana Research 19：3-21.

Metcalfe I. 2013. Gondwana dispersion and Asian accretion：Tectonic and palaeogeographic evolution of eastern Tethys. Journal of Asian Earth Sciences, 66：1-33.

Metelkin D V. 2013. Kinematic reconstruction of the Early Caledonian accretion in the southwest of the Siberian paleocontinent based on paleomagnetic results. Russian Geology & Geophysics, 54(4)：381-398.

Metelkin D V, Belonosov I V, Gladkochub D P, et al. 2005a. Paleomagnetic directions from Nersa intrusions of the Biryusa terrane, Siberian craton, as a reflection of tectonic events in the Neoproterozoic. Russian Geology & Geophysics, 46(4)：398-413.

Metelkin D V, Vernikovsky V A, Kazansky A Y, et al. 2005b. Paleozoic history of the Kara microcontinent and its relation to Siberia and Baltica：Paleomagnetism, paleogeography and tectonics. Tectonophysics, 398(3)：225-243.

Miao L C, Fan W M, Zhang F Q, et al. 2004. Zircon SHRIMP geochronology of the Xinkailing-Kele complex in the northwestern Lesser Xing'an Range, and its geological implications. Chinese Science Bulletin, 49(2)：201-209.

Miao L C, Liu D Y, Zhang F Q, et al. 2007. Zircon SHRIMP U-Pb ages of the"Xinghuadukou Group"in Hanjiayuanzi and Xinlin areas and the "Zhalantun Group" in Inner Mongolia, Da Hinggan Mountains. Chinese Science Bulletin, 52(8)：1112-1124.

Michalski K, Lewandowski M, Manby G. 2012. New palaeomagnetic, petrographic and $^{40}Ar/^{39}Ar$ data to test palaeogeographic reconstructions of Caledonide Svalbard. Geological Magazine, 149(4)：696-721.

Mikolaichuk A V, Kurenkov S A, Degtyarev K E, et al. 1997. Northern Tien-Shan, main stages of geodynamic evolution in the late Precambrian and early Palaeozoic. Geotectonics, 31(6)：445-462.

Mitchell N C, Parson L M. 1993. The tectonic evolution of the Indian Ocean Triple Junction, anomaly 6 to present. Journal of Geophysical Research：Solid Earth (1978-2012),98(B2)：1793-1812.

Mitchell R N, Kilian T M, Evans D A D. 2012. Supercontinent Cycles and the Calculation of Absolute Palaeolongitude in Deep Time. Nature, 482(7384)：208-211.

Modie B N J. 1996. Depositional environments of the Meso- to Neo- Proterozoic Ghanzi- Chobe belt, northwest Botswana. Journal of African Earth Sciences, 22：255-268

Molnar P, Tapponnier P. 1981. A possible dependence of tectonic strength on the age of the crust in Asia. Earth Planetary Science Letters, 52(1)：107-114.

Moores E M. 1991. Southwest U. S. - East Antarctic (SWEAT) connection：A hypothesis. Geology, 19(5)：425-428.

Mosmann R, Falkenhein F U H, Goncalves A, et al. 1986. Oil and gas potential of the Amazon Paleozoic basins. In：Halbouty M T (ed.). Future Petroleum Provinces of the World. Memoir- American Association of Petroleum Geologists, 40：207-241.

Murphy J B, Nance R D, Cawood P A. 2009. Contrasting modes of Supercontinent Formation and the Conundrum of Pangea. Gondwana Research, 15(sup3/4)：408-420.

Muttoni G, Gaetani M, Kent D V, et al. 2009. Opening of the neo-tethys ocean and the pangea B to pangea A transformation during the Permian. GeoArabia, 14(4)：17-48.

Myers J S, Shaw R D, Tyler I M. 1996. Tectonic evolution of Proterozoic Australia. Tectonics, 15(6): 1431-1446.

Nance R, Worsley T, Moody J. 1988. The Supercontinent Cycle. Scientific American, 259(1):72-79.

Narbonne G M, Kaufman A J, Knoll A H. 1994. Integrated chemostratigraphy and biostratigraphy of the Windermere Supergroup, northwestern Canada: Implications for Neoproterozoic correlations and the early evolution of animals. Geological Society of America Bulletin, 106:1281-1292.

Nast N. 1997. Mechanism and sequence of assembly and dispersal of supercontinents. Journal of Geodynamics, 23:155-172.

Nekrasov G E, Rodionov N V, Berezhnaya N G, et al. 2007. U-Pb Age of zircons from plagiogranite veins in migmatized amphibolites of the Shaman Range (Ikat-Bagdarin zone, Vitim Highland, Transbaikal region). Doklady Earth Sciences,413:160-163.

Neubauer F, Lips A, Kouzmanov K, et al. 2005. Subduction, slab detachment and mineralization: The Neogene in the Apuseni Mountains and Carpathians. Ore Geology Reviews, 27:13-44.

Neumayr M. 1885. Die geographische Verbreitung der Juraformation. Denkschriften der kaiserlichen Akademie der Wissenschaften (Wien), mathematisch-naturwissenscaftliche Classe, 50:57-86.

Norton I. 2007. Speculations on Cretaceous tectonic history of the northwest Pacific and a tectonic origin for the Hawaii hotspot. Geological Society of America Special Papers:430-451.

Nyman M W, Karlstrom K E, Kirby E, et al. 1994. Mesoproterozoic contractional orogeny in western North America: Evidence from ca. 1.4 Ga plutons. Geology, 22(1994):901-904.

Occhipinti S A, Reddy S M. 2016. Neoproterozoic reworking of the Palaeoproterozoic Capricorn Orogen of Western Australia and implications for the amalgamation of Rodinia. Geological Society of London Special Publications, 327:445-456.

Ohta Y. 1994. Caledonian and precambrian history in Svalbard: A review, and an implication of escape tectonics. Tectonophysics, 231(1-3):183-194.

Oliver G J H, Wilde S A, Wan Y. 2008. Geochronology and geodynamics of Scottish granitoids from the late Neoproterozoic break-up of Rodinia to Palaeozoic collision. Australian Journal of Chemistry, 165(3): 661-674.

Onstott T C, Hargraves R B. 1981. Proterozoic transcurrent tectonics: palaeomagnetic evidence from Venezuela and Africa. Nature, 289(5794):131-136.

Onstott T C, Hargraves R B, York D, et al. 1984. Constraints on the motions of South American and African Shields during the Proterozoic: I. $^{40}Ar/^{39}Ar$ and paleomagnetic correlations between Venezuela and Liberia. Geological Society of America Bulletin, 95(9):105-108.

Palmeri R, Fanning M, Franceschelli M, et al. 2004. SHRIMP dating of zircons in eclogite from the Variscan basement in north-eastern Sardinia (Italy). Neues Jahrbuch für Mineralogie-Monatshefte,2004(6):275-288.

Pan G T, Wang L Q, Li R S, et al. 2012. Tectonic evolution of the Qinghai-Tibet Plateau. Journal of Asian Earth Sciences, 53:3-14.

Parfenov L M, Berzin N A, Khanchuk A I, et al. 2003. Model of the formation of orogenic belts in Central and Northeastern Asia. Tikhookeanskaya Geologiya 22(6), 7-41.

Parfenova T M, Bakhturov S F, Shabanov Y Y. 2004. Organic geochemistry of oil-producing rocks of the Cambrian Kuonamka Formation (eastern Siberian Platform). Geologiya I Geofizika, 45(7):911-923.

Park J K, Buchan K L, Harlan S S. 1995. A proposed giant radiating dyke swarm fragmented by the separation of Laurentia and Australia based on paleomagnetism of ca. 780 Ma mafic intrusions in western North America. Earth and Planetary Science Letters, 132(1-4):129-139.

Paulsson O, Andreasson P G. 2002. Attempted break-up of Rodinia at 850 Ma:Geochronological evidence from the Seve-Kalak Superterrane, Scandinavian Caledonides. Journal of the Geological Society, 159(11):751-761.

Pearce J A, Deng W M, 1988. The ophiolites of the Tibetan geotraverses, Lhasa to Golmud (1985) and Lhasa to Kathmandu (1986). Philosophical Transactions of the Royal Society of London A:Mathematical, Physical and Engineering Sciences, 327:215-238.

Peate D W, Pearce J A, Hawkesworth C J, et al. 1997. Geochemical variations in Vanuatu arc lavas:The role of subducted material and a variable mantle wedge composition. Journal of Petrology, 38(10):1331-1358.

Peng P, Bleeker W, Ernst R E, et al. 2011. U-Pb baddeleyite ages, distribution and geochemistry of 925 Ma mafic dykes and 900 Ma sills in the North China craton:Evidence for a Neoproterozoic mantle plume. Lithos, 127(1-2):210-221.

Pesonen L J, Elming S A, Mertanen S, et al. 2003. Palaeomagnetic configuration of continents during the Proterozoic. Tectonophysics, 375(1-4):289-324.

Peter A, Cawood, Craig Buchan. 2007. Linking Accretionary Orogenesis with Supercontinent Assembly. Earth-Science Reviews, 82(Sup. 3/4):217-256.

Pfänder J A, Jochum K, Kozakov I, et al. 2002. Coupled evolution of back-arc and island arc-like mafic crust in the late-Neoproterozoic Agardagh Tes-Chem ophiolite, Central Asia:Evidence from trace element and Sr-Nd-Pb isotope data. Contributions to Mineralogy & Petrology, 143(2):154-174.

PhilippeMatte. 1998. Continental subduction and exhumation of HP rocks in Paleozoic orogenic belts:Uralides and Variscides. Geologiska Fällreningen I Stockholm Fällrhandlingar, 120(2):209-222.

Pilitsyna A V, Tretyakov A A, Degtyarev K E, et al. 2018. Eclogites and garnet clinopyroxenites in the Anrakhai complex, Central Asian Orogenic Belt, Southern Kazakhstan:P-T evolution, protoliths and some geodynamic implications. Journal of Asian Earth Sciences, 153:325-345.

Piper J D A. 2013. Continental Velocity Through Geological Time:The Link to Magmatism, Crustal Accretion and Episodes of Global Cooling. Geoscience Frontiers, 4(1):7-36.

Pirajno F, Mao J, Zhang Z, et al. 2008. The association of mafic-ultramafic intrusions and A-type magmatism in the Tian Shan and Altay orogens, NW China:Implications for geodynamic evolution and potential for the discovery of new ore deposits. Journal of Asian Earth Sciences, 32(2):165-183.

Pisarevsky S A, Natapov L M. 2003. Siberia and Rodinia. Tectonophysics, 375(1):221-245.

Pisarevsky S A, Wingate M T D, Powell C M, et al. 2003. Models of Rodinia Assembly and Fragmentation. Geological Society London Special Publications, 206(1):35-55.

Pisarevsky S A, Murphy J B, Cawood P A, et al. 2008. Late Neoproterozoic and Early Cambrian palaeogeography:Models and problems. Geological Society London Special Publications, 294(1):9-31.

Pisarevsky S A, Elming S Å, Pesonen L J, et al. 2014. Mesoproterozoic paleogeography: Supercontinent and beyond. Precambrian Research, 244: 207-225.

Powell C M, Li Z X, Mcelhinny M W, et al. 1993. Paleomagnetic constraints on timing of the Neoproterozoic breakup of Rodinia and the Cambrian formation of Gondwana. Geology, 21(10): 889-892.

Powell C M, Roots S R, Veevers J J. 1996. Pre-breakup continental extension in eastern Gondwanaland and the early opening of the eastern Indian Ocean. Tectonophysics, 155: 261-283.

Prave A R. 1996. Tale of three cratons: Tectonostratigraphic anatomy of the Damara orogen in northwestern Namibia and the assembly of Gondwana. Geology, 36(23): 8587-8589.

Puchkov V N. 2013. Structural stages and evolution of the Urals. Mineraloy and Petrology, 107(1): 3-37.

Puchkov V N. 2016. General features relating to the occurrence of mineral deposits in the Urals: What, where, when and why. Ore Geology Reviews, 85: 4-29.

Qian Q, Gao J, Klemd R, et al. 2009. Early Paleozoic tectonic evolution of the Chinese South Tianshan Orogen: Constraints from SHRIMP zircon U-Pb geochronology and geochemistry of basaltic and dioritic rocks from Xiate, NW China. International Journal of Earth Sciences, 98(3): 551-569.

Qin K Z, Su B X, Sakyi P A et al. 2011. SIMS zircon U-Pb geochronology and Sr-Nd isotopes of Ni-Cu-Bearing Mafic-Ultramafic Intrusions in Eastern Tianshan and Beishan in correlation with flood basalts in Tarim Basin (NW China): Constraints on a ca. 280 Ma mantle plume. American Journal of Science, 311: 237-260.

Qu J F, Xiao W J, Windley B F, et al. 2011. Ordovician eclogites from the Chinese Beishan: Implications for the tectonic evolution of the southern Altaids. Journal of Metamorphic Geology, 29(8): 803-820.

Radhakrishna T, Mathew J. 1996. Late Precambrian (850-800 Ma) palaeomagnetic pole for the south Indian shield from the Harohalli alkaline dykes: Geotectonic implications for Gondwana reconstructions. Precambrian Research, 80(1-2): 77-87.

Rainbird R H, Jefferson C W, Young G M. 1996. The early Neoproterozoic sedimentary Succession B of northwestern Laurentia: Correlations and paleogeographic significance. Geological Society of America Bulletin, 108(4): 454-470.

Raumer J F V, Stampfli G M. 2008. The birth of the Rheic Ocean-Early Palaeozoic subsidence patterns and subsequent tectonic plate scenarios. Tectonophysics, 461(1): 9-20.

Rea D K, Dixon J M. 1983. Late Cretaceous and Paleogene tectonic evolution of the North Pacific Ocean. Earth and Planetary Science Letters, 65: 145-166.

Read H H. 2010. Aspects of Caledonian magmatism in Britain. Geological Journal, 2(4): 653-683.

Renne P R, Basu A R. 1991. Rapid eruption of the Siberian Traps flood basalts at the Permo-Triassic boundary. Science, 253(5016): 176-179.

Richards J P. 2015. Tectonic, magmatic, and metallogenic evolution of the Tethyan orogen: From subduction to collision. Ore Geology Reviews, 70: 323-345.

Robertson A H F. 2007. Overview of tectonic settings related to the rifting and opening of Mesozoic ocean basins in the Eastern Tethys: Oman, Himalayas and Eastern Mediterranean regions. Geological Society, London, Special Publications, 282: 325-388.

Robertson A H F, Trivić B, Derić N, et al. 2013. Tectonic development of the Vardar ocean and its margins:

Evidence from the Republic of Macedonia and Greek Macedonia. Tectonophysics, 595-596:25-54.

Robinson P T, Zhou M F, Hu X F, et al. 1999. Geochemical constraints on the origin of the Hegenshan Ophiolite, Inner Mongolia, China. Journal of Asian Earth Sciences, 17(4):423-442.

Rogers J J W, Santosh M. 2002. Configuration of Columbia, a Mesoproterozoic Supercontinent. Gondwana Research, 5(1):5-22.

Rogers J J W, Santosh M. 2003. Supercontinents in Earth History. Gondwana Research, 6(3):357-368.

Rogers J J W, Tucker T. 2008. Earth Science and Human History. Westport (United States): Greenwood Publishing Group Inc.

Rogers J J W. 1996. A History of Continents in the past Three Billion Years. Journal of Geology, 104(1):91-107.

Rogers J J W, Unrug R, Sultan M. 1995. Tectonic assembly of Gondwana. Journal of Geodynamics, 19(1):1-34.

Rojas Agramonte Y, Kroner A, Alexeiev A, et al. 2013. Mesoproterozoic (Grenville-age) terranes in the Kyrgyz North Tianshan: Zircon ages and Nd-Hf isotopic constraints on the origin and evolution of basement blocks in the southern Central Asian Orogen. Gondwana Research, 23(1):272-295.

Rojas Agramonte Y, Kroner A, Alexeiev A, et al. 2014. Detrital and igneous zircon ages for supracrustal rocks of the Kyrgyz Tianshan and palaeogeographic implications. Gondwana Research, 26(3-4):957-974.

Rong J Y, Boucot A J, Yang Zheng S U, et al. 1995. Biogeographical analysis of Late Silurian brachiopod faunas, chiefly from Asia and Australia. Lethaia, 28(1):39-60.

Ross G M, Villeneuve M. 2003. Provenance of the Mesoproterozoic (1.45 Ga) Belt basin (western North America): Another piece in the pre-Rodinia paleogeographic puzzle. Geological Society of America Bulletin, 115(10):1191-1217.

Ross G M, Parrish R R, Winston D. 1992. Provenance and U-Pb geochronology of the Mesoproterozoic Belt Supergroup (northwestern United States): Implications for age of deposition and pre-Panthalassa plate reconstructions. Earth and Planetary Science Letters, 113(1-2):57-76.

Rowley D B. 1996. Age of initiation of collision between India and Asia: A review of stratigraphic data. Earth and Planetary Science Letters, 145(1):1-13.

Rowley D B. 2002. Rate of plate creation and destruction: 180Ma to present. Geological Society of America Bulletin, 114(8):927-933.

Royer J Y, Sandwell D T. 1989. Evolution of the eastern Indian Ocean since the Late Cretaceous: Constraints from Geosat altimetry. Journal of Geophysical Rererach: Soild Earth (1978-2012), 94(B10):13755-13782.

Rudnev S N, Borisov S M, Babin G A, et al. 2008. Early Paleozoic batholiths in the northern part of the Kuznetsk Alatau: Composition, age, and sources. Petrology, 16(4):395-419.

Rudnev S N, Babin G A, Kovach V P, et al. 2013. The early stages of island-arc plagiogranitoid magmatism in Gornaya Shoriya and West Sayan. Russian Geology & Geophysics, 54(1):20-33.

Ruzhentsev S V, Minina O R, Nekrasov G E, et al. 2012. The Baikal-Vitim Fold System: Structure and geodynamic evolution. Geotectonics, 46(2):87-110.

Rytsk E Y, Kovach V P, Yarmolyuk V V, et al. 2011. Isotopic structure and evolution of the continental crust in the East Transbaikalian segment of the Central Asian Foldbelt. Geotectonics, 45(5):349 377.

Safonova I Y, Santosh M. 2014. Accretionary complexes in the Asia-Pacific region: Tracing archives of ocean plate stratigraphy and tracking mantle plumes. Gondwana Research, 25(1):126-158.

Safonova I Y, Buslov M M, Iwata K, et al. 2004. Fragments of Vendian-Early Carboniferous Oceanic Crust of the Paleo-Asian Ocean in Foldbelts of the Altai-Sayan Region of Central Asia: Geochemistry, Biostratigraphy and Structural Setting. Gondwana Research, 7(3):771-790.

Safonova I. 2017. Juvenile versus recycled crust in the Central Asian Orogenic Belt: Implications from ocean plate stratigraphy, blueschist belts and intra-oceanic arcs. Gondwana Research, 47:6-27.

Safonova I, Kotlyarov A, Krivonogov S, et al. 2017. Intra-oceanic arcs of the Paleo-Asian Ocean. Gondwana Research, 8(3):547-550.

Sager W W, Handschumacher D W, Hilde T W C, et al. 1988. Tectonic evolution of the northern Pacific plate and Pacific-Farallon Izanagi triple junction in the Late Jurassic and Early Cretaceous (M21-M10). Tectonophysics,155:345-364.

Salnikova E B, Kozakov I K, Kotov A B, et al. 2001. Age of Palaeozoic granites and metamorphism in the Tuva-Mongolia massif of the Central Asian Mobile Belt: Loss of a Precambrian microcontinent. Precambrian Research,110:143-164.

Schertl H P, Sobolev N V. 2013. The Kokchetav Massif, Kazakhstan: "Type locality" of diamond-bearing UHP metamorphic rocks. Journal of Asian Earth Sciences, 63:5-38.

Schlanger S O, Jenkyns H C, Premoli-Silva I. 1981. Volcanism and vertical tectonics in the Pacific Basin related to global Cretaceous transgressions. Earth and Planetary Science Letters, 52(2):435-449.

Schmadicke E, Mezger K, Cosca M A, et al. 1995. Variscan Sm-Nd and Ar-Ar ages of eclogite facies rocks from the Erzgebirge, Bohemian Massif. Journal of Metamorphic Geology,13(5):16.

Schmus V, Bickford M E, Turek A. 1996. Proterozoic geology of the east-central Midcontinent basement. Special Paper of the Geological Society of America, 308(1):4-24.

Schmädicke E, Mezger K, Cosca M A, et al. 2010. Variscan Sm-Nd and Ar-Ar ages of eclogite facies rocks from the Erzgebirge, Bohemian Massif. Journal of Metamorphic Geology, 13(5):537-552.

Schuff M M, Gore J P, Nauman E A. 2013. Stratigraphic, geochemical and U-Pb zircon constraints from Slieve Gallion, Northern Ireland: A correlation of the Irish Caledonian arcs. Journal of Geological Society, 170(5): 737-752.

Scotese C R, Boucot A J, McKerrow W S. 1999. Gondwanan Palaeogeography and Palae-Oclimatology. Journal of African Earth Sciences, 28(1):99-114.

Sears J W, Price R A. 2000. New look at the Siberian connection: No SWEAT. Geology, 28(5):423.

Sears J W, Price R A, Sears J W, et al. 1978. The Siberian Connection: A case for Precambrian separation of the North American and Siberian cratons. Geology, 5(5):267-270.

Sengör A M C. 1984. The Cimmeride Orogenic System and the Tectonics of Eurasia. Geological Society of America Special Papers:1-74.

Sengör A M C. 1987. Tectonic Subdivisions and Evolution of Asia. Istanbul: Istanbul Teknik Universitesi.

Sengör A M C. 1989. Tectonic Evolution of the Tethyan Region. Netherlands: Springer.

Sengör A M C. 1990. A new model for the late Palaeozoic-Mesozoic tectonic evolution of Iran and implications for Oman. Geological Society of London, 49(1):797-831.

Sengör A M C. 1991. Timing of orogenic Events: A persistent Geological Controversy. In: Muller D W, McKenzie J A, Weissert H(eds.). Controversies in Modern Geology. London: Academic Press:405-473.

Sengör A M C, Natal'in B A, Burtman U S. 1993. Evolution of the Altaid tectonic collage and Paleozoic crustal growth in Eurasia. Nature, 364:209-304.

Sengör A M C, Natal'in B A. 1996. Paleotectonics of Asia: Fragments of a synthesis. Tectonic Evolution of Asia. Cambridge: Cambridge University Press:486-640.

Sengör A, Yilmaz Y. 1981. Tethyan evolution of Turkey: A plate tectonic approach. Tectonophysics, 75: 181-241.

Sengör A, Hsü K. 1984. The Cimmerides of eastern Asia: History of the eastern end of Paleo-Tethys. Memory Social Geological France, 147:139-167.

Seton M, Müller R D, Zahirovic S, et al. 2012. Global continental and ocean basin reconstructions since 200Ma. Earth-Science Reviews, 113(3-4):212-270.

Shang Q. 2004. Occurrences of Permian radiolarians in central and eastern Nei Mongol (Inner Mongolia) and their geological significance to the Northern China Orogen. Chinese Science Bulletin, 49:2613-2619.

Shatsky V S, Sitnikova E S, Tomilenko A A, et al. 2012. Eclogite-gneiss complex of the Muya block (East Siberia): Age, mineralogy, geochemistry, and petrology. Russian Geology & Geophysics, 53(6):501-521.

Shi G R. 2006. The marine Permian of East and Northeast Asia: an overview of biostratigraphy, palaeobiogeography and palaeogeographical implications. Journal of Asian Earth Sciences, 26(3): 175-206.

Shi R D. 2007. Age of Bangong Lake SSZ ophiolite constraints the time of the Bangong Lake-Nujiang Neo-Tethys. Chinese Science Bulletin, 52(7):936-941.

Shi W X, Liao Q A, Yuan Qinga H U, et al. 2010. Characteristics of Mesoproterozoic Granites and Their Geological Significances from Middle Tianshan Block, East Tianshan District, NW China. Geological Science & Technology Information, 29(1):29-37.

Shu L S, Deng X L, Zhu W B, et al. 2011. Precambrian tectonic evolution of the Tarim Block, NW China: New geochronological insights from the Quruqtagh domain. Journal of Asian Earth Sciences, 42(5):774-790.

Shu L, Wang B, Cawood P A, et al. 2015. Early Paleozoic and Early Mesozoic intraplate tectonic and magmatic events in the Cathaysia Block, South China. Tectonics, 34(8):1600-1621.

Simonov V A, Sakiev K S, Volkova N I, et al. 2008. Conditions of formation of the Atbashi Ridge eclogites (South Tien Shan). Russian Geology & Geophysics, 49(11):803-815.

Sklyarov E V, Gladkochub D P, Mazukabzov A M, et al. 2003. Neoproterozoic mafic dike swarms of the Sharyzhalgai metamorphic massif, southern Siberian craton. Precambrian Research, 122(1):359-376.

Slagstad T, Pin C, Roberts D, et al. 2014. Tectonomagmatic evolution of the Early Ordovician suprasubduction-zone ophiolites of the Trondheim Region, Mid-Norwegian Caledonides. Geological Society London Special Publications, 390(1):541-561.

Sloss L L. 1988. Sedimentary Cover-North American Craton: U. S. Geological Society of America, Boulder, CO. The Geology of North America, vol. D-2:506.

Smethurst M A, Khramov A N, Torsvik T H. 1998. The Neoproterozoic and Palaeozoic palaeomagnetic data for the Siberian Platform: From Rodinia to Pangea. Earth-Science Reviews, 43(1-2): 1-24.

Smith A G. 1973. The so-called Tethyan Ophiolites. Implications of Continental Drift to the Earth Sciences, 2: 977-986.

Soares C S, Landim P M B, Fulfaro V J. 1978. Tectonic cycles and sedimentary sequences in the Brazilian intracratonic basins. Geological Society of America Bulletin, 89: 181-191.

Song S, Zhang L, Niu Y, et al. 2006. Evolution from Oceanic Subduction to Continental Collision: A Case Study from the Northern Tibetan Plateau Based on Geochemical and Geochronological Data. Journal of Petrology, 47(3): 435-455.

Soper N J. 1986. The Newer Granite problem: A geotectonic view. Geological Magazine, 123(3): 227-236.

Sovetov J K, Kulikova A E, Medvedev M N. 2007. Sedimentary basins in the southwestern Siberian craton: Late Neoproterozoic-Early Cambrian rifting and collisional events. Special Paper of the Geological Society of America, 423(3): 549-578.

Sovetov J K. 2011. Neoproterozoic Sedimentary Basins: Stratigraphy, Geodynamics and Petroleum Potential. Guidebook on the Post-Conference Field trip to the East Sayan Foothills. Novosibirsk: Institute of Geology and Geophysics, Siberian Branch, Russian Academy of Sciences.

Stampfli G M. 2000. Tethyan Oceans//Bozkurt E, Winchester J A, Piper J D A. Tectonics and Magmatism in Turkey and the Surroundings Area. Geological Society, London, Special Publications, 173: 1-23.

Stampfli G M. 2011. Alpes: Tectonique des plaques et géodynamique. In la chaine alpine, perspectives helvetiques. Geochronique, 117: 18-21.

Stampfli G M, Borel G D. 2002. A plate tectonic model for the Paleozoic and Mesozoic constrained by dynamic plate boundaries and restored synthetic oceanic isochrons. Earth and Planetary Science Letters, 196(1-2): 17-33.

Stampfli G M, Borel G D. 2004. The TRANSMED transects in space and time: Constraints on the paleotectonic evolution of the Mediterranean domain. In: The TRANSMED Atlas. The Mediterranean region from crust to mantle. Springer, Berlin, Heidelberg: 53-80.

Stampfli G M, Kozur H W. 2006. Europe from the Variscan to the Alpine cycles//Gee D G, Stephenson R A. European lithosphere dynamics. London: Memoir of the Geological Society: 57-82.

Stampfli G M, Von R J, Wilhem C. 2011. The distribution of Gondwana derived terranes in the early paleozoic//Gutiérrez Marco J C, Rábano I, García Bellido D. Ordovician of the World. Cuadernos del Museo Geominero, 14: 567-574.

Stampfli G M, Hochard C, Vérard C, et al. 2013. The formation of Pangea. Tectonophysics, 593(3): 1-19.

Stanevich A M, Mazukabzov A M, Postnikov A A, et al. 2007. Northern segment of the Paleoasian Ocean: Neoproterozoic deposition history and geodynamics. Russian Geology & Geophysics, 48(1): 46-60.

Stein M, Goldstein S L. 1996. From plume head to continental lithosphere in the Arabian-Nubian shield. Nature, 382(6594): 773-778.

Stern R J. 1994. Arc assembly and continental collision in the east Africa orogen: Implications for the consolidation of Gondwanaland. Annual Review of Earth and Planetary Sciences, 22: 319-351.

Stocklin J. 1974. Northern iran: Alborz mountains. Geological Society London Special Publications, 4(1): 213-234.

Stoneley R. 1974. Evolution of the Continental Margins Bounding a Former Southern Tethys. The Geology of Continental Margins. Springer Berlin Heidelberg:889-903.

Stump E. 1995. The Ross Orogen of the Transantarctic Mountains. New York: Cambridge University Press.

Sturt B A, Roberts D. 1991. Tectonostratigraphic Relationships and Obduction Histories of Scandinavian Ophiolitic Terranes. Ophiolite Genesis and Evolution of the Oceanic Lithosphere. Netherlands: Springer.

Suess E. 1893. "Are ocean depths permanent?" London: Natural Science (A Monthly Review of Scientific Progress),2:180-187.

Suess E. 1908. The Face of the Earth, vol. Ⅲ. Oxford: Clarendon Press.

Sui Q L, Wang Q, Zhu D C, et al. 2013. Compositional diversity of ca. 110 Ma magmatism in the northern Lhasa Terrane, Tibet: Implications for the magmatic origin and crustal growth in a continent-continent collision zone. Lithos,168-169:144-159.

Sun G R, Li Y C, Zhang Y. 2002. The basement tectonics of Erguna Massif. Geology and Resources, 11(3): 129-139.

Sun M, Armstrong R L, Lambert R S, et al. 1993. Petrochemistry and Sr, Pb and Nd isotopic geochemistry of Palaeoproterozoic Kuandian Complex, the eastern Liaoning Province, China. Precambrian Research, 62: 171-190.

Sun M, Yuan C, Xiao W J, et al. 2008. Zircon U-Pb and Hf isotopic study of gneissic rocks from the Chinese Altai: Progressive accretionary history in the early to middle Palaeozoic. Chemical Geology, 247(3-4): 352-383.

Tagiri M, Yano T, Bakirov A, et al. 1995. Mineral parageneses and metamorphic P-T paths of ultrahigh-pressure eclogites from Kyrghyzstan Tien-Shan. Island Arc, 4(4):280-292.

Tang G J, Wang Q, Wyman D A, et al. 2010. Geochronology and geochemistry of Late Paleozoic magmatic rocks in the Lamasu-Dabate area, northwestern Tianshan (west China): Evidence for a tectonic transition from arc to post-collisional setting. Lithos,119(3-4):393-411.

Tang J, Xu W L, Wang F, et al. 2013. Geochronology and geochemistry of Neoproterozoic magmatism in the Erguna Massif, NE China: Petrogenesis and implications for the breakup of the Rodinia supercontinent. Precambrian Research,224:597-611.

Tang K D. 1990. Tectonic development of Paleozoicfoldbelts at the north margin of the Sino-Korean Craton. Tectonics,9(2):249-260.

Taylor B. 2006. The single largest oceanic plateau: Ontong Java-Manihiki-Hikurangi. Earth and Planetary Science Letters, 241:372-380.

Tegner C, Wilson J R, Robins B. 2005. Crustal assimilation in basalt and jotunite: Constraints from layered intrusions. Lithos, 83(3):299-316.

Teklay M, Kröner A, Mezger K. 2002. Enrichment from plume interaction in the generation of Neoproterozoic arc rocks in northern Eritrea: Implications for crustal accretion in the southern Arabian-Nubian Shield. Chemical Geology, 184(1):167-184.

Thorkelson D J, Abbott J G, Mortensen J K, et al. 2005. Early and Middle Proterozoic evolution of Yukon, Canada. Canadian Journal of Earth Sciences, 42(42):1045-1071.

Tominaga M, Sager W W, Tivey M A, et al. 2008. Deep-tow magnetic anomaly study of the Pacific Jurassic Quiet Zone and implications for the geomagnetic polarity reversal timescale and geomagnetic field behavior. Journal of Geophysical Research Solid Earth, 113(B07110), doi:10.1029/2007JB005527.

Torsvik T H, Ashwal L D, Tucker R D, et al. 2001. Neoproterozoic geochronology and palaeogeography of the Seychelles microcontinent: The India link. Precambrian Research, 110(1):47-59.

Torsvik T H, Rehnstrns E F. 2003. The Tornquist Sea and Baltica-Avalonia Docking. Tectonophysics, 362(1):67-82.

Torsvik T H, Cocks L R M. 2013. Gondwana from top to base in space and time. Gondwana Research, 24(3-4):999-1030.

Trettin H P. 1989. The Arctic Islands//Bally A W, Palmer A R. The Geology of North America. Boulder: An overview the Geological Society of America:349-370.

Tretyakov A A, Degtyarev K E, Kotov A B, et al. 2011a. Middle Riphean gneiss granites of the Kokchetav Massif (Northern Kazakhstan): Structural position and age substantiation. Doklady Earth Sciences, 440(2):1367-1371.

Tretyakov A A, Kotov A B, Degtyarev K E, et al. 2011b. The Middle Riphean volcanogenic complex of Kokchetav massif (Northern Kazakhstan): Structural position and age substantiation. Doklady Earth Sciences, 438(2):739-743.

Tretyakov A A, Degtyarev K E, Shatagin K N, et al. 2015a. Neoproterozic anorogenic rhyolite-granite volcanoplutonic association of the Aktau-Mointy sialic massif (Central Kazakhstan): Age, source, and paleotectonic position. Petrology, 23(1):22-44.

Tretyakov A A, Degtyarev K E, Shatagin K N, et al. 2015b. Neoproterozoic rhyolites of the Ulutau Precambrian massif (Central Kazakhstan): Structural position and age justification. Doklady Earth Sciences, 462(1):449-452.

Tretyakov A A, Degtyarev K E, Kovach V P, et al. 2016a. The migmatite-gneiss complex of the Chuya-Kendyktas sialic massif (Southern Kazakhstan): Structure and age. Doklady Earth Sciences, 467(1):236-240.

Tretyakov A A, Degtyarev K E, Sal'Nikova E B, et al. 2016b. Paleoproterozoic anorogenic granitoids of the Zheltav sialic massif (Southern Kazakhstan): Structural position and geochronology. Doklady Earth Sciences, 466(1):14-19.

Trompette R. 1997. Neoproterozoic (~600Ma) aggregation of Western Gondwana: A tentative scenario. Precambrian Research, 82(1-2):101-112.

Turkina O M, Letnikov F A, Levin A V. 2011. Mesoproterozoic granitoids of the Kokchetav microcontinent basement. Doklady Earth Sciences, 436(2):176-180.

Turkina O M, Nozhkin A D, Bayanova T B, et al. 2007. Precambrian terranes in the southwestern framing of the Siberian craton: Isotopic provinces, stages of crustal evolution and accretion-collision events. Russian Geology & Geophysics, 48(1):61-70.

Vail P R, Mitchum R M, Thompson S. 1977. Seismic stratigraphy and global changes of sea level. Part 4: Global cycles of relative changes of sea level. Memoir-American Association of Petroleum Geologists, 26:83-97.

Valentine J W, Moores E M. 1970. Plate-tectonic regulation of faunal diversity and sea level: A model. Nature, 228(5272):657-659.

Van der Voo R. 1993. Paleomagnetism of the Atlantic, Tethys and Iapetus Oceans. Cambridge: Cambridge University Press.

Vecoli M, Samuelsson J. 2001. Quantitative evaluation of microplankton palaeobiogeography in the Ordovician-Early Silurian of the northern Trans European Suture Zone: Implications for the timing of the Avalonia-Baltica collision. Review of Palaeobotany & Palynology, 115(1):43-68.

Veevers J J. 1984. Phanerozoic Earth History of Australia. Oxford: Clarendon:418.

Veevers J J. 1990a. Tectonic-climatic supercycle in the billion-year plate-tectonic eon: Permian Pangean icehouse alternates with Cretaceous dispersed-continents greenhouse. Sedimentary Geology, 68(1):1-16.

Veevers J J. 1990b. Development of Australia's post-Carboniferous sedimentary basins. Petroleum Exploration Society of Australia Journal, 16:25-32

Veevers J J. 1994a. Pangea: Evolution of a supercontinent and its consequences for Earth's paleoclimate and sedimentary environments//Klein G D. Pangea: Paleoclimate, Tectonics, and Sedimentation During Accretion, Zenith, and Breakup of a Supercontinent. Special Paper-Geological Society of America, 288:13-23.

Veevers J J. 1994b. The case for the Gamburtsev Subglacial Mountains of East Antarctica originating by mid-Carboniferous shortening of an intra-Cratonic basin. Geology, 22:593-596.

Veevers J J. 1995. Emergent, long-lived Gondwanaland vs. submergent short-lived Laurasia: Supercontinental and Pan-African heat imparts long-term buoyancy by mafic underplating. Geology, 23:1131-1134.

Veevers J J. 2003. Pan-African is Pan-Gondwanaland: Oblique convergence drives rotation during 650-500Ma assembly. Geology, 31(6):501.

Veevers J J. 2004. Gondwanaland from 650-500Ma Assembly Through 320Ma Merger in Pangea to 185-100Ma Breakup: Supercontinental Tectonics via Stratigraphy and Radiometric Dating. Earth-Science Reviews, 68(1):1-132.

Veevers J J, Tewari R C. 1995a. Gondwana Master Basin of Peninsular India between Tethys and the interior of the Gondwanaland Province of Pangea. Memoir-Geological Society of America, 187:72.

Veevers J J, Tewari R C. 1995b. Permian-Carboniferous and Permian-Triassic magmatism in the rift zone bordering the Tethyan margin of southern Pangea. Geology, 23:467-470.

Veevers J J, Walter M R, Scheibner E. 1997. Neoproterozoic tectonics of Australia-Antarctica and Laurentia and the 560Ma birth of the pacific ocean reflect the 400 M. Y. Pangean supercycle. Journal of Geology, 105(2):225-242.

Vega Granillo R, Salgado Souto S, Herrera Urbina S, et al. 2008. U-Pb detrital zircon data of the Rio Fuerte Formation (NW Mexico): Its peri-Gondwanan provenance and exotic nature in relation to southwestern North America. Journal of South American Earth Sciences, 26(4):343-354.

Vernikovsky V A, Vernikovskaya A E, Kotov A B, et al. 2003. Neoproterozoic accretionary and collisional events on the western margin of the Siberian craton: New geological and geochronological evidence from the Yenisey Ridge. Tectonophysics, 375(1):147-168.

Vernikovsky V A, Vernikovskaya A E, Pease V L, et al. 2004. Neoproterozoic orogeny along the margins of Siberia. The Geological Society of London, 30:233-248.

Vernikovsky V A, Vernikovskaya A E. 2001. Central Taimyr accretionary belt (Arctic Asia): Meso-Neoproterozoic tectonic evolution and Rodinia breakup:Precambrian Research, 110(1):127-141.

Villaseca C, Castiñeiras P, Orejana D. 2015. Early Ordovician metabasites from the Spanish Central System: A remnant of intraplate HP rocks in the Central Iberian Zone. Gondwana Research, 27(1):392-409.

Volkova N I, Travin A V, Yudin D S. 2011. Ordovician blueschist metamorphism as a reflection of accretion-collision events in the Central Asian orogenic belt. Russian Geology & Geophysics, 52(1):72-84.

Von Raumer J F, Stampfli G M, Bussy F. 2003. Gondwana. Tectonophysics, 365(03):7-22.

Walsh E O, Hacker B R, Gans P B, et al. 2013. Crustal exhumation of the Western Gneiss Region UHP terrane, Norway: $^{40}Ar/^{39}Ar$ thermochronology and fault-slip analysis. Tectonophysics, 608:1159-1179.

Walter M R, Veevers J J, Calver C R, et al. 2000. Dating the 840-544 Ma Neoproterozoic interval by isotopes of strontium, carbon, and sulfur in seawater, and some interpretative models. Precambrian Research, 100(1-3):371-433.

Wang B, Faure M, Shu L S, et al. 2008. Paleozoic geodynamic evolution of the Yili Block, Western Chinese Tianshan. Bulletin de la Société Géologique de France, 179:483-490.

Wang B, Jahn B M, Shu LS, et al. 2012. Middle-Late Ordovician arc-type plutonism in the NW Chinese Tianshan:Implication for the accretion of the Kazakhstan continent in Central Asia. Journal of Asian Earth Sciences, 49:40-53.

Wang B, Liu H S, Shu L S, et al. 2014a. Early Neoproterozoic crustal evolution in northern Yili Block:Insights frommigmatite, orthogneiss and leucogranite of the Wenquan metamorphic complex in the NW Chinese Tianshan. Precambrian Research, 242:58-81.

Wang B, Shu L S, Liu H S, et al. 2014b. First evidence for ca. 780 Ma infra-plate magmatism and its implications for Neoproterozoic rift of the North Yili Block and tectonic origin of the continental blokcs in SW of Central Asia. Precambrian Research, 254:258-272.

Wang B, Cluzel D, Jahn B M, et al. 2014c. Late Paleozoic pre- and syn-kinematic plutons of the Kangguer-Huangshan Shear zone:Inference on the tectonic evolution of the eastern Chinese north Tianshan. American Journal of Science, 314(1):43-79.

Wang C, Liu L, Yang W Q, et al. 2013. Provenance and ages of the Altyn Complex in Altyn Tagh:Implications for the early Neoproterozoic evolution of northwestern China. Precambrian Research, 230(2):193-208.

Wang D A. 1996. Characteristics of sedimentary rocks and their environmental evolution. //Pan Y S. Geological Evolution of the Karakorum and Kunlun Mountains. Beijing:Seismological Press:22-50.

Wang F, Xu W L, Gao F H, et al. 2014. Precambrian terrane within the Songnen-Zhangguangcai Range Massif, NE China:Evidence from U-Pb ages of detrital zircons from the Dongfengshan and Tadong Group. Gondwana Research, 26(1):402-413.

Wang M, Li C, Xie C M, et al. 2015. U-Pb zircon age, geochemical and Lu-Hf isotopic constraints of the

Southern Gangma Co Basalts in the Central Qiangtang, northern Tibet. Tectonophysics, 657:219-229.

Wang J, Li Z X. 2003. History of Neoproterozoic rift basins in South China: Implications for Rodinia break-up. Precambrian Research, 122(1):141-158.

Wang J, Mou C L. 2001. Neoproterozoic Rifting History of South China. Gondwana Research, 4(4):813-814.

Wang Q, Wyman D A, Zhao Z H, et al. 2007. Petrogenesis of Carboniferous adakites and Nb enriched arc basalts in the Alataw area, northern Tianshan Range (western China): Implications for Phanerozoic crustal growth in the Central Asia orogenic belt. Chemical Geology,236:42-64.

Wang T, Hong D W, Jahn B M, et al. 2006. Timing, petrogenesis, and setting of Paleozoic synorogenic intrusions from the Altai Mountains, Northwest China: Implications for the tectonic evolution of an accretionary orogen. The Journal of Geology, 114(6):735-751.

Wang T, Jahn B M, Kovach V P, et al. 2009. Nd-Sr isotopic mapping of the Chinese Altai and implications for continental growth in the Central Asian Orogenic Belt. Lithos,110(1):359-372.

Wang X L, Zhou J C, Qiu J S, et al. 2006. LA-ICP-MS U-Pb zircon geochronology of the Neoproterozoic igneous rocks from Northern Guangxi, South China: Implications for tectonic evolution. Precambrian Research, 145(1):111-130.

Wang X S, Gao J, Klemd R, et al. 2014. Geochemistry and geochronology of the Precambrian high-grade metamorphic complex in the Southern Central Tianshan ophiolitic melange, NW China. Precambrian Research, 254:129-148.

Wang X, Peng P, Wang C, et al. 2016. Petrogenesis of the 2115 Ma Haicheng mafic sills from the Eastern North China Craton: Implications for an intra-continental rifting. Acta Geologica Sinica (English Edition), 90(s1):128-128.

Wang Y J, Fan W M, Sun M, et al. 2007. Geochronological, geochemical and geothermal constraints on petrogenesis of the Indosinian peraluminous granites in the South China Block: A case study in the Hunan Province. Lithos, 96(3):475-502.

Wang Y J, Zhang F F, Fan W M, et al. 2010. Tectonic setting of the South China Block in the early Paleozoic: Resolving intracontinental and ocean closure models from detrital zircon U-Pb geochronology. Tectonics, 29(6):TC6020.

Wang Y J, Zhang A M, Fan W M, et al. 2011. Kwangsian crustal anatexis within the eastern South China Block:Geochemical, zircon U-Pb geochronological and Hf isotopic fingerprints from the gneissoid granites of Wugong and Wuyi-Yunkai Domains. Lithos, 127(1-2):239-260.

Watts A B, Bodine J H, Steckler M S. 1980. Observations of flexure and the state of stress in the oceanic lithosphere. Journal of Geophysical Research:Solid Earth, 85(B11):6369-6376.

Wegener A. 1912. The origins of continents. Geologische Rundschau, 3:276-292.

Werner O, Lippolt H J. 2000. White mica ^{40}Ar/^{39}Ar ages of Erzgebirge metamorphic rocks:Simulating the chronological results by a model of Variscan crustal imbrication. Geological Society London Special Publications, 179(7):323-336.

Wilde S A. 2015. Final amalgamation of the Central Asian Orogenic Belt in NE China: Paleo-Asian Ocean closure versus Paleo-Pacific plate subduction-A review of the evidence. Tectonophysics, 662:345-362.

Wilde S A, Zhao G C, Sun M. 2002. Development of the North China Craton during the Late Archaean and its final amalgamation at 1.8 Ga: Some speculations on its position within a global palaeoproterozoic supercontinent. Gondwana Research, 5(1): 85-95.

Wilde S A, Zhou J B. 2015. The late Paleozoic to Mesozoic evolution of the eastern margin of the Central Asian Orogenic Belt in China. Journal of Asian Earth Sciences, 113: 909-921.

Wilhem C, Windley B F, Stampfli G M. 2012. The Altaids of Central Asia: A tectonic and evolutionary innovative review. Earth-Science Reviews, 113(3-4): 303-341.

Windley B F. 1996. The evolving continents. Brittonia, 30(4): 462.

Windley B F, Allen M B. 1993. Mongolian plateau: Evidence for a late Cenozoic mantle plume under central Asia. Geology, 21(4): 295-298.

Windley B F, Alexeiev D, Xiao W, et al. 2007. Tectonic models for accretion of the Central Asian Orogenic Belt. Journal of the Geological Society, 164(12): 31-47.

Wingate M T D, Campbell I H, Compston W, et al. 1998. Ion microprobe U-Pb ages for Neoproterozoic basaltic magmatism in south-central Australia and implications for the breakup of Rodinia. Precambrian Research, 87(3): 135-159.

Woods M T, Davies G F. 1982. Late Cretaceous genesis of the Kula plate. Earth and Planetary Science Letters, 58(2): 161-166.

Worsley T R, Nance D, Moody J B. 1984. Global tectonics and eustasy for the past 2 billion years. Marine Geology, 58(3-4): 373-400.

Wu C Z, Santosh M, Chen Y J, et al. 2014. Geochronology and geochemistry of Early Mesoproterozoic metadiabase sills from Quruqtagh in the northeastern Tarim Craton: Implications for breakup of the Columbia supercontinent. Precambrian Research, 241(1): 29-43.

Wu F Y, Sun D Y, Li H, et al. 2002. A-type granites in northeastern China: Age and geochemical constraints on their petrogenesis. Chemical Geology, 187(1-2): 143-173.

Wu F Y, Jahn B M, Wilde S A, et al. 2003. Highly fractionated I-type granites in NE China (I): Geochronology and petrogenesis. Lithos, 66(3-4): 241-273.

Wu F Y, Zhao G C, Wilde S A, et al. 2005. Nd isotopic constraints on crustal formation in the North China Craton. Journal of Asian Earth Sciences, 24: 523-545.

Wu F Y, Zhao G C, Sun D Y, et al. 2007. The Hulan Group: Its role in the evolution of the Central Asian Orogenic Belt of NE China. Journal of Asian Earth Sciences, 30(3): 542-556.

Wu F Y, Sun D Y, Ge W C, et al. 2011. Geochronology of the Phanerozoic granitoids in northeastern China. Journal of Asian Earth Sciences, 41(1): 1-30.

Wu G, Chen Y C, Chen Y J, et al. 2012. Zircon U-Pb ages of the metamorphic supracrustal rocks of the Xinghuadukou Group and granitic complexes in the Argun massif of the northern Great Hinggan Range, NE China, and their tectonic implications. Journal of Asian Earth Sciences, 49(3): 214-233.

Wu H, Li C, Hu P Y, et al. 2015a. Early Cretaceous (100-105Ma) Adakitic magmatism in the Dachagou area, northern Lhasa terrane, Tibet: Implications for the Bangong-Nujiang Ocean subduction and slab break-off. International Geology Review, 57: 1-17.

Wu H, Li C, Xu M J, et al. 2015b. Early Cretaceous adakitic magmatism in the Dachagou area, northern Lhasa terrane, Tibet: Implications for slab roll-back and subsequent slab break-off of the lithosphere of the Bangong-Nujiang Ocean. Journal of Asian Earth Sciences, 97:51-66.

Xia X P, Sun M, Zhao G C, et al. 2006a. LA-ICP-MS U-Pb geochronology of detrital zircons from the Jining Complex, North China Craton and its tectonic significance. Precambrian Research, 144(3-4):199-212.

Xia X P, Sun M, Zhao G C, et al. 2006b. U-Pb and Hf isotopic study of detrital zircons from the Wulashan khondalites: Constraints on the evolution of the Ordos Terrane, Western Block of the North China Craton. Earth Planetary Science Letters, 241(3):581-593.

Xiao W J, Windley B F, Hao J, et al. 2003. Accretion leading to collision and the Permian Solonker suture, Inner Mongolia, China: Termination of the central Asian orogenic belt. Tectonics, 22(6):1069-1088.

Xiao W J, Zhang L H, Qin K Z, et al. 2004. Paleozoic accretionary and collisional tectonics of the eastern Tianshan (China): Implications for the continental growth of central Asia. American Journal of Science, 304: 370-395.

Xiao W J, Windley B F, Yuan C, et al. 2009. Paleozoic multiple subduction-accretion processes of the southern Altaids. American Journal of Science, 309:221-270.

Xiao W J, Mao Q G, Windley B F, et al. 2011. Paleozoic multiple accretionary and collisional processes of the Beishan orogenic collage. American Journal of Science, 310(10):1553-1594.

Xiao W J, Windley B F, Allen M B, et al. 2012. Paleozoic multiple accretionary and collisional tectonics of the Chinese Tianshan orogenic collage. Gondwana Research, 23:1316-1341.

Xiao W J, Windley B F, Sun S, et al. 2015. A Tale of Amalgamation of Three Permo-Triassic Collage Systems in Central Asia: Oroclines, Sutures, and Terminal Accretion. Annual Review of Earth & Planetary Sciences, 43(1):1-31.

Xiao W J, Windley B F, Han C M, et al. 2018. Late Paleozoic to early Triassic multiple roll-back and oroclinal bending of the Mongolia collage in Central Asia. Earth-Science Reviews, 186:94-128.

Xu B. 2001. Primary study on petrology and geochrononology of blueschists in sunitezuoqi, northern inner mongolia. Scientia Geologica Sinica, 36(4):424-434.

Xu B, Xu W. 2017. The eastern Central Asian Orogenic Belt: Formation and evolution. Journal of Asian Earth Sciences, 144:1-4.

Xu B, Charvet J, Chen Y, et al. 2013. Middle Paleozoic convergent orogenic belts in western Inner Mongolia (China): Framework, kinematics, geochronology and implications for tectonic evolution of the Central Asian Orogenic Belt. Gondwana Research, 23(4):1342-1364.

Xu R H, Zhang Y Q, Xie X W. 1996. Isotopic geochemistry of plutonic rocks//Pan Y S. Geological Evolution of the Karakorum and Kunlun Mountains. Beijing: Seismological Press, 137-186.

Xu S M. 2015. Early Paleozoic Ocean-Continent Configuration in the Helanshan and Its Adjacent Regions and the Closure Time in the Eastern Qilian Ocean, NW China. Journal of Asian Earth Sciences, 113(2): 575-588.

Xu X B, Zhang Y Q, Shu L S, et al. 2011. La-ICP-MS U-Pb and $^{40}Ar/^{39}Ar$ geochronology of the sheared metamorphic rocks in the Wuyishan: Constraints on the timing of Early Paleozoic and Early Mesozoic tectonothermal events in SE China. Tectonophysics, 501(1):71-86.

Xu X Z, Yang J S, Tian Fu L I, et al. 2007. SHRIMP U-Pb ages and inclusions of zircons from the Sumdo eclogite in the Lhasa block, Tibet. Geological Bulletin of China, 26(10):1340-1355.

Xu Z Q, He B Z, Zhang C L, et al. 2013. Tectonic framework and crustal evolution of the Precambrian basement of the Tarim Block in NW China: New geochronological evidence from deep drilling samples. Precambrian Research, 235:150-162.

Xu Z Q, Dilek Y, Cao H, et al. 2015. Paleo-tethyan evolution of tibet as recorded in the east cimmerides and west cathaysides. Journal of Asian Earth Sciences, 105:320-337.

Yakubchuk A. 2004. Architecture and mineral deposit settings of the Altaid orogenic collage: A revised model. Journal of Asian Earth Sciences, 23(5):761-779.

Yang D B, Xu W L, Xu Y G, et al. 2012. U-Pb ages and Hf isotope data from detrital zircons in the Neoproterozoic sandstones of northern Jiangsu and southern Liaoning Provinces, China: Implications for the Late Precambrian evolution of the southeastern North China Craton. Precambrian Research, 216-219(9):162-176.

Yang J S, Robinson P T, Jiang C F, et al. 1996. Ophiolites of the Kunlun Mountains, China and their tectonic implications. Tectonophysics, 258(1-4):215-231.

Yang J S, Xu Z Q, Li Z L, et al. 2009. Discovery of an eclogite belt in the Lhasa block, Tibet: A new border for Paleo-Tethys? Journal of Asian Earth Sciences, 34(1):76-89.

Yang T N, Li J Y, Sun G H, et al. 2008. Mesoproterozoic continental arc type granite in the Central Tianshan Mountains zircon SHRIMP U-Pb dating and geochemical analyses. Acta Geologica Sinica, 82:117-125.

Yang T N, Ding Y, Zhang H R, et al. 2014. Two-phase subduction and subsequent collision defines the Paleotethyan tectonics of the southeastern Tibetan Plateau: Evidence from zircon U-Pb dating, geochemistry, and structural geology of the Sanjiang orogenic belt, southwest China. Bulletin, 126(11-12):1654-1682.

Yao W H, Li Z X, Li W X, et al. 2014. Detrital Provenance Evolution of the Ediacaran-Silurian Nanhua Foreland Basin, South China. Gondwana Research, 28(4):1449-1465.

Yarmolyuk V V, Kovalenko V I, Anisimova I V, et al. 2008. Late Riphean alkali granites of the Zabhan microcontinent: Evidence for the timing of Rodinia breakup and formation of microcontinents in the Central Asian Fold belt. Doklady Earth Sciences, 420(1):583-588.

Ye X T, Zhang C L, Santosh M, et al. 2016. Growth and evolution of Precambrian continental crust in the southwestern Tarim terrane: New evidence from the ca. 1.4Ga A-type granites and Paleoproterozoic intrusive complex. Precambrian Research, 275(3):18-34.

Yin A, Harrison T M. 2000. Geologic Evolution of the Himalayan-Tibetan Orogen. Annual Review of Earth and Planetary Sciences, 28(1):211-280.

Yin C Q, Zhao G C, Sun M, et al. 2009. LA-ICP-MS U-Pb zircon ages of the Qianlishan Complex: Constrains on the evolution of the Khondalite Belt in the Western Block of the North China Craton. Precambrian Research, 174(1):78-94.

Yin C Q, Zhao G C, Wei C J, et al. 2014. Metamorphism and partial melting of high-pressure pelitic granulites from the Qianlishan Complex: Constraints on the tectonic evolution of the Khondalite Belt in the North China

Craton. Precambrian Research,242(3):172-186.

Young G M. 1992. Late Proterozoic stratigraphy and the Canada-Australia connection. Geology, 20(3): 321-328.

Yuan C, Sun M, Mde S A, et al. 2010. Post-collisional plutons in the Balikun area, East Chinese Tianshan: Evolving magmatism in response to extension and slab break-off. Lithos,119:269-288.

Zegers, Wit D, Dann, et al. 1998. Vaalbara, Earth's oldest assembled continent? A combined structural, geochronological, and palaeomagnetic test. Terra Nova, 10(5):250-259.

Zhai Q G, Zhang R Y, Jahn B M, et al. 2011a. Triassic eclogites from central Qiangtang, northern Tibet, China: Petrology, geochronology and metamorphic P-T path. Lithos,125(1-2):173-189.

Zhai Q G, Jahn B M, Zhang R Y, et al. 2011b. Triassic subduction of the Paleo-Tethys in northern Tibet, China: Evidence from the geochemical and isotopic characteristics of eclogites and blueschists of the Qiangtang Block. Journal of Asian Earth Sciences, 42(6):1356-1370.

Zhai Q G, Jahn B M, Wang J, et al. 2015. Oldest paleo-Tethyan ophiolitic mélange in the Tibetan Plateau. Bulletin, 128(3-4):355-373.

Zhang D Y, Zhang Z C, Encarnacion J, et al. 2012. Petrogenesis of the Kekesai composite intrusion, western Tianshan, NW China: Implications for tectonic evolution during late Paleozoic time. Lithos,146-147:65-79.

Zhang F F, Wang Y J, Zhang A M, et al. 2012. Geochronological and geochemical constraints on the petrogenesis of Middle Paleozoic (Kwangsian) massive granites in the eastern South China Block. Lithos, 150(5):188-208.

Zhang J R, Chu H, Wei C J, et al. 2014. Geochemical characteristics and tectonic significance of Late Paleozoic-Early Mesozoic meta-basic rocks in the mélange zones, Central Inner Mongolia. Acta Petrologica Sinica, 30(7):1935-1947.

Zhang J R, Wei C J, Chu H. 2015. Blueschist metamorphism and its tectonic implication of Late Paleozoic-Early Mesozoic metabasites in the mélange zones, central Inner Mongolia, China. Journal of Asian Earth Sciences, 97:352-364.

Zhang J X, Meng F C, Wan Y S. 2010. A cold Early Palaeozoic subduction zone in the North Qilian Mountains, NW China: Petrological and U-Pb geochronological constraints. Journal of Metamorphic Geology, 25(3): 285-304.

Zhang J X, Yang J S, Mattinson C G, et al. 2005. Two contrasting eclogite cooling histories, North Qaidam HP/UHP terrane, western China: Petrological and isotopic constraints. Lithos, 84(1):51-76.

Zhang K J, Li B, Wei Q G, et al. 2008. Proximal provenance of the western Songpan-Ganzi turbidite complex (Late Triassic, eastern Tibetan plateau): Implications for the tectonic amalgamation of China. Sedimentary Geology, 208:36-44.

Zhang K J, Zhang Y X, Tang X C, et al. 2012. Late Mesozoic tectonic evolution and growth of the Tibetan plateau prior to the Indo-Asian collision. Earth-Science Reviews,114: 236-249.

Zhang M, Min K, Wu Q, et al. 2012. Anew method to determine the upper boundary condition for a permafrost thermal model: An example from the Qinghai-Tibet Plateau. Permafrost & Periglacial Processes, 23(4): 301-311.

Zhang S, Jiang G, Zhang J, et al. 2005. U-Pb sensitive high-resolution ion microprobe ages from the Doushantuo Formation in south China: Constraints on late Neoproterozoic glaciations. Geology, 33(6): 473-476.

Zhang S, Li Z X, Wu H. 2006. New Precambrian palaeomagnetic constraints on the position of the North China Block in Rodinia. Precambrian Research, 144(3): 213-238.

Zhang X, Zhang B Q, Lu Q S, et al. 2007. Discovery of ophiolites belts and tectonic implication around Zhihe in the North Qilian. Journal of Lanzhou University, 43(3): 8-12.

Zhang X, Zhang H, Wilde S A, et al. 2010. Late Permian to Early Triassic mafic to felsic intrusive rocks from North Liaoning, North China: Petrogenesis and implications for Phanerozoic continental crustal growth. Lithos, 117(1): 283-306.

Zhang Y B, Wu F Y, Wilde S A, et al. 2004. Zircon U-Pb ages and tectonic implications of "Early Paleozoic" granitoids at Yanbian, Jilin Province, northeast China. The Island Arc, 13: 484-505.

Zhang Y H, Xu W L, Tang Jie, et al. 2014. Age and provenance of the Ergunahe Group and the Wubinaobao Formation, northeastern Inner Mongolia, NE China: Implications for tectonic setting of the Erguna Massif. International Geology Review, 56: 653-671.

Zhang Y X, Zeng L, Li Z W, et al. 2015a. Late Permian-Triassic siliciclastic provenance, palaeogeography and crustal growth of the Songpan terrane, eastern Tibetan Plateau: evidence from U-Pb ages, trace elements and Hf isotopes of detrital zircons. International Geology Review, 57: 159-181.

Zhang Y X, Li Z W, Zhu L D, et al. 2015b. Newly discovered eclogites from the Bangong Meso-Tethyan suture zone (Gaize, central Tibet, western China): Mineralogy, geochemistry, geochronology, and tectonic implications. International Geology Review, 58: 1-14.

Zhang Y, Dostal J, Zhao Z, et al. 2011. Geochronology, geochemistry and petrogenesis of mafic and ultramafic rocks from Southern Beishan area, NW China: Implications for crust-mantle interaction. Gondwana Research, 20(4): 816-830.

Zhao G C. 2001. Paleoproterozoic assembly of the North China Craton. Geological Magazine, 138: 87-91.

Zhao G C, Wilde S A, Cawood P A, et al. 1998. Thermal Evolution of Archean Basement Rocks from the Eastern Part of the North China Craton and Its Bearing on Tectonic Setting. International Geology Review, 40(8): 706-721.

Zhao G C, Cawood P A, Wilde S A, et al. 2000a. Metamorphism of basement rocks in the Central Zone of the North China Craton: Implications for Paleoproterozoic tectonic evolution. Precambrian Research, 103(1-2): 55-88.

Zhao G C, Wilde S A, Cawood P A, et al. 2000b. Review of 2.1-1.8Ga orogens and cratons in North America, Baltica, Siberia, central Australia, Antarctica, and North China: A pre-Rodinia supercontinent? Geological Society of Australia, Abstract Volume, 59: 565.

Zhao G C, Wilde S A, Cawood P A, et al. 2001a. High-Pressure Granulites (Retrograded Eclogites) from the Hengshan Complex, North China Craton: Petrology and Tectonic Implications. Journal of Petrology, 42(6): 1141-1170.

Zhao G C, Wilde S A, Cawood P A, et al. 2001b. Archean blocks and their boundaries in the North China

Craton:Lithological, geochemical, structural and P-T path constraints and tectonic evolution. Precambrian Research, 107(1):45-73.

Zhao G C, Cawood P A, Wilde S A, et al. 2002. Review of global 2.1-1.8 Ga orogens:Implications for a pre-Rodinia supercontinent. Earth Science Reviews, 59(1):125-162.

Zhao G C, Sun M, Wilde S A. 2003. Correlations between the Eastern Block of the North China Craton and the South Indian Block of the Indian Shield:An Archaean to Palaeoproterozoic link. Precambrian Research, 122(1-4):201-233.

Zhao G C, Sun M, Wilde S A, et al. 2004. A Paleo-Mesoproterozoic supercontinent:Assembly, growth and breakup. Earth Science Reviews, 67(1):91-123.

Zhao G C, Sun M, Wilde S A, et al. 2005. Late Archean to Paleoproterozoic evolution of the North China Craton:Key issues revisited. Precambrian Research, 136(2):177-202.

Zhao G C, Wilde S A, Guo J H, et al. 2010. Single zircon grains record two continental collisional events in the North China Craton. Precambrian Research, 177(3-4):266-276.

Zhao J X, Mcculloch M T, Korsch R J. 1994. Characterisation of a plume-related ~800Ma magmatic event and its implications for basin formation in central-southern Australia. Earth and Planetary Science Letters, 121(3-4):349-367.

Zhao K D, Jiang S Y, Sun T, et al. 2013. Zircon U-Pb dating, trace element and Sr-Nd-Hf isotope geochemistry of Paleozoic granites in the Miao'ershan-Yuechengling batholith, South China:Implication for petrogenesis and tectonic-magmatic evolution. Journal of Asian Earth Sciences, 74:244-264.

Zhao S, Xu W L, Tang J, et al. 2016. Timing of formation and tectonic nature of the purportedly Neoproterozoic Jiageda Formation of the Erguna Massif, NE China:Constraints from field geology and U-Pb geochronology of detrital and magmatic zircons. Precambrian Research, 281:585-601.

Zheng Y F, Wu F Y. 2018. The timing of continental collision between India and Asia. Science Bulletin, 63(24):1649-1654.

Zhong S, Zhang N, Li Z X, et al. 2007. Supercontinent cycles, true polar wander, and very long-wavelength mantle convection. Earth and Planetary Science Letters, 261(3-4):551-564.

Zhou J B, Wilde S A, Zhang X Z, et al. 2009. The onset of Pacific margin accretion in NE China:Evidence from the Heilongjiang high-pressure metamorphic belt. Tectonophysics, 478(3):230-246.

Zhou J B, Wilde S A, Zhang X Z, et al. 2011. Early Paleozoic metamorphic rocks of the Erguna block in the Great Xing'an Range, NE China:Evidence for the timing of magmatic and metamorphic events and their tectonic implications. Tectonophysics, 499:105-177.

Zhou J B, Wilde S A, Zhang X Z, et al. 2012. Detrital zircons from Phanerozoic rocks of the Songliao Block, NE China:Evidence and tectonic implications. Journal of Asian Earth Sciences, 47:21-34.

Zhou M F, Yan D P, Kennedy A K, et al. 2002. SHRIMP U-Pb zircon geochronological and geochemical evidence for Neoproterozoic arc-magmatism along the western margin of the Yangtze Block, South China. Earth and Planetary Science Letters, 196(1):51-67.

Zhou M F, Lesher C M, Yang Z, et al. 2004. Geochemistry and petrogenesis of 270 Ma Ni-Cu-(PGE) sulfide-bearing mafic intrusions in the Huangshan district, Eastern Xinjiang, Northwest China:Implications for the tectonic evolution of the Central Asian orogenic belt. Chemical Geology, 209(3):233-257.

Zhu D C, Li S M, Cawood P A, et al. 2016. Assembly of the Lhasa and Qiangtang terranes in central Tibet by divergent double subduction. Lithos, 245:7-17.

Zhu D C, Mo X X, Niu Y L, et al. 2009. Geochemical investigation of Early Cretaceous igneous rocks along an east-west traverse throughout the central Lhasa Terrane, Tibet. Chemical Geology, 268(3-4):298-312.

Zhu D C, Zhao Z D, Niu Y L, et al. 2011. The Lhasa Terrane: Record of a microcontinent and its histories of drift and growth. Earth and Planetary Science Letters, 301:241-255.

Zhu D C, Zhao Z D, Niu Y, et al. 2013. The origin and pre-Cenozoic evolution of the Tibetan Plateau. Gondwana Research, 23:1429-1454.

Zhu R X, Yang Z Y, Wu H N, et al. 1998. Paleomagnetic constraints on the tectonic history of the major blocks of China duing the Phanerozoic. Science in China Ser D, 41(S2):1-19.

Ziegler P A. 1988. Evolution of the Arctic-North Atlantic and the Western Tethys: A visual presentation of a series of Paleogeographic-Paleotectonic maps. AAPG memoir, 43: 198.

Ziegler P A. 1989. Evolution of Laurusia. Amsterdam: Kluwer Academic Publishers.

Zonenshain L P, Kuzmin M I, Natapov L M, et al. 1990. Geology of the USSR: A Plate-Tectonic Synthesis. American Geophysical Union, 242.

Zonenshain L P. 1972. The Geosynclinal Theory and its Application to the Central Asia's Orogenic Belt. Nedra, Moscow:240 (in Russian).

附录一 国际年代地层表 v 2013/01
国际地层委员会 www.stratigraphy.org

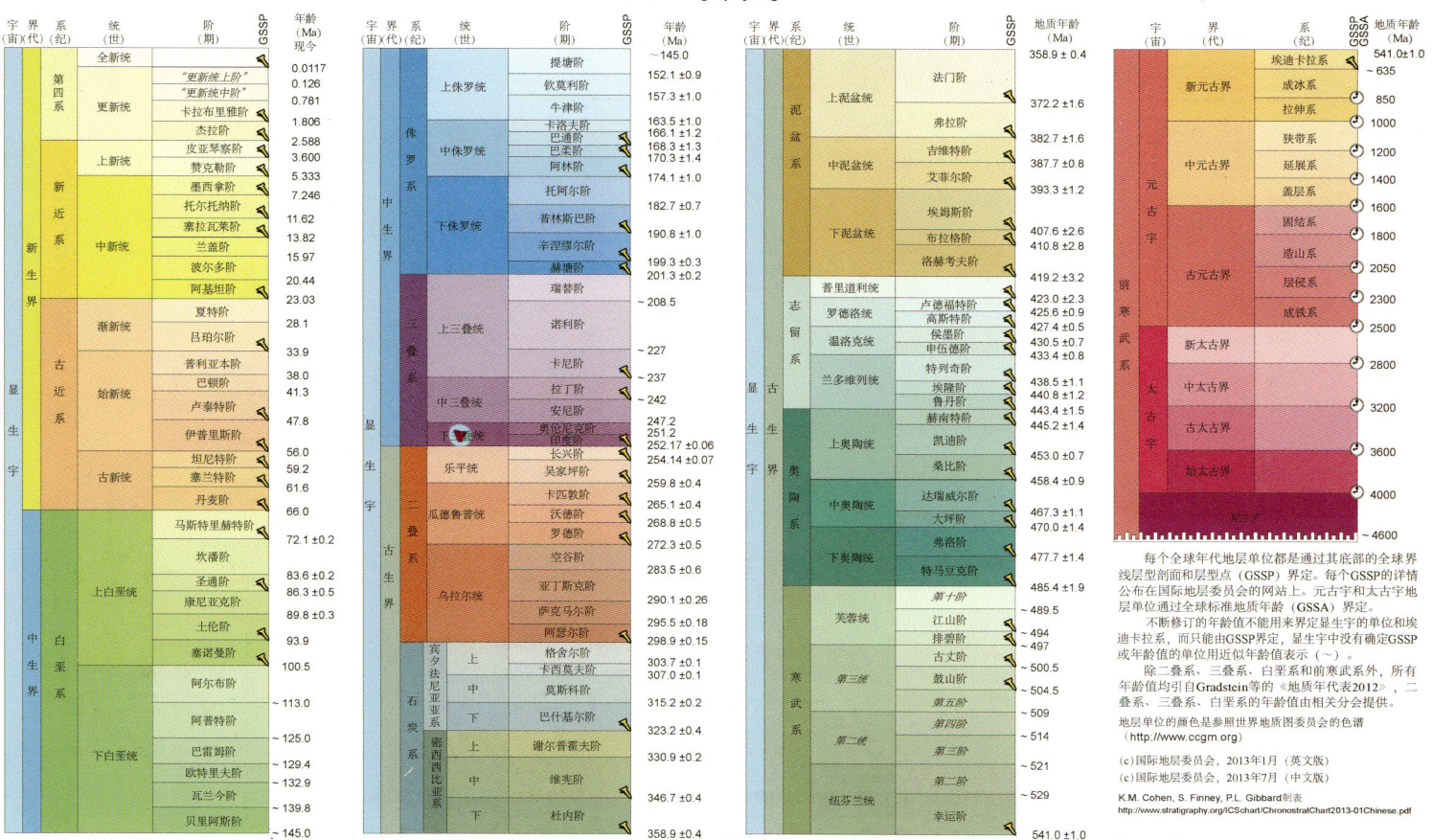

附录二 INTERNATIONAL CHRONOSTRATIGRAPHIC CHART v 2017/02

International Commission on Stratigraphy
www.stratigraphy.org

索　引

A

阿巴拉契亚造山带	22
阿尔卑斯特提斯洋	130
阿尔泰-萨彦造山带	173
阿尔泰造山带	174、177
阿克巴斯套地块	198
阿克套-伊犁地块	158、202
阿瓦隆尼亚带	56
澳大利亚 Pinjarra 造山带	29
澳大利亚塔斯曼早古生代增生造山带	54

B

Brasiliano 造山带	25
巴尔古津-伊卡特微陆块	169
白垩纪正极性超时	236
宝丽岛火山弧-增生岩带	183
北流运动	66
北祁连早古生代构造带	40
北秦岭早古生代构造带	46
贝加尔-Patom 被动陆缘带	168
贝加尔-穆亚构造带	168
博谢库里-成吉思岛弧	157
布列亚-佳木斯地块	185

C

柴北缘加里东期构造带	48
超大陆旋回	325
崇余运动	66
楚伊犁地块	200

D

DUPAL 异常	147
Dzhida 构造带	172
大磁弯	239
东非造山带	26
东格陵兰加里东造山带	14
东特提斯	91
都匀运动	65
多岛弧盆系构造	89
多岛洋	89、91、302

E

额尔古纳地块	177、194
二道井俯冲增生岩带	183

F

法拉隆板块	238
泛大洋	234、246、315
泛华夏型造山带	302
菲尼克斯板块	244
菲尼克斯磁条带	244
复合型成矿域	145

G

Gargan 地块	167
冈瓦纳古陆	104、294
哥伦比亚超大陆	265、325
构造–气候耦合	108
构造旋回	112
古特提斯	7、77
古亚洲洋	148、233
广西运动	66

H

海陆交互相	97
贺根山蛇绿岩带	182
弧后盆地	126、128
湖区–Khamsara 造山带	174
华北中部碰撞造山带	268
华南陆内造山带	61
华南洋	61
环东南极泛非造山带	28

J

基梅里地体群	116
吉黑造山带	183
胶辽吉陆内造山带	272

K

卡拉套地块	200
卡罗来纳带	56
科科斯板块	243
科克切塔夫–中天山地块	155
科克切塔夫地块	197
肯德克塔斯地块	198
肯诺兰超大陆	263
孔兹岩带	270
库拉板块	241
昆仑早古生代构造带	43

L

Lachlan 造山带	54
罗迪尼亚超大陆	285、329
纳兹卡板块	243
南蒙古–兴安造山带	181
南蒙古活动陆缘带	181

O

Olkhon 构造带	170

P

潘吉亚超大陆	104、125、315

Q

青藏高原–滇缅马苏地块早古生代构造带	51
青藏高原	80、95

R

日本磁条带	235
瑞克洋	100

S

萨拉伊尔运动	218
斯堪的纳维亚加里东造山带	16
斯里兰卡造山带	28
斯瓦尔巴加里东造山带	18
松嫩地块	184

T

塔拉兹地块	200
太平洋三角区	235
特提斯	1、6
特提斯构造域	7、116、143
图瓦-蒙古地块	166、193、196

W

乌拉尔造山带	32、164
乌鲁套地块	198

X

西地中海	119
西萨彦构造混杂带	174
夏威夷磁条带	239
新特提斯	7、115、125
新英格兰造山带	55
兴凯地块	186
匈奴地体群	99
雪球地球	295

Y

亚美超大陆	322
洋底高原裂解模型	245
洋中脊跃迁	236、238、244
伊塞克地块	201
依泽奈崎板块	235
印度东高止造山带	27
印度南部麻粒岩地体	28
英格兰加里东造山带	19
郁南运动	65、68
原潘吉亚超大陆	310
原特提斯	7、11、37

Z

早古生代造山事件群	303
中蒙古-额尔古纳造山带	177
中蒙古地块	178、193
中欧加里东造山带	20
中天山地块	161、203
中亚天山造山带	32
中亚造山带	149、212

后 记

在这本书即将付梓之时,我依然摘录我 2011 年 10 月 9 日在深圳撰写的"海洋的赞歌和期盼——关于海洋的三点基本认识和思考"一文未发表文稿剩下的部分以作后记,大家结合 2013 年以后的国家战略和国家政策,去体会海洋科学的发展战略"海洋强国"(2012 年党的十八大正式提出)和中华民族伟大复兴的"中国梦"(2012 年 11 月 29 日提出),或许会受益良多。摘录如下(一直到结尾都是当初所作,无修改):

虽然人们对于海洋的基本轮廓和格架是清楚的,但对于其开发和利用远比对陆地的开发和利用落后。从全人类发展来说,整个社会发展需要的物质基础均来自陆地和海洋两大基地。虽然随着"天宫一号"发射升空,"深空"开发新资源正渐露前景,但是当前中国发展的物质基础依然来源于陆地和海洋。陆地浅表资源枯竭时,认知"深时"成矿成藏规律,开发"深陆""深部"资源;海洋近海资源不足时,探讨"深海""远海"资源;可见的陆地和海洋资源枯竭时,开发陆地和海洋的"深质(核、基因等)"资源。

步入 21 世纪以来,世界上许多国家都把开发海洋作为基本国策,把开发利用海洋资源作为加快经济发展、增强国家实力的战略选择。面对国际竞争,中国也已经将深海纳入国家战略,明确了深海的国家需求。

- 建立我国"战略资源能源储备基地",经略海洋,保护超越国土的国家利益;
- 深海具有丰富的油气:南海为"第二个波斯湾",油气储量为 230~300 亿吨;
- 多金属结核:全球储量 3 万亿吨,可采 750 亿吨;
- 富钴结壳:太平洋储量 10 亿吨;
- 天然气水合物:全球 10 万亿吨,是未来人类发展的替代性新能源;
- 海洋生物资源:加强水产养殖研发,实现海洋牧场化,开拓近岸和浅海"耕海牧鱼"、远洋捕捞、两极捕捞新局面;
- 极端环境下的深海生物基因:海洋生物功能和药用活性物质的筛选、功能分析、物质组成和化学结构测定、生物代谢过程及其基因调控;
- 海洋可再生能源:潮汐、海浪、洋流、海水温度差、盐度差和海风等电力能源;
- 深海海底热能能源等。

1）维护国家主权，保障领土和边界不受侵犯（东海、南海），开拓新边疆（两极、公海海底），占据海洋空间资源：建立空基、天基、地基、岸基、海面基、水体基和海底基等多样化、实时性、全天候、全方位、综合性观测系统，为了观测和监控全球，世界强国借揭示深海这个"科学盲区"，正展开"深海暗战"，纷纷加快建设地球系统的第三个观测平台——海洋观测网络。我国也要突破前人仅仅认为海底地形是海洋战场环境的局限认识，全面实时监控海面气候、海洋环流、内波、温盐结构变化等现代海洋战场环境，探索其演变机理，提升相关预测预报能力，摆脱传统陆地战场环境观念的约束，全面获取现代海军技术急需的海洋战场环境参数，提升国家监测全球海域能力，提升对东海和南海实际控制能力，在与日本和东盟共同建立东海和南海新秩序过程中起主导作用，就意味着中国未来社会和经济环境的安全、周边睦邻友好的和平、突破中等收入国家发展瓶颈的胜利，也是中国和平崛起的重大标志。历史上，南海曾被葡萄牙、西班牙、英国、德国、法国、意大利、日本、美国、俄罗斯、印度、越南、印度尼西亚、菲律宾、马亚西亚、文莱以海上交通、岛礁归属、海底资源、海域划界等地缘利益为借口，或不断侵扰，或掠夺强占，或非法游弋，或肆意勘查。特别是近200年，南海始终是事关中国荣辱、安全和稳定的敏感海域。中国面对南海问题，宜与时俱进，将计就计，采取攻势战略，应以"直面争议、维护主权、主动开发"为原则维护国家核心利益。

2）大国的责任需求，塑造负责任的国际大国形象，没有强大的深海探索技术和实力，没有强大的经济实力和海军力量是不可能建立有利于中国的南海地缘政治环境和国际政治军事新格局——"方行天下，至于四海"的，同时，在中国利益全球化的进程中，强大的实力也是保障我国海洋经济动脉通畅的举措。

3）环境问题：从地球系统科学角度，开展多圈层相互作用的综合研究，揭示全球变暖、自然灾害、环境污染和生态危机的过程和机理，为国家统筹和规划海域、海洋战略规划和未来发展提供科学支撑。从1937年美国最早在墨西哥湾滨浅海开启海洋石油开发始，到2010年墨西哥湾喷发式海上井喷和2011年渤海湾蓬莱19-3的缓慢式海上溢油，人为环境灾害日益严峻，海洋开发前，应当加强各种海洋工程环境问题研究，避免走陆地上"先污染、后治理"的痛苦教训，工业化过程中的"海纳百污"局面应当遏制。

4）科学驱动：上天、入地、下海、登极以实现到达为目标，深海、深地、深空、深蓝以认识现象、规律和发展相关高科技手段为目标，参与国际科技竞争与合作。海洋科学在国家大战略、大科学和大工程规划中占有举足轻重的一半份额，中国应力争早日进入海洋研究的国际先进国家行列。

经过近100年的科技发展，特别是第二次世界大战以来，科学探测发现：海底存在大量海山，在海底这个极端环境下，存在大量基因宝库，是人类面对未来疑难杂症的重要药物来源。先人意识中的"三神山"不在海面而在海底,"长生不老药"的愿望在新的科学革命背景下重燃人类的期盼;从李时珍基于陆地的《本草纲目》,到管华诗院士立足海洋的《中华海洋本草》,都在当下人类药物学的发展历程中留下了浓墨重彩的一笔。重新认识海洋,是极其重要的,是中国发展的必然需求。

中国是海、陆复合型国家,虽然在海洋战术上可以灵活,但是海洋战略上只能明晰,海权存续的策略需要紧跟国际时局变化而调整。2013～2023年IODP计划将进入国际大洋大发现时期,深海大洋调查和研究还有广阔的发展空间。深部生物圈、天然气水合物、极端气候、气候的快速变化、发震带等依然是广大民众关注的关键科学问题。面对国际发展趋势,解决大陆边缘研究中的钻探、观测和现场调查技术手段的发展和应用,强化在新的技术条件下从观测到模型的综合突破,是当前发展固体海洋科学的重中之重。

时至今日,人类还将在很长一段时间以陆地生活为主,但是面向未来,占地球71%的海洋必将成为人类生存的出路之一,当前濒临海洋的海岸带也逐渐成为人类活动的重要活动区带。从人类发展轨迹和趋势看,陆地有限,而海洋无垠;生命生存回归海洋是必然。发展蓝色经济、开拓海洋空间资源、实现海洋强国、加快民族复兴,使中华崛起于世界民族之林,海洋科学尤为重要。中国应当是"立足陆地,面向海洋",而不应当"面向黄土,背朝海洋",海洋不是天然屏障,也不是可据守的"长城"。万世之业,人才为先。中国海洋科学正在随着国家的崛起而崛起,不少专业已经达到国际先进水平,中国未来100年必将是海洋科学大发展的100年,一批年富力强的人才队伍逐步壮大,海洋意识日益增强,坚持100年海洋强国战略不动摇,中国的海洋事业、中国的未来必将无限光明。

2018年7月21日于青岛